U0184346

国家"十三五"重点图书

当代经济学系列丛书

Contemporary Economics Series

主编 陈昕

博弈论教程

[英] 肯·宾默尔 著

谢识予 等 译

当代经济学
教学参考书系

格致出版社

上海三联书店

上海人民出版社

主编的话

上世纪 80 年代,为了全面地、系统地反映当代经济学的全貌及其进程,总结与挖掘当代经济学已有的和潜在的成果,展示当代经济学新的发展方向,我们决定出版"当代经济学系列丛书"。

"当代经济学系列丛书"是大型的、高层次的、综合性的经济学术理论丛书。它包括三个子系列:(1)当代经济学文库;(2)当代经济学译库;(3)当代经济学教学参考书系。本丛书在学科领域方面,不仅着眼于各传统经济学科的新成果,更注重经济学前沿学科、边缘学科和综合学科的新成就;在选题的采择上,广泛联系海内外学者,努力开掘学术功力深厚、思想新颖独到、作品水平拔尖的著作。"文库"力求达到中国经济学界当前的最高水平;"译库"翻译当代经济学的名人名著;"教学参考书系"主要出版国内外著名高等院校最新的经济学通用教材。

20 多年过去了,本丛书先后出版了 200 多种著作,在很大程度上推动了中国经济学的现代化和国际标准化。这主要体现在两个方面:一是从研究范围、研究内容、研究方法、分析技术等方面完成了中国经济学从传统向现代的转轨;二是培养了整整一代青年经济学人,如今他们大都成长为中国第一线的经济学家,活跃在国内外的学术舞台上。

为了进一步推动中国经济学的发展,我们将继续引进翻译出版国际上经济学的最新研究成果,加强中国经济学家与世界各国经济学家之间的交流;同时,我们更鼓励中国经济学家创建自己的理论体系,在自主的理论框架内消化和吸收世界上最优秀的理论成果,并把它放到中国经济改革发展的实践中进行筛选和检验,进而寻找属于中国的又面向未来世界的经济制度和经济理论,使中国经济学真正立足于世界经济学之林。

我们渴望经济学家支持我们的追求;我们和经济学家一起瞻望中国经济学的未来。

陈昕

2014 年 1 月 1 日

译者序

宾默尔的这本《博弈论教程》,用独有的大师式语言,为我们介绍了博弈论的各种基本原理、模型、方法和经典例子,讨论了许多关于博弈论的争论和悖论,为读者深入学习和理解博弈论的思想和原理,正确掌握应用博弈分析方法,提供了许多好的素材和重要的启示。

这本书还是一本思想深刻的经济学理论专著。宾默尔在书中对博弈分析涉及的,几乎所有重要的微观和福利经济学基础概念,如供给、需求、交易、均衡、合作、垄断、效用、偏好、风险、福利、公平和理性等,都有独到的分析和论述。本书对于所有想从肤浅的经济学人转变成深刻的经济学者的读者都有非常重要的参考价值。

宾默尔的这本著作也十分有趣。他运用其过人的智慧和充满想象力的叙事风格,把博弈问题放进历史、文学、生活和游戏的场景,让文学作品和科幻电影中的人物扮演博弈对手,用尽可能轻松的风格导入必要的数学内容,把博弈论从晦涩的学问变化为充满乐趣甚至童趣的故事。本书前身名为《娱乐与博弈》(*Fun and Games*),本版原书名为"玩转现实"(*Playing for Real：A Text on Game Theory*),都反映了宾默尔这种大师级的娱乐精神。希望读者在充分享受宾默尔提供的这道精神大餐的同时,愉快地学好博弈论,掌握玩转现实的能力。

翻译这本著作是译者品味宾默尔精妙的博弈论和经济学思想不可多得的良机。为此非常感谢格致出版社谷雨编辑给我们提供这个机会,同时也感谢我的同事李维森教授促成了这次合作。

参与本书翻译工作的人员包括：朱弘鑫(复旦大学)，秦青(河南科技大学)，方健雯(苏州大学)，孙碧波(中国外汇交易中心)，谢识予(复旦大学)。

由于宾默尔这本著作的内容十分广博，所论及的问题、运用的例子、评述的理论远超一般经济学的范畴，书中不时出现哲学、心理学甚至宗教方面的事物和观点，而且作者写作风格极度灵活，许多素材来源于迥异的文化背景，因此翻译本书对我们的挑战性很大。囿于译者的水平和很难完全克服的语言文化差异，译文事实上很难完全反映原著的全部精妙思想和精彩语境，问题错谬也在所难免。对此我们预先敬请读者谅解。宾默尔从酒吧钢琴家那里借来的挡箭牌，"请不要向钢琴家开枪，他已经尽力了"，同样也适用于我们。

当然，由于本书最后的统稿工作是由我完成的，因此对于本书翻译中存在的各种问题，主要应该由我负责，并诚请读者批评指正。

谢识予
2010 年 9 月

我把这本书献给我的妻子约瑟芬

前　言

博弈论著作可以讨论如下三个问题：

博弈论是做什么的？

博弈论如何应用？

博弈论为什么是对的？

《博弈论教程》试图给这三个问题都提供答案。我认为本书也是唯一一本真正想在不用复杂数学工具的情况下完成类似任务的博弈论书籍。初级博弈论著作会介绍许多博弈论基本概念，操作指导型著作会介绍许多应用模型，比较深奥的著作则会探索一些基础问题，但这些著作都没有同时涉及上述问题中的两个以上。

其实回答上述问题还只是本书的目标之一。正如运动员能在体能训练中享受到乐趣一样，人们在把头脑训练到能既理性又创造性地思考问题的过程中，同样能获得巨大的满足感。博弈论中有许多可以提供大量头脑体操的疑难问题。希望大家在用博弈论进行头脑锻炼的时候，能够享受到与我同样的快乐。

动因。《博弈论教程》不是我的第一本博弈论教科书。此前我已经写了一本高年级本科生课程和低年级研究生课程普遍采用的《娱乐和博弈》(*Fun and Games*)。开始的时候我只是想对该书略作修改，用一个通过对囚徒困境的多角度描述将读者引入主题的新章替代原书比较刻板的导论，其余各章则以更有利读者消化吸收的方式进行分块。但该计划最终失去了控制，我确实完成了计划中的修订工作，可最终写出来的却是一本全新的著作。

这里面有两方面的原因。首先是自从《娱乐和博弈》出版以来,博弈论又大大向前发展了,那时候看起来相当大胆的内容选择,现在已经没有任何挑战性,所以我想再次在猜测博弈论进一步突破方向方面试试我的运气。

第二个理由是我也在不断前进。特别是为了给我的研究中心筹集资金,我做了不少使用博弈论解决现实世界问题的咨询工作,其中最大一个项目是筹集了350亿美元资金的电信拍卖的设计工作。我早就知道博弈论是有用的,但它取得这么大的成功还是出乎我的预料。我还写过一本把博弈论应用到哲学问题的书,该书使我明白了在思考策略问题时为什么会犯错误。两方面的经验都对本书超越上一本教材做出了贡献。我与哲学的"调情"还引出了不少有趣而又能得出严肃结论的习题。

材料。作为一本面向有一定数学基础本科生的博弈论教科书,《博弈论教程》(*Playing for Real:A Text on Game Theory*)比《娱乐和博弈》(*Fun and Games*)在不少方面有所改进。本书仍然适用于多学科学生选修的课程(我在密歇根大学部分最好的本科学生是文艺学科的)。本书仍然有提供必要的数学支持的章节,以使数学基础较差的学生跟上课程进度不至于太吃力。总体上本书覆盖的基本专题有所减少,写作风格比较轻松写意,例子和经济应用则要多得多。

我希望第1章用囚徒困境问题概述博弈论的内容能成为本书一个吸引人的亮点。经济学家们会很高兴我用一整章专门讨论不完美竞争,我相信已经做到可以让本科生都容易理解伯特兰德—爱奇伍兹竞争。放弃进化博弈论非常可惜,但这个重要主题现在已经发展到必须用专门著作进行介绍。

虽然本书包含专题较少,但部分专题比在《娱乐和博弈》中详细得多。这类专题包括合作博弈理论、贝叶斯决策理论、不完全信息博弈、机制设计和拍卖理论,所有这些专题都单独成章。讨价还价理论增加的幅度比其他所有专题都大,这一方面是因为我希望消除目前在应用文献中相当普遍的,关于该理论的种种误解,另一方面则是因为我希望演示其在伦理和道德哲学方面的潜在作用。

教学。即使排除复习和其他课后阅读内容,本书包含的材料也足够至少两门博弈论课程使用。为了使那些想要在本书中选择部分内容设计一门课程的教师的工作更加容易,本书增加了一些帮助浏览的边注,例如边上这"疯帽匠"(Mad Hatter),就是建议跳到第1章,以免本前言出现太多哲学性内容。

习题只标注出它们的内容。通常没有人想全部做完书中的海量习题。我在教学中总是坚持每周让学生做一部分精心选择的习题。一旦形成这样的习惯,学生们常会发现解题也是很有乐趣的。

当本书出版的时候,柯匹克(Jernej Copic)会把他的答案上传到一个网址。牛津出版社会给通过认证的教师提供进入网址的方法。

感谢。《娱乐和博弈》和《博弈论教程》两本书都获得了许多人的帮助,我无法把他们都列举出来。这里我只能特别表示一下对我的长期合作者拉里·萨缪尔森的耐心和鼓励的感激之情。我也想感谢加州工学院为我提供的戈登·摩尔(Gor-

phil

→ 1.1

don Moore)学者职位使我有充裕的时间完成本书。我还必须感谢维多利亚女王时代的艺术家约翰·泰尼尔(John Tenniel),因为我盗用了他在《刘易斯·卡罗尔的爱丽丝》(*Lewis Carroll's Alice*)一书中的伟大插图。

道歉。请允许我事先为《博弈论教程》必然会存在的差错道歉。如果你发现了书中的错误,希望你像其他许多帮助过我的人一样,通过我的邮箱 k. binmore@ucl. ac. uk 告诉我。我将衷心感谢。

最后,我也要为我的幽默"企图"道歉。奥斯卡·韦德(Oscar Wilde)曾经说过在某个西部酒吧的钢琴上看到过这样一个告示,"请不要向钢琴家开枪,他已经尽了最大努力"。这句话也适用于我。在介绍数学性的材料时用轻松的风格写作显然不是一件容易的事情,但我已经尽了最大的努力。

肯·宾默尔
(Ken Binmore)

目 录

▶第1章

锁　定

1.1　什么是博弈论

不管什么时候,只要人们之间发生了某些事情,就意味着一种博弈。罗密欧和朱丽叶进行过一次结局糟糕的少年爱情博弈,希特勒和斯大林进行过一场博弈,赫鲁晓夫和肯尼迪在古巴导弹危机期间的博弈则差点让我们全都完蛋。

司机在拥挤的道路上开车时也在与其他车辆的司机进行博弈,在拍卖会中艺术爱好者为了得到一幅传世杰作要与其他竞拍者进行博弈,企业和工会之间为下一年工资的谈判是一种讨价还价博弈,凶杀案的控辩双方律师决定如何向陪审团进行陈词时也在进行博弈,超市经理决定当天冷冻披萨价格时是在与附近所有卖这种冷冻披萨的店主进行博弈。

如果所有上述事件都是博弈,博弈论的重要性当然是不言而喻的。不过博弈理论家并不认为自己对世上的所有问题都有答案,本书介绍的正统博弈理论研究的主要是人们之间相互**理性**作用的结果,因此无法预测罗密欧和朱丽叶此类患相思病的少男少女的行为,也无法预测希特勒和斯大林等人的行为。幸好人们的行为并不总是非理性的,因此研究人们深思熟虑的行为不是浪费时间。我们中的多数人至少会尽量把钱花得较有意义——对此我们许多时候做得不错,否则所有经济理论都会完全失去作用。

即使人们并没有经过事先认真思考,也并不意味着他们的行为就是非理性的。博弈论在解释昆虫和植物的行为方面也取得了引人注目的成就,但昆虫和植物显然是不会思考的。只是因为带非理性行为基因的昆虫和植物灭绝了,因此现存昆虫和植物的行为看起来都是理性的。与此相似,企业并不总是掌握在聪明人的手里,但是市场往往会像大自然一样无情地淘汰适应性差的企业。

1.2　模型博弈

群体内人们的理性互动非常值得研究,但为什么称之为"博弈论"(game theory)?为什么把人们面临的问题贬低为"博弈"(game)?把我们的生存斗争简化为某种博弈是否贬低我们的人性？①

博弈理论家在回答这些问题之前都会经过认真思考。对这些问题的了解越多，越需要避免被自己的意愿误导。博弈论借用象棋和扑克等客厅游戏的语言的好处，是可以在讨论策略互动的逻辑时更加超脱。

玩桥牌的人被公认为可能会向搭档开火，我本人有时候也有这种冲动，但我们大多数时候能冷静思考这种客厅游戏中的策略问题。我们通常会按牌理出牌，不管出牌的结果如何，而且即使输了也不至于暴跳如雷。博弈理论家将客厅游戏的语言用于分析严肃的社会问题，并不表示他们缺乏感情，他们只是想尽可能把问题中适合逻辑一致的理性分析的特征，与不那么适合的特征区别开来。

本章将通过对**模型**博弈（toy games）的集中研究，沿这个方向进一步深入下去。在研究模型博弈时，我们会尽量略掉对给现实问题建模不相关的细节，把注意力集中在基本的策略问题上。为了远离那些纠缠我们的偏见，博弈理论家介绍模型博弈时通常更多使用《爱丽丝漫游奇境》中的简单故事，而不是严肃的社会科学作品中的案例。虽然我们常常以一种娱乐的精神讨论模型博弈，但如果你因此而不重视它们，则犯了一个很糟糕的错误。

在策略互动的情况下我们的直觉往往是非常不可靠的。如果亚当和夏娃进行一个博弈，那么亚当的策略选择应取决于他预测夏娃会采取的策略。但她同时也必须利用她对亚当策略选择的预测进行决策。由于博弈论建立在此类循环推理的基础上，因此它充斥着惊奇和矛盾一点也不奇怪。在解决复杂问题前，先讨论一些较简单问题训练一下思维很有必要。

在解决复杂问题之前也可以先通过简单问题理清思路。解决现实生活中策略问题的关键步骤首先是确定其核心的模型博弈。可以在完成这个任务以后，再根据真实世界的复杂情况加以修正。

1.3　囚徒的困境

囚徒困境是所有模型博弈中最著名的一个。人们很不喜欢这个博弈的分析结论，许多人试图证明这个博弈的分析结论是错误的。

本教材从分析这些批判文献中包含的一些谬误开始，这是出于两方面的考虑。一是让读者了解博弈理论家的结论比表面看起来更有价值。如果它们是显而易见的，为什么那么多聪明人会花大量时间试图证明它们错误？二是给出后续各章仔细介绍博弈论基本概念的理由。我们需要对博弈理论模型中每个概念都有透彻的了解——否则就会犯本章所取笑错误的类似错误。

1.3.1　芝加哥博弈

囚徒困境的故事原型发生在芝加哥。地方检察官知道亚当和夏娃合伙犯了一

---

① 注意：game 的英文原意是游戏，而中文译名"博弈"的本意则是下棋赌胜等——译者注。

宗大罪,但除非至少其中一人坦白,否则就无法给任何一人定罪。检察官下令逮捕了两人,并向他们都提供了下面的选择:

如果你坦白而你的同伙没有坦白,你就会被释放。如果你不坦白而你的同伙坦白,则你将被定罪并会受到最高量刑标准的处罚。如果你们双方都坦白,那么双方都被定罪,但不会判最高标准刑罚。如果双方都不坦白,那么两人都被按较轻微的逃税罪处罚。

亚当和夏娃是这个博弈中的两个博弈方。在这个称为囚徒困境的模型博弈中,两个博弈方都可以选择分别称为鹰和鸽的两个策略之一。鹰派策略是坦白罪行,出卖同伙。鸽派策略是顽抗到底,不出卖同伙。

博弈理论家通过设定博弈中每个可能结果的得益来表示博弈方的利益。在囚徒困境问题中,假设两个博弈方中都不想在监狱中呆更长时间显然是合理的,因而我们可以用他或她必须在监狱中度过的年数测度他们的博弈利益。量刑标准在问题的表述中并没有出现,但我们可以作适当的假设。

如果亚当顽抗而夏娃坦白,也就是策略组合为(鸽,鹰),亚当将被判有罪和有期徒刑 10 年,我们用亚当对应(鸽,鹰)的得益为 −10 记该结果。如果夏娃顽抗而亚当坦白,即策略为(鹰,鸽),亚当获得自由,他对应(鹰,鸽)的得益是 0。如果亚当和夏娃都顽抗,结果是(鸽,鸽),这种情况下地方检察官可以成功指控两人的逃税罪,判他们 1 年徒刑,亚当对应(鸽,鸽)的得益是 −1。如果亚当和夏娃都坦白,结果是(鹰,鹰),两人都会被判有罪,但是因为坦白是一种减刑情节,因此两人都只会被判 9 年,因而亚当对应(鹰,鹰)的得益是 −9。

图 1.1(a)给出亚当选择的囚徒困境博弈得益矩阵。他的策略由矩阵的行表示,夏娃的策略则由列表示。矩阵的每个单元代表博弈中的一种可能结果。例如,右上单元对应结果(鸽,鹰),亚当采用鸽,而夏娃采用鹰。如果这个结果出现,亚当将坐 10 年牢,因此他得益矩阵右上单元中的数字是 −10。

夏娃的得益矩阵即图 1.1(b)。虽然这个博弈是对称的,但她的得益矩阵与亚当的并不同。为了得到夏娃的得益矩阵,必须将亚当的得益矩阵的行和列相交换。用数学术语,就是夏娃的矩阵是亚当的矩阵的转置。

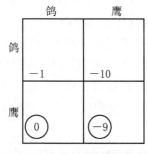

(a) 亚当的得益矩阵

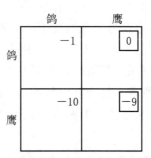

(b) 夏娃的得益矩阵

亚当的最优得益用圈表示。夏娃的最优得益则用方框表示。

图 1.1 囚徒困境博弈的得益矩阵

图 1.2(a)是两个博弈方得益矩阵的合并,该结果也称为囚徒困境的得益表。[①]
亚当的得益写在每个单元的左下角而夏娃的在右上角。例如,−1 写在左上单元
的左下角,因为这是双方选鸽策略时亚当的得益。同样地,−9 写在右下单元的右
上角,因为这是双方选择鹰策略时夏娃的得益。

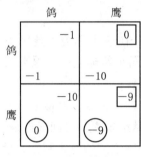
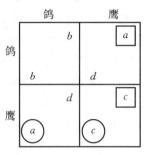

(a) 芝加哥博弈　　　　　　　　　(b) $a > b > c > d$

亚当的得益在各个单元的左下角。夏娃的得益在各个单元的右上角。亚当和夏娃的最佳
反应得益分别用圆和方框圈起来。

图 1.2　囚徒的困境

一个博弈中博弈方的问题通常是他们不知道对手会选择什么策略。如果他们
知道,他们只要简单地采用能够最大化他们得益的相应自身策略就可以了。

例如,如果亚当知道夏娃在囚徒困境中肯定会选择鸽策略,那么他只需要看自
己得益矩阵第一列的得益。这一列的两个得益分别是−1 和 0,因为后者是较大
的,因此在图 1.1(a)和图 1.2(a)中被圈了出来。这个圈意味着亚当对夏娃选择鸽
策略的最优对策是采用鹰策略。同样地,如果亚当知道夏娃会选择鹰策略,则他只
需要看自己得益矩阵第二列的得益。两个得益分别是−10 和−9,后者因为较大
也被圈了出来。亚当对夏娃选择鹰策略的最佳对策也是采用鹰策略。

在大多数博弈中,亚当的最优对策取决于它猜测夏娃将会选择的策略。囚徒
困境博弈比较特殊,因为不管夏娃怎么选择,亚当的最佳对策都是相同的。因此他
不需要先了解或者猜测她将采用的策略,就可以确定自己的最优对策。由于亚当
的最优对策总是采用鹰,因此不管夏娃如何行为,亚当始终不会采用鸽策略。博弈
理论家把该事实称为在囚徒困境博弈中鹰策略强优于鸽策略。

因为夏娃与亚当面对完全相同的困境,因此夏娃的最优对策也是不管亚当如
何行为,始终采用鹰策略。如果在囚徒困境中亚当和夏娃两人都按照自身的最大
得益行为,则两人都会采用鹰策略。结果是两人都坦白交代,从而双双被送去坐 9
年牢——其实如果他们两人都顽抗到底拒不交代,他们反而都只用坐 1 年牢而已。

---

① 虽然它的每个格子中都是向量而不再是标量,这样的矩阵仍然被称为该博弈的得益矩阵。有时它
被称为双矩阵,以反映它实际上是两个矩阵写在一起。大多数博弈理论家把得益写在一行,这样
在(鹰,鹰)单元中的内容就是(−9, −9)。似乎初学者觉得我的表述要正确一些。托马斯·谢林
告诉我他进行的实验证实这样写得益矩阵可以减少发生错误的数量。

人们有时对上述分析的反应是，指责这个地方检察官和歹徒的故事实际上很复杂，并不是用一张简单的得益表就可以充分反映的。不过这类抱怨忽略了一个事实，那就是我们其实并不真正关心引出这个博弈的故事，这类故事主要是帮助我们记住博弈方得益的相对大小。更进一步，图中得益的精确数值通常也不重要，因为我们的兴趣主要在于隐含在得益表中的策略问题，而不是这个幼稚故事的细节。任何与图 1.2(a)有相同策略结构的得益表对于我们都是适用的，不管它们是由哪个故事导出的。

图 1.2(b)是囚徒困境的一般得益表。为了保证鹰策略强优于鸽策略，我们需要 $a>b$ 和 $c>d$。为了确保两个博弈方都采用鸽策略得到比都采用鹰策略更好的结果，我们需要 $b>c$。

1.3.2　理性的悖论

博弈论的批评者不喜欢我们对囚徒困境的分析，因为他们看到如果亚当和夏娃达成采用鸽策略的协议两人的结果都会更好，此时两人都不会坦白，因而都只要坐 1 年牢。

天真的批评者认为这个发现足以构成一个无可辩驳的证据。他们指出存在两种可以比较的理性行为理论。他们的理论让囚徒困境中的每个人都采用鸽策略，而博弈论让每个人都采用鹰策略。如果爱丽丝和鲍勃根据他们的理论行为每人只坐 1 年牢，而亚当和夏娃按照博弈论行为则每人都坐 9 年牢，因此他们的理论比我们的优越。

对于自以为聪明的人的常见反诘是："既然你那么聪明，为什么还没有发大财？"但是当你比较两个人或两种理论中的哪个更成功时，应该比较它们在相同环境条件下的表现。爱丽丝在提前起跑的情况下赢了亚当，并不说明爱丽丝跑得比亚当快，只有比较爱丽丝和亚当同时起跑时的较量才能说明问题。因此我们应该把两人各自与鲍勃博弈的结果与他们各自与夏娃博弈的结果进行对比。

当他们与鲍勃博弈的时候，爱丽丝会坐 1 年牢，亚当则 1 年牢也不必坐，因此在这种情况下是博弈论赢了。当他们与夏娃博弈的时候，爱丽丝将坐 10 年牢，亚当只要坐 9 年牢，这种情况下也是博弈论赢了。因此在两种对等情况的比较中都是博弈论胜出，只是在不对等情况的比较中似乎是批评理论取胜。

其实这些天真的批评者落入了让情感淹没理性的陷阱。因为他们不喜欢博弈论的结论，因此提出了一种除了可以得到他们偏爱的结论以外，无法得到任何有价值的新东西的替代理论。博弈理论家也希望囚徒困境博弈中理性的行为是采用鸽策略，他们也希望不必在监狱中多呆 8 年，但是希望不等于现实，在现实世界中，我们的希望与实际情况往往有很大的距离。

当然大多数批评者不会如此天真。他们坚持否认博弈论的正确性，认为囚徒困境构成亟待解决的**理性悖论**，必须找出其中的真相。他们想方设法要证明囚徒困境隐含了人类合作问题的精髓。如果这一点成立,那么博弈论否认在囚徒困境中的合作理性,就等于说人类合作是非理性的。这当然是很致命的,但任何博弈理论家都不可能接受这种结论。

博弈理论家认为声称囚徒困境隐含人类合作问题精髓的观点显然是错误的,而且囚徒困境恰恰代表了最不利于合作出现的情况。如果人类进行的多数博弈是囚徒困境,我们就不可能进化成社会性的动物。因而与其花功夫去解决这些虚构出来的理性悖论,还不如研究脚上拴着水泥块被扔进密歇根湖的强壮游泳者为什么会淹死。事实上并没有什么理性的悖论存在,理性的博弈方在囚徒困境中不会合作,因为理性合作的必要条件在这个博弈中并不存在。

1.3.3 孪生子谬误

解决虚构的囚徒困境理性悖论的大量尝试之一,是通过把亚当和夏娃当成孪生子,利用该博弈的对称性提出的。具体如下:

> 两个理性的人面对同样的问题应该会得出同样的结论,因此亚当可以假设夏娃的选择必然与他相同,这样最终结果只有都坐 9 年牢或都坐 1 年牢两种。因为后者更好,因此亚当应该选择鸽策略。由于夏娃是他的孪生子,因此她会用相同的方法推理,也必然会选择鸽策略。

这个论证相当吸引人,事实上在有些情况下还是正确的。例如,如果夏娃是亚当在镜子中的影像时,或者如果亚当和夏娃是相同基因的双胞胎,而我们是在讨论哪些基因决定的行为最有利于生物适应性的问题(1.6.2 节)时,它就是正确的。不过,该论证成立的原因其实是所讨论的博弈已经不再是囚徒困境,而是一个只有一个博弈方的博弈。

当我们认真研究有关囚徒困境的谬误时,常常会发现看到的其实是针对某些并非囚徒困境博弈的正确分析。囚徒困境是亚当和夏娃各自独立选择策略的两人博弈。孪生子谬误的错误在于假设在囚徒困境中,不管亚当选择什么策略,夏娃都将会作相同的选择。这是不正确的,因为亚当的两个可能选择中的一个是非理性的。作为独立理性主体的夏娃都应该根据理性行为,而不是跟着亚当行为。

应用于囚徒困境时,只有在亚当的选择是理性的,理性推理得出的夏娃的策略选择确实与亚当的策略相同时,孪生子谬误的结论才是正确的。博弈理论家认为这个选择只能是鹰策略,因为鹰策略强优于鸽策略。

无意义选票之谜。当我们在选举中听到"每张选票都计数了"的时候,非常值得记住这个孪生子谬误。如果不影响选举结果的选票可以看作无意义的选票,那么除非赢家和输家之间正好只差一票的情况,否则**所有**选票都可以被认为是无意义的。因为如果差了两票或更多票,那么只是改变一个投票者的一张选票并不会影响谁当选。国会中一个席位的选举通常不会由一张选票之差决出胜负,因此可以说在这种选举中任何特定的选票都是无意义的。

因为不少人认为这个观点可能导致民主瓦解，因此必须找出说明这个观点"不正确"的理由。此时肯定有人会告诉我们，亚当只考虑自己的选票对选举结果的影响是不对的，他应该考虑想法与他相同，因而投与他相同票的人的选票总数。如果亚当有一万个这样的同志或孪生子，他的选票肯定不会是无意义的，因为一次选举由一万张或者更少选票之差决定的概率通常非常高。

与囚徒困境的孪生子谬误无效相同的理由，这个论证也是不对的。也许很多人的思想和感情与你相同，但是如果你留在家里洗自己的头发，并不会影响他们是否去投票的决定。

批评者往往会指责博弈理论家揭穿这种谬误是缺乏公共精神的，但他们以为鼓励人们琢磨选举过程的真相，民主就会破碎，这显然是不对的。一个有用的类比是足球赛场的呐喊声。如果人们呐喊的目的只是增加球场的噪音，那么很少有人会呐喊。当许多人呐喊的时候，任何单个人的声音都不可能对噪音水平产生很大影响。但是人们呐喊不是因为想要增加噪音，而是在为他们的球队出主意，即使当时他们是坐在家里的电视机面前。

投票与此非常相似。如果你说是因为觉得自己的选票可能是关键一票才去投票显然是自欺欺人，其实人们投票的原因与球迷给球队大声出主意的原因相同。并且正如人们更愿意出好主意而不是坏主意一样，许多博弈理论家认为，如果你把自己当成一个关键投票者，就会从参与投票中得到最多的收获，即使你明知道一张选票造成不同结果的概率小到可以忽略不计（第13.2.4节）。按这种方式行事，有时会使你策略性地给少数党投票。告诉你每张票都会被计数的同一个空谈家，也会告诉你这种策略性投票同样是无意义的选票。但他们最好别指望可以左右逢源！

1.4 公共品的私人提供

为了让我们占据感情上比较容易被接受的有利位置，在揭示更多谬误之前，我们先介绍一下另一个引出囚徒困境的故事。

私人品是人们自己消费的商品，公共品是每个人都可以消费的商品。保护国家免受侵略的军队就是公共品的一个例子，街灯是另一个例子，电视和电台广播也是。不管是谁支付费用，公共品应该是每个人都可以享用的。

大部分公共品由我们缴纳的税收支付，广告主承担其余部分。但是我们感兴趣的是那些由自愿捐赠者负担的公共品。灯塔最早就是通过这种方式筹资的，慈善事业也是这样。大学依靠富裕捐助人的捐赠。公共电视频道要是没有观众的捐赠就无法生存。在第一次世界大战之初，年轻人成群结队志愿参军，把他们的整个生命奉献给公共利益。

乌托邦者有时会沉迷于由自愿捐赠者提供所有公共品的幻想。经济学家则担心搭便车问题。例如，如果人们乘坐火车时可以自由选择买不买票，是否会有足够多人买票解决铁路运行的成本？乌托邦主义者很不屑这种问题，他们认为人们将会发现付钱是有意义的，因为否则火车就会停运。

搭便车问题。一个简单的囚徒困境例子可以说明搭便车问题。一件公共品对亚当和夏娃都有 3 美元价值，提供成本是每人 2 美元。只有两人之一或同时自愿支付成本时该公共品才会被提供。如果两人都愿意支付，两人各自支付自己的一份。如果只有一人自愿，他或她必须支付两份成本。假设亚当和夏娃只关心他们最终有多少利益，他们会怎样进行该博弈。

图 1.3(a) 中是以美元为单位的得益。采用鸽策略即选择贡献，采用鹰策略即不做贡献想搭便车。如果亚当和夏娃都采用鸽策略，他们会分担公共品的提供成本，各自获益 $3-2=1$（美元）。如果亚当采用鸽策略而夏娃采用鹰策略，则公共品供给由亚当独自负担，他损失 $4-3=1$（美元），夏娃既不用负担成本又可以享用公共品，因而得益 3 美元。

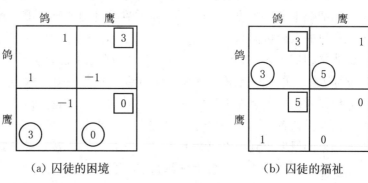

图 1.3　公共品的私人提供

因为这个公共品博弈的结构与图 1.2(b) 相同，因此它也是囚徒困境的一个版本。正如所有囚徒困境问题那样，鹰策略强优于鸽策略，所以理性的博弈方会选择搭便车。因而无人会提供公共品，结果是两个博弈方都失去他们都选择自愿贡献可以增加的那 1 美元。

1.4.1　人们自私吗？

批评者对上述分析非常不满。他们认为博弈理论家假设人们只关心钱财是错误的。因为现实中人们也关心各种其他事情，特别是会关心其他人和他们生活的集体。他们认为只有搞经济学的自私的财迷才看不到这些。

但是其实博弈论并不设定什么是人们想要的东西。博弈论只是指出如果亚当和夏娃想最大化他们的得益会做什么，而并没有说博弈方的得益一定是可以放进他们口袋的金钱。博弈理论家完全理解金钱并不是激励人们的唯一事情。我们也会陷入情网，也会去参加选举投票，我们甚至会写一些所赚的钱不足以弥补写作成本的书。

例如，设亚当和夏娃是一对恋人，都非常关心对方，认为对方口袋里 1 美元的价值是自己口袋里 1 美元的两倍。此时建立在博弈方都只关心自己口袋中美元的假设基础上的图 1.3(a)的得益表不再适用。不过我们可以很容易地把得益表调整到适合亚当和夏娃是恋人的情况。只要简单地把对方得益的两倍加到表中每个得益上,我们会得到图 1.3(b)的得益表。这个新博弈可以称为囚徒的福祉,因为此时鸽策略强优于鹰策略。在囚徒困境中指出博弈方应该搭便车的同一个原理,在囚徒的福祉中会要求亚当和夏娃应该自愿贡献。

因而认为人类本质上是利他的批评者,指责博弈理论家对囚徒困境的分析错误其实是搞错了方向。他们可以指责的是我们正确地分析了错误的博弈。在公共品私人提供的例子中,证据似乎表明他们有时是对的,有时是错的。这对于并不偏好特定博弈的博弈理论家来说并不构成问题。请你告诉我们正确的博弈是什么,我们会尽可能告诉你它会如何进行。

理性是激情的奴隶。这是休谟(David Hume)在解释理性是手段而不是结果时用的名句。按照他的说法,即使他宁愿毁掉整个宇宙也不愿弄伤手指,也不是非理性的。

博弈论的逻辑与此相同。博弈论在关于人们受什么驱动这一点上完全是中性的。正如算术告诉你如何计算 2 加 3 时不用问你为什么需要知道答案一样,博弈论告诉你怎样得到你想要的东西时也不会问你为什么要它。道德判断——不管支持还是反对——在文明社会是必要的,但是你做这些时应该带上伦理学的帽子,而不是博弈论的帽子。

因而博弈论并不假设博弈方必然是自私的。就算亚当和夏娃被设成财迷,谁又知道他们为什么需要钱呢?也许他们计划救助那些处于困境中的穷苦人。但令人伤心的事实是,多数人只愿意给需要私人提供的公共品贡献收入的微小部分。无数实验证明,当进行现金得益足够大的囚徒困境博弈时,十分之九的实验对象最终会选择搭便车。即使是完全没有经验的实验对象也有一半是搭便车的。

因此政府在制定征税法律时,比较聪明的做法是更多考虑囚徒困境而不是囚徒福祉。没有人喜欢关于人类本性的这个事实。但是把告诉我们不希望知道的事实的经济学家称为自私自利的财迷,并不能改变人类的本性。

1.4.2 显示偏好

博弈中的得益不一定是金钱或坐牢年数等客观事物,也可以是博弈方的主观感受。第 4 章整章介绍的现代效用理论就是为经济学家使用的这种得益提供方法的。本节先介绍这个理论的一些基本思想。

幸福? 早在 19 世纪初,边沁(Jeremy Bentham)和穆勒(John Stuart Mill)就用“效用”这个词表示某种抽象的幸福测度。也许他们认为最终可以把某种能显示一个人正在经验的快乐或痛苦有多少效用的测量装置植入大脑。批评现代效用理论的人,常常想象经济学家仍然坚持此类关于人类意识工作机制的早期信念,但实际上正统经济学家早就放弃了成为心理学家的企图。与坚持我们的大脑是产生效用的小机器相去甚远的是,现代效用理论的优点之一就是对究竟是什么引发我们的行为不作假设。

这并不意味着经济学家认为思考过程与行为无关。我们清楚地知道人类受自己关心的所有事情的推动。有些人比较聪明,有些人比较愚笨。有些人只关心金钱,其他人只是不想坐牢。有些善良的人为了让一个小孩不要哭泣甚至可以卖掉自己的衬衣。我们承认人们是千差万别的,但是我们依靠忽略人们头脑中的具体思想,把注意力集中在他们所做的事情上,成功地把他们放到同一个理论中进行讨论。

因而现代效用理论放弃任何解释亚当或夏娃行为原因的企图。我们必须满足于一个描述性理论,而不是一个解释性理论。描述性理论的作用只是说明,如果亚当和夏娃过去这样做,而现在那样做,就是行为不一致。

囚徒困境中的显示偏好。用现代效用理论的术语分析囚徒困境,有助于厘清该理论的工作原理。我们问题中的得益数据最终来自于博弈方的行为,而不是对博弈方试图赚钱或逃避坐牢的假设。

在博弈论中,我们的兴趣通常在于通过观察人们在单人决策问题中的行为,推断理性的博弈方会如何进行博弈。因而在囚徒困境中,我们从考虑在预先知道夏娃将选择鸽策略时亚当会如何决策开始。

如果亚当会选择鹰策略,我们在其得益矩阵的左下单元填一个比左上单元大的得益。这些得益可以解释为亚当分别对应结果(鸽,鹰)和(鸽,鸽)的效用,但是请注意我们的故事使得亚当选择前者是因为其效用更大的说法失去了意义。反过来也同样正确。我们会使(鸽,鹰)的效用大于(鸽,鸽)的效用,因为我们被告知亚当会选择前者。亚当在可以选择(鸽,鸽)的情况下采用(鸽,鹰),我们称亚当显示了对(鸽,鹰)的偏好,我们通过给它设比(鸽,鸽)大的效用来反映这一点。

我们接下来可以问如果亚当事先知道夏娃已经选择了鹰策略,他会作怎样的决策。如果亚当仍然选择鹰策略,我们就在他得益矩阵的右下单元填一个比右上单元大的得益。

在我们了解亚当知道夏娃的打算时会作什么选择的假设下,我们在图 1.2(b)的得益矩阵中填上他的满足 $a > b$ 和 $c > d$ 的得益。可是,博弈论中的问题是亚当通常不知道夏娃打算做什么。为了预测他在博弈中会怎么做,我们必须假设他的理性足以使他在博弈中所做的选择与他在单人决策问题中所做的选择一致。

有一个例子应该对我们有帮助。塞尔滕(Selten)教授是一个著名的博弈理论家,但他的一把雨伞也许比他更著名。在雨天他总是带着这把伞,在晴天他也总是带着它。但是他明天会带它吗?如果他未来的行为与以前的行为一致,那么他显然会带。因此我们知不知道明天是晴天还是会下雨其实是无所谓的,因为这个信息与塞尔滕教授的行为没有相关性。

我们可以借助这个雨伞原理预测亚当在囚徒困境中的行为。我们已经知道如果亚当知道夏娃采用鸽策略时会选择鹰策略,知道夏娃采用鹰策略时也会选择鹰策略，因此亚当显示了自己的选择并不取决于他知道夏娃会选择什么。如果他的行为方式是始终一致的，那么不管他猜测夏娃的选择是什么，他都将采用鹰策略。换句话说，一个一致的博弈方一定会选择强优的策略。

批评。 批评者对这种推理的回击有两方面。第一种反对是否定论证的前提。他们认为亚当知道夏娃打算选择鸽策略时不会选择鹰策略。他也许有可能不会——但这样我们也就没有必要分析囚徒困境问题了。

第二种反对总会使我困惑。囚徒困境首先通过博弈方试图最大化金钱或最小化坐牢年数的假设推导博弈方行为的简单故事介绍给批评者。这使得根据单人决策问题中的行为推导得益的过程得到简化。当批评者抗议说现实中人们并不一定自私时，他实际上引用了显示偏好理论，并认识了囚徒困境的逻辑适用于所有人，不管人们是被什么因素驱动的。

交流进行到这里后往往难以继续下去，因为批评者无法理解显示偏好的思想。哲学家发现这种思想特别难以理解，因为边沁和穆勒禁锢了他们的头脑。[①]但是如果批评者想继续论战，他们通常会争辩说，求助于显示偏好理论是一种同义反复，因此不值得人们加以重视。这样他们就巧妙回避了反驳，堵住了人们的嘴巴。

1.5 不完美竞争

页边空白处的疯帽匠想直接跑到第 1.6 节去，目的是逃避对囚徒困境与不完美竞争经济学关系的了解。但是如果他总是忽略博弈论在经济学中应用的部分，就会错失许多东西。

→ 1.6

博弈论在经济学中有现成的应用并不令人惊奇。经济学这门阴郁的科学被假设为研究稀缺资源配置问题的。如果资源稀缺，必然是因为想得到它的人数超过可以得到它的人数。这种情况创造了博弈必须的所有要素。更进一步，新古典经济学家就是在人们在这种博弈中会理性行为的假设基础上推理的，因此新古典经济学本质上就是博弈论的一个分支。没有认识到这一点的经济学家，就像是莫里哀（Molière）的《贵人迷》（*Le Bourgeois Gentilhomme*）中震惊于自己说了一辈子无聊话而不自知的儒尔丹先生。

虽然经济学家早就接纳了博弈理论家，但却因为没有及时利用冯·诺依曼（Von Neumann）[②]和摩根斯坦（Morgenstern）1944 年发明现代博弈论时提供的工具，而影响了自己的进步。

---

① 他们也可以指试图利用心理学实验的过程中复活了传统效用理论的现代行为经济学派的存在。但这些行为主义者并不支持囚徒困境的正统分析。

② 诺依曼是上个世纪真正伟大的数学家之一。对博弈论的贡献只是他的一个旁支成果。只要他愿意，这样伟大的人可以随便怎么称呼自己。但在某些德语区称呼他的贵族头衔"von"是他的父亲从匈牙利政府那里买来的，因此我在这里把他的名字写成"Von"诺依曼而不是"von"诺依曼。

结果是他们只能对不完美竞争中的垄断特例提供满意的分析。垄断不会引出策略问题,因为可以当成只有一个博弈方的博弈。只有博弈论出现后才有可能系统研究其他类型的不完美竞争。

在研究如何用囚徒困境表示不完美竞争中的简单问题之前,先看一下在相同的环境中垄断者的行为很有意义。

1.5.1 奇境地的垄断者

奇境地的帽匠用硬纸板制造帽子。因为帽匠都是疯子[①],他们不要工钱,因而生产函数把硬纸板作为制帽过程的唯一投入。因为制帽速度快了会造成浪费,因此生产函数是规模报酬递减的。生产函数的具体形式如下:

$$a = \sqrt{r}$$

该式意味着 r 张硬纸板可以做 $a = \sqrt{r}$ 顶帽子,做 1 顶帽子只需要 1 张硬纸板,但做 2 顶帽子就需要 4 张硬纸板。

爱丽斯是帽子生意的垄断者。硬纸板可以用 1 美元 1 张买到,因而制造 1 顶帽子花费她 1 美元,而制造 2 顶则要花 4 美元。一般地,制造 1 顶帽子的成本由成本函数给出,

$$c(a) = a^2$$

如果爱丽斯能够以每顶 p 美元的价格卖掉帽子,她的利润 π 就是她卖掉帽子获得的收益 pa 减去制造它们的成本 $c(a)$:

$$\pi = pa - a^2$$

为了找出使她的利润最大化的价格,爱丽斯需要知道在每个可能的价格 p 可以卖掉帽子的数量 a。在奇境地,这个信息由需求方程给出:

$$pa = 30$$

因为爱丽斯是唯一的帽子制造商,她可以满足对任意价格的帽子的所有需求。如果她制造了 a 顶帽子,她可以按 $p = 30/a$ 美元的价格卖掉所有帽子。将这个 p 值代入 p 的表达式,我们得到她的利润是:

$$\pi = 30 - a^2$$

这个方程揭示了垄断者是如何赚钱的。他们会通过人为限制供给推高价格。这在奇境地的效果是极端的。因为不管爱丽斯卖掉多少帽子,她的收益都是 $pa = 30$

---

① 路易斯·卡罗尔(Lewis Carroll)的疯帽匠不会愤怒,只是疯狂。现在认为这种使得维多利亚帽匠出了名的奇怪行为,是在制帽过程中通过皮肤吸收了马钱子碱造成的。

美元。所以爱丽丝可以通过制造尽可能少的帽子来减少成本 a^2。因而她会只生产 1 顶帽子[①]，以 30 美元的价格卖掉。因为 1 顶帽子的制造成本只有 1 美元，此时她的利润是 29 美元。

1.5.2　奇境地的双寡头

典型的垄断者是价格制定者，因为她对产品的销售价格有完全的控制权。在一个完美竞争市场的交易者则是价格接受者，因为他们对所交易商品的价格完全没有控制权。这通常是因为所有交易者都很小，任何个体行为对整个市场的影响都是微不足道的。现实中的大多数市场介于这两种极端之间。交易者对他们所销售货物的价格有一定的控制，但是由于对手的竞争，他们的控制是受到限制的。

当鲍勃决定进入奇境地制帽业作为爱丽丝的对手时引出了一个简单的例子。此时的市场称为双寡头，因为它有两个竞争性的生产者。如果爱丽丝生产 a 顶帽子而鲍勃生产 b 顶帽子，每顶帽子可以按 $p = 30/(a+b)$ 美元的价格销售。如果爱丽丝和鲍勃都只关心他们自己的利润最大化，他们各自应该生产多少顶帽子呢？

为了使问题更简单，假设爱丽丝和鲍勃都被限制只能生产一或两顶帽子。这样我们就可以用一个各博弈方都有称为"鸽"和"鹰"的两种策略的博弈表示他们的问题。图 1.4(a)给出了这个博弈的得益表。它是囚徒困境的另一个例子。

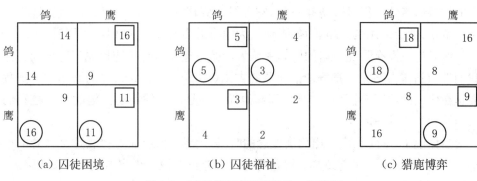

(a) 囚徒困境　　　　(b) 囚徒福祉　　　　(c) 猎鹿博弈

图 1.4　可以从双寡头引出的一些博弈

在双寡头情况下，爱丽丝和鲍勃能够通过联手把供给限制在垄断水平，共同赚更多的钱。如果他们都采用鸽策略，因而帽子的总供给是 2 顶，各自都可以赚到 14 美元利润。[②]

[①]　路易斯·卡罗尔(Lewis Carroll)可能会很高兴指出如果爱丽丝以无穷大的价格销售 0 顶帽子，爱丽丝的利润可以更大，但我们这里假设需求函数只对正整数的 a 成立。

[②]　如果他们都同意只供给一项帽子和分享利润，他们就可以赚最多的钱，但我们当前的模型比较简单，无法把这种共谋考虑进来(第 1.7.1 节)。

可是实际上他或她都不可能实现最大个体得益。在囚徒困境中,鹰策略总是强优于鸽策略。不管爱丽丝计划生产多少顶帽子,鲍勃自己采用鹰策略,制造 2 顶帽子都是最优的。因为爱丽丝的情况相同,因此两人都会采用鹰策略,结果是每人只得到 11 美元的利润。

上述结果说明了为什么竞争对消费者是有好处的。引进鲍勃与爱丽丝竞争,把生产帽子的数量从 1 顶提高到 4 顶,每顶帽子的价格则从 30 美元下降到 7.5 美元。如果博弈论的批评者所说的爱丽丝和鲍勃在囚徒困境中鸽策略是理性策略是正确的,就只会生产 2 顶帽子,出售的价格是每顶 15 元。因此,理性要求在囚徒困境中采用鹰策略并不总是坏事情。

1.6 纳什均衡

双寡头并不一定演变为囚徒困境。例如考虑奇境地的帽子需求减少,需求方程变成 $p(a+b) = 12$ 的情况。此时我们得到图 1.4(b)的得益表。这是另一个鸽策略强优于鹰策略的囚徒福祉例子。此时理性博弈的结果是两博弈方联合从消费者那里榨取最大限度的金钱。

囚徒困境和囚徒福祉都是通过淘汰强劣策略解决的,但这种方法并不能解决所有博弈。要明白为什么,可以考虑爱丽丝和鲍勃生产成本都是零,需求方程为 $p(a+b)^2 = 72$ 时的情况。此时我们得到得益表图 1.4(c)。这个模型博弈被称为猎鹿博弈,是以哲学家卢梭(Jean-Jacques Rousseau)讲的一个解释信任如何起作用的故事命名的。像多数博弈一样,它并没有强优策略。如果亚当认为夏娃将采用鸽策略,他会采用鸽策略,而如果他认为她将采用鹰策略,则他会采用鹰策略。

博弈论在没有强优策略的博弈中认为什么是理性的博弈选择呢?这个问题把我们带回到作为不完美竞争理论起源的古诺(Augustin Cournot)的著作中。把我们正在研究的双寡头模型公式化以后,他面对的是同样的问题。他的答案是我们必须寻找均衡的策略。

当休谟 1739 年首次提出均衡概念的时候,世界并没有做好接受这个概念的准备。古诺 1838 年正式定义这个概念的时候世界仍然没有做好准备。一直到 1944 年诺依曼和摩根斯坦的《博弈和经济行为》(*Games and Economic Behavior*)出现后这个概念才被广泛接受。1951 年纳什对古诺思想的改进版则像野火一样传遍了世界。①古诺的贡献有时是通过将这个均衡称为古诺—纳什均衡得到承认,但现实中通常只是简单地称为纳什均衡。

像许多重要思想的解释一样,关于什么是一个纳什均衡的解释也极其简单:

> 一个博弈中的一对策略被称为纳什均衡,当且仅当其中的每个策略都是

---

① 纳什在 1944 年与塞尔滕和哈萨尼(John Harsanyi)一起因为对博弈论做出的贡献获得了诺贝尔奖。他在发表关于均衡的理论到获奖之间的大部分时间里,都被严重的精神分裂症所困扰。

对另一个策略的最好对策。

我们已经见过许多纳什均衡。只要得益表一个单元中的两个得益都被圈上圆圈或者方框，就对应一个纳什均衡。

例如，在囚徒困境中（鹰，鹰）总是一个纳什均衡，包括图 1.4(a) 中为简单的古诺双寡头建模的版本。同样的，在图 1.4(b) 囚徒福祉中的（鸽，鸽）也是一个纳什均衡。在图 1.4(c) 猎鹿博弈得益表中左上和右下单元中都是双方的得益都被圆圈或方框圈了起来，因此在猎鹿博弈中（鸽，鸽）和（鹰，鹰）都是纳什均衡。

为什么需要纳什均衡？为什么所有人都关心纳什均衡？这至少有两方面的理由。首先是博弈论著作无法指定任何一对策略 (s, t) 作为一个博弈的解，除非它是一个纳什均衡。例如假设 t 不是对 s 的最佳对策，那么此时夏娃的推理是，如果亚当根据该书的指示采用 s，她不采用 t 的结果会更好。如果理性的人不会根据一本书预测行为，那么这本书关于什么是理性行为的结论就不可能是权威的。

进化给我们提供了关心纳什均衡的第二个理由。如果一个博弈的得益对应博弈方的适应度，那么当达到纳什均衡时，优胜劣汰的进化调整过程就会停止，因为此时所有幸存者都已经是最大限度的环境适应者。

因而我们并不要求博弈方都是计算纳什均衡的数学高手。纳什均衡对动物的行为常常也能很好地预测。纳什均衡的进化意义也并不只是局限于生物学，只要存在淘汰低得益博弈方的调整趋向，纳什均衡都有预测作用。例如，因为比竞争对手做得差的股票经纪人会破产，因此股票经纪人所用的操作方法会承受与鱼和昆虫的基因同样的进化压力。因而关心股票经纪人进行的博弈中的纳什均衡是有意义的，即使我们明知道有些股票经纪人连找一条绕过金鱼缸的出路的能力都没有，更不可能读懂一本博弈论著作。

1.6.1　自私基因

因为达到纳什均衡时进化会停止，因此生物学家说纳什均衡是进化稳定的。[①]此时每个染色体相关位点都被适应度最高的基因占据。因为一个基因只是一个分子，它自身不会进行最大化适应度的选择，但是进化使得它看起来像是做了选择。因而博弈论使得生物学家不需要追踪进化的复杂过程就能得到最终的进化结果。

→ 1.7

道金斯(Richard Dawkins)的名著《自私的基因》(*Selfish Gene*)的书名简洁地表达了这种思想。他的比喻生动但很冒险。当我看到一个年长的女士谴责他"明知道基因只是一些不可能有自由意愿的小分子，还要无耻地提出这种进化谬论"时，我觉得特别好玩。

---

① 史密斯(John Maynard Smith)定义的进化稳定策略(ESS)是对它自身的最优对策，满足比任何替代最优对策对自身都更好的，对任何替代最优对策的对策。根据我的经验，生物学家很少关心包含替代最优对策的小复本。

1.6.2 血浓于水

很遗憾没有足够的篇幅对博弈论在生物学中的应用进行足够的讨论,但我们可以用一点时间讨论一下汉密尔顿(Bill Hamilton)对我们为什么可以期望动物(和人类)与他们的亲属比与陌生动物(或)人容易相处的解释。

最接近事实的一种解释是,基因的适应度是出现在下一代中自身复制品的平均数目。如果计算适应度的时候忽略了其复制品出现在爱丽丝亲属身上的可能性,爱丽丝身上特定基因的适应度就可能被低估。至少如果爱丽丝的兄弟带有这个基因,他平均来说将该基因复制品遗传给下一代的数量同爱丽丝一样多。

爱丽丝和鲍伯之间的关系度 r 就是他们共同拥有特定基因的概率。如果鲍勃是爱丽丝同父母的亲兄弟,$r = \frac{1}{2}$。如果他们是亲表兄妹,$r = \frac{1}{8}$。如果爱丽丝和鲍伯相互之间进行一个博弈,r 有什么影响吗? 他们的表现会像同巢的雏鸟吗?

我们只考虑 $r = 1$,也就是爱丽丝和鲍勃是同卵双生子或克隆人的情况。如果他们在囚徒困境中的策略由特定位点上的基因决定,而且该基因知道它对手的策略由它自己的复制品决定(本章练习 26)。此时实际进行博弈的只有一个基因。在这个单人博弈中,最优选择是鸽策略,爱丽丝和鲍勃会合作。简单点说,因为爱丽丝和鲍勃确实相互是对方的精确复制品,因此孪生子谬误不再是一个谬误。

如果爱丽丝和鲍勃的关系没有这么近,可以用第 1.4.1 节的恋人故事的修正版。r 越大,他们合作的可能性就越大(本章练习 29)。汉密尔顿认识到这必定是蚂蚁、蜜蜂和黄蜂等膜翅目动物的社会性独立进化这么多次的原因。因为它们独特的生殖安排,这些物种的两姐妹之间 $r = \frac{2}{3}$,而不是像我们人类的 $r = \frac{1}{2}$。

1.7 集体理性?

冯·诺依曼和摩根斯坦的《博弈和经济行为》区别了两类博弈理论。到目前为止我们只讨论了博弈方独立选择他们的策略,最大化他们自己得益的非合作博弈。

囚徒困境博弈论分析的批评者有时会质问我们,为什么忽视诺依曼和摩根斯坦的,假设博弈之前博弈方会进行关于采用何种策略的有约束力协议谈判的合作博弈理论。这种批评者通常会推销理性是以群体而不是个体形式存在的思想。他们认为只有对所有博弈方的整体而言也是理性的行为,才是个体博弈方的理性行为。马克思是持这种观点的学者中最著名的一个。[①]这个错误的生物版本称为群体选择谬误。

帕累托效率。合作博弈理论的一个标准假设是理性的协议必然是帕累托有效

---

① 可以回顾一下马克思把资本和劳动等虚构的联盟抽象处理成思想统一和目的坚定的个体的方法。

的。帕累托效率有弱式和强式之分。弱式最容易说明,它指出只要没有所有博弈方都更偏好的其他可行协议,一个协议就是帕累托有效的。论证协议必须满足弱式有效假设的论据是,只要有人还可以通过继续谈判获得更多东西,理性的博弈方就不会停止谈判。可是,在囚徒困境的四个结果中只有一个不是帕累托有效的,就是(鹰,鹰),但那恰恰是非合作博弈理论指出理性的博弈将实现的结果。

认为这个事实揭示了非合作博弈和合作博弈理论之间矛盾的哲学家,忽视了合作博弈理论中可以达成约束力协议假设的重要性。亚当和夏娃承诺尊重协议是没有用的。我们都在某些时候食言过,因为当时好像其他某些事情更重要。对于真正有约束力的协议,必须所有博弈方都知道到时候一定会有压倒性的理由迫使他们遵守诺言。按照博弈理论家的说法是所有博弈方都知道他会被强制遵守协议。

使承诺可靠。 在现实生活中,法律制度常常会提供强制执行承诺的可行方法。如果亚当和夏娃签署了有法律效力的合同,而且违反合同受到的处罚超过欺诈可能带来的利益,那么他们将会遵守协议。可是,将这种强制承诺执行的可能性引入模型,不可避免地会改变我们所进行的博弈,批评者认为他们看到的矛盾也就自然不存在了。

例如假设亚当和夏娃在进行囚徒困境博弈之前进行了讨论,并且双方都同意采用鸽策略。如果该协议有法律约束力,那么两博弈方食言他们将被处罚金。图 1.5(a) 显示了违反合同时 3 美元的罚金是如何改变图 1.3(a)中公共品私人提供的囚徒困境的。这个新的博弈是图 1.3(b)囚徒福祉的另一个版本,其中鸽强优于鹰。此时守信成为理性策略,所以各个博弈方采用鸽策略的承诺会得到有效执行。

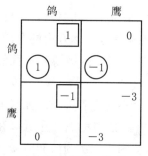
(a) 双方都付 3 美元

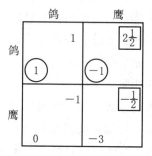
(b) 夏娃付 50 美分

得益表是通过他或她在图 1.3(a)公共品私人提供博弈中采用鹰时的得益中减一笔罚金得到的。

图 1.5 违背诺言

为承诺建模。 认为博弈论不道德的人,常常争辩说博弈方的良知能起内部警察的作用,可以降低对外部强制的需要。博弈理论家对于为多数人不喜欢违背承诺的事实建模并没有困难。但是违背承诺时你的感觉究竟有多糟糕?如果没有别的办法弄钱喂饱我饥饿的孩子,我完全不会为了违背一个诺言而感觉不舒服。有些人对所有承诺的感觉都是如此——要不然我们根本不用那么辛苦地建立法律制度。因而我们需要面对的事实是，为了反映我违背承诺时的痛苦而必须从我的得益中减掉的数额可能很小，往往根本无法影响我的行为。

例如，再一次考虑图 1.3(a) 中公共品私人提供的囚徒困境。如果夏娃违背她采用鸽策略的承诺时，我们只从她的得益中减掉 50 美分，但亚当违背承诺时还是从亚当的得益中减少 3 美元，此时我们得到图 1.5(b) 的博弈。这是我们遇到的第一个非对称博弈，我们仍然可以通过消去强劣策略解决它。此时亚当采用鸽策略而夏娃采用鹰策略是理性的。

因而当亚当支付提供公共品的全部成本时，夏娃可以搭便车。但这并不是因为亚当好欺负，他之所以在预计夏娃打算采用鹰时仍然采用鸽，只是因为他把心灵的平静看得比采用鹰策略可以省下的那点钱更重要。如果不是这种情况，那么显示偏好理论告诉我们，在他的得益中减掉 3 美元罚金可能就太多了。

1.7.1 串谋

人们对欺骗和撒谎可以是理性的这个假说反应常常很激烈。他们认为如果这种观点成立，那么社会将会瓦解。如果我们的朋友和邻居都无法信任，我们的处境会怎样呢？但其实博弈理论家并没有说理性的人们应该从不相互信任。他们只是说在找到做某件事情的良好理由之前就做这件事情是非理性的。

我们有好的理由信任朋友和邻居，但是我们有同样好的理由不信任政治家和二手车推销员。是否可以信任其他人是随环境而定的。例如，每个人都明白不能信任深夜在黑暗的过道中逼近你的陌生人。

博弈理论家认为亚当在与夏娃准备进行囚徒困境博弈时相信夏娃的话是不聪明的。他在指望夏娃的合作之前，应该先得到她在具有法律效力的合同上的签字。如果夏娃是亚当的妻子或者姐妹，他们就不会进行囚徒困境博弈。我们与信任的人进行的博弈要复杂得多。

囚徒困境包含的一个重要假设是博弈方今后不会再有关系。如果亚当和夏娃相信他们未来可能再次相遇和进行博弈，他们可能必须考虑现在对鸽和鹰的选择可能会对对方在未来的选择产生影响。因而囚徒困境无法为博弈方诚实的声誉可能很有价值（也很容易失去）的长期关系建模。在 1991 年 8 月 29 日的《纽约时报》上，当被访问的一个古董商被问及是否会信任帮他销售货物的古玩店主时回答道："我当然信任他，我知道这个行业中哪些人可以信任。对那些出卖你的人，那当然只能说再见了。"

双寡头是考虑信任问题的好例子，因为双寡头之间的合作通常是非法的。甚至有一个专门名词表明我们的不赞成，当两个寡头同意合作而不是竞争的时候，我们称他们"串谋"。

双寡头之间的串谋在法律上是靠不住的，因为哪一方都不可能去控告对方不遵守一份本身就非法的合同。也不难想到串谋的双寡头缺乏道德顾忌，毕竟正直的本性与卷入欺诈消费者的串谋本身就不相容。事实上在现实生活中的串谋者也总是选择深夜在烟雾弥漫的宾馆房间中进行他们的私下交易——就像电影中的黑帮那样。

如果想要爱丽丝和鲍勃成功地串谋，就需要有好的理由信任对方，即使两人都知道对方只受最大化自身利润的自利动机驱动。在缺乏内外强制的变动的关系中为什么合作能持续的适当解释，必须等到研究重复博弈的时候（第11.3.3节）才能提供。不过，在纠正哲学家提出的另一个推理错误时，顺便了解一点这种解释并不难。

公开计划谬误。 公开计划谬误要求我们相信两个可疑的命题。第一个是理性的人有事先保证他们按照特定方法行为的意志力。第二个是当我们说真话时其他人能够很好地读懂我们的身体语言。如果我们诚实地作一个承诺，我们就会被相信。

如果这些命题是正确的，我们的世界将会非常不同！理性就能很好地预防药物成瘾，纸牌就无法玩了，演员会失去工作，政治家会是廉洁的。不过博弈论的逻辑仍然是适用的。

作为例子，可以考虑两个分别称为"克林特"（Clint）和"约翰"（John）的智能计划。前者是根据克林特·伊斯特伍德在《乱世西部》中扮演的角色命名的。后者纪念我曾看过的一部有趣电影，其中约翰·韦恩扮演成吉思汗（Genghis Khan）。选择"约翰"计划表明承诺在囚徒困境中不管怎样都会采用鹰策略。选择"克林特"计划就是表明当且仅当对手表明同样承诺时，才会承诺在囚徒困境中采用鸽策略，否则会采用鹰策略。

如果允许爱丽丝和鲍勃在进行图1.4(a)的囚徒困境博弈之前，把他们自己公开委托给两个计划之一，他们会怎么做呢？他们现在的问题是各有"克林特"和"约翰"两个策略的一个博弈。只有两个博弈方都选择"克林特"时这个影星博弈的结果是（鸽，鸽），其余情况的结果都是（鹰，鹰）。这个博弈的得益表由图1.6(a)给出。

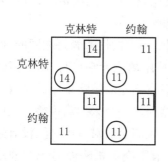

(a) 电影明星博弈

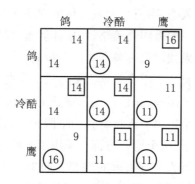

(b) 重复囚徒困境

图1.6　合作

电影明星博弈没有强优的策略。爱丽丝选择"克林特"总是最优对策，但是"克林特"并不总是她的唯一最优对策。如果爱丽丝预测鲍勃会选择"约翰",那么不管她选择"克林特"还是"约翰",得益都相同。在这种情况下,我们说"克林特"弱优于"约翰"。

因为囚徒困境中鹰策略强优于鸽策略,理性的博弈方一定会采用鹰策略。但我们不能肯定在影星博弈中理性的博弈方必定选择"克林特",因为两人都选择"约翰"也是一个纳什均衡。不过,如果爱丽丝和鲍勃对对方将选择什么策略抱有疑问,他们最好的选择就都是"克林特",因为"克林特"肯定是最好对策,而"约翰"只有当对方也选择"约翰"时才是最好对策。

如果爱丽丝和鲍勃能成功表明作了"克林特"那样的博弈委托,那么两人在囚徒困境中都会采用鸽策略。这个公开计划谬误的鼓吹者认为这就证明了在囚徒困境中合作是理性的。如果他们关于现实生活中的博弈都像某种类型的影星博弈的想法是对的,特别是人们可以选择成为亚当·斯密或查尔斯·达尔文而不是约翰·韦恩或克林特·伊斯特伍德,那敢情不错。但是实际上他们并没有证明囚徒困境中合作是理性的,他们的论证只说明在影星博弈中选择"克林特"是理性的。

1.8 重复囚徒困境

如果在囚徒困境中合作是不可能的,那么为什么现实生活中类似爱丽丝和鲍勃的双寡头常常能成功地串谋? 理由是现实世界比奇境地更复杂。现实中的双寡头并不是一次性决策就万事大吉,而是要日复一日进行竞争。囚徒困境无法抓住这种不断进行的经济关系的本质,但我们可以通过假设爱丽丝和鲍勃从此以后会每天进行囚徒困境博弈直到永远,创造出一个能够抓住这种关系本质的模型博弈。在这个新博弈中他们的得益就是他们每天的平均利润。

当我们认真研究重复博弈时会发现爱丽丝和鲍勃都有无数的策略,但我们只考虑三个:鸽、鹰和冷酷(grim)。其中第一个策略即总是采用鸽策略,第二个总是采用鹰策略,第三个是只要你的对手也采用鸽策略,你就采用鸽策略,但只要你的对手有一次采用鹰策略,此后你就永远转向鹰策略。[①]

如果我们只有鸽和鹰两个策略,重复囚徒困境与一次性博弈是相同的,但现在我们还有一个冷酷策略需要考虑。当冷酷策略采用鸽或者它自身,两个博弈方每天都会采用鸽,并且每天都得到 14 美元得益。只有当冷酷策略采用鹰时情况才会变得复杂。第一天将看到一个博弈方采用鸽策略而另一个采用鹰策略。在以后所有的日子,两个博弈方都会采用鹰策略,因为冷酷策略会对对方第一天没有采用鸽策略的行为进行永远的惩罚。如果一个博弈方采用冷酷策略而另一个采用鹰策略,各自的平均得益为 11,因为计算无穷远时期的平均得益时爱丽丝和鲍勃第一

---

① 这个冷酷策略得名是因为它毫不留情地惩罚对手的犯规。许多读者已经听到过它的另一个名字"以牙还牙"(tit-for-tat)。流行作者声称这个策略优于所有竞争策略是不正确的。

天的得益无关紧要。

把这些事实放在一起,我们得到图 1.6(b)的得益表,它只是重复囚徒困境完全得益表的极小一部分,因为我们只考虑了许许多多可能策略中的三个。如果这个表中没有冷酷策略,就回到了一次性囚徒困境。如果没有鸽策略,就会回到影星博弈。这或许解释了哲学家为什么这么喜欢"克林特"。他们只看到克林特·伊斯特伍德在《乱世西部》中采用的冷酷策略,但是他们没有注意到在他拿到他的枪之前,他尽量和坏家伙们混在一起,而这些坏家伙也完全没有读出那些表明他是一个枪手的身体语言。

图 1.6(b)得益表中两个单元的双方得益都被圆圈或方框圈了出来。它们对应两个纳什均衡。我们熟悉两博弈方都采用鹰策略的均衡。但现在增加了一个新的均衡,即爱丽丝和鲍勃都采用冷酷策略,从而在每次重复囚徒困境时都采用鸽策略的串谋的均衡。此时他们能从消费者那里榨取到最大限度的利益。

冷酷均衡说明了为什么串谋能在双寡头中存续。当爱丽丝和鲍勃同意采用的是一个纳什均衡时,当然他们既不需要法律制度也不需要道德义务感帮他们避免相互欺骗。在冷酷均衡的情况下,违背协议的博弈方会触怒另一个博弈方,使其今后一直采用鹰策略。因而任何一方都不会有欺骗的动机。

有时这个结果会被鼓吹成囚徒困境引出的理性悖论的"解"。在重复囚徒困境中找到一个帕累托有效纳什均衡对博弈论来说当然很重要。这样我们就可以解释为什么在不需要外部强制的情况下,合作可以在长期关系中存续。但问题是我们不能把重复囚徒困境与囚徒困境本身相混淆。一次性囚徒困境唯一的纳什均衡还是要求两个博弈方都采用鹰策略。

1.9　哪个均衡

我们发现在猎鹿博弈和图 1.6 的简化重复囚徒困境中都有两个纳什均衡。完整的重复囚徒困境则有无数个纳什均衡。因此我们必须面对博弈理论家所说的均衡选择问题,我们应该选择哪个均衡呢?

这里不打算回答这个问题,可以先说明的一点是没有人说过必须有一个"对的"均衡。没有人认为一个二次方程必须有一个"对的"解,我们可以选择适合引出该二次方程的问题的任意一个解。那么为什么在博弈论中就应该不一样呢?

集体理性的鼓吹者不喜欢这种回答。他们认为理性要求在存在帕累托有效均衡的情况下选择这种均衡。但图 1.4(c)的猎鹿博弈可以让他们不要急于下结论。以安全困境的名义,国际关系专家用这个博弈吸引了人们对理性外交局限性的注意。

在猎鹿博弈中,爱丽丝和鲍勃都采用鸽策略的纳什均衡是帕累托有效的。但是假设他们的博弈论书指出应该采用鹰策略,理性的博弈方能够相互说服对方书上推荐的均衡是错误的吗?爱丽丝可能会说她认为书上错了,但是鲍勃会相信她吗?

不管爱丽丝计划采用什么策略,说服鲍勃采用鸽策略都符合她的利益。如果她能够成功,她采用鸽得到 18 而不是 8,采用鹰得到 16 而不是 9。所以理性本身无法帮助鲍勃从爱丽斯的话中得到任何关于她行为的信息,因为不管她的真实计划如何她说的话不会有什么不同! 就算爱丽丝意识到实际上无法说服鲍勃不采用鹰策略,因而她自己也打算采用鹰策略,仍然不会停止说服鲍勃采用鸽策略的尝试。

这种马基雅维里式阴谋揭示的关键问题是,仅仅靠博弈方的理性不足以解决均衡选择问题——即使是在猎鹿博弈那样清楚明白的博弈中。我们看到爱丽丝和鲍勃在猎鹿博弈中采用鹰策略时,可能会遗憾他们没有能在采用鸽策略方面合作,但是我们无法指责他们的理性,因为在给定他们对手的行为时,他们谁都无法做得更好(第 12.9.1 节)。

1.10 社会困境

心理学家把囚徒困境的多人博弈版称为社会困境。你通常能根据你母亲反对你的某种鹰派倾向时会问"所有人都那样吗?"的事实,判断出你已经处于一个社会困境中。

康德(Immanuel Kant)常被认为是有史以来最伟大的哲学家,他认为做那种人人都做结果就不好的事情是不理性的。正如其著名的绝对信条所说:

> 按你将成为宇宙法则的准则行为。

例如,在机场传送带前等候行李时,如果我们都站后一点,让大家都可以看到行李过来,对我们都有好处。同样的道理也适用于我们在球场看台上站立起来的问题,或者排了一个长队后轮到自己时故意慢吞吞地处理事情。

当芸芸众生处于这种社会困境时,康德和你母亲关于如果每个人的行为都是反社会的会导致很不好的结果的预言当然是正确的。但是在这种情况下鼓励人们改善自己的行为往往没有什么效果。因为为什么当其他人都不听他们母亲话的情况下,你要因为听自己母亲的话而失去自己的机会呢?

1.10.1 公共地悲剧

上面描述的日常的社会困境只会使人不愉快,但是有些社会困境对于被迫进行它们的人则是性命交关的。公共地悲剧是政治科学文献中的标准例子。如果你能读懂解释这个博弈的微积分,你就有阅读本书需要的足够数学知识。此处页边上的疯帽匠表示发觉有数学难度但不跳过这些材料的读者是比较聪明的。

10 个家庭在 1 平方英里的公共草地上放牧各自的山羊。1 只山羊每天的产奶量取决于它能吃到多少草。1 只可以吃到公共土地 a 部分草的山羊每天可以生产

$$b = e^{1-1/10a}$$

桶羊奶。选择这个生产函数是为了吃到 1/10 公共地草的山羊正好能产 1 桶奶。

当它可以吃草的公共地比例减少时,该山羊的产出逐渐下降,直到吃不到草时产不了任何奶。

一个被要求决定山羊最优总数 N 的社会计划者,首先可以确定每只山羊占有的公共地比例为 $a = 1/N$。因而羊奶总产量是:

$$M = Nb = Ne^{1-N/10}$$

当 $N=10$ 时该产量最大①,每天可以生产 $M = 10$ 桶总产出。如果所有家庭平分所生产的羊奶,该计划者会给 10 个家庭每家各分配 1 只山羊。结果是每个家庭拥有羊奶总产出的 $\frac{1}{10}$,也就是每天每家 1 桶羊奶。

但如果假设该计划者的命令不是强制性的,那么各个家庭会自己决定养山羊的数量 g。它们自己的羊奶生产函数是:

$$m = gb = ge^{1-(g+G)/10} = e^{-G/10}ge^{1-g/10}$$

其中,G 是所有其他家庭保有山羊的总数。由于当我们考虑的家庭决策时 G 是常数,因此它的最大化问题的解与计划者的相同,因而它会养 10 只山羊,不管其他家庭养多少。因为 10 个家庭的情况相同,因此结果是将有 100 只山羊放牧在公共地上,公共地将被啃成沙漠。当 $N = 100$ 时,羊奶总产量是:

$$M = 100e^{-9} = 0.012$$

这点羊奶刚够弄湿桶底。

图 1.7 用多种方法建立了与囚徒困境的联系。图 1.7(a)代替一个博弈方的得益矩阵。它表明一个家庭的羊奶产量是自己养山羊数量 g 和其他所有家庭养山羊总数 G 的函数。图 1.7(b)用等高线形式反映同样的数据。图 1.7(c)中的曲线是图 1.7(a)的羊奶产量曲面的剖面,其中 g 保持不变。可以认为这些剖面代表得益矩阵中的行。图 1.7(d)反映了 G 保持不变的羊奶产量曲面的剖面,可以认为这些剖面是得益矩阵的列。

在公共地悲剧中每个家庭的策略是它选择的养山羊数量 g。这些策略由图 1.7(c)中的曲线代表,或者由图 1.7(d)中水平轴上的点表示。在图 1.7(c)中更容易看出养 10 只山羊的鹰派策略是强占优的。人们只需要记住对应 $g = 10$ 的曲线总是位于对应其他策略的曲线之上就可以了。因而不管 G 的值是什么,一个家庭养 10 只山羊总是比养其他数量的山羊得到更多的奶。特别是,养 10 只羊的鹰派策略强优于由计划者提倡的只养 1 只羊的鸽派策略。当然这并不能否定如果每个人都采用计划者的建议每个人的结果都会更好。

公共地悲剧揭示了我们带给自己的普遍环境灾难的根源。撒哈拉沙漠无情地向南扩展,部分是因为居住在其边缘的牧民在其边缘草地持续过牧。发达国家也

---

① 为了求出在哪一点 $y = xe^{-x}$ 最大,可以令其导数为 0。因为当 $x=1$ 时 $dy/dx = e^{-x} - xe^{-x}$ 为 0,因此 $N = 10$ 时 $(N/10)e^{-N/10}$ 最大,$eNe^{-N/10} = Ne^{1-N/10}$ 也是最大。

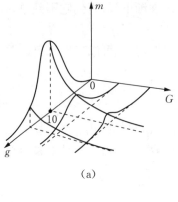

(a)

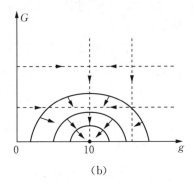

(b)

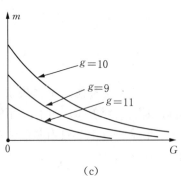

(c)

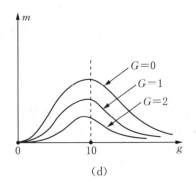

(d)

图 1.7(c) 表示保有 10 只羊是强优策略。

图 1.7 公共地悲剧的羊奶生产

在不断上演公共地悲剧。我们用汽车挤满道路,我们毒化河流和污染大气,我们砍伐雨林,我们掠夺渔场使得鱼群可能再也无法恢复。

对于公共地悲剧可以做些什么?我们都不喜欢博弈论分析得到的结论,但因此坚持这种结论必然错误是没有意义的。否则我们也可以因为 7 个面包和 2 条鱼无法喂饱一大群人就责怪数学是错误的。辩称我们可以依靠人们的相互关心摆脱困境似乎也不靠谱。如果这种相互关心可以依靠,一开始就不会存在什么困境了。

博弈理论家喜欢更积极的方法。当他们确信已经正确分析了博弈,但不喜欢分析结论的时候,会考虑是否可能改变博弈本身。

1.10.2 机制设计

有时一个博弈的规则称为一个机制。因而研究博弈能否被构造成理性的人们会采取有益于社会的行为的机制设计,是博弈论的一个分支。

只有当政府或其他强力计划部门能监管和强制新规则时,考虑改变博弈才是很现实的。但是众所周知的一点是,中央计划者对于究竟应该做什么,总是比受他们指挥的人更无知。因而在一个好的设计中,计划者并不告诉每个人做什么。决策让有足够知识和专业的人们去做,计划者的角色是通过实施精心设计的激励和约束机制,引导他们的决策符合社会的利益。这样我们就能让博弈论的原理为我们工作,而不是给我们添乱。

设计最好的激励和约束机制当然常常很困难,但我们能够从公共地悲剧中总结出一般的思路。我们已经看到一个像牧羊人那样懂得养羊的计划者,会给每个家庭颁发允许养 1 只羊的许可证。可是现实中的一个计划者似乎无法知道 10 张许可证是社会最优数目。

例如设计划者知道每只山羊的羊奶生产函数的形式是:

$$b = e^{1-1/Aa}$$

但他需要放一辈子羊才能了解 $A = 10$。计划者可以推导出社会最优养羊数量是 A,但是如果他不知道 A 是多少,他就无法颁发 A 个许可证。愚蠢的计划者可能会猜测 A 的数量并颁发相应数量的许可证,而聪明的计划者会利用牧羊人的知识和经验并让他们自己做养多少山羊的决策。

我们知道除非计划者通过某种方式加以干预,否则牧羊人的选择会导致灾难性的结果。计划者有许多方法可以操纵家庭的选择。如果计划者有可能将奶的生产公有化,然后在 10 个家庭之间平均分配,结果会特别好,因为此时每个家庭的目标成为相同的。每个家庭不再有在公共草地上偷偷多放 1 只羊占邻居便宜的冲动,他们共同的目标是最大化羊奶总产量。

严谨一点就是 10 个家庭中的每一个都被迫进行计划者的共同博弈以最大化

$$m = \left(\frac{g+G}{10}\right)e^{1-(g+G)/A}$$

该函数当 $g+G = A$ 时最大。如果每个家庭对其他家庭选择的策略作最优反应——就是采用一个纳什均衡——此时在公共草地上放牧的山羊总数 $g+G$ 将是社会最优的。不过,计划者只有在点数了引进新规则后在公共草地吃草的山羊数量后才能知道社会最优数量是 10 只。

1.10.3 次优

不要以为社会计划者总能找到实现社会最优结果的方法。例如,如果计划者对每只羊生产了多少奶无法掌握,我们刚才考虑的机制就不会很好起作用,因为牧羊人会有留下一些奶自己享用的动机。

经济学家对于也许最好的可行机制都无法做到万能计划者能做到的事情这个事实的态度是,无法实现最优结果时,我们应该满足于次优结果。

坚持在囚徒困境中合作是理性的人也会拒绝次优结果。当他们坚持最优时,经济学家认为他们是在否定决策理论最基本的原则——人们在思考哪些可行选择最优之前,必须先确定哪些选择是可行的。

一个问题的可行解就是那些行得通的方案。例如,够着一个很高的储物架的可行解是站在椅子上，或拿一个扫把扩大你够到的范围。喝一个写着"喝我"的瓶子中的东西，指望它帮你长得更高一点，则是一个不可行解。因为最优解是花费你最少时间和麻烦的可行选择。因而站在椅子上也许是最优的，虽然把椅子放到合适的地方和站上去也会有一点麻烦。可是，如果你仿效爱丽丝，试图找到一个写着"喝我"的瓶子，你永远都无法够到那个高架子。因为喜欢虚幻的最优结果而拒绝次优结果时，你判决了自己只能得到第三优或者最差的结果。

在改革人类组织时，计划者好像特别容易犯这种错误。他们总是无法看到当改革创造了新的激励时，人们会改变他们的行为。

美国国会 1990 年通过了一个旨在确保"国家医疗照顾制"（Medicare）购买的药物的实际价格，不会比私人医疗机构更高的法案时就犯过这种错误。该法案的基本条款要求卖给国家医疗照顾制的药物价格不超过平均销售价的 88%。问题是一个补充条款造成的，该补充条款要求"国家医疗照顾制"也必须得到与任何零售商至少一样好的价格。这个条款只有依靠药物制造商忽视该法案给他们创造的新激励的情况下才能像起草者希望的那样起作用。但是当后果是他们必须以同样价格把药物卖给像"国家医疗照顾制"这样的大客户时，药物制造商为什么要以低于当前平均价 88% 的价格把药卖给零售商？可是，如果没有药物按低于当前平均价的 88% 销售，那么平均价就会被推高。

机制设计通过用博弈论预测改革生效后人们的行为会如何调整纠正这一类错误。只有那样我们才知道什么是真正可行的，并对什么是最优的做出合理选择。

1.11 综述

本书每一章都会以对该章内容的总结结尾。通常会复习一下重要定义和结论，以突出哪些内容是最重要的。本章导论除外，因为本章介绍的概念在后续各章会有更详细讨论。本章以后要学习的课程是富于哲理性的。

不要轻视模型博弈。即使像囚徒困境这样简单的博弈也是论战不休的话题。理性的博弈方在囚徒困境中不合作的事实不是理性的悖论。把这当成理性悖论的人通常会犯想象囚徒困境抓住了一般人类互动中关键问题的本质的错误，但其实只是一次性囚徒困境博弈的结构特别不利于出现合作。在较好地抓住现实中人们合作的环境的博弈中，理性的博弈方并不必然相互猜疑。例如在由无限次重复囚徒困境构成的博弈中通常能找到博弈方总是合作的纳什均衡。

当批评者提出对囚徒困境的不同分析时，他们通常没有注意到他们已经用某些其他博弈替换了囚徒困境。他们常常错误地认为博弈论要求人们只关心自己口袋中有多少钱。他们似乎从不愿意理解博弈论中的得益是从显示偏好理论的原理中导出的。这种原理并不假设驱动人们的是什么，只是简单地要求人们的决策一致。博弈论在道德和精神问题方面是中性的。

博弈论的基础概念称为纳什均衡。当所有博弈方选择对其他博弈方策略的最优对策时它就出现了。纳什均衡因为两方面的理由所以重要。首先是一本博弈论书给出博弈的所有"理性解"时，绝不会给出一个非纳什均衡的策略组合。如果它给了，至少会有一个博弈方有偏离其教导的冲动，这样其教导就会失去权威。第二个理由是进化。一个最大化博弈方适应性的经济、社会或生物进化过程，当达到一个纳什均衡时会停止工作。博弈论的部分成功在于两种解释之间相互切换的可能性。特别地，我们能够用理性最大化的语言谈论进化适应的试错过程的最后结果。

虽然可以有效地用各种囚徒困境建模的人类互动关系并不多，但它们出现时结果可能是灾难性的。公共地悲剧是一个特别伤感的例子。在这种情况下，博弈理论家并不是借口人们也在进行结果比较好的博弈把头埋在沙子里——他们会考虑是否可以通过改变规则构造结果比较好的博弈。

设计理性的人会把用理想方法新博弈的科学称为机制设计。也许有一天它会成为好的政府的常规工具。同时博弈理论家也鼓励把它用在任何我们能够很好地理解正在发生的事情，能够预测人们对新设计博弈造成的新激励的反应的地方。

1.12　进一步阅读

Thinking Strategically，by Barry Nalebuff and Avinash Dixit：Norton，New York，1991.这本畅销书是为大众读者写的，其中有许多经济活动和日常生活中的现实博弈例子。

Playing Fair：Game Theory and the Social Contract Ⅰ，by Ken Binmore：MIT Press，Cambridge，MA，1995.第三章讨论了许多关于囚徒困境的谬误。

A Beautiful Mind，by Sylvia Nasar：Simon and Schuster，New York，1998.很少有人会经历这本约翰·纳什的传纪中描述的人生跌宕。已经拍了一部同名电影。

John Von Neumann and Norbert Wiener，by Steve Heine：MIT Press，Cambridge，MA，1982.认识冯·诺依曼的人会说他是如此聪明，跟他谈话的感觉就像是与来自另一个星球的人交谈。

Evolution and the Theory of Games，by John Maynard Smith：Cambridge University Press，Cambridge，UK，1982.这本漂亮的书把博弈论引进了生物学。

Behavioral Game Theory，by Colin Camerer：Princeton University Press，Princeton，NJ，2003.某些博弈理论可以在实验中得到很好验证，而有些则不能。本书综述了这些结果，并讨论了对实验与理论偏差的可能的心理学解释。

1.13　练习

1. 导出囚徒困境的最简单的策略故事是亚当和夏娃共同面对的一个钱罐。两人都可以选择是从罐中拿 2 元钱给对方，还是拿 1 元钱放进自己的口袋。如果假设两个博弈方都只关心他们自己得到多少钱,写出该博弈的得益表。哪个策略是强优的?

2. 如果所有博弈方都没有其他更偏好的结果,一个可行结果就是(弱)帕累托有效的。解释为什么在囚徒困境中只有(鹰,鹰)不是帕累托有效的。在猎鹿博弈中帕累托有效的结果是什么?

3. 10枚一组古币用密封投标方法拍卖,按中标者的出价卖给出价最高的投标者。投标者只有爱丽丝和鲍勃,他们对每枚硬币的估值都是10美元。如果两人标价相同,每人支付一半标价得到一半古币。假设只允许他们出价97美元或98美元,证明他们进行的是一个出高价强优的囚徒困境博弈。证明当允许出价是99.97美元或99.98美元时结果也相同。

4. 住户打扫没有门卫的公寓楼过道是提供一种公共品。构建以这个故事为基础的囚徒困境博弈。

5. 称为懦夫的经典模型博弈是从詹姆斯·迪安(James Dean)的电影《背叛不需要理由》(Rebel without a Cause)中的故事引出的,其中两个少年驾车朝悬崖边开,赌谁首先害怕和逃走。中年司机玩的类似博弈是在一条如果双方都不减速必然撞车的狭窄街道上飞速对开。

解释为什么图1.8(a)的得益表与两个故事都符合。把对应最优对策的得益用圆圈或方框圈起来,解释为什么两个博弈方都没有占优策略。为什么(慢,快)和(快,慢)是纳什均衡? 这个博弈的帕累托有效结果是什么?

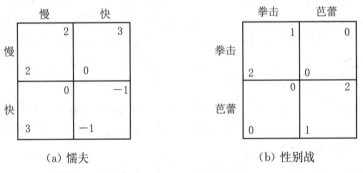

图1.8 两个著名模型博弈

6. 一对在纽约度蜜月的夫妻在人群中挤散时,还没有约好晚上去哪里。但两人在吃早餐时谈到过晚上可以去看芭蕾舞或者拳击赛。

解释为什么图1.8(b)的性别战可以用来给他们的困境建模。①把对应最优对策的得益用圆圈或方框圈出来。解释为什么两个博弈方都没有占优策略。为什么(拳击,拳击)和(芭蕾,芭蕾)都是纳什均衡? 该博弈的帕累托有效结果是什么?

---

① 通常带有性别歧视的做法是假设丈夫是行博弈方,但这种陈规陋习不适用于我妻子和我。

7. 进化生物学家最喜欢的模型博弈称为鹰—鸽博弈。两只同类的鸟争夺一种稀缺资源。两只鸟都可以表现出攻击性或消极性。作为博弈结果的得益是用两只鸟的适应度——该鸟平均会有的额外数量后代来衡量。如果一只鸟是攻击性的而另一只是消极性的,攻击性的鸟得到整个资源,得到 $V > 0$ 的得益,而消极性的鸟只能得到 0。如果两只鸟都是消极性的,资源被分享,每只鸟的得益都是 $\frac{1}{2}V$。如果两只鸟都是攻击性的就会发生争斗,两只鸟都得到得益 W。

如果 $0 < W < \frac{1}{2}V$,证明这个鹰—鸽博弈就是囚徒困境的一个例子。如果争斗对一只鸟的伤害相当大,则 $W < 0$。证明此时鹰—鸽博弈退化为本章练习 5 中的懦夫博弈的一种。

8. 把练习 1 改编成一个非对称的囚徒困境。证明鹰策略是强优策略但结果(鹰,鹰)是帕累托非有效的。

9. 在第 1.4.1 节中,通过把亚当和夏娃只关心自己的假设,改变成对对方的关心程度是对自己关心程度的两倍,把图 1.3(a)的囚徒困境转化成了图 1.3(b)的囚徒福祉。如果亚当和夏娃关心对方的程度都是关心自己程度的 r 倍情况会怎样? 证明下列结论:

a. 当 $0 \leqslant r < \frac{1}{3}$ 时他们进行的仍然是囚徒困境博弈。

b. 当 $r > 1$ 时他们进行的是囚徒福祉博弈。

c. 当 $\frac{1}{3} < r < 1$ 时他们进行的是懦夫博弈。

10. 解释在上面的问题中为什么当 $\frac{1}{3} \leqslant r \leqslant 1$ 时鹰和鸽都不是强优的。当 r 是什么水平时该博弈有一个弱优策略?

11. 第 1.5.1 节讨论了爱丽丝在奇境地经营一家垄断企业的情况。如果假设有 15 个都是价格接受者的制帽商,而不是只有爱丽丝一个价格制定者。分析这个完全竞争的例子,[①]并证明每个制造商将生产 1 顶帽子,以 2 美元销售。所有制帽商的总利润是多少? 与爱丽丝的利润相比如何?

12. 在第 1.5.2 节,双寡头每人制造 1 顶帽子时利之和是 28 美元。垄断者制造 2 顶帽子却只能得到 26 美元利润。用规模报酬递减的生产函数解释这种明显不正常的情况。

13. 讨论第 1.5 节的例子中的垄断和双寡头,假设其中的生产函数是规模报酬递增的 $a = r^2$。按照本章练习 11 的方法进行完全竞争分析为什么会有问题?

---

① 通过 p 为常数时 $\pi = pa - a^2$ 微分,对给定的 p 最大化制造商的利润。价格为 p 时的总产出 A 是各个制造商在这个价格水平最大化利润时产量的 15 倍。市场出清价格可以根据需求方程 $pA = 30$ 决定。

econ

econ

14. 第 1.5.2 节从爱丽丝和鲍勃在需求方程为 $p(a+b) = X$ 的市场的竞争问题中导出了囚徒困境。证明当 $X > 18$ 会引出囚徒困境，当 $X < 18$ 时是囚徒福祉。当 $X = 18$ 时会发生什么情况？

15. 为什么下列情况可以被认为是社会困境？

a. 在餐馆中所有人讲话的声音都越来越大，直到每个人都听不清其他人说的话。

b. 在干旱时给你的花园浇水。

c. 偷偷多带一个手提包上一架拥挤的飞机，至少再想出一个日常生活中的例子。

16. 假设公共地悲剧中的牛奶生产函数是第 1.10.2 节给出的形式。证明社会最优养山羊数量是 A。

17. n 个农户中每一户都能够无成本地生产他们选择的任意数量小麦。如果小麦的总产量是 W，小麦的价格销售由需求函数 $p = e^{-W}$ 决定。

a. 证明追求利润最大化的农户生产 1 单位小麦的策略强优于所有其他策略。证明用该策略会给每个农户产生利润 e^{-n}。

b. 解释为什么平等对待每个农户的最优协议要求各个农户只生产 $1/n$ 单位小麦。证明此时各个农户的利润是 $1/en$。为什么追求利润最大化的农户只有在这种协议有强制性时才会尊重它？

c. 证明当 $x = 1$ 时 xe^{-x} 最大。论证如果所有农户都尊重协议而不是生产一单位以至于造成产品泛滥，他们都会赚到更多的利润。

这个问题与第 1.10.1 节的公共地悲剧有同样的结构，但是消费者不会认为农户无法达成限产 $1/n$ 单位小麦的协议是悲剧。如果农户能够成功地使得他们的协议牢靠，消费者会用什么术语描述这种协议？

18. 政治科学家认为下列"无意义选票"问题是公共地悲剧的"亲戚"。居住在某村庄的 100 个人中，51 人支持保守派候选人，49 人支持自由派候选人。如果他们支持的候选人当选，村民得益为 $+10$，如果是反对的候选人当选，村民得益是 -10。因为投票是一种麻烦，因此投票者的得益中还要减 1 单位以反映这种负效用。待在家里不去投票的人可以逃避该成本，而得到的利益或受到的损失与负担投票成本的人相同。

a. 为什么每个人都参加投票不是纳什均衡？

b. 为什么无人投票不是纳什均衡？

19. 作为机制设计的一个基本练习，想象你是希望亚当和夏娃在囚徒困境中合作的一个计划者。因为你可以通过对一个博弈方或双方处以罚金而改变博弈，因此如果你对所有事情都了如指掌，实现你的目标并不难。你只要简单地对任何选择鹰策略的博弈方处以重罚就可以了。你的问题是你无法看到得益表和策略的标记杂乱无章，以至于不清楚合作策略究竟是鹰还是鸽。你能否想出一种你无需知道哪个策略是合作策略，就可以构造出一个亚当和夏娃合作是纳什均衡的博弈的方法？孪生子谬误也许可以给你提供一些启示。

20. 如同前一个问题，你是一个不清楚图 1.3(a)囚徒困境中哪个策略是合作策略的计划者。你也许已经发现可以通过在博弈方选择的策略不同时对他们的处罚，使博弈方的理性选择是选相同的策略。如果你使得罚金等于(a)50 美分；(b)4 美元，相应博弈的各个博弈方的得益表看起来会像什么？两个博弈中的哪一个中合作是纳什均衡？找出这个博弈的另一个纳什均衡。哪个均衡对两个博弈方都好于另一个均衡？

21. 继续上面的问题，找出一个会使得新博弈转变成一个猎鹿博弈版本的罚款数。

22. 如果你是公共地悲剧中的计划者，但无法再分配生产的羊奶，而且也不了解羊奶生产函数。用前一个问题引进的思想，找出一个可以引导理性的博弈方有效利用公共土地的方法。

23. 哈佛哲学家诺兹克(Robert Nozick)认为纽康布(Newcomb)悖论表明追求得益最大化可以与采用强劣策略一致。如果这一点成立，将是博弈论的一场灾难。[①]纽康布悖论中有两只可能装着钱的盒子。亚当可以自由选择拿第一只盒子还是拿两只盒子。如果他只关心钱，他会做怎样的选择？这似乎是一个容易回答的问题。如果鸽代表只拿第一只盒子而鹰代表拿两只盒子，那么亚当应该选择鹰，因为该选择使他得到的钱至少与选择鸽一样多。因而诺兹克认为鹰"优于"鸽。

可是这里存在一个陷阱。如果第二只盒子中肯定有 1 美元，而第一只盒子可能什么都没有，也可能有 2 美元。第一只盒子中是否有钱是由夏娃决定的。夏娃对亚当非常了解，总能准确预测亚当的行为。像亚当一样，夏娃也有鸽和鹰两个选择。她选择鸽就是在第一只盒子中放 2 美元，选择鹰就是在第一只盒子中什么都不放。如果她的动机是让亚当上当，她当且仅当预测亚当会选择鸽时才会采用鸽，当且仅当预测亚当会选择鹰时才采用鹰。现在亚当选择鹰看起来就不是那么好了。如果他选择鹰，夏娃预测到他的选择后会在第一只盒子中什么都不放，这样亚当只能得到第二只盒子中的 1 美元。如果亚当选择鸽策略，夏娃预测到他的选择后会在第一只盒子中放 2 美元让亚当拿。可是当鸽策略被认定严格劣于鹰策略时，亚当选择鸽策略怎么可能是对的呢？

解释图 1.9 亚当的得益矩阵中的得益。注意夏娃有四个策略：dd、dh、hd 和 hh。例如策略 hd 意味着如果亚当采用鸽夏娃采用鹰和如果他采用鹰则她采用鸽。我们已经被告知夏娃事实上会选择 dh，这意味着如果亚当采用鸽她也采用鸽，如

---

① 这个练习在没有涉及更基本问题的前提下，引起了对诺兹克分析中缺陷之一的注意。我在《公平较量》(Playing Fair)中解释了为什么提出纽康布悖论，与问谁给镇上所有不给自己剃须的人剃须的理发师本人剃须有同样的意义。正如罗素(Bertrand Russell)所说，我们陷入了一个假设他给或不给自己剃须的两难境地。这样的理发师其实是不可能存在的。同样也不可能存在一个可以事先正确预测亚当将做出的自由选择的夏娃。

果亚当采用鹰她也采用鹰。可是,要保证鹰优于鸽,它必须满足对于夏娃所有的策略,都至少与鸽一样好。这一点成立吗?

	dd	dh	hd	hh
鸽	2	2	0	0
鹰	3	1	3	1

图 1.9　亚当在纽康布悖论中的得益矩阵:鹰优于鸽吗?

24. 已故普林斯顿哲学家刘易斯(David Lewis)认为纽康布悖论中亚当的得益矩阵,应该是与练习 1 的囚徒困境的得益矩阵相同的。为什么该模型不考虑不管亚当的选择是什么,夏娃总是能正确预测亚当选择的事实?

25. 把图 1.9 演示的纽康布悖论模型与公开计划谬误相联系。如果来自上一个问题的刘易斯的纽康布悖论模型与夏娃总是模仿亚当选择的假设相结合,为什么会回到孪生子谬误?

26. 第 1.6.2 节讨论了基因知道一些事情。你将如何向一个认为基因只是一些根本不可能知道任何事情的分子,所以反对这种无意义的进化观点的老年女士解释这句话的意义呢?

27. 第 1.6.2 节考虑了亲属之间的进化博弈。为什么近表兄妹之间的关系度是 $r = \frac{1}{8}$?

28. 为什么生物学家霍尔丹(J. B. S. Haldane)会开玩笑说,他愿意冒自己的生命危险跳进河去救 2 个兄弟或 8 个表兄妹?

29. 在进化博弈中爱丽斯和鲍勃的得益是他们的生物适应度。如果爱丽斯和鲍勃没有血缘关系,该博弈将是图 1.3(a)的囚徒困境。如果他们的关系度是 $r = \frac{2}{3}$,证明他们的得益表是猎鹿博弈的一个版本。[1]

30. 道格拉斯·霍夫施塔特(Douglas Hofstadter)给《科学美国人》(*Scientific American*)写了一篇专栏文章论证孪生子谬误的一个版本(第 1.3.3 节)。该杂志紧接着设计了一个百万美元的游戏。该游戏的规则设定如果有 n 个读者参加竞争,则会把百万美元的 $1/n$ 作为一笔奖金颁发给一位随机选择的参加者。

---

[1] 但是因为一个自私的基因将知道另一个博弈方是它自己的 $\frac{2}{3}$ 复制品(第 1.6.2 节),因此进化稳定结果并不简单地就是该得益表的纳什均衡。

phil

phil

phil

fun

如果参加竞争无成本,读者的严格优策略是什么？无私策略是读者选择不参加,权威结论为什么不推荐这个策略？（第1.10节）为什么遵照权威结论的读者都以相同的正概率参加？哪些因素决定这个概率的大小？①

---

① 许多读者参加了这个游戏。但因为该杂志事先考虑不周,允许读者重复参加,这个游戏没有成功。不用说都可以猜到,有些人重复参加的次数几乎是天文数字。

▶ 第 2 章

回 溯

2.1 何去何从?

通俗的博弈论读物总是在上一章的简单得益表中兜圈子,留下很多悬而未决的问题。例如,对于类似象棋博弈的问题,博弈方究竟如何找到各自的策略? 这就可能是个极其复杂的问题。又如,博弈方如何预知各人选择一个策略后的得益情况? 得益意味着什么? 按照上一章讨论囚徒困境时的说法,得益即博弈方获得的效用,以效用单位而非常见的货币单位衡量,但是,一单位效用又该如何衡量?

从本章开始,我们用三章篇幅系统地答疑解惑。解答的内容涉及博弈论的三个核心问题,即博弈的时间、风险与信息。在学习如何处理它们的过程中,你将体会到博弈论的主要魅力所在。

本章集中于**时间**(timing)问题,分析那些经多次行动才能获得结果的博弈,例如,象棋。下一章讨论**风险**(risk)问题,研究那些有随机成分的、最终结果部分取决于运气的博弈,比如你打扑克的技术高明,可如果对手总拿一手好牌,你就赢不了。至于**信息**(information)问题,它太过重要,断不能草率处理,我们将在第 12 章详细讨论,这之前尽量少提相关内容。第 4 章讨论**效用**(utility)问题,其重要性不亚于信息且亟待处理,因此放在第 3 章的风险讨论之后,此前暂时回避有关得益的话题。

为展开本章讨论,有必要对上一章做些回顾。我们要在效用理论尚不可用的前提下重新定义第 1 章引入的一些概念,我的办法是直接根据博弈方对博弈结果的偏好进行表述。为了简化这项工作,我们暂时只考虑**严格竞争**博弈,它是两人博弈,两个博弈方(不妨用亚当和夏娃表示)的利益截然相反。以严格竞争博弈为研究对象还有一个很大的好处:在此背景下,能够自然地引入博弈分析中的**逆推法**,它也许不能有效处理其他博弈,但在分析严格竞争博弈方面,其作用是最少争议的。

2.2 输—赢博弈

严格竞争博弈的最简单形式是只论输赢,不提双方的具体得益。由于两个博弈方的利益截然相反,亚当的赢就是夏娃的输,反之亦是,因此,不妨只用一个符号简洁地表示博弈结果:$\mathscr{W}$表示亚当赢和夏娃输,$\mathscr{L}$表示亚当输和夏娃赢。我记得跟自己的小孩下棋时,曾千方百计地想输掉,但我们假设亚当和夏娃的动机很简单——若能在输和赢中选择,每个人都会选赢。经济学家认为,博弈方的这种外在行为表现**揭示**出他们的内在偏好,即每个博弈方总是偏好赢而不是输。

输—赢博弈中,两博弈方的偏好可正式表述如下:

$$\mathscr{L} <_A \mathscr{W} \text{ 及 } \mathscr{W} <_E \mathscr{L}$$

其中,$\mathscr{L} <_A \mathscr{W}$表示亚当严格地偏好赢而不是输,这种内在偏好的外部表现是:当亚当有机会赢时,他绝不会自动认输。至于$\mathscr{W} <_E \mathscr{L}$,同样表示夏娃严格地偏好赢而不是输,因为对她来说,$\mathscr{L}$是赢$\mathscr{W}$才是输。

2.2.1 抽查博弈

我们来讨论一个具体的输—赢博弈——抽查博弈,它有一定现实意义。借助抽查博弈,我们非正式地引入本章要探索的一些基本思想,本章余下部分将详述这些思想。

一家不讲道德的工厂打算今天或明天向河流排污,它知道当地的环保部门对此将有耳闻,但它不太担心,因为被检查员当场抓住才能定罪,而环保局苦于人手不够,只能在两天中的一天派出检查员。在这个博弈中,工厂要决定今天还是明天排污,环保局则决定今天还是明天派检查员。

容易发现,抽查博弈很像我们熟悉的猜硬币游戏,两者背后是同一个策略问题。这个游戏的玩法是:亚当用手盖住一枚硬币,夏娃猜他盖的是正面还是反面,猜对了硬币归夏娃,猜错了硬币归亚当。

图2.1(a)画出了抽查博弈的时间结构。图形底部节点表示由工厂首先行动,该节点引出的两条线分别代表工厂的两种可选行动:t表示工厂决定今天排污,T表示明天排污。每条线都指向一个代表环保局的节点,说明接下来由环保局采取行动,因其可选行动也有两种:今天或明天检查,故从环保局节点引出两条线,分别标有t和T。在工厂和环保局都采取行动后,博弈结束,我们用$\mathscr{L}$或$\mathscr{W}$标注各种博弈结果,表示工厂输(排污被抓到)或者赢(排污未被抓到)。

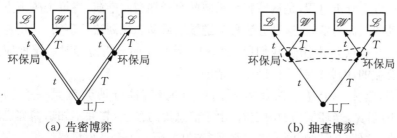

（a）告密博弈　　　　　　　（b）抽查博弈

图2.1(a)是环保局能事先通过密报得知工厂决定时的博弈结构。抽查博弈没有密报,因此有必要明确画出信息集,如图2.1(b)所示。

图2.1 抽查博弈

猜硬币博弈的时间结构也可用图 2.1 表示,只需将工厂和环保局换成亚当和夏娃即可,此时符号 t 表示盖(猜)硬币正面,T 表示盖(猜)硬币反面。

图 2.1(a)虽然直观描述了博弈的时间结构,但尚不完善,缺失了一些重要内容。例如,我们需要说明环保局在决策关头**知道**什么,如此方能正确刻画它面临的决策问题。为了在图中显示这方面内容,博弈论专家提出了**信息集概念**。

图 2.1(b)画出了抽查博弈的一个适当的信息集,它将代表环保局的两个决策节点包括在内。两个节点在同一个信息集,意味着当环保局身处某个节点做决定时,它并不知道博弈已到达两节点中的哪一个。也就是说,当环保局考虑今天还是明天抽查时,它并不知道工厂已做出了怎样的排污决定。

如果一个决策节点周围没有画信息集,意味着身处该点做决定的博弈方很清楚博弈已到达这个节点。当然,这种情况下更准确的做法是画一个只包含该节点的单点信息集,但人生苦短,很难如此精细。现在再看图 2.1(a),因其中未画任何信息集,所以它是一个"告密"博弈,环保局做抽查决定之前,能从某个告密者那里获取可靠情报,得知工厂排污的确切日期。

对于猜硬币游戏,图 2.1(a)的情况也可能发生,比如亚当没把硬币藏好,被夏娃偷看到。亚当这么粗心大意当然很笨,但还笨不过那些常打牌却一直没学会把牌往胸前藏的人!需注意的是,偷看是对原博弈信息规则的侵害,这种情况一旦发生,我们玩的就不是猜硬币游戏或者扑克牌了,而是某种其他博弈,不妨称为"偷看硬币"或者"笨蛋扑克"。同样地,若改变抽查博弈的规则,允许密报,则抽查博弈变为告密博弈。

告密博弈很容易分析。我们先讨论环保局的决策:若它接获密报,知道工厂选择了 t(今天排污),则环保局也该选 t(今天检查);若工厂选择 T(明天排污),则环保局也选 T(明天检查)。不管工厂做何决定,环保局都赢定了,图 2.1(a)用双线标出了两种情况下能让环保局获胜的行动。下面讨论工厂的决策:我们假设工厂知道环保局有眼线,它会预计到环保局不管身处哪个决策节点都将选择双线行动;若自己选 t,环保局必定选 t;自己选 T,环保局必定选 T;结果总是自己输掉。既然工厂的两种选择导致同一个结果,两者对工厂而言就是无差异的,因此在图 2.1(a)中,从工厂决策点引出的两条线都是双线。

总结以上分析过程,是从博弈结果向博弈开端逆向推演,将每个决策点处代表最优行动的线标为双线,这种方法称为**逆推法**或**动态规划法**。事实上,用逆推法求解告密博弈有点大材小用,我们以此为例只是想说明分析博弈时系统地应用逆推原则是有益的,因此没必要借助太复杂的博弈形式。

然而,单凭一个逆推法还解不出所有博弈,抽查博弈就是一个例子。从图 2.1(b)可见,当环保局做决定时,由于信息集的存在,它并不知道博弈已到达哪个决策点,这使它无从判断 t 和 T 两种行动中,哪一个会产生更好结果。

图 2.1(b)和 2.1(a)在图形上只有一个信息集的小小差异,背后却是两个博弈的迥然不同。一个博弈有密报而另一个没有,这导致不同的信息集;信息集的不同

又进而影响博弈方策略，我们将会看到，同一博弈方在两博弈中拥有不同的可选策略。

先看抽查博弈，工厂要么选择 t 今天排污，要么选择 T 明天排污；环保局也只有两个策略，t 和 T，因此博弈的得益表非常简单，如图 2.2(b)。至于告密博弈，工厂还是选 t 或 T，但环保局的行动选择将取决于密报内容，因此有必要区分它的四个策略：tt、tT、Tt 以及 TT。每对字母的第一个表示密报为 t 时环保局打算采取的行动；第二个字母表示密报为 T 时环保局打算采取的行动。告密博弈的得益表如图 2.2(a)所示。

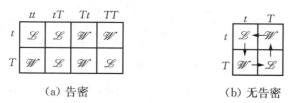

(a) 告密　　　　　　　　　　(b) 无告密

图 2.2(b)中垂直方向箭头表示工厂的偏好，水平方向箭头表示环保局的偏好。

图 2.2　告密博弈与抽查博弈的得益表

由逆推法，我们已知告密博弈的解为：环保局使用策略 tT，即密报说工厂哪天排污，环保局就在哪天抽查；工厂随便选择一个策略，t 和 T 均可，反正结果都是环保局赢。这个解也能从图 2.2(a)的得益表直接读出——对应策略 tT 的那一列只有符号 $\mathscr{L}$；按照上一章的说法，tT 是环保局的弱优势策略。

然而，抽查博弈中没有密报，逆推法不能求解，对此博弈论将如何处理？为了回答这个问题，需要引入混合策略。

2.2.2　混合策略

当歇洛克·福尔摩斯被邪恶的莫里亚蒂教授穷追不舍，苦苦思索在哪一站下火车时，他们玩的是抽查博弈的惊险刺激版。不过说到分析的深入性，还是埃德加·爱伦·坡在《失窃的信》(*Purloined Letter*)中讲的更好，一封信被坏蛋偷走了，该去哪寻找？坡通过分析一个类似猜硬币的小游戏，找出了问题的本质所在。

坡的故事里有一个男孩，他天生就是个心理学家，能在大多时候正确预测对手的想法。假设对手在上一轮游戏中选了正面，则男孩按以下思路推测对手的本轮行动：如果对手比较笨，那这次会自作聪明地换到反面；但一个聪明些的对手会觉得这种转换策略太容易被我猜到，于是仍坚持正面；更聪明些的对手推测我希望他因刚才的原因选正面，于是选择反面；更加聪明的对手思考更进一层，于是将选择反面；如此等等。总而言之，男孩之所以频频取胜，根本原因是他在以下形式的推理链条上比对手多走一步：

她认为我认为她认为我认为……

当博弈在现实中进行时，这种心理要素极为重要，打扑克赢大奖也概莫能外。

《独立时报》1999 年 5 月 20 日的扑克专栏给了一个生动的例子,它针对世界扑克大赛中弗朗是否应在希德加注 50 万美元后跟注这一问题,发表了如下评论:"弗朗知道,希德知道他(指弗朗)不管手上牌好牌坏都会下注,因此希德会用加注的策略逼弗朗弃牌退出;希德可能知道弗朗知道这些,但他不知道的是,弗朗绝不会在手上还有一张 A 时就弃牌退出。"

然而,我们分析博弈时通常假设博弈方是理性的,一个**理性的**博弈方怎能比对手思考得更深入? 如果夏娃是理性的,她会进行最优推理;那么亚当只需判断出对手的最优推理路线,就能准确预测夏娃的想法,这件事对亚当来说并不难,随便找本博弈书就能查到理性博弈方的最优推理路线。如此一来,夏娃就不可能比对手思考得更深入,因此,若讨论理性进行的博弈,心理学就没有用武之地。事实上,如果每个人都理性地玩扑克,根本不会有世界扑克大赛,因为输赢全看你有没有运气拿到好牌。

靠心理学求解抽查博弈的企望落空后,它似乎成了博弈论的一个不可解问题。如果每个博弈方都能预测对手的推理路线,还有什么东西能阻止他们的思路沿图 2.2(b)的恶性循环永久盘旋? 图中垂直方向箭头表示工厂的偏好,水平箭头表示环保局的偏好,因为得益表的四个单元格都有一个引出的箭头,所以没有哪个单元格能对应博弈的一个解。

例如,倘有哪本博弈论的书建议用策略对(t, T)作抽查博弈的解,则环保局不会乖乖选 T,因为工厂若真地听从建议选 t 的话,环保局选 t 的结果更好。同样地,(T, T) 也不可能是解,工厂不会在环保局选 T 的情况下选择 T。按照第 1.6 节的说法,图 2.2(b)的四个策略对中,没有一个纳什均衡,因为纳什均衡要求每个博弈方的策略必须是对其他博弈方策略的最优反应,所以四个策略对都不是抽查博弈的解。

那么,抽查博弈真的无解了? 即便如此,也没什么大惊小怪,毕竟也没有实数 x 能解出一元二次方程 $x^2 + 1 = 0$。然而,就像数学家把实数集扩展到复数集以确保所有的一元二次方程都有根一样,博弈论专家把纯策略集扩展到混合策略集以确保所有的有限博弈都有纳什均衡。

所谓混合策略,指一个博弈方随机地选择他(她)的纯策略。例如,猜硬币游戏中,亚当以 $\frac{1}{3}$ 的概率选择正面,以 $\frac{2}{3}$ 的概率选择反面。但是,随机选择怎么可能是理性的?

在猜硬币游戏中,这个问题很好回答。整个博弈的关键是别让对手猜到你的选择,或者说,你的选择不能有任何规律性。要想做到这一点,最好方法是让某种随机装置替你做选择,比如抽签的机器、轮盘、扑克牌等[①],你唯一要做的是事先决定每种纯策略的被选概率。

---

① 人类凭自己大脑想出的随机序列是极其糟糕的,用简单的计算机程序就能探出这些序列的内在模式。

猜硬币游戏中,两个纯策略的被选概率应为 $\frac{1}{2}$——以 $\frac{1}{2}$ 的相同概率随机地选择正面和反面。每个玩游戏的小孩都知道这个,比如亚当经常会示范性地投掷硬币,目的是告诉夏娃正面和反面是等可能的,他用的就是以相等概率出正面和反面的混合策略,此时不管夏娃采取何种策略,猜正面或者反面,她总有一半机会猜对,因为两个策略导致相同结果,所以它们**都是**对亚当混合策略的最优反应。特别地,若夏娃以相等概率猜正面和反面,这个混合策略也是她的最优反应,同理可知亚当等概率出硬币的混合策略也是对夏娃混合策略的最优反应,如此我们就得到一个混合策略纳什均衡。

有了混合策略概念后,抽查博弈不再无解,我们能求出它的混合策略纳什均衡,解的形式与猜硬币游戏完全相同:两个博弈方都以 $\frac{1}{2}$ 的相同概率随机选择 t 和 T,比如工厂掷一枚硬币决定今天还是明天排污,环保局掷另一枚硬币决定今天还是明天抽查。每个博弈方的策略选择保证它不会比输赢对半做的更差,给定对手混合策略的情况下,也没人能做得更好。

混合策略的引入打破了抽查博弈中因遵循最优反应链而产生的恶性循环。即使每个博弈方都能聪明地再现对手的推理思路,但如果猜到的全部内容仅仅是对手打算用掷硬币的方式决定何去何从,那么再聪明也无济于事。

在抽查博弈中使用混合策略是很容易的,但这只是特例,按最优方式实现随机化远不仅仅是掷一枚均匀硬币,一个混合策略分配给各纯策略的概率通常要经仔细计算,这个问题我们暂且搁置,等掌握了必要的工具后再在第 6 章处理。目前阶段对那些有纯策略纳什均衡的博弈,我们还有好多东西要学。

2.3　博弈的规则

对博弈规则建模时需要用到一些数学工具,我们从本节开始介绍。你自然会问:这些严肃刻板的数学工具是否真有必要?下面的故事提醒我们,分析一个新博弈时按某种系统方法进行是有好处的。如果你不需要提醒,可跟随页边的疯帽匠直接跳到第 2.3.2 节。

2.3.1　意外测验悖论

我曾帮忙设计过一次无线频谱拍卖,各电信公司为了拍得许可证,竞价一路上扬,最终成交额达 350 亿美元。金额如此庞大,几乎人人吃惊,但那些常在媒体露面的专家除外,因为他们宣布的终结版预测数字与 350 亿美元非常接近。但这并非是专家的末卜先知,而是因为他们一直在锲而不舍地进行预测:每当实际竞价超出先前预测时,他们就预测一个更大的数字!

专家们的骗人伎俩在这件事上昭然若揭,但如果同样的行为发生于意外测验

→ 2.3.2

悖论的某个版本，则人们通常难以察觉；也正是通过这个悖论，很多人第一次听说了逆推法。

意外测验悖论是这样的：夏娃是一名教师，她告诉学生下周将有一场测验，但测验日期将出乎大家意料。亚当是学生，已从第 2.2.1 节学会了逆推法，于是他开始对下周的 5 个上课日做逆推。首先，若周四放学前还未测验，则亚当推测周五是唯一可能的测验日，但这天测验并不会让亚当感到意外，如此一来，周五这个日期就不符合夏娃的说法——既测验又让亚当意外，因此亚当推测夏娃不会在周五测验；周五被剔除后，可能的测验日期必然是周一到周四的 4 天，此时亚当再次使用逆推，周四将被剔除；剔除周四后，逆推会让他进一步剔除周三、剔除周二……，直至所有日期均被剔除。既然可能的测验日期变成空集，亚当会长松一口气，周末放心玩耍。但接下来就是个大意外——夏娃居然在周一第一节课测验！

这其实并非悖论，因为亚当的那口气松得太快了点。如果上文对逆推法的运用是正确的，则夏娃所做的两个声明的确不一致，因此至少有一个是错的。但亚当凭什么认为错的那个就是"下周将有一场测验"，而不是"测验日期将出乎大家意料"？这个问题经常被人们忽视，因为他们一心追问逆推法是不是对的，但真正该追问的是——逆推法是不是用对了地方？

意外测验问题的本质是一个 5 天版的检查博弈：夏娃从 5 天中选出 1 天做测验日，亚当预测她将选择 5 天中的哪一天，若预测错误，测验就是出乎亚当意料的。易知该博弈的解为：亚当和夏娃都用 $\frac{1}{5}$ 的相同概率随机选择每一天，博弈结果是亚当平均 5 次中有 4 次收获意外。但是，这个解并不是上面逆推法的结论！为什么？

原因在于意外测验悖论中，人们用逆推法分析的根本不是 5 天版的抽查博弈，而是一个非常古怪的东西：博弈被分成 5 个时间上相承的阶段，亚当在每个阶段都有预测机会，就像无线频谱拍卖中的专家，即使上一阶段的预测错误，亚当仍有权在下一阶段继续预测。例如，他昨天预测当天有测验，但预测错了，那他今天还可以继续预测当天有测验[1]。这个古怪的博弈中，亚当的最优策略是在各个时间点上预测当天有测验：周一早上预测周一有测验，到周二早上未测验就预测周二测验，到周三早上未测验就预测周三测验，如此等等。由于亚当有权根据博弈历史不断地修正预测，他必有猜对的时候，就像传媒专家不会惊异于 350 亿美元的成交金额一样，对亚当来说哪天测验都不是意外！

从我能记事起，意外测验悖论就是个讨论不休的话题，时不时在报纸和杂志上

---

[1] 逆推法的第一步指出，若周五到来时测验仍未进行，则亚当应该预测周五当天有测验；下一步指出，若周四到来时测验仍未进行，则亚当应该预测周四当天有测验。注意"周五到来时测验仍未进行"也就意味着亚当的"周四当天有测验"的预测错误，此时他的策略要求他预测测验将于周五进行。本章练习 23 给出了更详细的讨论。

流行一阵子,甚至还有哲学论文以之为题。认识混乱之所以持续存在,是因为人们没有问对问题。为了帮助人们自动问出对的问题,博弈论采取了一整套系统的形式规范,你不必是冯·诺依曼那样的天才,只需按他给出的这套东西开展分析,就能保持正确的思路。

2.3.2 完美信息

本章剩余部分限于讨论无随机行动的完美信息博弈,等下一章再将概率问题引入。

一个**完美信息**博弈中,任一博弈方在行动或决策时,完全了解此前的全部博弈进程,因此所有信息集都退化为单点集,只包含一个决策点,如第 2.2.1 节的告密博弈。单点信息集一般无需标出。

告密博弈是无随机行动的完美信息博弈,但检查博弈不是,它虽无随机行动,却有一个信息集包含两个决策点,因此是不完美信息博弈。当环保局决定今天还是明天派检查员时,它并不知道工厂已决定哪天排污。

国际象棋是最著名的无随机行动完美信息博弈。西洋双陆棋、大富翁游戏、印度双骰(巴棋戏)都是完美信息博弈,但一掷骰子就意味着随机行动的发生。扑克游戏既有随机行动,又是不完美信息的。

下面举例分析无随机行动的完美信息博弈,因为国际象棋太复杂,做例子不合适,我们改用一种被数学家称为凯勒司的游戏。

凯勒司游戏的玩法如下:有一排瓶状木柱,柱子之间可能有间隔;两个博弈方轮流取柱,轮到行动的博弈方必须拿走一根或两根**相邻**的柱子;拿最后一根柱子的人为输。图 2.3 画出了四柱凯勒司游戏的一个可能进程,游戏以四根相邻柱子开局,以博弈方 I 输掉告终。

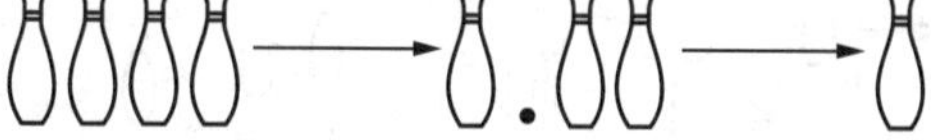

博弈方 I 首先行动,拿走第 2 根柱子;博弈方 II 随后取走第 3、4 根柱子;于是博弈方 I 输掉,因为他按规则不得不拿最后一根柱子。

图 2.3 四柱凯勒司的一个可能进程

2.3.3 博弈树

一个博弈的规则需要告诉我们:**谁**(who)能做**什么**(what),在**什么时间**(when)做,以及博弈结束时谁有多少**得益**(how much)。博弈论中用于传递这些信息的工具称为**树**(tree)。

树在组合数学家眼里是一种特殊的图,这种图由一群节点(或顶点)构成,某些节点间有连线;如图 2.4(c)所示,树是一个无循环的连通图,其中某个特殊节点被挑出来作为树的根。

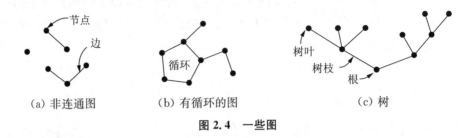

图 2.4 一些图

借用植物学术语,树中的连线可称为**树枝**。从一棵有限树的根出发,沿树枝移动,最后总能到达某些终端节点,彼处前路断绝,若想行动,除非后退。这些终端节点称为**树叶**。

什么时间? 每片树叶都对应博弈的一个可能结果。有限博弈的一个**进程**就是一条始于根、终于一片树叶、由树枝依次相连的路径。图 2.5 画出了四柱凯勒司游戏 G 的博弈树,图中双线标注的那条路径即图 2.3 所示的博弈进程。图 2.6 是对图 2.5 的进一步抽象和简化,隐掉柱子,也不显示博弈方按游戏规则不得不采取的行动。

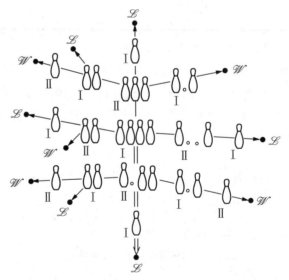

画图时做了简化:轮到一个博弈方行动时,他可能有多种拿柱子的方式,但不同方式若导致剩下的柱子有相同布局,这些方式就被认为是一样的。

图 2.5 凯勒司游戏

做什么? 除树叶外,树中的其他节点被称为**决策点**,一个决策点代表博弈中可能出现的一步。树根表示博弈的第一步,如图 2.6,凯勒司博弈的根被记为 a。

从一个决策点引出的树枝代表在这一步可做的选择或行动。例如图 2.6 博弈 G 的第一步有四种选择,分别是 l、m、n 和 r,其中 n 表示博弈开始时博弈方 I 拿走四根柱子的中间一根。

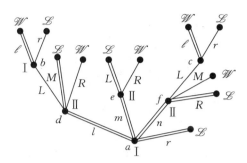

对图 2.5 做进一步化简、隐去各博弈方的被迫行动后得到。下文用符号 G 代表该博弈。图中双线即逆推法的推理结果。

图 2.6　线型表示的凯勒司游戏

谁？ 各决策点处标有博弈方的名字或编号，这样我们就知道一个决策点的归属，即谁在这一步做选择。如图 2.6 所示，博弈的第一步由Ⅰ做选择，如果他选择了行动 n，下一步就轮到Ⅱ行动，Ⅱ有三种选择 L、M 和 R，如果她选择行动 R，则博弈结束、Ⅱ获胜。

多少得益？ 需在每片树叶处标明博弈在此终结时各博弈方的得益情况。因博弈 G 是输—赢博弈，所以叶边的符号是 $\mathscr{W}$ 或者 $\mathscr{L}$。

2.3.4　两个例子

凯勒司是由组合数学家发明的一个现代游戏，目的是展示他们的聪明才智。然而，考古学家发现，人类进行完美信息博弈的历史就像文明本身一样古老，井字游戏和取火柴游戏就是两个源远流长的无随机行动完美信息博弈。

井字游戏。 人人皆知井字游戏（或圈叉游戏）的规则：用一个井字隔出 9 个空格，两个人，一个画"×"一个画"○"，轮流填空，谁先将自己的符号连成一行或一列，谁就获胜。游戏规则虽然简单，博弈树却很庞大，图 2.7 只画出树的一部分。$\mathscr{W}$、$\mathscr{L}$ 和 $\mathscr{D}$ 分别表示博弈方Ⅰ获胜、失败和平局。

取火柴游戏。 这是一个输—赢博弈，与井字游戏略有不同。博弈开始时有几堆火柴，两人轮流行动，轮到行动者必须选一堆火柴并从中取走至少一根，拿最后一根火柴的人为赢，这个输赢规则与凯勒司游戏恰好相反。

我曾看过一部晦涩的艺术电影《去年在马伦巴》(*Last Year in Marienbad*)，里面的大部分角色都是取火柴游戏玩得很糟糕的人，或许他们的笨拙正是导演对人类现状的含沙射影。不过凡事皆有例外，有一次我在酒吧见人用取火柴游戏赌钱，那个提议玩的人好似精通第 2.6 节给出的最优策略！

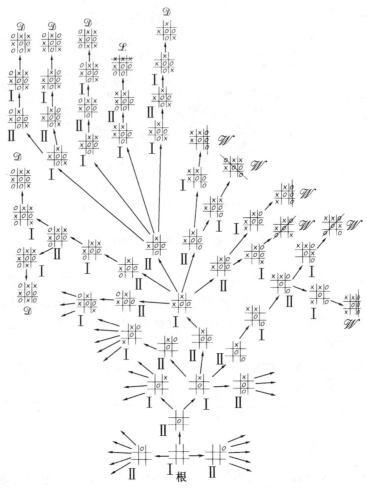

该图只是博弈树的一部分，图中大部分节点处的树枝没有画全，有些可选行动被省略。

图 2.7　井字游戏

2.4　纯策略

"策略"二字迄今已出现多次，分析抽查博弈时，我们甚至提到不完美信息博弈的混合策略，现在到了该认真研究纯策略的时候。

所谓纯策略，是博弈方如爱丽丝的一个预先确定的行动方案，指定她在**每个**属于自己的信息集处的行动。如果所有博弈方选择一个纯策略并照此执行，我们就能在事先完全预见无随机行动博弈的未来进程。

本章余下部分只考虑完美信息博弈，这类博弈的特点是：每个博弈方做决策时都清楚地知道博弈已到达哪个节点。由于信息集均为单点集，完美信息博弈的扩展型容易画出，但第 2.2.1 节告诉我们，不完美信息博弈也有简单之处——它们的纯策略要少得多，这是因为信息集个数不会超过决策点个数，例如环保局在图 2.1(b) 的抽查博弈中有两个纯策略，将它的信息集抹去就变成图 2.1(a) 的告密博弈,环保局的纯策略个数增加到四个。

在完美信息博弈中,要想确定博弈方的一个纯策略,必须全面考虑他可能身处的每个决策点,如果博弈到达这样的点并要他做出决定,纯策略就为他指定一个行动。下面以图 2.6 的博弈 G 为例进行说明。

图 2.6 中属于博弈方 I 的决策点为 a, b, c,他的纯策略必须指定这三个点处的行动。由于博弈方 I 在 a 点有 4 种可能行动,b 点有 2 种,c 点有 2 种,因此博弈方 I 共有 $4 \times 2 \times 2 = 16$ 种纯策略,罗列如下:

$$lll, \quad llr, \quad lrl, \quad lrr, \quad mll, \quad mlr, \quad mrl, \quad mrr,$$
$$nll, \quad nlr, \quad nrl, \quad nrr, \quad rll, \quad rlr, \quad rrl, \quad rrr.$$

每个纯策略都是一个行动计划,例如 mlr 表示若博弈到达决策点 a,则博弈方 I 采取行动 m;博弈到达 b 点则采取行动 l;到达 c 点则采取行动 r。

需注意的是,若博弈方 I 使用纯策略 rrr,则无论博弈方 II 如何行动,博弈都**不可能**到达 b 点或 c 点,所以为这两点指定行动并无实际意义,但按照策略的正式定义,我们仍需这样做。

图 2.6 中,属于博弈方 II 的决策点为 d, e, f,博弈方 II 的纯策略需指定这三个点处的行动。由于博弈方 II 在 d 点有 3 种可能行动,e 点有 2 种,f 点有 3 种,因此博弈方 II 共有 $3 \times 2 \times 3 = 18$ 种纯策略,罗列如下:

$$LLL, \quad LLM, \quad LLR, \quad LRL, \quad LRM, \quad LRR,$$
$$MLL, \quad MLM, \quad MLR, \quad MRL, \quad MRM, \quad MRR,$$
$$RLL, \quad RLM, \quad RLR, \quad RRL, \quad RRM, \quad RRR.$$

其中,纯策略 MLR 表示若博弈到达决策点 d,则博弈方 II 采取行动 M;博弈到达 e 点则采取行动 L;到达 f 点则采取行动 R。

我们来看图 2.6 中一个具体的博弈进程:从根 a 开始,博弈方 I 选择行动 n,将博弈导向博弈方 II 的决策点 f,然后博弈方 II 采取行动 R,整个博弈结束,标 $\mathcal{L}$[1]的树叶表明博弈方 I 输掉[2]。这就是图 2.5 双线标注的博弈进程,为简化叙述,下文将直接用生成该进程的行动序列 $[nR]$ 表示之[3]。

什么样的策略会导致进程 $[nR]$?显然,由两个博弈方的纯策略构成的策略对必须具备以下形式:(nxy, XYR),其中 nxy 是博弈方 I 的纯策略,他在节点 a 处的行动被指定为 n,节点 b、c 处的行动则不拘为何,姑且用符号 x, y 表示,I 有 4 个纯策略符合要求,即 nll、nlr、nrl、nrr;XYR 是博弈方 II 的纯策略,他在节点 f 处的行动被指定为 R,另两个节点则不做限定,这样的纯策略共有 6 种:LLR、LRR、MLR、MRR、RLR 以及 RRR。因此,导致博弈进程 $[nR]$ 的策略对共计 $4 \times 6 = 24$ 个。

---

① 原文为 $\mathcal{W}$,译者认为有误,已改。——译者注

② 原文为赢,译者认为有误,已改。——译者注

③ 用方括号的目的是提醒读者,博弈的进程与博弈的策略并不是一回事。

图 2.8 列出了两个博弈方的所有纯策略以及每个策略对将导致的博弈结果,博弈的这种表示形式称为**策略型**,相比之下,用树来表示一个博弈就称为**扩展型**,如图 2.6。策略型一般而言是矩阵形式,矩阵的行表示博弈方 I 的纯策略,列表示博弈方 II 的纯策略,行列交叉处的单元格列出博弈结果。例如,行 nll 与列 LLR 交叉处的单元格包含字母 $\mathscr{L}$,说明博弈方 I 使用纯策略 nll 以及博弈方 II 使用纯策略 LLR 的情况下,博弈结果是博弈方 I 输掉。

	LLL	LLM	LLR	LRL	LRM	LRR	MLL	MLM	MLR	MRL	MRM	MRR	RLL	RLM	RLR	RRL	RRM	RRR
$\ell\ell\ell$	W	W	W	W	W	W	$\mathscr{L}$	$\mathscr{L}$	$\mathscr{L}$	$\mathscr{L}$	$\mathscr{L}$	$\mathscr{L}$	W	W	W	W	W	W
$\ell\ell r$	W	W	W	W	W	W	$\mathscr{L}$	$\mathscr{L}$	$\mathscr{L}$	$\mathscr{L}$	$\mathscr{L}$	$\mathscr{L}$	W	W	W	W	W	W
$\ell r\ell$	$\mathscr{L}$	$\mathscr{L}$	$\mathscr{L}$	$\mathscr{L}$	$\mathscr{L}$	$\mathscr{L}$	$\mathscr{L}$	$\mathscr{L}$	$\mathscr{L}$	$\mathscr{L}$	$\mathscr{L}$	$\mathscr{L}$	W	W	W	W	W	W
$\ell r r$	$\mathscr{L}$	$\mathscr{L}$	$\mathscr{L}$	$\mathscr{L}$	$\mathscr{L}$	$\mathscr{L}$	$\mathscr{L}$	$\mathscr{L}$	$\mathscr{L}$	$\mathscr{L}$	$\mathscr{L}$	$\mathscr{L}$	W	W	W	W	W	W
$m\ell\ell$	$\mathscr{L}$	$\mathscr{L}$	$\mathscr{L}$	$\mathscr{L}$	$\mathscr{L}$	W	$\mathscr{L}$	$\mathscr{L}$	$\mathscr{L}$	W	$\mathscr{L}$	$\mathscr{L}$	$\mathscr{L}$	W	W	W	W	W
$m\ell r$	$\mathscr{L}$	$\mathscr{L}$	$\mathscr{L}$	$\mathscr{L}$	$\mathscr{L}$	W	$\mathscr{L}$	$\mathscr{L}$	$\mathscr{L}$	W	$\mathscr{L}$	$\mathscr{L}$	$\mathscr{L}$	W	$\mathscr{L}$	$\mathscr{L}$	W	W
$mr\ell$	$\mathscr{L}$	$\mathscr{L}$	$\mathscr{L}$	$\mathscr{L}$	$\mathscr{L}$	$\mathscr{L}$	$\mathscr{L}$	$\mathscr{L}$	$\mathscr{L}$	$\mathscr{L}$	$\mathscr{L}$	$\mathscr{L}$	$\mathscr{L}$	$\mathscr{L}$	$\mathscr{L}$	$\mathscr{L}$	W	W
$mr r$	$\mathscr{L}$	$\mathscr{L}$	$\mathscr{L}$	$\mathscr{L}$	$\mathscr{L}$	$\mathscr{L}$	$\mathscr{L}$	$\mathscr{L}$	$\mathscr{L}$	$\mathscr{L}$	$\mathscr{L}$	$\mathscr{L}$	$\mathscr{L}$	$\mathscr{L}$	$\mathscr{L}$	$\mathscr{L}$	W	W
$n\ell\ell$	W	W	W	W	W	W	$\mathscr{L}$	$\mathscr{L}$	$\mathscr{L}$	$\mathscr{L}$	$\mathscr{L}$	$\mathscr{L}$	W	W	W	W	W	$\mathscr{L}$
$n\ell r$	$\mathscr{L}$	$\mathscr{L}$	$\mathscr{L}$	$\mathscr{L}$	$\mathscr{L}$	$\mathscr{L}$	$\mathscr{L}$	$\mathscr{L}$	$\mathscr{L}$	$\mathscr{L}$	$\mathscr{L}$	$\mathscr{L}$	W	W	W	W	W	$\mathscr{L}$
$nr\ell$	W	W	W	W	W	W	$\mathscr{L}$	$\mathscr{L}$	$\mathscr{L}$	$\mathscr{L}$	$\mathscr{L}$	$\mathscr{L}$	W	W	W	W	W	$\mathscr{L}$
$nr r$	W	W	W	W	W	W	$\mathscr{L}$	$\mathscr{L}$	$\mathscr{L}$	$\mathscr{L}$	$\mathscr{L}$	$\mathscr{L}$	W	W	W	W	W	$\mathscr{L}$
$r\ell\ell$	$\mathscr{L}$	$\mathscr{L}$	$\mathscr{L}$	$\mathscr{L}$	$\mathscr{L}$	$\mathscr{L}$	$\mathscr{L}$	$\mathscr{L}$	$\mathscr{L}$	$\mathscr{L}$	$\mathscr{L}$	$\mathscr{L}$	$\mathscr{L}$	$\mathscr{L}$	$\mathscr{L}$	$\mathscr{L}$	$\mathscr{L}$	$\mathscr{L}$
$r\ell r$	$\mathscr{L}$	$\mathscr{L}$	$\mathscr{L}$	$\mathscr{L}$	$\mathscr{L}$	$\mathscr{L}$	$\mathscr{L}$	$\mathscr{L}$	$\mathscr{L}$	$\mathscr{L}$	$\mathscr{L}$	$\mathscr{L}$	$\mathscr{L}$	$\mathscr{L}$	$\mathscr{L}$	$\mathscr{L}$	$\mathscr{L}$	$\mathscr{L}$
$rr\ell$	$\mathscr{L}$	$\mathscr{L}$	$\mathscr{L}$	$\mathscr{L}$	$\mathscr{L}$	$\mathscr{L}$	$\mathscr{L}$	$\mathscr{L}$	$\mathscr{L}$	$\mathscr{L}$	$\mathscr{L}$	$\mathscr{L}$	$\mathscr{L}$	$\mathscr{L}$	$\mathscr{L}$	$\mathscr{L}$	$\mathscr{L}$	$\mathscr{L}$
$rr r$	$\mathscr{L}$	$\mathscr{L}$	$\mathscr{L}$	$\mathscr{L}$	$\mathscr{L}$	$\mathscr{L}$	$\mathscr{L}$	$\mathscr{L}$	$\mathscr{L}$	$\mathscr{L}$	$\mathscr{L}$	$\mathscr{L}$	$\mathscr{L}$	$\mathscr{L}$	$\mathscr{L}$	$\mathscr{L}$	$\mathscr{L}$	$\mathscr{L}$

不管对手选择何种策略,博弈方 II 的纯策略 MLR 将保证她立于不败之地,因为对应 MLR 的这一列全是 $\mathscr{L}$。

图 2.8   博弈 G 的策略型

冯·诺依曼和摩根斯坦将博弈的策略型称为**规范型**(normal form),因他们认为分析博弈的"规范"途径应该是策略型而非扩展型。但是,有些博弈的策略型实在规模庞大,如图 2.8 所示,故现代的博弈论专家并未全盘采纳两人意见。

2.5   逆推法

图 2.8 的策略型中,对应博弈方 II 的纯策略 MLR 的那一列全是 $\mathscr{L}$,说明 MLR 是 II 的必胜策略,如果她使用该策略,则博弈方 I 用什么策略都难逃一输。

可以证明,在无随机行动的完美信息输—赢博弈中,必有一个博弈方拥有必胜策略,不管对手如何行动,这个纯策略总能保证他立于不败之地。该结论能从策略型看出,因此这类博弈的策略型一定会出现一整列 $\mathscr{L}$ 或一整行 $\mathscr{W}$ 的情况,不过单凭策略型还不足以说明来龙去脉,只有运用逆推法对博弈的扩展型进行研究,才能清楚地认识该结论的正确性。

我们曾用逆推法求解第 2.2.1 节的告密博弈,基本思想是从博弈终点开始,逆向追溯至博弈起点。下面我们用同样方法分析博弈 G,验证无随机行动完美信息输—赢博弈中必胜策略的存在性。

2.5.1　子博弈

在完美信息博弈中,除树叶外,每个节点 x 都决定一个**子博弈**(subgame)[①],它由 x 和 x 之后的博弈树构成。图 2.9 画出了博弈 G 的 6 个子博弈(需注意,根据定义,G 是它自身的子博弈)。

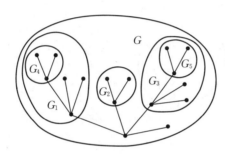

图 2.9　博弈 G 的子博弈

2.5.2　博弈的值

设 H 为 G 的子博弈,如果博弈方 I 在 H 中有必胜策略,不管对手的策略如何,总能保证博弈方 I 在 H 中获胜,则令子博弈 H 的值 $v(H)$ 等于 $\mathscr{W}$;反之,若博弈方 II 在 H 中有必胜策略,则令 $v(H) = \mathscr{L}$。

我们暂时只对以上特殊情况赋值,等第 7 章引入冯·诺依曼的最小化最大值定理后,博弈方偏好截然相反的两人博弈的赋值问题就能完全解决。最小化最大值定理适用于所有严格竞争博弈,包括那些有随机行动的不完美信息博弈;至于非严格竞争博弈,通常都无值可言。

2.5.3　分析博弈 G

首先分析图 2.9 的三个单人子博弈 G_2、G_4 和 G_5。G_2 中,博弈方 II 如果选择行动 L 就能获胜,故 $v(G_2) = \mathscr{L}$(回忆前文规定,当 II 赢时,博弈结果记为 $\mathscr{L}$)。G_4 和 G_5 中,博弈方 I 选择行动 l 就能获胜,故 $v(G_4) = v(G_5) = \mathscr{W}$。

[①]　在不完美信息博弈中,并非每个节点都能决定一个子博弈。子博弈的根必须是一个单独的点,如果一个信息集包含多个节点,我们是无法将它们一一区分的,因此这个信息集中的点都不能成为子博弈的根。

其次分析图 2.10 的博弈 G'。G' 是对原博弈 G 的缩写，三个单人子博弈 G_2、G_4 和 G_5 分别被替换成标着子博弈值的树叶。下面将证明，当 G' 有值时 G 也有值，且 $v(G') = v(G)$。

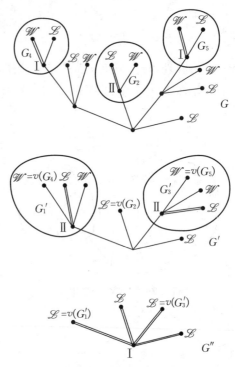

图 2.10　用逆推法简化博弈 G

为方便证明，不妨设博弈方 I 是博弈的赢家，则上述结论意味着：若博弈方 I 在博弈 G' 中有必胜策略 s'，那么他在博弈 G 中一定有必胜策略 s。为什么？因为博弈方 I 在博弈 G' 中选择 s' 就能保证 G' 终结于某片标 $\mathscr{W}$ 的树叶 x，而树叶 x 可能对应 G 的一个子博弈 G_x，所以必有 $v(G_x) = \mathscr{W}$，这说明博弈方 I 在 G_x 中有必胜策略 s_x；将 s' 和 s_x 拼起来，我们就得到博弈方 I 在博弈 G 中的必胜策略 s，s 分两截：一开始先按 s' 行事，到达子博弈 G_x 后就按 s_x 行事。

最后分析图 2.10 的博弈 G''。G'' 是对 G' 的进一步缩写，子博弈 G_1' 和 G_3' 被替换成标着子博弈值的树叶。仿照上面的证明方法，可知当 G'' 有值时 G' 也有值，且 $v(G'') = v(G')$。

在 G'' 这个单人博弈中，博弈方 I 的所有行动都导向一片标 $\mathscr{L}$ 的树叶，所以博弈 G'' 的值为 $\mathscr{L}$。由此可得，博弈 G 有值，且：

$$v(G) = v(G') = v(G'') = \mathscr{L}$$

这个等式说明，博弈方 II 在博弈 G 中有必胜策略。

2.5.4　找到必胜策略

要想找到博弈方的必胜策略，一种方法是从图 2.8 的策略型直接读出，但构造策略型往往并非易事，使这种方法的实用性大打折扣，除非博弈特别简单，否则还是用其他方法为好。

一种较好的方法是仿照上节的证明技巧，从 G 的最小子博弈（内部再无子博弈的子博弈）开始，将代表最优选择的树枝标为双线，其他**未标双线**的树枝则直接无视之，这样一来得到一个新博弈 G^*；对 G^* 重复以上步骤，得到新博弈 G^{**}……如此一轮轮处理下去，直到无事可做、程序自然终止，此时 G 中至少会有一个全双线进程。这种全双线进程的意义在于：如果人人想赢是各博弈方的共同知识，那么现实中的博弈一定是按照这样的路径进行的。

图 2.6 画出了上述程序的处理结果，共得到 4 个双线进程，每一个都导致博弈方 Ⅱ 的赢，既然从根出发的树枝只有 4 条，就说明博弈方 Ⅱ 确有必胜策略。

进一步地，这个必胜策略可从图 2.6 的博弈树直接读出，只需在 Ⅱ 的每个决策点选择一条双线树枝即可。此例中三个节点 d、e、f 处的双线树枝都是唯一的，因此 Ⅱ 只有一个必胜策略 MLR。换言之，从某个节点如果引出了多条双线树枝，Ⅱ 的必胜策略就是多重的。

2.6　求解取火柴博弈

借助博弈树寻找必胜策略的方法也能用于取火柴游戏，但这个游戏跟井字游戏一样，连博弈树都很难画。

所幸在取火柴游戏中，还有一种巧妙的处理方法，完全避免了构建博弈树的繁重工作，我们以图 2.11 为例展开说明。游戏一开始有 3 堆火柴，分别是 3、11 和 6 根，图中分别用十进制和二进制标出了每堆火柴数[①]。

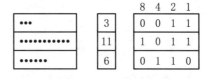

图 2.11　三堆火柴的取火柴游戏

我们先定义两个术语：如果火柴数目的二进制表示法中，每一列都有偶数个 1，就称这个取火柴游戏是**平衡**的，否则称为**不平衡**。图 2.11 的例子是不平衡的，因为 8 这一列有奇数个 1（4、2 两列也是）。容易验证，取火柴游戏规则所允许的**任一**行动都能将一个平衡博弈转换成不平衡博弈[②]。

对一个平衡的博弈，率先行动者不可能立即获胜。因为平衡博弈至少有两堆火柴，而游戏规则只允许博弈方每次从某一堆取火柴，所以他（她）不能立刻拿到最

[①]　例如，十进制的 11 可以拆成 1 个 8＋0 个 4＋1 个 2＋1 个 1，表示成二进制就是 1011。

[②]　一次行动就是从一个火柴堆拿走至少一根火柴，那么这堆火柴数的二进制表示法中，至少有一个 1 会变成 0，如果这个 1 所在的列原有 $2n$ 个 1，现在就变成 $2n-1$ 个 1。

后一根火柴。

因此，某一个博弈方有必胜策略——总是把一个不平衡的结构转换成平衡结构。使用这个策略保证了对手不能通过下一次行动获胜；既然每次都留给对手一个不能立即获胜的局面，他就永远赢不了；对手既然赢不了，赢的自然是我，因此这个策略一定是必胜策略。

由于大部分取火柴游戏的开局是不平衡的，所以第一个行动的人有必胜策略；反之，若火柴的最初布局是平衡的，则第二个行动的人有必胜策略。

图 2.12 画出了图 2.11 游戏的一个可能进程，博弈方 I 用的正是必胜策略。值得注意的是，若博弈方 I 在某次行动后将两堆（且只有两堆）相同数目的火柴留给对手，那么其后的博弈进程中，他可以通过"剽窃"对手策略而轻松获胜，具体做法是：对手刚才从哪一堆拿走几根火柴，博弈方 I 就从另一堆拿走相同数目的火柴。

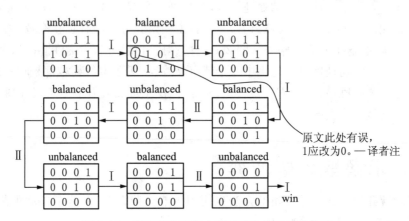

图 2.12　博弈方 I 在取火柴游戏中使用必胜策略

2.7　六连棋

→ 2.8

六连棋游戏是皮亚特·海恩（Piet Hein）1942 年发明的，约翰·纳什 1948 年也提出了一套相同的游戏规则。据说纳什的灵感来自普林斯顿大学数学系男厕所的六角形瓷砖，不过纳什本人认为这故事纯属虚构。

六连棋是在菱形棋盘上玩的两人游戏，棋盘由 n^2 个六角形构成，如图 2.13(a)。两人中一人画圈、一人画叉，各自占据棋盘的两条对边；游戏开始后，画圈者先走，双方轮流行动，每次占据一个空格，在格内填上自己的符号；最先将棋盘上属于自己的两条对边连在一起者为赢，图 2.13(b) 是一次刚结束的游戏，画叉者获胜。

六连棋非常有趣，除了它和纳什的瓜葛外，还有另外两个原因：第一，虽然看上去有双方平局的可能，但事实上它是输—赢博弈。因为所有的无随机行动完美信息输—赢博弈都有值，所以六连棋中，必有一个博弈方拥有必胜策略。第二，

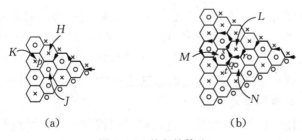

图 2.13 六连棋

当 n 很大时,我们虽然不知道必胜策略是什么,但能够巧妙地证明,有必胜策略的博弈方是画圈者。

2.7.1 为什么六连棋无平局

不妨想象圈是水,叉是陆地,当棋盘上所有的六角形被填满后,只可能出现两种情况,要么是流水贯通了属于圈的两条对边,就像水在两个湖泊间流动,要么是两个湖泊之间被筑上堤坝。第一种情况下圈赢,第二种情况下叉赢。

这个比喻简单直观,很有说服力,但数学家要的可不是比喻,他们一门心思追求严格的证明,这是因为数学史上曾有大量看上去对但最终证明是错的命题,数学家的小心谨慎也是应该的。不过这个证明不太容易,如果你不感兴趣,页边的疯帽匠会请你直接跳到第 2.7.2 节。

下面的证明思想来自戴维·盖尔(David Gale)。盖尔使用一种特别算法,它从棋盘边角的一个点出发,如图 2.14(a)所示,逐步开辟一条道路,使道路的下一段总夹在一个画圈的六角形和一个画叉的六角形之间,但算法不允许立即折返刚来的路。

→ 2.7.2

图 2.14 盖尔的算法

如果能证明这样的道路既不会中途断于棋盘,也不会重返之前经过的点,则因棋盘的有限性,这条路必然终结于另一个棋盘边角点,此时必有两条对边被连上,如图 2.13(b)所示,故六连棋游戏不会有平局。

我们先来证明道路不会中途断于棋盘。图 2.14(a)显示了一条路,它已到达棋盘内部的一点 p。而要到达 p,这条路一定是刚从一个叉六角形 H 和一个圈六角形 J 之间通过,p 是 H、J 的公共顶点;由于 p 在棋盘内部,所以存在第三个六角形 K,p 也是 K 的顶点。显然,不管 K 是圈或叉,道路都能从 p 点继续延伸,若 K 是叉,如图 2.14(a)所示,道路就从 J、K 间经过;若 K 是圈,道路从 H、K 间经过。

如果 p 是棋盘边缘点,上述讨论过程只需稍作修改,结论还是一样的,即道路能从 p 点继续延伸。但是,若 p 是棋盘四角的一个点,道路将无法继续,因此,道路只可能终结于棋盘四角。

接下来证明道路不会重返之前经过的点。图 2.14(b)显示了一条路,它又回到之前经过的一个内部点 q。而要出现这种情况,这条路必定违反从圈、叉间经过的既定规则。为了用反证法证明一条路不可能在不违规情况下返回自身,令 q 为第一个重返点。

道路要能经过 q,以 q 为公共顶点的三个六角形 L、M 和 N 就不会是同样符号。假设 L 为叉,M 和 N 为圈,如图 2.14(b)所示,则首次经过 q 时,这条路必定是从 L 和 M 以及 L 和 N 之间通过;因为 q 是**第一个**重返点,所以道路不是通过点 r 或 s 重新回到 q 的,它只可能通过点 t 回到 q,但 M 和 N 都是圈,所以这是不可能的。至此,我们证明了道路不会重返之前经过的内部点 q;当 q 为棋盘边缘点时,可证得同样结论。

2.7.2　为什么圈有必胜策略

→ 2.8

纳什从"策略剽窃"角度证明了圈有必胜策略,他论证说如果叉有必胜策略,那么通过"剽窃"圈也有必胜策略;但**两人都赢**是不可能的,因此叉不会有必胜策略;又因为一定**有人**有必胜策略,既然不是叉,就必定是圈。

如果叉有必胜策略,圈该如何剽窃?纳什认为画圈者可遵循以下方法:

1. 游戏开局首次行动时,随机地圈一个六角形。

2. 游戏当中轮到圈行动时,先对棋局进行虚拟重构,假装自己上次圈的六角形还是空白,然后想象其余已填充的六角形中,哪些圈是叉、哪些叉是圈;接下来换位思考,设想自己是叉,那么按照叉的必胜策略,她会在当前局面下选哪个六角形?最后,向这个六角形画圈即可。如果这个六角形恰好是你刚才假装空白的那个六角形,就说明你**已经**偷到了对手的必胜行动,此时随机圈出一个空白六角形即可。

这个策略能使圈获胜,因为他一直在做那些按假设会使叉获胜的事——但提前一步。这就像下棋时圈比叉多一个棋子,圈就有可能提前获胜,倘若现实中的棋盘真是如此设计，我们断不会听到圈的抱怨！

2.8　国际象棋

如果玩跳棋，谁也别想赢过电脑，但说到国际象棋，世界顶尖高手们仍能在大多时候击败电脑。即使有那么一天，电脑程序发展到能击败所有人类好手的地步，也不会是因为博弈论专家们求出了最优的下棋方式。国际象棋如此复杂，我们可能永远求不出它的解——这对那些下棋取乐的人倒是好事，如果拿本书就能查到下一步的最优行动，下棋还有什么意思？

然而，博弈论并非全无用处。大脚兽或者尼斯湖水怪之所以没被发现，是因为它们不存在，博弈论专家就不能用同样理由解释为何找不到象棋的解，我们至少能证明象棋博弈是有值的。

严格竞争博弈。到目前为止本章一直在讨论输—赢博弈，只有井字游戏是个例外，其结果可以为平局。与之相仿，国际象棋也有三个可能结果：$\mathcal{W}$、$\mathcal{L}$ 和 $\mathcal{D}$。因两人下棋，一人执白，一人执黑，不妨称博弈方 I 为白，博弈方 II 为黑，则 $\mathcal{W}$ 表示白赢黑输。

我们先对下文用到的一些符号略作说明。关系式 $a \preceq_i b$ 表示博弈方 i 喜欢 b 的程度不亚于 a；$a \prec_i b$ 表示 i 严格地偏好 b 而不是 a，也就是说，当 a、b 都可选时，他（她）绝不会选 a；$a \sim_i b$ 表示 i 对 a、b 的偏好程度无差异；$a \preceq_i b$ 则意味着 $a \prec_i b$ 或 $a \sim_i b$。

所谓**严格竞争博弈**，是博弈方目标截然相反的两人博弈，甲之熊掌乃乙之砒霜，在数学语言里[①]，这意味着对任意两个博弈结果 a, b

$$a \prec_1 b \Leftrightarrow b \prec_2 a$$

国际象棋是严格竞争博弈，因为两博弈方的偏好为：

$$\mathcal{L} \prec_1 \mathcal{D} \prec_1 \mathcal{W}$$
$$\mathcal{L} \succ_2 \mathcal{D} \succ_2 \mathcal{W}$$

下面来证明一个一般性定理，我们将以该定理为基础进一步推出象棋博弈有值的结论。定理证明仍沿用第 2.5 节的逆推法，其中凡出现"博弈方 i 能迫使（force）集合 S 中的一个结果发生"的说法，就意味着无论对手如何行动，i 通过使用某策略能保证博弈结果属于集合 S。符号 $\sim S$ 表示集合 S 的补集[②]，$\sim T$ 表示由

---

① 符号 $P \Rightarrow Q$ 意味着 P 包含 Q，因此 P 为真就能推出 Q 为真。符号 $P \Leftrightarrow Q$ 意味着 $P \Rightarrow Q$ 和 $Q \Rightarrow P$ 同时成立，因此当且仅当 Q 为真时 P 为真。所谓"P 是 Q 的充分条件"，指的就是 $P \Rightarrow Q$，"P 是 Q 的必要条件"指的是 $Q \Rightarrow P$，"P 是 Q 的充分必要条件"指的是 $P \Leftrightarrow Q$。

② 符号 $x \in S$ 表明 x 是集合 S 中的一个元素，$x \notin S$ 表明 x 不是 S 的元素；集合 S 的补集 $\sim S$ 由此可定义为 $\sim S = \{x : x \notin S\}$，为使这个定义有意义，需要预先知道变量 x 的取值范围，本文中 x 的定义域就是博弈的所有结果构成的集合 U。

所有不属于集合 T 的博弈结果构成的集合。

定理 2.1 对一个有限的①无随机行动完美信息两人博弈,令 T 为任一博弈结果集,则博弈方 Ⅰ 能迫使 T 中的一个结果发生,或者博弈方 Ⅱ 能迫使 $\sim T$ 中的一个结果发生。

证明: 不妨忘掉各博弈方的具体偏好,统一用符号 $\mathscr{W}$ 标记集合 T 中的博弈结果,用符号 $\mathscr{L}$ 标记 $\sim T$ 中的结果,这样问题就简化为证明任一有限输—赢博弈均有值。大致看来,重复第 2.5.3 节的方法就能达到证明目的,但要得到一个正式定理,数学方面的细节还是要注意。

第一步, 我们称博弈的阶为博弈最长进程所包含的树枝数,则 1 阶博弈仅包含根和一些树叶。1 阶博弈中,假设由博弈方 Ⅰ 在根处选择,那么只要有一片标 $\mathscr{W}$ 的树叶,他就能马上获胜;否则,如果一个输—赢博弈的所有树叶都标 $\mathscr{L}$,则博弈方 Ⅱ 即使袖手旁观也能稳获胜利(如图 2.10 的博弈 G'');不管哪种情形,博弈都有值。对于博弈方 Ⅱ 在根处选择的情形,我们可证同样结论,因此,任意的 1 阶输—赢博弈 H 都有值 $v(H)$(2.5.2 节)。

第二步, 假设对某个数 n,所有的 n 阶输—赢博弈都有值,下面证明任意的 $n+1$ 阶输—赢博弈 H 有值。

先找出 H 中每个长度为 $n+1$ 步进程的最后一个决策点 x,从 x 引出的子博弈 H_x 是 1 阶的,由第一步知它一定有值 $v(H_x)$,将这个值标在点 x 处,然后丢掉 x 之后的东西。

这样一来 x 变成了新博弈 H' 的树叶,而 H' 是 n 阶的,按假设一定有值。不妨设博弈方 Ⅰ 在 H' 中有必胜策略 s',s' 能保证 H' 终结于一片标 $\mathscr{W}$ 的树叶,如果这片树叶对应 H 的一个子博弈 H_x,则 $v(H_x)=W$,于是博弈方 Ⅰ 在 H_x 中也有必胜策略 s_x,将 s' 和 s_x 拼起来,就是博弈方 Ⅰ 在 H 中的必胜策略。以上推理也适用于博弈方 Ⅱ 在 H' 中有必胜策略的情况,因此,总有一个博弈方能在 H 中迫使赢的发生,所以 H 有值。

第三步, 进行数学归纳②。第一步已证明所有的 1 阶输—赢博弈有值,第二步说明所有的 2 阶输—赢博弈有值,继续用第二步可知所有的 3 阶输—赢博弈有值……如此等等。

因此,所有的有限、无随机行动完美信息输—赢博弈都有值,定理得证。

2.8.1 严格竞争博弈的值

页边画的疯帽匠通常会奔向另一小节,我们建议初学者跟随他的脚步。此处

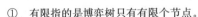

---

① 有限指的是博弈树只有有限个节点。

② 若 $P(n)$ 是定义在正整数 n 上的命题,且以下两个条件成立:

    1. $P(1)$ 为真;

    2. 对每一个 n,$P(n) \Rightarrow P(n+1)$ 为真;

    则对所有的 n 值,$P(n)$ 都为真。

却见他踌躇不前,说明以下内容非常重要,虽然较难但不该跳过。

我们先定义博弈的值:一个博弈结果 v 被称为两人博弈 G 的值,当且仅当博弈方 Ⅰ 能迫使集合 $W_v = \{u: u \geq_1 v\}$ 中的一个结果发生,同时博弈方 Ⅱ 能迫使集合 $L_v = \{u: u \geq_2 v\}$ 中的一个结果发生。

例如,若"白"有一个策略能使他获得平局或更好结果,"黑"也有一个策略能使她获得平局或更好结果,则象棋博弈的值为 $\mathscr{D}$,其中 $W_v = \{\mathscr{D}, \mathscr{W}\}$,$L_v = \{\mathscr{L}, \mathscr{D}\}$。又如,若 $W_v = \{\mathscr{W}\}$ 且 $L_v = \{\mathscr{L}, \mathscr{D}, \mathscr{W}\}$,则象棋博弈的值为 $\mathscr{W}$。

不失一般性,假设对博弈方 Ⅰ 而言,G 的任意两个结果都不是无差异的,则按 Ⅰ 的偏好对 G 的所有可能结果编排序号,得到集合 $U = \{u_1, u_2, \cdots, u_k\}$,其中:

$$u_1 <_1 u_2 <_1 \cdots <_1 u_k$$

因博弈是严格竞争的,故 Ⅱ 的偏好满足 $u_1 >_2 u_2 >_2 \cdots >_2 u_k$。图 2.15 阐明了这种博弈的值为 v 的含义。

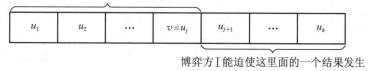

图 2.15　一个严格竞争博弈的值 v,其中 $u_1 <_1 u_2 <_1 \cdots <_1 u_k$

推论 2.1　任意的有限、无随机行动完美信息严格竞争博弈都有值。

证明:令 W_v 为博弈方 Ⅰ 能迫使其中结果发生的最小结果集[①],不妨设 $v = u_j$,则博弈方 Ⅰ 无法迫使集合 $W_{u_{j+1}}$ 中的结果发生,因为它是比 W_v 更小的集合,所以由定理 2.1,博弈方 Ⅱ 一定能迫使集合 $\sim W_{u_j+1} = L_v$ 中的一个结果发生。

推论 2.2　象棋博弈有值。

证明:国际象棋是有限的、无随机行动完美信息严格竞争博弈,所以必有值。

2.8.2　鞍点

在严格竞争博弈的策略型中,对博弈方 Ⅰ 来说,如果一个策略对 (s, t) 导致的博弈结果不比 t 列的任一结果差,也不比 s 行的任一结果好,这个策略对就称为鞍点。

推论 2.3　一个有限的无随机行动完美信息严格竞争博弈的策略型中总有一个鞍点 (s, t)。

证明:记 s 为博弈方 Ⅰ 的策略,它能保证博弈方 Ⅰ 获得不比博弈值 v 差的结果,则对博弈方 Ⅰ 来说,在策略型中,s 行的每一项都不比 v 差。记 t 为博弈方 Ⅱ 的

---

① 唯有存在满足性质的集合,才能进一步说到"最小"二字。此处的确存在满足性质的集合,比如说博弈方 Ⅰ 必定能迫使集合 W_{u_1} 中的一个结果发生,因为这个集合将博弈的所有可能结果包含在内。

策略,它能保证博弈方 II 获得不比 v 差的结果,则对博弈方 II 来说,t 列的每一项都不比 v 差,因博弈是严格竞争的,这对博弈方 I 而言就意味着 t 列的每一项都不比 v 好。因此,策略对 (s, t) 给博弈方 I 带来的结果是不差于 v 也不好于 v,又因本节假设博弈方对不同博弈结果的感觉有差异,所以使用 (s, t) 的结果一定恰好为 v。

定理 2.2 如果严格竞争博弈 G 的策略型中有一个鞍点 (s, t),它对应的博弈结果为 v,则 G 的值为 v。

证明:根据鞍点定义,对博弈方 I 来说,v 是 s 行的最差结果,博弈方 I 使用策略 s 能迫使一个至少和 v 一样好的结果发生,v 又是 t 列的最好结果,也就是博弈方 II 使用策略 t 的最差结果,博弈方 II 使用 t 能迫使一个至少和 v 一样好的结果发生。

我发现专业的象棋选手都对博弈论没什么兴趣,他们才不关心博弈的值,如果你非要他们给个看法,一般会说象棋博弈的值是 $\mathscr{D}$,这意味着两个博弈方各有策略能迫使平局或更好的结果发生。

假如选手们是对的,象棋博弈的一个可能的策略型将如图 2.16 所示,其中 s 是博弈方 I 的纯策略,使他获得平局或更好结果;t 是博弈方 II 的纯策略,使她获得平局或更好结果。由推论 2.3,策略对 (s, t) 是象棋博弈策略型的鞍点。

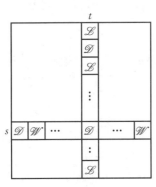

图 2.16 象棋博弈的一个可能的策略型

2.9 理性地博弈?

对于两个进行无随机行动完美信息严格竞争博弈的人,一本博弈论教材应该给出什么建议?

在博弈有值 v 的情况下,这个问题看似简单:每个博弈方选择的纯策略要能保证他(她)获得不比 v 差的结果;如果博弈双方使用这样的纯策略对 (s, t),则博弈最终结果对两人来说都是 v。[①]但是,看着容易做时繁,博弈论的事情很少会如此简单!

2.9.1 纳什均衡

如果一本博弈论教材建议用策略对 (s, t) 作为博弈的一般理性解,那么 (s, t) 必定满足一条最基本准则——(s, t) **为纳什均衡**,这意味着 (s, t) 中的每个纯策略都是对其他纯策略的最优反应(第 1.6 节)。

在一个严格竞争博弈中,策略对 (s, t) 为纳什均衡的充分必要条件是:它是博

---

① 我们现在承认博弈方可能在某些结果之间无差异。

弈策略型的鞍点。v在t列最优的事实说明s是博弈方 I 对t的最优反应；由于两个博弈方的偏好相左，v是博弈方 I 在s行的最差就意味着它是博弈方 II 在s行的最优，因此t是博弈方 II 对s的最优反应。

例如，图 2.8 的策略型中，当博弈方 II 使用纯策略 MLR 时，所构成的全部纯策略对都是纳什均衡。也就是说，第 9 列的每个结果都对应一个鞍点。

为什么博弈的理性解一定是纳什均衡？因为理性的博弈方不可能接受一个非纳什均衡的建议，即使有博弈论专家提出这等建议，也必定事与愿违。不妨用反证法理解之，假设一个非纳什均衡的建议(s, t)被广泛采纳，那么博弈将如何进行就成了共同知识；然而，如果博弈方 I 知道博弈方 II 会老老实实地使用策略t，则除非s是对t的最优反应，否则他不会傻乎乎地听从建议使用策略s；同样地，如果博弈方 II 知道博弈方 I 会听从建议使用策略s，则除非t是对s的最优反应，否则她也不会傻到用t的地步。由于两个理性的博弈方均有背离(s, t)的冲动，它不可能成为博弈的解。[①]

需注意的是，在我们预测一个博弈的解是纳什均衡时，一个必不可少的前提条件是博弈各方均为理性。如果这个前提站不住脚，寻找纳什均衡的努力就毫无意义，时常被评论家诟病的一种现象是凭空杜撰博弈方的理性并滥用纳什均衡思想。这种批评完全正确，如果一个理性的博弈方知道对手是非理性的，他将不满足于严格竞争博弈的值，而会利用对手的愚蠢，力争更好的博弈结果。

2.9.2 人们什么时候是理性的？

传统经济学认为商业世界普遍地受到理性支配，并将诸多经济理论建筑在这个不大牢靠的先验假设上。现代经济学家比起前辈要谨慎一些，他们不会轻易假设经济行为人总是理性地行动。

→ 2.9.3

事实上，现实世界的人常会非理性地行动，这对那些娱乐性博弈并非坏事，如果人人都按最优方式打扑克，看的人还有什么乐趣？不如去看油漆干掉。玩的人也没有乐趣，如果大家都知道最优玩法，根本没人会去下象棋。

然而，如果不能指望各博弈方理性地行动，正统的博弈理论将无法帮助我们预测他们的行为。要想让博弈论在预测中发挥作用，理性前提必不可少。那么，这个前提在哪些情况下成立？或者说，我们什么时候能理直气壮地假设人皆理性是博弈各方的共同知识？

与其他博弈论专家相比，我的想法可能稍显悲观，我认为有待分析的博弈至少应满足以下某个条件，否则将博弈论用于预测目的是极有风险的：

● 博弈比较简单。

[①] 其实不一定两个博弈方同时有背离的冲动。只要一个博弈方有偏离冲动的策略对就不可能是理性解。——译者注

● 对最优行为的激励充分。

● 博弈方此前曾多次进行该博弈①，有机会通过试错机制学习。

在以人为对象的实验室试验中，当以上三个条件都满足时，纳什均衡能够很好地预测人类行为。对此最常见的解释是：在这样的情境下，没什么东西阻碍第 1.6 节所说的试错调整过程的收敛。该过程收敛到纳什均衡后，即使博弈方自己说不清为何最后的策略选择是最优的，但他们外在的行为表现十足就是理性选择的样子，这就够了。

在实验室之外，通常难以固定博弈所处的环境，不过，若讨论的是高手们在世界扑克大赛上的牌局，则第二、第三个条件是满足的。此外，扑克虽不像井字游戏或取火柴游戏那样简单，但比起国际象棋还是容易得多，扑克游戏的所有形式，如德州扑克或七张牌梭哈，原则上都能成功分析，因此第一个条件在某种程度上也满足。比起邻里之间小打小闹每把一元钱的扑克游戏，这些大奖赛上的比赛表现更接近博弈论对理性博弈方的行为预测，例如，博弈论建议手气坏时下大注，世界冠军们显然知道这个，但每把一元钱的玩家倾向于手握大牌才下大注。

在生物学博弈中，前两个条件都不满足，如果博弈只进行一次，则不同策略的结果之差基本可以忽略不计。但是，物种进化通常是个数百万年的漫长进程，有足够时间通过试错法学习最优策略，这使第三个条件的作用发挥到极致。因此，纳什均衡思想在进化生物学中有重要应用。

在无线频谱拍卖中，许可证能卖到几十亿美元，此时第二个条件的作用发挥到极致，而第三个条件则毫无作为。因为博弈涉及巨额金钱，电信公司不希望有人在竞价时犯傻，他们会用纳什均衡思想指导自己的竞价决策。

2.9.3 子博弈完美均衡

策略对 (mlr, MLR) 是图 2.8 策略型的一个纳什均衡，但用逆推法分析图 2.6 的扩展型却得不到这个解。逆推法选出的是对应双线树枝的那些策略对，它总是为博弈方 II 选择 MLR，而让博弈方 I 在形如 xll 的策略中任意选择，但 mlr 并不符合这个要求。

逆推法之所以没选 mlr，是因为 mlr 在节点 c 处规划了一个**非理性**的行动 r，博弈方 I 在该点若选择 l 会获胜，选 r 却会输。但是，mlr 中包含非理性计划的事实却并未妨碍它成为纳什均衡的一部分，因为当博弈方 II 使用纳什均衡策略 MLR 时，博弈永远到不了节点 c，所以博弈方 I 对该点的行动规划没有实际意义，他并无机会去做出一个非理性行动。

以上讨论告诉我们，求解一个博弈时，只考虑纳什均衡是不够的。纳什均衡只

---

① 每一次都跟不同对手博弈。如果对手始终如一，这种重复情形应模型化为一个单一的"超级博弈"（supergame）。

关注位于均衡路径上的决策点，保证博弈方会在这些点处理性地行动。均衡路径是博弈方使用各自的均衡策略时博弈的实际进程。至于均衡路径之外的决策点，纳什均衡允许博弈方采取任何疯狂行动。

例如，若象棋博弈的值为 $\mathscr{D}$，那么白有一个纯策略 s 能保证他获得平局或更好结果，黑有纯策略 t 能保证她获得平局或更好结果。在黑用 t 的情况下，白用 s 的结果是平局。然而，人非圣贤孰能无错，如果博弈中途黑一时发昏偏离了策略 t，使博弈到达均衡路径外的一个子博弈 H，此时白要不要继续遵守策略 s？在 H 中，s 为白规定的行动未必是最优的，比如说白另有一个必胜策略，按其行事即可获胜，继续用 s 却只落得平局，这种情况下白就没必要坚持 s 了，如果另一个策略 s' 能保证他在 H 中的胜利，他应该从 s 转换到 s'。

如果一本博弈论教材只满足于用纳什均衡作为象棋博弈的解，它的求解工作就是半途而废的。应对纳什均衡做进一步精炼，从中选出独具特征者作博弈的解。一个较稳妥的精炼是逆推法选出的策略对 (s, t)，这个策略对不仅是整个博弈的纳什均衡，而且在每个子博弈 H 中也满足纳什均衡要求，且不论 H 是否位于均衡路径。

莱因哈德·泽尔腾（Reinhard Selten）将具备上述特征的策略对称为**子博弈完美均衡**。一个纳什均衡不一定是子博弈完美的，它可能坚信当各方都使用均衡策略时博弈不会到达某些子博弈，从而对这些子博弈疏于安排。但是，这种意外常常发生。

2.9.4 糟糕表现的背后

以后将经常用到子博弈完美均衡，因此有必要事先了解它的局限性，有些情况下，子博弈完美均衡可能不是一个合理的解。

从第 2.9.1 节可知，正统的博弈理论假设人皆理性是博弈开始时各博弈方的共同知识，那么，若某个博弈方在博弈中表现糟糕、明显有违理性假设时，会给博弈带来什么影响？

→ 2.10

考虑图 2.17 的例子，它跟象棋有点像，两博弈方 I、II 轮流行动，符号 $\mathscr{W}$、$\mathscr{L}$ 或 $\mathscr{D}$ 表示 I 的获胜、失败或平局。不过，与象棋博弈不同的是，我们假设博弈方关心整个博弈的持续时间。博弈方 I 的偏好如下：

$$\mathscr{W}_1 \succ_1 \mathscr{W}_2 \succ_1 \cdots \succ_1 \mathscr{W}_{101} \succ_1 \mathscr{D}_{50} \succ_1 \mathscr{L}_{52}$$

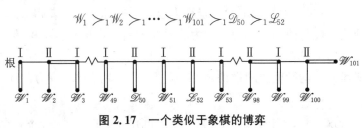

图 2.17 一个类似于象棋的博弈

假设博弈方 II 的偏好与 I 相反，因此这是一个严格竞争博弈。图 2.17 中的双线树

第 2 章 回溯

059

枝表示逆推法的分析结果。

因为每个节点处只有一条双线树枝，所以只有一个子博弈完美均衡，它要求博弈方Ⅱ在第50个节点处选择向下。这是个好建议吗？答案取决于她对博弈方Ⅰ的认识，如果她坚信博弈方Ⅰ是理性的，即使有反面证据也不改变想法，那么向下确实是个合理建议。因为理性的博弈方Ⅰ若身处第51个节点，必定向下从而立即获胜，所以博弈方Ⅱ不该让博弈进行到第51个节点，她应在第50个节点处向下，以平局收场。

然而，若不是博弈方Ⅰ连续25次在该选向下时选择了通过，博弈也到不了第50个节点。博弈方Ⅰ的行为明显有违理性，不符合博弈方Ⅱ对他的初始信念。那么，博弈方Ⅱ该如何理解这种不和谐？她可能认为即使诺贝尔奖得主也会犯错，故将博弈方Ⅰ一直通过的行为归咎于25次独立随机错误。

比如说每次行动时，博弈方Ⅰ原本打算向下，但命运之神分散了他的注意力或者轻轻推搡他的肘部，使他最终选了通过。这种错误的发生概率应该是一个较小的数 p，所以25次独立错误的发生概率 p^{25} 将非常非常小[①]。博弈方Ⅱ居然指望这种超小概率事件的发生，看上去一点也不现实；不过她的信念在逻辑上倒是保持了前后一致，以前相信博弈方Ⅰ的理性，也相信他会在将来理性地行动。

当然，现实世界的象棋对垒中，若对手连下25手臭棋，没人会认同"他真的每次都想下好但不知怎地每次都弄巧成拙下错棋"的解释。看到臭棋的自然推论是——对手是个菜鸟，接下来的问题就是怎么利用他的弱点[②]。

图2.17的博弈中，博弈方Ⅰ的弱点似乎是痴迷于通过，若身处第50个节点的博弈方Ⅱ认为确实如此，她可能冒一把险自己也选通过。这么做的风险是博弈方Ⅰ可能偏离之前的行为模式，在第51个节点处选择向下，使博弈方Ⅱ错失拿平局的机会；不过，若博弈方Ⅰ继续恋恋不舍地选通过，则博弈方Ⅱ能在第52个节点处选择向下从而立即获胜。

这个例子告诉我们，只有在某些类型的博弈中，子博弈完美均衡才是合理的解。比如说延续时间较短的博弈，因为时间不够，无法积累充分证据去推翻博弈各方关于人皆理性的初始信念；或者是有大量随机行动和信息集的博弈，它们到达一个未预料子博弈的主要原因是随机因素怪异多变，而非对手的愚蠢行动。

然而，子博弈完美均衡在延续时间较长的完美信息博弈中也有用处。第14.4节将说明如何对此类博弈略作修改，把随机行动和信息集引入博弈规则，这样一来，对手在博弈中表现出的愚蠢行为或者说非理性就能获得合理解释，避免了模型的理性前提与博弈中非理性行为的内在矛盾。在这种重新**构造**的博弈中研究子博弈完美均衡是合理的。

对子博弈完美均衡思想的批评声亦不绝于耳。要想做出有力回应，一个博弈

---

① 犯一次错误的概率若小于十分之一，则连犯25次错误的概率小于十亿个十亿个十亿个分之一。

② 这么做是有风险的，因为对手可能是个骗子，之前的拙劣表现是想引你上钩。但此处不必担心，因为Ⅰ连选25次通过并无潜在好处，他明明每次只要向下就能马上获胜。

论专家不妨照搬第 1.4.1 节反驳"博弈论专家假设人类都自私"时的回答。批评者其实没说到点子上,他们应该停止攻击博弈论的方法论,转而批评模型与现实的相关性。

2.10　综述

本章讨论了无随机行动的完美信息严格竞争博弈。讨论时未诉诸效用理论,直接用博弈的可能结果表达博弈方偏好,象棋博弈和井字游戏是其中两例。

严格竞争博弈是两人博弈,两博弈方的偏好截然相反。最简单的严格竞争博弈是输—赢博弈,博弈结果一定是一个赢一个输,且两博弈方都偏好赢而不是输。两个输—赢博弈的例子即取火柴游戏和六连棋得到较详细讨论。

为了清晰表达一个博弈的规则,必须问四个问题:**谁、做什么、什么时间、多少得益**,博弈树被用来记录答案。如果对**"谁"**这个问题的回答是:相关决定是通过掷骰子或用其他随机装置做出的,则随机行动出现。扑克中的洗牌和发牌就是随机行动的例子。

博弈树一旦被构造出来,需进一步回答的关键问题是:博弈方**知道**什么以及什么时候知道。信息集被用来记录答案,标有信息集的博弈树称为博弈的扩展型,它完整地表述了博弈规则。

如果有若干个决策点在同一个信息集中,说明当一个博弈方考虑自己的下一步行动时,并不知道博弈已到达信息集的哪个节点。猜硬币游戏是一例,当夏娃猜测硬币是正面抑或反面时,她并不知道亚当之前盖了正面还是反面,因此她的两个决策点属于同一个信息集。

猜硬币游戏是一个不完美信息博弈,因为它有一个信息集包含一个以上的决策点。在不完美信息博弈中,一个博弈方不知道博弈的全部历史,而其中某些内容对他的当前决策可能是有用的。完美信息博弈如国际象棋中,博弈历史就像一本摊开的书,因此每个信息集都是单点集,只包含一个决策点。博弈树中,单点的信息集通常不予标注,如果一棵树中一个信息集都没画,说明这是一个完美信息博弈。

博弈方的一个纯策略指定他在每个属于自己的信息集处的行动。一旦博弈方选定了各自的纯策略,一个无随机行动博弈的结果就完全确定。博弈的策略型以表格形式记录所有可能的纯策略组合及相应的博弈结果。纳什均衡是一个策略组合,其中各博弈方的策略都是对其他人策略的最优反应。一个策略组合要想成为博弈的解,首先必须是纳什均衡。

在不完美信息博弈例如猜硬币游戏或抽查博弈中,有时候不妨让随机装置替你选择行动,如此行事的博弈方使用的是混合策略。相比之下,做出确定性选择的博弈方使用的是纯策略。本章为了避免多谈概率,暂不讨论随机行动并将注意力集中于完美信息博弈,这种博弈不需要混合策略。

可利用逆推法求解完美信息严格竞争博弈。求解时需从博弈树找出其解已知的子博弈，将它们替换成标有子博弈结果的新树叶；从最小的子博弈开始，逐步替换更大的子博弈，最终得到的博弈将只包含一个节点，并标有原博弈结果。

子博弈完美均衡是一个策略组合，它不但是整个博弈的纳什均衡，而且在每个子博弈中都满足纳什均衡要求，不管这个子博弈是否位于均衡路径。并非所有的纳什均衡都是子博弈完美的。一个纳什均衡若非子博弈完美，就至少有一个策略未能在均衡路径外的某个子博弈中实现最优，因此从博弈的整体看这个纳什均衡通过了最优反应检验，但在均衡路径外的子博弈中未通过检验。用逆推法找到的必定是子博弈完美均衡。

逆推法在输—赢博弈中是无懈可击的。它总能为你找到必胜策略，除非你面对一个理性对手时毫无赢的可能。对于严格竞争博弈，例如，有三个可能结果的国际象棋，逆推法将找到博弈的值以及一个纯策略，使用该策略能保证你获得不比博弈值差的结果。这个保证总是成立的，不管你的对手是否理性地博弈。若对手理性，则你所获不会超过博弈值，因为逆推法也给了对手一个纯策略，保证她的结果不差于博弈值，此时双方的纯策略构成子博弈完美均衡，博弈结果恰为博弈的值。

然而，对手未必理性，有时甚至很笨，此时坚持逆推策略不一定是好主意。你原本可以利用对手犯下的系统性错误，通过改换策略获取更大得益，但坚持二字使这样的机会付之东流。但要记住，偏离逆推策略也是有风险的，小心偷鸡不成蚀把米，因为骗子满世界，他们装傻装得惟妙惟肖，就是要骗你上钩从中图利。

2.11 进一步阅读

Lectures on Game Theory，by Robert Aumann：Westview Press（Underground Classics in Economics），Boulder，CO，1989. 这是一个杰出博弈论专家的授课笔记。

Winning Ways for your Mathematical Plays，by Elwyn Berlekamp，John Conway，and Richard Guy：Academic Press，New York，1982. 这是一本妙趣横生、极具创意的书，主要是用逆推法求解一些复杂的博弈。

Mathematical Diversions and Hexaflexagons，by Martin Gardner：University of Chicago Press，Chicago，1966 and 1988. 作者将他在《科学美国人》长期专栏里的一些有趣的游戏和难题汇集在书中。

The Game of Hex and the Brouwer Fixed-Point Theorem，by David Gale：*American Mathematical Montly* 86(1979)，818—827. 谁会想到六连棋无平局的事实等价于布劳威尔不动点定理？

2.12 练习

1. 图 2.8 是一个无随机行动完美信息严格竞争博弈 G 的博弈树，

a. 每个博弈方有多少个纯策略?

b. 利用第 2.5 节符号,列出每个博弈方的纯策略。

c. 纯策略对(rll, LM)对应的博弈结果是什么?

d. 找出所有导致进程$[rRl]$的纯策略对。

e. 写出博弈 G 的策略型。

f. 找出所有的鞍点。

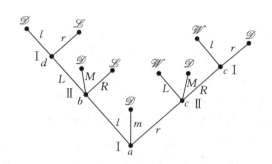

图 2.18　练习 2.12.1 中的博弈树

2. 两博弈方轮流向一个 $m \times n$ 的棋盘放置多米诺骨牌,目的是用骨牌占满两个正方形位置,首个无处放牌的人为输。画出 $m = 2$,$n = 3$ 时的博弈树。

3. 图 2.19 给出了反对票博弈的博弈树轮廓。三个俱乐部成员(Ⅰ、Ⅱ和Ⅲ)组成一个委员会,他们要从四个候选人(A、B、C 和 D)中选出一人作为俱乐部新成员。每个委员可对一名候选人投反对票,投票轮流进行,Ⅰ先投,Ⅲ最后投。为什么反对票博弈不是严格竞争博弈?

在图 2.19 上标出每个决策点的归属,即哪个委员在该决策点决策。每条树枝都代表博弈方的一个选择或者说一张反对票,在树枝上标出反对票涉及的候选人。在每片树叶处标上博弈在此结束时被选入委员会的候选人。各博弈方有多少纯策略?要想分析这个博弈,还缺什么信息?

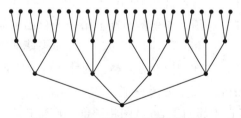

图 2.19　反对票博弈的博弈树轮廓

4. 试画出象棋博弈的博弈树,图中至少应包含一个完整的进程。

5. 两个博弈方轮流选择 0 或 1,博弈永无止境。此无限博弈的一个进程等同于一个 0、1 序列。例如,进程 101000⋯表示博弈方Ⅰ首次行动时选了 1,接下来博弈方Ⅱ选了 0,之后博弈方Ⅰ又选了 1,再往后所有的博弈方总是选 0。一个 0、1

序列可以解释成一个实数 x 的二进制展开, x 满足 $0 \leqslant x \leqslant 1$。[①]对一个给定的实数集 E, 规定若 $x \in E$, 则 Ⅰ 赢; $x \in \sim E$, 则 Ⅰ 输。画出博弈树。

6. 对本章练习 1 中的博弈 G 使用逆推法。G 的值是什么? 始于节点 b 的子博弈的值是什么? 始于节点 c 的子博弈的值是什么? 证明纯策略 rrr 能保证 Ⅰ 获得博弈值或更好的结果。为什么逆推法没有找出这个纯策略?

7. 对本章练习 2 的 2×3 版的堆骨牌博弈使用逆推法。找出博弈的值以及一个博弈方的必胜策略。

8. 一个取火柴游戏有 $n \geqslant 2$ 堆火柴, 且第 k 堆有 $2^k - 1$ 根火柴。谁能在这个游戏中获胜[②]? $n = 3$ 时, 若博弈方 Ⅰ 一直按最优方式行动, 博弈方 Ⅱ 每次从规模居中的火柴堆取出一根火柴, 则具体的博弈进程是怎样的? 对有 $2^n - 1$ 堆火柴且第 k 堆有 k 根火柴的取火柴游戏, 以上问题的答案又是什么?

9. 分别找出以下三种情况中, 练习 2 的堆骨牌博弈的赢家,

(a) m 和 n 是偶数; (b) m 是偶数, n 是奇数; (c) $m = n = 3$。

10. 在 3×3、4×4、5×5 的六连棋中, 有必胜策略的博弈方的首次行动是什么?

11. 如果首先行动的博弈方必须将 $n \times (n+1)$ 的六连棋棋盘的两条较远对边连接起来, 试证明第二个行动的博弈方有必胜策略[③]。

12. 第 2.7.2 节中关于策略剽窃的讨论并不意味着首先行动的博弈方无论其首次行动如何都能获胜, 试给出解释。贝克曾提出一个六连棋游戏, 与普通六连棋基本相同, 除了两点: ①博弈开始时棋盘的锐角处多画了一个圈; ②叉首先行动。试证明叉有必胜策略。

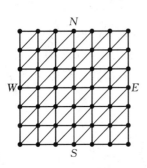

图 2.20　城市街道布局

13. 图 2.20 代表一个城市的街道布局, 博弈方 Ⅰ 和博弈方 Ⅱ 是两个黑帮, 博弈方 Ⅰ 控制了城市的北面和南面, 博弈方 Ⅱ 控制了东面和西面, 图中节点代表街道的交叉点。两博弈方轮流在未标号的节点处标上自己的符号, 博弈方 Ⅰ 用圈, 博弈方 Ⅱ 用叉。一条街道的两端若被标上同一符号, 相应的博弈方就控制了这条街道。如果博弈方 Ⅰ 用一条自己控制的路径贯通了南面和北面, 则博弈方 Ⅰ 赢, 如果博弈方 Ⅱ 贯通了东面和西面则博弈方 Ⅱ 赢。为什么这个博弈完全等同于六连棋?

14. 布里奇特(Bridgit)是由戴维·盖尔发明的游戏。棋盘如图 2.21 所示, 黑方通过连接水平或竖直相邻的黑点, 试图将顶部和底部连在一起。白方通过连接

水平或竖直相邻的白点,试图将左边和右边连在一起。不允许各方穿越对手已有的连线。

   a. 仿照六连棋中的讨论,证明这个博弈不会有平局。

   b. 为什么上述结论意味着有人能确保胜利?

   c. 为什么首先行动的博弈方有必胜策略?

   d. 必胜策略是什么?

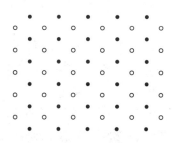

图 2.21　布里奇特游戏的棋盘

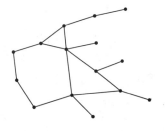

图 2.22　练习 15 中的图 $\mathcal{G}$

15. 两博弈方轮流从一个内部相连的图 $\mathcal{G}$ 中移走节点。一个博弈方能移的必须是与对手上次移动的节点有连线的节点,博弈的首次移动除外。无点可移者为输。如果存在一个边的集合 E,其中各边没有公共端点,且 $\mathcal{G}$ 中各节点都是 E 中某条边的端点,则第二个行动的博弈方有必胜策略。试解释这个结论。说明对图 2.22 中的 $\mathcal{G}$,这样的集合 E 不存在。找出首先行动的博弈方的必胜策略。

16. 关于策略剽窃的讨论说明,如果井字游戏中第二个行动的博弈方有必胜策略,则首先行动者也有必胜策略。为什么从这个结论能进一步推断出前者无必胜策略?在六连棋游戏中,可以证明首先行动者有必胜策略,但第二个行动者在井字游戏中能确保平局。如果对手一开始就占据了中间一格,她将如何确保平局?井字游戏的值是什么?

17. 象棋博弈的值尚属未知,可能是 $\mathcal{W}$、$\mathcal{L}$ 或者 $\mathcal{D}$。一个简单的策略剽窃讨论是无法排除博弈值为 $\mathcal{D}$ 的可能性的,试解释之。

18. 在练习 5 的博弈中,当 $E = \left\{ x: x > \dfrac{1}{2} \right\}$ 时,试解释为什么博弈方 I 有必胜策略。$E = \left\{ x: x \geqslant \dfrac{2}{3} \right\}$ 时,博弈方 I 的必胜策略是什么?$E = \left\{ x: x > \dfrac{2}{3} \right\}$ 时,博弈方 II 的必胜策略是什么?若 E 是由所有有理数构成的集合,解释为什么博弈方 II 有必胜策略①(有理数与分数是一回事)。

19. 设 (s, t) 和 (s', t') 是一个严格竞争博弈的两个不同的鞍点。证明 (s, t')

----

① 人们可能会问,不管 E 是什么,这个无限博弈是否恒有值。这个问题不好回答,若根据选择公理,则对某些集合来说博弈无值,但是,有些数学家建议用另一个公理代替选择公理,则对每一集合 E,博弈都有值。

和(s', t)也是鞍点。

20. 找出练习 1 中博弈 G 的所有纳什均衡。哪个纳什均衡是子博弈完美的?

21. 在本章练习 3 的反对票博弈中,假设博弈方的偏好是:$A >_1 B >_1 C >_1 D$; $B >_2 C >_2 D >_2 A$; $C >_3 D >_3 A >_3 B$。试找出子博弈完美均衡。子博弈完美均衡的结果是什么,即谁被选为新成员? 至少找出一个非子博弈完美的纳什均衡。

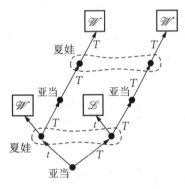

图 2.23 两天版的意外测验

22. 在第 2.2.1 节的抽查博弈中,各博弈方可以选择今天或明天行动。写出一个五天版抽查博弈的得益表,该博弈中各方可以选择周一、周二、周三、周四或周五行动。如果工厂使用混合策略,以相同概率选择每一天,则不管环保局的策略如何,工厂五次中能赢四次。如果环保局使用同样的混合策略,则不管工厂的策略如何,环保局五次中能赢一次,证明这个结论。为什么这个混合策略对是纳什均衡?

23. 第 2.3.1 节的意外测验悖论中,一周的天数并不是关键因素,我们可以把这个故事简化为只有今明两天。仿照第 2.2 节的做法,今天用 t 表示,明天用 T 表示。解释为什么图 2.23 描述了夏娃和亚当之间的博弈(注意信息集的作用)。用逆推法求解该博弈。求解时假设夏娃会选择那个可能会使她在底部信息集处获胜的行动[①]。

我们将会看到,逆推法为亚当选择的纯策略是一直预测当天考试,即使他今天已经预测错了,到了明天他依然预测当天考试。

24. 找出图 2.23 博弈的策略型。通过删除弱占优策略能得到什么结果?

25. 1961 年,哲学家奎因通过分析一天版的意外测验悖论,指出其中的一个逻辑矛盾。这个矛盾是什么? 试构造一个相似的悖论,其中邪恶的 X 博士向你许诺——除非你非理性地行动,否则给你最差结果。

26. 鲍里斯、贺瑞斯和莫里斯是一个超排外社团——死亡诗社的委员会成员。一天早上他们日程表上的最后一项是关于吸收爱丽丝入社的提议,因为另一个候选人鲍勃未被提及,所以又有人提出一个修正案,建议用鲍勃换掉爱丽丝。委员会的投票规则是:按各修正案提出顺序的逆序,先对最后提出的议案投票,依次倒推,最早提出的议案最后投票。这样一来,委员会先投票决定是否用鲍勃换爱丽丝,如果爱丽丝赢了,他们就投票决定是否吸收爱丽丝入社;如果鲍勃赢了,接下来就投票决定是否吸收鲍勃入社。投票顺序如图 2.24(a)所示,图 2.24(b)是三个委员对三个可能结果的评价。

---

① 对树枝画双线时,要记住:在同一个信息集的各节点处,夏娃别无选择,只能选择同样的行动,因为她无法区分这些节点。

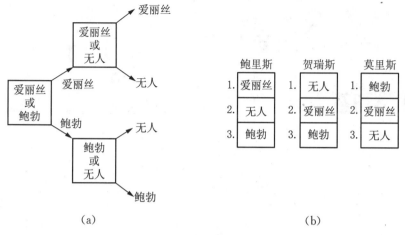

（a）   （b）

图 2.24 策略性的投票

如果每个委员都按自己的评价进行投票则谁会赢？为什么贺瑞斯在第一次投票时应转而支持自己最不喜欢的候选人？如果每个人都策略性地投票,结果会怎样？

▶第 3 章

撞大运

3.1　随机行动

　　本章将随机行动(chance moves)引入博弈模型。这件事本身并不难，我们只要虚构一个名为**机运**的博弈方，让她在某些决策点处随机选择行动；难的是有随机行动的博弈中存在风险，如何将理性博弈方对风险的反应模型化？这个问题将推迟到下一章解决，本章暂时只考虑输—赢博弈，一个理性博弈方在这类博弈中会追求获胜概率的最大化。

3.1.1　蒙提·霍尔问题

　　这个问题源自一个早年的智力竞赛节目，节目主持人为蒙提·霍尔。本书探讨的是原问题的一个童话故事版，我们让《爱丽丝漫游奇境》中的人物——登场，由疯帽匠充当节目主持人，他要求爱丽丝从三个盒子中选择，其中两个盒子为空，另一个盛有奖品。爱丽丝并不知道哪个盒子有奖品，疯帽匠则是清楚的。

爱丽丝选了盒 2，疯帽匠随后揭示出盒 3 为空。爱丽丝应改选盒 1 吗？

图 3.1　哪个盒子？

　　假设爱丽丝选了盒 2。此时疯帽匠为了制造点紧张气氛，打开了另一个盒子，盒子为空，于是他转而问爱丽丝是否要改变选择。她应该怎么做？

　　人们通常认为爱丽丝换不换盒子都无所谓，因为一开始奖品放在三个盒子的概率相等,所以选盒 2 的获奖概率为 1/3;当另一个盒子被证实为空后,盒 2 有奖品的概率就上升到 1/2,因为现在奖品放在两个未打开盒子的概率相等;此时不管爱丽丝坚持选盒 2 或改选其他,她的获奖概率都是 1/2。既然换不换的结果相同,何必多此一举?

这个符合直觉的看法并不正确,除非疯帽匠挑盒子是随机的且恰好打开一个空盒。但实际情况是他**故意**打开一个空盒子,这一策略性行为向爱丽丝传递了信息,如果她能善加利用,就该毫不犹豫地改选其他盒子。为了说明理由,我们把爱丽丝是否换盒子的问题表示成一个含随机行动的博弈树,如图 3.2,爱丽丝为博弈方 I。

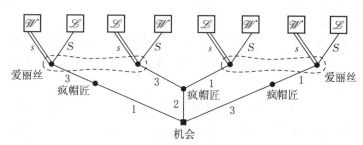

随机行动被表示成一个小方块。s 代表爱丽丝改变选择,S 代表她坚持原选择。转换是她的最优策略,相应的树枝被标为双线。

图 3.2 蒙提·霍尔博弈

博弈树的根是一个随机行动,属于虚拟博弈方**机运**,为了与真实博弈方(爱丽丝和疯帽匠)的决策点相区分,图中用小方块而不是圆点表示。从根引出的三条树枝表示**机运**所做的三种选择,她可以按 1/3 的相等概率把奖品放入盒 1、盒 2 或盒 3。如果疯帽匠没有在游戏当中插一脚,爱丽丝选盒 2 的获奖概率就是 1/3。

疯帽匠为博弈方 II,按规则他不能打开盒 2,也不能打开有奖品的盒子。这样一来奖品如果不在盒 2,他就别无选择,只能去打开另一个没奖品的盒子;唯有奖品在盒 2 时他才有回旋余地。

接下来又轮到爱丽丝行动,现在她已经知道哪个盒子被打开,但仍不知道剩下的盒子里哪个有奖品。我们用两个信息集描述她在该阶段的知识,左边的信息集表示爱丽丝已知盒 3 为空,右边的信息集表示爱丽丝已知盒 1 为空。

如果爱丽丝总是换盒子,她在每个决策点处采取的行动将如图 3.2 的双线所示。为了求出该策略的总获奖概率,我们先回到最初的随机行动。如果机会一开始将奖品放入盒 1,爱丽丝的转换策略会使博弈进程终于结果 𝒲,奖品一开始在盒 3 的情况也一样,因此转换策略保证了爱丽丝有 2/3 的获奖概率。其他 1/3 时候爱丽丝将空手而归,因为机会一开始将奖品放入盒 2 将导致两种进程,但两个进程的结果都是 𝒮。从另一个角度看,如果爱丽丝坚持选盒 2,她的获奖概率只有 1/3。

还可以用一种更聪明的方法求出 2/3 这个获奖概率:它是疯帽匠不干预时爱丽丝输的概率,因此也就是疯帽匠干预后爱丽丝改弦更张赢的概率。当然了,如果你按冯·诺依曼的范式进行分析，并不需要这么聪明。

3.2 概率

掷一枚骰子观察点数，会有 6 种可能结果，统计学家称所有可能结果构成的集合：

$$\Omega = \{1, 2, 3, 4, 5, 6\}$$

为**样本空间**。决策论专家又称 Ω 为**世界**，是决策问题发生的背景，数值 1, 2, 3, 4, 5, 6 被称为世界的可能**状态**。一般地，称 Ω 的子集为**事件**，例如，"掷出偶数点"这一事件就是集合 $E = \{2, 4, 6\}$。

我们用**概率测度**衡量一个事件发生的可能性大小，概率测度是定义在集合 S 上的函数，其中 S 是由所有可能事件构成的集合①。数值 $\mathrm{prob}(E)$ 称为事件 E 的概率。

函数 $\mathrm{prob}: S \to [0, 1]$ 要想成为概率测度，必须满足三条性质。性质 1 是 $\mathrm{prob}(\varnothing) = 0$，即不可能事件的概率为 0；其中 $\varnothing$ 为空集，表示什么都不发生，我们称为不可能事件。性质 2 是 $\mathrm{prob}(\Omega) = 1$，即必然事件的概率为 1；其中 Ω 表示总有什么发生，我们称为必然事件。

性质 3 是概率的可加性——如果两事件不会同时发生，则至少发生其一的概率为两事件各自概率的和。我们用 $E \bigcup F$ 表示事件"E、F 中至少有一个发生"，$E \bigcap F$ 表示事件"E、F 同时发生"，则 $E \bigcap F = \varnothing$ 就意味着 E、F 不可能同时发生，如图 3.3(b)；因此性质 3 可正式表述为：

$$E \bigcap F = \varnothing \Rightarrow \mathrm{prob}(E \bigcup F) = \mathrm{prob}(E) + \mathrm{prob}(F)$$

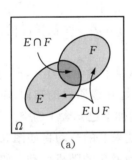
(a)

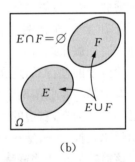
(b)

图 3.3 $E \bigcup F$ 的 **Venn 图**

例如掷一枚均匀骰子，因为各面出现的可能性相等，$\mathrm{prob}(1) = \mathrm{prob}(2) = \cdots$

① 函数 $f: A \to B$ 是一种赋值规则，它对 $\forall a \in A$，指定 B 中唯一的 b 与之对应，并记 $b = f(a)$，称为 a 点的函数值。符号 $[a, b]$ 表示实数集合 $\{x; a \leqslant x \leqslant b\}$。因此函数 $\mathrm{prob}: S \to [0, 1]$ 是把满足 $0 \leqslant x \leqslant 1$ 的唯一实数 $x = \mathrm{prob}(E)$ 赋给每一个事件 $E \in S$。

$= \mathrm{prob}(6) = \dfrac{1}{6}$，所以事件 $E = \{2, 4, 6\}$，即"掷出偶数点"的概率为：

$$\mathrm{prob}(E) = \mathrm{prob}(2) + \mathrm{prob}(4) + \mathrm{prob}(6) = \dfrac{1}{6} + \dfrac{1}{6} + \dfrac{1}{6} = \dfrac{1}{2}$$

对概率的恰当解释是哲学家们争论不休的话题，但就博弈论的研究目的来说，将 $\mathrm{prob}(\{4\}) = \dfrac{1}{6}$ 理解成"平均 6 次中有 1 次掷出 4"就足够了。

赌博者通常把 $\mathrm{prob}(\{4\}) = \dfrac{1}{6}$ 表述成"掷出 4 点的赔率为 5∶1"。如果一事件的赔率为 $a∶b$，则该事件的发生概率为 $b/(a+b)$。

如果你按 5∶1 的赔率押一匹马赢，那么这匹马跑赢时你押的每一元钱都赚回 5 元。然而博彩公司不会按事件发生的真实概率报赔率，否则长期来看将无利润可言，所以他们报的赔率总对公司有利。例如，一个赌博经纪人可能对均匀骰子掷出 4 点报 4∶1 的赔率，但他永远不会报 6∶1，除非太阳从西边出来！

3.2.1 独立事件

设 A、B 为两个集合，我们定义 $A \times B = \{(a, b)：a \in A, b \in B\}$，①，则一枚骰子**独立地**连掷两次的样本空间为 $\Omega^2 = \Omega \times \Omega$，如图 3.4(a) 所示。其中 $(6, 1)$ 表示事件"第一次掷出 6、第二次掷出 1"，它与 $(1, 6)$ 不同，$(1, 6)$ 表示事件"第一次掷出 1、第二次掷出 6"。图中阴影区域表示事件 $E \times F$，即"第一次掷出 3 点或 3 以上的数字、第二次掷出 3 点或 3 以下的数字"。

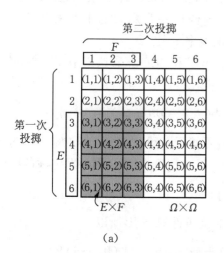
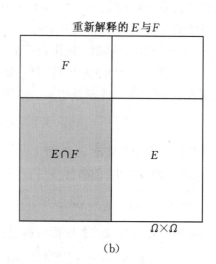

(a)   (b)

图 3.4　一枚骰子独立地连掷两次的样本空间 $\Omega \times \Omega$

① 本章中，符号 (a, b) 表示由实数 a、b 组成的有序数对，a 的顺序在前。倘若数字的顺序无关紧要，可用符号 $\{a, b\}$ 表示包含 a、b 两数的集合。

在代表 $\Omega \times \Omega$ 的正方形中,共有 $36 = 6 \times 6$ 个可能结果。因为两次掷骰子是相互独立的,所以各个结果等可能,概率均为 $\frac{1}{36}$;于是 $E \times F$ 的概率为:

$$\mathrm{prob}(E \times F) = \frac{12}{36} = \frac{1}{3}$$

注意到 $\mathrm{prob}(E) = \frac{2}{3}$,且 $\mathrm{prob}(F) = \frac{1}{2}$,因此:

$$\mathrm{prob}(E \times F) = \mathrm{prob}(E) \times \mathrm{prob}(F)$$

可以证明,只要 E、F 是相互独立的事件,以上等式就恒成立。这个结论可表述为:

$$\mathrm{prob}(E \cap F) = \mathrm{prob}(E)\mathrm{prob}(F)$$

即两个独立事件都发生的概率等于两个事件概率的**乘积**。

严格地说,要想写出表达式 $\mathrm{prob}(E \cap F) = \mathrm{prob}(E)\mathrm{prob}(F)$,需将 E、F 重新解释成 $\Omega \times \Omega$ 中的事件,如图 3.4(b)。其中 E 不再是 Ω 的子集,表示事件"第一次掷出 3,4,5 或 6 点",而是 $\Omega \times \Omega$ 的子集,表示事件"第一次掷出 3,4,5 或 6 点、第二次掷出任意点数";同样地,F 也不再是 Ω 的子集,而是 $\Omega \times \Omega$ 的子集,表示事件"第一次掷出任意点数、第二次掷出 1,2 或 3 点"。

3.2.2 还清高利贷

如果鲍勃明天拿不出 1 000 元钱还债,放高利贷的人就会打断他的腿。可他钱包里只剩下两元钱,于是他买了两种相互独立的彩票,每种一张,面值 1 元。两种彩票的头奖均为 1 000 元(无二等奖),现假设一张彩票的中奖概率为 $q = 0.000\,1$,则鲍勃下星期还能用自己腿走路的概率多大?

令 $\mathscr{W}_1$ 和 $\mathscr{L}_1$ 分别表示事件"第一张彩票中奖"和"第一张彩票未中奖",$\mathscr{W}_2$ 和 $\mathscr{L}_2$ 分别表示事件"第二张彩票中奖"和"第二张彩票未中奖",则:

$$\mathrm{prob}(\mathscr{W}_1) = \mathrm{prob}(\mathscr{W}_2) = q, \ \mathrm{prob}(\mathscr{L}_1) = \mathrm{prob}(\mathscr{L}_2) = 1 - q$$

我们要求的是概率 $\mathrm{prob}(\mathscr{W}_1 \cup \mathscr{W}_2)$,它并不等于 $\mathrm{prob}(\mathscr{W}_1) + \mathrm{prob}(\mathscr{W}_2)$,因为 $\mathscr{W}_1$ 和 $\mathscr{W}_2$ 可以同时发生;但事件 $\mathscr{W}_1 \cap \mathscr{W}_2$、$\mathscr{W}_1 \cap \mathscr{L}_2$、$\mathscr{L}_1 \cap \mathscr{W}_2$ 不会同时发生,所以:

$$\mathrm{prob}(\mathscr{W}_1 \cup \mathscr{W}_2) = \mathrm{prob}(\mathscr{W}_1 \cap \mathscr{W}_2) + \mathrm{prob}(\mathscr{W}_1 \cap \mathscr{L}_2) + \mathrm{prob}(\mathscr{L}_1 \cap \mathscr{W}_2)$$

又因为等号右端的各项都可拆成两个独立事件的乘积,所以:

$$\mathrm{prob}(\mathscr{W}_1 \cup \mathscr{W}_2) = q^2 + q(1-q) + (1-q)q = 0.000\,199\,99$$

从这个结果判断,鲍勃下周还能拿腿走路的前景相当黯淡,他弄到钱的概率小于万分之二。

除了上面的计算方法外,还有一种方法是先求出事件 $\mathscr{W}_1 \cup \mathscr{W}_2$ **不发生**的概率,

即事件 $\mathscr{L}_1 \bigcap \mathscr{L}_2$ 的概率，然后做减法：

$$\text{prob}(\mathscr{W}_1 \bigcup \mathscr{W}_2) = 1 - \text{prob}(\mathscr{L}_1 \bigcap \mathscr{L}_2) = 1 - (1-q)^2 = 0.000\ 199\ 99$$

3.3 条件概率

曾有一架大型客机坠毁，随后进行的调查没有找到确切原因，于是《纽约时报》刊登了一组读者来信，讨论流星撞飞机的可能性。第一封信认为流星撞飞机的可能性虽然小，但还没小到可忽略不计的程度。[①]第二封信狠狠嘲笑了第一封信，说流星怎么会那么巧刚好在特定的时间和地点撞了飞机，这个概率实在太小。第三封信认为前面的信都有错，真正该算的是**条件**概率，即流星恰在那个时间和地点撞飞机的概率——但条件是飞机的坠毁不是因其他原因。

当我们观察到一个事件 F 发生后，我们的认识基础也随之变化，现在可能的世界状态只可能存于集合 F 中，因此必须用 F 替换 Ω，这是新的世界，我们未来的决策问题将以之为背景。此时，事件 E 的概率不再是 $\text{prob}(E)$，而是一个新概率 $\text{prob}(E|F)$，即已知 F 发生的条件下 E 的概率，称为给定 F 下 E 的**条件概率**。

例如，我们知道均匀骰子掷出 4 点的概率为 $\text{prob}(4) = \dfrac{1}{6}$，如果我们还知道骰子掷出了偶数，这个概率就需要调整。事件"掷出偶数"即集合 $F = \{2, 4, 6\}$，包括三种等可能的状态，因此已知 F 发生的条件下，骰子掷出 4 点的概率为 $\dfrac{1}{3}$，即：

$$\text{prob}(4 \mid F) = \frac{1}{3}$$

这个结果背后的计算原则可总结为以下公式：

$$\text{prob}(E \mid F) = \text{prob}(E \bigcap F)/\text{prob}(F)$$

3.3.1 牌场偷窥

跟鲍勃玩扑克时，爱丽丝听到一个旁观者窃窃私语，说鲍勃手里有一张红色的 Q，爱丽丝可以根据这条信息估计鲍勃手持两张 Q 的可能性。如果旁观者还认出这张红色的 Q 是红桃 Q，试问爱丽丝的估计是否会发生变化？为了回答这个问题，我们需要比较 $\text{prob}(E|F)$ 和 $\text{prob}(E|G)$，其中 E 表示事件"鲍勃有两张 Q"，F 表示事件"鲍勃有一张红桃 Q"，G 表示事件"鲍勃有一张红色的 Q"。

为了简化讨论，假设爱丽丝和鲍勃玩的牌只有 6 张，每人发 2 张。没有发给爱丽丝的牌是♠A，♡Q，◇Q 和♣8，她据此推测鲍勃的牌有 12 种可能情形，如

---

① 信中估计了流星到达地表的概率，以及被飞行中飞机覆盖的地表比例。

图 3.5,每种情形是等可能的。

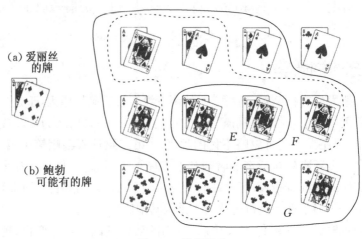

(a) 爱丽丝
的牌

(b) 鲍勃
可能有的牌

图 3.5　牌场偷窥

共有 6 手牌内含 ♡Q,其中两手牌是 2 个 Q,因此 $\mathrm{prob}(E|F)=\dfrac{1}{3}$;类似地,

$\mathrm{prob}(E|G)=\dfrac{1}{5}$,因为只知道鲍勃有红色 Q 的条件下 E 发生的可能性为 2/10。

跟蒙提·霍尔问题一样,即使受过良好数学训练的人也常常弄错上面的问题,他们看不出红色 Q 和红桃 Q 有啥区别。从中我们该吸取的教训是单凭直觉并不可靠,有些情况下简简单单列出所有可能性反而更好,而不是一味追求想得聪明。若是列举工作做起来太烦,不妨从原问题的一个简化版开始,如同上文做法。

3.3.2　知识与判断(Knowledge and Belief)

phil

→ 3.4

如果你在进行一场博弈,你理论上的决策域是由博弈的所有可能进程构成的集合,然而随着博弈的逐渐展开,你通常会越来越清楚哪个进程将真正实现。天才的冯·诺依曼借助信息集概念对这个学习过程进行了模型化处理。当博弈到达一个信息集 F 后,你就知道博弈的真正进程必将通过 F 中的某个决策点。

在博弈论专家看来,到达信息集 F 后你所**知道**的(know)与你所**判断**的(believe)是两个不同概念。知识取决于博弈规则;判断则取决于你的主观努力,是对由知识缺口引发的不确定性的估量。

我们以蒙提·霍尔博弈为例进行说明,如图 3.6(a)。假设爱丽丝有如下判断:奖品在盒 2 时疯帽匠不会打开盒 3;则博弈开始前爱丽丝会认为自己的转换策略只可能导致图 3.6(a)的双线进程,因为各进程是等可能的,所以她一开始对事件"真正的博弈进程将通过左信息集 L 的左决策点 l"的概率估计为 $\mathrm{prob}(l)=\dfrac{1}{3}$。

随着博弈逐渐展开,如果疯帽匠打开了盒 3,爱丽丝就**知道**一个通过左信息集

L 的进程发生了,于是她把概率 $\mathrm{prob}(l) = \dfrac{1}{3}$ 替换为 $\mathrm{prob}(l \mid L) = 1$,因为她现在判断通过 L 的另一个进程是不可能的。

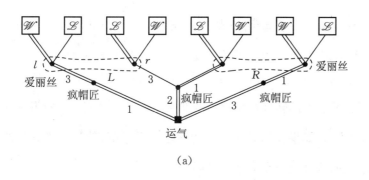

(a)

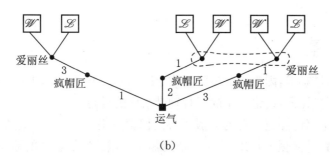

(b)

图 3.6(a)画出了爱丽丝认为可能的三条等可能进程,如果她判断奖品在盒 2 时疯帽匠不会打开盒 3。如果爱丽丝**知道**奖品在盒 2 时疯帽匠不会打开盒 3,则博弈规则应做修改,图 3.6(b)做了说明。(原书两张图有错,上图是译者修改过的。——译者注)

图 3.6 蒙提·霍尔博弈

图 3.6(b)还画了另一个博弈,它的规则是爱丽丝**知道**奖品在盒 2 时疯帽匠不会打开盒 3。这个博弈显然不能用于分析蒙提·霍尔问题,如果我们事先如此确信爱丽丝对疯帽匠的判断为真,以至于能将她的判断重新归入知识类,我们就根本没必要写出一个博弈。

3.3.3 蒙提霍尔博弈中的更新

因为爱丽丝相信奖品在盒 2 时疯帽匠不会打开盒 3,所以当她发现自己身处信息集 L 后,她把 $\mathrm{prob}(l) = \dfrac{1}{3}$ 更新为 $\mathrm{prob}(l \mid L) = 1$。但是,如果奖品在盒 2 时疯帽匠使用一个混合策略,以概率 $1 - p$ 打开盒 1、以概率 p 打开盒 3,$\mathrm{prob}(l \mid L)$ 应为多少?

令 $E = \{l\}$,$F = L = \{l, r\}$,所求的概率即 $\mathrm{prob}(E \mid F) = \mathrm{prob}(E \bigcap F)/\mathrm{prob}(F)$。此处因 $\{l\}$ 为 L 的子集,$E \bigcap F = E$,故:

$$\mathrm{prob}(l \mid L) = \frac{\mathrm{prob}(l)}{\mathrm{prob}(l) + \mathrm{prob}(r)} = \frac{\frac{1}{3}}{\frac{1}{3} + \frac{1}{3}p} = \frac{1}{1+p}$$

其中 $\mathrm{prob}(r) = p \times \frac{1}{3}$ 是套用公式 $\mathrm{prob}(E \bigcap F) = \mathrm{prob}(E \mid F)\mathrm{prob}(F)$ 后得到的，但此处 F 被定义为事件"奖品在盒 2"，E 为事件"疯帽匠打开盒 3"。

应该注意的是，如果是图 3.1 的情形，即爱丽丝选择盒 2 后疯帽匠又打开盒 3，此时不能断定爱丽丝的转换策略有 $\frac{2}{3}$ 的获奖概率。$\frac{2}{3}$ 是疯帽匠打开一个盒子**前**爱丽丝的获奖概率。如果我们对疯帽匠的策略全无了解，就只能说疯帽匠打开一个盒子**后**爱丽丝的获胜概率在 $\frac{1}{2}$ 和 1 之间。

3.4 彩票

我从没买过彩票，因为机会渺茫时我宁愿不赌。不过彩票的原理人人皆知，所以下面拿彩票打比方，讨论一个随机行动带给你的得与失。

例如，一个赌博经纪人对均匀骰子掷出偶数点报 3∶4 的赔率，如果你照此押注，则掷出偶数时你赢 3 元钱，掷出奇数时输 4 元钱。参加这样的赌局相当于选择了图 3.7(a) 的彩票 L，图中第一行列出了可能出现的最终结果或奖金，第二行是你赢得各种奖金的概率。

图 3.7(b) 的彩票 **M** 有三种奖金，你有十二分之五的机会赢得大奖 24 元。

	\$3	− \$4
L =	$\frac{1}{2}$	$\frac{1}{2}$

(a)

	− \$4	\$24	\$3
M =	$\frac{1}{4}$	$\frac{5}{12}$	$\frac{1}{3}$

(b)

图 3.7　两个彩票

3.4.1 随机变量

数学家将彩票抽象为随机变量。我还记得初学统计时对随机变量大惑不解，最后是一位和蔼可亲的数学教授让我搞明白了，他解释说随机变量不过是个函数 $X{:}\Omega{\rightarrow}\mathrm{R}$。[①]

例如，图 3.7(a) 的彩票相当于随机变量 $X{:}\Omega{\rightarrow}\mathrm{R}$，其中 X 定义为：

---

① 实数集记为 R，因此 $X(\omega)$ 是一个实数。

$$X(\omega)=\begin{cases}3,\text{假如 }\omega=2,4,\text{或 }6\\-4,\text{假如 }\omega=1,3,\text{或 }5\end{cases}$$

这个例子涉及的样本空间 $\Omega=\{1,2,3,4,5,6\}$。

如果你参加由随机变量 X 代表的这个赌局，你赢 3 元钱的概率为 $\text{prob}(X=3)=\text{prob}(\{2,4,6\})=\dfrac{1}{2}$，输 4 元钱的概率为 $\text{prob}(X=-4)=\text{prob}(\{1,3,5\})=\dfrac{1}{2}$。

3.4.2 复合彩票

如果你参加爱尔兰县城集市的抽奖活动，它的奖品可能是一张爱尔兰全国彩票，我们称这种情况为**复合彩票**。复合彩票是奖品仍为彩票的彩票，我们通常假设复合彩票中包含的各个彩票**相互独立**。

图 3.8 为复合彩票 $p\mathbf{L}+(1-p)\mathbf{M}$，这个记号的意思是你能以概率 p 得到彩票 $\mathbf{L}$，以概率 $1-p$ 得到彩票 $\mathbf{M}$。

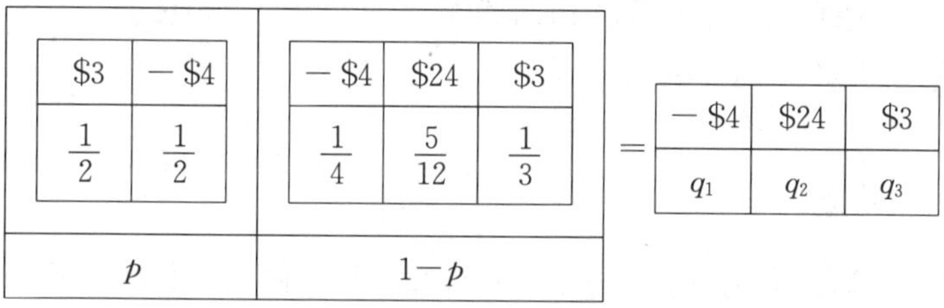

图 3.8　复合彩票 $p\mathbf{L}+(1-p)\mathbf{M}$

一个复合彩票总能化简成一个简单彩票，只要算出每个具体奖金额的总获奖概率即可。在图 3.8 的例子中：

$$q_1=p\times\frac{1}{2}+(1-p)\times\frac{1}{4}=\frac{1}{4}-\frac{1}{4}p$$

$$q_2=(1-p)\times\frac{5}{12}=\frac{5}{12}-\frac{5}{12}p$$

$$q_3=p\times\frac{1}{2}+(1-p)\times\frac{1}{3}=\frac{1}{3}+\frac{1}{6}p$$

求 q_3 时，因为在复合彩票中赢得奖品 $\mathbf{L}$ 的概率为 p，在彩票 $\mathbf{L}$ 中赢得 3 元钱的概率为 $\dfrac{1}{2}$，且两事件相互独立，所以事件 E 即两事件共同发生的概率为 $p\times\dfrac{1}{2}$；同样地，在复合彩票中赢得 $\mathbf{M}$ 并在彩票 $\mathbf{M}$ 中赢得 3 元钱的事件 F 的概率为 $(1-p)\times\dfrac{1}{3}$。

由于 E、F 不可能同时发生，所以事件 $E\bigcup F$ 即买复合彩票赢 3 元钱的概率为：

$$q_3 = \text{prob}(E) + \text{prob}(F) = p \times \frac{1}{2} + (1-p) \times \frac{1}{3}$$

3.5 期望值

随机变量 X 的数学期望或期望值 $\mathscr{E}X$ 的定义为：

$$\mathscr{E}X = \sum k\text{prob}(X = k)$$

其中,求和运算涵盖所有 $\text{prob}(X = k)$ 不等于 0 的 k 值。大数定律[1]说明,如果对 X 的取值进行大量独立观察,则观察值的平均数显著偏离 $\mathscr{E}X$ 的概率很小。

以图 3.7 的彩票 **L** 为例,你持有 **L** 的期望盈利(即净收益)为：

$$\mathscr{E}\mathbf{L} = \sum k prob(X = k)$$
$$= 3 \times \frac{1}{2} + (-4) \times \frac{1}{2} = -\frac{1}{2}$$

从这个结果可知,如果你坚持不懈地赌一枚均匀骰子掷出的点数,偶数时赢 3 元钱,奇数时输 4 元钱,那么长期看来平均每赌一把就损失 5 毛钱。

又如,图 3.7 彩票 **M** 的期望值为：

$$\mathscr{E}\mathbf{M} = (-4) \times \frac{1}{4} + 24 \times \frac{5}{12} + 3 \times \frac{1}{3} = 10$$

如果你重复购买这种面值 3 元的彩票,那么长期看来你平均每次赢回 7 元钱。

3.5.1 蒙特卡罗谬误

人们常常误解随机变量的长期平均数与期望值的关系。图 3.9 展示了一个掷均匀硬币的例子,因为每次投掷出现正面的期望次数为 $\frac{1}{2}$,所以独立地投掷多次后,正面出现的次数应约等于总次数的一半,否则就奇怪了。

图 3.9 列举了硬币连掷 7 次的 $2^7 = 128$ 种等可能结果,那些包含 2 次、3 次、4 次或 5 次正面的投掷结果构成了事件 F。因为我们更关心正面次数占总次数的比重即正面的平均数,所以 F 表示的事件为"正面平均数与 $\frac{1}{2}$ 的差距小于 $\frac{7}{32}$"。

---

[1] 这是弱大数定律。强大数定律说明,当总的观察次数趋于无穷时,变量 X 平均取值的极限以概率 1 等于期望值 $\mathscr{E}X$。

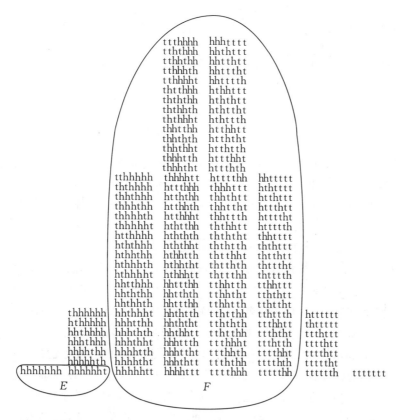

一枚均匀的硬币被连掷 7 次,集合 F 表示事件"7 次投掷中正面所占比例与 $\frac{1}{2}$ 的差距小于 $\frac{7}{32}$",集合 E 表示事件"前六次掷出正面"。

图 3.9　大数定律

F 包含 112 个结果,所以 $\mathrm{prob}(F) = 112/128 = \frac{7}{8}$,这说明正面平均数接近期望值 $\frac{1}{2}$ 的可能性确实很大。容易验证,投掷硬币的次数越多,平均数接近 $\frac{1}{2}$ 的概率越大。例如,当投掷次数超过 7 时平均数与 $\frac{1}{2}$ 的距离不超过 0.1 的概率可以达到 0.9,如果掷上更多次,平均数与 $\frac{1}{2}$ 的距离不超过 0.01 的概率可以达到 0.99。

出没于蒙特卡罗或拉斯维加斯的赌徒一般会把大数定律理解成某种神秘的影响力,使平均数总能接近于 $\frac{1}{2}$。当他们看到硬币已掷出很多次正面后,会错误地认为下一次出反面的可能性更大。

蒙特卡罗谬误的错误是显而易见的。我们来看图 3.9 中的事件 E,它表示一枚均匀硬币已连续掷出 6 次正面,那么下一次掷出反面的概率有多大? 这个答案我们早已知道,因为硬币的每次投掷都相互独立,所以不管前面出了多少正面,下一次出反面的概率一定是 $\frac{1}{2}$。

从图 3.9 可以直接验证 $\mathrm{prob}(hhhhhht \mid E) = \dfrac{1}{2}$，显然这个概率问题与大数定律无关，因为 E 在集合 F 之外，而 F 的正面平均数才是接近 $\dfrac{1}{2}$ 的。

3.5.2 鞅

鞅的原意是一种输后加倍的赌博方法，即每次输后加倍下注。想当年卡萨诺瓦怀揣某修女托付给他的祖传钻石，满心以为能用这种赌法在威尼斯的一家赌场发家致富，可惜他像历史上很多人一样，低估了碰上连输的可能性。如果卡萨诺瓦受过现代数学训练而不是一心沉溺猎艳技巧，他应该知道没有什么赌博方法能击败赌场的优势。如今，我们用**鞅**一词来表达这个悲惨事实。

例如，设鲍勃用某种赌博方法重复地赌一枚均匀硬币掷出的面，他的财富将随投掷的持续进行而不断变化，这就是数学中的一个随机变量序列。可以证明，不管鲍勃的赌法如何，该序列是一个鞅，无论到目前为止他已经赢了多少或输了多少，对下一次投掷来说，他的期望损失或盈利总是一个又大又圆的 0。

如果你听到从拉斯维加斯归来的富贵闲人们自吹自擂，说他们用了一种多么聪明的轮盘赌方法赚回了全部旅费，他们只是在自欺欺人。即使轮盘赌是公平的，他们当时所做的也只是用赢小钱的较大概率交换了输大钱的较小概率。

为了说明原因，我们来看最流行的赌博方法。假设你怀揣 s 元赌本进了赌场，打算每次下注 1 元，重复地赌一枚均匀硬币掷出正面，直到成功赢回 w 元或者把 s 元赌本全部输光为止。你成功的概率有多大？

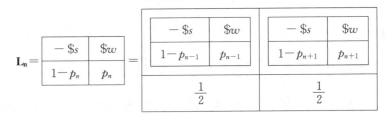

每次下注 1 元，重复地赌一枚均匀硬币掷出的面，直到赢回 w 元或输掉初始赌金 s 元为止。如果他在某个阶段拥有 n 元，就相当于面对一个彩票 $\mathbf{L_n}$。

图 3.10　一种赌博方法

如果赌博当中的某个时候你拥有 n 元，设从该点出发成功赢回 w 元的概率为 p_n，失败地输掉 s 元赌本的概率为 $1-p_n$，那么你面对的就是如图 3.10 的一个彩票 $\mathbf{L_n}$。为了求出 p_n，首先注意到 $\mathbf{L_n}$ 是复合彩票，因为下一次投掷硬币会让你有一半机会赢 1 元或输 1 元，所以：

$$p_n = \frac{1}{2} p_{n-1} + \frac{1}{2} p_{n+1}$$

该差分方程的通解为 $p_n = An + B$，其中 A，B 为待定常数①。为了确定 A，B，需要用到两个条件，一个是赌本耗尽时你必定失败，另一个是钱数达标时你必定成功，即 $p_0 = 0$ 和 $p_{s+w} = 1$，由此可得 $A = 1/(s+w)$，$B = 0$。因此，当赌本为 s 元时你的成功概率为：

$$p_s = \frac{s}{s+w}$$

这个结论说明，如果赌本 s 相比于目标盈利 w 比较大，你的成功概率会较高。即使如此，你其实也占不到便宜。为了说明这点，只需计算你以 s 元赌本开赌时的期望盈利：

$$\mathscr{E}\mathbf{L_s} = -s\left(\frac{w}{s+w}\right) + w\left(\frac{s}{s+w}\right) = 0$$

不管使用何种赌法，以上等式恒成立。由此可知，如果赌博是公平的，则平均看来赌场无钱可赚，因此，赌场的大部分赌博游戏不公平，例如赌场对轮盘赌的某个特定数字报出 35∶1 的赔率，但等可能的数字共有 37 个（包括 0）。21 点曾是个例外，如果你能延迟行动直到发牌盒剩下的大部分牌对你有利，但赌场将这种策略性玩法视为作弊，如果你被抓到这么干，他们会把你扔出赌场甚至更糟！如今的洗牌机更进一步毁掉了这个微小的击败庄家的机会。

就像第 3.2.2 节的鲍勃，有时候你别无选择，即使赔率不公平也只能放手一赌，此时大数定律就是你的敌人。对赌博方法挑挑拣拣是没用的，与其拿着赌本零零碎碎地赌，还不如倾囊而出只押一把，成者为王败者为寇。

3.6　含随机行动的博弈的值

每个无随机行动的完美信息严格竞争博弈都有值 v（推论 2.1），也就是说，博弈方Ⅰ有一个纯策略 s，保证他获得一个至少和 v 一样好的结果；博弈方Ⅱ也有一个纯策略 t，保证她获得一个至少和 v 一样好的结果。

对于含随机行动的博弈，没有哪个博弈方能保证每次都做到不比某个纯结果 v 差。倘若不走运，你玩得再聪明还是会输，最好的扑克玩家三把里面也大概会输上一把。

因此我们不应再考虑什么是肯定能得到的，一个纯策略对现在只能决定一个关于纯结果的**彩票**，我们该问的是博弈方肯定能得到什么彩票，而不是什么肯定的纯结果，所以有随机行动的严格竞争博弈的值通常是一个彩票。

由于本章仅限于讨论输—赢博弈，使问题大大简化，彩票的形式非常简单：

---

① 将 $p_n = An + B$ 代入差分方程，验证等号是否成立。或者从 p_0 和 p_1 开始，推导 p_2，p_3，…的形式。

$$\mathbf{p} = \begin{array}{|c|c|} \hline \mathcal{W} & \mathcal{L} \\ \hline p & 1-p \\ \hline \end{array}$$

该彩票记为 $\mathbf{p}$。从现在开始我们用粗体字母表示一个彩票,比如 $\mathbf{p}$ 表示结果 $\mathcal{W}$ 的发生概率为 p,结果 $\mathcal{L}$ 的发生概率为 $1-p$。图 3.11 说明复合彩票 $p\mathbf{q}+(1-p)\mathbf{r}$ 相当于简单彩票 $\mathbf{pq}+(1-\mathbf{p})\mathbf{r}$。

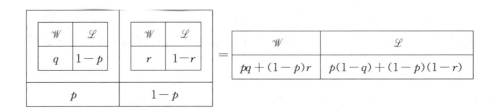

图 3.11 等式 $p\mathbf{q}+(1-p)\mathbf{r} = \mathbf{pq}+(1-\mathbf{p})\mathbf{r}$

输—赢博弈中,一个理性的博弈方将致力于追求获胜概率的最大化,此时博弈方 I 的偏好可描述为:当且仅当 $p \geqslant q$ 时,他喜欢彩票 $\mathbf{p}$ 的程度不亚于彩票 $\mathbf{q}$。彩票 $\mathbf{p}$ 指派给博弈方 II 的获胜概率为 $1-p$,因此当且仅当 $p \leqslant q$ 时,她喜欢彩票 $\mathbf{p}$ 的程度不亚于彩票 $\mathbf{q}$。由此可知,即使存在随机行动,一个输—赢博弈还是严格竞争博弈,也就是说:

$$\mathbf{p} \leq_1 \mathbf{q} \Leftrightarrow \mathbf{p} \geq_2 \mathbf{q}$$

定理 2.1 断言所有的完美信息输—赢博弈都有值,当时随机行动是被排除在外的,但它的证明方法事实上可用于寻找有随机行动的博弈的值,做的过程中如果碰到以随机行动为根的子博弈 H,需要写出 H 的值,我们就先从 H 中找到从根引出的更小子博弈,确定它们的值以及**机运**选择这些子博弈的概率,这样就确定了一个彩票,H 的值就是这个彩票。

3.6.1 蒙提·霍尔博弈的值

我们以前面的蒙提·霍尔问题为例,讨论如何求出一个有随机行动的输—赢博弈的值。

第 3.3.1 节中,疯帽匠名义上不是游戏的参加者,但跟爱丽丝一样,他也是一个博弈方。假设他的目标是最小化爱丽丝的获胜概率,这跟导演不准他打开盒 2 或盛有奖品盒子的要求一致。

我们用 s 表示爱丽丝改变选择不再选盒 2,S 表示她仍坚持选盒 2。图 3.2 中,爱丽丝有两个信息集,在左信息集她知道盒 3 为空,在右信息集她知道盒 1 为空。她在每个信息集需做出的选择是行动 s 或 S(记住,她不能在同一个信息集的不同决策点选择不同行动,因为当选择行动时她并不知道博弈已到达信息集的哪个决策点)。

爱丽丝的四个纯策略记为 ss，sS，Ss 和 SS。例如，sS 表示爱丽丝如果看到盒3为空就改选盒1，看到盒1为空就仍选盒2。疯帽匠只有两个纯策略，记为1和3，策略1是奖品在盒2时打开盒1，策略3是奖品在盒2时打开盒3。如果奖品在盒1或盒3，那么疯帽匠能采取的行动是唯一的，并无机动选择的余地。

图 3.12(b) 画出了蒙提·霍尔博弈的策略型。从第 3.1.1 节的讨论可知，结果表第一行的项一定是彩票 $\frac{2}{3}$，第四行的项一定是彩票 $\frac{1}{3}$。至于其他各项，按同样方法也可推出，例如，图 3.12(a) 专门标出了纯策略对 $(sS, 3)$，它涉及的树枝为双线形式，为了说明使用该策略对的结果为 $\frac{1}{3}$，只需从根部出发，追随**机会**的三种选择导致的三条具体进程，由于其中的两条进程导致结果 $\mathscr{L}$，另一条导致结果 $\mathscr{W}$，因此当博弈双方使用 $(sS, 3)$ 时，爱丽丝的获奖概率为 $\frac{1}{3}$。

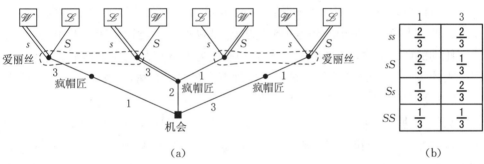

	1	3
ss	$\frac{2}{3}$	$\frac{2}{3}$
sS	$\frac{2}{3}$	$\frac{1}{3}$
Ss	$\frac{1}{3}$	$\frac{2}{3}$
SS	$\frac{1}{3}$	$\frac{1}{3}$

(a)   (b)

图 3.12(b) 是蒙提·霍尔博弈的策略型，第一行的每个单元格都对应一个鞍点，所以博弈的值为 $\frac{2}{3}$。画图 3.12(a) 是为了帮助我们计算使用策略对 $(sS, 3)$ 的博弈结果 $\frac{1}{3}$。（图 3.12(a) 原书有错，上图是译者修改过的。——译者注）

图 3.12

第 2.8.2 节曾告诉我们，一个严格竞争博弈的纳什均衡总是出现在结果表的鞍点位置。所以求严格竞争博弈的纯策略纳什均衡时，我们要在结果表中找这样的项：是所在列中最好的并且是所在行中最差的（从博弈方Ⅰ的角度看）。在严格竞争博弈的鞍点处，每个博弈方都在对其他博弈方做出最优反应。

从图 3.12(b) 可见，蒙提·霍尔博弈有两个鞍点：$(ss, 1)$ 和 $(ss, 3)$。结果表内对应每个鞍点的项均为 $\frac{2}{3}$，所以这就是博弈的值。如果爱丽丝和疯帽匠按最优方式博弈，则爱丽丝的获奖概率为 $\frac{2}{3}$。

爱丽丝的最优策略 ss 要求她总是从盒2改选另一个没打开的盒子，而疯帽匠的两个纯策略都是最优的，所以他的任务比较轻松，事实上，他的任一混合策略也是最优的[①]，因此疯帽匠根本不用做任何思考。

3.7　等待博弈

自行车比赛中的选手有时表现得非常有策略性，他们开始骑得慢慢吞吞，直到有人突然发力试图创造决定性优势时，所有选手才一拥而上奋勇争先。本节要讲的等待博弈具有相似特征：先是一个等待期，然后某博弈方突然全力以赴，为胜利放手一搏。

3.7.1　产品竞赛

两家厂商有时会暗暗比赛，看谁先将产品投放市场。在孤注一掷地推出产品让市场检验之前，一家厂商应该花多长时间开发产品？与这个问题类似的还有专利竞赛，两家厂商比赛，看谁先把一个新想法变成专利。

本节讨论产品竞赛的一个简化版，两个博弈方是鲍勃和爱丽丝。如果爱丽丝率先让产品上市，产品的市场成功概率为 p_1；成功时爱丽丝能牢牢控制市场，令后来者鲍勃的产品无立足之地；另一方面，如果爱丽丝的产品抢先上市后失败，以后将无人购买她的产品，于是鲍勃能够从容地花上足够长时间，开发出必定成功的产品，所以爱丽丝首先上市情况下鲍勃的成功概率为 $1-p_1$。

如果鲍勃率先让产品上市，他的成功概率为 p_2，爱丽丝的成功概率为 $1-p_2$。如果两博弈方产品同时上市，则必有一方成功另一方失败，除此之外不需做其他假设。

→ 3.7.2

一个博弈方率先上市的成功概率随时间递增，因此我们要求 p_1 和 p_2 是连续的、随时间严格递增的函数。[②]如图 3.13(a)，我们还要求两个函数从 0 开始，最终接近于 1。

假设爱丽丝和鲍勃已经付出了产品开发成本，且无论谁赢得市场，都能在很长时间内获益，相比之下赢得市场的时间即使有小小延误，所引起的损失也可忽略不计。此时爱丽丝和鲍勃玩的是一场输—赢博弈，两人都追求成功概率的最大化。试问博弈该如何进行？

如果博弈方能监视彼此的产品进展，我们讨论的就是一场含多个随机行动的完美信息博弈，不难找到博弈的解：理性的博弈要求爱丽丝和鲍勃在同一时间推出

[①]　在第 3.3.3 节，我们让疯帽匠以概率 p 使用纯策略 3。这个混合策略是最优的，因为当爱丽丝使用 SS 时他仍能得到 $\frac{2}{3}$ 的结果。

[②]　在某区间上画实值函数 f 的图时，如果笔一直没有离开纸面，那么 f 在该区间连续。事实上若 p_1, p_2 连续且以概率 1 严格递增，它们就是一个随机过程的实现。本章练习 24 给出一个例子，其中 p_1 和 p_2 随机地随时间跳跃式递增。

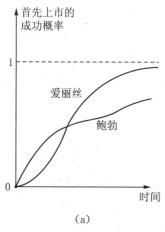

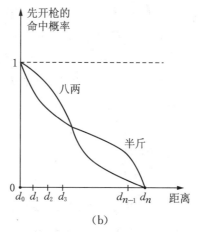

（a）　　　　　　　　　　　　（b）

图 3.13(a)表示一个博弈方的产品在时间 t 率先上市的成功概率。图 3.13(b)表示两博弈方距离为 d 时一方率先开枪的命中概率。

图 3.13　成功概率

产品,这个时间满足:

$$p_1 + p_2 = 1$$

分析步骤如下:

第一步,博弈的解不会是一方比另一方先行动。爱丽丝不会听从先行建议,因为她总能稍稍缩减自己的领先时间,从而无风险地提高成功概率。因此,两个博弈方必然同时将产品投放市场。

第二步,当爱丽丝和鲍勃率先上市的成功概率分别为 p_1 和 p_2 时,如果两人同时将产品投放市场,则爱丽丝的成功概率将是某个值 q_1。p_1 不会大于 q_1,因为若 $p_1 > q_1$,则爱丽丝一定会把开发时间稍稍缩短以领先于鲍勃,此时她的成功概率虽因开发时间短而降低,但仍会高于 q_1,所以 $p_1 \leqslant q_1$。同理可得 $p_2 \leqslant q_2$,故 $p_1 + p_2 \leqslant q_1 + q_2 = 1$。

第三步,$1 - p_2$ 也不会大于 q_1,否则爱丽丝一定会把开发时间拖后以落后于鲍勃,获得更高的成功概率 $1 - p_2$,所以 $1 - p_2 \leqslant q_1$。同理可得 $1 - p_1 \leqslant q_2$,于是 $2 - p_1 - p_2 \leqslant q_1 + q_2 = 1$,推出 $p_1 + p_2 \geqslant 1$。

第四步,因为 $p_1 + p_2 \leqslant 1$ 且 $p_1 + p_2 \geqslant 1$,所以 $p_1 + p_2 = 1$。

以上讨论并不是一个证明过程,它把太多东西想当然地处理掉了,但结论十分可靠,足以解释一些特殊博弈中发生的事情,下面要讨论的决斗博弈就是一例。

3.7.2　决斗

"半斤"和"八两"要进行一场决斗,武器是只装一颗子弹的手枪。决斗开始后两人持枪向对方逼近,随着距离缩短,一方击中另一方的概率增加。"半斤"应在距离多远时开枪? 这真是一个生与死的问题,因为"半斤"如果开枪但没有命中,"八

两"就能走到他面前再开枪,"半斤"将必死无疑。

我们将这个问题抽象成图 3.14 的模型。两博弈方的初始距离为 D,区间 $[0, D]$ 内的点 d_0,d_1,$\cdots$,d_n 被视为图 3.15(a) 有限博弈的决策点,$0 < d_0 < d_1 < \cdots < d_n = D$。假设任意两个相邻点的距离很小,这样一来我们在分析最后可对 $n \to \infty$ 取极限。

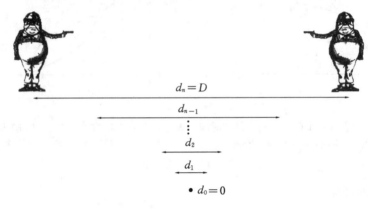

图 3.14　手枪决斗

图 3.15(a) 中,"半斤"是博弈方 I,"八两"是博弈方 II,因此 $\mathscr{W}$ 表示"半斤"活着"八两"死掉,$\mathscr{L}$ 表示"八两"活着"半斤"死掉。

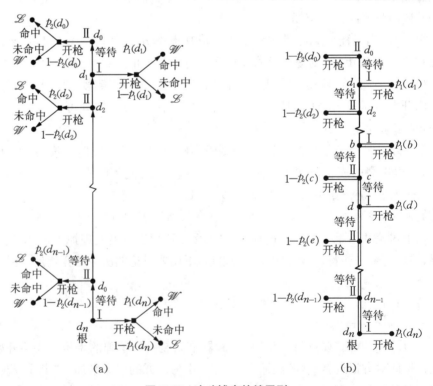

(a)　　　　　　　　　　(b)

图 3.15　决斗博弈的扩展型

图中的方块节点表示随机行动,由**机会**在这些节点处决定一个博弈方开枪后是否命中对手。图 3.13(b)画出了概率 $p_i(d)$ 的图形,$p_i(d)$ 是距离为 d 时博弈方 i 开枪的命中率。我们假设 p_i 为连续的、在$[0, D]$上严格递增的函数,$p_i(0) = 1$,$p_i(D) = 0$。①两个博弈方命中概率的不同反映了他们射击水平的差异。

求解博弈。所有完美信息的有限输—赢博弈都有值 v。本例中 v 是一个彩票,因此博弈方 I 有一个策略 s,保证他的存活概率不低于 v;博弈方 II 有一个策略 t,保证他的存活概率不低于 $1 - v$。我们用逆推法来确定这些最优策略。

第一步,首先看图 3.15(a)中的最小子博弈。它们都始于一个随机行动且无具体的博弈方,当有人开枪后博弈就到达这样的子博弈。如果博弈方 I 在其中的存活概率为 p,该子博弈的值就是彩票 **p**,因此可用标 **p** 的树叶替换掉整个子博弈。经逆推法的这一步处理后,图 3.15(a)被简化为图 3.15(b)的博弈形式。

第二步,图 3.15(b)中,如果我们忽略以 d_0 为根的子博弈(博弈方 II 在那里的唯一选择是开枪),则最小子博弈是以 d_1 为根的。博弈方 I 在 d_1 有两种选择,开枪或者等待。开枪导致彩票 $\mathbf{p_1(d_1)}$,等待导致彩票 $1 - \mathbf{p_2(d_0)}$,因此博弈方 I 会开枪,如果:

$$p_1(d_1) > 1 - p_2(d_0)$$
$$p_1(d_1) + p_2(d_0) > 1$$

该不等式一定成立,因为根据上文假设,$p_1(d_1) + p_2(d_0)$ 约等于 2。所以博弈方 I 将在节点 d_1 处开枪,图 3.15(b)中代表这一选择的树枝遂被标为双线。

第三步,在节点 d_2 开枪是博弈方 II 的最优选择,如果:

$$1 - p_2(d_2) < p_1(d_1)$$
$$p_1(d_1) + p_2(d_2) > 1$$

该不等式成立,因为 $p_1(d_1) + p_2(d_2)$ 只比 $p_1(d_1) + p_2(d_0)$ 小一点点。所以博弈方 II 将在节点 d_2 处开枪,图 3.15(b)中代表这一选择的树枝被标为双线。

第四步,继续处理节点 d_3,d_4,…,将代表开枪的树枝标为双线,直到**首次**遇见两个相邻节点 c、d,满足:

$$p_1(d) + p_2(c) \leqslant 1$$

这件事一定会发生,因为 $p_1(d_n) + p_2(d_{n-1})$ 约等于 0。

第五步,从现在开始,我们只详细讨论 $c < d$ 且 $p_1(d) + p_2(c) < 1$ 的情况,如图 3.15(b)。此时节点 d 的等待树枝应标为双线,因为:

$$1 - p_2(c) > p_1(d)$$

所以博弈方 I 在节点 d 处的最优选择是等待。

第六步,在大于 d 的最小节点 e 处,代表等待的树枝也应该标为双线。因为博

---

① 这个函数是递减函数,第 3.7.1 节的则是一个递增形式,因为它现在是距离而不是时间的函数。

弈方Ⅱ如果开枪会导致彩票 $1-p_2(e)$，他的存活概率为 $p_2(e)$；如果等待会导致彩票 $1-p_2(c)$，他的存活概率为 $p_2(c)$；而 $p_2(c) > p_2(e)$，所以博弈方Ⅱ更喜欢后者，他在节点 e 处的最优选择是等待。

第七步，由第六步可知，只要两博弈方的距离超过 d，所有的等待树枝就应该标为双线。这意味着两博弈方如果按最优方式进行博弈，则决斗开始时两人都会等待，直到距离缩减为 d，然后抓住最早机会开枪。

第八步，因为 c、d 是满足 $p_1(d)+p_2(c) \leqslant 1$ 的第一对相邻节点，所以必有 $p_1(b)+p_2(c) > 1$。又因为我们假设 p_1、p_2 为连续函数，且节点 b、c、d 相互接近，所以存在点 δ，δ 在 b、d 之间，满足：

$$p_1(\delta)+p_2(\delta)=1$$

结论。 逆推法为每个博弈方选择了这样的纯策略：一开始等待，直到对手距离约为 δ，然后只要有机会就开枪。博弈的值约等于 **v**，其中 $v=p_1(\delta)=1-p_2(\delta)$。如果两博弈方使用他们的最优策略，则"半斤"的存活概率约为 v，"八两"的存活概率约为 $1-v$。

上述分析中的决策点取的越多越密，近似的效果就越好。当决策点个数 $n \to \infty$ 时，我们得到与产品竞赛相同的结论：两人等待直到距离为 d，然后同时开枪，其中 d 满足 $p_1(d)+p_2(d)=1$。

例如，$p_1(d)=1-d/D$，$p_2(d)=1-(d/D)^2$ 时，由：

$$d/D+(d/D)^2=1$$

可得 $d/D=\frac{1}{2}(\sqrt{5}-1)$，因此决斗前期两人相安无事，直到相距初始距离的 61% 时两人同时开枪。"八两"活下来的可能性更大，因为同等距离下"八两"的命中概率总是高于"半斤"的命中概率。

3.8 印度双骰

→ 3.9

我访问印度时曾有人带我去莫卧儿帝国皇帝的宫殿看一块巨型大理石板，当年的阿克巴大帝在上面玩印度双骰游戏，棋子是漂亮侍女。①如今印度双骰（或卢多）仍很流行，在棋盘游戏销量榜上排名第三，仅次于大富翁和拼字游戏。不过你从商店买回的游戏盒不含漂亮侍女，里面只有一张折叠的棋盘，像图 3.16(a) 那样的，以及 16 个棋子、2 个骰子。我们下面要讨论的简化版印度双骰就更缺乏异国情调，如图 3.16(b)，只有 2 个棋子，1 枚均匀硬币，棋盘也非常简单。

① 他并不是掷骰子，而是掷 6 个贝壳。如果 6 个贝壳落地时均开口向上，一枚棋子就可走 25 格，游戏的名称 Parcheesi 即来源于此，是印地语的二十五。

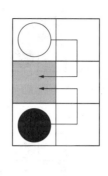

(a)   (b)

图 3.16　印度双骰的棋盘

印度双骰是一个无限博弈,因为它的游戏规则允许它永远进行下去。然而,天长地久只是零概率事件,分析博弈时无需关心。[①]我们将忽略这个以及其他技术性问题,直接假设简化版印度双骰及其所有子博弈有值,将注意力集中于如何寻找这些值。

3.8.1　简化版印度双骰

这个简化版游戏由黑、白两方对垒,棋盘如图 3.16(b)所示。首先沿指定路线(水平移动或垂直移动)到达阴影格的一方为赢。从白开始两人轮流行动,轮到行动者要么移动他的棋子,要么原地不动。[②]

如果一方要移动棋子,移动的格数取决于一枚均匀硬币掷出的面,硬币掷出反面时棋子只能走一格,掷出正面时棋子必须走两格。这个规则有一个例外情形:如果再走一格就能获胜,那么即使硬币掷出正面,仍允许只走一格获胜。

游戏的最后一条规则是:一个博弈方移动棋子时,如果他的棋子恰好位于对手棋子的头顶,则对手棋子被送回起点。这条规则让印度双骰变得很有趣。

3.8.2　简化版中可能的局势

轮到白方行动时,他可能面对 8 种局势,如图 3.17 所示。每种局势的博弈值写在图形下方,例如,局势 1 和局势 2 下面是彩票 **1**,因为博弈若到达这两种局势且轮到白方行动,白方就赢定了。

---

① 一个零概率事件未必是不可能的,如果一枚均匀硬币掷上无数次,有可能出现全为反面的情况,但这个事件的概率为 0。

② 如果从某点开始两个博弈方都不愿移动棋子,游戏就是平局,此时以掷骰子的方式决定赢家。

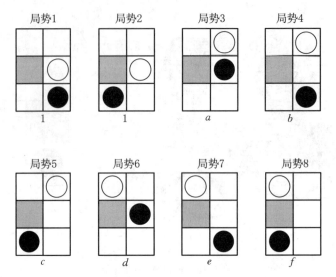

图 3.17　简化版印度双骰中,轮到白方行动时他可能面临的局势

轮到黑方行动时,她可能面对的 8 种局势如图 3.18 所示,各局势的博弈值可通过图 3.17 求出。例如黑方的局势 11 相当于白方的局势 3,因为局势 3 的值为 **a**,所以局势 11 的值为 **1 − a**。

简化版印度双骰的值为 **f**,因为博弈始于局势 8 且轮到白方行动。下面我们用逆推法求解未知数 f,做的时候需要先行求出从 a 到 e 的未知数。

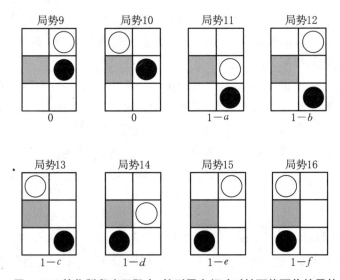

图 3.18　简化版印度双骰中,轮到黑方行动时她可能面临的局势

3.8.3　求解简化版印度双骰

我们仍使用逆推法求解该博弈,但这一次会比较辛苦。

第一步,如图 3.19 所示,从局势 3 引出的两个子博弈中,各有一条树枝被标为双线,表示投掷硬币后白方的最优行动,所以 $a = \frac{1}{2}(1) + \frac{1}{2}(1-d)$,即:

$$a = \frac{1}{2}(1) + \frac{1}{2}(1-d)$$

$$a + \frac{1}{2}d = 1 \tag{3.1}$$

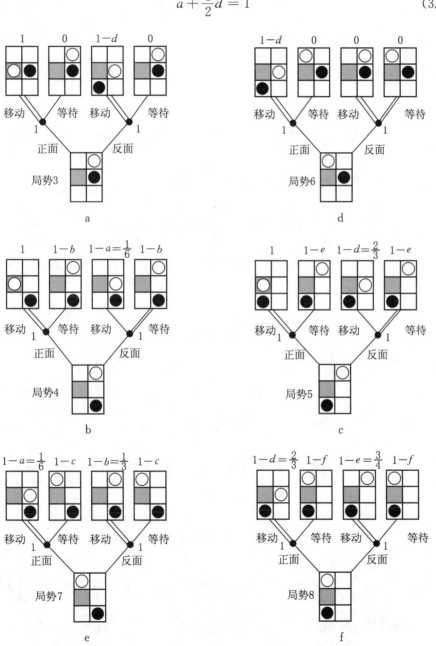

原书第一行右图(即局势 6)与第二行左图(即局势 4)有错误,译者已做修改。——译者注

图 3.19　从一种局势到另一种局势

第二步，图 3.19 中，对局势 6 做同样处理，可得：

$$d = \frac{1}{2}(1-d) + \frac{1}{2}(0)$$

$$d = \frac{1}{3}$$

$$a = \frac{5}{6} \text{（根据方程(3.1)）}$$

第三步，对于图 3.19 的局势 4，一开始看不出硬币出反面时白方的最优行动是什么。如果 $1-b \leqslant \frac{1}{6}$（即 $b \geqslant \frac{5}{6}$），那么白方的最优行动是移动棋子，但此时：

$$b = \frac{1}{2}(1) + \frac{1}{2}(1-a) = \frac{1}{2}(1) + \frac{1}{2}\left(\frac{1}{6}\right) = \frac{7}{12}$$

与 $b \geqslant \frac{5}{6}$ 矛盾，所以硬币出反面时白方应该原地不动，于是：

$$b = \frac{1}{2}(1) + \frac{1}{2}(1-b) = \frac{2}{3}$$

第四步，我们把图 3.19 的局势 5 和局势 7 放在一起处理。如果 $1-e \geqslant \frac{2}{3}$（即 $e \leqslant \frac{1}{3}$），则局势 5 中：

$$c = \frac{1}{2}(1) + \frac{1}{2}(1-e)$$

$$c + \frac{1}{2}e = 1 \tag{3.2}$$

于是 $1-c = \frac{1}{2}e \leqslant \frac{1}{6}$，此时从局势 7 可知：

$$e = \frac{1}{2}(1-a) + \frac{1}{2}(1-b) = \frac{1}{2}\left(\frac{1}{6}\right) + \frac{1}{2}\left(\frac{1}{3}\right)$$

$$e = \frac{1}{4} \tag{3.3}$$

$$c = \frac{7}{8} \quad \text{（根据方程(3.2)）} \tag{3.4}$$

等式(3.3)和(3.4)是基于 $e \leqslant \frac{1}{3}$ 的假设而得到的，有没有可能 $e > \frac{1}{3}$？如果 $e > \frac{1}{3}$，从局势 5 可知：

$$c = \frac{1}{2}(1) + \frac{1}{2}(1-d) = \frac{1}{2}(1) + \frac{1}{2}\left(\frac{2}{3}\right) = \frac{5}{6}$$

从局势 7 可知：

$$e = \frac{1}{2}\left(\frac{1}{6}\right) + \frac{1}{2}\left(\frac{1}{3}\right) = \frac{1}{4}$$

这就与 $e > \frac{1}{3}$ 的前提产生矛盾。因此等式(3.3)和等式(3.4)是正确的。

第五步，如果 $f < \frac{1}{2}$，则博弈开始首先由白方行动时，不管硬币掷出什么面，他只要选择原地不动，就能在随后的博弈中剽窃黑方的最优策略，从而获得比 f 更好的结果。所以 $f \geqslant \frac{1}{2}$，即 $1 - f \leqslant \frac{1}{2}$，由局势 8 可得：

$$f = \frac{1}{2}(1-d) + \frac{1}{2}(1-e) = \frac{1}{2}\left(\frac{2}{3}\right) + \frac{1}{2}\left(\frac{3}{4}\right) = \frac{17}{24}$$

结论。 白方能保证自己的获胜概率不低于 $\frac{17}{24}$。他总是应该移动棋子，除非面对局势 4、5、6 时硬币掷出反面。若局势 4、5 中硬币掷出反面，白方的最优行动是原地不动，若局势 6 中硬币掷出反面，他动或不动是无所谓的。黑方的最优策略是白方最优策略的镜像，她使用最优策略的获胜概率不低于 $\frac{7}{24}$。博弈的值为彩票 $\frac{17}{24}$。

3.9　综述

这一章介绍随机行动，我们虚构一个名为机运的博弈方，让它在某些节点处按预先给定的概率测度做随机选择。蒙提·霍尔问题说明，一套系统的建模方法能够有效避免悖论的出现。

对任一事件 E，一个概率测度指定一个 0、1 之间的实数 $\text{prob}(E)$ 与之对应。如果两事件 E、F 不能同时发生，则两者发生其一的概率为 $\text{prob}(E) + \text{prob}(F)$。两个独立事件 E、F 同时发生的概率为 $\text{prob}(E) \times \text{prob}(F)$。当 E 和 F 不独立时，我们需要考虑条件概率，条件概率 $\text{prob}(E \,|\, F)$ 是 F 已发生的条件下 E 发生的概率。

一个随机变量可以看作一张彩票。有些彩票的奖品是其他彩票，这就是复合彩票。按照概率的运算法则，复合彩票可化简为简单彩票。如果彩票 **L** 的各个奖项均为数值形式，就能计算它的期望值 $\mathscr{E}\mathbf{L}$，$\mathscr{E}\mathbf{L}$ 等于以概率为权重的各奖项加权和。如果重复购买该彩票，则长期看来你的平均赢利将以很大的概率接近 $\mathscr{E}\mathbf{L}$。

含随机行动的输—赢博弈仍然是严格竞争博弈。这种博弈的值 **P** 是一个彩票，其中博弈方 I 的获胜概率为 p，博弈方 II 的获胜概率为 $1 - p$。

最经典的等待博弈是决斗。经济领域的一些博弈也具有相似结构,例如各博弈方争着成为推出产品或取得专利权的第一人。对于这种博弈,逆推法的分析结论是:当两博弈方的获胜概率之和等于1时两人同时行动。这个结论启发我们:你应该**恰好**在你的对手之前行动,除非他先开枪时你赢的可能性更大。

3.10 进一步阅读

How to Gamble If You Must, by Lester Dubbins and Leonard Savage: McGraw-Hill, New York, 1965. 这是一本数学经典。

Theory of Gambling and Statistical Logic, by Richard Epstein: Academic Press, New York, 1967. 这本书要比杜宾斯和萨维奇的那本有趣得多,更合乎博弈论的框架,但在数学上还需做些深化。

Introduction to Probability Theory, by William Feller: Wiley, New York, 1968. 第一卷对概率论做了很好的概述,但你读时仍需懂点数学。

New Game Treasure, by Merilyn Mohr: Houghton Mifflin, New York, 1997. 怎么玩各种各样的游戏。

Beat the Dealer, by Edward Thorp: Blaisdell, New York, 1962. 一个统计学家告诉你怎么打败21点的庄家。

3.11 练 习

fun

1. 玛莉莲·莎凡据说是世上智商最高的人,曾在《大观》杂志开辟专栏。有一次她回答一个有关蒙提·霍尔问题的疑问,说转换总是最优的,结果招致形形色色数学权威的讥讽嘲笑。作为回应,她说如果100个盒子中的98个已被打开,则转换明显是对的。为什么该情况下答案是明显的?

fun

2. 马丁·伽德纳在《科学美国人》的专栏里曾提到蒙提·霍尔的节目,他说只有当参赛者换盒子会输时,蒙提·霍尔才应该打开一个盒子。若将第3.1.1节的博弈换成另一个博弈,其中蒙提·霍尔有不打开盒子的权利,则转换不再是爱丽丝的均衡策略,为什么?

review

3. 在一次发5张牌的扑克游戏中,共有 $\binom{52}{5} = \dfrac{52!}{5!47!} = \dfrac{52 \times 51 \times 50 \times 49 \times 48}{5 \times 4 \times 3 \times 2 \times 1}$ 手不同的牌,为什么?(一副牌有52张,一手牌包括5张,因此你要回答的问题是52选5的方式有多少种,牌的顺序无关紧要。)

你拿到同花大顺的概率多大?(一个同花大顺是由同一花色的五张最高牌组成,即 A, K, Q, J 和 10。)

review

4. 打牌时你拿到了♡A K Q 10 和♣2。在暗扑克游戏中,你可以于第一轮下注后换掉一定数量的牌,如果你打出♣2,希望抓到♡J,你成功的概率有多大?你抓到顺子的概率多大?[①]（抓到任意花色的 J 就凑成顺子。）

5. 鲍勃打算赌名为"船夫愚蠢"的赛马赢第一场,赔率是 2∶1;赌"赌徒末日"赢第二场,赔率是 3∶1。但赔率为 15∶1 时,他不愿意赌两匹马都赢。如果两场比赛是独立的,鲍勃的赌博行为是否一致?

6. 求复合彩票的期望值:

$3	− $2		− $2	$12	$3
$\frac{1}{2}$	$\frac{1}{2}$		$\frac{1}{2}$	$\frac{1}{6}$	$\frac{1}{3}$
$\frac{1}{3}$			$\frac{2}{3}$		

7. 图 3.20 所示的博弈只包含随机行动,每个随机行动表示一枚均匀硬币的一次独立投掷。试将之写成一个简单彩票。如果各随机行动不是独立的,但都表示同一枚硬币的一次投掷,你写出的彩票将如何变化?

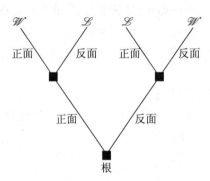

图 3.20　一个只含随机行动的博弈

8. 下表显示了四个数对 (a, c), (a, d), (b, c), (b, d) 的概率:

	c	d
a	0.01	0.09
b	0	0.9

随机变量 x 的可能值是 a 或 b,随机变量 y 的可能值是 c 或 d。求:

a. $\text{prob}(x = a)$

---

① 搏顺子的中间一张是典型的愚蠢行为——话又说回来,如果其他玩家不强迫你为之付出代价,就算不上蠢。

b. prob($y = c$)

c. prob($x = a$ 且 $y = c$)

d. prob($x = a$ 或 $y = c$)

9. 很久以前在一个遥远的国度,男孩比女孩更有价值。于是夫妇们接连不断地生孩子,直到生出男孩。男孩与女孩的合计数占总人口的比重是稳定的,但每一家庭的女孩期望比重为何?[1] (假设两个性别是等可能的。)

10. 在第 3.3.1 节的问题中,爱丽丝得知发给鲍勃的第一张牌是红色的 Q。她会对鲍勃有一对 Q 的可能性做出怎样的估计? 如果她已经看到他的第一张牌是红桃 Q,这个概率会如何变化?

11. 爱丽丝从图 3.5 的牌桌上拿到 ♠A 和 ♢7。如果她得知鲍勃手里有一张红色的 Q,她将如何估计鲍勃有一对 Q 的可能性? 如果她已知红色的 Q 是红桃 Q,这个概率会如何变化?

12. 鲍勃是两个孩子的父亲,其中一个孩子是女孩。另一个孩子是女孩的概率多大? 如果你知道较大的孩子是女孩,这个概率又是多少?

13. 假设卡萨诺瓦押一枚金币赌均匀硬币掷出的面,且每输一次就赌注翻倍,直到赢为止。如果硬币掷到第 n 次时他首次获胜,试证明他的总盈利恰为一个金币。他一开始要有多少金币的赌本,才能把赌后加倍的策略执行到 $n = 20$?

14. 只要卡萨诺瓦口袋里有钱,他就会押 1 元钱赌均匀硬币掷出的面,直到输光所有钱或者赢回 1 元钱为止。每次输后他都把先前赌注加倍。如果他一开始有 31 元且一直押硬币正面,则碰到以 H, TH, TTH, $TTTH$ 或 $TTTTH$ 开头的序列时,他将成功地达到赢钱目标;碰到以 $TTTTT$ 开头的序列时,他将输得精光,试解释原因。他面对的是什么样的彩票? 为什么这个彩票的期望值是 0?

15. 假设第 3.5.2 节掷的硬币不再是均匀的,掷出正面的概率是 q,对正面的赔率现在是 $m:1$。试证明:

$$p_{n+1} = qp_{n+m+1} + (1-q)p_n$$

如果 $r = (1-q)/q$,证明成功概率为:

$$p_s = \frac{1-r^s}{1-r^{s+w}}$$

16. 在博弈 G 的第一步,博弈方 I 可以选择 l 或 r。如果他选择 l,接下来一个随机行动以概率 p 选择 L,以概率 $1-p$ 选择 R;如果 L 被选择,则博弈终于结果 $\mathscr{L}$;如果 R 被选择,将进入一个结构与 G 相同的子博弈。如果博弈方 I 选择 r,接下来一个随机行动以概率 q 选择 L,以概率 $1-q$ 选择 R;如果 L 被选择,则博弈终于结果 $\mathscr{W}$;如果 R 被选择,将进入一个子博弈,这个子博弈与 G 基本相同,除了两点:

---

[1] 求解时注意,对 $0 \leqslant x < 1$,

$$\sum_{n=0}^{\infty} \frac{1}{n+1} x^n = \int_0^x \sum_{n=0}^{\infty} y^n \mathrm{d}y = \int_0^x \frac{\mathrm{d}y}{1-y} = -\ln(1-x)$$

一则 $\mathscr{W}$ 和 $\mathscr{L}$ 的位置互换,二则博弈方 I 和博弈方 II 的位置互换。

a. 画出博弈树的开端。

b. 这是一个无限博弈,为什么?

c. 如果博弈方 I 总是选 l,博弈永远进行下去的概率多大?

d. 如果 G 的值是 **v**,证明 $v=q+(1-q)(1-v)$,并算出两博弈方都使用最优策略时博弈方 I 的获胜概率 v。

e. 当 $q=\dfrac{1}{2}$ 时 v 是多少?

17. 如果取火柴游戏中两博弈方不是轮流行动,而是通过掷均匀硬币决定下一步由谁行动,试分析这个博弈。

18. 在第 3.7.1 节的产品竞赛中,如果一个博弈方 t 天后将产品投放市场,他(她)的成功概率为:

$$p(t)=1-e^{-t/100}$$

证明两个博弈方会在 69.3 天后让产品上市。

19. 在第 3.7.1 节的产品竞赛中,为什么满足 $p_1+p_2=1$ 的时间点是唯一的?为了确保解的存在,文中对爱丽丝和鲍勃在该点的获胜概率做出了怎样的隐含假设?

20. 当 $p_1(d)=p_2(d)=1-(d/D)^2$ 时,决斗者在开枪前应离对手多远?

21. 第 3.7.2 节的决斗博弈只详细分析了 $c<d$ 且 $p_1(d)+p_2(c)<1$ 的情况。如果 $p_1(c)+p_2(d)<1$,事情会如何?当 $c<d$ 且 $p_1(d)+p_2(c)=1$ 时又会发生什么?

22. 如果 $p_1(D)+p_2(D)>1$,对决斗博弈的分析将如何变化?若 $p_1(0)+p_2(0)<1$ 呢?若 $p_1(d)+p_2(d)=1$ 呢?其中 d 满足 $\dfrac{1}{3}D\leqslant d\leqslant\dfrac{2}{3}D$。

23. 如果在 d_k 和 d_{k+1} 之间插入其他节点,且规定它们都属于节点 d_k 处的博弈方,则对决斗博弈的分析将如何变化?

24. 在任一节点处,如果开枪的博弈方是由随机行动选择的,且每个人被选中的概率相等,那么最优的博弈进程会是什么样子?

25. 我们考虑第 3.7.1 节产品竞赛的一个不同版本,其中 p_1 和 p_2 随机地跳跃式递增。在某些随机的时间点,机会以等概率选择爱丽丝或鲍勃,让她(他)的 p_i 每次增加 $\dfrac{1}{3}$,直到 $p_1=1$,$p_2=1$,或者一个博弈方的产品上市从而博弈结束。试画出博弈树,其中随机行动表示某博弈方获得概率增量。一个随机行动发生后,假设获得增量的博弈方先行动,另一个随后行动。忘掉这些随机行动发生的具体时间。博弈树尽量多画一点,使逆向归纳分析能在图上进行①。证明在 $p_1+p_2=1$ 的时候,爱丽丝或鲍勃令产品上市是最优的。

---

① 博弈树很大,但你没必要全部画出,因为很多子博弈是嵌套重复的,且爱丽丝和鲍勃的地位对等。

26. 在第 3.8.1 节的简化双骰游戏中,如果两个博弈方每次都走规则允许的最大步数,则 4 次行动后博弈仍延续的概率多大?

27. 在第 3.8.3 节双骰游戏的分析中,第五步提到的剽窃策略是什么? 第三步事实上也用到了剽窃策略,是什么?

28. 第 3.8.3 节中没有提到两博弈方在随后回合中都不移动的可能性。为什么这个概率不影响分析?

29. 在第 3.8.1 节的双骰游戏中,假设硬币掷出正面时,博弈方可以随心所欲地移动 0 格、1 格或 2 格,其他规则不变。分析该博弈。

30. 在第 3.8.1 节的双骰游戏中,假设一枚棋子离阴影格只有一步之遥时,唯有掷出反面才能走这一步,[①]其他规则不变。分析该博弈。

31. 若旋转图 3.21 的某个轮盘上面每个数字出现的可能性相等。在盖尔的轮盘赌博弈中,博弈方 I 先选一张轮盘然后旋转,转犹未停时博弈方 II 从其余轮盘中选一张然后旋转。谁的轮盘转出的数字大谁就赢。

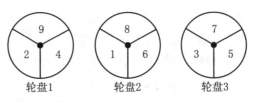

轮盘1   轮盘2   轮盘3

图 3.21   盖尔的轮盘赌博弈

a. 如果博弈方 I 选择轮盘 1,博弈方 II 选择轮盘 2,博弈结果是彩票 **p**。问 p 的值多大?(假设轮盘相互独立。)

b. 画出博弈的扩展型。

c. 将博弈树缩写为一个无随机行动的博弈树,如第 3.7.2 节对决斗博弈所做的。

d. 证明博弈的值是 $\frac{4}{9}$,因此当两个人都按最优方式博弈时,博弈方 II 赢的可能性大于 I。

e. 从表面上看,该博弈中博弈方 I 应该选择最好的轮盘,使博弈方 II 只能选次好的轮盘。但这个看法不正确,因为倘如此博弈方 I 赢的可能性大于博弈方 II。这个看法错在哪里?[②]

32. 令 $\Omega = \{1, 2, 3, \cdots, 9\}$。在盖尔的轮盘赌博弈中,如果博弈方 I 选择轮盘 2,他就选了一个彩票 L_2,它的各项奖金额属于集合 Ω。将这个彩票表示成图 3.6 的表格形式,并证明:

---

① 这个修改使得我们分析的博弈更像真实的双骰游戏。该博弈的分析方法与原博弈相同,但数学稍难。特别地,图 3.15 中局势 1 与局势 2 的值不再是 **1**,如果设它们的值分别为 **g** 和 **h**,可以证明,除非 $d < g < h$,否则会有矛盾出现。

② 这个题目有点超前,牵涉到第 4.2.2 节的不可传递性(intransitive)。

$$\mathscr{E}L_1 = \mathscr{E}L_2 = \mathscr{E}L_3 = 5$$

令 $L_1 - L_2$ 表示一个彩票,当 L_1 的结果是 ω_1、L_2 的结果是 ω_2 时,$L_1 - L_2$ 的奖金就是 $\omega_1 - \omega_2$。彩票 $L_1 - L_2$ 中,奖金为 $-2 = 4 - 6$ 的概率多大? 为什么 $\mathscr{E}(L_1 - L_2) = \mathscr{E}L_1 - \mathscr{E}L_2$? 试推导:

$$\mathscr{E}(L_1 - L_2) = \mathscr{E}(L_2 - L_3) = \mathscr{E}(L_1 - L_3) = 0$$

33. 在盖尔轮盘赌博弈的另一个版本中,三个轮盘中的每一个都标有四个等可能的数字。轮盘 1 上的数字是 2、4、6、9,轮盘 2 上的数字是 1、5、6、8,轮盘 3 上的数字是 3、4、5、7。如果两个博弈方选择的轮盘转出同一个数字,就重新旋转直至有人获胜。

a. 如果博弈方 Ⅰ 选择第一个轮盘,博弈方 Ⅱ 选择第二个轮盘,证明博弈方 Ⅰ 的获胜概率 p 满足 $p = \dfrac{1}{2} + \dfrac{1}{16}p$。

b. 如果两个博弈方都最优地选择,博弈方 Ⅰ 赢得整个博弈的概率多大?

34. 这个练习是给桥牌高手的。西是图 3.22 牌局叫三无将的庄家。为简化讨论,假设她知道其余的方块由对手平分。打了一张黑桃攻牌后,西发现如果她能从红心和方块的两张飞牌造出至少一墩牌,就必胜无疑。专家建议用 ♢2 张飞牌。

$$\begin{array}{lll}
& \spadesuit\ K\ 3 & \spadesuit\ A\ 2 \\
W & \heartsuit\ 6\ 5\ 4 & \heartsuit\ A\ Q\ 3\ 2 \qquad E \\
& \diamondsuit\ 5\ 4\ 3\ 2 & \diamondsuit\ A\ J\ 10 \\
& \clubsuit\ A\ K\ Q\ J & \clubsuit\ 5\ 4\ 3\ 2
\end{array}$$

图 3.22 哪张飞牌?

a. 通过分析北和南手中牌的所有可能的组合,证明第 1 张方块飞牌的获胜概率为 $\dfrac{1}{5}$。北或南持有 ♢K 的概率是 $\dfrac{1}{2}$,对 ♢Q 也同样如此,那么为什么答案不是 $\dfrac{1}{4} = \dfrac{1}{2} \times \dfrac{1}{2}$? 如果每个花色有 100 张牌,这个概率会接近 $\dfrac{1}{4}$,为什么?

b. 证明西从两张方块飞牌赢至少一墩牌的概率是 $\dfrac{4}{5}$。证明西从一张方块和一张红心飞牌赢至少一墩牌的概率是 $\dfrac{3}{5}$。

c. 证明在输掉第一张方块飞牌后,赢第二张的概率是 $\dfrac{3}{4}$。证明在输掉一张方块飞牌后,赢一张红心飞牌的概率是 $\dfrac{1}{2}$。

d. 专家们用上面的事实支撑他们取两张方块飞牌的建议,但他们通常认为输掉第一张方块飞牌后赢第二张的概率是 $\dfrac{2}{3}$。如果每个花色有 100 张牌,专家们就差不多是对的,为什么?

e. 实际打牌时,若要计算输掉第一张方块飞牌后的相关概率,需要区分输给了◇K还是◇Q。证明这个概率在 $\frac{3}{5}$ 和 1 之间变动,具体数值取决于南手持◇K Q 时以多大的概率打◇K 或◇Q。

f. 在西输掉第一张方块飞牌后的子博弈中,解释为什么拿红心飞牌是西的强占优策略。

35. 如果一个博弈中所有博弈方的信息状况都得到改善,他们可能反受其害。从下述博弈验证这个认识:亚当和夏娃各自选择鹰或鸽时,不知道一枚均匀骰子的投掷结果。若骰子点数不是 6,选鸽者的得益为 1,选鹰者的得益为 0。若骰子掷出 6 点,各人得益取决于图 1.3(a)中囚徒困境的得益表。证明若骰子的投掷结果是两人选择前的共同知识,则各博弈方的期望得益较小。

36. 莱尔·斯图亚特(Lyle, Stuart)是一个杰出的赌徒,曾写了本书讲怎么在巴拉卡纸牌或骰子游戏中获胜。例如,你总是一个人去拉斯维加斯——你不是去那儿玩的! 书中有个故事讲一个叫曼尼·肯麦尔的人,他会在掷骰子的赌桌边耐心等待,若发现一个数字连续 40 次都没出现,就在接下来的每一轮赌这个数字。如果接下来 30 次还没出现,就增加赌注,据说他很少空手而返。这故事很可能是真的。如果这样,是否意味着曼尼发现了一种绕开鞅法则的方法?(第 3.5.2 节)

37. 莱尔的另一个故事讲一个赌徒,他的儿子成了数学家,当儿子向他解释没有方法能击败庄家时,父亲问:"你以为你上大学的学费是打哪来的?"儿子应该做何回答?

▶ 第 4 章

关于品味

4.1 得益

前两章将风险和时间因素引入博弈规则,当时没有用到效用理论,现在我们该回过头来详细说明博弈方到底是如何在不同选项间选择的,为了对这个问题进行刻画,博弈论专家使用了得益概念。

第一章曾提醒我们,定义得益时要小心些。通俗的博弈论读物常常回避必要的解释,只简单地说得益就是一定数量金钱。如果博弈方的确孜孜不倦多多益善地为自己挣钱,这个说法本无问题,但除了钱,人们还有其他追求。博弈论专家定义得益时,既要考虑到这个概念应适用于所有理性博弈方,且不论他们受何动机驱动,同时也不该越俎代庖替守财奴规定什么才是理性的;因此,不能仅仅用金钱衡量得益,而是用一个一般性概念——**效用**——来衡量,效用单位称为**尤特尔**。

说到效用就要重提一个古老理论,那是在维多利亚时代,经济学家用效用衡量一个人感受到的快乐或痛苦的多少。我们的感觉会影响决策,这一点无可置疑,但仅仅设想一个心理上的效用发生器,就指望这个简单模型能够捕捉人们决策时的复杂心理过程,想法未免太过容易。因此现代效用理论早已摒弃维多利亚时代的想法,不再把效用解释为一单位或多或少的快乐或痛苦。

心理学家总有一天能提出一种切合实际的理论,描述人类决策时发生于大脑的种种事由,但目前这个过渡时期,经济学家**根本没什么理论**可以解释人们为何选择一事而非另一事。现代效用理论并不试图**解释**选择行为,而是着眼于推断——假设人们的行为是一致的,在此前提下,如果已知他们在某些情境下的选择,如何推断他们在其他情境下的选择。

博弈论中,用于推断的原材料是博弈方在单人博弈中所做的选择,我们据此推断他们在多人博弈中将做何选择。

4.2 显示性偏好

经济学专业学生多半会在研究消费者行为时首次碰到效用理论。例如,潘多拉每周去超市购物一次,因为每周的超市价格和家庭预算未必相同,她每次购买的商品也不完全一样。然而,对潘多拉的购物行为观察了一段时间后,只要我们知道未来的价格情况和潘多拉的预算,就能合理地推测她下周会买什么。

做这种推测需要两个隐含的前提条件。首先,潘多拉的选择行为是**稳定**的。如果今天发生了什么事使历史资料全部失效,我们显然将无法预测她下周会买什么。比如潘多拉突然不喜欢一个足球明星了,天知道这件事会如何影响其购物行为?也许披萨从此从她的购物篮里销声匿迹,购物篮改头换面成了除臭剂的天下。

潘多拉的选择行为也必须是**一致**的。如果她只是随机地从货架上抽取货品,并不管商品是物有所值或者满足需求,我们当然无法预测她接下来会干什么。但什么是行为一致或不一致的判别标准?现代效用理论花了不少力气来回答这个问题,容我们在下面细细道来。

4.2.1 金钱泵

经济学家为了说明他们赋予理性博弈方的一致性假设是对的,通常使用下例的论证方法。

亚当有一个苹果,夏娃提出交换,用一个无花果换他的苹果加1分钱,亚当同意了,于是他有了一个无花果;接下来夏娃提议用一个柠檬换他的无花果加1分钱,亚当同意,于是他有了一个柠檬;夏娃再次提议,用一个苹果换他的柠檬加1分钱,亚当还是同意,于是那个苹果兜兜转转回到他手里——但他的钱包已见消瘦,有3分钱躺到夏娃钱包里去了。

如果亚当的选择行为是稳定的,夏娃可以周而复始地进行交换,直到榨干亚当的每一分钱,就像用泵从亚当钱包里抽钱一样,因此称为金钱泵。一个理性的博弈方显然不会成为金钱泵的受害者,为了排除这种可能性,我们应对亚当的选择行为做何种假设?

经济学家认为,亚当做出的选择**显示**了他的内在偏好。如果他用1个苹果+1分钱换1个无花果,这显示出他严格地偏好无花果甚于苹果,用第2.2节的符号表示就是苹果 < 无花果,因此上例中亚当显示出的偏好关系可概括为:

$$苹果 < 无花果 < 柠檬 < 苹果$$

显然,正是因为亚当的显示性偏好自成循环,他才会落入金钱泵陷阱。我们必须从理性博弈方的选择行为中排除这样的循环。

4.2.2 完全且一致的偏好

要想描述由博弈方的选择行为所显示的偏好,最直观的方法是借助偏好关系符"⪯"。我们假设一个理性博弈方的显示性偏好满足以下性质：

$$a \preceq b \quad 或 \quad b \preceq a \quad （完备性）$$

$$a \preceq b \quad 且 \quad b \preceq c \Rightarrow a \preceq c \quad （传递性）$$

其中，a、b、c 为集合 Ω 中的任意元素，Ω 是由所有可能的博弈结果构成的集合。

能防止循环出现的传递性是唯一真正的一致性要求；完备性只是说明对任意两个博弈结果，博弈方总能表达一个偏好。[①]

偏好关系"⪯"与关系"⩽"不同，后者说明两个数字中的哪一个更大，它不但满足完备性和传递性，还满足：

$$a \leqslant b \quad 且 \quad b \leqslant a \Leftrightarrow a = b$$

我们当然不希望所有的偏好关系满足这种等价性，它的规定太严格，取而代之的是无差异性"∼"：

$$a \preceq b \quad 且 \quad b \preceq a \Leftrightarrow a \sim b$$

在此基础上，严格偏好关系≺被定义为：

$$a \preceq b \quad 且 \quad 非(a \sim b) \Leftrightarrow a \prec b$$

4.3 效用函数

为了做出一个理性的决定，潘多拉面临两项任务：一是确定**可行集**，即 Ω 的一个子集 S，是由当前条件下所有可能结果构成的集合；二是在 S 中寻找一个**最优**结果 ω，最优指的是潘多拉对它的喜欢程度不亚于 S 中的任一其他结果。

从理论上看寻找最优解 ω 的问题仿佛不难，但实践当中如果 Ω 是一个复杂集合，则潘多拉的偏好关系⪯已经很难描述，更遑论进一步的求解。

为此我们引入效用函数，这种数学工具能简化上面的优化问题。一个偏好关系⪯可被这样的效用函数 $u: \Omega \to \mathbb{R}$ 表达，当且仅当：

$$u(a) \leqslant u(b) \Leftrightarrow a \preceq b$$

找最优解 ω 的工作于是简化为求解最大化问题：

$$u(\omega) = \max_{s \in S} u(s)$$

对此有多种数学方法可用。顺便提一下，S 是无限集时最优解 ω 可能不存在，或者某些情况下最优解不唯一，但我们不需要太担心这种技术性困难。

---

① 数学中，满足完备性和传递性的关系是一种预序（pre-ordering）关系。如果其中的完备性被 $a \preceq a$（反身性）取代，⪯就表示一种偏预序关系。

4.3.1　最优消费

潘多拉晚饭前喜欢喝几杯马丁尼酒,这对健康无益,不过我们不打算讨论她的品味——尽管本章的标题是"关于品味"。哲学家有时候会说某个一致的偏好集合比另一个更理性,但经济学家很少掺和此事,他们从不试图教导人们该喜欢什么,原因在第1.4.1节已有说明。对我们来说,潘多拉的偏好关系≼是她之所以为人的一部分,就像鼻子的长度或头发的颜色。

假设潘多拉认为调制马丁尼时杜松子酒和伏特加可完全相互替代,这意味着她总是愿意按固定比率在两者间交换,不妨设交换比例为3∶4,即3瓶杜松子酒和4瓶伏特加的相互交换。

令Ω表示由商品组合(g, v)构成的集合,其中g表示杜松子酒的数量,v表示伏特加的数量。当潘多拉在Ω中挑选商品组合时,她的选择行为显示出内在的偏好关系≼。偏好关系的结构如图4.1,三条无差异曲线之间有小箭头,箭头指向潘多拉更偏好的曲线。[①]

能反映潘多拉偏好关系的最简单效用函数$U: \Omega \to \mathbb{R}$为:

$$U(g, v) = 4g + 3v$$

例如,上面提到3瓶杜松子酒和4瓶伏特加可完全相互替代,即商品组合$(3, 0)$和$(0, 4)$对潘多拉而言无差异,反映在效用函数上就是$U(3, 0) = U(0, 4) = 12$。

设伏特加每瓶10元,杜松子酒每瓶15元,如果潘多拉为了她的马丁尼可以花上60元,这个钱该如何分配?

不妨忽略商店以整瓶为单位卖酒的惯例,则潘多拉的可行集S是图4.1的阴影区域,即所有满足$g \geq 0$、$v \geq 0$且$10g + 15v \leq 60$的商品组合(g, v)构成的集合,其中边界线$10g + 15v = 60$被称为预算线。我们要从S中寻找潘多拉的最优商品组合,这是个很简单的线性规划问题,是在一组线性不等式约束下最大化一个线性函数(第7.6节)。

假设潘多拉没花的钱会被没收,那么她必定耗尽预算,使最优商品组合$\omega = (g, v)$落在预算线上,其效用为:

$$U\left(g, 4 - \frac{2}{3}g\right) = 4g + 3\left(4 - \frac{2}{3}g\right) = 12 + 2g$$

当g最大时效用达到最大,因此潘多拉根本不会买伏特加,60元的预算将全部花在杜松子酒上,最优商品组合为$\omega = (6, 0)$。

---

①　对偏好关系≼而言,ω的一个无差异集就是由Ω中所有满足$s \sim \omega$的点s构成的集合。在经济学问题中,无差异集通常表现为一条曲线。

图 4.1 画出了这个结果。潘多拉的无差异曲线相当于效用函数的等高线，等高线上的各点高度相同，无差异曲线上的各点效用相同，例如无差异曲线 $U = 12$ 上各个商品组合的效用均为 12。无差异曲线越高，效用值越大，但 $U = 36$ 与可行集 S 无公共点，因此 36 是个无法达到的效用水平；与 S 相交且效用水平最高的无差异曲线为 $U = 24$，它与 S 的唯一交点为 $\omega = (6, 0)$，此即潘多拉的最优商品组合。

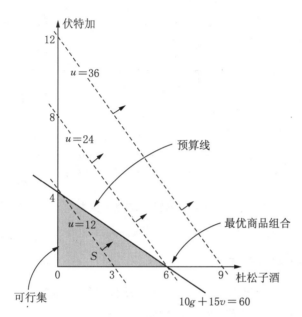

图 4.1　什么样的马丁尼是最优的？

4.3.2　效用函数的构建

假设潘多拉的选择行为显示出她对六个商品组合 a, b, c, d, e, f 有一致性偏好，偏好为：

$$a \prec b \sim c \prec d \prec e \sim f$$

那么当潘多拉的可行集为 $\{a, b, c\}$ 时，她一定不会选 a，但可能选 b 或 c；若可行集为 $\{b, c, d\}$ 时，只有 d 是最优的。

要想定义一个效用函数 $U : \{a, b, c, d, e, f\} \to \mathbb{R}$ 以反映潘多拉的上述偏好，需规定 6 个商品组合的效用值：首先，因潘多拉认为组合 a 最差、f 最好，故令 $U(a) = 0$，$U(f) = 1$，又因 e 和 f 无差异，故 $U(e) = 1$；其次，找出最差组合和最好组合之间的一个组合，令其效用等于 $\frac{1}{2}$，本例中 b 在 a、f 之间，故令 $U(b) = \frac{1}{2}$，又因 $b \sim c$，所以 $U(c) = \frac{1}{2}$。现在，只剩组合 d 没有定义，因为它在 c、e 之间，其效

用值必定介于 $U(c) = \frac{1}{2}$ 和 $U(e) = 1$ 之间,故令 $U(d) = \frac{3}{4}$。

从图 4.2 可见,6 个商品组合的偏好顺序和效用顺序完全一致,如此一来,潘多拉决策时的行为表现看上去**好似**在最大化 U 的值。图 4.2 还列出了另一个效用函数 $V(x)$,它同样反映潘多拉的偏好,因此也可以说她的行为好似在最大化 V 的值。与 U、V 相似的效用函数还有**很多**,因为各商品组合的效用是人为给定的,只要赋值后的效用顺序和原偏好顺序保持一致,这种赋值方法及相应的效用函数就是合法的。既然有无数个效用函数反映同一个偏好关系,应该用哪一个? 任君自取,或者说唯一标准是数学处理上的方便。

x	a	b	c	d	e	f
$U(x)$	0	$\frac{1}{2}$	$\frac{1}{2}$	$\frac{3}{4}$	1	1
$V(x)$	-123	18	18	19	2 947	2 947

这种赋值方法适用于任何定义在有限集上的一致性偏好关系,因为任意两个实数之间必定存在另一个实数。

图 4.2　效用函数的构建

4.3.3　理性选择理论?

→ 4.4

效用理论也被用于经济学之外的其他领域,但争议颇多,政治学科的"理性选择理论"就是一例,围绕它展开的争论常臻白热化境地。

然而,争辩双方一般都弄错了效用和选择行为的因果关系,他们认为决策者之所以选了 a 而不是 b,是因为 a 的效用超过 b。现代经济学家则认为,并不是因为 a 的效用大所以人们才选 a,而是反过来,人们的选择行为显示出 $a \succ b$ 的偏好,然后我们才规定一个满足 $u(a) > u(b)$ 的效用函数。

只要人们的选择行为是一致的,他们的行为表现看上去就好似在追求效用函数的最大化。因此,要想挑战效用理论,你只能质疑人们行为的一致性,而不是喋喋不休翻来覆去地说人脑里哪有效用发生器。曾有批评者指责经济学家只相信人为财死鸟为食亡,好像人的大脑内置了小型收银机,照我看这些人根本没研究过他们批判的理论。

4.4　生死赌局

到目前为止对效用函数已经讲得不少,但下面的俄罗斯轮盘赌博弈将告诉我们,讲述远未充分。通过这个例子我们还将回顾第 2、3 章的一些内容。

鲍里斯和弗拉基米尔是沙皇麾下的军官,他们都爱上一个美丽的莫斯科少女奥尔加,但两人同时求爱是没意义的,他们认同这一点,但究竟谁该放弃? 两人不能达成一致,于是他们决定玩一场生死赌局——用俄罗斯轮盘赌解决争端,鲍里斯是博弈方 I,弗拉基米尔是博弈方 II。

俄罗斯轮盘赌的玩法是:拿一支六发式左轮手枪,随机选择一个弹膛装入一颗子弹,如图 4.3(a)所示,然后各博弈方轮流拿枪指着自己的头,轮到的人可以扣扳机,也可以临阵退缩,临阵退缩者或者死人都丧失追求奥尔加的资格。你可能认为只有疯子才会玩这种游戏,但才华横溢的法国数学家埃瓦里斯特·伽罗华正是死于类似赌局,年仅 20 岁,也许这就是俄罗斯人将该游戏称为法式轮盘赌的原因。

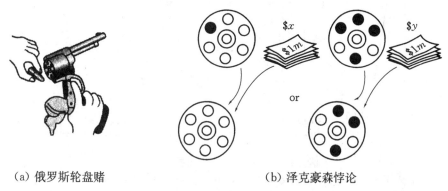

（a）俄罗斯轮盘赌　　　　　　　（b）泽克豪森悖论

图 4.3　子弹在哪?

鲍里斯和弗拉基米尔都不会关心对方幸福,因此每个人只有三种可能结果,$\mathscr{L}$、$\mathscr{D}$ 和 $\mathscr{W}$,分别对应死亡、丢脸或胜利,博弈方 i 对三者的偏好为:

$$\mathscr{L} <_i \mathscr{D} <_i \mathscr{W}$$

结果 $\mathscr{L}$ 表示一个博弈方开枪后中弹身亡;结果 $\mathscr{W}$ 表示情敌被排除,他能不受干扰地追求奥尔加;结果 $\mathscr{D}$ 表示他临阵退缩,于是情敌与奥尔加调情之时,他只能形单影只、愁眉苦脸地坐在军官俱乐部喝伏特加。

4.4.1　俄罗斯轮盘赌——版本 1

俄罗斯轮盘赌的博弈树如图 4.4 所示。博弈开端是一个随机行动,代表向左轮手枪填装一颗子弹的行为,因为子弹随机装入 6 个弹膛,所以每个弹膛对应机运在该节点的一种可能选择。根据扣扳机时各弹膛对正枪管的先后次序,弹膛被编号为 1 到 6。由于机运选择各弹膛的可能性相同,子弹在任一特定弹膛的概率为 $\frac{1}{6}$。

树中的每个决策点都引出两条树枝,代表博弈方的两种可选行动,其中 A 表示前进,即博弈方扣扳机;D 表示后退,即博弈方临阵退缩。

标在决策点上方的数字表示子弹所在位置,即几号弹膛。图 4.4 的信息集说明,当博弈方决定是否扣扳机时,他们并不知道这条信息。

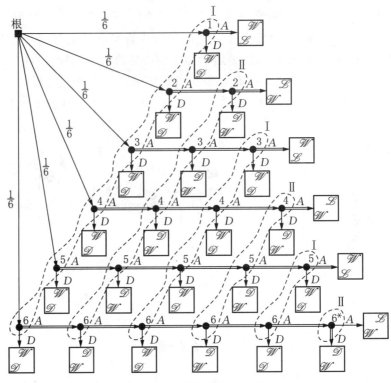

图 4.4　俄罗斯轮盘赌——版本 1

图中只有一个信息集是单点集,其他信息集都包含一个以上决策点,因此版本 1 的俄罗斯轮盘赌是**不完美信息**博弈。在一个不完美信息博弈中,一个纯策略只能指定博弈方在每个信息集——而不是每个决策点——处的行动。

图 4.4 标出了一个纯策略对(AAA,AAD),相应树枝为双线形式。例如博弈方 I 第一个信息集的 6 条前进树枝均为双线,因为一个信息集若包含多个节点,则博弈方决策时将无法区分它们,也就不能为同一信息集的不同节点规划不同行动。

鲍里斯和弗拉基米尔一旦选定他们的纯策略,则除了由机运所做的初始选择外,博弈的进程将完全确定。比如说机运一开始将子弹放入 6 号弹膛,则博弈从根开始垂直向下,到达第一个标 6 的节点,该节点属于鲍里斯,其纯策略 AAA 要求他首次行动选 A,故鲍里斯扣动扳机,又因子弹不在 1 号弹膛,他幸免于难;博弈继续进行,到达第二个标 6 的节点,轮到弗拉基米尔行动,他的纯策略 AAD 要求他首次行动选 A,故弗拉基米尔扣扳机且幸免于难,因子弹不在 2 号弹膛。

博弈沿水平方向持续进行,最后到达图 4.4 右下角标 6* 的节点,该节点属于弗拉基米尔。

此时弗拉基米尔已经知道子弹在 6 号弹膛,若扣扳机就会要了自己的命,所幸

纯策略 AAD 要求他第三次行动时选 D，即临阵退缩，该行动使整个博弈告终，两博弈方得益列在图右下角的方框里，鲍里斯得到结果 $\mathscr{W}$，弗拉基米尔得到结果 $\mathscr{D}$。

　　追随上述博弈进程时，我们这些旁观者自然知道子弹在哪，博弈方则一直懵懂未知，直至博弈到达节点 6^*。例如，弗拉基米尔第二次行动时并不知道对准枪管的弹膛是空的。我们知道博弈到达标 6 的节点，但弗拉基米尔认为第二个信息集的节点 4、5 也是可能的，于是他估计扣扳机打死自己的概率为 $\frac{1}{3}$，这是个条件概率，是博弈到达弗拉基米尔第二个信息集的条件下子弹在 4 号弹膛的概率。

4.4.2　俄罗斯轮盘赌——版本 2

　　我们来讨论另一个版本的俄罗斯轮盘赌，博弈树如图 4.5，其中未显示任何信息集，因为这个新版本是完美信息博弈。我们为简化信息集所付出的代价是必须构造 6 个随机行动：一个随机行动对应左轮手枪的一个弹膛。

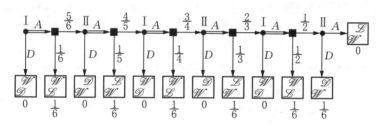

图 4.5　俄罗斯轮盘赌——版本 2

　　除了包含更多随机行动外，版本 2 还有更多子博弈，对它们的分析将推迟到第 4.7 节用逆推法求解博弈时。相比之下，版本 1 的俄罗斯轮盘赌只有两个子博弈：整个博弈以及从节点 6^* 引出的单人子博弈，原因很简单，一个节点所处的信息集若非单点集，这个节点就不能成为子博弈的根，除非改变博弈的信息规则，否则无法区分它和它的同伴。

　　图 4.5 标出了纯策略对 $(AAA，AAD)$，相应树枝为双线形式。如果博弈双方使用该策略对，每个博弈结果的发生概率将如每片树叶下的数字，鲍里斯有一半机会得到结果 $\mathscr{W}$，另一半机会得到结果 $\mathscr{L}$。如果博弈双方改用纯策略对 $(DDD，AAD)$，鲍里斯肯定能得到结果 $\mathscr{D}$。

　　如果鲍里斯知道或者猜测弗拉基米尔将选择 AAD，那他的两个纯策略 AAA 和 DDD 中哪个更有利？这个问题现在还无法回答，我们需要对鲍里斯的偏好做更多了解。

　　到目前为止我们只知道 $\mathscr{L} <_1 \mathscr{D} <_1 \mathscr{W}$，单凭这条信息还无法判断鲍里斯到底偏好确定无疑的 $\mathscr{D}$ 还是 $\mathscr{W}$、$\mathscr{L}$ 机会各半的彩票。如果鲍里斯像埃瓦里斯特·伽罗华一样年轻浪漫，他可能愿意拼死一试而不是舍弃真爱，要是像我一样垂垂老矣再无幻想，就会觉得潜在收益远远抵不上天大风险。然而，两种人都会同意 $\mathscr{D}$ 是一个介

于 $\mathscr{W}$ 和 $\mathscr{L}$ 的结果。

4.5 风险决策

如何描述博弈方对彩票的偏好？彩票通常包含两个以上奖项，奖项可以是钱，也可以是其他什么东西。一种自然的想法是把每个奖项替换成与其等值的货币，这样一来彩票的期望值就是各奖项金额的加权平均，那么直观看来理性人应该偏好两彩票中期望值更大的那个，不是吗？

下面的故事告诉我们，这种方法行不通。故事背景与俄罗斯轮盘赌类似，发生于沙皇治下的最后时光。

4.5.1 圣彼得堡悖论

这个悖论源自尼古拉斯·贝努利（Nicholas Barnouilli）构造的一个问题：据说圣彼得堡的一家赌场愿意经营任何形式的博彩游戏，但条件是庄家拥有定价权，能够规定游戏参与者的"门票"钱，或者说一个赌局就像一张彩票，庄家有权规定彩票的价格。[①]

假设有这样的赌局——掷一枚均匀硬币，直到它首次出现正面，如果首次正面出现在第 k 次投掷，你就赢 2^k 元。为方便以后讨论，我们把该赌局表示成一个彩票，如图 4.6 所示，现在的问题是：你愿意付多少钱买这个彩票？

奖　金	\$2	\$4	\$8	\$16	$\cdots$	$\$2^k$	$\cdots$
硬币的投掷情况	H	TH	TTH	$TTTH$	$\cdots$	$TT\cdots TH$	$\cdots$
概　率	$\frac{1}{2}$	$\frac{1}{4}$	$\frac{1}{8}$	$\frac{1}{16}$	$\cdots$	$\left(\frac{1}{2}\right)^k$	

图 4.6　圣彼得堡彩票

由于硬币的各次投掷相互独立，赢 2^k 元的概率很容易算，例如 $k = 4$ 时：

$$\text{prob}(TTTH) = \text{prob}(T) \times \text{prob}(T) \times \text{prob}(T) \times \text{prob}(H) = \left(\frac{1}{2}\right)^4 = \frac{1}{16}$$

因此，圣彼得堡彩票 **L** 的期望值为：

$$\mathscr{E}(\mathbf{L}) = 2\text{prob}(H) + 4\text{prob}(TH) + 8\text{prob}(TTH) + \cdots$$
$$= 2 \times \frac{1}{2} + 4 \times \frac{1}{4} + 8 \times \frac{1}{8} + \cdots$$
$$= 1 + 1 + 1 + 1 + \cdots$$

---

① 然而，这个悖论之所以得到"圣彼得堡"的名字，是因为尼古拉斯的表弟丹尼尔把它发表在圣彼得堡科学院 1738 年的论文集中，这个原因一点不好玩。

这意味着 **L** 的期望值"无穷大",那么奥尔加是否该倾家荡产地买一张彩票?从图 4.6 可见,她能获得的奖金额不超过 8 元的概率高达 $\frac{7}{8}$,这种几率怎么可能让奥尔加动心。

我们之所以介绍圣彼得堡悖论,并不是想证明选择最大期望金额的彩票是非理性的,而是要质疑那些过于武断的说法,那些认为除最大期望金额外没有其他原则符合理性的说法。

类似地,如果有哪个理论断言只有一种理性应对风险的方式,它也值得怀疑。一种理论要想令人满意,必须认识到奥尔加的偏好不仅包括她对事物的相对喜好,比如鲍里斯和弗拉基米尔半夜三更在她卧室窗下弹琴唱情歌,她更喜欢谁的歌?还包括她愿意承受风险的程度。

4.5.2 冯·诺依曼—摩根斯坦效用

当奥尔加在不同彩票中选择时,理性二字并非要求她追求期望**金额**的最大化。根据冯·诺依曼和摩根斯坦对风险情境下偏好的一致性公理,奥尔加只要是在理性地行动,她的行为方式看上去就好似在最大化**某种东西**的期望值,这种东西称为彩票的冯·诺依曼—摩根斯坦效用。

冯·诺依曼和摩根斯坦的一致性公理包括三条公理性假设,公设 1 即第 3 章的理性假设:

公设 1 一个理性的博弈方更喜欢两个输—赢彩票中获胜概率较大的那个。

公设 1 只涉及输—赢彩票,彩票的奖项取自集合 $\Omega = \{\mathscr{W}, \mathscr{L}\}$。因为博弈方对两奖项的偏好为 $\mathscr{W} \succ \mathscr{L}$,所以代表该偏好的效用函数 $u: \Omega \to \mathbb{R}$ 一定满足 $a = u(\mathscr{L}) < u(\mathscr{W}) = b$。

我们用记号 $\mathrm{lott}(\Omega)$ 表示奖项取自 Ω 的所有彩票构成的集合,则奥尔加获胜概率为 p 的输—赢彩票 $\mathbf{p}$ 属于 $\mathrm{lott}(\{\mathscr{W}, \mathscr{L}\})$。$\mathbf{p}$ 的期望效用为:

$$\mathscr{E}u(\mathbf{p}) = pu(\mathscr{W}) + (1-p)u(\mathscr{L}) = a + p(b-a) \qquad (4.1)$$

因为 $b - a > 0$,所以获胜概率 p 最大时 $\mathscr{E}u(\mathbf{p})$ 达到最大。

方程(4.1)告诉我们,当 $\Omega = \{\mathscr{W}, \mathscr{L}\}$ 时,$\mathscr{E}u$ 是一个反映奥尔加对 $\mathrm{lott}(\Omega)$ 中不同彩票偏好的效用函数。因此公设 1 意味着奥尔加的决策如果只涉及那些奖项为 $\mathscr{W}$ 和 $\mathscr{L}$ 的彩票,她的行为方式看上去就好似在追求彩票期望效用的最大化。

如果彩票的奖项不止 $\mathscr{W}$ 和 $\mathscr{L}$,还包括两者之间的奖项,事情就复杂得多。此时下面的论断不再正确:只要 u 是一个反映奥尔加对各奖项偏好的效用函数,$\mathscr{E}u$ 就是一个反映她对彩票偏好的效用函数。现在的 $u: \Omega \to \mathbb{R}$ 必须是个冯·诺依曼—摩根斯坦效用函数才行——于是 $\mathscr{E}u$ 反映奥尔加对彩票的偏好——这个 u 需从一大族反映奥尔加对奖项偏好的效用函数中精心挑选。

公设 2 介于最好奖项 $\mathscr{W}$ 和最差奖项 $\mathscr{L}$ 之间的任一奖项都等价于某个由 $\mathscr{W}$ 和

$\mathscr{L}$ 构成的彩票。

公设 2 指出,对 Ω 中的任一奖项 ω,都存在概率 q,使:

$$\omega \sim \mathbf{q} = \begin{array}{|c|c|} \hline \mathscr{W} & \mathscr{L} \\ \hline q & 1-q \\ \hline \end{array} \tag{4.2}$$

根据公设 2,我们可以构造一个冯·诺依曼—摩根斯坦效用函数 $u: \Omega \to \mathbb{R}$,令 $u(\mathscr{W})$ 等于(4.2)中的概率 q。也就是说,我们定义 $q = u(\mathscr{W})$ 以使奥尔加认为确定性的 ω 和一个 $\mathscr{W}$ 发生概率为 q、$\mathscr{L}$ 发生概率为 $1-q$ 的彩票无差异。

q 的具体数值可通过实验方式获得,例如我们对奥尔加提问,询问她是否愿意花 20 元买一个形如(4.2)的彩票 $\mathbf{q}$,其中最好奖项 $\mathscr{W} = \$100$,最差奖项 $\mathscr{L} = \$0$。如果当 q 的值超过 0.4 时她从不愿意变成愿意,那么 $u(20) = 0.4$。

随着彩票的价格 X 从 0 增加到 100 元,$u(X)$ 的值将从 $u(0) = 0$ 增加到 $u(100) = 1$。我们在后面将看到,u 的函数图形就能完全反映奥尔加的风险态度。

下面证明所构造的函数 $u: \Omega \to \mathbb{R}$ 是冯·诺依曼—摩根斯坦效用函数。根据定义,我们需要证明 $\mathscr{E}u: \text{lott}(\Omega) \to \mathbb{R}$ 是反映奥尔加对彩票偏好的效用函数。图 4.7 显示了证明的两个步骤,每一步都用到一个新公设。

公设 3 如果彩票的某个奖项被替换成另一个等价奖项,理性的博弈方不会介意。[①]

设彩票 **L** 的各奖项为 ω_1,ω_2,$\cdots$,ω_n,如图 4.7。根据公设 2,奥尔加认为一个奖项 ω_k 与某个输—赢彩票 $\mathbf{q}_k$ 等价;再根据公设 3,ω_k 可直接替换为 $\mathbf{q}_k$,于是 **L** 变成一个复合彩票,下面的公设 4 将进一步把复合彩票化简为简单彩票。

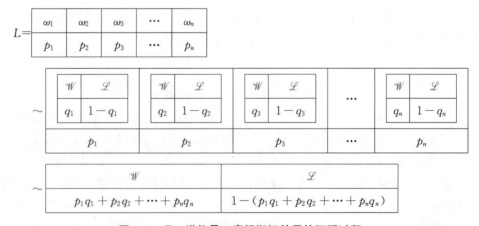

图 4.7 冯·诺依曼—摩根斯坦效用的证明过程

---

① 批评者常常忘掉的一点是:一个奖项本身还是彩票时我们有一个隐含假设——该彩票独立于其他彩票。如果没有这样的独立性假设,公设 3 就没有意义。

公设4 对于复合彩票,理性的博弈方只关心各最终结果的总发生概率。

图 4.7 中,结果 $\mathscr{W}$ 的总发生概率为 $r = p_1 q_1 + p_2 q_2 + \cdots + p_n q_n$,因此根据公设 4,复合彩票可替换成简单彩票 **r**,图 4.7 的第二个无差异关系成立。

现在我们可以比较两个形如 **L** 的彩票了,根据公理 1,奥尔加必定喜欢 r 值较大的那个,而:

$$
\begin{aligned}
r &= p_1 q_1 + p_2 q_2 + \cdots + p_n q_n \\
&= p_1 u(\omega_1) + p_2 u(\omega_2) + \cdots + p_n u(\omega_n) \\
&= \mathscr{E}u(\mathbf{L})
\end{aligned}
$$

于是奥尔加的行为方式看上去好似在最大化彩票的期望效用 $\mathscr{E}u$。

因此,$\mathscr{E}u : \mathrm{lott}(\Omega) \to \mathbb{R}$ 是一个反映奥尔加对彩票偏好的效用函数。以后行文时可直接讲" $u : \Omega \to \mathbb{R}$ 是一个反映奥尔加对奖项偏好的冯·诺依曼—摩根斯坦效用函数",表达的意思相同。

4.5.3　对风险的态度

如何用冯·诺依曼—摩根斯坦理论处理圣彼得堡悖论? 假设奥尔加有以下冯·诺依曼—摩根斯坦效用函数[①]$u : \mathbb{R}_+ \to \mathbb{R}$

$$
u(x) = 4\sqrt{x} \tag{4.3}
$$

其中 x 表示奖金数,则图 4.6 中圣彼得堡彩票 **L** 的期望效用为:

$$
\begin{aligned}
\mathscr{E}u(\mathbf{L}) &= \frac{1}{2}u(2) + \left(\frac{1}{2}\right)^2 u(2^2) + \left(\frac{1}{2}\right)^3 u(2^3) + \cdots \\
&= 4\left\{ \frac{1}{2}\sqrt{2} + \left(\frac{1}{2}\right)^2 \sqrt{2^2} + \left(\frac{1}{2}\right)^3 \sqrt{2^3} + \cdots \right\} \\
&= \frac{4}{\sqrt{2}}\left\{ 1 + \left(\frac{1}{\sqrt{2}}\right) + \left(\frac{1}{\sqrt{2}}\right)^2 + \cdots \right\} \\
&= \frac{4}{\sqrt{2}-1} \approx 4 \times 2.42
\end{aligned}
$$

奥尔加对彩票 **L** 和 **X** 元感觉无差异,当且仅当两者的期望效用相等。因此 **X** 是彩票 **L** 的等价物,当且仅当:

---

① $\mathbb{R}_+ = \{x : x \geqslant 0\}$ 是由所有非负实数构成的集合。还需注意:

(1) $\sqrt{a^n} = (a^n)^{\frac{1}{2}} = a^{\frac{n}{2}} = (\sqrt{a})^n$;

(2) $\sqrt{b}/b = 1\sqrt{b}$;

(3) 如果 $|r| < 1$,则几何级数 $1 + r + r^2 + \cdots$ 收敛,其和 s 满足
$s = 1 + r + r^2 + \cdots = 1 + r(1 + r + \cdots) = 1 + rs$,因此 $s = 1/(1-r)$。

$$u(X) = \mathscr{E}u(\mathbf{L})$$
$$4\sqrt{X} \approx 4 \times 2.42$$
$$X \approx (2.42)^2 = 5.86$$

这个结论说明,奥尔加为参与圣彼得堡游戏所付的门票钱不会超过 5.86 元,远小于前面的无穷大量,事实上无穷大量是冯·诺依曼—摩根斯坦效用函数取 $u(x) = x$ 情况下的彩票价格。两个结果之所以天差地别,是因为新的冯·诺依曼—摩根斯坦效用函数使得奥尔加规避风险,而不是原来的风险中性。

无穷大悖论? 圣彼得堡悖论真的解决了吗? 如果 $x \to \infty$ 时 $u(x) \to \infty$,我们只需另选一个彩票 $\mathbf{L}$,使 $\mathscr{E}u(\mathbf{L})$ 达到无穷大,就能让悖论死而复生。[1]

为了避免这种无穷大问题,数学家们提出了额外假设,以确保当奖金 x 趋于无穷时一个冯·诺依曼—摩根斯坦效用函数 $u(x)$ 是有界的。例如,我们可以坚持说理性的博弈方绝不会陷入本章练习 27 的换盒子悖论。

然而,如果只做冯·诺依曼—摩根斯坦公理允许的事,即使效用函数无界也无妨。特别地,我们要求所讨论的彩票必须介于某种最坏结果 $\mathscr{L}$ 和某种最好结果 $\mathscr{W}$ 之间,只要这个约束条件满足,彩票有无穷多奖项也是可以的。甚至 $\mathscr{L}$ 和 $\mathscr{W}$ 自身就可以是这样的无穷彩票,因为冯·诺依曼—摩根斯坦的赋值方法一定会赋给它们有限的期望效用值。因此,如果你在实践中只打算考虑期望效用有限的彩票,就无需担心冯·诺依曼—摩根斯坦效用函数的无界。上文之所以用 $u(x) = 4\sqrt{x}$ 解决圣彼得堡悖论,合理性就在于此。

需要说明的是,不能把 $\mathscr{W}$ 和 $\mathscr{L}$ 理解成无穷彩票的极限,因为后者分配给各奖项的概率随奖项金额的递增(递减)而递增(递减),但任一特定奖项的概率都趋于零,而 $\mathscr{W}$ 和 $\mathscr{L}$ 显然不会给所有奖项分配零概率[2](本章练习 28)。

4.5.4 风险规避

图 4.8 中彩票 $\mathbf{M}$ 的期望金额为:

$$\mathscr{E}\mathbf{M} = \frac{3}{4} \times 1 + \frac{1}{4} \times 9 = 3$$

如果奥尔加的冯·诺依曼—摩根斯坦效用函数仍为 $u(x) = 4\sqrt{x}$,则 $\mathbf{M}$ 的期望效用为:

$$\mathscr{E}u(\mathbf{M}) = \frac{3}{4}u(1) + \frac{1}{4}u(9) = \frac{3}{4} \times 4\sqrt{1} + \frac{1}{4} \times 4\sqrt{9} = 6$$

---

[1] 将 $\mathbf{L}$ 中的奖金额 ω_n 设得很大,以至于 $u(\omega_n) \geqslant 2^n (n = 1, 2, \cdots)$,并且令 ω_n 的发生概率等于 2^{-n}。

[2] 避开讨厌的限制条件的唯一方法是把 $\mathscr{W}$ 和 $\mathscr{L}$ 想像成去天堂或地狱的门票,于是所有具有无穷大奖金额的彩票都可以挤进两者之间,也就不会产生期望效用无穷大的问题。

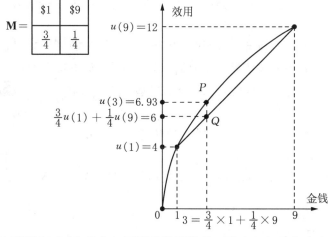

在 3 元钱和彩票 **M** 之间,奥尔加更愿意得到前者。图 4.8 中 P 点在 Q 点之上就表示 $u(\mathscr{E}\mathbf{M}) > \mathscr{E}u(\mathbf{M})$。

图 4.8　期望值为 3 的彩票 M

M 期望金额的效用为:

$$u(\mathscr{E}\mathbf{M}) = u(3) = 4\sqrt{3} \approx 6.93 > 6 = \mathscr{E}u(\mathbf{M})$$

因此,奥尔加宁愿用彩票交换与彩票期望金额相等的金钱。

如果奥尔加总是愿意按彩票的期望金额卖一张彩票,她就是**风险规避**的;如果她总是愿意按彩票的期望金额买一张彩票,她就是**风险爱好**的;如果她对上述的买或卖感觉无差异,她就是**风险中性**的。

风险规避者、风险中性者、风险爱好者的效用函数具有不同形状,如图 4.9 所示。

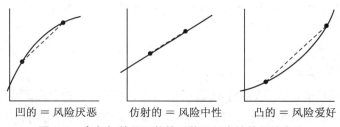

图 4.9　奥尔加效用函数的形状显示出她的风险态度

图 4.8 是一个风险规避者的效用函数,特点是弦在弧下,即曲线上任意两点间连一弦,则弦在曲线之下或者与曲线重合。数学家称这种函数为**凹函数**。①相反

---

① 一个可微函数 u 是区间 I 上的凹函数,当且仅当导数 u' 在 I 内递减,经济学家称 $u'(x)$ 为**边际效用**,因此一个风险规避者具有递减的边际效用,对他来说每一元钱的价值都低于上一元钱。
　　一个可微函数是区间 I 上的递减函数,当且仅当 $u'(x) \leqslant 0$,其中 x 是 I 内的任一点。因此,若 u 二阶可导,则当且仅当 $u'(x) \leqslant 0$ 时,u 是 I 上的凹函数,其中 x 是 I 内的任一点。一个函数 u 是区间 I 上的凸函数,当且仅当 $-u$ 是区间 I 上的凹函数,因此判断凸性的另一个标准是:对 I 内的任一点 x,$u''(x) \geqslant 0$。

地,若弦在弧上,一个函数就称为**凸函数**,一个具有凸的冯·诺依曼—摩根斯坦效用函数的人是风险爱好者。

图形为直线的函数通常称为"线性"函数,但严格的数学语言是**仿射**。如果奥尔加有一个仿射的冯·诺依曼—摩根斯坦效用函数,那么按彩票的期望金额买或者卖彩票对她而言是无差异的,因此她既是风险规避的,同时也是风险爱好的。

圣彼得堡问题成为悖论的原因在于研究者错误地认为理性人**必定**是风险中性的。如果奥尔加是风险中性者(或风险爱好者),她的确会倾家荡产地买一张圣彼得堡彩票,但类似情境下大部分人是风险规避者,如同我们前面看到的,当奥尔加的效用函数为(4.3)式的方根形式时,她买彩票的钱不会超过 5.86 元。

4.5.5 对赌博的嗜好?

奥尔加的冯·诺依曼—摩根斯坦效用函数 u 的形状决定了她的风险态度。批评者有时觉得这个说法意味着 u 测度了奥尔加从赌博行为中获得的快感,于是他们质疑 $u(a) > u(b)$ 与无风险情境下奥尔加在 a、b 中如何选的关联性。

然而,冯·诺依曼—摩根斯坦的第四个公理已经先验地认定奥尔加对赌博行为本身是完全**中性**的,她并不是因为喜欢赌才赌——当她判断形势有利时才会赌。如果她本性嗜赌(或厌赌),那么即使一个复合彩票和一个简单彩票分配给各最终结果的概率相同,我们也没有理由假设她对两者感觉无差异。

要想成为冯·诺依曼—摩根斯坦意义上的理性人,一个人得像大名鼎鼎的铁手卢克一样对赌博行为本身漠无感情。而爱丽丝可能喜欢赛马的刺激,常常在赛场上小赌怡情,鲍勃则坚信赌博是邪恶的,根本拒绝参与赌博;他们都不满足冯·诺依曼—摩根斯坦公理,因为两人喜欢或者讨厌赌博行为本身。

4.5.6 只问目的,不问手段?

博弈论研究中,我们通常将 Ω 直接视为由博弈的所有可能结果构成的集合。例如用第 1.4.2 节的显示性偏好理论解释囚徒困境博弈的各方得益时,Ω 就是得益表的四个单元格。

一般而言,如果爱丽丝是一个博弈方,我们可通过提问方式发掘她的得益情况,具体做法是:以博弈的各种结果为奖项构造不同彩票,然后让爱丽丝对它们做两两比较。这种方法有时候颇使纯粹主义者困惑,他们认为只有当所有博弈方在一起同时做选择时,显示性偏好理论才是适用的,但他们忘了正统博弈理论的目标是推测——从理性博弈方解决单人博弈的行为方式推测他们在多人博弈中的行为。

由于博弈的结果可被视为博弈扩展型的终端节点(或树叶),有些头戴哲学大帽的批评者就指责博弈论专家的分析方法不地道,说他们只看结果不问手段。但这种批评忽略了一个事实,即每片树叶都取决于导向它的博弈进程,因此冯·诺依曼的一套方法并不允许我们把一个结果同引发它的事件序列分开,所以博弈论专家从未用目的证明手段正当,他们一开始就认为手段和目的不可分离。

4.6 效用尺度

u 要想成为反映偏好关系 $\preceq$ 的效用函数,必须满足 $a \preceq b \Leftrightarrow u(a) \leqslant u(b)$,但 u 并不是唯一反映 $\preceq$ 的效用函数。对任何的一致性偏好关系,可能的效用函数有无穷多个。

例如,我们可以在 u 的基础上定义 $v(s) = \{u(s)\}^3$、$w(s) = 3u(s) + 7$,v、w 和 u 一样,都是反映 $\preceq$ 的效用函数,因为:

$$u(a) \leqslant u(b) \Leftrightarrow \{u(a)\}^3 \leqslant \{u(b)\}^3 \Leftrightarrow 3u(a) + 7 \leqslant 3u(b) + 7$$

但是,如果 $u: \Omega \to \mathbb{R}$ 是冯·诺依曼—摩根斯坦效用函数,以 u 为基础构造新函数的自由就大受限制,也就是说,原函数是冯·诺依曼—摩根斯坦效用函数,新函数未必是。比如 u^3,它和 u 一样都反映奥尔加对**奖项**的偏好,但 $\mathscr{E}(u^3)$ 通常不能反映她对彩票的偏好,即 u^3 不是冯·诺依曼—摩根斯坦效用函数。

然而,$3u + 7$ 这个变换仍能保持函数的冯·诺依曼—摩根斯坦特性,因为对任意常数 $A > 0$ 以及 B:

$$\mathscr{E}(Au + B) = A\mathscr{E}u + B$$

于是最大化 $\mathscr{E}u$ 就相当于最大化 $\mathscr{E}(Au + B)$。因此,只要 u 是冯·诺依曼—摩根斯坦效用函数,$3u + 7$ 也一定是。

4.6.1 仿射变换

若 $A > 0$,函数 $Au + B$ 是 u 的一个严格递增仿射变换。下面的定理说明,对于一个给定的偏好关系,只要有一个冯·诺依曼—摩根斯坦效用函数,就可通过严格递增仿射变换得到所有其他的冯·诺依曼—摩根斯坦效用函数。

定理 4.1 设有一个定义在 $\mathrm{lott}(\Omega)$ 上的偏好关系 $\preceq$,$u_1: \Omega \to \mathbb{R}$ 和 $u_2: \Omega \to \mathbb{R}$ 是描述该关系的两个冯·诺依曼—摩根斯坦效用函数,则必定存在常数 $A > 0$ 和 B,使:

$$u_2 = Au_1 + B$$

证明:选择适当的 $A_i > 0$ 和 B_i,使冯·诺依曼—摩根斯坦效用函数 $U_i = A_i u_i + B_i$ 满足 $U_i(\mathscr{L}) = 0$,$U_i(\mathscr{W}) = 1$。对任意 $\omega \in \Omega$,由公理 2,一定存在概率 q,使 $\omega \sim \mathbf{q}$,因此:

$$U_i(\omega)\mathcal{E}U_i(\mathbf{q}) = qU_i(\mathcal{W}) + (1-q)U_i(\mathcal{L}) = q$$

于是 $A_1 u_1(\omega) + B_1 = U_1(\omega) = U_2(\omega) = A_2 u_2(\omega) + B_2$，从该方程解出 u_2 就得到定理结论。

4.6.2　尤特尔

由于有定理 4.1，你大可随心所欲地选择一个冯·诺依曼—摩根斯坦效用尺度的原点和计量单位，但自由度到此为止。冯·诺依曼和摩根斯坦曾做过一个形象的比喻，把效用测度比作温度。

摄氏温标规定，水的冰点为 0 ℃，沸点为 100 ℃（标准大气压下），其他温度的摄氏值完全取决于这两个参照点。华氏温标规定，冰点为 32 ℉，沸点为 212 ℉，这两点一旦确定，其他温度的华氏值就完全确定。两种温标的关系就像两种可替换的效用尺度，华氏温度 f 是摄氏温度 c 的一个严格递增仿射函数 $\left(\text{事实上}, f = \dfrac{9}{5}c + 32\right)$。

类似地，通过调校原函数 $u: \Omega \to \mathbb{R}$ 的尺度，可以构建一个新的冯·诺依曼—摩根斯坦效用尺度，过程如下：从 Ω 中取一个结果 ω_0，让它对应新尺度的原点，然后取另一个结果 ω_1，$\omega_0 \prec \omega_1$，以确定新尺度的计量单位。

记新的冯·诺依曼—摩根斯坦效用函数为 $U: \Omega \to \mathbb{R}$，令 $U(\omega_0) = 0$，$U(\omega_1) = 1$。根据定理 4.1，$U = Au + B$，所以：

$$0 = Au(\omega_0) + B$$
$$1 = Au(\omega_1) + B$$

我们要做的就是解出 A、B，事实上 A、B 到底多大并不要紧，线性方程组有解即可，这样就能建立一个新的冯·诺依曼—摩根斯坦效用尺度。注意一开始的 ω_0 和 ω_1 是任选的，所以你大可自由选择你认为方便的原点和计量单位。[①]

如同温标中的计量单位被称为一度，冯·诺依曼—摩根斯坦效用尺度的计量单位被称为一个**尤特尔**（util）。

例如，对一个风险中性者，我们通常选择这样的效用尺度——使得她对金钱的偏好可表达成一个简单的效用函数 $u: \mathbb{R}_+ \to \mathbb{R}$，$u(x) = x$，如此一来效用尺度上的一个**尤特尔**就等于一元钱。但博弈方是风险规避者时这个关系不成立，因为边际效用递减，不管我们选择什么样的原点和计量单位，每个**尤特尔**对应的钱都超过上个**尤特尔**。

---

① 函数 $u: \Omega \to \mathbb{R}$ 的序数性在严格递增变换下保持不变，也就是说，对任意的严格递增变换 $f: \mathbb{R} \to \mathbb{R}$，复合函数 $f \circ u: \Omega \to \mathbb{R}$，即 $f \circ u(s) = f(u(s))$ 一定有同样性质。而基数性只在严格递增仿射变换下保持不变，也就是说，对任意的 $A > 0$ 和 B，函数 $Au + B$ 一定有同样性质。因此定义温标的方法是基数性的，构造冯·诺依曼—摩根斯坦效用时也是如此，任意构造的效用函数则是序数性的。

4.6.3　效用的人际比较

使用效用单位尤特尔时需要小心,因为这个用法可能让我们不知不觉就犯了错误,最常见的错误是想当然地认为亚当的效用和夏娃的效用能够直接比较。

例如,你可能不假思索地认为亚当的一尤特尔效用就等于夏娃的一尤特尔效用,全不考虑两者的效用尺度上原点和计量单位是如何规定的,此时你已犯错,因为你做了一个没根据的假设。这就好像是宣称两个房间一样暖和,因为一个房间的摄氏温度计和另一个房间的华氏温度计有相同读数。

为了避免犯错,经济学索性以教条形式告诉学生:效用的人际比较**本质上**无意义。这种做法有待商榷,我们确实不知道怎么比较亚当和夏娃的快乐或痛苦,但现代效用理论的尤特尔并非一单位的快乐或痛苦;冯·诺依曼—摩根斯坦公理也确实没为效用的人际比较提供理论基础,但并不妨碍我们作进一步假设,使人际比较成为可能,这就相当于比较两个房间的温暖程度时,要求两房间的温度计使用相同温标,具体内容见第 19 章。

4.7　生死赌局续

第 4.4.2 节曾说过,我们需要了解鲍里斯和弗拉基米尔的风险态度,才能进一步求解俄罗斯轮盘赌博弈,下面我们用冯·诺依曼—摩根斯坦效用函数来处理这个问题。

俄罗斯轮盘赌中,两个博弈方的结果集均为 $\Omega = \{\mathscr{L}, \mathscr{D}, \mathscr{W}\}$,他们的冯·诺依曼—摩根斯坦效用函数为 $u_1 : \Omega \to \mathbb{R}$,$u_2 : \Omega \to \mathbb{R}$,各人的风险态度蕴含在效用函数里。为方便处理,我们在设定效用尺度时,通常令最糟糕结果的效用为 0,最好结果的效用为 1,因此设:

$$u_1(\mathscr{L}) = 0, \quad u_1(\mathscr{D}) = a, \quad n_1(\mathscr{W}) = 1$$
$$n_2(\mathscr{L}) = 0, \quad n_2(\mathscr{D}) = b, \quad u_2(\mathscr{W}) = 1$$

回忆前面讲过的内容,$u_i(\mathscr{D}) = q$ 意味着博弈方 i 愿意用确定无疑的结果 $\mathscr{D}$ 交换一个彩票 $\mathbf{q}$,其中结果 $\mathscr{W}$ 的发生概率为 q,$\mathscr{L}$ 的发生概率为 $1-q$;因此更愿意承担风险的人有一个较小的 $u_i(\mathscr{D})$ 值,本例中若 $a > b$,就说明鲍里斯比弗拉基米尔小心谨慎。

你可能觉得把 $\mathscr{L}$ 的效用定为 0 有点太高,远不能反映死之可畏,那就再想一下! 规定 $u_i(\mathscr{D}) = -1\,000\,000$ 也无不可,但这个数字本身并不影响分析过程,如第 4.6.2 节所述,规定新值只相当于重新调校效用尺度。然而,令 $u_i(\mathscr{D}) = -\infty$ 是不行的,虽说冯·诺依曼—摩根斯坦理论允许此事,但这个赋值完全脱离现实,因

为它意味着一个博弈方连过马路都不敢——就算你许给他十个亿。①

学习了第 3 章后,用逆推法求解版本 2 的俄罗斯轮盘赌博弈真是小菜一碟。图 4.10 给出了参数 a,b 的三对不同取值下的博弈解。各节点上面的方框包含两个数字,表示博弈到达该节点时两博弈方的期望收益。我们可以按照逆推法的处理顺序,从右到左地求出这些数字,依次填写方框。

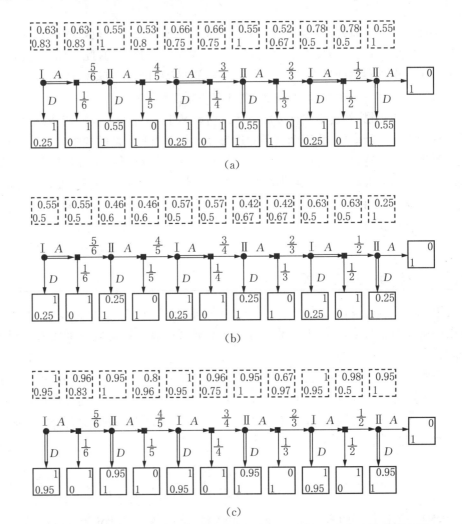

图 4.10(a)中,$a = 0.25$,$b = 0.55$,说明鲍里斯莽撞而弗拉基米尔比较谨慎。图 4.10(b)中,$a = b = 0.25$,两个博弈方都莽撞。图 4.10(c)中,$a = b = 0.95$,两个博弈方都非常谨慎。

图 4.10　用逆推法求解俄罗斯轮盘赌博弈

例如,我们从图 4.10(a)最后一个决策点的上方开始填,树枝 D 首先被标为双线,因为在博弈方 II 看来,0.55 的得益要好于 0,所以博弈若到达最后一个决

---

① 不管他有多小心翼翼,过马路被车撞的概率仍然是一个虽然小但仍为正的数,所以就算有 10 亿元价码,这个赌局的期望效用是 $-\infty$。

策点,博弈方Ⅱ将选 D,博弈结果是(1, 0.55),我们将这个得益对填入最后一个决策点上的方框。倒数第二个决策点是随机行动,如果博弈到达该点,博弈方Ⅰ的期望得益为 $0.5 \times 0 + 0.5 \times 1 = 0.5$,博弈方Ⅱ的期望得益为 $0.5 \times 1 + 0.5 \times 0.55 = 0.775$,四舍五入后,得益对(0.5, 0.78)被填入倒数第二个决策点上的方框。在倒数第三个节点,树枝 A 应标为双线,因为对博弈方Ⅰ来说0.5的得益好于0.25。

一路分析下去,最后的结论是博弈方Ⅰ将使用纯策略 AAA,博弈方Ⅱ将使用纯策略 DDD,相应的期望收益写在图 4.10(a)第一个决策点上的方框内。

结论。博弈的实际进程很大程度上取决于博弈方的风险态度。如图 4.11,谨慎的博弈方经常临阵退缩,莽撞之人则一直扣扳机。

	参数值		博弈方Ⅰ	博弈方Ⅱ
Ⅰ莽撞,Ⅱ谨慎	$a = 0.25$	$a = 0.55$	AAA	DDD
两人都莽撞	$a = 0.25$	$b = 0.25$	AAA	AAD
两人都谨慎	$a = 0.95$	$b = 0.95$	DDD	DDD

图 4.11　三种情况下的行为比较

谨慎和莽撞,孰优孰劣?我们的模型并不能回答这个问题。除非附加某些额外条件,否则直接比较两博弈方的尤特尔是无意义的(第 4.6.3 节)。

例如,图 4.10 的(c)中,两博弈方的期望得益差不多都是1,而(b)的期望得益只有 0.5 左右,但我们不能就此断言老了再玩俄罗斯轮盘赌会更好,老头的胜利还有什么甜蜜可言?一个血气方刚的小伙子可能觉得一半的胜利机会也好过死乞白赖地活着——即使事情的不利面是还有一半机会死于非命。

4.8　人们什么时候是一致的?

冯·诺依曼—摩根斯坦的风险决策理论受到很多批评,有些批评者质疑一致性公理,还有人通过心理学试验获得一些数据,这些数据表明现实世界的人常常不一致地行动。总而言之,两类批评者用来做论据的都是那些直觉与理论不符的例子,如下面两例。

4.8.1　阿莱悖论

伦纳德·萨维奇(Leonard Savage)吸收了冯·诺依曼—摩根斯坦的思想,构建了贝叶斯决策理论(第 13 章)。萨维奇曾访问巴黎,当时莫里斯·阿莱(Maurice Allais)请他做个了小实验,比较如图 4.12 的不同彩票。由于萨维奇的回答不一致,阿莱就得意洋洋地宣称连萨维奇自己都不相信自己的理论!

→ 4.9

跟萨维奇一样,大多数人面对图 4.12 的彩票时,都会做出如下选择:首先,在 **J**,**K** 之间,人们更偏好 **J**,因为 **J** 确保你获得 100 万美元,而 **K** 可能一无所获;其次,在 **L**,**M** 之间,人们更偏好 **M**,因为 **L** 的两个非零概率 0.89 和 0.11 可以四舍五入到 0.9 和 0.1,这和原 **L** 没有本质不同,但新的 **L** 明显差于 **M**,所以人们有理由偏好 **M** 甚于 **L**。

容易证明,偏好 **J**＞**K** 以及 **M**＞**L** 违反了冯·诺依曼—摩根斯坦公理。因为两者如果符合公理,就可用一个冯·诺依曼—摩根斯坦效用函数 $u:\Omega \rightarrow \mathbb{R}$ 描述它们,但下面的讨论说明,我们做不到这一点。

首先,因效用尺度上的两个参照点可按任意方式规定,为方便起见,令 $u(0)=0$,$u(5)=1$;接下来确定 $u(1)$ 的值 x,注意到

$$\varepsilon u(\mathbf{J}) = u(0) \times 0.0 + u(1) \times 1.0 + u(5) \times 0.0 = x$$
$$\varepsilon u(\mathbf{K}) = u(0) \times 0.01 + u(1) \times 0.89 + u(5) \times 0.10 = 0.89x + 0.10$$
$$\varepsilon u(\mathbf{L}) = u(0) \times 0.89 + u(1) \times 0.11 + u(5) \times 0.0 = 0.11x$$
$$\varepsilon u(\mathbf{M}) = u(0) \times 0.90 + u(1) \times 0.0 + u(5) \times 0.10 = 0.10$$

因为 **J**＞**K**,所以 $x > 0.89x + 0.10$,即 $x > \frac{10}{11}$;又因为 **L**＜**M**,所以 $0.11x < 0.10$,即 $x < \frac{10}{11}$。但 $x > \frac{10}{11}$ 和 $x < \frac{10}{11}$ 不可能同时成立,所以我们不能用一个冯·诺依曼—摩根斯坦效用函数描述萨维奇所表达出的偏好。

J =	$0m	$1m	$5m
	0	1	0

K =	$0m	$1m	$5m
	0.01	0.89	0.10

L =	$0m	$1m	$5m
	0.89	0.11	0

M =	$0m	$1m	$5m
	0.9	0	0.1

为使问题更富戏剧性,奖金单位定为百万美元。

图 4.12 阿莱悖论中的彩票

4.8.2 泽克豪森悖论

我第一次碰到阿莱悖论时没有中招,但对于下面的问题人人会错,这个例子放在讲俄罗斯轮盘赌的一章真是再合适不过了。

向一支六发式左轮手枪填装几粒子弹,如图 4.3(b),然后拨动转轮,用枪指着你的头。现在考虑两种情况:一种情况下枪里只剩一颗子弹,另一种情况下还剩四颗,如果你可以付一定数目的钱,请人从枪中卸掉一颗子弹,哪种情况下你愿意付更多钱?人们通常会说他们愿意在第一种情况下多付,因为钱虽然花掉,命可是百分之百保住了。但冯·诺依曼—摩根斯坦理论认为,只要你偏好生而不是死,偏好

更多的钱而不是较少的钱,你就应该在第二种情况下多付。

为说明原因,假设第一种情况下你愿意付 X 元,第二种情况下愿意付 Y 元。令 $\mathscr{L}$ 表示死亡,$\mathscr{W}$ 表示没花钱却活下来,$\mathscr{C}$ 表示付了 X 元后活下来,$\mathscr{D}$ 表示付了 Y 元后活下来。

枪里只剩一颗子弹时,你面对的是一个死亡概率为 $\frac{1}{6}$、存活概率为 $\frac{5}{6}$ 的赌局(或彩票),如果你愿意付出 X 元保住性命,说明你认为 $\mathscr{C}$ 和这个彩票无差异,因此:

$$u(\mathscr{C}) = \frac{1}{6}u(\mathscr{L}) + \frac{5}{6}u(\mathscr{W})$$

类似地,枪里有四颗子弹时,你面对的是死亡概率为 $\frac{4}{6}$、存活概率为 $\frac{2}{6}$ 的赌局,如果你愿意付出 Y 元去掉一颗子弹,面对的就是一个死亡概率和存活概率均为 $\frac{3}{6}$ 的赌局,你认为两个赌局无差异,因此:

$$\frac{1}{2}u(\mathscr{L}) + \frac{1}{2}u(\mathscr{D}) = \frac{2}{3}u(\mathscr{L}) + \frac{1}{3}u(\mathscr{W})$$

令 $u(\mathscr{L}) = 0$,$u(\mathscr{W}) = 1$,代入以上两式,可得 $u(\mathscr{C}) = \frac{5}{6}$,$u(\mathscr{D}) = \frac{2}{3}$。这个结果意味着 $\mathscr{D} < \mathscr{C}$,即 $X < Y$。

算过之后,冯·诺依曼—摩根斯坦的结论看上去不再乖张怪异。那我们再问一个问题:如果一种情况下枪里有一颗子弹,另一种情况下满满地装了六颗子弹,你愿意在第一种情况下付更多的钱去掉一颗子弹吗?你肯定会说——才不!但六中去一和五中去一的差别不大,五中去一和四中去一的差别也不大,你为何前后给出不同回答?它们的差别到底有多大?单凭直觉是无法回答这些问题的,我们需要动手计算。

4.8.3 结论?

我们的直觉和冯·诺依曼—摩根斯坦理论是有冲突的,如何看待这种冲突?很少有人愿意承认自己的直觉非理性、应予以修正,他们更倾向于否认冯·诺依曼—摩根斯坦公理,认为它不能刻画理性行为的特征。这种做法并不正确,我们以下面的非正式试验为例进行说明。

96×69 元和 87×78 元中,你更喜欢哪个?大部分人选前者,但 $96 \times 69 = 6\,624$,而 $87 \times 78 = 6\,786$,这个计算结果明显有违直觉,此时该如何处理?显然不是修改算术法则硬让 $96 \times 69 > 87 \times 78$!那么即使一些试验结果显示出冯·诺依曼—摩根斯坦公理与普通人的直觉不符,我们就要修改公理么?但是,若现实世界的人们进行风险决策时不遵守冯·诺依曼—摩根斯坦假设,我们该如何预测他们在博弈中的行为?

答案是——正统的博弈理论不能预测非理性行为,我们之前在回答为何要关心纳什均衡时曾给出相似答案(第1.6节)。只有当博弈方因某种原因理性地行动时,博弈理论才起作用。例如,一个大型保险公司追求长期平均利润的最大化是不稀奇的,这种公司会雇上一堆数学家,确保每件事都得到充分考虑;动物的看似追求平均适应度最大化的行为也不稀奇,它们毕竟是经过漫长的进化才塑造成今天的形态。

然而,平凡如你我者的博弈会怎样?虽说我们既非基因机器人又非数学天才,但也没笨到不能根据新环境调整行为的地步。如果第2.9.2节的三个条件满足,那么至少在某些博弈里我们的行为会朝理性方向发展。不过,有必要面对一个现实:试验证据表明,我们从选择行为获得的反馈如果被随机行动干扰,则试错学习很难进行。

幸运的是,我们不仅通过试错法学习,我们也向书本学习。受过教育的人怎么做算术是很容易预测的,博弈论在大学和商业学校的广泛传播最终将使我们容易预测经济世界的决策行为。如果潘多拉知道$96 \times 69 = 6\,624$,$87 \times 78 = 6\,786$,她就不会在96×69和87×78中错误地选择前者——除非她喜欢扔钱取乐。一旦阿莱告知萨维奇他的行为不一致,萨维奇就会改变他在阿莱悖论中的选择。类似地,我从泽克豪森悖论学到的知识是——如果有一颗子弹去一和四颗子弹去一两种情况,我其实并非真的愿意为前者多付钱。

简而言之,只有当条件适合时一般的经济理论和特殊的博弈论才是有用的预测工具。可惜盲信者总试图说服自己理论适用万事万物,这种热情只不过给怀疑论者提供了弹药,让他们有借口把整个理论全盘丢掉。对形形色色的风险决策理论来说,一个不受欢迎的事实是它们在实验室试验中**统统**表现不佳,而期望效用理论的表现至少不比其他理论差。

4.9　综述

现代效用理论以选择行为为基础,假设博弈方的行为是稳定和一致的,则根据他们在一种情境下的选择,我们推断他们在其他情境下将做的选择。在无风险的情况下,我们根据一个博弈方显示出的偏好关系定义了一致性。理性的偏好关系满足传递性和完备性,其中的传递性要求是为了使博弈方免受金钱泵之害。

可以用效用函数 u 描述一个理性的偏好关系 $\preceq$,这意味着:

$$u(a) \leqslant u(b) \quad \Leftrightarrow \quad a \preceq b$$

描述一个偏好关系的效用函数不唯一。

现代效用理论常被错认为维多利亚时代的一个理论,后者把一个尤特尔看作一单位的快乐或痛苦,并试图解释人们的选择动机,现代理论则回避所有的解释性工作。现代效用理论认为，并不是因为 $u(a) > u(b)$，所以爱丽丝才选择 a 而不是 b，正确的表述是：已知 a、b 都可选时爱丽丝总是选 a，所以我们规定 $u(a) > u(b)$。

俄罗斯轮盘赌的例子告诉我们，预测博弈进程时，一般要知道博弈方的风险态度。圣彼得堡悖论说明，假设博弈方仅追求期望收益的最大化是不够的。如果他们在冯·诺依曼—摩根斯坦意义上是一致的，他们将最大化一个冯·诺依曼—摩根斯坦效用函数。一致性公理包括四条内容：

（1）输—赢问题中，博弈方追求获胜概率的最大化。

（2）对每个博弈结果，都存在一个输—赢彩票，使博弈方对两者感觉无差异。

（3）如果复合彩票的某个奖项被替换成另一个等价奖项，理性的博弈方不会介意。

（4）对复合彩票进行计算时，博弈方遵循概率法则。

如果有一个彩票，各奖项是一定数量金钱，则风险规避者宁愿把彩票换成与彩票期望值等额的金钱，这种人有凹的冯·诺依曼—摩根斯坦效用函数。风险爱好者宁愿要彩票，而不是与期望值等额的金钱，他们有凸的冯·诺依曼—摩根斯坦效用函数。风险中性者对彩票和彩票的期望值感觉无差异，这种博弈方的行为方式看上去好似在最大化他们的期望金额。

如果排除严格递增的仿射变换，一个冯·诺依曼—摩根斯坦效用函数就是唯一的。这意味着不同效用尺度的关联方式类似于摄氏温标和华氏温标的关系。我们可以随意选择原点和计量单位，但两者一旦确定，一个效用尺度就完全确定。除非向冯·诺依曼—摩根斯坦理论添加某些内容，否则效用的人际比较是无意义的，因为我们可能是在不同尺度上衡量不同人的效用。

冯·诺依曼—摩根斯坦理论刻画了风险情境下的理性行为，而阿莱悖论和泽克豪森悖论说明，我们的直觉不一定理性。有些经济研究想当然地认为普通人总是追求期望效用的最大化，我们应对这些研究持谨慎态度。

4.10　进一步阅读

Games and Decisions，by Duncan Luce and Howard Raiffa：Wiley，New York，1982. 这是一本比较老的书，但它对冯·诺依曼—摩根斯坦风险理论的阐释是不可超越的。

Notes on the Theory of Choice，by David Kreps：Westview Underground Classics in Economics，Boulder，CO，1988. 解释了很多东西，但没有纠缠于过多数学知识。

Analytics of Uncertainty and Information，by Jack Hirshleifer and John Riley：Cambridge University Press，New York，1992. 这本书是写给应用经济学家的，尽可能地避免了技术细节。

Games and Economic Behavior，by John Von Neumann and Oskar Morgenstern：Princeton University Press，Princeton，NJ，1944. 就在经济学家认定基数效用函数无意义的时候,冯·诺依曼应摩根斯坦之请,花了一下午时间创造出第 4.5.2 节的一致性公理,彻底颠覆了传统观念,见本书附录,这部分内容到今天仍是意义重大的。

4.11   练习

1. 如果潘多拉是理性的,她会首先确定哪些选项可行,然后从可行集中挑选一个最优选项。若可行集的选项数增加同时原选项保持不变,则潘多拉的福利不会变差,试解释原因。下例说明"原选项保持不变"的要求是很关键的：一位体面的女士受邀喝茶,她本打算接受邀请,但有人告诉她去了还能吸毒。她的可行集现在变大了,可她决定拒绝邀请。试问她对原选项的看法发生了怎样的变化?[①]

2. 理性的博弈方之所以会停留在博弈的均衡进程上,是因为他们预测到自己的偏离冲动最终将事与愿违。于是有人认为,防止偏离的手段决定了最后的均衡结果(第 4.5.5 节)。如果有批评者认为我们是用结果证明手段正当(这个说法本身就很古怪),我们可通过修改博弈策略型中的得益(第 2.4 节)来反驳他们,试说明具体做法。

3. 若 $\leq$ 是一理性的偏好关系,证明下面三式中有一个且只有一个成立(第 4.2.2 节)。

$$a < b, a \sim b, a > b$$

4. 证明一致性偏好关系 $\leq$ 满足反身性,即对任意 a, $a \leq a$。

5. 如果 $\leq$ 是一个理性的偏好关系,$\sim$ 是相应的无差异关系,证明 $\sim$ 满足反身性和传递性。证明相应的严格偏好关系 $<$ 只满足传递性。

6. 如果 $\leq$ 是一个理性的偏好关系,证明：

$$a < b \text{ 且 } b \leq c \ \Rightarrow \ a < c$$

7. 本题是康道塞投票悖论(第 18.3.2 节和第 19.3.1 节)。贺瑞斯、鲍里斯和莫里斯诚实地投票,决定谁能进入委员会：爱丽丝、鲍勃或无人。[②]他们的偏好是

$$A <_1 B <_1 N$$
$$B <_2 N <_2 A$$
$$N <_3 A <_3 B$$

则爱丽丝和鲍勃中,谁能赢? 鲍勃和无人中谁能赢? 无人和爱丽丝中谁能赢?

① 构建模型时,只要仔细区分一个博弈方的行动、判断以及结果空间,我们总能排除掉这种明显的矛盾。

② 第 2 章的练习 26 中,三人的投票方式是策略性的。

如果通过以上投票决定一种社会偏好 $\preceq$ ，证明这个偏好不可传递，因此某些情况下民主社会就整体而言是非理性的。

8. 求解第 4.3.1 节中潘多拉的最优化问题，其中效用函数 $U:\Omega\to\mathbb{R}$ 为：

      (a) $U(g,v)=gv$ (b) $U(g,v)=g^2+v^2$

9. 构造两个不同的效用函数，反映以下偏好关系：

$$a\sim b\prec c\prec d\prec e\sim f$$

10. 设潘多拉只能按以下四种组合方式购买杜松子酒和伏特加：$A=(1,2)$，$B=(8,4)$，$C=(2,16)$，$D=(4,8)$，她的购买预算为 24 元。如果杜松子酒和伏特加都是每瓶 2 元，她有时会买 B 有时会买 D；如果杜松子酒每瓶 4 元，伏特加每瓶 1 元，她就总是买 C。试求一个与上述行为一致的效用函数 $U:\{A,B,C,D\}\to\mathbb{R}$。

11. 潘多拉的偏好满足 $\mathscr{L}\prec\mathscr{D}_1\prec\mathscr{D}_2\prec\mathscr{W}$。她认为 $\mathscr{D}_1$ 和 $\mathscr{D}_2$ 等价于某种输—赢彩票，彩票的具体形式见图 4.13。试求一个代表上述偏好的冯·诺依曼—摩根斯坦效用函数。假设潘多拉是理性的，试用该函数判断潘多拉对彩票 **L**，**M**（图 4.13）的偏好。

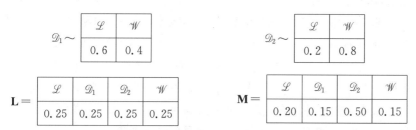

图 4.13 本章练习 1 中的彩票

12. 爱丽丝对金钱的偏好可描述成一个冯·诺依曼—摩根斯坦效用函数 $u:\mathbb{R}_+\to\mathbb{R}$，$u(x)=x^a$。若 $a<0$，她的偏好有何特征？$a=0$ 呢？为什么 $0\leqslant a\leqslant 1$ 时爱丽丝是风险规避的？而 $a\geqslant 1$ 时她是风险爱好的？

如果 $a=2$，爱丽丝就愿意付 1 百万美元参与图 4.12 中的彩票 **K**，试解释原因。彩票 **K** 的确定性等值是多少？

13. 从什么意义上讲，对一个风险爱好者来说，额外的 1 元钱比上 1 元钱更值钱？

14. 假设潘多拉对金钱的效用判断是基于一个冯·诺依曼—摩根斯坦效用函数，它满足 $u(0)=0$，$u(10)=1$。

a. 如果潘多拉是风险规避的，试解释为什么 $u(1)\geqslant 0.1$，$u(9)\geqslant 0.9$。

b. 彩票 **L** 中，奖项 0 元、1 元、9 元、10 元的概率分别为 0.4, 0.3, 0.2, 0.1。彩票 **M** 中，这四个奖项的概率分别为 0.5, 0.2, 0.1, 0.2。若风险规避的潘多拉表现出 **L**$\prec$**M** 的偏好，她就必定违反冯·诺依曼—摩根斯坦理性假设，试解释原因。

15. 鲍勃的舅舅想送彩票给他做生日礼物，假设今、明两天各有一个彩票开

phil

奖,两彩票相互独立,奖金均为 1 000 元。舅舅给鲍勃两种选择:一种是今、明天的彩票各一张,另一种是两张同天的彩票。试证明若鲍勃风险规避,他会选择后者。有趣的是,虽然大部分人申请保险政策时是风险中性的,但对以上问题,他们似乎偏好前者,试根据第 4.5.4 节给出一个可能的解释。

16. 上个问题中,假设鲍勃急需 1 000 元还高利贷,那么在他看来只要钱数超过 1 000 元,具体数字多少是无关紧要的。试证明他必然偏好第二种选择。参考第 3.5.2 节结尾部分提出的建议。

17. 若使用逆推法分析图 4.4 的俄罗斯轮盘赌博弈,发现博弈方 I 将使用策略 AAD,博弈方 II 将使用策略 DDD,则 a,b 的值如何?

18. 版本 1 的俄罗斯轮盘赌只在博弈的开始位置有一个随机行动。我们可通过仔细设计信息集,把所有有随机行动的博弈表达成这种结构的扩展型。试画出第 3 章练习 31 盖尔轮盘赌的扩展型,要求把唯一的随机行动放在博弈的开始位置。为简化问题,假设赌场对轮盘做了手脚,使每次转出的数字之和恒等于 15。

19. 改变第 3 章练习 29 盖尔轮盘赌的规则,要求输家付给赢家一笔钱,数额等于两人分数之差。如果两个博弈方对于金钱都是风险中性的,他们就不在乎选哪个轮盘,试解释原因。

20. 在本章练习 19 的盖尔轮盘赌中,假设博弈方 I 的偏好发生改变,他对金钱的效用判断现在是基于一个冯·诺依曼—摩根斯坦效用函数 ϕ_1:$\mathbb{R} \to \mathbb{R}$,$\phi_1(x) = 3^x$。记事件"博弈方 I 选 i 号轮盘,博弈方 II 选 j 号轮盘"为 (L_i, L_j),试列出 6 个可能事件。对每个事件,求出博弈方 I 的期望收益、期望收益的效用值以及期望效用。博弈方 I 是风险规避者吗? 如果博弈方 II 的冯·诺依曼—摩根斯坦效用函数是 ϕ_2:$\mathbb{R} \to \mathbb{R}$,$\phi_2(x) = -3^{-x}$,他是风险规避者吗?

21. 一个慈善团体打算举办游园会募集资金,但组织者担心天会下雨,下雨概率为 p,于是她考虑向保险公司投保,她的冯·诺依曼—摩根斯坦效用函数 u:$\mathbb{R} \to \mathbb{R}$ 满足 $u'(x) > 0$,$u''(x) < 0$,其中 x 为任意金额数。则她为什么喜欢更多的钱而不是较少的钱? 为什么她是严格风险规避的? 为什么函数 u' 严格递减?

如果游园会那天阳光灿烂,这个慈善团体就能募得 y 元,若下雨就只能募得 z 元,两者之差 $y-z$ 是下雨的潜在损失,若为这个损失完全投保,则保险公司要求的保险费是 M 元。但组织者也可不完全投保,即付出 Mf 元保险费(f 是个比例),出太阳则保险公司赔 0 元,下雨赔 $(y-z)f$ 元(为方便讨论,我们不限制 f 的取值范围,不要求它是符合现实的 $0 \leqslant f \leqslant 1$)。

a. 如果组织者买完全险,保险公司的期望收益是多少? 若 $M = p(y-z)$,则保险合同是公平的,为什么?

b. 为什么组织者选择能最大化 $(1-p)u(y-Mf) + pu(z+(y-z)f-Mf)$ 的 f? 该表达式对 f 求微分后会得到什么?

c. 试证明若保险合同是公平的,则组织者将买完全险($f = 1$)。

d. 试证明若组织者买完全险,则保险合同是公平的。

e. 若保险合同是不公平的，$M > p(y - z)$，试证明组织者必定不买完全险（$f < 1$）。

f. 如果组织者是风险中性的，她对获得公平保险合同的看法如何？

22. 若交换图 4.12 中彩票的两个奖项：0 以及 500 万美元，那么萨维奇之前表达的偏好仍然是非一致的吗？

23. 一支六发式左轮手枪的弹膛里装了两颗子弹，现在拨动转轮，拿枪指着一个富人的头（第 4.8.2 节）。他可以选择扣扳机，也可以花钱请人拿掉两颗子弹，这笔钱能够要到 1 000 万元，价码再高的话富人将认为冒险扣扳机和付钱是无差异的。

a. 如果枪里有四颗子弹，富人将认为冒险扣扳机和花 1 000 万元去掉一颗子弹是无差异的，为什么（假设他在冯·诺依曼—摩根斯坦意义上是理性的）？

b. 如果枪里只有一颗子弹，富人是不会花 1 000 万元去掉一颗子弹的，为什么？

24. 一个蔑视世人的亿万富翁喜欢看人犯错，他打着慈善的名义诱使潘多拉入局，让她从两个装钱的盒子中选择一个，潘多拉选择打开的那个盒子里的钱就归她所有。亿万富翁还告诉潘多拉，不管她打开的盒子里有多少钱，另一个盒子有 2 倍金钱的概率是 $\frac{1}{2}$。因为盒子的外表相同，潘多拉就随机打开一个，里面有 n 元，于是风险中性的潘多拉估计另一个盒子的期望金额为 $\frac{1}{2}\left(\frac{1}{2}n\right) + \frac{1}{2}(2n) = \frac{5n}{4}$，这让她后悔不已，觉得自己选错盒子。她的懊丧表情会让富翁乐不可支，奸笑着离开。

a. 潘多拉能否做出更好的选择？

b. 这个故事的矛盾之处在哪？

c. 潘多拉对另一个盒子期望金额的计算是否正确？

d. 假设亿万富翁向盒子里放钱时，一个盒子放 2^k 元、另一个盒子放 2^{k+1} 元的概率是 $p_k (k = 0, \pm 1, \pm 2, \cdots)$，如果潘多拉了解该情况并打开一个内有 $n = 2^k$ 元的盒子，则她估计另一个盒子有 $2n$ 元的条件概率是 $p_k/(p_k + p_{k-1})$，为什么？另一个盒子有 $\frac{1}{2}n$ 元的条件概率是多少？

e. 继续 d 的问题，如果富翁告诉潘多拉的事是对的，那么概率 p_k 不满足哪条概率法则？

25. 练习 24 中的亿万富翁不喜欢被人称为骗子，于是他设计了另一个选择问题给潘多拉。他先按概率 $p_k > 0 (k = 1, 2, \cdots)$ 选一个自然数 k，然后向一个盒子放 M_k 元、另一个盒子放 M_{k+1} 元，之后潘多拉仍然随机地选盒子。如果富翁所做的安排满足 $M_2 > M_1$ 且：

$$M_{k+1} p_k + M_{k-1} p_{k-1} > M_k p_k + M_k p_{k-1} \quad (k = 1, 2, \cdots)$$

则潘多拉总是会后悔没选另一个盒子，试解释原因。证明 $M_k = 3^k$ 和

$p_k = \left(\dfrac{1}{2}\right)^k$ 满足以上条件。

26. 假设潘多拉不再是上题的风险中性,不管富翁向盒子放什么东西,M_k 都代表她的冯·诺依曼—摩根斯坦效用,则打开一个盒子之前,她的期望效用为:

$$\frac{1}{2}p_1M_1 + \sum_{k=2}^{\infty} \frac{1}{2}(p_k + p_{k-1})M_k$$

如果这个期望效用有限,那么在适当的范围内对上题的不等式求和,就能导出 $M_{k-1} > M_k(k = 2, 3, \cdots)$,试列出推导过程。

以上结论说明,除非潘多拉的期望效用无限,否则富翁的奸计不可能得逞,试说明原因并把这个结论与第 4.5.1 节的圣彼得堡悖论联系起来进行思考。

27. 上题的换盒子悖论中,只要潘多拉的冯·诺依曼—摩根斯坦效用函数是有界的,她就不会中亿万富翁的奸计,试说明原因。她的不会中计又意味着当她在不同的彩票中选择时(彩票奖项是一定数量金钱),她不可能总是风险爱好的,为什么?

28. 潘多拉发现自己身在地狱,但魔鬼许给她一线生机,让她有机会参与一次博彩,两个奖项分别是地狱或天堂的永生。如果潘多拉在第 n 天接受这个彩票,她获得天堂的概率是 $(n-1)/n$,获得地狱的概率是 $1/n$。从哲学角度看,这个问题的矛盾之处在于如果她总是想多等一天从而提高自己到天堂的概率,那么她会永远呆在地狱里。

以上悖论忽略了在地狱多呆一天的负面效用,为什么? 这并不是因为永生包含了无数个日子,所以与地狱的永生相比,这个负面效用可以忽略不计。真正的寓意在于:如果得到某物的**时间**是无关紧要的,那么你**能不能**得到它也是无关紧要的。

29. 帕斯卡曾提出一个著名的打赌模型,试图将概率论思想用于神学。他的模型是这样的:潘多拉可以选择走正道过一种无懈可击的生活(善),也可以沉溺声色犬马(恶)。如果有来生,那么对善的最终奖赏和恶的最终惩罚将远远超过(无穷大)今生发生的任何事,因此帕斯卡认为潘多拉应选择善,即使她对人有来生的概率估计微乎其微。

帕斯卡用的无穷大量级意味着他的模型不能纳入冯·诺依曼—摩根斯坦理论框架,试解释原因。若去掉帕斯卡的**无穷大**假设,试构造一个新模型,证明当有来生的概率不是太小时,选择善是理性的。

当然,潘多拉可能质疑帕斯卡的一个隐含假设,即只有他的宗教信仰可行的假设。试分析另一版本的打赌模型,其中有两种信仰,它们对善、恶的看法截然不同。

▶ 第 5 章

预先计划

5.1 策略型

博弈的树状表示称为博弈的扩展型。扩展型中的一个纯策略指定一个博弈方在每个信息集处的行动;一个纯策略组合为每个博弈方指定一个纯策略。如果博弈方按这些纯策略行事,一个无随机行动博弈的实际进程将完全确定。

如果博弈存在随机行动,一个纯策略组合只能确定一个关于进程的**彩票**,即以各可能进程为奖项的彩票。我们用冯·诺依曼—摩根斯坦效用——我们称之为**得益**——来评估这些彩票,则理性博弈方的行为方式看上去好似在追求期望得益的最大化。

博弈的策略型说明一个博弈方在不同策略组合中的得益情况。两人博弈的策略型通常被画成一张表格。我们已经见过不少博弈的结果表,但除了第 1 章外,其他表中的结果都不是以得益形式给出的,这也无关紧要,既然我们明白了博弈论专家想用得益表达的意思,这些结果表容易改写成策略型。囚徒困境是博弈策略型最著名的例子。

扩展型和策略型的概念都是由冯·诺依曼和摩根斯坦提出的,他们还称后者为**规范型**,因两人认为分析博弈的标准工具是策略型,扩展型只是构建策略型的中间产品和过渡工具。这种想法相当于假设博弈方总能在博弈开始前就把自己牢牢锁定在某个特殊策略上,只要他承诺会选这个策略,就言必行行必果。然而,时代一直在变,自冯·诺依曼和摩根斯坦之后,博弈论专家又从托马斯·谢林那里学到,承诺并不总是可信的,需要小心处理可信承诺的建模问题。本章将在详述博弈策略型的基本知识后,用几个例子说明可信性与承诺的重要性。

5.2 得益函数

一个两人博弈中,如果博弈方 Ⅰ 选择纯策略 s,博弈方 Ⅱ 选择纯策略 t,则除了随机行动外,博弈的过程将完全确定,即策略对 (s, t) 决定了 Ω 上的彩票 $\mathbf{L}$,其中 Ω 是由博弈的所有纯结果构成的集合。当博弈双方使用 (s, t) 时,博弈方 i 的得益

$\pi_i(s, t)$ 就是彩票 $\mathbf{L}$ 的期望效用：

$$\pi_i(s, t) = \mathcal{E}u_i(\mathbf{L})$$

记博弈方 I 的所有纯策略构成的集合为 S，博弈方 II 的所有纯策略构成的集合为 T，则 $\pi_i : S \times T \to \mathbb{R}$ 是博弈方 i 的**得益函数**。

可以用得益函数组合表示一个博弈的策略型或得益表，这是一种代数表示法。例如 $S = \{s_1, s_2\}$，$T = \{t_1, t_2, t_3\}$ 时，得益表有两行三列，若给出以下得益函数：

$$\pi_1(s_i, t_j) = ij$$
$$\pi_2(s_i, t_j) = (i-2)(j-2)$$

则得益表形式完全确定，如图 5.1 所示，其中第 s 行、第 t 列单元格的西南角为博弈方 I 的得益 $\pi_1(s, t)$，东北角为博弈方 II 的得益 $\pi_2(s, t)$。

	t_1	t_2	t_3
s_1	1 1	0 2	−1 3
s_2	0 2	0 4	0 6

图 5.1 一个双值矩阵博弈

两人博弈的策略型有时被称为**双值矩阵博弈**，因为它取决于两个**得益矩阵**。图 5.1 中，博弈方 I 的得益矩阵为 $\boldsymbol{A}$，博弈方 II 的得益矩阵为 $\boldsymbol{B}$：

$$\boldsymbol{A} = \begin{bmatrix} 1 & 2 & 3 \\ 2 & 4 & 6 \end{bmatrix}; \quad \boldsymbol{B} = \begin{bmatrix} 1 & 0 & -1 \\ 0 & 0 & 0 \end{bmatrix}$$

如果博弈有两个以上博弈方，一个博弈方的得益函数就不能表示成两维的矩阵形式，而是 n 个博弈方情况下的 n 维阵列。图 5.2(a) 画了一个三维阵列，表示博弈方 I 在三人博弈中的得益情况，其中三个博弈方各有两个纯策略。我们通常将这种阵列视为矩阵堆栈，于是整个策略型可进一步表示为图 5.2(b)，其中博弈

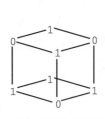

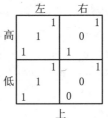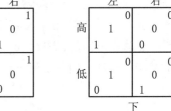

（a）博弈方 I 的得益阵列   （b）

博弈方 I 选择 1 行，博弈方 II 选择 1 列，博弈方 III 选择一个"矩阵"。每个单元格左下角数字表示博弈方 I 的得益，单元格中部数字表示 II 的得益，单元格右上角数字表示 III 的得益。

图 5.2 一个三人博弈的策略型

方Ⅰ选择行,博弈方Ⅱ选择列,博弈方Ⅲ选择"矩阵"。①

得益矩阵早在第 1.3.1 节介绍囚徒困境时已经出现,这里讲的东西除了符号外也没什么新的。然而,如果一个较复杂的博弈是以扩展型给出的,则计算各博弈方的得益函数往往并非易事,下面将举例说明如何进行该项工作。

5.2.1 决斗博弈的一个策略型

回顾第 3.7.2 节的决斗博弈,"半斤"是博弈方Ⅰ,"八两"为博弈方Ⅱ;结果 $\mathscr{W}$ 表示博弈方Ⅱ中枪,$\mathscr{L}$ 表示博弈方Ⅰ中枪。若 $\mathscr{W}$ 以概率 q 发生,$\mathscr{L}$ 以概率 $1-q$ 发生,相应的彩票记为 $\mathbf{q}$。

得益函数。调校两博弈方的冯·诺依曼—摩根斯坦效用函数 $u_i : \{\mathscr{L}, \mathscr{W}\} \rightarrow \mathbb{R}$,使 $u_1(\mathscr{L}) = u_2(\mathscr{W}) = 0$,$u_1(\mathscr{W}) = u_2(\mathscr{L}) = 1$;于是 $\mathscr{E}u_1(\mathbf{q}) = q$,$\mathscr{E}u_2(\mathbf{q}) = 1 - q$。因此两博弈方最大化生存概率的问题可以转化为期望效用最大化问题。注意两博弈方的得益之和恒为 1。

扣扳机之前你离对手多远是决斗当中最要紧的事,一个纯策略如果要求一个博弈方在节点 d 开枪,该策略就记为 d。可记为 d 的策略不止一个,它们的区别在于对 d 后面节点规定了不同行动,但这种区别完全不影响博弈方得益,如果将它们统统纳入决斗博弈的策略型(第 2.4 节),会导致很多相同的行或列,因此我们对 d 不做区分。

如果博弈方Ⅰ使用纯策略 d,博弈方Ⅱ使用纯策略 e,则博弈结果取决于谁先开火。如果 $d > e$,即博弈方Ⅰ先开火,博弈结果为彩票 $p_1(d)$;如果 $d < e$,博弈方Ⅱ先开火,结果为彩票 $1 - p_2(e)$;由此可知博弈方Ⅰ的得益函数为:

$$\pi_1(d, e) = \begin{cases} p_1(d), \text{若 } d > e \\ 1 - p_2(e), \text{若 } d < e \end{cases} \tag{5.1}$$

博弈方Ⅱ的得益函数为 $\pi_2(d, e) = 1 - \pi_1(d, e)$。

得益表。为了明确得益表中的各项数值,我们要对一些参数赋值。令 $D = 1$,且:

$$d_k = 0.1k \quad (k = 0, 1, 2, \cdots, 10)$$

对概率 $p_1(d)$ 和 $p_2(d)$ 的规定如第 3.7.2 节最后一段,即 $p_1(d) = 1 - d$,$p_2(d) = 1 - d^2$;则图 5.3 中 d_2 行和 d_5 列的两项得益分别为:

$$\pi_1(d_2, d_5) = 1 - p_2(d_5) = 1 - (1 - d_5^2) = d_5^2 = (0.5)^2 = 0.25$$
$$\pi_2(d_2, d_5) = 1 - \pi_1(d_2, d_5) = 0.75$$

纳什均衡。对一个两人博弈,如果策略对 (σ, τ) 中的 σ 是对 τ 的最优反应,同

---

① 当人们说到博弈的得益矩阵但没有明确是谁的得益矩阵时,他们通常指的是整个博弈的得益表。

时 τ 也是对 σ 的最优反应，则 $(\sigma,\ \tau)$ 是一个纳什均衡（第 1.6 节）。这也相当于要求不等式：

$$\left.\begin{aligned}\pi_1(\sigma,\ \tau) &\geqslant \pi_1(s,\ \tau)\\ \pi_2(\sigma,\ \tau) &\geqslant \pi_2(\sigma,\ t)\end{aligned}\right\} \tag{5.2}$$

对所有的纯策略 s，t 都成立。第一个不等式说明若博弈方Ⅱ不偏离 τ，则博弈方Ⅰ不可能在 σ 基础上再做改进；第二个不等式说明若博弈方Ⅰ不偏离 σ，则博弈方Ⅱ不可能在 τ 基础上再做改进。

我们用圆圈和方框标出图 5.3 中的最优反应得益（第 1.3.1 节）。例如，d_8 行的 0.8 被框出来四次，表明当博弈方Ⅰ选择策略 d_8 时，d_7，d_5，d_3，d_1 都是博弈方Ⅱ的最优反应。

	$d_9=0.9$	$d_7=0.7$	$d_5=0.5$	$d_3=0.3$	$d_1=0.1$
$d_{10}=1.0$	[1.00] / 0.00	[1.00] / 0.00	[1.00] / 0.00	[1.00] / 0.00	[1.00] / 0.00
$d_8=0.8$	0.19 / (0.81)	[0.80] / 0.20	[0.80] / 0.20	[0.80] / 0.20	[0.80] / 0.20
$d_6=0.6$	0.19 / (0.81)	0.51 / (0.49)	[0.60] / (0.40)	[0.60] / 0.40	[0.60] / 0.40
$d_4=0.4$	0.19 / (0.81)	0.51 / (0.49)	[0.75] / 0.25	0.40 / (0.60)	0.40 / 0.60
$d_2=0.2$	0.19 / (0.81)	0.51 / (0.49)	0.75 / 0.25	[0.91] / 0.09	0.20 / (0.80)
$d_0=0.0$	0.19 / (0.81)	0.51 / (0.49)	0.75 / 0.25	0.91 / 0.09	[0.99] / 0.01

这个得益表严格地说只是一个简化策略型，因为我们没有区分那些要求一个博弈方在距离 d 处开火的纯策略。注意唯一的纳什均衡是 $(d_6,\ d_5)$。

图 5.3　决斗博弈的一个策略型

图中只有一个单元格同时出现圆圈和方框，位于 d_6 行、d_5 列，因此 $(d_6,\ d_5)$ 是唯一的纯策略纳什均衡。①

结论。我们拿这个均衡结果跟第 3 章的分析结论做个比较。第 3.7.2 节曾使用逆推法找出一个子博弈完美均衡，相比之下这里的方法不够精炼，因为它找出了所有的纯策略纳什均衡。我们知道一个子博弈完美均衡必定是纳什均衡，纳什均

① 策略对 $(d_6,\ d_5)$ 是博弈方Ⅰ得益矩阵的鞍点，但只有在严格竞争博弈如决斗中，鞍点才总是对应纳什均衡（第 2.8.2 节）。

衡却未必是子博弈完美的(第 2.9.3 节),然而因本例只有一个纳什均衡,所以殊途同归,用逆推法能找到的子博弈完美均衡必定是它。

第 3.7.3 节的分析发现,如果节点 $d_0, d_1, \cdots, d_n$ 挨得很近,那么理性的博弈方会在距离 $\delta = (\sqrt{5}-1)/2 = 0.62$ 时开枪。而以上版本的决斗博弈中,相邻节点间距离为 0.1,不能说挨得很近,尽管如此,我们的结果是博弈方 I 将在距离 $d_6 = 0.6$ 时开枪,这个值跟 δ 相差无几。

5.2.2 俄罗斯轮盘赌博弈的一个策略型

我们要花点力气才能算出第 4.7 节俄罗斯轮盘赌博弈的得益函数。

图 5.4(a) 是第 4.4.2 节版本 2 俄罗斯轮盘赌的扩展型;图 5.4(b) 是它的一个简化策略型,原本两博弈方各有 8 个纯策略,图中只画了 4 个,因为俄罗斯轮盘赌跟决斗一样都是等待博弈,真正有意义的是一个博弈方打算等多久再临阵退缩,所以仿照决斗博弈的做法,对每个可能的等待时间只定义一个纯策略。

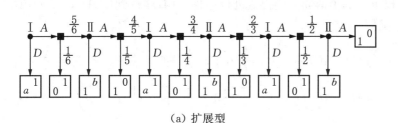

(a) 扩展型

	DDD	ADD	AAD	AAA
DDD	a ; 1	a ; 1	a ; 1	a ; 1
ADD	$\frac{5}{6}$; $\frac{1}{6}+\frac{5}{6}b$	$\frac{1}{6}+\frac{2}{3}a$; $\frac{5}{6}$	$\frac{1}{6}+\frac{2}{3}a$; $\frac{5}{6}$	$\frac{1}{6}+\frac{2}{3}a$; $\frac{5}{6}$
AAD	$\frac{5}{6}$; $\frac{1}{6}+\frac{5}{6}b$	$\frac{2}{3}$; $\frac{1}{3}+\frac{1}{2}b$	$\frac{1}{3}+\frac{1}{3}a$; $\frac{2}{3}$	$\frac{1}{3}+\frac{1}{3}a$; $\frac{2}{3}$
AAA	$\frac{5}{6}$; $\frac{1}{6}+\frac{5}{6}b$	$\frac{2}{3}$; $\frac{1}{3}+\frac{1}{2}b$	$\frac{1}{2}$; $\frac{1}{2}+\frac{1}{6}b$	$\frac{1}{2}$; $\frac{1}{2}$

(b) 简化的策略型

进程	[Ad]	[AaAd]	[AaAaAd]	[AaAaAaD]
得益	$\begin{matrix}1\\0\end{matrix}$	$\begin{matrix}0\\1\end{matrix}$	$\begin{matrix}1\\0\end{matrix}$	$\begin{matrix}b\\1\end{matrix}$
概率	$\dfrac{1}{6}$	$\dfrac{5}{6}\times\dfrac{1}{5}=\dfrac{1}{6}$	$\dfrac{5}{6}\times\dfrac{4}{5}\times\dfrac{1}{4}=\dfrac{1}{6}$	$\dfrac{5}{6}\times\dfrac{4}{5}\times\dfrac{3}{4}=\dfrac{1}{2}$

（c）对应于（AAD、ADD）的彩票

图 5.4　俄罗斯轮盘赌博弈的一个简化策略型

如何确定策略型中各单元格的项？图 5.4(c) 以纯策略对 (AAD, ADD) 为例进行说明。博弈双方如果使用该策略对,可能导致四种博弈进程,究竟哪个进程会出现,取决于机运所做的选择。机运的两种选择分别记为 a、d,表示前进和后退。

如果机运在第一步随机行动选择 a、第三步随机行动选择 d,则进程 $[AaAaAd]$ 发生,发生概率为 $\mathrm{prob}(aad)=\dfrac{5}{6}\times\dfrac{4}{5}\times\dfrac{1}{4}=\dfrac{1}{6}$,这就是子弹在 3 号弹膛的概率。

分别计算四种可能进程的发生概率,确定各进程下博弈方的得益情况,然后以概率为权重对一个博弈方的得益进行加权平均,就得到 (AAD, ADD) 所致彩票的期望效用：

$$\pi_1(AAD,ADD)=0\times\frac{1}{6}+1\times\frac{1}{6}+0\times\frac{1}{6}+1\times\frac{1}{2}=\frac{2}{3}$$

$$\pi_2(AAD,ADD)=1\times\frac{1}{6}+0\times\frac{1}{6}+1\times\frac{1}{6}+b\times\frac{1}{2}=\frac{1}{3}+\frac{1}{2}b$$

5.3　矩阵和向量

为了研究双值矩阵博弈,我们需对矩阵知识有所了解,下面的内容已经绰绰有余。

→ 5.4

5.3.1　矩阵

一个 $m\times n$ 矩阵是由 m 行数和 n 列数构成的矩形阵列,如下例,$\boldsymbol{A}$ 为 2×3 矩阵,$\boldsymbol{B}$ 为 3×2 矩阵。

$$\boldsymbol{A}=\begin{bmatrix}3&0&1\\1&0&-2\end{bmatrix}\quad \boldsymbol{B}=\begin{bmatrix}2&3\\1&0\\0&-3\end{bmatrix}$$

矩阵和数有本质区别,这一点要搞清楚。有时候矩阵的表示符号可能引起混淆,例如,所有项为零的矩阵称为**零矩阵**,不管维数如何通常记为 0,因此分析中碰到 0 时,需要根据上下文判断是零矩阵还是实数 0。

为了强调数和矩阵的区别,有时也将数称为**标量**。本书涉及的标量均为实数,但在其他文本中常常是复数。[①]

转置。交换矩阵 M 的行和列,得到其转置矩阵,记为 $M^\top$ 或 M'。例如:

$$A^\top = \begin{bmatrix} 3 & 1 \\ 0 & 0 \\ 1 & -2 \end{bmatrix} \quad B^\top = \begin{bmatrix} 2 & 1 & 0 \\ 3 & 0 & -3 \end{bmatrix}$$

如果 M 为 1×1 矩阵,则 $M = M^\top$。对任意矩阵 M,等式 $(M^\top)^\top = M$ 恒成立。

如果 M 为 $m \times n$ 矩阵,则 $m = n$ 时 $M = M^\top$ 才有可能成立。行数、列数相等的矩阵称为**方阵**。一个方阵 M 如果满足 $M = M^\top$,称为**对称阵**。例如:

$$I = \begin{bmatrix} 1 & 0 \\ 0 & 1 \end{bmatrix} \quad J = \begin{bmatrix} 1 & 2 & 3 \\ 2 & 1 & 3 \\ 3 & 3 & 1 \end{bmatrix}$$

对称博弈。对称博弈是在所有博弈方看来都一样的博弈。如果一个两人博弈是对称的,博弈方 Ⅰ 的得益矩阵为 A,博弈方 Ⅱ 的得益矩阵为 B,那么 A 的行必定与 B 的列相同,即 B 为 A 的转置,$B = A^\top$(同时也有 $A = B^\top$)。

对称博弈中,虽然各博弈方的得益矩阵一定是方阵,但这些方阵本身未必对称。例如囚徒困境是对称博弈,但得益矩阵不是对称阵。

5.3.2 向量

一个 n 维向量是由 n 个实数 $x_1, x_2, \cdots, x_n$ 构成的有序数组,其中 x_i 称为坐标。所有的实坐标 n 维向量构成的集合记为 $\mathbb{R}^n$:

$$\mathbb{R}^n = \mathbb{R} \times \mathbb{R} \times \cdots \times \mathbb{R}$$

我们习惯把 n 维向量写成 $x = (x_1, x_2, \cdots, x_n)$,但矩阵代数的规范做法是把 x 设成一个 $n \times 1$ 矩阵,称为**列向量**,相应的 $1 \times n$ 向量 $x^\top$ 称为**行向量**,即:

$$x = \begin{bmatrix} x_1 \\ x_2 \\ \vdots \\ x_n \end{bmatrix} \quad x^\top = \begin{bmatrix} x_1 & x_2 & \cdots & x_n \end{bmatrix}$$

如图 5.5(a),集合 $\mathbb{R}^2$ 中的向量 $x = (x_1, x_2)$ 可视为笛卡尔坐标平面上的一点,零向量 $\mathbf{0} = (0, 0)$ 对应坐标系原点。

x 也可以看作一个位移变换,它把碰到的任何东西向右移 x_1 个单位,再向上

[①] 然而,标量必须属于某个实数域,由此可知一个得益表不完全是矩阵,因为一个多维向量空间并非域。

移 x_2 个单位。如图 5.5(b)，我们用一个始于原点、指向位置 x 的箭头表示该位移变换，这种表示法不唯一，事实上任一个长度相同、指向相同的箭头都表示同一个位移变换，因此画图时箭头的位置可随意放置。

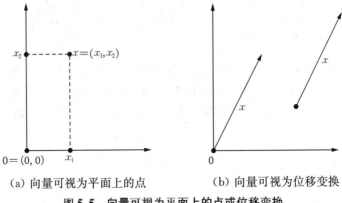

(a) 向量可视为平面上的点　　　　(b) 向量可视为位移变换

图 5.5　向量可视为平面上的点或位移变换

次序向量。 设有两个 n 维向量 $\boldsymbol{x}$、$\boldsymbol{y}$，如果 $x_1 \leqslant y_1$，$x_2 \leqslant y_2$，$\cdots$，$x_n \leqslant y_n$，则两向量关系为 $\boldsymbol{x} \leqslant \boldsymbol{y}$。例如：

$$\begin{bmatrix} 3 \\ 0 \\ -1 \end{bmatrix} \leqslant \begin{bmatrix} 3 \\ 2 \\ 0 \end{bmatrix}$$

$\mathbb{R}^2$ 中，所有满足 $\boldsymbol{x} \leqslant \boldsymbol{y}$ 的向量 $\boldsymbol{x}$ 构成的集合如图 5.6(a)，所有满足 $\boldsymbol{x} \geqslant \boldsymbol{y}$ 的向量 $\boldsymbol{x}$ 构成的集合如图 5.6(b)。这两个集合不能拼成整个 $\mathbb{R}^2$，因为关系 $\leqslant$ 只是一个**偏序**关系，不满足第 4.2.2 节的完备性要求。例如，向量 $(1, 2)$ 和 $(2, 1)$ 之间不存在"$\leqslant$"关系，不管 $(1, 2) \leqslant (2, 1)$ 还是 $(1, 2) \geqslant (2, 1)$ 都不成立。

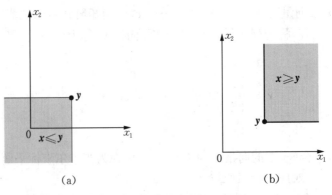

(a)　　　　　　　　　　(b)

图 5.6　$\mathbb{R}^2$ 中的次序向量

有些书用记号 $\boldsymbol{x} < \boldsymbol{y}$ 表示 $x_1 < y_1$，$x_2 < y_2$，$\cdots$，$x_n < y_n$，但本书规定的记号为 $\boldsymbol{x} \ll \boldsymbol{y}$，特别地，我们用 $\boldsymbol{x} < \boldsymbol{y}$ 表示 $\boldsymbol{x} \leqslant \boldsymbol{y}$ 但 $\boldsymbol{x} \neq \boldsymbol{y}$，因此 (5.3) 式的"$\leqslant$"可以换成

"＜"但不能换成"≪"。

5.4 优势(Domination)

爱丽丝并不关心她投资的公司是否赚钱,她在意的是公司股票是否升值,而升值与否依赖于其他人对这只股票的判断,因此像爱丽丝这样的投资者其实是基于她们对其他人判断的判断而进行投资的。如果鲍勃打算从爱丽丝那儿赚一把,他需要考虑自己对"爱丽丝对其他人判断的判断"的判断;如果我们打算从鲍勃身上赚一把,我们需要考虑自己对"鲍勃对爱丽丝对其他人判断的判断的判断"的判断。

约翰・梅纳德・凯恩斯(John Maynard Keynes)曾提出一个著名的选美理论,他以当时报纸上的选美比赛为例,说明这种对判断的判断链条是如何随着一个人的思考深入而越变越长的。一个人若想赢得报纸竞猜,他必须选那个被其他多数人选择的女孩,在博弈论专家看来,这个问题可模型化为一个选数博弈,所有博弈方各选一个数字,赢家是所选数字最接近总平均数三分之二的博弈方。

例如,设博弈方的选数范围限于 $1 \sim 10$ 的整数(包括 1、10),那么傻瓜才选大于 7 的数,因为总平均数最多到 10,而 $\frac{2}{3} \times 10 = 6\frac{2}{3}$,于是选 7 的获胜机会大大高于选 8、9 或 10。按照第 1.7.1 节的说法,策略 8、9、10 弱劣于策略 7。

然而,如果大家都认为傻瓜才选 8、9、10,那么每个人都判断总平均数最多到 7,而 $\frac{2}{3} \times 7 = 4\frac{2}{3}$,于是选大于 5 的数字是不明智的;进一步地,如果大家都认为傻瓜才选大于 5 的数字,那么平均数最多到 5,而 $\frac{2}{3} \times 5 = 3\frac{1}{3}$,于是选大于 3 的数字是不明智的……,按以上思路推下去,我们将发现所有人选 1——倘若每个人都认为每个人都聪明到足以贯通全部推理过程的地步。

这种求解博弈的方法称为劣势策略反复(或依次)消去法。

5.4.1 强优势和弱优势

在第 1.3.1 节研究囚徒困境时我们曾碰到强优势策略,弱优势策略则出现于第 1.7.1 节的电影明星博弈,现在我们需要对这些概念作更严谨的表述。

博弈方 I 在图 5.1 的博弈中有两个纯策略,其中纯策略 s_2 强优于纯策略 s_1。因此**不管**博弈方 II 做何选择,博弈方 I 选 s_2 的结果总是好于 s_1。在代数中:

$$[2 \quad 4 \quad 6] \gg [1 \quad 2 \quad 3]$$

博弈方 II 的三个纯策略都不是强劣势策略,但纯策略 t_1 弱优于纯策略 t_2,因此前者不差于后者,且当博弈方 I 使用某个纯策略(至少存在一个这样的纯策略)时严格优于后者。同样地,t_1 弱优于 t_3,t_2 弱优于 t_3。在代数中:

$$\begin{bmatrix} 1 \\ 0 \end{bmatrix} > \begin{bmatrix} 0 \\ 0 \end{bmatrix}; \begin{bmatrix} 1 \\ 0 \end{bmatrix} > \begin{bmatrix} -1 \\ 0 \end{bmatrix}; \begin{bmatrix} 0 \\ 0 \end{bmatrix} > \begin{bmatrix} -1 \\ 0 \end{bmatrix}$$

如果我们把决斗博弈的所有纯策略画入图 5.3 的策略型(而不是为每个决策点 d 挑一个代表性纯策略),得益表将出现很多相同的行或列,但按照弱优势策略的定义,不能说对应于相同行(列)的两个纯策略有弱优势关系。

如果我们说 s 弱优于 t,那么我们并未排除 s 强优于 t 的可能——就像我们说潘多拉在房中某处,这个说法并未排除她在厨房的可能。这一点往往是理解混乱的源头,因此有必要专门强调:s **优于** t 的说法涵盖两种情况,一种情况下 s 强优于 t,另一种情况下 s 弱优于 t 但不强优于 t。

5.4.2　消去劣势策略

一个理性的博弈方绝不会使用强劣势策略。但也有批评家不认同这一点,他们以囚徒困境为例提出相反意见,照我看这些人并未理解博弈的得益是如何规定的(第 1.4.2 节)。

	t_1	t_2	t_3
s_2	0 2	0 4	0 6

图 5.7　对图 5.1 的化简

既然强劣势策略不被使用,寻找博弈的纳什均衡时,可以先剔除所有对应强劣势策略的行或列。例如图 5.1 的博弈,行 s_1 可以剔掉,剔后剩下一个简单的 1×3 双值矩阵博弈,如图 5.7。

对于这个 1×3 双值矩阵博弈,博弈方 Ⅱ 的三个纯策略都不是劣势策略,甚至也不是弱劣势策略,因此无法进一步剔除和化简,剩下的三个策略对 (s_2, t_1),(s_2, t_2),(s_2, t_3) 都是图 5.1 博弈的纳什均衡。然而,剔除所有劣势策略后并不是只有纳什均衡留下来,本例比较特别而已。

决斗博弈。对图 5.3 的 6×5 双值矩阵博弈使用劣势策略反复消去法,过程如图 5.8 所示,最终原博弈被缩减为单元格 (d_6, d_5),这正是第 5.2.1 节找到的唯一纳什均衡。具体缩减步骤如下:

第一步,删除 d_{10} 行,因为它强劣于 d_8 行。

第二步,在剩下的 5×5 双值矩阵博弈中,删除 d_9 列,因为它强劣于 d_7 列。

第三步,在剩下的 5×4 双值矩阵博弈中,删除 d_8 行,因为它强劣于 d_6 行。

第四步,在剩下的 4×4 双值矩阵博弈中,删除 d_7 列,因为它强劣于 d_5 列。

第五步,在剩下的 4×3 双值矩阵博弈中,删除 d_0 行,因为它强劣于 d_6 行。

现在我们有了一个 3×3 双值矩阵博弈,里面没有强劣势纯策略了;如果想进一步化

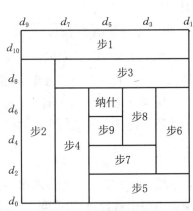

图 5.8　决斗博弈的劣势策略反复消去

简，必须剔除弱劣势策略，但走这条路需要当心。

　　丢掉弱劣势策略并不会损害潘多拉的利益，但不能由此断定她选择一个弱劣势策略就必定是非理性的。有些博弈的纳什均衡恰恰要求博弈方采取弱劣势策略，如果我们碰到任何劣势策略都剔之大吉，就会丢失此类均衡。然而，剔除所有劣势策略后，剩余博弈总能保留原博弈的至少一个纳什均衡。

　　第六步，在第五步剩下的 3×3 双值矩阵博弈中，删除 d_1 列，因为它弱劣于 d_3 列。

　　第七步，在剩下的 3×2 双值矩阵博弈中，删除 d_2 行，因为它强劣于 d_6 行。

　　第八步，在剩下的 2×2 双值矩阵博弈中，删除 d_3 列，因为它弱劣于 d_5 列。

　　第九步，在剩下的 2×1 双值矩阵博弈中，删除 d_4 行，因为它强劣于 d_6 行。

　　漫长的反复剔除最终留下一个 1×1 双值矩阵博弈，只包含原博弈 d_6 行和 d_5 列的那个单元格。由于最终博弈至少会保留原博弈的一个纳什均衡，我们再次证明了 (d_6, d_5) 是决斗博弈的一个纳什均衡。

5.4.3　知识与劣势策略

　　在决斗博弈中，即使对"八两"一无所知，"半斤"也可以断定自己用强劣势策略不是个好主意。这哥俩出名地相互鄙视，但就算对手是头黑猩猩，自己用强劣势策略总归是非理性的。

　　然而，要想让第 5.4.2 节的第二步中对 d_9 列的剔除站得住脚，"八两"必须知道"半斤"是个足够理性的、不会使用强劣势策略 d_{10} 的人；要想让第三步对 d_8 行的剔除站得住脚，"半斤"必须知道"八两"会在第二步剔除 d_9 列，也就是说"半斤"必须知道"八两"知道"半斤"不会非理性地使用强劣势策略；要想让第四步对 d_7 列的剔除站得住脚，"八两"必须知道"半斤"知道"八两"知道"半斤"不会非理性地使用强劣势策略。

　　为了使每一步剔除都合情合理，我们假设所有博弈方都知道没人会非理性地使用强劣势策略，这是博弈的**共同知识**。共同知识一词以前已经提到，以后还会常常出现，此处不做深入讨论，只解释其技术性含义。

　　某事是共同知识，那么每个人知道它；每个人知道每个人知道它；每个人知道每个人知道每个人知道它；如此等等。

　　博弈论专家通常假设一个博弈的规则以及博弈方偏好是共同知识，虽然这并不总是必需的。在分析博弈时，他们还常常假设所有博弈方服从某种理性原则是博弈的共同知识——尽管这一点他们很少明说，而最弱的理性原则就是博弈方不会使用强劣势策略。

5.4.4　逆推法与劣势策略

　　到目前为止逆推法是我们求解博弈的最有力工具，但它严重依赖博弈的扩展型,如果对策略型进行分析,该工具貌似不可用。这是否意味着逆推法的价值有限?答案是否定的,事实上按适当顺序剔除劣势策略就相当于一个逆推过程。

我们以第 2.2.1 节的告密博弈为例进行说明。图 5.9 是图 2.1(a) 和图 2.2(a) 的翻版,只不过将博弈结果换成了相应得益,如果博弈结果为 $\mathscr{W}$,则工厂得益为 1、环保局得益为 0;博弈结果为 $\mathscr{L}$,则工厂得益为 0、环保局得益为 1。

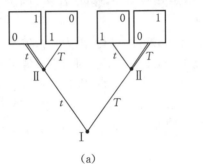

博弈结果是以工厂和环保局的得益形式给出的。将图 5.9(a) 中环保局右决策点的行动 T 标为双线,相当于剔除图 5.9(b) 中的纯策略 tt 和 Tt;将环保局左决策点的行动 t 标为双线,相当于剔除纯策略 Tt 和 TT。

图 5.9　告密博弈的扩展型和策略型

对告密博弈扩展型使用逆推法时,我们一开始处理的是工厂选 T 后博弈到达的决策点,该点属于环保局,其行动 T 应标为双线,这相当于从策略型中剔除环保局的两个纯策略 tt 和 Tt,因为它们意味着工厂选 T 后环保局选了 t;下一步处理工厂选 t 后博弈到达的决策点,环保局在该点的行动 t 应标为双线,这相当于从策略型中剔除环保局的纯策略 Tt 和 TT,因为它们意味着工厂选 t 后环保局选了 T。

现在我们得到一个 2×1 博弈,已无法继续化简。剩下的两个单元格各自对应原博弈的一个子博弈完美均衡,因为环保局使用纯策略 tT 的情况下,工厂无论怎么做,得益均为 0。

5.4.5　关于优势的问题

博弈论专家曾经非常推崇劣势策略反复消去法,甚至到今天仍有人毫无保留地建议用这种方法求解博弈,只要它能导致唯一的策略组合。建议者也承认博弈方使用弱劣势策略未必是非理性的,但他们是从一个特殊角度进行理解——假设博弈规则要求所有博弈方使用各纯策略的概率可以很小但不能为零,如此一来弱劣势策略就变得可能。然而,实验证据和进化理论都提醒我们,剔除弱劣势策略时必须谨慎,以免一些有用的东西被扔掉。劣势策略反复消去法作为一种计算工具的价值是毋庸置疑的,但工具的使用需要审慎。

图 5.10(a) 给出一个例子,其中有两个纳什均衡 (s_1, t_1) 和 (s_2, t_2),后者在剔除弱劣势策略时会被删除。一般而言,被删的均衡不需要关注,因为没有哪个理性

的博弈方想用它们,但此处是个例外,均衡(s_2, t_2)明显好于(s_1, t_1),因两个博弈方都能获得 100 的最大得益。除了纳什均衡可能被删除外,如果我们不注意策略的剔除顺序,甚至子博弈完美均衡也会被删除。[①]

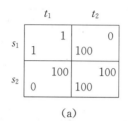

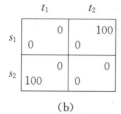

(a)   (b)

图 5.10(a)中帕累托有效的纳什均衡被删除;图 5.10(b)中剔除顺序很关键。

图 5.10　剔除弱劣势策略

如果只剔除强劣势策略,顺序无关紧要,但对于弱劣势策略,这个论断不成立。例如图 5.10(b),倘若先剔除博弈方 I 的弱劣势策略 s_1,所得均衡为(s_2, t_1);若先剔除博弈方 II 的弱劣势策略 t_1,所得均衡为(s_1, t_2),两个均衡截然相反。

5.5　可信性与承诺

到目前为止,我们用逆推法和劣势策略反复消去法处理的基本是严格竞争博弈,两种方法对这类博弈的处理能力是无可质疑的,但对于更一般性的博弈,它们的应用往往遭受质疑。

我们在第 1.7.1 节分析公开计划谬论时曾听到一些批评的声音,下面我们来重温该问题,假设故事发生于第 1.5.2 节的奇境地帽子市场。

→ 5.6

5.5.1　跟随领导者

设爱丽丝和鲍勃是奇境地帽市的两名帽匠,两人各有两种生产水平:爱丽丝造 $a=4$ 或 $a=6$ 顶帽子,鲍勃造 $b=3$ 或 $b=4$ 顶帽子;两人制帽的目的都是利润最大化。

我们简化第 1.5.2 节的成本假设,令爱丽丝和鲍勃的成本函数为线性函数,每生产一顶帽子的单位成本为 3 元,于是 h 顶帽子的总成本为 $3h$ 元。需求方程也简化为 $p+h=15$,其中 p 为每顶帽子的售价,h 为帽子市场的总产量,$h=a+b$。

古诺模型。这个模型的背景为:爱丽丝和鲍勃都已进入市场,他们在不知对方产量决策的情况下独立决定自身产量(第 1.5.2 节)。因此两人之间是一个**同时行动博弈**——即使两个人的决定并非字面意义上的同一时间做出的。

经过第 2.2.1 节抽查博弈的训练后,我们容易画出这个同时行动博弈的扩展

[①] 为了确保子博弈完美均衡不会被删除,应按照逆推法的处理顺序剔除弱劣势策略。

型和策略型,如图5.11,其中图5.11(a)和图5.11(b)是两个等价的扩展型,它们的差别在于哪个博弈方被放在根部,谁在这个位置其实无关紧要,因为名义上第二个行动的博弈方并不知道根部行动的博弈方有何决定,于是两人仿佛是同时行动的。

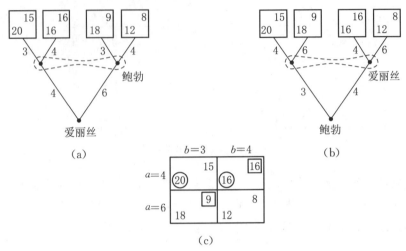

图 5.11　一个同时行动博弈的古诺模型

图 5.11(c)的策略型中,$a=4$,$b=4$(爱丽丝和鲍勃都制造 4 顶帽子)的那个单元格的两项得益均被圈(框)出,表明策略组合(4,4)是博弈的一个纳什均衡,用强劣势策略反复消去法也能得到这个均衡(首先剔除爱丽丝的第二个纯策略,因为它强劣于她的第一个纯策略;然后在剩下的 1×2 博弈中剔除鲍勃的第一个纯策略,因为它强劣于他的第二个纯策略。)

斯塔克伯格模型。斯塔克伯格(Von Stackelberg)开辟了不完全竞争市场的**进入问题**研究,为了捕捉他的思想,我们不再假设博弈开始时爱丽丝和鲍勃都已身处市场。

进一步地,假设爱丽丝是斯塔克伯格模型的领导者,博弈开始时她已率先进入一个新市场,但她无法如垄断者般行事(第 3.7.1 节的隐含假设),因为她知道鲍勃将尾随而来,进入市场与其争利。

我们仍沿用古诺模型的成本函数和需求方程,则分析斯塔克伯格领导者—追随者模型所需的全部数字都包含在图 5.11(c)的得益表中。经济学家通常假设由爱丽丝先选择得益表的一行,鲍勃观察她的行动后,再选择自己最优反应的那一列。

如果爱丽丝生产 4 顶帽子,鲍勃的最优反应是生产 4 顶,使爱丽丝获得 16 元得益;如果爱丽丝生产 6 顶帽子,鲍勃的最优反应是生产 3 顶,使爱丽丝获得 18 元得益;因此爱丽丝将制造 6 顶帽子,作为回应,鲍勃将制造 3 顶帽子。经济学家称策略组合(6,3)为领导者—追随者模型的斯塔克伯格均衡,注意它与同时行动博弈的纳什均衡(4,4)大不相同。

以上分析虽然简单明了,但经济学家的分析方法其实有问题,可能造成认识混乱,其中最主要的问题是图 5.11(c)并非爱丽丝和鲍勃之间进行的领导者—追随者博弈的策略型。

第 2.2.1 节对告密博弈的研究使我们容易画出领导者—追随者博弈的策略型,如图 5.12(b),它是从图 5.12(a)的扩展型得出的。一旦有了策略型,我们就能把对应最优反应的得益标上圆圈或方框,如果一个单元格的两项得益均被标记,这个单元格就对应一个纯策略纳什均衡。领导者—追随者博弈共有两个纳什均衡:(6,43)和(4,44),它们是博弈的两个候选解。

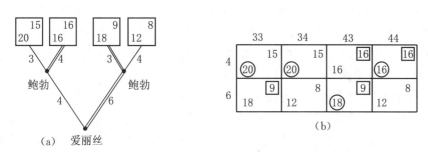

图 5.12　一个领导者—追随者博弈的斯塔克伯格模型

对领导者—追随者博弈的扩展型使用逆推法,我们发现(6,43)是唯一的子博弈完美均衡。模仿逆推法对图 5.12(b)的策略型进行处理也可得到同样结果:首先剔除劣势策略 33、43 和 44,然后在剩余博弈中剔除劣势策略 4。随着剔除的进行纳什均衡(4,44)被删掉,于是经济学家常常忽略它在现实中发生的可能性。

现在我们应该明白,称(6,3)为一个斯塔克伯格均衡属于用词不当,它甚至不是一个策略组合,正确的写法应该是[6,3],表示当博弈双方在领导者—追随者博弈中使用子博弈完美**均衡**(6,43)时所导致的博弈**进程**。

简言之,斯塔克伯格并未对均衡思想添砖加瓦,他的贡献在于他最先研究了一类有趣的双寡头博弈,其中总有一个博弈方比另一个先行动;因此我们不说斯塔克伯格均衡,而是用斯塔克伯格的名字来命名这类领导者—追随者博弈。

5.5.2　不可信的威胁

第 1.7.1 节曾警告大家当心黑巷中逼近你的陌生人。在这一节,陌生人还怀揣炸弹,他威胁说如果不交出钱包就把你们两人都炸上天。他说的怪吓人的,可你的钱包有 100 元钱,你会交出钱包吗?如果你有理由相信陌生人是理性的并且想活,那么他的威胁不可信,就算你不给钱包,他也不会把你们两人炸成碎片,因为他也不想死。

我们可以对斯塔克伯格博弈做同样讨论,看看下一段的说法是否站得住脚,这种说法试图为纳什均衡(4,44)寻找合理性,这正是被劣势策略反复消去法删除的那个均衡。

假设鲍勃不喜欢子博弈完美均衡(6,43)给他带来的 9 元低收益。在爱丽丝决定产量前,鲍勃威胁说如果她生产 6 顶帽子,他就生产 4 顶——即使这个非最优的反应将使他的利润下降到 8 元。如果爱丽丝相信鲍勃,她就不会制作 6 顶帽子,因为这么做只有 12 元利润,于是爱丽丝将生产 4 顶帽子,这相当于面对歹徒威胁时奉上钱包,作为回应鲍勃也将生产 4 顶帽子,最终结果是两人都获得 16 元利润——与子博弈完美均衡相比爱丽丝少赚了 2 元,但鲍勃多赚 7 元。

但是,在博弈论专家看来,爱丽丝不应该相信鲍勃,他的威胁是不可信的。如果爱丽丝果真制作了 6 顶帽子,那么鲍勃在随后的子博弈中可以选择 9 元或者 8 元利润,只要他偏好钱多而不是钱少,他必定选择 9 元——不管他曾经信誓旦旦跟爱丽丝说过什么,因此鲍勃将按子博弈完美均衡(6,43)行事,生产 3 顶帽子。有人可能会说鲍勃没准是商界的人体炸弹,会将威胁付诸行动,但那就意味着鲍勃要么非理性,要么受利润之外的其他因素驱动。

公开计划谬误声称以上支持子博弈完美均衡的论据站不住脚(第 1.7.1 节),它说鲍勃应该让爱丽丝搞清楚,他已经**承诺**了要言出必行。但人们真能保证自己会采取彼时不打算采取的行动?即使他们真能做到,又怎么能让人们相信他们?

博弈论专家并没有不懂装懂,说自己知道这些心理问题的答案,我们的态度在第 1.4.1 节已经说的很清楚,你先说你心目中正确的博弈是什么,然后我们竭尽全力告诉你博弈该如何进行。如果你认为博弈方能够事先承诺,我们就重写博弈规则,把承诺**行为**包括在内。如果你认为博弈方能够火眼金睛地辨识彼此的肢体语言,一个承诺一旦做出即被察觉[1],我们就从新博弈中去掉某些信息集。

至于你让我们分析的博弈有没有现实性,那些玩扑克输得精光或者被不忠情人背叛的人可能持保留态度,一个数学家也会有同样的保留态度——如果你让他在万有引力遵循立方反比律的条件下计算行星轨道。但数学家会给你一个答案,这个答案自然不符合你从望远镜看到的东西,[2]你可能会试着说服数学家修改微分方程理论,因为你想要一个更符合现实的回答,但他的态度是——你应该正确阐述你的问题,而不是让他用错误的方法分析错误的问题,试图挤出一个正确答案。

博弈论专家对他们分析博弈的方式有同样感觉,我们不会受那些批评的影响,因为它们的前提假设是理性博弈方有读心术或者能通过强大的意志力把自己变成非理性机器人。对我们来说前提是由你给定的,如果你想把公开承诺写进博弈规则,那么不管我们内心认为你的假设多不现实,还是会尽力求解博弈。但假装理性已赋予人们超人的力量并不会改变我们分析博弈的方法。

含公开承诺的斯塔克伯格博弈。我们来修改图 5.12(a)的斯塔克伯格博弈,使鲍勃有权选择事先承诺或不承诺,所谓事先承诺,指鲍勃事先决定如果爱丽丝的产

---

① 人们有时候会引用查尔斯·达尔文的《情绪表达》,用来支持以下观点:不自觉的面部肌肉活动会暴露我们的情绪状态,只要你懂得怎么看。事实上达尔文所持的观点恰恰相反,他的书中除一张图片外,其他图片都是维多利亚时代的演员惟妙惟肖地表现各种情绪的模仿秀。

② 如果引力服从立方反比律而不是牛顿的平方反比律,则 Cotes 证明了行星将沿螺旋线坠入太阳。

量为6,自己就生产4顶帽子作为报复。修改非常简单,只需在博弈开始处增加一步,如图5.13(a)。轮到爱丽丝行动时,如果她不知道鲍勃的承诺与否,她的两个决策点就应划入同一个信息集;图中如果省掉这个信息集就相当于假设爱丽丝能读懂鲍勃的肢体语言。

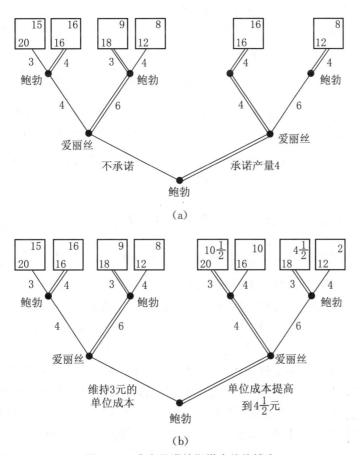

图 5.13　含有承诺的斯塔克伯格博弈

对图5.13(a)的新博弈使用逆推法,结果是意料之中的——鲍勃的威胁会成真,于是爱丽丝将屈服。现在我们该明白了,为什么博弈论会和错误的心理学观点搅在一起,真是一点不稀奇,你把你认为适当的心理特征写进博弈规则,通用的博弈推理过程就给出相对于这种特征的答案。

经济与法律方面的承诺。经济学家认为,客观的外在强制机制在经济背景下要比主观的承诺机制更有意义。

倘若有人把大把银子交给骗子却不换一张合法契约,那他真是蠢极了。订合同的作用在于鲍勃违约时爱丽丝可以起诉。当我们用博弈论研究法律时,你可能想把整个诉讼过程模型化——用适当的随机行动描述因法律先例缺乏引致的不确定性——但当惩罚巨大且有罪方输官司的概率很高时,违约是鲍勃的强劣势策略(第1.7节)。因此在平凡的经济应用中,我们通常回避法律方面考量,将签署合同的行为直接模型化为一种承诺。

即使没有正式的承诺行为（如签合同），博弈方也可通过不可逆的沉没成本获得同样效果。例如，与鲍勃进行斯塔克伯格博弈时，爱丽丝可能进行策略性投资以提高工厂的生产率，这种降低成本的努力会将其有效锁定于制造更多帽子的状态，在某些情况下会将鲍勃完全阻于市场门外，如本章练习 17。

对鲍勃来说，一个不那么明显的策略是**提高**成本，比如解雇一些熟练工人或者破坏一些机器设备，这种策略看上去疯狂，实则不然，我们以图 5.13(b) 的博弈为例进行说明，假设鲍勃可以选择将单位成本维持在 3 元，或者提高到 $4\frac{1}{2}$ 元。

在鲍勃提高成本后，爱丽丝的问题就不再是自己选择高产量时鲍勃超量生产的**威胁**是否可信，而是自己选择低产量时鲍勃减量生产的**承诺**是否可信。对博弈的逆推分析显示，如果鲍勃的单位成本为 $4\frac{1}{2}$ 元，这个承诺就是可信的，但单位成本为 3 时不可信。

通过将单位成本提高到 $4\frac{1}{2}$ 元，鲍勃把博弈推向一个更好的子博弈，其子博弈完美均衡能给他带来 $10\frac{1}{2}$ 元的利润，高于成本为 3 元时的子博弈完美均衡能带来的 9 元利润。当爱丽丝知道鲍勃提高成本后，她只生产 4 顶帽子，于是鲍勃遵守承诺只生产 3 顶帽子。①鲍勃的成本较高的子博弈同样使爱丽丝获益，她的利润从原来的 18 元提高到 20 元。唯一的受害人是消费者，鲍勃提高成本后，总产量从原来的 9 顶降为 7 顶，价格从 6 元提高到 8 元。

我们从第 1.5.1 节已知，一个垄断者可以限制供应从而抬高物价牟利，但当竞争者出现时，她的问题是这些竞争者不会跟她合作以保持低供应。而鲍勃通过提高成本，令爱丽丝确信他也会限制供应，而不仅仅是填补爱丽丝留下的需求缺口，于是爱丽丝和鲍勃虽无公开串谋之嫌，却成功地联合盘剥了消费者。

5.6　活在一个不完美的世界

讨论可信的威胁只是从另一个角度说明我们为何关注第 2.9.3 节研究的子博弈完美均衡。

在图 5.12 的斯塔克伯格博弈中，纳什均衡 (4, 44) 不是子博弈完美均衡，它未能最优地处理爱丽丝产量为 6 所导致的单人子博弈，鲍勃的策略 44 要求他在这个子博弈中选 4，但他的最优行动是 3。尽管策略组合 (4, 44) 不能在这个坏子博弈中引致一个纳什均衡，它仍是整个博弈的纳什均衡，因为 (4, 44) 被使用时博弈不会到达坏的子博弈。爱丽丝将生产 4 顶帽子，于是博弈被推至好的子博弈，鲍勃在

→ 5.7

---

① 要使这个结论成立，鲍勃的单位成本最少为 4 元，如此则爱丽丝制造 4 顶帽子后，鲍勃会对制造 3 顶或 4 顶帽子感觉无差异。

那里的行动计划是最优的。

如果爱丽丝倾向好子博弈的原因是因为她相信鲍勃不会在坏子博弈中寻找最优，那么爱丽丝必定相信某些有违博弈基本假设的东西，即博弈方都理性的基本假设。也就是说，她相信了一个不可信的威胁。如果博弈方都不理会这样的不可信威胁，他们一定会达成一个子博弈完美均衡。

上述支持子博弈完美均衡的论断有赖于每个博弈方都相信所有人**总是会**理性地行动，不管现在或将来。一开始博弈方相信这个是很自然的，但博弈如果推进到某个子博弈，将在这个子博弈中行动的博弈方之前若没犯错，这个子博弈本不该到达，此时其他博弈方还应秉持所有人均理性的看法吗？第 2.9.4 节的象棋博弈曾探讨这个问题，当时构造了一些特殊的子博弈，当一个博弈方系统地一再犯同一错误时这些子博弈才会到达，试问我们是否该利用对手的糟糕表现所暴露出的非理性弱点？

纯粹主义者认为，分析一个子博弈时应忘掉过去的非理性之处，我们一开始掌握的人皆理性的证据应该是如此牢靠，以至于博弈当中的任何糟糕表现都可归结于某些不值一提的外部因素。纯粹主义者的这种处理方法在理论上是无懈可击的，但它限制了博弈论的应用范围，例如，上一节的斯塔克伯格博弈，它不够长，非理性证据无法积累到使博弈方判断发生改变的地步。如果想拓宽博弈论的应用范围，我们别无选择，必须找到某种处理人类错误的方法。

5.6.1 有限理性

赫伯特·西蒙曾引入**满意**（satisficing）概念开辟了有限理性下的经济理论研究，但从那时到现在，这个领域的进展一直暧昧不明。

满意原则。在满意决策模型中，博弈方不会斤斤计较地优化到最后一分钱，一个近似最优的策略只要能让他们满意，他们宁愿选择这个策略而不是花费时间和精力寻找某种更好的东西。

为了在博弈论中体现满意原则，我们引入常数 $\varepsilon > 0$，它衡量了一个近似最优要好到什么程度才能让博弈方满意，此时纳什均衡条件即（5.2）式可修改如下：一个策略对 (σ, τ) 是一个近似纳什均衡，当：

$$\pi_1(\sigma, \tau) \geqslant \pi_1(s, \tau) - \varepsilon$$
$$\pi_2(\sigma, \tau) \geqslant \pi_1(\sigma, t) - \varepsilon$$

对所有的纯策略 s, t 都成立。显然，可视为均衡的策略组合的数目在满意决策框架下会潜在地增加。

我们承认近似均衡思想是粗糙的，但可以用它说明对子博弈完美均衡的过于纯粹的态度有时会导致我们在预测博弈进程时得到不太现实的结论。

5.6.2 抢劫问题

我小时候一直奇怪为什么顾客一付钱店员就交货,而不是拿了钱再翻脸不认账?这个问题其实是不完全契约理论中**抢劫问题**的一个简化版。

例如,爱丽丝打算向鲍勃的工厂投资,条件是鲍勃得更努力地工作。假设鲍勃做了承诺爱丽丝也投了资,此时还有什么力量能保证他遵守承诺?本章练习18把该问题抽象成一个简单的领导者—追随者博弈,就像我们前几节讲过的那些,并通过子博弈完美分析发现:除非存在某种惩罚机制,使鲍勃一旦违约即受惩罚,[①]否则爱丽丝跟鲍勃合作是不明智的,因此两人携手创造经济剩余的机会终将落空。但是,这种抢劫论断如果一直成立,我们又是怎么被进化塑造成社会性动物的?

进化可玩的花样很多,生物学的一个有趣例子是雌雄同体的黑鲈,它们之间的性关系是进化之神暗施手脚的地方。当黑鲈交配时,它们轮流产卵、轮流给对方的卵子授精。然而产卵的代价昂贵,精液则廉价得多,如果一条黑鲈在一场艳遇伊始就满怀信任地产下所有卵子,它可能会被一条雄性变体抢劫,对方给这些卵子授精后就可以悠哉游哉地游去别的鲈鱼那里,无需对共同后代的未来作等量投资。因此交配时两条黑鲈会轮流产下少部分卵子供对方授精,这样一来谁都不需要太相信对方。

从本质上看两名毒品交易犯之间发生的是同样的事。亚当想要夏娃的海洛因,夏娃想要亚当的钱,两人同意用一定数量金钱交易一定数量海洛因。如果两人可在任意时间带着手头儿东西自由离开,试问交易该如何进行?我们假设不存在制裁违约的手段,当然这种手段在现实世界是存在的,比如说暴力威胁,但它往往使事情变得很复杂。

显然亚当交出整笔货款然后坐等货物的行为是不明智的。就像黑鲈一样,两名罪犯必定会安排一系列交易,使钱和海洛因一点点**逐渐**易手。这种交易方式可模型化为罗森塔尔的蜈蚣博弈。

蜈蚣博弈。对于商品组合(d, h),假设亚当和夏娃的得益分别为 $\pi_1(d, h) = 0.01d + h$,$\pi_2(d, h) = d + 0.01h$,其中 d 表示 d 元钱,h 表示 h 格令(重量的最小单位,等于 0.065 克)海洛因。因此亚当想用钱换海洛因,夏娃则反之。交易开始时亚当有 100 元钱,夏娃有 100 格令海洛因,由于两人都不太相信对方,他们同意以 1 为单位轮流交付海洛因或钱,直至整个交易完成。

蜈蚣博弈的得名是因为它的扩展型足足有 100 对脚,如图 $5.14(a)$,其中行动 A 表示遵守交易实现交换,行动 D 表示东西到手就溜之大吉的欺骗行为。

---

① 可能实施的制裁措施包括毁掉鲍勃的商业信誉或者撕毁合同等,但爱丽丝如何让全世界都相信她的钱之所以打了水漂,全是因为鲍勃的人祸而不是商场的天灾?毕竟只有鲍勃自己才清楚他的工作是不是努力。在不完全契约理论中,一个人只能依据那些可公开验证的事订立合同。

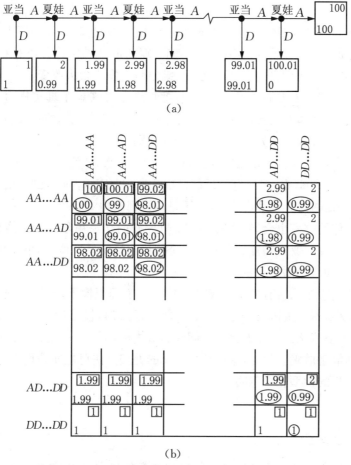

(a)

(b)

表示两名罪犯之间互不信任的交换金钱与海洛因的交易。图5.14(b)中被圈出或框出的得益代表$0.01<\varepsilon<0.02$情况下的近似最优反应。存在多个近似纳什均衡,其中一个是两博弈方打算一直选A。

图5.14 蜈蚣博弈

蜈蚣博弈只有一个子博弈完美均衡,它要求两个博弈方都从头骗到尾,因此根本不会有交易发生。为了说明这一点,我们先看始于最右端节点的子博弈,夏娃要在100.01和100之间做选择,她必定选择前者即行动D;接下来看始于倒数第二个节点的子博弈,因为亚当预测到夏娃下一步会欺骗,所以他面临的选择是99.01或99,他必定选择前者即行动D。由于逆推分析在每个决策点都得到同样结论,所以子博弈完美均衡的结果是两人均打算欺骗到底,使两人最终得益为1,远低于双方都遵守交易情况下的100得益。

图5.14(b)画出了一个简化的策略型,其中的纯策略明确指出一个博弈方在欺骗之前打算遵守交易多少次,从这个得益表依次剔除弱劣势策略就相当于一个逆推过程。我们先剔除的是夏娃的第一列,然后从余下的得益表剔除亚当的第一行,接着从剩余得益表剔除夏娃的第二列,之后是亚当的第二行……剔除过程一直进行下去,直到每个博弈方只剩下一个纯策略,这个纯策略要求博弈方一开始就

欺骗。

蜈蚣博弈的理性博弈方均欺骗的结论会让哲学家想起囚徒困境中理性博弈方不可能合作的事实——但两者有很大不同。蜈蚣博弈的结论并不是稳健的,只要把小小的不完美性引入我们的模型设定,结果就会发生很大改变。

现实世界在很多方面是不完美的,蜈蚣博弈已经考虑了真实货币不可无限分割的不完美性,但真人甚至比真实货币更不完美,比如说他们并不具备无限的认知能力,几乎无法辨别多一分钱和少一分钱的差别。

如果将满意原则引入蜈蚣博弈,则 $0.01 < \varepsilon < 0.02$ 就会引发戏剧性效果。如图 5.14(b),通过圈(框)出所有的近似最优反应,我们一下子得到一堆近似纳什均衡,其中之一是两博弈方都遵守交易,于是两人都获得 100 得益。

交易单位的改变也会导致同样结果,只要新的交易单位小于满意型博弈方警觉和注意的阈值。亚当和夏娃会基于这个阈值选择交易单位,如果元和格令太大,他们可以按分或百分之一格令交易。[1]

如果我们想排除所有的不完美性以建立一个理想模型,不妨令交易单位的量度 $\delta > 0$ 以及知觉的阈值 $\varepsilon > 0$ 都趋于 0,则 $\delta < \varepsilon$ 时,极限状态的一个均衡解是合作;如果有人坚持认为博弈方会寻求彻底的最优化,那么 ε 一定先于 δ 趋于 0,此时唯一的均衡解是欺骗。但是,这种纯粹主义的处理方法可能使我们误入歧途,因为我们最终分析的模型完全忽略了博弈方的心理局限。

5.7 综述

我们在第 1 章讨论囚徒困境时曾提到博弈的扩展型,这个概念在本章开始部分得到了更清晰的解释。一旦博弈方选定他们的纯策略,则除随机行动外,博弈的进程将随之确定,于是一个纯策略组合给每个博弈方分配了一个冯·诺依曼—摩根斯坦期望效用。我们用得益函数描述一个博弈方在各种纯策略组合下的期望效用。

两人博弈的策略型取决于两个得益矩阵。博弈方 k 的得益矩阵中,第 i 行、第 j 列的项就是 k 得益函数的值 $\pi_k(i, j)$。

纳什均衡 (σ, τ) 的特征用得益函数描述就是:不等式

$$\pi_1(\sigma, \tau) \geqslant \pi_1(s, \tau)$$
$$\pi_2(\sigma, \tau) \geqslant \pi_1(\sigma, t)$$

对所有的纯策略 s, t 成立。

优势关系也容易用得益函数表达。例如,博弈方I的纯策略 s_1 强劣于纯策略 s_2,如果:

---

[1] 或许这可以解释为什么最小的货币单位总是小到没人关心多一或少一的地步。

$$\pi_1(s_2, t) > \pi_1(s_1, t)$$

对博弈方Ⅱ的所有纯策略 t 都成立。博弈方Ⅱ的纯策略 t_2 弱劣于纯策略 t_1，如果：

$$\pi_2(s, t_1) \geqslant \pi_2(s, t_2)$$

对博弈方Ⅰ的所有纯策略 s 都成立，且至少有一个 s 使**严格**不等号成立。

强劣势策略反复消去法是一种化简博弈的有效方法，使用时需注意一个基本假设，即博弈方理性是博弈开始时的共同知识。剔除弱劣势策略常会引发问题，因为剔除顺序影响最终结果，可能使纳什均衡中途消失。

斯塔克伯格博弈与古诺博弈有相同的得益结构，但前者有一个博弈方先于他人行动。被经济学家称为斯塔克伯格均衡的东西其实是一个博弈进程，是各方在斯塔克伯格博弈中使用一个子博弈完美均衡所导致的博弈进程。

如果博弈方能在博弈结构之外做出可信的威胁或承诺，逆推法和弱劣势策略反复消去法就不再是可靠的分析工具，此时应修改博弈规则，将可信的威胁或承诺纳入博弈模型，使之成为正式的锁定行为，而不是二话不说地丢弃两种分析方法。

经济学家认为单凭意志力做出的公开承诺是不可靠的，而签订合同或者使投资沉没往往能达到承诺效果。这种承诺的违约成本很高，因此建模时无需考虑博弈方冒险一试的可能性。

对逆推法的一个主要批评是它的合理性有赖于博弈方始终相信对手将来会理性地行动，不管对手过去曾犯下什么非理性错误。为了应对这个批评，我们可以仿照承诺问题的处理方法，将困扰博弈方的非理性怪癖正式纳入博弈规则。有时候，仅仅一点非理性的引入就会大大改变博弈结果，如蜈蚣博弈。

5.8 进一步阅读

Game Theory and Economic Modeling，by David Kreps：Oxford University Press，New York，1990. 听听老爹讲经济建模，你就不会犯大错。

Game Theory for the Social Sciences，by Herve Moulin：New York University Press，New York，1986. 这本书包含了很多发人深省的例子，对劣势策略特别有用。

The Strategy of Conflict，by Thomas Schelling，Harvard University Press，Cambridge，MA，1960. 这本经典著作说明，做出承诺的能力是很有价值的，但不易获得。

Passions with Reason，by Bob Frank：Norton，New York，1988. 一个经济学家对自由处置谬误的解释。

5.9 练习

1. 仿照第5.2.1节，令 $p_1(d) = p_2(d) = 1 - d^2$，构造决斗博弈的一个简化策

略型。(第 3 章练习 20 讨论过这个例子,但这里的 $D = 1$。)在每一列中圈出博弈方 I 的最优得益,每一行中框出博弈方 II 的最优得益,确定一个纳什均衡。当有人开火时两博弈方的距离多远?谁会先开火?

2. 对上一题的简化策略型使用劣势策略反复消去法。为什么结果会是一个子博弈完美均衡?

3. 在如下版本的巡视博弈中,杰瑞可以躲在卧室、书房或厨房,而汤姆只能去其中一处寻找,如果他进对房间,就一定能找到杰瑞,进错房间则杰瑞逃脱。

a. 给博弈的各种可能结果规定合适的冯·诺依曼—摩根斯坦效用。

b. 假设汤姆开始寻找前能看到杰瑞藏在哪儿,试画出博弈树,确定相应的策略型(3×27 双值矩阵博弈,杰瑞为博弈方 I)。

c. 假设杰瑞藏之前能看到汤姆在哪儿找,试画出博弈树,确定相应的策略型(27×3 双值矩阵博弈)。

d. 假设两人决策时都不知道对方的决定,试画出两个等价的博弈树,确定相应的策略型(3×3 双值矩阵博弈)。

e. 找出每种情况下构成纳什均衡的所有纯策略对。

4. 写出以下矩阵的转置阵:

$$\boldsymbol{A} = \begin{bmatrix} 2 & 1 & 3 \\ -1 & 4 & 0 \end{bmatrix}, \boldsymbol{B} = \begin{bmatrix} 1 & 2 \\ 0 & -1 \\ 3 & 0 \end{bmatrix}, \boldsymbol{C} = \begin{bmatrix} 0 & 1 \\ -1 & 2 \\ 0 & 4 \end{bmatrix}$$

5. 对于图 5.15 中的双值矩阵博弈,写出两博弈方的得益矩阵。四个得益矩阵中有哪些是对称的?两个双值矩阵博弈中哪个是对称的?

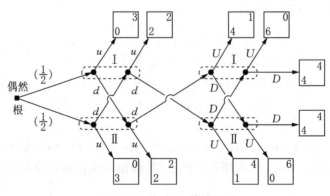

图 5.15 练习 10 的扩展型

6. 对任一 1×2 向量 y,集合:

$$A = \{x : x \geqslant y\} \quad B = \{x : x > y\} \quad C = \{x : x \gg y\}$$

表示 $\mathbb{R}^2$ 中的区域。试画出 $y = (1, 2)$ 时的三个区域。对下面每一个 1×2 向量 z,判断 z 是否是 A,B 或 C 中元素:

(a) $z = (2, 3)$ (b) $z = (2, 2)$ (c) $z = (1, 2)$ (d) $z = (2, 1)$

7. 若基于以下理由可判断纯策略对 (d_6, d_5) 是图 5.3 中双值矩阵博弈的解：

"每个人都知道每个人知道……每个人知道没人会用一个弱劣势策略"

则"每个人(都)知道"这个词最少应出现多少次？记住很多策略常常会在消去过程中被**同时**剔除。

8. 试构造一个完美信息有限博弈，当按适当顺序从其策略型中剔除弱劣势策略时，一个子博弈完美均衡会被剔除。

9. 对于第 5.2.2 节研究的版本 2 俄罗斯轮盘赌博弈，试解释下式由来：

$$\pi_1(ADD, AAD) = \frac{1}{6} + \frac{2}{3}a$$

$$\pi_2(ADD, AAD) = \frac{5}{6}$$

10. 一个博弈的扩展型如图 5.15，试确定其 4×4 的策略型。通过剔除劣势策略，证明 (dU, dU) 是一个纳什均衡。还有其他的纳什均衡吗？

11. Blotto 上校有 5 个连队可以派到 10 个地点，1 个地点最多派 1 个连队，各地点的重要性排序依次为 $1, 2, 3, \cdots, 10$。他的对手 Baloney 伯爵，需要同时对他的 4 个连队做同样的事。一个地点若无人防守，攻击它的指挥官将占领之，若两个指挥官攻击同一个地点，那里就是一个平局。一个指挥官的得益等于他占领地点的序号和减去被敌人占领地点的序号和。如果 Blotto 上校知道一个劣势策略是什么(尽管这不大可能)，他将如何行动？

12. 在第 5.5.1 节的斯塔克伯格模型中，若鲍勃是领导者，爱丽丝为追随者，博弈分析会如何变化？

13. 修改图 5.11、图 5.12 的古诺模型和斯塔克伯格模型，允许博弈方的事先公开承诺，试证明：

a. 如果爱丽丝先于鲍勃做出承诺，则模型退化为一个斯塔克伯格博弈，爱丽丝为领导者。

b. 如果鲍勃先于爱丽丝做出承诺，则模型退化为一个斯塔克伯格博弈，鲍勃为领导者。

c. 如果两个博弈方同时承诺，则模型退化为一个古诺博弈。

	t_1		t_2	
s_1		1		2
	1		1	
s_2		1		3
	2		3	

	t_1		t_2	
s_1		1		1
	1		2	
s_2		1		3
	2		3	

图 5.16　练习 12 的双值矩阵博弈

14. 修改图 5.12 中的爱丽丝为领导者的斯塔克伯格模型，允许爱丽丝和鲍勃有同时做出公开承诺的机会,他们可以对自己的某个纯策略做出公开的事先承诺——只要他们愿意。试解释这个改变为什么会生成一个新博弈,其策略型如图5.17,其中"□"表示博弈方选择不作事先承诺。这个博弈有三个纳什均衡,分别对应于古诺情形、爱丽丝或鲍勃为领导者的斯塔克伯格情形。证明弱劣势策略反复消去后剩下的均衡对应于鲍勃为领导者的斯塔克伯格情形。

	3	4	□
4	20 · · 15	16 · · 16	16 · · 16
6	18 · · 9	12 · · 8	18 · · 9
□	20 · · 15	16 · · 16	18 · · 9

图 5.17　斯塔克伯格博弈中的事先承诺

15. 泽尔腾的连锁店博弈常被用于说明不完全竞争市场中的阻止进入问题。爱丽丝和鲍勃是两个工厂主,他们只关心自己期望利润的最大化。爱丽丝是一个在位垄断者,若无人挑战其特权地位,她将获利 500 万元。鲍勃可以进入爱丽丝所在的市场,但他不进入时利润为 100 万元。若鲍勃决定进入,爱丽丝有以下两种选择:她可以反击,让自己的产品充斥市场从而压低价格;或者默认,与鲍勃平分市场。反击会同时损害两博弈方利益,使双方利润均为 0;平分市场则两方均获利 200 万元。

a. 为什么连锁店博弈的扩展型如图 5.18(a)？证明唯一的子博弈完美均衡是(进入,默许)。

b. 为什么连锁店博弈的策略型如图 5.18(b)？证明存在两个纯策略纳什均衡,弱劣势策略反复消去法会剔除哪个均衡？

c. 爱丽丝警告鲍勃远离市场,否则她将进行反击。为何鲍勃会认为爱丽丝的威胁不可信？对于博弈的两个纳什均衡这意味着什么？

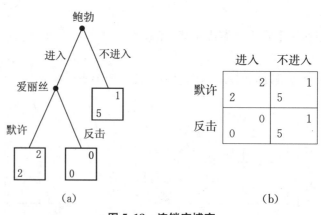

图 5.18　连锁店博弈

16. 在上一题的连锁店博弈中,如果在位垄断者能够让潜在进入者确信她已做出一个不可撤销的承诺,若他进入她必定反击,则事情会如何变化?

a. 写出新的博弈树,将一个承诺步骤加到连锁店博弈之前,爱丽丝在该步的选择是承诺或不承诺。

b. 找出新博弈的子博弈完美均衡。

c. 你能想出爱丽丝作不可撤销承诺的具体方式吗?如果她已做出这种承诺,她该如何让鲍勃确信?

17. 上一题最后一问的要点在于锁定的困难性,现实生活中你很难把自己预先锁定到一个关于未来的有违自身利益的行动计划上,那些认为你理性的人不会相信你的**口说**无凭。然而,有时候某些不可逆行动的效果相当于承诺,如后文所述,这些行动通常成本高昂,于是其他博弈方会明白你不只是说说而已。假设在位的垄断者在其他事还没发生之前就做出决定,进行一项不可逆的投资以扩大产能。新增产能若不利用就会导致 200 万元损失——而动用这个产能的唯一机会是在位者反击进入者之时,此时爱丽丝将获得 100 万元利润(包括扩大产能的费用),高于原来的 0 元利润,因为新增产能降低了她用产品充斥市场的成本;鲍勃的得益情况保持不变。

a. 画出新的博弈树。它将包括 5 个决策点,其中第一个决策点表示爱丽丝的投资决定。如果她投资,由随后的博弈行动所导致的得益就需要修改,因为我们要把新增产能的成本和收益考虑在内。

b. 找出唯一的子博弈完美均衡。

c. 不懂博弈论的人可能会说投资新增一个你自知不会用到的产能是非理性的,这个说法错在哪里?

18. 在抢劫问题的一个简化版本中,爱丽丝有 300 万元,她打算投入到鲍勃的公司。如果她投了资,鲍勃可能勤奋工作也可能偷懒。如果他偷懒,爱丽丝的投资就算打了水漂。如果他勤奋工作,爱丽丝的投资会翻倍,同时鲍勃获得 200 万元利润。但是,除非爱丽丝有某种方式确保鲍勃会勤奋工作,否则她不会投资,试解释原因。

19. 理查德·泽尔腾——创造子博弈完美均衡概念的人——远不是一个纯粹主义者。正是他提出了连锁店悖论,告诉我们预测真实博弈方的未来行动时,总是用子博弈完美均衡可能会犯错。在这个悖论中,爱丽丝是在位的垄断者,她拥有 100 个乡镇的独家商店。鲍勃、莫里斯和其他 98 个博弈方是 100 个乡镇的潜在进入者。如果鲍勃在第一个乡镇开一家店与爱丽丝竞争,爱丽丝必定跟鲍勃进行连锁店博弈。如果莫里斯随后在第二个乡镇开一家店,爱丽丝必定与莫里斯进行连锁店博弈,如此等等。

a. 若潜在的进入者只有爱丽丝和鲍勃两人,画出博弈的扩展型。证明唯一的子博弈完美均衡要求爱丽丝总是默许。

b. 有 100 个潜在进入者时结论是一样的,为什么?

c. 现实世界中,当面对一个有 100 个潜在进入者的博弈时,爱丽丝与前两个进

econ

econ

入者即鲍勃和莫里斯的斗争是至关重要的,为什么? 在连锁店悖论中使用逆推法的合理性有赖于若干必要的假设,现实世界的哪些方面不满足这些假设?

20. 一位古怪的慈善家打算向大学捐款,金额高达 10 亿元。他邀请剑桥和耶鲁的校长去一家旅馆,钱就放在旅馆房间的手提箱内。他告诉客人说他们得进行一场蜈蚣博弈以决定谁的学校获得捐赠。博弈的第一步是由慈善家给博弈方 I (剑桥)一个拿 1 元钱的机会,他可以拒绝或者接受。如果他拒绝,慈善家接下来给博弈方 II (耶鲁)一个拿 10 元钱的机会,如果她拒绝,下面轮到博弈方 I 有一个拿100 元的机会,如此等等。每次拒绝后,慈善家就报一个 10 倍大的钱数给另一个博弈方;倘若拒绝次数达到 9 次,全部 10 亿元将捐给博弈方 II,如果她拒绝,慈善家就把钱拿回银行了。

a. 用逆推法分析这个博弈,找出唯一的子博弈完美均衡。用弱劣势策略反复消去法分析的结果会是什么?

b. 有没有可能剑桥和耶鲁的校长都很确信对方的理性,以至于子博弈完美均衡真会上演? 如果两位校长已拒绝了所有较小的数字,那么当剑桥校长面临一个100 000 元的机会时,你预计他会如何行事?

c. 你会怎么玩这场博弈?

21. 在巴苏提出的旅行者困境博弈中,一家航空公司弄丢了亚当和夏娃的行李,其中各有一件一样的首饰。航空公司担心亚当和夏娃会虚报损失,狮子大张口地要求赔偿,受第 1.10.2 节机制设计理论的启发,公司告诉两人不打官司就赔偿是可以的,条件是他们得遵守以下规则:两人分开,各自报出 1 000 元到 1 000 000 元之间的一个整数,作为首饰的估价。公司取两估价的最小值为每个人的赔偿金额,如果一个博弈方的报价低于另一方,就从高价者那里扣掉 2 元钱奖给低价者。

a. 若只允许两个报价:999 999 元或者 1 000 000 元,试证明这个博弈是囚徒困境的一个版本。

b. 对原题同时行动博弈的策略型使用弱劣势策略反复消去法,我们会得到一个两博弈方报价均为 1 000 元的纳什均衡,试证明这个结论。

c. 如果博弈方对多 1 元钱或者少 1 元钱不敏感,证明存在一个近似纳什均衡,其中两博弈方报价均为 1 000 000 元。

d. 航空公司在机制设计方面的努力有没有成效?

22. 将图 1.3(a)中的囚徒困境博弈重复 n 次,重复博弈的得益为各阶段得益的平均值。如果 n 足够大,证明(鹰,鹰)策略对(第 1.8 节)是重复博弈的一个近似纳什均衡,其中两博弈方在每阶段都选择合作。进一步地,n 作为 ε 的函数,应大到什么程度? (第 5.6.1 节)

23. 罗伯特·路易斯·史蒂文森的"瓶中妖怪"塑造了一只神奇的瓶子,可以帮主人达成任何愿望,然而买下瓶子的人一旦达成愿望,就必须把它以更低价格卖给他人,否则将遭受地狱之苦。

a. 假设最小的货币单位是分,试构造一个博弈,描述瓶子依次出售的过程。

用逆推法分析这个博弈。

b. 如果瓶子要价 1 000 元,你会买吗? 你的回答如果与逆推的结论不一致,试解释你的推理思路。

24. 信息状况改善总是件好事,对不对? 潘多拉在博弈中的所有决策点是个集合,她的信息集就是对该集合的分割。通过将一个或多个信息集进一步划分为互不相容的子集,我们将得到更为精细的分割。更精细的分割意味着潘多拉信息状况的改善,试证明此时她有更多策略。如果潘多拉是唯一博弈方,或者其他博弈方不知道潘多拉有改善信息的可能性,则潘多拉的福利必不会降低,试说明原因。如果其他博弈方知道了潘多拉信息的改善,这个改善反而会损害她的利益,为什么?

25. 以图 5.11(c)中的古诺博弈为例,说明某些情况下博弈方并不希望更好的信息(本章练习 24)。如果鲍勃选择之前知道了爱丽丝的策略,而爱丽丝对此毫不知情,则鲍勃的福利不会改善。然而,如果鲍勃的间谍行为成为共同知识,博弈就变成一个领导者—追随者博弈,他的均衡得益将从 16 降为 9。

▶ 第 6 章

混　合

6.1　混合策略

为了求解一个博弈,我们需将以下形式的推理链条一路推到底:

　　"亚当认为夏娃认为亚当认为夏娃认为……"

但沿这条路走不上两三步,大部分人就会暗自抱怨永无止境的回归与恶性循环。或许早期博弈论专家的最大成绩是让我们免受此厄,我们只需关注纳什均衡就能穿越障碍。任何其他的策略组合都是不稳定的,只要有一个博弈方开始琢磨其他人在想什么,整个组合就摇摇欲坠。

但是,如果博弈没有纯策略纳什均衡呢? 我们讨论猜硬币游戏时曾回答过这个问题(第 2.2.2 节),亚当为了使自己的行为变得不可预测,会使用一个混合策略,以 $\frac{1}{2}$ 的相同概率在正面和反面中随机选择。如果夏娃也使用相同的混合策略,两人将达成一个纳什均衡,均衡中每人都有一半的获胜机会,这是给定一方策略选择的情况下另一方能获得的最好结果。

本章将系统地介绍研究混合策略需用到的工具。为了说明所花的力气物有所值,我们先来看一些比猜硬币游戏更有意义的例子。

6.1.1　密封出价拍卖

→ 6.2

设有一场常规的密封出价拍卖,出价最高者可买到潘多拉的房子。爱丽丝和鲍勃参与拍卖,博弈的共同知识是两人为风险中性者且对房屋的估价均为 100 万美元。试问两人会出多高的价格?

除非爱丽丝和鲍勃串通一气,否则他们在出价上是相互竞争的。不妨用出价金额与 100 万美元的比值来表示出价,则均衡时两人出价一定都是 1。设出价相同时以掷硬币方式决胜负,则爱丽丝获胜就要付 100 万美元给潘多拉,获得 0 元净收益。均衡时不可能出现爱丽丝的出价 x 小于 1 的情况,因为那样鲍勃就会出一个比 x 稍大的价格 y。

如果将参加拍卖的成本 c 放入博弈模型,事情会发生很大变化。这种成本包括评估房屋质量、安排融资事宜等方面支出,也可能是潘多拉设置的拍卖入场费。另一个影响博弈的因素是当爱丽丝和鲍勃进行密封出价时,他们是否知道对手的进入情况(已参加拍卖或未参加拍卖),我们假设他们不知情。

如果爱丽丝和鲍勃肯定参加拍卖,他们的出价一定是 1,理由同上;但此时胜者的净收益为 $-c$,因此根本不参加拍卖反而更好。另一方面,如果爱丽丝肯定不参加拍卖,鲍勃的最优反应是参加拍卖且出价为 0(假设规则不允许出价为负),但是,如果鲍勃使用这个策略,爱丽丝的最优反应是参加拍卖且出价稍大于 0。

因此,爱丽丝和鲍勃之间的这场博弈不可能有纯策略纳什均衡。下面我们将证明,博弈存在一个**混合**策略纳什均衡,两博弈方使用相同的混合策略。在这个均衡中,每个博弈方要让对手不停猜测自己参加还是不参加拍卖。设一个博弈方不参加拍卖的概率为 p。

如果爱丽丝的随机装置告诉她参加拍卖,她该如何出价? 首先,不管发生什么事情,出价高于 $1-c$ 总是得不偿失的,还不如一开始就不参加拍卖;其次,出价恰好等于 $1-c$ 也没有什么好处,因为她的净收益恒为 0,但在鲍勃不参加拍卖的情况下,她本可出价为 0 从而获得正收益;最后,出价 $x < 1-c$ 也不对,因为鲍勃如果参加了拍卖,他只需报一个比 x 稍大的价格 y 就能赢得拍卖。因此,爱丽丝和鲍勃只在参加或不参加上做文章是不够的,还需做进一步混合。

假设鲍勃使用以下混合策略:以概率 $p = c$ 不参加拍卖,如果参加就随机选择一个出价 $y \leqslant 1-c$,使得:

$$\text{prob}(y \leqslant x) = \frac{cx}{(1-c)(1-x)}$$

则爱丽丝的最优反应是什么?

显然,爱丽丝不参加拍卖的净收益为 0;参加拍卖且出价 $x \leqslant 1-c$ 的期望净收益为:

$$-c + p(1-x) + (1-p)(1-x)\text{prob}(y \leqslant x) = -c + c(1-x) + cx = 0$$

由于两种情况下爱丽丝的收益都等于 0,而其他纯策略多多少少会带来损失,因此这两个纯策略——不参加或参加后出价 $x \leqslant 1-c$——都是爱丽丝对鲍勃混合策略的最优反应。

如果爱丽丝的所有最优反应只能带来零收益,在它们当中随机选择的收益也是零。因此一个混合策略如果只对这些最优反应分配了正概率,它必定是爱丽丝的一个最优反应。特别地,如果这个混合策略恰与鲍勃相同,那么爱丽丝对鲍勃的策略选择做出了最优反应,又因为爱丽丝和鲍勃的地位完全对等,所以鲍勃也在对爱丽丝的策略选择做最优反应,这样我们就得到一个混合策略纳什均衡。

因此,有参加成本时爱丽丝和鲍勃要考虑的东西更多,但结局都一样,潘多拉将攫取所有的剩余价值,使两人净收益为零。[1]

---

[1] 对这个问题的更多讨论见本章练习 4~练习 7。

求混合策略均衡。上例中鲍勃的那个混合策略是怎么来的？对这个问题的回答是求解一般混合策略均衡的关键所在。

我们要找的是一个对称混合策略均衡，爱丽丝和鲍勃随机地选择不参加拍卖或参加后报 0 到 $1-c$ 之间的任一价格。为了求出鲍勃不参加拍卖的概率 p，以及参加后其出价低于 x 的概率 $Q(x)$，我们利用以下事实：未知数 p、$Q(x)$ 的取值应使得爱丽丝对不参加拍卖和参加后出价 $x \leqslant 1-c$ 感觉无差异。

因为爱丽丝不参加拍卖的收益为零，所以无差异关系可用下式表达：

$$0 = -c + p(1-x) + (1-p)Q(x)(1-x) \tag{6.1}$$

求解该方程时，首先令 $x=0$，因 $Q(0)=0$，① 所以 $p=c$。将 $p=c$ 代入(6.1)式，解出 $Q(x) = \dfrac{cx}{(1-c)(1-x)}$。

为什么爱丽丝必定对不参加拍卖和参加后出价 $x \leqslant 1-c$ 感觉无差异？原因很简单，如果她偏好一个纯策略甚于另一个，两者的混合就不可能最优。与其拿着两个纯策略**一会**用用这个**一会**用用那个，还不如**一直**用她偏好的那个纯策略，结果会更好。

6.2 反应曲线

经济学家提出的反应曲线是分析纳什均衡的一种有用工具。在这一小节，我们先以纯策略为背景说明反应曲线的作用，然后推广至混合策略。

6.2.1 纯策略反应曲线

在两人博弈的策略型中，每当我们圈出博弈方 I 的得益以表示其最优反应时，我们就在构造他的纯策略反应曲线，用方框框出博弈方 II 的最优反应得益就相当于构建 II 的反应曲线。如果一个单元格的两项得益均被圈（框）出，就出现一个纳什均衡；由此可知，两博弈方纯策略反应曲线的交点就是纯策略纳什均衡的发生处。这个结论在第 6.2.2 节还将进一步推广到混合策略。

图 6.1(a)是我们在第 5 章练习 14 中碰到的博弈，它的纯反应曲线要比一般情形复杂得多。

图 6.1(b)和图 6.1(c)是两博弈方反应曲线的雏形，更合适的称呼是**最优对应**（best-reply correspondences）。如果我们只限于讨论纯策略，则博弈方 I 的最优对应为 $R_1 : T \to S$，博弈方 II 的最优对应为 $R_2 : S \to T$，具体定义如下：②

① 我们始终假定鲍勃的概率分布分配给任一特定出价 y 的概率为 0，如果不为 0，就称分布在 y 处有一个原子(atom)。对于我们讨论的博弈，一个对称均衡不允许 $y < 1$ 处有原子存在，因为另一个博弈方可以把原子从 y 处移到一个稍大的出价 z 处，使自己的处境变好。特别地，$y = 0$ 处不存在原子，所以 $Q(0) = 0$。

② 我们不把 R_1 称为函数，因为 $R_1(s)$ 不是 T 中的一个元素，而是 T 的一个子集。

$$R_1(t_1) = \{s_1, s_3\}, \quad R_2(s_1) = \{t_2, t_3\}$$
$$R_1(t_2) = \{s_1, s_3\}, \quad R_2(s_2) = \{t_1, t_3\}$$
$$R_1(t_3) = \{s_2, s_3\}, \quad R_2(s_3) = \{t_2\}$$

例如，$R_1(t_1) = \{s_1, s_3\}$ 是博弈方 I 对博弈方 II 的策略 t_1 的最优反应集;同样地，$R_2(s_3) = \{t_2\}$ 是博弈方 II 对博弈方 I 的策略 s_3 的最优反应集[1]。

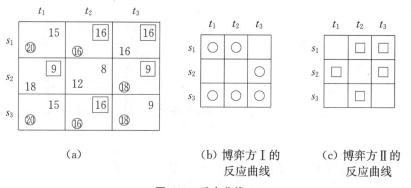

| (a) | (b) 博弈方 I 的反应曲线 | (c) 博弈方 II 的反应曲线 |

图 6.1　反应曲线

一个策略对 (s, t) 是纳什均衡，当且仅当 s 属于策略 t 的最优反应集 $R_1(t)$，同时 t 属于策略 s 的最优反应集 $R_2(s)$。但是我们说，$s \in R_1(t)$ 和 $t \in R_2(s)$ 只意味着 (s, t) 是反应曲线的一个交点，例如图 6.1(a) 的博弈有三个纯策略纳什均衡，因为它的反应曲线有三处相交。

6.2.2　混合策略反应曲线

图 6.2(a) 是第 2.2 节抽查博弈的一个策略型，每个博弈结果已经被赋予具体得益值，显然两条纯策略反应曲线根本不相交。由于该博弈与猜硬币游戏本质相同，它只有混合均衡也是意料之中的。为了找出混合均衡，先看博弈的混合策略反应曲线，它们在 2×2 情形下还比较好画。

记博弈方 I 的混合策略为向量 $(1-p, p)$，其中 $1-p$ 是他用纯策略 s_1 的概率，p 是用 s_2 的概率，于是博弈方 I 的每个混合策略就对应区间 $[0, 1]$ 的一个实数 p。同样地，博弈方 II 的每个混合策略对应区间 $[0, 1]$ 的一个实数 q。因此，一个混合策略对相当于图 6.2(b) 正方形中的点 (p, q)。

我们要找到博弈方 I 对博弈方 II 混合策略 q（即 $(1-q, q)$，简写为 q）的最优反应。因为最优反应至少有一个是纯策略，所以我们先计算博弈方 I 用第 i 个纯策略的期望得益 $E_i(q)$：

---

[1] 尽管我们常常忽略一些数学上的细微区别，但单点集 $\{t_2\}$ 跟它的单元素 t_2 不是一回事。

$$E_1(q) = 0(1-q) + q = q$$
$$E_2(q) = (1-q) + 0q = 1-q$$

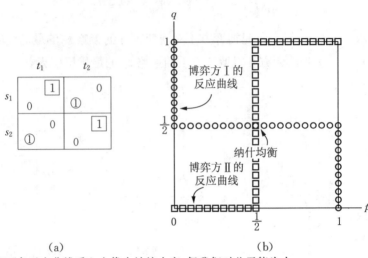

(a) 　　　　　　　　(b)

很不幸两条反应曲线看上去像个纳粹十字,但我们对此无能为力。

图 6.2　混合策略反应曲线

显然,$q > \dfrac{1}{2}$ 时博弈方 I 的第一个纯策略更好,$q < \dfrac{1}{2}$ 时第二个纯策略更好。

如果 $q = \dfrac{1}{2}$ 呢?那么博弈方 I 的两个纯策略都是最优反应,它们的任意混合也是最优反应。这里我们用到了第 6.1.1 节提出的一般性原则:

> 一个混合策略是最优反应,当且仅当它分配正概率的每个纯策略都是最优反应。因此,一个通过混合策略实现最优的博弈方必定对混合策略中概率为正的那些纯策略感觉**无差异**。

如果策略 t 是比策略 s 更好的反应,就不会有人以正的概率使用策略 s。但凡让你用 s 的地方,只需换成 t 就能获得更好的结果。

简言之,$q < \dfrac{1}{2}$ 时博弈方 I 的最优反应是他的第二个纯策略,对应 $p = 1$;$q > \dfrac{1}{2}$ 时博弈方 I 的最优反应是他的第一个纯策略,对应 $p = 0$;$q = \dfrac{1}{2}$ 时任一混合策略都是最优反应。因此,博弈方 I 的最优对应为 $R_1 : [0, 1] \to [0, 1]$,

$$R_1(q) = \begin{cases} \{1\}, & 若 0 \leqslant q < \dfrac{1}{2} \\[2mm] [0, 1], & 若 q = \dfrac{1}{2} \\[2mm] \{0\}, & 若 \dfrac{1}{2} < q \leqslant 1 \end{cases}$$

代表这一对应的反应曲线在图 6.2(b) 中以圆圈表示。例如,博弈方 I 对 $q = \dfrac{1}{4}$ 的

最优反应是水平线 $q = \frac{1}{4}$ 与博弈方 I 反应曲线交点的横坐标。因为这个交点唯一,所以 $p = 1$ 是对 $q = \frac{1}{4}$ 的唯一最优反应。

图 6.2(b) 中博弈方 II 的反应曲线以小方块表示。例如,博弈方 II 对 $p = \frac{3}{4}$ 的最优反应是垂直线 $p = \frac{3}{4}$ 与博弈方 II 反应曲线交点的纵坐标,只有 $q = 1$ 满足要求,所以 $q = 1$ 是对 $p = \frac{3}{4}$ 的唯一最优反应。

为了验证博弈方 II 的反应曲线画得没错,我们先看博弈方 I 用混合策略 p 时,博弈方 II 使用第 i 个纯策略的期望得益 $F_i(p)$:

$$F_1(p) = (1-p) + 0p = 1 - p$$
$$F_2(p) = 0(1-p) + p = p$$

显然,$p > \frac{1}{2}$ 时博弈方 II 的第二个纯策略最优,$p < \frac{1}{2}$ 时第一个纯策略最优;如果 $p = \frac{1}{2}$,博弈方 II 的任一混合策略都是最优反应。因此,博弈方 II 的最优对应为 $R_2 : [0, 1] \rightarrow [0, 1]$,

$$R_2(p) = \begin{cases} \{0\}, & \text{若 } 0 \leqslant p < \frac{1}{2} \\ [0, 1], & \text{若 } p = \frac{1}{2} \\ \{1\}, & \text{若 } \frac{1}{2} < p \leqslant 1 \end{cases}$$

图 6.2(b) 显示两条反应曲线只有一个交点 $(\tilde{p}, \tilde{q}) = \left(\frac{1}{2}, \frac{1}{2} \right)$,这就是博弈唯一的纳什均衡,与第 2.2.1 节的结论一样,每个博弈方将以 $\frac{1}{2}$ 的相同概率在今天和明天中随机选择,令对手无从预测。

6.2.3 鹰还是鸽?

图 6.3(a) 中的鹰鸽博弈使我们有机会再次练习混合策略纳什均衡的计算技巧。

有两只同种的鸟正在争抢某稀缺资源,该资源能使拥有者的进化适应度增加 $V > 0$。两鸟之间的博弈是同时行动博弈,每个博弈方都有“鹰”(攻击型)、“鸽”(和平型)两种策略。如果双方都使用和平策略,则资源平分;如果和平策略遇上攻击策略,则使用攻击策略者获得资源;如果双方都使用攻击策略,就有一场恶战,每一方打赢的概率为 $\frac{1}{2}$,赢者获得资源,但因为有受伤的风险所以战争是有成本的,我们用 $C > 0$ 表示战斗成本,则战斗鸟的期望得益(即进化适应度)为 $W = \frac{1}{2}V - C$。

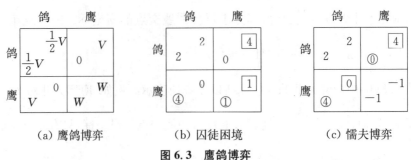

图 6.3　鹰鸽博弈

这种博弈跟司机玩的懦夫游戏很像,他们迎面开车,越驶越近,而街道太窄,除非有人减速让行,否则不能同时通过。第 1 章练习 7 曾说明,$W>0$ 时鹰鸽博弈退化为囚徒困境博弈;$W<0$ 时退化为懦夫博弈。图 6.3(b) 和图 6.3(c) 的囚徒困境博弈和懦夫博弈是取 $V=4$,$W=1$ 以及 $V=4$,$W=-1$ 后得到的,博弈的纯反应曲线用圆圈或方框表示。

易知(鹰,鹰)是囚徒困境博弈的一个纳什均衡。懦夫博弈有两个纯策略纳什均衡:(鹰,鸽)以及(鸽,鹰),如果考虑混合策略的话可能有更多纳什均衡。事实上,因为博弈总有奇数个纳什均衡,我们应该特别关注懦夫博弈的混合策略均衡。对于囚徒困境来说不会有其他均衡了,因为鸽强劣于鹰,理性的博弈方绝不会以正的概率选鸽,所以不存在混合策略均衡。

图 6.4 画出了囚徒困境博弈和懦夫博弈的混合策略反应曲线。在囚徒困境博弈中,两条反应曲线只有一个交点 $(\tilde{p},\tilde{q})=(1,1)$,证明两博弈方使用鹰策略是唯一的纳什均衡。在懦夫博弈中,反应曲线有三个交点:$(\tilde{p},\tilde{q})=(0,1)$,$(\tilde{p},\tilde{q})=(1,0)$ 以及 $(\tilde{p},\tilde{q})=\left(\dfrac{2}{3},\dfrac{2}{3}\right)$,前两个是我们已知的纯策略均衡,第三个是混合策略纳什均衡,两博弈方都以 $\dfrac{1}{3}$ 的概率使用鸽策略、以 $\dfrac{2}{3}$ 的概率使用鹰策略。

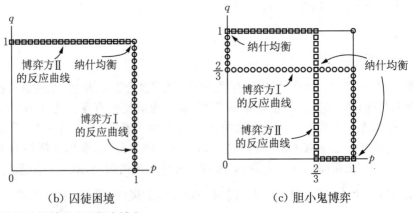

图中胆小鬼博弈也即懦夫博弈。

图 6.4　囚徒困境博弈以及懦夫博弈的反应曲线

懦夫博弈中，当博弈方Ⅱ用 $\tilde{q} = \dfrac{2}{3}$ 时，博弈方Ⅰ的反应曲线是水平的，这表明博弈方Ⅰ的任一混合策略都是最优反应，他对构成混合策略的那些纯策略感觉**无差异**；当博弈方Ⅰ用 $\tilde{p} = \dfrac{2}{3}$ 时，博弈方Ⅱ的反应曲线是垂直的，说明博弈方Ⅱ对构成混合策略的那些纯策略感觉**无差异**。

不画反应曲线也可以求出懦夫博弈的混合纳什均衡。我们需确定 $\tilde{p}$，使博弈方Ⅱ对鹰和鸽感觉无差异；确定 $\tilde{q}$，使博弈方Ⅰ对鹰和鸽感觉无差异，由此得到以下方程：

$$2(1-\tilde{p}) + 0\tilde{p} = 4(1-\tilde{p}) + (-1)\tilde{p}$$
$$2(1-\tilde{q}) + 0\tilde{q} = 4(1-\tilde{q}) + (-1)\tilde{q}$$

方程组有唯一解 $\tilde{p} = \tilde{q} = \dfrac{2}{3}$。

多态均衡。懦夫博弈已经有两个纯策略纳什均衡了，谁还会关心混合均衡？生物学家关心，因为混合均衡是博弈唯一的**对称**均衡。

纯均衡（鸽，鹰）不对称，因为行博弈方和列博弈方使用了不同策略。但动物怎知谁选了行谁又选了列？有时候大自然会提供鉴别方法——比如博弈方Ⅰ已占据一块领地，而博弈方Ⅱ是入侵者，意图接管。但是，当大自然对动物进行随机配对时，只有对称均衡才是有意义的，因为对称均衡是唯一的无需知道谁是博弈方Ⅰ谁又是博弈方Ⅱ就能实现的均衡。

动物怎么使用混合策略呢？它们又不会掷骰子或者洗纸牌。事实上，要想使一个混合策略在生物学上有意义，根本不需要单个的动物进行随机化。

设一个种群内有两种基因型，一种使用鸽策略，另一种使用鹰策略，如果鹰类型的数目是鸽类型的两倍，则随机选出的一个个体用鸽的概率为 $\dfrac{1}{3}$、用鹰的概率为 $\dfrac{2}{3}$，不妨将这个个体视为一个使用混合策略 $\left(\dfrac{1}{3}, \dfrac{2}{3}\right)$ 的博弈方。因为这个混合策略是懦夫博弈的最优策略，所以对鹰和鸽都没有进化压力，两种基因型都能生存。

探讨生物学问题时，有时应将注意力集中于整个种群内部的大博弈上，种群有多少只动物，这个大博弈就有多少个博弈方，每个博弈方要么用鸽要么用鹰；然后由一个随机行动随机选出两个博弈方进行懦夫博弈，未被选中的博弈方收益为 0。

我们的分析表明种群博弈有一个**纯**策略纳什均衡，对一个策略组合来说，只有其中有 $\dfrac{1}{3}$ 的博弈方选择鸽、$\dfrac{2}{3}$ 的博弈方选择鹰，它就满足这个纯均衡要求。这种均衡在自然界普遍存在，生物学家称之为多态均衡，因为两种或更多类型的行为同时并存。种群博弈的一个多态均衡对应懦夫博弈的一个对称混合均衡。

6.3 对混合策略的解释

第2.2.2节之所以介绍混合策略,是当你面对一个擅长探测你行为模式的对手时,混合策略将使之无从预测。但批评家们有话要说,他们认为以随机方式做重大决策的人必定是疯了。以打仗为例,一个好的指挥官必须让敌人猜不透,但如果冒险以失败告终并有军事法庭伺候,一个不想进疯人院的指挥官就不会笨到承认自己的进攻决定是靠掷硬币得出的。

然而,即使人们通常反对以掷骰子方式决定重要事宜,他们也断不会盲目遵守某些固定规则,这些规则会使他们在博弈中的行为变得容易预测。如第1.6节所述,进化的力量——包括社会与生物的——倾向于消除这种愚蠢行径,最后的结果就是人们达成一个混合均衡,但他们对此并不自知。混合均衡能发生的关键在于你的行为要有不可预测性,至于你是否真地随机选择反倒无关紧要。

例如,亚当和夏娃玩猜硬币游戏,假设我们拿走夏娃的随机装置,现在她注定会输么?当然不!只要她莎士比亚看得熟!她可以把硬币的正、反面与《泰特斯·安特洛尼克斯》中一场对话的奇、偶数挂钩,比如有奇数段对话就选硬币正面。当然了,亚当原则上可以猜到她的心思——但可能性有多大?要想猜到夏娃的心思,除非亚当能钻到夏娃心里去,这怎么可能。事实上,连我自己都不知道为何从莎士比亚的所有戏剧中选了《泰特斯·安特洛尼克斯》作例子,为什么不是《爱的徒劳》或《驯悍记》?若想在这件事上看透我,亚当非得比我自己还了解我的心思。

对我们讲的这个故事来说,一个混合均衡根本不需要包含明确的随机化。机运是从很多不同类型的人中选择博弈方Ⅰ的,有些类型靠《泰特斯·安特洛尼克斯》选正、反面,不那么书卷气的家伙可能更喜欢用密尔沃基去年九月的抢劫发生率或者窗玻璃上的雨点数。

不管他们的理由为何,博弈方Ⅰ所在的群体总有一部分人选正面,另一部分人选反面,博弈方Ⅱ所在的群体也是如此。如果第一个群体的正面、反面人数之比与第二个群体相同,我们就得到一个群体博弈的多态均衡,每一个可能被机运挑出来玩猜硬币游戏的人都是该博弈的博弈方。即使两个群体的所有个体都已下定决心,按一种完全确定的方式选择正面或反面,但对旁观游戏的人来说,他们用的仿佛就是混合均衡。

猜硬币游戏的混合均衡可以解释为一个大型群体博弈的纯策略多态均衡(第15.6节),这被博弈论专家称为**纯化**。于是混合均衡中的策略不再意味着一个理性的博弈方玩猜硬币游戏时该**做**什么,而是告诉我们博弈方**相信**什么,即博弈方对两个群体中类型分布的判断。因此,一个纯化的均衡是判断的均衡,而不是行动的均衡。

6.4 得益与混合策略

迄今为止,本章的讨论没用多少数学,下面我们将引入一些数学工具,帮助我们对混合策略做更系统的阐述。

6.4.1 矩阵代数

第 5.3 节研究策略型时曾介绍过矩阵,我们现在要学的是矩阵加法和乘法。

矩阵加法。对两个同维矩阵做加法,只需将两个矩阵的对应项相加。以第 5.3.1 节的矩阵 A、B 为例:

$$A + B^{\mathrm{T}} = \begin{bmatrix} 3 & 0 & 1 \\ 1 & 0 & -2 \end{bmatrix} + \begin{bmatrix} 2 & 1 & 0 \\ 3 & 0 & -3 \end{bmatrix} = \begin{bmatrix} 5 & 1 & 1 \\ 4 & 0 & -5 \end{bmatrix}$$

$$B + 0 = \begin{bmatrix} 2 & 3 \\ 1 & 0 \\ 0 & -3 \end{bmatrix} + \begin{bmatrix} 0 & 0 \\ 0 & 0 \\ 0 & 0 \end{bmatrix} = \begin{bmatrix} 2 & 3 \\ 1 & 0 \\ 0 & -3 \end{bmatrix}$$

为使表达式 $B + 0$ 有意义,我们把 **0** 解释为 3×2 零矩阵。注意不同维的矩阵不能相加,例如,下面的表达式无意义:

$$A + B = \begin{bmatrix} 3 & 0 & 1 \\ 1 & 0 & -2 \end{bmatrix} + \begin{bmatrix} 2 & 3 \\ 1 & 0 \\ 0 & -3 \end{bmatrix}$$

数与矩阵相乘。用数乘以一个矩阵,就是用数乘以矩阵的每一项。例如,

$$3A = 3 \begin{bmatrix} 3 & 0 & 1 \\ 1 & 0 & -2 \end{bmatrix} = \begin{bmatrix} 9 & 0 & 3 \\ 3 & 0 & -6 \end{bmatrix}$$

$$B - A^{\mathrm{T}} = \begin{bmatrix} 2 & 3 \\ 1 & 0 \\ 0 & -3 \end{bmatrix} + (-1) \begin{bmatrix} 3 & 1 \\ 0 & 0 \\ 1 & -2 \end{bmatrix} = \begin{bmatrix} -1 & 2 \\ 1 & 0 \\ -1 & -1 \end{bmatrix}$$

矩阵乘法。为使两矩阵的乘积 **CD** 有意义,**C** 的列数必须与 **D** 的行数相同。如果 **C** 是一个 $m \times n$ 矩阵,**D** 是 $n \times p$ 矩阵,则 **CD** 为 $m \times p$ 矩阵。

上例中,A 为 2×3 矩阵,B 为 3×2 矩阵,因此 AB 为 2×2 矩阵,BA 为 3×3 矩阵。为了找到矩阵 AB 中第二行和第一列的项,我们首先确定 A 的第二行以及 B 的第一列,如图 6.5 所示,然后把该行与该列的对应项相乘再相加,就得到答案 2:

$$1 \times 2 + 1 \times 0 - 2 \times 0 = 2$$

$$\begin{bmatrix} 3 & 0 & 1 \\ \boxed{1} & 0 & -2 \end{bmatrix} \begin{bmatrix} \boxed{2} & 3 \\ 1 & 0 \\ 0 & -3 \end{bmatrix} = \begin{bmatrix} 6 & 6 \\ \boxed{2} & 9 \end{bmatrix}$$

A的第二行
B的第一列

AB的第二行
与第一列

AB 中第 i 行第 j 列的项是把 A 的第 i 行与 B 的第 j 列的对应项相乘再相加后得到的。

图 6.5　矩阵乘积

做四次这样的运算后得到矩阵 $\boldsymbol{AB}$，做九次运算得到矩阵 $\boldsymbol{BA}$：

$$\boldsymbol{AB} = \begin{bmatrix} 6 & 6 \\ 2 & 9 \end{bmatrix}; \quad \boldsymbol{BA} = \begin{bmatrix} 9 & 0 & -4 \\ 3 & 0 & -1 \\ -3 & 0 & 6 \end{bmatrix}$$

做矩阵乘法要当心，并非所有的矩阵都能相乘。比如 2×3 矩阵不能乘以 2×3 矩阵，所以记号 $\boldsymbol{AB}^{\mathsf{T}}$ 无意义。矩阵乘法只满足某些乘法法则，即使其中涉及的所有乘积都有意义。比如矩阵乘法满足结合律，$(LM)N = L(MN)$；但不满足交换律，即使 LM 和 ML 都有意义，$LM = ML$ 也未必成立，因为这两个矩阵可能不是同维矩阵。

向量运算。 向量可表示为矩阵，所以能做加法运算和数乘运算。

特别地，如果 x, y 是两个同维向量，α, β 为数，则 $\alpha x + \beta y$ 称为 x, y 的一个**线性组合**。例如，x, y 如果是 $\mathbb{R}^2$ 中的向量，则：

$$\alpha x + \beta y = \alpha(x_1, x_2) + \beta(y_1, y_2) = (\alpha x_1 + \beta y_1, \alpha x_2 + \beta y_2)$$

注意 $x + y$ 可以解释成先做位移变换 x 继而做位移变换 y 所得到的位移变换，如图 6.6(a)。从图 6.6 中容易看出，为何两个向量的加法法则被称为**平行四边形法则**。

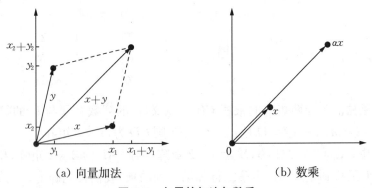

（a）向量加法　　　（b）数乘

图 6.6　向量的加法与数乘

正交向量。 我们不能直接把两个 n 维列向量 x, y 乘在一起，因为 $n = 1$ 时两个 $n \times 1$ 矩阵的乘积才有意义。但 $1 \times n$ 矩阵 x^{T} 可以乘以 $n \times 1$ 矩阵 y，乘积是 $1 \times$

1 矩阵 $x^\top y$，该数由下式给出：

$$x^\top y = \begin{bmatrix} x_1 & x_2 & \cdots & x_n \end{bmatrix} \begin{bmatrix} y_1 \\ y_2 \\ \vdots \\ y_n \end{bmatrix} = x_1 y_1 + x_2 y_2 + \cdots + x_n y_n$$

数学家称 $x^\top y$ 为向量 x，y 的**内积**或**数量积**[①]。

内积的几何意义很重要，两个向量 x，y **正交**（或垂直，或成直角）的充分必要条件是两者的内积 $x^\top y$ 等于 0。为了证明该结论，我们先引入记号：

$$\|x\|^2 = x^\top x = x_1^2 + x_2^2 + \cdots + x_n^2$$

图 6.7(a)画出了 $n = 2$ 的情形，由毕达哥拉斯定理可知，当 x 被看作位移变换时，$\|x\|$ 就是代表 x 的那个箭头的长度。

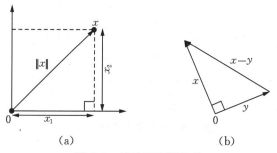

图 6.7　毕达哥拉斯定理

下面将毕达哥拉斯定理用于图 6.7(b)的直角三角形，证明正交向量 x，y 的内积为 0：

$$\|x - y\|^2 = \|x\|^2 + \|y\|^2$$
$$(x - y)^\top (x - y) = x^\top x + y^\top y$$
$$x^\top x - y^\top x - x^\top y + y^\top y = x^\top x + y^\top y$$
$$x^\top y = 0$$

注意 $y^\top x = x^\top y$，因为方程两边都等于 $x_1 y_1 + x_2 y_2 + \cdots + x_n y_n$；或者从另一个角度看，因乘积 CD 有意义时 $(CD)^\top = D^\top C^\top$ 恒成立，且 $y^\top x$ 为数，故等于其自身转置，所以 $y^\top x = (y^\top x)^\top = x^\top (y^\top)^\top = x^\top y$。

6.4.2　混合策略的代数运算

一个 $m \times n$ 双值矩阵博弈中，博弈方 I 的一个混合策略用代数语言描述就是

[①]　我们通常用记号 $(x, y) = x^\top y$ 表示内积，这个用法可能与 (x, y) 的其他用法混淆。有时 $x^\top y$ 也写作 $x \cdot y$，称为**点积**。

$m\times 1$ 列向量 p，其坐标非负且总和为 1，坐标 p_j 是博弈方Ⅰ使用纯策略 s_j 的概率。同样地，博弈方Ⅱ的一个混合策略是 $n\times 1$ 列向量 q，坐标 q_k 是博弈方Ⅱ使用纯策略 t_k 的概率。由博弈方Ⅰ的所有混合策略构成的集合记为 P，博弈方Ⅱ的所有混合策略构成的集合记为 Q。

以图 6.8(a)中的 2×3 双值矩阵博弈为例，2×1 列向量 $p=\left(\frac{3}{4},\ \frac{1}{4}\right)^{\mathrm{T}}$ 是亚当的一个混合策略，亚当可以通过抽牌方式实现这个策略选择：如果从一副洗好的牌中抽到红桃就用第二个纯策略 s_2，否则用第一个纯策略 s_1。夏娃的一个混合策略是 3×1 列向量 $q=\left(\frac{1}{2},\ \frac{1}{2},\ 0\right)^{\mathrm{T}}$，她可以通过掷硬币方式实现这个混合策略：如果均匀硬币掷出正面就用第一个纯策略 t_1，掷出反面就用第二个纯策略 t_2。

	t_1	t_2	t_3
s_1	1, 0	9, 4	0, 9
s_2	4, 7	7, 3	3, 0

(a)

	t_1	t_3
s_1	1, 0	0, 9
s_2	4, 7	3, 0

(b)

图 6.8　一个混合策略的优势

优势与混合策略。为了说明混合策略的用处，我们来看一个博弈，它有一个纯策略不劣于其他纯策略，但劣于一个混合策略。

在图 6.8(a)的双值矩阵博弈中，夏娃的纯策略没有优劣之分，但纯策略 t_2 强劣于**混合**策略 $q=\left(\frac{1}{2},\ 0,\ \frac{1}{2}\right)$，这个混合策略分配给纯策略 t_1 和 t_3 的概率都是 $\frac{1}{2}$。下面我们来验证该关系。

如果夏娃用 q 亚当用 s_1，博弈有两个可能结果：$(s_1,\ t_1)$和$(s_1,\ t_3)$，发生概率各为$\frac{1}{2}$，所以夏娃的期望得益为 $0\times\frac{1}{2}+9\times\frac{1}{2}=4\frac{1}{2}$。因为 $4\frac{1}{2}>4$，所以亚当用 s_1 时夏娃用混合策略 q 的效果好于纯策略t_2。又因为 $7\times\frac{1}{2}+0\times\frac{1}{2}=3\frac{1}{2}>3$，所以亚当用另一个纯策略 s_2 时夏娃用 q 的效果也好于 t_2。总之，不管亚当怎么做，夏娃用 q 的效果总好于 t_2，这意味着 q 强优于 t_2。

用劣势策略反复消去法剔除 t_2 列，剩下的博弈如图 6.8(b)，其中策略 s_2 强优于 s_1；剔除 s_1 行后，t_1 强优于 t_3；剔到最后只剩一个纯策略对$(s_2,\ t_1)$。因为沿以上路径只有强劣势策略被剔除，所以$(s_2,\ t_1)$是博弈唯一的纳什均衡。

6.4.3 混合策略得益函数

第 5.2 节曾介绍过纯策略得益函数 $\pi_i : S \times T \to \mathbb{R}$，现在对混合策略我们要引入一个更复杂的函数 $\Pi_i : P \times Q \to \mathbb{R}$。正如 $\pi_i(s, t)$ 表示博弈方 I、博弈方 II 分别使用纯策略 s，t 时博弈方 i 的期望得益，$\Pi_i(p, q)$ 表示博弈方 I、博弈方 II 分别使用混合策略 p，q 时博弈方 i 的期望得益。

为了求出 $\Pi_i(p, q)$ 的计算公式，首先要注意的是我们通常只关注以下情形：亚当和夏娃**相互独立地**选择各自策略，因此不同博弈方用于实现混合策略的随机装置必定是统计独立的，如第 3.2.1 节所述。

设亚当的混合策略为 $m \times 1$ 列向量 p，p 分配给第二个纯策略 s_2 的概率为 p_2；夏娃的混合策略为 $n \times 1$ 列向量 q，q 分配给第一个纯策略 t_1 的概率为 q_1；则博弈双方使用纯策略对 (s_2, t_1) 的概率为 $p_2 \times q_1$。

以图 6.8(a) 的博弈为例，如果 $p = \left(\frac{1}{3}, \frac{2}{3} \right)^{\top}$，$q = \left(\frac{2}{3}, 0, \frac{1}{3} \right)^{\top}$，则 (s_2, t_1) 的使用概率为 $p_2 q_1 = \frac{2}{3} \times \frac{2}{3} = \frac{4}{9}$，该策略对给亚当带来的得益为 $\pi_1(s_2, t_1) = 4$，给夏娃带来的得益为 $\pi_2(s_2, t_1) = 7$。

对亚当和夏娃的每个得益值，按以上方法都可算出它们的发生概率，由此容易写出混合策略的期望得益公式：

$$\Pi_1(p, q) = p^{\top} A q; \quad \Pi_2(p, q) = p^{\top} B q$$

在图 6.8(a) 的双值矩阵博弈中，当 $p = \left(\frac{1}{3}, \frac{2}{3} \right)^{\top}$，$q = \left(\frac{2}{3}, 0, \frac{1}{3} \right)^{\top}$ 时，亚当和夏娃的期望得益为：

$$\Pi_1(p, q) = p^{\top} A q = \begin{bmatrix} \frac{1}{3}, & \frac{2}{3} \end{bmatrix} \begin{bmatrix} 1 & 9 & 0 \\ 4 & 7 & 3 \end{bmatrix} \begin{bmatrix} \frac{2}{3} \\ 0 \\ \frac{1}{3} \end{bmatrix} = 4$$

$$\Pi_2(p, q) = p^{\top} B q = \begin{bmatrix} \frac{1}{3}, & \frac{2}{3} \end{bmatrix} \begin{bmatrix} 0 & 4 & 9 \\ 7 & 3 & 0 \end{bmatrix} \begin{bmatrix} \frac{2}{3} \\ 0 \\ \frac{1}{3} \end{bmatrix} = 12 \frac{1}{3}$$

这些计算公式之所以正确，是因为每个得益 $\pi_i(s_j, t_k)$ 都乘了正确的概率，即 $p_j q_k$。例如展开 $p^{\top} B q$ 时，$\pi_2(s_2, t_1)$ 与 $p_2 q_1 = \frac{4}{9}$ 相乘。

6.4.4 再述纯策略

混合策略的表示符号也可用于表示纯策略。为此我们引入列向量 e_i 和 e，e_i 表示第 i 行为 1、其他行为 0 的向量；e 表示各行均为 1 的向量。

与零向量相似，e_i 或 e 的具体维数有赖上下文而定，当它们表示 3×1 向量时：

$$e_1 = \begin{bmatrix} 1 \\ 0 \\ 0 \end{bmatrix}; \quad e_2 = \begin{bmatrix} 0 \\ 1 \\ 0 \end{bmatrix}; \quad e_3 = \begin{bmatrix} 0 \\ 0 \\ 1 \end{bmatrix}; \quad e = \begin{bmatrix} 1 \\ 1 \\ 1 \end{bmatrix}$$

设亚当在某博弈的得益矩阵为 $m \times n$ 矩阵 A，则 $m \times 1$ 列向量 e_i 表示他的一个混合策略，其中第 i 个纯策略的使用概率为 1。因此，使用混合策略 e_i 也就是使用第 i 个纯策略。类似地，$n \times 1$ 列向量 e_j 表示夏娃的第 j 个纯策略。

如果亚当和夏娃分别选择 e_i，e_j，夏娃的得益就是她得益矩阵 B 第 i 行与第 j 列的项 b_{ij}。在第 6.4.3 节的例子中，

$$\Pi_1(e_2, e_1) = e_2^\top A e_1 = \begin{bmatrix} 0 & 1 \end{bmatrix} \begin{bmatrix} 0 & 4 & 9 \\ 7 & 3 & 0 \end{bmatrix} \begin{bmatrix} 1 \\ 0 \\ 0 \end{bmatrix} = 7$$

因为向量 $p^\top A$ 的第 i 项为 $p^\top A e_i$，即亚当用混合策略 p、夏娃用第 i 个纯策略时亚当的得益，所以 $p^\top A$ 就是夏娃以纯策略回应亚当的混合策略 p 时亚当的得益。同样地，Aq 表示亚当用纯策略回应夏娃的混合策略 q 时亚当的得益。夏娃的得益可用向量 Bq 和 $p^\top B$ 表示，解释同上。

如果亚当用混合策略 p 时得益不小于 α，这一事实可表述为：

$$p^\top A \geqslant \alpha e^\top \tag{6.2}$$

该不等式意味着对任意混合策略 q，$p^\top A q \geqslant \alpha$；原因很简单，对 (6.2) 式两端右乘 q，因为 $e^\top q = q_1 + q_2 + \cdots + q_n = 1$，所以 $p^\top A q \geqslant \alpha$ 成立。

同样地，如果：

$$Bq = \beta e \tag{6.3}$$

意味着夏娃用混合策略 q 的得益恒为 β；因为对任意混合策略 p，$p^\top B q = \beta p^\top e = \beta$。

6.4.5 奥尼尔纸牌博弈

巴里·奥尼尔 (Barry O'Neill) 在一些经济学实验中使用了该博弈，因为它是最简单的非对称、无劣势策略输—赢博弈。

爱丽丝和鲍勃每人拿到一种花色的四张牌 A，K，Q，J，同时各出一张，如果两张都是 A 或两张牌点数不等，则爱丽丝赢；如果点数相等或一张是 A 另

一张不是,则鲍勃赢。设赢者得益为 1,输者得益为 0,则两博弈方得益矩阵为：

$$A = \begin{bmatrix} 1 & 0 & 0 & 0 \\ 0 & 0 & 1 & 1 \\ 0 & 1 & 0 & 1 \\ 0 & 1 & 1 & 0 \end{bmatrix}; \quad B = \begin{bmatrix} 0 & 1 & 1 & 1 \\ 1 & 1 & 0 & 0 \\ 1 & 0 & 1 & 0 \\ 1 & 0 & 0 & 1 \end{bmatrix}$$

下面我们来找一个均衡 (p, q),要求爱丽丝和鲍勃的混合策略 p、q 分配给每个纯策略的概率都是正值。这个要求意味着两博弈方对他们的所有纯策略感觉无差异。

由第 6.4.4 节可知,向量 Aq 罗列了鲍勃用混合策略 q 时爱丽丝用各个纯策略的得益。当这些得益相等时,存在数 α,使：

$$Aq = \alpha e$$

将该等式与 $e^{\top} q = 1$（即向量 q 的各坐标之和等于 1）并在一起,我们得到 5 个含未知数 q_1, q_2, q_3, q_4, α 的线性方程。

求解线性方程组的最原始方法是用计算机算出逆阵 A^{-1},然后

$$q = \alpha A^{-1} e = \alpha \begin{bmatrix} 1 & 0 & 0 & 0 \\ 0 & -\dfrac{1}{2} & \dfrac{1}{2} & \dfrac{1}{2} \\ 0 & \dfrac{1}{2} & -\dfrac{1}{2} & \dfrac{1}{2} \\ 0 & \dfrac{1}{2} & \dfrac{1}{2} & -\dfrac{1}{2} \end{bmatrix} \begin{bmatrix} 1 \\ 1 \\ 1 \\ 1 \end{bmatrix} = \alpha \begin{bmatrix} 1 \\ \dfrac{1}{2} \\ \dfrac{1}{2} \\ \dfrac{1}{2} \end{bmatrix}$$

因向量 q 的坐标之和等于 1,所以 $\alpha = \dfrac{2}{5}$。由此可知鲍勃在均衡中的混合策略为：

$$q = \left(\dfrac{2}{5}, \dfrac{1}{5}, \dfrac{1}{5}, \dfrac{1}{5} \right)^{\top}$$

然而,除非走投无路,否则求逆阵总是太麻烦。这个例子还有一个更简单的求解方法,那就是利用 q_2, q_3, q_4 的对称性,因为它们的地位对称,所以方程组必有一个解满足 $q_2 = q_3 = q_4$,于是向量方程 $Aq = \alpha e$ 简化为两个方程 $q_1 = \alpha$ 以及 $2q_2 = \alpha$,由此可方便地解出各未知数的值。

可以验证,当爱丽丝使用混合策略

$$p = \left(\dfrac{2}{5}, \dfrac{1}{5}, \dfrac{1}{5}, \dfrac{1}{5} \right)^{\top}$$

时,鲍勃对他的所有纯策略感觉无差异,我们把这个问题留作课后练习。

6.5 凸性

下面我们将展示如何用几何方法处理混合策略,为此需对第 6.4.1 节的向量内容做进一步深化。

6.5.1 凸组合

当 $\alpha+\beta=1$ 时,x,y 的线性组合 $w=\alpha x+\beta y$ 是一个**仿射**组合。也就是说:

$$w=\alpha x+(1-\alpha)y=y+\alpha(x-y)$$

是 x,y 的一个仿射组合。如图 6.9(a),由 x,y 的所有仿射组合构成的集合是一条通过点 x,y 的直线,也就是沿向量 $v=x-y$ 方向过点 y 的直线。

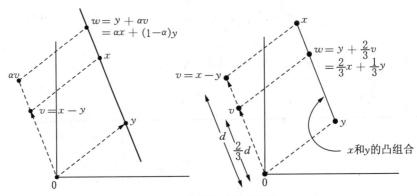

图 6.9 仿射组合和凸组合

当 $\alpha+\beta=1$ 且 $\alpha\geqslant 0$,$\beta\geqslant 0$ 时,x,y 的线性组合 $w=\alpha x+\beta y$ 是一个**凸组合**。如图 6.9(b),x,y 的所有凸组合构成的集合是连接 x,y 两点的线段。

图 6.9(b)中,如果向量 $v=x-y$ 的长度为 $\|v\|=d$,则向量 $\frac{2}{3}v$ 的长度为 $\frac{2}{3}d$,由此可知:

$$w=\frac{2}{3}x+\frac{1}{3}y$$

位于 x,y 之间的线段上,它与两端点的距离分别为 $\frac{1}{3}d$ 和 $\frac{2}{3}d$,也就是从 x 点起步,沿线段走上 $\frac{1}{3}$ 路程的地方。

如果我们将线段本身看作一截无重量的硬金属线,质量只集中于两个端点,其中 x 点有 $\frac{2}{3}$ 质量、y 点有 $\frac{1}{3}$ 质量,则 w 点就是重心位置。如图 6.10(a),如果在 w 处立一个支点,金属线将保持平衡。

review

→ 6.5.3

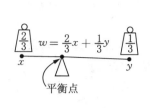 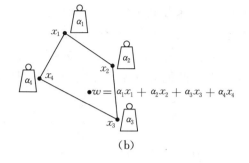

（a）

一个系统的重心即系统的平衡点。

图 6.10　重心

一般地，当 $\alpha_1 + \alpha_2 + \cdots + \alpha_k = 1$ 时，线性组合：

$$w = \alpha_1 x_1 + \alpha_2 x_2 + \cdots + \alpha_k x_k$$

是 x_1，x_2，$\cdots$，x_k 的一个仿射组合；如果还有 $\alpha_1 \geqslant 0$，$\alpha_2 \geqslant 0$，$\cdots$，$\alpha_k \geqslant 0$，它就是一个凸组合。在凸组合情况下，若点 x_i 处集中了比例为 α_i 的质量，整个系统的重心位置就位于点 w，如图 6.10(b)。

商品组合。 经济学家用向量描述商品组合（第 4.3.1 节）。若商品组合 $(1, 3)$ 表示潘多拉买 1 瓶杜松子酒和 3 瓶伏特加酒，$(5, 3)$ 表示 5 瓶杜松子酒和 3 瓶伏特加酒，则凸组合：

$$\frac{3}{4}(1, 3) + \frac{1}{4}(5, 3) = (2, 3)$$

表示两商品组合的物理混合，是从第一个商品组合的每种商品中各取 $\frac{3}{4}$，第二个组合的每种商品中各取 $\frac{1}{4}$ 后混合而成。

6.5.2　凸集

对于集合 C，如果连接其中任意两点 x，y 的线段也属于 C，则 C 为**凸集**。图 6.11 画出了一些凸集和非凸集的例子。

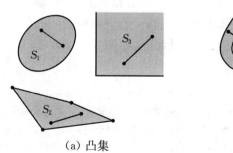 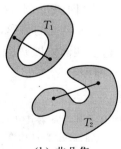

（a）凸集　　　　　　　　（b）非凸集

图 6.11　凸集和非凸集

→ 6.6

如果 x，y 属于凸集 C，它们的任意凸组合 $\alpha x + \beta y$ 也属于 C。事实上，对凸集中的任意多个元素，它们的所有凸组合仍属于该凸集。

对于集合 S 中的点，它们的所有凸组合构成的集合称为 S 的**凸包**，记为 $\text{conv}(S)$。S 的凸包是包含 S 的最小凸集。图 6.12 是一些例子。

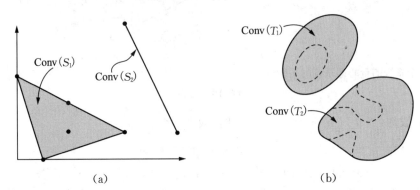

(a)　　　　　　　　　　　　(b)

图 6.12(a)分别画出了集合 $S_1 = \{(1, 0), (0, 3), (2, 1), (2, 2), (4, 1)\}$ 和 $S_2 = \{(4, 5), (6, 1)\}$ 的凸包。图 6.12(b)画出了图 6.11(b)中两个集合 T_1，T_2 的凸包。

图 6.12　凸包

→ 6.5.4

6.5.3　混合策略的几何表示

对一个 $m \times n$ 双值矩阵博弈，用空间中 m 个适当的点 s_1，s_2，$\cdots$，s_m 表示爱丽丝的 m 个纯策略，则爱丽丝的混合策略集 P 就是 s_1，s_2，$\cdots$，s_m 的凸包。

这个结论容易验证，我们通常要求 s_1，s_2，$\cdots$，s_m 在 $m-1$ 维或更高维空间中无仿射相依关系[1]，此时凸包中的任一点 p 可表示为 s_1，s_2，$\cdots$，s_m 的凸组合 $p = p_1 s_1 + p_2 s_2 + \cdots + p_m s_m$，且表示法唯一，注意到 s_1，s_2，$\cdots$，s_m 是爱丽丝的纯策略，所以点 p 就是一个混合策略 $(p_1, p_2, \cdots, p_m)$。

例如 $m = 2$ 时，爱丽丝的两个纯策略构成的凸包 P 是连接 s_1，s_2 的线段，如图 6.13(a)。如果 π 是一个混合策略 (π_1, π_2)，则由前文知 π 与 s_2 的距离是 s_1 与 s_2 距离的 π_1 倍。

图 6.13(b)显示了 $m = 3$ 的情形，爱丽丝的三个纯策略构成的凸包是一个三角形。从直线 $p_3 = 0$ 向 $p_3 = 1$ 做垂直运动时，总路程的 π_3 处是直线 $p_3 = \pi_3$。[2]
图 6.13(c)显示了 $m = 4$ 的情形，爱丽丝的四个纯策略构成的凸包是一个四面体，我们通常会把这种四面体展开、平摊在纸面上，如图 6.13(d)，因为三维图是一个平面，比较容易处理。

---

[1]　如果有仿射相依关系，意味着其中一点可表示成其他点的仿射组合。例如 $\mathbb{R}^2$ 中，如果三个点位于同一条直线上，它们就是仿射相依的；如果 $\mathbb{R}^3$ 中的四个点位于同一个平面，它们是仿射相依的。

[2]　数学家称 (p_1, p_2, p_3) 是三角形中点的重心坐标，这相当于在两维空间中用三个坐标表示一个点，但需记住 $p_1 + p_2 + p_3 = 1$。

空间中代表爱丽丝纯策略的那些点可任意选择,只要你觉得方便。例如,$m = 3$ 时一种循规蹈矩的做法是把 $\mathbb{R}^3$ 的三条轴记为 p_1, p_2 和 p_3,于是爱丽丝的三个纯策略 s_1, s_2, s_3 分别对应点 $(1, 0, 0)$,$(0, 1, 0)$ 和 $(0, 0, 1)$(第 6.4.4 节),它们的凸包位于平面 $p_1 + p_2 + p_3 = 1$ 上,如图 6.13(e)。这个特殊的表示法使得 P 中任一点 π 的重心坐标随手可得,因为它们和 π 的笛卡尔坐标完全相同。但是,用二维图就能做到的事,谁还会自寻烦恼地用三维图?我们通常只保留三角形 P 并把它平摊于纸面,如图 6.13(b),其他的东西统统丢掉。

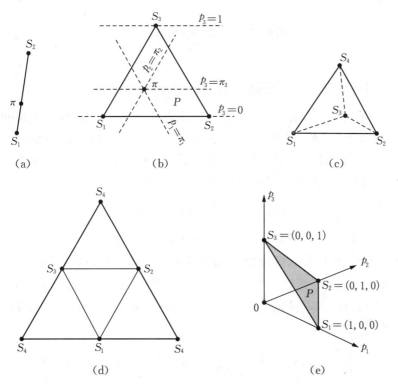

图 6.13(b) 中,等高线 $p_i = \pi_i$ 是由所有满足 $p_i = \pi_i$ 且 $p_1 + p_2 + p_3 = 1$ 的点 $p = p_1 s_1 + p_2 s_2 + p_3 s_3$ 构成的。这些等高线都是直线(见本章练习 25)。将图 6.13(c) 的四面体中相交于顶点 s_4 的三个面剥开并整体平摊在纸面上,就得到图 6.13(d),因此点 s_4 出现了三次。同样地可将图 6.13(b) 看成图 6.13(e) 的三角形 P 的平摊。

图 6.13 混合策略空间

如何同时表示两博弈方的混合策略?我们以图 6.2 的双值矩阵博弈为例进行说明。$\mathbb{R}^2$ 中连接 $(0, 0)$,$(1, 0)$ 两点的线段表示博弈方 I 的混合策略集 P,连接 $(0, 0)$,$(0, 1)$ 两点的线段表示博弈方 II 的混合策略集 Q,正方形 $P \times Q$ 就表示所有的混合策略对构成的集合,如图 6.14(a)。

如果是 2×3 双值矩阵博弈,博弈方 I 的混合策略集 P 可表示为线段,博弈方 II 的混合策略集 Q 可表示为三角形,所有的混合策略对构成的集合 $P \times Q$ 就是一个棱柱体,如图 6.14(b) 所示。

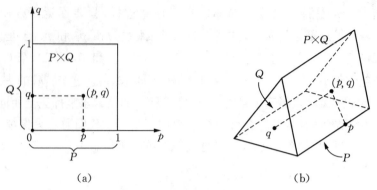

图 6.14   混合策略组合的几何表示

6.5.4　凹函数、凸函数和仿射函数

我们在第 4.5.3 节研究风险厌恶时首次提到凹函数,那时候我们说凹函数的特点是弦在弧下,或者一个等价的说法是凹函数图形下方的点集为凸集。

对凹函数的上述几何定义可改写成下面的代数定义:设 $f:C \to \mathbb{R}$ 是定义在凸集 C 上的实值函数,如果对 C 中任意两点 x,y,有:

$$f(\alpha x + \beta y) \geqslant \alpha f(x) + \beta f(y) \tag{6.4}$$

其中 $\alpha + \beta = 1, \alpha \geqslant 0, \beta \geqslant 0$,就称 f 为凹函数。

例如,我们为解决圣彼得堡悖论曾提出一个凹的效用函数:$u: \mathbb{R}_+ \to \mathbb{R}$,$u(x) = 4\sqrt{x}$(第 4.5.3 节)。图形如图 4.8,连接 $(1, u(1))$,$(9, u(9))$ 两点的弦位于曲线下方,弦上各点都是 $(1, u(1)) = (1, 4)$ 和 $(9, u(9)) = (9, 12)$ 的凸组合,例如点 Q 是凸组合:

$$\frac{3}{4}(1, u(1)) + \frac{1}{4}(9, u(9)) = \left(3, \frac{3}{4}u(1) + \frac{1}{4}u(9)\right)$$

图 4.8 中,因为 Q 位于 P 点下方,所以:

$$u(3) = u\left(\frac{3}{4} \times 1 + \frac{1}{4} \times 9\right) \geqslant \frac{3}{4}u(1) + \frac{1}{4}u(9)$$

这是不等式(6.4)的一个特例。

一个函数是凸函数的判别准则为:对 C 中任意两点 x,y,有:

$$f(\alpha x + \beta y) \leqslant \alpha f(x) + \beta f(y)$$

其中 $\alpha + \beta = 1, \alpha \geqslant 0, \beta \geqslant 0$。该准则的一个等价说法是凸函数图形上方的点集为凸集。

一个函数是仿射函数的判别准则为:对 C 中任意两点 x,y,有:

$$f(\alpha x + \beta y) = \alpha f(x) + \beta f(y)$$

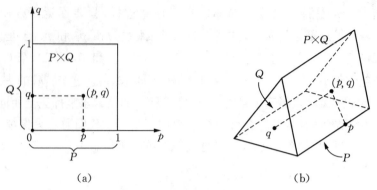

博弈论教程

180

其中 $\alpha+\beta=1$，$\alpha \geqslant 0$，$\beta \geqslant 0$。[①]

易知仿射函数 f 的一个重要特征是维护了凸组合：如果 w 是 x，y 的一个凸组合，则 $f(w)$ 是 $f(x)$、$f(y)$ 的同一凸组合，即：

$$w = \alpha x + \beta y \Rightarrow f(w) = \alpha f(x) + \beta f(y)$$

6.6　得益域

分析一个博弈时，如果对博弈方可做之事做出各种不同假定，会导致不同得益组合的出现，我们称所有可能出现的得益组合构成的集合为博弈的得益域（payoff region）。图 6.15 是懦夫博弈以及性别之争的两个版本，分别取自第 1 章的练习 5 和练习 6，我们将以它们为例展开讨论。

	减速	加速
减速	2 　　2	3 　　0
加速	0 　　3	−1 　　−1

	拳击	芭蕾
拳击	1 　　2	0 　　0
芭蕾	0 　　0	2 　　1

　　（a）懦夫博弈　　　　　　　　（b）性别之争

懦夫博弈是两司机在狭窄街道上迎面对开，除非有人减速否则不能同时通过。性别之争是由蜜月夫妇玩的合作博弈，他们分头行动后想再凑到一起。

图 6.15　懦夫博弈与性别之争

6.6.1　博弈前的随机化

博弈的参加者常常会发现博弈前的交流协商是有好处的，可以协调彼此的策略选择从而使每一方获益。比如桥牌选手会进行赛前的交流协商以做出某种约定，这些约定花样繁多，专门有书籍介绍，我们不再赘言，此处只关注博弈前的随机化问题。

合作得益域。 当亚当和夏娃在蜜月套房吃早餐时，他们发现傍晚时分两人得单独行动，于是两人商量晚上如何见面。亚当建议去拳击大赛赛场，夏娃则提议看芭蕾舞剧天鹅湖。为了避免好好的蜜月毁于一场争吵，两人达成协议，以掷硬币的方式决定去向。试问该协议对博弈双方意味着什么？

在性别之争博弈中，该协议意味着博弈方只能采取两种策略组合：（拳击，拳击）或（芭蕾，芭蕾），出现概率各为 $\dfrac{1}{2}$；如果硬币掷出正面，两人就同看拳击，亚当得

---

① 如果 $C=\mathbb{R}^n$，我们不需要 $\alpha \geqslant 0$ 和 $\beta \geqslant 0$ 两个条件。倘若没有 $\alpha+\beta=1$ 这个条件，$f(\alpha x+\beta y)=\alpha f(x)+\beta f(y)$ 刻画的就是一个线性函数。

益为2,夏娃得益为1;如果硬币掷出反面,两人将同看芭蕾,亚当得益为1,夏娃得益为2。因此,亚当的期望得益为 $1\frac{1}{2}=\frac{1}{2}\times 2+\frac{1}{2}\times 1$,夏娃的期望得益为 $1\frac{1}{2}=\frac{1}{2}\times 1+\frac{1}{2}\times 2$,显然,这个得益对 $\left(1\frac{1}{2},1\frac{1}{2}\right)$ 正是硬币出正面之得益对 $(2,1)$ 与硬币出反面之得益对 $(2,1)$ 的凸组合:

$$\left(1\frac{1}{2},1\frac{1}{2}\right)=\frac{1}{2}(2,1)+\frac{1}{2}(1,2)$$

这个结果说明,掷硬币协议使亚当和夏娃获得原博弈纯结果的一个折中结果。

他们也可以借助其他随机方法生成其他折中结果,每种随机方法总归是从性别之争的得益表中挑出若干个得益对,然后构造一个凸组合。我们称所有这样的凸组合构成的集合 C 为博弈的合作得益域。

因为集合 C 正是由得益表中的得益对构成的凸包,所以容易画出。性别之争博弈的合作得益域如图 6.16(b),懦夫博弈的合作得益域如图 6.16(a)。

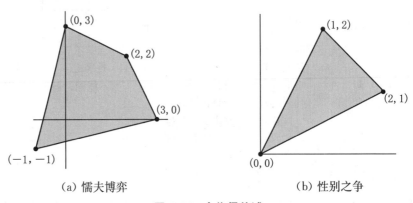

(a) 懦夫博弈　　　　　　　　　(b) 性别之争

图 6.16　合作得益域

非合作得益域。 当亚当和夏娃以掷硬币方式决定同看拳击或芭蕾时,他们的策略选择并不独立,这与第 6.4.3 节的情况大不相同,在那里我们假设两人用相互独立的随机装置贯彻各自的混合策略,而此处他们联合起来,使用**同一个**随机装置。

当我们寻找一个博弈的非合作得益域 N 时,所有这样的合作行为都要被排除,我们只允许亚当和夏娃使用**相互独立**的混合策略。因此 N 是由以下形式的得益对构成的集合:

$$(x,y)=(p^\top Aq,\ p^\top Bq)$$

其中,p,q 分别是混合策略集 P,Q 中的任意元素。

构建集合 N 的较好做法是每一步只针对一个策略进行分析。以性别之争博弈为例,亚当的混合策略 $(1-p,p)^\top$ 对应得益空间的一条线段,如果我们要找出

$p = \dfrac{1}{3}$ 时的线段,首先需确定两个端点位置,它们对应的正是夏娃使用纯策略的情形。

设夏娃使用她的第一个纯策略,则亚当的 $p = \dfrac{1}{3}$ 会生成得益对 $\dfrac{2}{3}(2, 1) + \dfrac{1}{3}(0, 0)$,它位于连接 $(2, 1)$,$(0, 0)$ 两点的线段上,距前者距离为总长的 $\dfrac{1}{3}$。如果夏娃使用她的第二个纯策略,亚当的 $p = \dfrac{1}{3}$ 会生成得益对 $\dfrac{2}{3}(0, 0) + \dfrac{1}{3}(1, 2)$,它位于连接 $(1, 2)$,$(0, 0)$ 两点的线段上,距后者距离为总长的 $\dfrac{1}{3}$。我们在图中标出两个点并以线段连接,这条线就是亚当使用混合策略 $p = \dfrac{1}{3}$ 时两博弈方所有可能得益对的集合。

图 6.17(b) 只画了 p 或 q 为 $\dfrac{1}{6}$ 整数倍时的若干条线段。从这些线段已可看出,集合 N 远非凸集,它的边界有一部分是弯曲的,弯曲部分实际上是一条抛物线,它与边界的直线部分相切①。

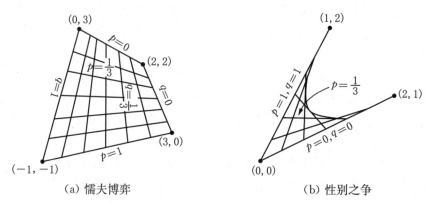

（a）懦夫博弈　　　　　　　　（b）性别之争

图 6.17　非合作得益域

当博弈双方使用混合策略组合 (p, q) 时,对应 p, q 的两条线段的交点就是博弈最终的得益对(如果两条线重合,它们与抛物线边界相切的地方就是得益对的位置)。

通过观察 N 的图形,可以找到博弈的纳什均衡。$(p, q) = (0, 0)$ 和 $(p, q) = (1, 1)$ 处有两个纯策略均衡,$(p, q) = \left(\dfrac{1}{3}, \dfrac{2}{3}\right)$ 处有一个混合策略均衡,因为对应亚当混合策略 $p = \dfrac{1}{3}$ 的线段是水平线,这意味着夏娃不管选择什么策略,得益

---

① 这条抛物线是所有那些对应亚当或夏娃混合策略的线段的包络线,这意味着它与每条线都有接触。

都一样；同样地，对应夏娃混合策略 $q = \dfrac{2}{3}$ 的线段是垂直线，所以不管亚当怎么选，他的得益都一样。

图 6.17 画出了性别之争博弈以及懦夫博弈的非合作得益域，后者比较容易画。

6.6.2 自我纠偏的协议(Self-Policing Agreements)

性别之争博弈中，如果相关协议是由蜜月伉俪做出的，他们基本上会信守约定。但是，若将亚当和夏娃换成两个疑心重重的陌生人，比如爱丽丝和鲍勃，情况会如何？

空口声明。 在互不信任的博弈方之间，唯一可行的协议是双方为一个均衡而合作(第 1.7.1 节)，这样博弈双方都没有欺骗动机。那么，这是否意味着爱丽丝和鲍勃约定的均衡一定是三个纳什均衡中的某一个？未必，因为爱丽丝和鲍勃进行性别之争前能相互对话的事实已改变了整个博弈。

我们称爱丽丝和鲍勃在事前协商中交流的信息为**空口声明**，因为撒谎无成本。尽管如此，空口声明是有用的，比如它允许爱丽丝和鲍勃一起掷硬币，这样一来两人大可仿效亚当和夏娃，约定硬币出正面时选(拳击，拳击)，出反面时选(芭蕾，芭蕾)。硬币一旦落地，没人会产生违约动机，因为这个约定总能给出一个纳什均衡的博弈结果。

我们可以把以上情形模型化为一个新博弈 G，它始于一个随机行动，**机运**所做的每种选择都导向 G 的一个子博弈，子博弈本身是性别之争的复本。G 的子博弈完美均衡要求在这些子博弈中实现纳什均衡——但未必是**同一个**纳什均衡。

在前面的例子里，爱丽丝和鲍勃在某些子博弈中用的是纳什均衡(拳击，拳击)，在另一些子博弈中用的是纳什均衡(芭蕾，芭蕾)，当两类子博弈的到达概率各为 $\dfrac{1}{2}$ 时，爱丽丝和鲍勃从整个博弈获得的收益为 $\left(1\dfrac{1}{2},\ 1\dfrac{1}{2}\right)$。但是，性别之争博弈有**三个**纳什均衡，爱丽丝和鲍勃可以为子博弈约定三个均衡中的任意一个，也可以凭喜好定出各子博弈的到达概率。

我们将性别之争博弈的三个纳什均衡得益对 $(2, 1)$，$(1, 2)$，$\left(\dfrac{2}{3}, \dfrac{2}{3}\right)$ 构成的凸包记为 H。显然，如果只是想获得凸包 H 中的任一得益对的话，爱丽丝和鲍勃无需相互信任，他们只需将纳什均衡的选择问题与某个适当的随机事件挂钩即可，这个事件是两人可同时观测的。

图 6.18 画出了懦夫博弈以及性别之争博弈的由纳什均衡构成的凸包 H，其中前者更有趣，因为爱丽丝和鲍勃肯定更喜欢得益对 $(2, 2)$，但它不在集合 H 中。对此两人能不能做点什么？

相关均衡。 懦夫博弈中,如果爱丽丝和鲍勃互不信任,最优得益对(2,2)是不可能达到的,但得益对 $\left(1\frac{1}{2},1\frac{1}{2}\right)$ 也并不是他们的次优选择,如果有一个可靠的仲裁人提供帮助,就存在一种激励相容的方式,使他们获得 $\left(1\frac{2}{3},1\frac{2}{3}\right)$。

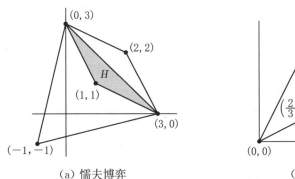 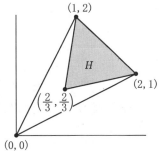

(a) 懦夫博弈　　　　　　　　(b) 性别之争

通过使用一个共同观测的随机装置以协调彼此对纳什均衡的选择,爱丽丝和鲍勃无需相互信任就能获得 H 中的任一得益对。在懦夫博弈中,两人会赞同得益对(2,2),但它不属于集合 H。

图 6.18　懦夫博弈和性别之争博弈的由纳什均衡结果构成的凸包 H

假设博弈前的空口声明使爱丽丝和鲍勃之间的博弈转变为这样一个新博弈 G,即 G 始于一个随机行动,**机运**在该步有四种选择,每种选择都导向懦夫博弈的一个复本,仲裁人要做的事是监测 G 开端处的这个随机行动。因为爱丽丝和鲍勃只关心随机行动的结果是让他们减速抑或加速,所以我们将随机行动的四种结果表述为以下四个事件: $e=($减速,减速$),f=($减速,加速$),g=($加速,减速$),h=($加速,加速$)$。

爱丽丝和鲍勃不能直接看到随机行动的结果,而是由仲裁人告诉他们该知道的事,也就是"机运"替他们选择的进行懦夫博弈的策略。如图 6.19(b)所示,如果仲裁人告诉爱丽丝减速,她只知道事件 A 发生了,若被告知加速,她只知道事件 B 发生了;如果仲裁人告诉鲍勃减速,他只知道事件 C 发生了,若被告知加速,他只知道事件 D 发生了。

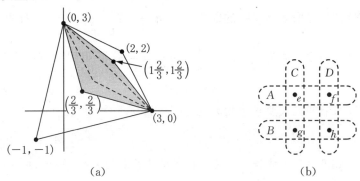

(a)　　　　　　　　　　　(b)

图 6.19　懦夫博弈的相关均衡结果

为什么爱丽丝和鲍勃应当听从仲裁人吩咐？他们事先的约定不过是空口声明，如果不听话能获得更高收益，没人会指望他们遵守约定。一个约定若想被遵守，它所要求的行为必须与博弈方的动机相容。

为使爱丽丝和鲍勃达成一个激励相容的约定，需仔细计算**机运**选择四个事件 e，f，g，h 的概率(本章练习 30)。下面直接给出了一组概率值，我们来验证其合理性：

$$\text{prob}(e) = \text{prob}(f) = \text{prob}(g) = \frac{1}{3}$$

$$\text{prob}(h) = 0$$

证明中要用到第 3.3 节介绍的条件概率，例如，当鲍勃已知 C 发生后，他对 A 发生概率的估计为：

$$\text{prob}(A \mid C) = \frac{\text{prob}(A \cap C)}{\text{prob}(C)} = \frac{\text{prob}(e)}{\text{prob}(e) + \text{prob}(g)} = \frac{\frac{1}{3}}{\frac{1}{3} + \frac{1}{3}} = \frac{1}{2}$$

这组概率值如果对应一个激励相容的约定，则爱丽丝和鲍勃都不能从背约中获得任何收益。因为爱丽丝和鲍勃的地位完全对称，下面只针对鲍勃证明该结论。证明分两步进行，我们要证明不管鲍勃被告知减速还是加速，他都会遵守约定。

第一步，如果仲裁人要求鲍勃减速，他算出：

$$\text{prob}(爱丽丝被告知减速 \mid 鲍勃被告知减速) = \frac{\frac{1}{3}}{\frac{1}{3} + \frac{1}{3}} = \frac{1}{2}$$

$$\text{prob}(爱丽丝被告知加速 \mid 鲍勃被告知减速) = \frac{\frac{1}{3}}{\frac{1}{3} + \frac{1}{3}} = \frac{1}{2}$$

因此他遵守约定，采取减速策略的期望得益为 $\frac{1}{2} \times 2 + \frac{1}{2} \times 0 = 1$；如果违背约定，采取加速策略，期望得益为 $\frac{1}{2} \times 3 + \frac{1}{2} \times (-1) = 1$，由此可知守约不会带来任何损失。

第二步，如果仲裁人要求鲍勃加速，他算出：

$$\text{prob}(爱丽丝被告知减速 \mid 鲍勃被告知加速) = \frac{\frac{1}{3}}{\frac{1}{3} + 0} = 1$$

$$\text{prob}(\text{爱丽丝被告知加速} \mid \text{鲍勃被告知加速}) = \frac{0}{\frac{1}{3} + 0} = 0$$

因为 $1 \times 3 + 0 \times (-1) = 3 > 2 = 1 \times 2 + 0 \times 0$，所以遵守约定、采取加速策略仍是鲍勃的最优选择。

鲍勃能从我们设计的这个自我纠偏协议获得多大收益？回到懦夫博弈的得益表，我们发现鲍勃的期望得益为：

$$2 \times \text{prob}(e) + 0 \times \text{prob}(f) + 3 \times \text{prob}(g) = 2 \times \frac{1}{3} + 0 \times \frac{1}{3} + 3 \times \frac{1}{3} = 1\frac{2}{3}$$

由对称性可知爱丽丝的期望得益也相同，至此我们证明了博弈方能实现更好的得益对 $\left(1\frac{2}{3},\ 1\frac{2}{3}\right)$。

借助自我纠偏的协议，可以实现的所有得益对的集合 P 如图 6.19(a)。该集合大于图 6.18(a) 的集合 H，这件事是由罗伯特·奥曼发现的，他把新博弈 G 的纳什均衡称为懦夫博弈的**相关均衡**。

智力扑克。贯彻相关均衡的一个主要问题是不容易找到廉洁的仲裁人。虽然哲学家们抱怨这个论断暗含嘲讽，但我们必须记住，爱丽丝和鲍勃可以是第 1.7.1 节中提到的两家公司，他们意图串谋以达成非法的定价协议。

仲裁人需要无瑕的好名声，因为爱丽丝和鲍勃均有不良动机，想引诱他搞些旁门左道。比如仲裁人本不该将一个博弈方的策略透露给另一方，但如果鲍勃贿赂他说出爱丽丝的策略，而爱丽丝对此一无所知，鲍勃就能做出针对性的最优反应，获得期望收益 $2 = 3 \times \frac{2}{3} + 0 \times \frac{1}{3}$。

是否存在某种方法，使爱丽丝和鲍勃省掉这个仲裁人？借助现代技术的奇迹，我们可以对这个问题回答**是**，因为同样的技术已经使得电话扑克成为可能。你或许对此顿生疑窦，怎么可能呢？玩家肯定会在电话里一直报告说自己碰巧拿了一副同花大顺！且慢怀疑，我们来看下面的例子。

我们考虑亚当和夏娃的性别之争博弈，他们打算掷枚硬币来决定看拳击或者芭蕾，但两人只能通过电话交流。夏娃掷了枚硬币，然后在电话里报告说是反面，因此两人该去芭蕾剧院碰头，但亚当不信，于是夏娃问他愿不愿意用一道数学题决胜负，如果亚当解出夏娃给的题目，两人就去看拳击，否则看芭蕾；因为亚当是世上最伟大的数学家，他同意照此处理。于是夏娃用电脑计算两个大的质数的乘积

$a = 56\ 123\ 699\ 566\ 021\ 020\ 558\ 766\ 279\ 166\ 381\ 074\ 847\ 903\ 158\ 831\ 451$

$b = 576\ 541\ 653\ 905\ 419\ 988\ 012\ 369\ 900\ 315\ 883\ 145\ 000\ 658\ 098\ 016\ 489$

乘积 $c = a \times b$ 有 99 位数，夏娃给亚当的题目是：用 c 的最大质因子除以 4，余下部

→ 6.6

分是奇数还是偶数。

亚当可以用尽他的计算技巧,但他仍不可能分解夏娃的数字,因为所需的计算时间比他的一生还长,既然如此,他还不如猜个答案,让夏娃告诉他错还是对,如果他不相信,她就把两个质数发给他,让他自己验证她的说法。

对合作问题的上述解决方法使用了现代密码学的基本技巧,夏娃的问题中有一个单向暗门,验证她的两个数是质数并计算其乘积是可行的,但这个过程的逆过程没有计算可行性。

6.7　综述

使用混合均衡策略时,一个博弈方对概率为正的那些纯策略感觉无差异。这个论断常用于计算混合均衡,即使在一些复杂例子中也能成功发挥作用,如第6.1.1节的密封出价拍卖。

反应曲线画出了一个博弈方对对手每种策略的最优反应。反应曲线的交点处是纳什均衡,因为每个博弈方都对另一方的策略做出了最优反应。

生物学家常用鹰鸽博弈探讨生物学问题,它的混合均衡很有意思,可被看作一个大型群体博弈的多态均衡。在这样的博弈中,群体的每个成员选择一个纯策略,然后一个随机行动从群体中选出一对成员来进行鹰鸽博弈。

如果鲍勃被随机地选自一个群体,其中比例为 p 的成员选了纯策略 s,比例为 $1-p$ 的成员选了纯策略 t,则对爱丽丝来说,鲍勃就像一个使用混合策略的人,两个纯策略 s, t 的使用概率分别为 p 和 $1-p$。因此混合均衡总能解释成一个大型群体博弈的多态均衡。一个混合均衡的纯化指的是构建一个群体博弈,使混合均衡可以解释成多态均衡。

从数学角度看,一个 $m\times n$ 双值矩阵博弈中,博弈方 I 的混合策略是一个 $m\times 1$ 列向量 p,其坐标非负且总和为1。博弈方 II 的混合策略是一个 $n\times 1$ 列向量 q。两博弈方的得益函数为:

$$\Pi_1(p,\ q)=p^\top Aq$$
$$\Pi_2(p,\ q)=p^\top Bq$$

其中 A, B 为博弈方 I 和博弈方 II 的 $m\times n$ 得益矩阵。

向量 e_i 的第 i 项为1,其他项为0,它表示的混合策略是博弈方肯定使用第 i 个纯策略。所有项为1的向量记为 e。混合策略 p 的各纯策略概率之和为1,这个事实可表述为 $p^\top e=1$。向量 Aq 列出了博弈方 II 用混合策略 q 时博弈方 I 用各个纯策略的得益。类似地,$p^\top A$ 列出了博弈方 II 以一个纯策略应对博弈方 I 的混合策略 p 时博弈方 I 的得益情况。

博弈前的随机化不只是博弈方独立地掷骰子或者转轮盘。如果博弈方将他们的策略选择与某个共同观测的随机事件挂钩,所能达到的得益组合构成的集合称为**合作得益域**；若无机会与共同观测的随机事件挂钩，所能达到的得益组合构成的集合称为**非合作得益域**。

当博弈方缺乏对事先协议的锁定手段时，他们在博弈开始前相互交流的东西就是空口声明。这种声明可能很廉价，但当它允许博弈方在一个自我纠偏的协议上进行合作时，它仍是有价值的。这种协议会用到一个精心选择的随机事件，对所有博弈方来说它至少是部分可观测的。

当两个博弈方能完全观测到随机事件时，可能的得益组合集是博弈均衡结果的凸包，最简单的例子是性别之争博弈中，通过掷硬币决定让谁得到更有利的均衡。有时我们能构造一个更大的得益集合，条件是有一个仲裁人以某种有限制的方式发布信息，此时博弈方被诱导出的行为称为**相关均衡**。

6.8 进一步阅读

Tracking the Automatic Ant，by David Gale；Springer，New York，1998. 除了一些数学谜题和游戏外，这本书还讨论了玩智力扑克的方法。

6.9 练习

1. 设博弈方 I 有一个 4×3 得益矩阵，试用向量表示他的一个混合策略，其中第二个纯策略的使用概率为 0，其他纯策略的使用概率相等。博弈方 I 可通过什么随机装置实现这个混合策略？

2. 在好心人博弈中，n 个博弈方都希望一个受伤的人得到帮助。若无人帮助则 n 个人的收益为 0，有人帮助则 n 个人都获得 1 单位收益，但提供帮助的人要付出成本 $c(0 < c < 1)$，因此收益为 $1-c$。

如果 $n=1$，则受伤的人肯定会得到帮助。如果博弈方一个挨一个地从伤者身边走过，他也肯定会得到帮助（得到最后一个走过的人的帮助）。但是若 $n \geqslant 2$ 且帮忙的决定是同时做出的，每个博弈方就会希望伸出援手的是其他人。在一个对称的纳什均衡中，证明当 $n \to \infty$ 时，每个博弈方将以概率 $1-c^{1/(n-1)} \to 1$ 拒绝帮忙。证明伤者最终得到帮助的概率为 $1-c^{n/(n-1)}$，它在 $n \to \infty$ 时缩减为 $1-c$。如果受伤的人是你，你希望自己在什么地方得到帮助：大城市还是小山村？

3. 国家彩票的彩池通常被所有中奖者共享，因此买彩票时，你应该避免买那种常见的数字组合。在加拿大，下注者要从 1 到 49 中选出 6 个不同的数字，各数字在先前彩票中的被选频率是公开信息，被选次数最少的数字通常为 45 20 41 39 和 40（按受欢迎程度的降序排列）。注意到这个现象的人们有时会选组合$(45, 20, 41, 39, 40)$，这反而使它成为最流行的组合之一，真是自相矛盾!

假设有一种简单的国家彩票,只有三个等可能的组合,a,b 和 c;6 个下注者每人选了一个组合,希望从彩池分得一杯羹。已知两个下注者总是选 a,另一个下注者总是选 b,其余三人则类似一个博弈的博弈方,他们不会自动选 c,而是在前三个下注者的行为给定的情况下,寻求期望赢利的最大化。

容易找到三个策略型下注者所玩博弈的一个纯纳什均衡,即一个人选 b,另两人选 c,但博弈方怎么知道该由谁选 b?

存在一个对称的纳什均衡,三个策略型下注者使用同样的混合策略,即以概率 0,p 和 $1-p$ 分别选择 a,b 和 c。在这个均衡中,每个策略型下注者将对 b 和 c 感觉无差异,条件是其他聪明的下注者坚持他们的均衡策略。证明 $3p^2+8p-2=0$,于是 p 的近似值为 0.23。证明若其他策略型下注者坚持他们的均衡策略,则每个策略型下注者将严格地偏好 b 或 c 甚于 a。

4. 对于第 6.1.1 节给出的有进入成本的密封出价拍卖,画出纯策略反应曲线,并证明它们不相交(假设出价总是整数形式)。为什么这个结论意味着博弈不存在纯策略纳什均衡?

5. 对于第 6.1.1 节给出的有进入成本的密封出价拍卖,试解释为何进入且出价超过 $1-c$ 是一个强劣势策略。

6. 对于第 6.1.1 节给出的有进入成本的密封出价拍卖,试解释为何均衡中不会出现一个博弈方进入拍卖后以正概率报出任一特殊价格的情形。

7. 对于第 6.1.1 节给出的有进入成本的密封出价拍卖,若改变其规则,使得爱丽丝和鲍勃在进行密封出价之前,能够了解对方是否已进入拍卖。试分析该博弈。

8. 在一个双值矩阵博弈中,若给某些列中的博弈方 I 得益增加一个常数,试证明反应曲线保持不变。若给某些行中的博弈方 II 得益增加一个常数,试证明反应曲线也保持不变。

9. 对于图 6.15 给出的性别之争博弈以及懦夫博弈,画出混合策略反应曲线,并找出两个博弈所有的纳什均衡。

10. 图 6.3(c)给出的懦夫博弈有一个混合均衡,其中每个博弈方以 $\frac{2}{3}$ 的概率使用鹰派策略。这个混合均衡可以解释为一个群体博弈的多态均衡。如果群体规模是一个有限数 N,则群体的 $\frac{1}{3}$ 使用鸽派策略,其他 $\frac{2}{3}$ 使用鹰派策略就仅仅是一个近似均衡,为什么? 当 $N=6$ 时,存在几个近似均衡?

11. 若:

$$A = \begin{bmatrix} 2 & 1 & 3 \\ -1 & 4 & 0 \end{bmatrix}, \quad B = \begin{bmatrix} 1 & 2 \\ 0 & -1 \\ 3 & 0 \end{bmatrix}, \quad C = \begin{bmatrix} 0 & 1 \\ -1 & 2 \\ 0 & 4 \end{bmatrix}$$

判断以下表达式中的哪些是有意义的。对于有意义的表达式，找出它们代表的矩阵：

(a) $A+B$　(b) $B+C$　(c) $A+C$

(d) $3A$　(e) $3B-2C$　(f) $A-(B+C)^{\top}$

12. 根据矩阵：

$$A = \begin{bmatrix} 0 & 2 \\ 4 & 1 \\ 0 & 3 \end{bmatrix}, \quad B = \begin{bmatrix} 0 & 1 \\ 2 & 0 \end{bmatrix}, \quad C = \begin{bmatrix} 1 & 2 \\ 2 & 1 \end{bmatrix}$$

回答以下问题：

a. 为什么 AB 是有意义的但 BA 不是？计算 AB。

b. 为什么 BC 和 CB 都是有意义的？$BC = CB$ 是否成立？

c. 计算 $(AB)C$ 和 $A(BC)$，证明它们相等。

d. 证明 $(BC)^{\top} = C^{\top} B^{\top}$。

13. 证明线性方程组：

$$\begin{cases} 2x_1 - x_2 = 4 \\ x_1 - 2x_2 = 3 \end{cases}$$

可以表示成 $Ax = b$，其中：

$$A = \begin{bmatrix} 2 & -1 \\ 1 & -2 \end{bmatrix}, \quad x = \begin{bmatrix} x_1 \\ x_2 \end{bmatrix}, \quad b = \begin{bmatrix} 4 \\ 3 \end{bmatrix}$$

14. 对于 2×1 列向量：

$$x = \begin{bmatrix} 2 \\ 1 \end{bmatrix}, \quad y = \begin{bmatrix} 4 \\ -3 \end{bmatrix}, \quad z = \begin{bmatrix} 0 \\ 2 \end{bmatrix}$$

求 (a) $x+y$；(b) $3y$；(c) $-2z$；(d) $-z$；(e) $2x+y$；画出每个结果的几何图形。

15. 如果 x 和 y 是 $n \times 1$ 列向量，则除非 $n = 1$，否则 $x^{\top}y \neq xy^{\top}$，试解释原因。为什么 $x^{\top}y = y^{\top}x$ 对所有的 n 都成立？

16. 对于 3×1 列向量：

$$x = \begin{bmatrix} 3 \\ 2 \\ 1 \end{bmatrix}, \quad y = \begin{bmatrix} -3 \\ 1 \\ -2 \end{bmatrix}, \quad z = \begin{bmatrix} 1 \\ -1 \\ -2 \end{bmatrix}$$

求 (a) $x^{\top}x$；(b) $x^{\top}y$；(c) $x^{\top}z$；(d) $y^{\top}z$；(e) $\|x\|$；(f) $\|x-y\|$。

证明 $x^{\top}(3y + 2z) = 3x^{\top}y + 2x^{\top}z$。

17. 利用本章练习 16 的结论，回答以下问题：

a. 从 0 到 x 的距离。

review

review

review

review

b. 从 x 到 y 的距离。

c. 三个列向量 x，y 和 z 中，哪两个是正交的。

18. 在四个不同的博弈中，博弈方 II 有以下得益矩阵：

$$A = \begin{bmatrix} 1 & 2 \\ 3 & 4 \end{bmatrix}; \quad B = \begin{bmatrix} 1 & 3 \\ 4 & 2 \end{bmatrix}; \quad C = \begin{bmatrix} 2 & 4 & 6 & 3 \\ 6 & 2 & 4 & 3 \\ 4 & 6 & 2 & 3 \end{bmatrix}; \quad D = \begin{bmatrix} 3 & 2 & 1 & 1 \\ 2 & 3 & 1 & 1 \\ 2 & 2 & 3 & 1 \end{bmatrix}$$

试问在哪个博弈中，博弈方 II 有一个纯策略相比于一个混合策略是强劣势策略，但纯策略之间无此关系？那个强劣势策略是什么？混合优势策略又是什么？

19. 分别用一个向量不等式表示以下论断：夏娃使用混合策略 q 的收益不超过 β；亚当对混合策略 p 的选择使得夏娃对她的所有纯策略感觉无差异。

20. 对于奥尼尔纸牌博弈，找出爱丽丝的一个混合策略 p，使鲍勃对他的所有纯策略感觉无差异。

21. 博弈方 I 在一个有限两人博弈中有得益矩阵 A，试解释为何他的混合策略 $\tilde{p}$ 是对博弈方 II 某个混合策略的最优反应，当且仅当：

$$\exists q \in Q \, \forall p \in P (\tilde{p}^{\top} A q \geqslant p^{\top} A q)$$

其中 P 为博弈方 I 的混合策略集，Q 为博弈方 II 的混合策略集[①]。试解释为何 $\tilde{p}$ 是强劣势策略（可能相比于一个混合策略），当且仅当：

$$\exists p \in P \, \forall q \in Q (p^{\top} A q > \tilde{p}^{\top} A q)$$

证明 $\tilde{p}$ 不是强劣势策略，当且仅当：

$$\forall p \in P \, \exists q \in Q (p^{\top} A q \leqslant \tilde{p}^{\top} A q)$$

22. 试解释向量 $w = (3-2\alpha, 2, 1+2\alpha)$ 为何是通过点 $x = (1, 2, 3)$ 和 $y = (3, 2, 1)$ 的直线上一点。当 α 取何值时 w 位于 x 和 y 的中间位置？若一物体的质量有 $\frac{1}{3}$ 集中在 x 点，$\frac{2}{3}$ 集中在 y 点，则 α 取何值时 w 位于物体的重心位置？

23. 在一张图形中表示 $\mathbb{R}^2$ 中的向量 $(1, 1)$，$(4, 2)$，$(2, 4)$ 和 $(3, 3)$，标出包含这四个向量的凸包 H。为什么 $(3, 3)$ 是 $(4, 2)$ 和 $(2, 4)$ 的凸组合？在图中标出向量 $\frac{2}{3}(1, 1) + \frac{1}{3}(4, 2)$ 和 $\frac{1}{3}(1, 1) + \frac{1}{3}(4, 2) + \frac{1}{3}(3, 3)$。

24. 画出 $\mathbb{R}^2$ 中的以下集合。哪些是凸集？它们的凸包是什么？

(a) $\{x : x_1^2 + x_2^2 = 4\}$； (b) $\{x : x_1^2 + x_2^2 \leqslant 4\}$；

(c) $\{x : x_1 = 4\}$； (d) $\{x : x_1 = 4 \text{ 或 } x_2 = 4\}$。

---

① 记号"$\exists q \in Q$"表示"存在集合 Q 中的一个 q，使得"；记号"$\forall p \in P$"表示"对集合 P 中的任意 p"；为什么"非（$\exists p \forall q \cdots$）"相当于"$\forall p \exists q$（非$\cdots$）"？

25. 设 x，y，z 是 $\mathbb{R}^2$ 中的三个点，令 $u = ax + by(a+b=1)$ 是 x，y 的一个仿射组合。从几何上看，u 位于通过 x，y 两点的直线上。为什么 $v = (1-\gamma)u + \gamma z$ 位于从 u 到 z 的直线上比例为 γ 的位置处？试用欧几里德几何的比例分割定理或其他理论，证明当 $\gamma = \pi_3$ 且 $\alpha + \beta + \gamma = 1$ 时，点 $w = \alpha x + \beta y + \gamma z$ 的轨迹是一条直线。

26. 仿照图 6.14(b)，针对图 6.20 的 2×3 双值矩阵博弈，把所有混合策略对构成的集合 $P \times Q$ 表示成一个棱柱。在 $P \times Q$ 中画出博弈方Ⅰ反应曲线的三维图形，同样画出博弈方Ⅱ的反应曲线。两条反应曲线相交吗？唯一的纳什均衡是什么？每个博弈方可从纳什均衡获得多大收益？

	3		0		2
5		12		2	
	0		2		1
6		6		9	

图 6.20　本章练习 26 的博弈

27. 证明函数 $f: \mathbb{R}^2 \rightarrow \mathbb{R}^2$，$(y_1, y_2) = f(x_1, x_2)$ 当且仅当：

$$y_1 = x_1 + 2x_2 + 1$$
$$y_2 = 2x_1 + x_2 + 2$$

是仿射的，在图中标出点 $f(1, 1)$，$f(2, 4)$，$f(4, 2)$。

28. 对图 6.21(a) 的澳大利亚性别之争博弈，画出合作与非合作得益域。在第二个图形中标出纳什均衡的结果，并画出它们的凸包。

	拳击	芭蕾
拳击	−1 −2	0 0
芭蕾	0 0	−2 −1

	左	右
上	2 4	5 2
下	4 5	3 1

	左	右
上	$\frac{1}{5}$	$\frac{1}{5}$
下	$\frac{3}{5}$	0

(a)　　　　　　(b)　　　　　　(c)

图 6.21　本章练习 28、练习 29、练习 31 中的表格

29. 对于图 6.21(b) 给出的博弈，画出合作与非合作得益域。在第二个图形中标出纳什均衡的结果，并画出它们的凸包。

30. 对于图 6.15(a) 给出的懦夫博弈，证明所有相关均衡的结果构成的集合如图 6.19(a) 所示。

31. 对于图 6.21(b) 的博弈，证明存在一个相关均衡，其中随机行动以图 6.21(c) 所示概率选择得益表的各个单元，仲裁人观察到随机行动挑选的单元后，会告诉亚当采取该单元的行策略、夏娃采取该单元的列策略。试证明亚当和夏娃听从指示是最优的。证明亚当和夏娃采用相关均衡策略的得益组合位于由所有

纳什均衡结果构成的凸包内(练习29)。

32. 对于图 6.21(b)的博弈,找出所有的相关均衡结果。

33. 假设亚当和夏娃在博弈中有一个特殊的纳什均衡,其中每个纯策略对(s, t)被使用的概率为 $p(s, t)$。倘若一个仲裁人总是告诉亚当和夏娃以概率 $p(s, t)$ 使用 s 和 t,为什么结果必定是一个相关均衡? 如果一开始仲裁人从所有纳什均衡中随机挑出一个,为什么结果仍是一个相关均衡? 为什么相关均衡的结果构成的集合包含由纳什均衡结果构成的凸包?

	左	右
上	5 〱 1	1 〱 5
下	3 〱 4	2 〱 3

	左	右
上	$\frac{1}{15}$	$\frac{2}{15}$
下	$\frac{4}{15}$	$\frac{8}{15}$

(a)   (b)

图 6.22　本章练习 33 的表格

34. 证明图 6.22(a)的博弈有唯一的纳什均衡,其中爱丽丝以概率 $\frac{4}{5}$ 使用"向下"策略,鲍勃以概率 $\frac{2}{3}$ 使用"向右"策略,则每个结果的发生概率如图 6.22(b)所示。证明该博弈无相关均衡,除非仲裁人按图 6.22(b)的概率行事。

econ

35. 爱丽丝和鲍勃参加了一个密封出价拍卖,其中赢家能得到 1 美元钞票,输家则一无所获,但两人都必须支付标的物价款(第21.2节)。如果出价以美分为单位且只允许是整数值,试找出一个混合均衡,其中每个小于 1 美元的出价都有正的发生概率。假设博弈方风险中性,且平局情况下两人得益均为 0。

phil

36. 当哲学家们试图说明在囚徒困境进行合作才是理性时,他们偶尔会提到相关均衡。试解释为什么相关均衡不可能要求一个博弈方采取强劣势策略。

phil

37. 其他条件保持不变时,一个理性人不可能因信息状况变好而受到损害。特别地,一个理性博弈方不可能因了解某事而受到伤害——假如其他博弈方的信息状况保持不变。但这并不意味着人人都知新信息时人人的状况都会变好。对于第 6.6.2 节的博弈,如果亚当和夏娃全然了解仲裁人所知的事,则两个人都会蒙受损失,试用相关均衡解释原因。如果亚当了解仲裁人获得的信息,而夏娃只知道亚当是知情者,此时会发生什么?

math

38. 第 1 章练习 30 曾讨论《科学美国人》的百万美元博弈,分析了绝对命令对读者的要求。假设读者都是风险中性的,

a. 如果读者能够协调他们的选择,为什么他们应该从大家的数字中随机选择一个参加?

b. 如果他们必须独立进行随机选择,则每人的参加概率为 p 时,有 n 人参加

的概率是多少？每个读者的期望得益是多少？

c. 估计 p 的最优值。根本无奖金派发的概率是多少？

d. 对绝对命令的两种解释都不能产生一个纳什均衡,为什么？

39. 在埃尔斯伯格悖论的一个简单版本中,有两个盛红球或蓝球的坛子,现从其中一坛随机取出一球(第13.6.2节),亚当若猜对这个球的颜色则亚当赢。坛 A 是透明的,亚当能看到其中有等量的红球和蓝球,坛 B 是不透明的,看不到其中球的搭配情况。试验研究表明大多处于亚当角色的人都倾向于从坛 A 取球。

若面对坛 B,亚当总可以通过掷硬币决定猜哪个颜色。设这种方法可用,那么有无可能一个理性的参与人愿意付点钱把坛 B 换成坛 A？

40. 人们有时会这样解释上一题的试验证据:亚当可能觉得选坛 B 会使他面对一个类似纽康布悖论的状况,其中的实验者充当了夏娃的角色(第1章练习23)。因此她能抢先预测他的选择,从而有针对性地安排 B 坛内的球,使亚当处于不利地位。

这种情况可模型化为偷看硬币博弈,该博弈与猜硬币博弈几乎一样,除了一点:夏娃在亚当选择之后获得一个信号,告诉她"亚当选了正面"或"亚当选了反面"。当亚当选择正面时,信号正确的概率为 h,选反面时信号正确的概率为 t,这是博弈的共同知识。如果 $h>t$ 且 $h+t>1$,证明存在一个纳什均衡,若信号为"亚当选反面"则夏娃选择反面,否则使用混合策略。证明亚当在该均衡中的获胜概率小于猜硬币博弈的 $\frac{1}{2}$ 获胜概率。

a. 为什么偷看硬币博弈与埃尔斯伯格悖论相关？

b. 如果我们削弱夏娃的预测能力,令 h 和 t 趋近 $\frac{1}{2}$,会发生什么事？

c. 如果我们取 $h=t=1$,使哲学文献中的纽康布悖论实例化,会发生什么事？试说明不可能构造一个博弈模型,使其中既包含标准的哲学假定,即夏娃能在亚当做选择前就准确预测其选择,同时也不舍弃标准的博弈论假定,即博弈方可从策略集中自由选择他们喜欢的任何策略。

▶ 第 7 章

决出胜负

7.1 严格竞争博弈

本章回到严格竞争博弈这一特殊情形,也就是说两个博弈方的偏好是截然相反的。好消息是我们可以对这种零和博弈进行很深入的研究,坏消息是我们要用到比平常更多的数学工具。所以,有些读者可能更喜欢跳过本章。

由于零和博弈比其他博弈更为简单,冯·诺依曼与摩根斯坦的著作《博弈与经济行为》的前半部分都是讨论零和博弈的。也正因如此,关于博弈论的通俗介绍甚至都根本不提其他类型的博弈。结果,批评者常因为"生活不是零和博弈"而拒绝接受博弈的理论。

确实,生活并不经常是零和博弈,但是如果以为不用经过学习解决简单的博弈问题就可以解决生活中的博弈问题,那是很不现实的。博弈论有众多可能的军事应用,飞行员与空对空导弹程序之间的博弈就是其中之一。然而,批评者常把这类军事例子作为攻击博弈论学者是一群奇爱博士的证据,所以本章中将不再提及导弹这一话题。(奇爱博士是美国著名同名电影中的战争狂人。——译者注)

7.1.1 影子价格

→ 7.2

爱丽丝应该以什么价格把公司卖给疯帽匠企业?爱丽丝的工厂不值钱,但她拥有一些原材料,以 $m \times 1$ 向量 b 表示,疯帽匠企业是唯一的可能买家。然而,爱丽丝也可以加工这些原材料来卖制成品。

以 $n \times 1$ 向量 x 表示要生产的制成品数量,为此爱丽丝需要的原材料是一个 $m \times 1$ 向量:

$$z = Ax$$

其中 A 是她的投入产出矩阵,为一个 $m \times n$ 阵。制成品可以按固定价格卖出,价格是 $n \times 1$ 向量 c。爱丽丝卖出产品的收益就是内积 $c^\top x = c_1 x_1 + c_2 x_2 + \cdots + c_n x_n$。

疯帽匠企业可对原材料给出任一个收购价格,用 $m \times 1$ 向量 y 表示。一旦 x 与

y 给定,则爱丽丝公司的价值就是:

$$L(x, y) = c^{\top}x + y^{\top}(b - Ax)$$

爱丽丝要选择非负向量 x 以最大化 $L(x, y)$ 的最小值,而疯帽匠企业要选择非负向量 y 以最小化 $L(x, y)$ 的最大值。这样对爱丽丝公司价值的评估就简化为解一个严格竞争的博弈。

博弈的解给出价格 y,也就是爱丽丝原材料存货的价格,将会是爱丽丝能够加工存货为制成品并以价格 c 卖出情况下的最低价格水平。经济学家把 y 的分量称为爱丽丝的存货的影子价格。这可以告诉她在生产过程中生产多少中间品是值得的,帮助她进行决策。

7.2 零和博弈

零和博弈就是博弈方得益之和一定为零的博弈。对于两个博弈方,对纯结果集合 Ω 中的任何结果 ω,都有:

$$u_1(\omega) + u_2(\omega) = 0$$

其中 $u_1 : \Omega \rightarrow R$ 和 $u_2 : \Omega \rightarrow R$ 是博弈方的冯·诺依曼—摩根斯坦效用函数。

定理 7.1 两人博弈具有零和的表达式的充要条件是该博弈是严格竞争的。

证明: 当博弈方对任何一对结果具有完全相反的偏好时,两人博弈是严格竞争的。这样,对于任意两张彩票 L 与 M,若其奖金是严格竞争博弈的纯结果,则有 $L \prec_1 M \Leftrightarrow L \succ_2 M$,故有:

$$\mathcal{E}u_1(L) \leqslant_1 \mathcal{E}u_1(M) \Leftrightarrow L \geqslant_2 M$$

从而 $-u_1$ 是冯·诺依曼—摩根斯坦效用函数,反映了博弈方 II 的偏好关系 $\prec_2$。根据定理 4.1 可知存在常数 $A < 0$ 及 B,使得 $u_2 = Au_1 + B$。为使博弈为零和的,取 $A = -1$ 及 $B = 0$。

要证明两人零和博弈是严格竞争的更为容易。若 $u_2 = -u_1$,则:

$$L \leqslant_1 M \Leftrightarrow \mathcal{E}u_1(L) \leqslant \mathcal{E}u_1(M)$$
$$\Leftrightarrow -\mathcal{E}u_1(L) \geqslant -\mathcal{E}u_1(M)$$
$$\Leftrightarrow \mathcal{E}u_2(L) \geqslant \mathcal{E}u_2(M) \Leftrightarrow L \geqslant_2 M$$

人际比较? 指望通过研究零和博弈能够使我们进行效用的人际比较,这一想法有时是错的(第 4.6.3 节)。一个博弈方的效用增加必须由另一博弈方的效用损失来平衡,但是这并不意味着博弈方对胜利或失败的感觉是完全一样的。

在定理 7.1 的证明中我们选择了 $A = -1$ 和 $B = 0$,但我们同样可以选择 $A = -2$ 和 $B = 3$ 或者 $A = -1$ 和 $B = 1$,后两者是博弈的常和表达式。

例如,决斗与俄罗斯轮盘赌都是严格竞争的博弈,前一章中表达为常和为 1 的博弈。要转换成零和博弈,只需挑一个博弈方,将他的所有得益减去 1 即可。

风险态度？ 在转化为零和博弈时,博弈方对风险的态度有时会被忽视。例如,扑克与双陆棋被自动认为是零和的,因为某个博弈方赢的钱一定等于其他博弈方输的钱。但这并不足以保证扑克或双陆棋是零和博弈。当所有博弈方都是严格风险厌恶的,就肯定不是零和博弈了。[①]

作为零和博弈来分析扑克和双陆棋时,已经暗含了博弈方是**风险中性**的假定。这样,博弈方对于金钱的冯·诺依曼—摩根斯坦效用函数 $u: \mathbb{R} \to \mathbb{R}$ 可以写成:

$$u(x) = x$$

由圣彼得堡悖论可知,对于人们的偏好来说,风险中性通常并不是一个好的假定。但是像扑克游戏中经手的钱数目很小时,风险中性的假设就是一个不错的近似。

7.2.1 矩阵博弈

图 7.1(a)中的双值矩阵是零和博弈的策略型,每一格中得益之和是零。所以得益矩阵 A 与 B 满足 $A + B = 0$。由于 $B = -A$,写出博弈方 II 的得益就是多余的。从而,零和博弈的策略型通常只用博弈方 I 的得益矩阵表示,如图 7.1(b)。必须记住这一矩阵只记录了博弈方 I 的得益。容易忘掉的是,博弈方 II 追求的是最小化这些得益。

	t_1	t_2	t_3
s_1	-2 \ 2	-5 \ 5	0 \ 0
s_2	-3 \ 3	-1 \ 1	-2 \ 2
s_3	-4 \ 4	-3 \ 3	-6 \ 6

(a)

	t_1	t_2	t_3
s_1	2	5	0
s_2	3	1	2
s_3	4	3	6

(b) 矩阵 M

图 7.1 零和策略型

7.3 最小化最大值与最大化最小值

1928 年的冯·诺依曼最小化最大值定理是解零和博弈的关键。这一节通过纯策略的研究作一些基础准备。

---

① 在零和博弈中,$u_1 = -u_2$,所以一个参与者的效用函数是严格凹的当且仅当另一参与者的效用函数是严格凸的。这是前几章我们只限于讨论输赢博弈的原因之一。只有在考虑仅有两种可能奖金的彩票时,才可以由参与者对奖金有相反偏好推理得出他们对彩票也一定有相反偏好。

7.3.1 计算最小化最大值与最大化最小值

图 7.1(a) 中的博弈,博弈方 I 的纯策略集合 S 对应于图 7.1(b) 中得益矩阵 M 的行,博弈方 II 的纯策略集合 T 对应于 M 的列。将矩阵 M 的第 s 行第 t 列的值记为 $\pi(s, t)$〔而不是第 5.2 节中的 $\pi_1(s, t)$〕。

M 中的每一列的最大值是 4,5 和 6,像以前一样,在图 7.2(a) 中用圆将它们圈出。每一行的最小值是 0,1 和 3,在图 7.2(b) 中用方框圈出。例如:

$$\max_{s \in S} \pi(s, t_3) = 6 \quad \text{及} \quad \min_{t \in T} \pi(s_1, t) = 0$$

矩阵 M 的最小化最大值 $\overline{m}$ 与最大化最小值 $\underline{m}$ 就是:

$$\overline{m} = \min_{t \in T}\{\max_{s \in S} \pi(s, t)\} = \min\{4, 5, 6\} = 4$$
$$\underline{m} = \max_{s \in S}\{\min_{t \in T} \pi(s, t)\} = \max\{0, 1, 3\} = 3$$

这些数字在图 7.2 中同时用圆与方框圈出。

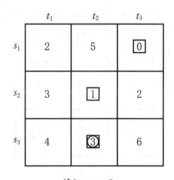

	t_1	t_2	t_3
s_1	2	⑤	0
s_2	3	1	2
s_3	④	3	⑥

(a) $\overline{m} = 4$

	t_1	t_2	t_3
s_1	2	5	☐0
s_2	3	☐1	2
s_3	4	☐3	6

(b) $\underline{m} = 3$

图 7.2 矩阵 M 的最小化最大值与最大化最小值

下面的定理解释了为什么矩阵的最小化最大值 $\overline{m}$ 用上划线表示而最大化最小值 $\underline{m}$ 用下划线表示。

定理 7.2 $\overline{m} \geqslant \underline{m}$。

证明: 对任意给定的 $t \in T$, $\pi(s, t) \geqslant \min_{t \in T} \pi(s, t)$。因而有

$$\max_{s \in S} \pi(s, t) \geqslant \max_{s \in S} \min_{t \in T} \pi(s, t) = \underline{m}$$

将这一不等式应用于特定的 $t \in T$ 就可将左边最小化得到 $\overline{m} \geqslant \underline{m}$。

→ 7.3.2

7.3.2 鞍点

已经看到最大化最小值可以严格小于最小化最大值,但我们更有兴趣的是两个值相等的情形。下面会看到此时矩阵有一个鞍点。

在图 7.3 中,对矩阵 N 一个策略对 (σ, τ),若 $\pi(\sigma, \tau)$ 在其所处列中最大,而在其所处行中最小,就称之为一个**鞍点**(第 2.8.2 节)。图 7.4(a) 中,由于 s_2 行 t_2 列的值同时划上了圆与方框,故 (s_2, t_2) 是 N 的鞍点。

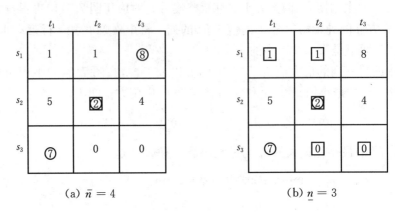

(a) $\bar{n} = 4$ \qquad\qquad (b) $\underline{n} = 3$

图 7.3　矩阵 N 的最小化最大值与最大化最小值

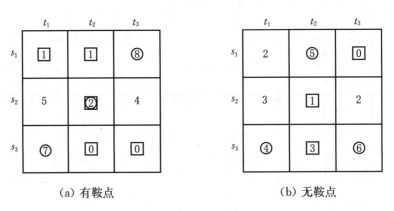

(a) 有鞍点 \qquad\qquad (b) 无鞍点

图 7.4　寻找鞍点

由于图 7.3(a) 中的 $\pi(s_1, t_3) = 8$,在图 7.5(a) 的柱形图中,s_1 行 t_3 列的高度就是 8。这个图中的 (s_2, t_2) 处像一个马鞍,尽管坐上去会不舒服,但可以解释为什么称 (s_2, t_2) 为一个鞍点。

图 7.5(b) 看起来更像一个真实的马鞍。它展示了一个连续函数 $\pi: S \times T \to \mathbb{R}$ 的鞍点 (σ, τ),其中 S 与 T 是实数的闭区间。要使 (σ, τ) 成为鞍点,对所有 $s \in S$ 及所有 $t \in T$,都要满足:

$$\pi(\sigma, t) \geqslant \pi(\sigma, \tau) \geqslant \pi(s, \tau) \tag{7.1}$$

使用圆与方框可以得到明显的结论:矩阵有鞍点当且仅当最大化最小值与最小化最大值相等。下面的定理给出了正式的证明。

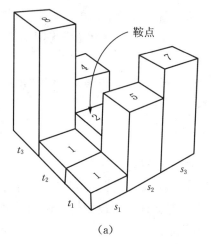

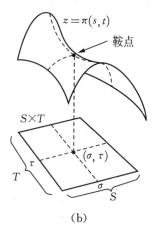

(a)   (b)

图 7.5　鞍点

定理 7.3　(σ, τ) 是鞍点的充分必要条件是 σ 与 τ 满足：

$$\min_{t \in T} \pi(\sigma, t) = \max_{s \in S} \min_{t \in T} \pi(s, t) = \underline{m} \tag{7.2}$$

$$\max_{s \in S} \pi(s, \tau) = \min_{t \in T} \max_{s \in S} \pi(s, t) = \overline{m} \tag{7.3}$$

而且 $\underline{m} = \overline{m}$。当 (σ, τ) 是鞍点时，$\underline{m} = \pi(\sigma, \tau) = \overline{m}$。

　　证明：证明充分必要条件通常分为两步，第一步证明必要性，第二步证明充分性。

　　第一步，如果 (σ, τ) 是鞍点，则 $\pi(\sigma, t) \geqslant \pi(\sigma, \tau) \geqslant \pi(s, \tau)$ 对所有 $s \in S$ 及 $t \in T$ 成立，这样 $\min_{t \in T} \pi(\sigma, t) \geqslant \pi(\sigma, \tau) \geqslant \max_{s \in S} \pi(s, \tau)$，所以：

$$\underline{m} = \max_{\sigma \in S} \min_{t \in T} \pi(\sigma, t) \geqslant \min_{t \in T} \pi(\sigma, t) \geqslant \pi(\sigma, \tau) \geqslant \max_{s \in S} \pi(s, \tau) \geqslant \min_{\tau \in T} \max_{s \in S} \pi(s, \tau) = \overline{m}$$

但定理 7.2 表明 $\underline{m} \leqslant \overline{m}$，所以上面过程中的所有 $\geqslant$ 号都可以换成等号。

　　第二步，假设 $\underline{m} = \overline{m}$，必须证明存在一个鞍点 (σ, τ)。选择满足 (7.2) 式和 (7.3) 式的 σ 与 τ，则对于 $s \in S$ 及 $t \in T$，有：

$$\pi(\sigma, t) \geqslant \min_{t \in T} \pi(\sigma, t) = \underline{m} = \overline{m} = \max_{s \in S} \pi(s, \tau) \geqslant \pi(s, \tau)$$

　　在不等式中取 $s = \sigma$ 及 $t = \tau$ 得到 $\underline{m} = \pi(\sigma, \tau) = \overline{m}$。所以，$(\sigma, \tau)$ 满足成为鞍点的条件。

7.3.3　再论决斗

　　在第 5.2.1 节中，对于决斗博弈，通过确定"半斤"的得益矩阵的鞍点，找到了一个纳什均衡。现在，可以给出另一个利用最小化最大值与最大化最小值的博弈分析法。

→ 7.4

在决斗博弈中,以前允许一个博弈方开火的位置 d 是有限的。现在,每个博弈方可以在闭区间 $[0, D]$ 选择任意的 d,图 5.3 中的 6×5 也要换成无限的表格,我们会认为鞍点仍然存在。

根据定理 7.3,在纳什均衡中,"半斤"会在与"八两"的距离为 δ 时开枪,其中 δ 是下式中取得最大值时的 d 值,

$$\underline{m} = \max_{d} \inf_{e} \pi(d, e) \tag{7.4}$$

考虑到 d 的取值是无限的,就产生了小的技术问题。首先,由于 $\pi(d, e)$ 未必有最小值,[①] 在 $\underline{m}$ 的公式中必须将最小值"min"换成下确界"inf"。另一个小问题是:若两个博弈方在完全相同的距离处开枪会怎么样? 假设有一个随机干扰使得一个博弈方恰好在对手之前开枪,那么"半斤"活下来的概率 $q(d)$ 在 $p_1(d)$ 与 $1 - p_2(d)$ 之间。

图 7.6 表明,对于不同 d 值,可以利用等式 (5.1) 中 $\pi(d, e)$ 的公式来确定 $m(d) = \inf_{e} \pi(d, e)$。(由于 $\pi(d, e)$ 在 $e = d$ 处是不连续的,不能写成 $m(d) = \min_{e} \pi(d, e)$,而是只能写成 $m(d) = \inf_{e} \pi(d, e)$,也就是说在 e 充分接近 d 时,只能得到任意接近 $m(d)$ 的值。)

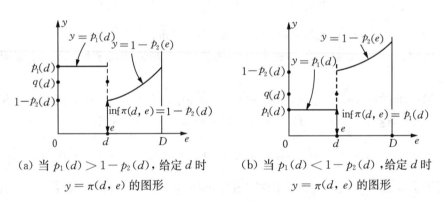

(a) 当 $p_1(d) > 1 - p_2(d)$,给定 d 时
$y = \pi(d, e)$ 的图形

(b) 当 $p_1(d) < 1 - p_2(d)$,给定 d 时
$y = \pi(d, e)$ 的图形

图 7.6　决斗中得益的图示

现在,在图 7.7 中画出 $y = m(d)$ 的图形。等式 (7.4) 中所要求的最大值在点 $d = \delta$ 处取得,其中:

$$p_1(d) + p_2(d) = 1$$

这与第 3.7.2 节中用完全不同的方法得出的结论是相同的。

若在前面的分析中互换 $p_1(d)$ 与 $p_2(d)$,最终结果不会改变,"八两"也会在距

---

① 例如,开区间 $(2, 3)$ 没有最小的数。$(2, 3)$ 中的所有数都比 1 大,所以 1 是 $(2, 3)$ 的一个下界。最大的下界是 2,但 2 不是 $(2, 3)$ 中的数,不会是 $(2, 3)$ 的最小值。数学家称一个集合的最大的下界为下确界 (infimum)。当最小值存在时,下确界与最小值是相同的。一个集合的最小的上界为上确界 (supremum)。当最大值存在时,上确界与最大值是相同的。

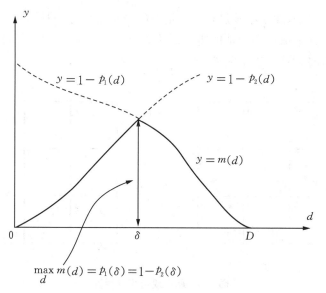

$$\max_d m(d) = p_1(\delta) = 1 - p_2(\delta)$$

图 7.7 决斗中最大化最小值

离 δ 处开枪。由于他们在距离 δ 处同时开枪,"半斤"活下来的概率就是 $q(\delta) = p_1(\delta) = 1 - p_2(\delta)$。

双方都在距离 δ 处开枪是一个纳什均衡,这是决斗博弈这个分析方法的核心。在严格竞争这一特殊博弈中,还有更多一定成立的结论。此时,纳什均衡对应于博弈方I的得益矩阵的鞍点 (σ, τ)。定理 2.2 说明博弈有一个值。不论博弈方II打算怎么做,博弈方I都可通过采取策略 σ 来保证自己至少获得 $\pi(\sigma, \tau)$ 的得益。不论博弈方I打算怎么做,博弈方II都可通过采取策略 τ 来保证博弈方I最多获得 $\pi(\sigma, \tau)$ 的得益。

特别的是,决斗中,不论另一人决定何时开枪,博弈方 i 都可以在两者距离为 δ 时开枪,以保证自己活下来的概率至少为 $p_i(\delta)$。

7.4 安全第一

在决斗中,得益 $p_1(\delta)$ 是"半斤"的安全水平。如果"半斤"采取在距离 δ 处开枪这一安全策略,"八两"就没有办法使"半斤"的生存概率低于 $p_1(\delta)$。

下一步是要将安全水平这一想法用到更一般的博弈中。这通常需要使用混合策略。人们有时会问,随机选择策略怎么可能是安全的呢?但在猜硬币博弈中,我们已经知道,亚当的安全策略是以相等的概率猜正面和反面(第 2.2.2 节)任何其他行为都有负平均收益的风险。

7.4.1 安全水平

博弈中亚当的安全水平是不论对手怎么做他都能**保证**得到最大的期望得益。

为了计算安全水平,亚当必须进行最坏情况的分析,也就是假设其他博弈方能够预见到他的策略并采取行动使他的得益**最小**。在这种悲观的假设下,能保证亚当的安全水平的策略就称为**安全策略**。

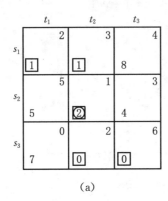 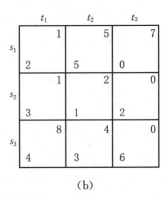

(a)　　　　　　　　　　　　(b)

图 7.8　两个双值矩阵博弈

在图 7.8(a)的双值矩阵博弈中,亚当是博弈方 I,夏娃是博弈方 II。在此博弈中,亚当的得益矩阵是图 7.3 中的矩阵。为完成最坏情况分析,亚当做出如下的推理。

如果夏娃猜到亚当将选择 s_1,她就会选择 t_1 或 t_2 以使他的得益降到 1,若她猜到他将选择 s_2,她就会选择 t_2 以使他的得益降到 2,若她猜到他将选择 s_3,她就会选择 t_2 或 t_3 以使他的得益降到 0。所以,最坏情况分析说明亚当的得益的集合是 $\{1,2,0\}$,就是图 7.8(a)中用方框圈出来的部分。这个集合中最佳的得益是圆圈中的 2,所以,亚当可以采取纯策略 s_2 来保证最少得到 2 的得益。

这个推理模仿了在图 7.3(b)的矩阵中证明 $\underline{m}=2$ 所用的在得益上画圆与方框的方法。同样的推理可以说明亚当**总**是可以保证至少得到其得益矩阵的最大化最小值 $\underline{m}$。什么时候 $\underline{m}$ 就是他的安全水平呢?

定理 7.4　若博弈方 I 的得益矩阵中有一个鞍点 (σ,τ),则他的安全水平就是 $\underline{m}=\pi_1(\sigma,\tau)=\overline{m}$,且 σ 是他的一个安全策略。

证明:计算博弈方 I 的安全水平所用的最坏情况就等价于把它看作一个严格竞争博弈。新博弈中,博弈方 I 的得益矩阵保持为 A 不变,但博弈方 II 的得益矩阵改为 $-A$。定理的证明就简化为说明 (σ,τ) 是这个新博弈的解(定理 2.2)。　□

图 7.8(a)的博弈中,亚当的得益矩阵 N 有一个鞍点,定理 7.4 说明他的安全水平是 $\underline{n}=2$,且 s_2 是一个安全策略。图 7.8(b)的博弈中,亚当的得益矩阵 M 没有鞍点,定理 7.4 就不能说明他的安全水平是 $\underline{m}=3$,下面就会看到他的安全水平是 $3\frac{1}{2}$。

7.4.2 混合策略的安全得益

我们将证明：在图 7.8(b) 的双矩阵博弈中，亚当可以用混合策略 $p = \left(\frac{1}{4}, 0, \frac{3}{4}\right)$ 来保证最少为 $3\frac{1}{2}$ 的得益。然后再证明：夏娃可以用混合策略 $q = \left(\frac{1}{2}, \frac{1}{2}, 0\right)$ 来确保他的得益不会超过 $3\frac{1}{2}$。这样，$3\frac{1}{2}$ 就是亚当的安全水平。

亚当尽力自保。 由于策略 s_2 严格劣于 s_3，亚当不会采用纯策略 s_2。所以，第一步是删掉 s_2，使得亚当的得益矩阵如图 7.9(a) 所示。

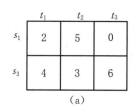

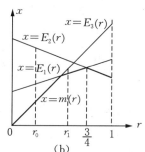

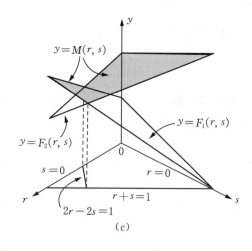

图 7.9 计算混合安全策略

接下来，在简化的博弈中，如果夏娃采取纯策略 t_k 而亚当采取混合策略 $(1-r, r)$，我们求出亚当的期望得益 $x = E_k(r)$，可得：

$$E_1(r) = 2(1-r) + 4r = 2 + 2r$$
$$E_2(r) = 5(1-r) + 3r = 5 - 2r$$
$$E_3(r) = 0(1-r) + 6r = 6r$$

图 7.9(b) 画出了直线 $x = E_1(r)$，$x = E_2(r)$ 及 $x = E_3(r)$。

亚当计算安全水平时，他的悲观假设是夏娃预见到他会采取混合策略并采取相应的策略来限制他得到 $E_1(r)$，$E_2(r)$，$E_3(r)$ 中的最小值[①]。所以，亚当的期望得益是：

[①] 如果夏娃能预测硬币的正反面或是能知道从扑克中抽出的是哪一张牌，那情况就会更糟。不过，假设夏娃具有超能力来进行分析没有什么意义。警觉的读者会问：为什么夏娃不考虑混合策略呢？原因是，对每个 r，她总是可以只用一个纯策略就能使亚当的得益最小。

$$m(r) = \min\{E_1(r), E_2(r), E_3(r)\}$$

图 7.9(b)用粗线画出了 $x = m(r)$ 的图形。例如,当 $r = r_0$ 时,$m(r) = E_3(r)$;而当 $r = r_1$ 时,$m(r) = E_1(r)$。

亚当要选择 r 来做到最坏情况中的最好。选择最优的 r 时,他的得益是:

$$\underline{v} = \max_r m(r) = \max_r \min_k E_k(r)$$

图 7.9(b)表明,r 的取值满足 $0 \leqslant r \leqslant 1$,$m(r)$ 在两条线 $x = E_1(r)$ 与 $x = E_2(r)$ 相交的地方达到最大。由于方程:

$$2 + 2r = 5 - 2r$$

的解是 $r = \dfrac{3}{4}$,在图 7.8(b)的原博弈中,亚当采取混合策略 $p = \left(\dfrac{1}{4}, 0, \dfrac{3}{4}\right)$ 就可以保证他的期望得益至少为:

$$\underline{v} = m\left(\frac{3}{4}\right) = E_1\left(\frac{3}{4}\right) = 2 + 2 \times \frac{3}{4} = 3\frac{1}{2}$$

夏娃与亚当作对。 下一步将证明如果夏娃不是尽力最大化自己的得益而是尽力去最小化亚当的得益,则她可以确保亚当的得益不会超过 $3\frac{1}{2}$。把夏娃当作是得益矩阵为图 7.8(a)的零和博弈的博弈方 II,记住,矩阵中的得益对夏娃来说都是损失。

如果亚当采取纯策略 s_k 而夏娃采取混合策略 $(1 - r - s, r, s)$,我们求出夏娃的期望损失 $y = F_k(r, s)$,可得:

→ 7.4.3

$$F_1(r, s) = 2(1 - r - s) + 5r + 0s = 2 + 3r - 2s$$
$$F_2(r, s) = 4(1 - r - s) + 3r + 6s = 4 - r + 2s$$

图 7.9(c)画出了两个平面 $y = F_1(r, s)$ 和 $y = F_2(r, s)$。[①]

与亚当的情况相似,夏娃的悲观假设是亚当预见到她会采取混合策略并采取相应的策略来使她的损失达到 $F_1(r, s)$,$F_2(r, s)$ 中的最大值。所以,夏娃的期望损失是:

$$M(r, s) = \max\{F_1(r, s), F_2(r, s)\}$$

图 7.9(b)用阴影画出了 $y = M(r, s)$ 的图形。

夏娃要选择 r 与 s 来做到最坏情况中的最好。选择最优的 r 与 s 时,她的损失是:

$$\overline{v} = \min_{(r, s)} M(r, s) = \min_{(r, s)} \max_k F_k(r, s)$$

---

① 在图 7.9(b)中,我们只考虑满足 $0 \leqslant r \leqslant 1$ 的 r 值,这里我们只考虑满足 $r \geqslant 0$,$s \geqslant 0$ 及 $r + s \leqslant 1$ 的数对 (r, s)。这样的数对落在由直线 $r = 0$,$s = 0$ 与 $r + s = 1$ 围成的三角形中。

图 7.9(c)表明,$M(r, s)$在两个平面 $y = F_1(r, s)$ 和 $y = F_2(r, s)$ 相交的地方达到最小。检查满足 $F_1(r, s) = F_2(r, s)$ 的数对(r, s)。等式化简为:

$$2 + 3r - 2s = 4 - r + 2s$$
$$2r - 2s = 1$$

这条线上的哪个数对(r, s)能使 $M(r, s)$的值最小?

有两个候选点。一个是直线 $2r - 2s = 1$ 与 $s = 0$ 的交点 $\left(\frac{1}{2}, 0\right)$,另一个是直线 $2r - 2s = 1$ 与 $r + s = 1$ 的交点 $\left(\frac{3}{4}, \frac{1}{4}\right)$。

由于 $M\left(\frac{1}{2}, 0\right) = F_1\left(\frac{1}{2}, 0\right) = 3\frac{1}{2}$,而 $M\left(\frac{3}{4}, \frac{1}{4}\right) = F_1\left(\frac{3}{4}, \frac{1}{4}\right) = 3\frac{3}{4}$,故数对$(r, s)$在 $\left(\frac{1}{2}, 0\right)$ 处使 $M(r, s)$的值最小。最小值是 $\overline{v} = 3\frac{1}{2}$。

最小化最大值等于最大化最小值? 在刚才的二人零和博弈中有:

$$\underline{v} = \overline{v} = 3\frac{1}{2}$$

如果允许使用混合策略,矩阵博弈的最大化最小值与最小化最大值一定相等吗?

如果这个问题的回答是肯定的,在完美信息严格竞争博弈中由鞍点存在推出的所有结论都可以推广。不完美信息二人零和博弈的所有理论问题也就不复存在了。

著名数学家波莱尔(Emile Borel)比冯·诺依曼早几年研究了赌博中的混合策略。他自问 $\underline{v} = \overline{v}$ 是否一定成立并猜想答案可能是否定的。幸好,冯·诺依曼后来证明答案为肯定时一点也不知道之前波莱尔的研究,否则他也许就不会尝试了!

然而,在了解冯·诺依曼最小化最大值定理之前,必须把第 7.3.1 节中的结论加入混合策略后重新叙述一遍。

7.4.3 混合策略的最小化最大值与最大化最小值

博弈方 I 的得益函数 $\Pi: P \times Q \to \mathbb{R}$ 为:

$$\Pi(p, q) = p^\top A q$$

其中 A 为他的得益矩阵(第 6.4.3 节)。他的得益函数的最小化最大值 $\overline{v}$ 与最大化最小值 $\underline{v}$ 定义为:

$$\underline{v} = \max_{p \in P} \min_{q \in Q} \Pi(p, q) = \min_{q \in Q} \Pi(\widetilde{p}, q) \tag{7.5}$$

$$\overline{v} = \min_{q \in Q} \max_{p \in P} \Pi(p, q) = \max_{p \in P} \Pi(p, \widetilde{q}) \tag{7.6}$$

其中 $\widetilde{p}$ 是 P 中使得 $\min_{q \in Q} \Pi(p, q)$ 最大的混合策略,而 $\widetilde{q}$ 是 Q 中使得 $\max_{p \in P} \Pi(p, q)$

最小的混合策略。[1]

得益函数 Π 的鞍点就是一个混合策略对 $(\tilde{p}, \tilde{q})$，对于 P 中的任何 p 及 Q 中的任何 q 满足：

$$\Pi(\tilde{p}, q) \geqslant \Pi(\tilde{p}, \tilde{q}) \geqslant \Pi(p, \tilde{q})$$

如果把 $\Pi(p, q)$ 想象成一个广义"矩阵"的 p 行 q 列的值，则下面的定理就很自然成立了。其证明可以从定理 7.2、定理 7.3 及定理 7.4 的证明中复制过来。

定理 7.5 $\underline{v} \leqslant \overline{v}$。

定理 7.6 $(\tilde{p}, \tilde{q})$ 是鞍点的充分必要条件是 $\tilde{p}$ 和 $\tilde{q}$ 由 (7.5) 式和 (7.6) 式给出且 $\underline{v} = \overline{v}$。当 $(\tilde{p}, \tilde{q})$ 是鞍点时，$\underline{v} = \Pi(\tilde{p}, \tilde{q}) = \overline{v}$。

定理 7.7 如果博弈方 I 的得益函数 Π 有鞍点 $(\tilde{p}, \tilde{q})$，则他的安全水平是 $\underline{v} = \Pi(\tilde{p}, \tilde{q}) = \overline{v}$，且 $\tilde{p}$ 是他的安全策略。

7.4.4 最小化最大值定理

冯·诺依曼最小化最大值定理的下述证明大体来源于欧文（Guillermo Owen）的归纳论证。他的证明不需要更深的定理，但还是需要较多的代数知识。在下面的论证中，代数仍然会让初学者头疼，但我们已经简化到只讨论最大、最小之类的问题。然而，用这种方式对代数进行简化还需要另外进行无限取值情况的论证。

人们都熟悉有限的序数 $0, 1, 2, \cdots$，它们用来对一个有限的集合进行计数。要对一个无限集合进行计数，就需要扩充到无限的序数。当我们用光了前面使用的有限序数时，就要发明一个新的序数来对一个良序集合中的下一个元素计数。[2]例如，如果在对无限集合计数时用光了有限的序数，我们把下一个元素计数为第一个无限序数，数学记号是 ω。然而，下面证明中所用的只是一个结论：对任意一个集合计数时，都存在足够大的用不完的序数。

定理 7.8(冯·诺依曼) 对有限博弈，必有：

$$\underline{v} = \overline{v}$$

证明：下面证明 $\underline{v} < \overline{v}$ 会导致矛盾。则最小化最大值定理可由 $\underline{v} \leqslant \overline{v}$（定理 7.5）得证。

我们需要对每个序数 α 构造一个零和博弈：它具有凸的非空策略集 P_α 与 Q_α，但得益函数与原博弈是相同的。这些博弈的第一个就是原博弈，即 $P_0 \times Q_0 = P \times Q$。后面的博弈依次变小，也就是当 $\alpha < \beta$ 时，$P_\beta \times Q_\beta \subset P_\alpha \times Q_\alpha$，重要的是其

---

① 这里定义的 $\underline{v}$ 与 $\overline{v}$ 与第 7.4.3 节中的定义是一致的。(7.5) 式右端最大值与 (7.6) 式右端的最小值可以在纯策略处取得。

② 良序集合的每个非空子集都有最小元素。良序定律说明每个集合都可以被赋予一个良序。

中的包含是严格的。

这种构造导致矛盾的原因是对足够大的 γ，因为不可能对超过 $P \times Q$ 数量的元素计数，$P_\gamma \times Q_\gamma$ 必定是空集。

构造的思路是将 $P_\alpha \times Q_\alpha$ 换成 $P_\beta \times Q_\beta$，使得：

$$\overline{v}_\beta - \underline{v}_\beta \geqslant \overline{v}_\alpha - \underline{v}_\alpha \tag{7.7}$$

我们先来看在 $\alpha = 0$，$\beta = 1$ 时是怎么做的。

第一步，如果 $\underline{v} \geqslant \Pi(\tilde{p}, \tilde{q})$ 且 $\Pi(\tilde{p}, \tilde{q}) \geqslant \overline{v}$，则 $\underline{v} \geqslant \overline{v}$。从而，由假设 $\underline{v} < \overline{v}$ 可得出 $\underline{v} < \Pi(\tilde{p}, \tilde{q})$ 或 $\Pi(\tilde{p}, \tilde{q}) < \overline{v}$。以下假设前一个不等式成立。若后一个不等式成立，下面的讨论需要再做一遍，但要将 Q 收缩变为 P 收缩。

第二步，令 Q_1 是 Q 中的满足：

$$\Pi(\tilde{p}, q) \leqslant \underline{v} + \varepsilon \tag{7.8}$$

的元素 q 组成的**非空凸集**，其中 $0 < \varepsilon < \Pi(\tilde{p}, \tilde{q}) - \underline{v}$。由于 Q_1 中不包含 $\tilde{q}$，故 Q_1 是严格小于 Q 的。令 $P_1 = P$。

第三步，可同样定义 $\tilde{p}_1$ 与 $\tilde{q}_1$，考虑凸组合 $\hat{p} = \alpha\tilde{p} + \beta\tilde{p}_1$ 与 $\hat{q} = \alpha\tilde{q} + \beta\tilde{q}_1$，则有：

$$\begin{aligned}
\overline{v} = \min_{q \in Q} \max_{p \in P} \Pi(p, q) &\leqslant \max_{p \in P} \Pi(p, \hat{q}) \\
&= \max_{p \in P}\{\alpha\Pi(p, \tilde{q}) + \beta\Pi(p, \tilde{q}_1)\} \\
&\leqslant \alpha \max_{p \in P} \Pi(p, \tilde{q}) + \beta \max_{p \in P_1} \Pi(p, \tilde{q}_1) \\
&= \alpha \overline{v} + \beta \overline{v}_1
\end{aligned} \tag{7.9}$$

第四步，要找 $\underline{v}$ 的不等式更麻烦一些。先得出下面的不等式：

$$\begin{aligned}
\min_{q \in Q_1} \Pi(\hat{p}, q) &\geqslant \alpha \min_{q \in Q_1} \Pi(\tilde{p}, q) + \beta \min_{q \in Q_1} \Pi(\tilde{p}_1, q) \\
&\geqslant \alpha \min_{q \in Q_1} \Pi(\tilde{p}, q) + \beta \min_{q \in Q_1} \Pi(\tilde{p}_1, q) \\
&= \alpha\underline{v} + \beta\underline{v}_1
\end{aligned} \tag{7.10}$$

$$\begin{aligned}
\inf_{q \notin Q_1} \Pi(\hat{p}, q) &\geqslant \alpha \inf_{q \notin Q_1} \Pi(\tilde{p}, q) + \beta \inf_{q \notin Q_1} \Pi(\tilde{p}_1, q) \\
&\geqslant \alpha(\underline{v} + \varepsilon) + \beta c
\end{aligned} \tag{7.11}$$

最后一行成立，是因为 $\Pi(\tilde{p}, q) \leqslant \underline{v} + \varepsilon$ 意味着 q 在由 (7.8) 定义的集合 Q_1 中。常数 c 就是下确界 $\inf\limits_{q \notin Q_1} \Pi(\tilde{p}_1, q)$ 的简写。

第五步，我们希望 (7.10) 式比 (7.11) 式更小。要做到这一点，令 $\alpha = 1 - \beta$ 并仔细选取 β。若 β 足够小的话，(7.10) 式可以无限地接近 $\underline{v}$，同样，(7.11) 式可以无限地接近 $\underline{v} + \varepsilon$。这样，只要 β 充分小的话，(7.10) 式就小于 (7.11) 式。然而，重要的一点是 β 并不等于 0。

第六步，现在可以得到关于 $\underline{v}$ 的不等式

$$\underline{v} = \max_{p \in P} \min_{q \in Q} \Pi(p, q) \geqslant \min_{q \in Q} \Pi(\hat{p}, q)$$
$$= \min\{\min_{q \subset Q_1} \Pi(\hat{p}, q), \inf_{q \notin Q_1} \Pi(\hat{p}, q)\}$$
$$\geqslant \min\{\alpha\underline{v} + \beta v_1, \alpha(\underline{v} + \varepsilon) + \beta c\}$$
$$= \alpha\underline{v} + \beta v_1. \tag{7.12}$$

第七步,要找的不等式(7.7)可由(7.12)式与(7.9)式得出。

第八步,剩下的是要说明如何对 $\beta = 1$ 以外的其他序数进行构造。如果 β 有一个之前紧接的序数 α,构造方式与前面类似。若不然,可令 P_β 是所有满足 $\alpha < \beta$ 的 P_α 的交集,Q_β 是所有满足 $\alpha < \beta$ 的 Q_α 的交集。

第九步,当 $\alpha < \beta$ 时,得益函数的连续性保证了(7.7)式成立。每组 P_α 与 Q_α 是非空的凸的紧集保证了 P_β 与 Q_β 也是非空的凸的紧集。且当 $\alpha < \beta$ 时,$P_\beta \times Q_\beta \subset P_\alpha \times Q_\alpha$ 是严格的。

完成了上述构造,最小化最大值定理也就证好了。

7.4.5 安全与均衡

最小化最大值定理表明,在任何博弈中,亚当的安全水平是他的得益函数的最大化最小值 $\underline{v}$。他可采用(7.5)式中的安全策略 $\tilde{p}$ 来保证至少得到 $\underline{v}$。夏娃可采用(7.6)式中的安全策略 $\tilde{q}$ 来限制亚当的得益不会超过 $\underline{v} = \overline{v}$。

在任何博弈的纳什均衡中,亚当一定可得到最少为安全水平 $\underline{v}$ 的得益。否则,他总可用转而采用安全策略之一来得到更多。然而,性别之争的例子表明,博弈方的所得并不一定高于安全水平,均衡策略也并不一定都是安全的。

性别之争的混合策略是用图 6.17(b)中的线段来表示的。正如第 6.6.1 节中所解释的,对应于 $\tilde{p} = \frac{1}{3}$ 的线段是水平的,对应于 $\tilde{q} = \frac{2}{3}$ 的线段是垂直的。所以,当亚当采用策略 $\tilde{p} = \frac{1}{3}$ 时夏娃总是得到相同的得益,当夏娃采用策略 $\tilde{q} = \frac{2}{3}$ 时亚当总是得到相同的得益。所以,$(\tilde{p}, \tilde{q})$ 是一个混合纳什均衡。

同样的推理可以找出这个例子中亚当与夏娃的安全策略。对应于 $\tilde{p} = \frac{2}{3}$ 的线段 l 是垂直的,所以,不论夏娃怎么做,亚当可采用 $\tilde{p} = \frac{2}{3}$ 来获得相同的得益。对应于亚当的其他混合策略的线段都与 l 相交,也就包含 l 左侧的点。对亚当来说,采用其他混合策略时的最坏情况要比采用 $\tilde{p} = \frac{2}{3}$ 时的最坏情况更差。所以,性别之争中亚当的安全策略是 $\tilde{p} = \frac{2}{3}$。类似地,夏娃的安全策略是 $\tilde{q} = \frac{1}{3}$,对应于图 6.17(b)中的水平线段。

纳什均衡 $(\widetilde{p}, \widetilde{q}) = \left(\dfrac{1}{3}, \dfrac{2}{3}\right)$ 与安全策略 $(\hat{p}, \hat{q}) = \left(\dfrac{2}{3}, \dfrac{1}{3}\right)$ 对应于图 6.17(b) 中的同一对线段。所以,两种情况下博弈方得到相同的得益 $\dfrac{2}{3}$。尽管没有一个纳什均衡是安全的,但亚当与夏娃在混合纳什均衡中都得到了他们的安全水平 $\dfrac{2}{3}$。

7.5　解零和博弈

亚当悲观地假定夏娃总是要与他作对,这通常是非理性的。如果夏娃是理性的,她会使自己的得益最大化,而不是使亚当的得益最小化。但在零和博弈中,夏娃的得益与亚当完全相反,最大化自己的得益就是最小化亚当的得益,悲观假定是完全理性的。

7.5.1　两人零和博弈的值

在第 2.8.1 节中,严格竞争博弈的值 v 是一个满足如下性质的结果:博弈方 I 有策略 σ,对他来说,其结果至少与 v 一样好;同时,博弈方 II 有策略 τ,对她来说,其结果至少与 v 一样好。在这里,情况并没什么不同,只不过把二人零和博弈的值定义为博弈方 I 的一个**得益**,而不再是一个结果。

定理 7.9　任一两人零和博弈有值 $v = \underline{v} = \overline{v}$。博弈方 I 可采用任一安全策略 $\widetilde{p}$ 来保证他的期望得益至少为 v,博弈方 II 可采用任一安全策略 $\widetilde{q}$ 来保证博弈方 I 的所得不超过 v。

证明:最小化最大值定理表明博弈方 I 的得益函数总有鞍点 $(\widetilde{p}, \widetilde{q})$,故定理 7.9 成立。

定理 7.9 是从博弈方 I 的角度来写出二人零和博弈的值。对博弈方 II 来说,除了要将安全水平改为 $-v$ 外,其他的分析都是相同的。形式上有:

$$\max_{q \in Q} \min_{p \in P}\{-\Pi(p, q)\} = \max_{q \in Q}\{-\max_{p \in P}\Pi(p, q)\}$$
$$= -\{\min_{q \in Q} \max_{p \in P}\Pi(p, q)\} = -\overline{v} = -v$$

所以,博弈方 II 可采用任一安全策略 $\widetilde{q}$ 来保证她的得益至少是 v,博弈方 I 可采用任一安全策略 $\widetilde{p}$ 来保证博弈方 II 的得益不超过 v。

7.5.2　两人零和博弈的均衡

有必要先给出相关的定理和一些例子。

定理 7.10　在二人零和博弈中,$\widetilde{p}$ 是博弈方 I 的安全策略且 $\widetilde{q}$ 是博弈方 II 的安全策略的充分必要条件是 $(\widetilde{p}, \widetilde{q})$ 是纳什均衡。

证明：两个条件等价于鞍点的存在。

石头剪刀布。每个孩子都会玩这个游戏。亚当与夏娃同时做出一个手势代表其纯策略：*石头*、*剪刀*、*布*。胜者由下述规则决定：

石头	砸坏	剪刀
剪刀	剪破	布
布	包住	石头

如果双方手势一样，结果是平局。假定双方都认为平局等价于输赢概率一样的彩票，则博弈是零和的。亚当的得益矩阵可写为：

$$\mathbf{A} = \begin{pmatrix} 0 & 1 & -1 \\ -1 & 0 & 1 \\ 1 & -1 & 0 \end{pmatrix}$$

矩阵 $\mathbf{A}$ 的行与列都含有相同的数字，只是次序有所不同。因而若亚当和夏娃以相等的概率采用三种纯策略，则对手采用任何纯策略都得到相同的得益。所以，双方都采用混合策略的纳什均衡是 $\left(\dfrac{1}{3}, \dfrac{1}{3}, \dfrac{1}{3}\right)^\top$。定理 7.10 说明，同样的混合策略是双方的安全策略。

使用策略 $\left(\dfrac{1}{3}, \dfrac{1}{3}, \dfrac{1}{3}\right)^\top$ 时，不论对手采用什么策略，博弈方的得益都是 0。这也证实了 $\left(\dfrac{1}{3}, \dfrac{1}{3}, \dfrac{1}{3}\right)^\top$ 是安全策略。所以，和所有的对称二人零和博弈的结论一样，博弈的值是 0。

奥尼尔纸牌博弈。在第 6.4.5 节中说明了，在奥尼尔纸牌博弈中，若 $\tilde{p} = \tilde{q} = \left(\dfrac{2}{5}, \dfrac{1}{5}, \dfrac{1}{5}, \dfrac{1}{5}\right)^\top$，则 $(\tilde{p}, \tilde{q})$ 是纳什均衡。定理 7.10 表明 $\tilde{p}$ 和 $\tilde{q}$ 也是这个严格竞争博弈的安全策略。与石头剪刀布的情况有所不同，在奥尼尔纸牌博弈中，博弈方 I 具有优势，其值是正的。实际上：

$$v = \tilde{p}^\top A \tilde{q} = \dfrac{2}{5}$$

7.5.3 等价与可交换均衡

当博弈具有多个纳什均衡时，哪一个是博弈的解呢？冯·诺依曼与摩根斯坦避开了这个均衡选择的问题，只讨论二人零和博弈。定理 7.10 说明这种博弈的所有纳什均衡是可交换和等价的。

对两个均衡 (p, q) 与 (p', q')，若 (p, q') 与 (p', q) 也是纳什均衡，则称均衡 (p, q) 与 (p', q') 是**可交换**的。若 $\Pi_1(p, q) = \Pi_1(p', q')$ 且 $\Pi_2(p, q) = \Pi_2(p', q')$，则称均衡 (p, q) 与 (p', q') 是**等价**的。由于双方在每个均衡中得到的

得益相同,他们不会关心最终选择了哪个均衡。

如果博弈的纳什均衡都是等价的和可交换的,则选择问题就不存在了。即使冯·诺依曼写了一本书推荐均衡(p,q),而摩根斯坦写了另一本书推荐均衡(p',q'),他们的不一致对博弈方没有任何影响。如果亚当听从冯·诺依曼的建议,他会选择p。如果夏娃听从摩根斯坦的建议,她会选择q'。结果就是纳什均衡(p,q')都会给双方带来预期的得益。

7.5.4 何时用最大化最小值

有些作者说最好在任何有风险的情况下都使用最大化最小值策略,但是,极端的谨慎也是非理性的。

和性别之争的情况一样,在一般的博弈中,如果双方都采用安全策略,则可能谁都没有做出对应于对方策略的最佳反应(第7.4.5节),也没有理由要求大多数博弈中理性的博弈方仅仅满足于得到安全水平的得益。例如,在性别之争博弈时,两个纯策略均衡中双方的得益都高于其安全水平。

定理7.10肯定仅对两人零和博弈是成立的。但即使是在两人零和博弈中,当对手很蹩脚时,用最大化最小值策略就是不明智的。用安全策略当然可以保证不论对手怎么做你都可能得到安全水平,但遇到差的对手时,你就应当有更高的目标。你会察觉对手的系统性弱点,并偏离安全策略来证实这些弱点。这么做是冒了风险的,但当有很好的机会时你还不愿冒一些可控的风险的话,这是非理性的。

可如果你在零和博弈中的对手很优秀呢?观察职业体育比赛的策略而收集的证据令人惊讶地支持了冯·诺依曼的理论。足球比赛中如何踢点球的数据与按照最大化最小值得出的混合策略吻合得非常好。

→7.6

7.6 线性规划

数学规划就是在变量x的一些取值约束下将目标函数$f(x)$最大化或最小化。线性规划是其特殊情况,要求目标函数与描述约束条件的函数都是线性的。

这一节展现了零和博弈与线性规划的对偶定理的关联。虽然有更一般的结果,但我们只介绍它的一个特例。

7.6.1 对偶

在第6.4.4节中我们知道,亚当可以采用满足不等式$p^{\top}A \geqslant \alpha e^{\top}$的混合策略$p$来保证得到得益$\alpha$。($e$表示一个分量都是1的向量。)

寻找亚当的安全水平的问题就转化为在下面左边列出的约束条件下寻找p来使α最大。(约束$p^{\top}e=1$与$p^{\top} \geqslant 0$只是为了保证p是概率。)夏娃的安全水平同样就转化为在下面右边列出的约束条件下寻找 q 来使 β 最大。

$$p^{\top}A \geqslant \alpha e^{\top} \qquad Bq \geqslant \beta e$$
$$p^{\top}e = 1 \qquad e^{\top}q = 1$$
$$p^{\top} \geqslant 0 \qquad q \geqslant 0$$

对零和博弈的情况,夏娃的得益矩阵是 $B = -A$。如果像通常那样都用亚当的得益矩阵来表达,也必须令 $\gamma = -\beta$。于是夏娃的目标是最小化 γ 而不是最大化 β。它的最小值是夏娃的安全水平的负数,根据冯·诺依曼最小化最大值定理,它等于亚当的安全水平。

这样我们就得到了两个具有相同解的问题。在下面左边列出的约束条件下 α 的最大值就是下面右边列出的约束条件下 γ 的最小值。

$$p^{\top}A \geqslant \alpha e^{\top} \qquad Aq \leqslant \gamma e$$
$$p^{\top}e = 1 \qquad e^{\top}q = 1$$
$$p^{\top} \geqslant 0 \qquad q \geqslant 0$$

重新写一下这两个问题,就可以得到线性规划的对偶定理。在亚当的问题中,令 $p = \alpha y$,则 $\alpha^{-1} = e^{\top}y$。假设 $\alpha > 0$,亚当就是要最小化 $e^{\top}y$。他的问题的简化式就是下面右边的问题。同样,记 $q = \gamma x$,夏娃的问题就化为左边的问题。

$$\begin{array}{cc} \text{最大化} & \text{最小化} \\ e^{\top}x & y^{\top}e \\ \text{约束条件} & \text{约束条件} \\ Ax \leqslant e & y^{\top}A \geqslant e^{\top} \\ x \geqslant 0 & y \geqslant 0 \end{array}$$

称这两个线性规划是互为对偶的。特别地,它们有相同的解。原规划与对偶规划的更一般形式在图 7.10 中给出。

$$\begin{array}{cc} \boxed{\begin{array}{c} \text{最大化} \\ c^{\top}x \\ \text{约束条件} \\ Ax \leqslant b \\ x \geqslant 0 \end{array}} & \boxed{\begin{array}{c} \text{最小化} \\ y^{\top}b \\ \text{约束条件} \\ y^{\top}A \geqslant c^{\top} \\ y \geqslant 0 \end{array}} \\ \text{(a) 原问题} & \text{(b) 对偶问题} \end{array}$$

若其中有一个可行,则两个最优值都存在且相等。

图 7.10　原线性规划与其对偶

线性规划的对偶定理要求有一个假设前提:其中一个规划是可行的。这意味着至少有一个向量满足其约束条件。结论是,两个规划都有解,且原规划的最大值等于对偶规划的最小值。

7.6.2　再论影子价格

图 7.10(a) 的原规划问题的拉格朗日函数为：

$$L(x,\, y) = c^{\mathsf{T}}x + y^{\mathsf{T}}(b - Ax)$$

这正好是 7.1.1 中爱丽丝与疯帽匠企业之间博弈的得益函数。对偶定理说明 $L(x,\, y)$ 具有鞍点 $(\tilde{x},\, \tilde{y})$，而 $\tilde{x}$ 与 $\tilde{y}$ 分别是图 7.10 原问题与对偶问题的解。

我们来推出上面的结论。注意到如果 $b - Ax$ 有负分量的话，疯帽匠企业可以使 $L(x,\, y)$ 要多小有多小。所以，爱丽丝会确保 $Ax \leqslant b$。这样，疯帽匠企业要最小化 $L(x,\, y)$，最好的也只能是选择 y 使得 $y^{\mathsf{T}}(b - Ax) = 0$。于是，爱丽丝就面临图 7.10(a) 的原问题，即：

$$\max_{x \geqslant 0} \min_{y \geqslant 0} L(x,\, y) = c^{\mathsf{T}}\tilde{x}$$

由于 $L(x,\, y) = y^{\mathsf{T}}b + (c^{\mathsf{T}} - y^{\mathsf{T}}A)x$，我们可以从另一个博弈方角度重复上面的讨论。如果 $c^{\mathsf{T}} - y^{\mathsf{T}}A$ 有正分量的话，爱丽丝可以使 $L(x,\, y)$ 要多大有多大。所以，疯帽匠企业会确保 $y^{\mathsf{T}}A \geqslant c^{\mathsf{T}}$。这样，爱丽丝要最大化 $L(x,\, y)$，最好的也只能是选择 x 使得 $(c^{\mathsf{T}} - y^{\mathsf{T}}A)x = 0$。于是，疯帽匠企业就面临图 7.10(b) 的对偶问题，即：

$$\min_{y \geqslant 0} \max_{x \geqslant 0} L(x,\, y) = \tilde{y}^{\mathsf{T}}b$$

然而，对偶定理说明 $c^{\mathsf{T}}\tilde{x} = \tilde{y}^{\mathsf{T}}b$，故根据定理 7.3，$(\tilde{x},\, \tilde{y})$ 是 $L(x,\, y)$ 的鞍点。

爱丽丝可能通过解图 7.10(b) 的对偶问题来计算其存货的影子价格。她也会注意到：

$$\tilde{y}^{\mathsf{T}}(b - A\tilde{x}) = 0$$

这说明对于爱丽丝生产 $\tilde{x}$ 用不完的存货，疯帽匠企业会给出零价格。所以，她的存货的价值是 $c^{\mathsf{T}}\tilde{x} = \tilde{y}^{\mathsf{T}}b = \tilde{y}^{\mathsf{T}}A\tilde{x}$。

→ 7.7

7.7　超平面分离

超平面分离定理具有重要的应用。例如可用于证明经济学中一般均衡模型的出清价格的存在。把超平面分离定理放在本节中，是因为最小化最大值定理的大部分证明都与之有关。

7.7.1　超平面

超平面听起来好像是来自于《星际迷航》（星际迷航是著名的美国系列科幻电

→ 7.7.2

影,也是一档电视系列节目。——译者注)。但若把它写进电视脚本并不会有多么好玩。一个法向量为 $n \neq 0$ 的超平面就是满足下面等式的点 x 的集合:

$$n^\top x = c \qquad\qquad (7.13)$$

所以,超平面是用线性方程来定义的。如果我们在空间 $\mathbb{R}^n$ 中讨论,则超平面的维数是 $n-1$。例如,$\mathbb{R}^2$ 中的超平面是直线,而 $\mathbb{R}^3$ 中的超平面就是普通平面。

考虑 $\mathbb{R}^3$ 中经过点 $\xi = (3, 2, 1)^\top$ 且与向量 $n = (3, 1, 1)^\top$ 正交的平面。图 7.11(a) 表明,点 x 落在平面内当且仅当向量 $x-\xi$ 与向量 n 正交。而两个向量正交当且仅当它们的内积是零(第 6.4.2 节)。所以,平面的方程是 $n^\top(x-\xi) = 0$,它可以通过取 $c = n^\top \xi = 12$ 写成 (7.13) 式的形式。要写出不太抽象的形式,只需将 (7.13) 式中的内积展开即可得到:

$$3x_1 + x_2 + x_3 = 12$$

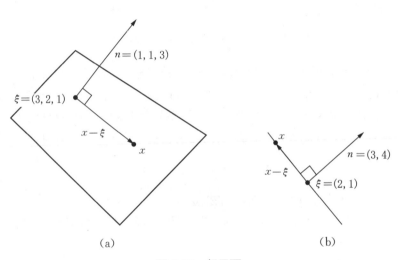

图 7.11 超平面

$\mathbb{R}^2$ 中经过点 $\xi = (2, 1)^\top$ 且与向量 $n = (3, 4)^\top$ 正交的直线是 $\mathbb{R}^2$ 中的超平面。图 7.11(b) 说明了为什么直线的方程是 $n^\top(x-\xi) = 0$,它可以通过取 $c = n^\top \xi = 10$ 写成 (7.13) 式的形式。将 (7.13) 式中的内积展开可得到标准的线性方程:

$$3x_1 + 4x_2 = 10$$

任一与超平面正交的向量都可作为该超平面的法向量。所以,为了方便,总是可以用适当的数乘以法向量来调节其长度。例如,若想得到直线 $3x_1 + 4x_2 = 10$ 的长度为 1 的法向量,只要除以 5 就可得到新的法向量 $n = \left(\dfrac{3}{5}, \dfrac{4}{5}\right)^\top$。

7.7.2 分离

欧氏几何被公认为是演绎推理的基础,但希尔伯特(David Hilbert)指出,欧几里德的某些证明依赖于一些思想,这些思想在欧氏的公理中被忽视了。这些思想中的一个就是分离。

超平面 $n^\top x = c$ 把空间 $\mathbb{R}^n$ 分割成两半。在两半空间中各任取一点,其连线一定经过这个超平面。

超平面之"上"的半空间是满足 $n^\top x \geqslant c$ 的 x 的集合。这是向量 n 所指向的半空间。超平面之"下"的半空间是满足 $n^\top x \leqslant c$ 的 x 的集合。称集合 G 在超平面之上是指 G 中任何点 g 都满足 $n^\top g \geqslant c$。称集合 H 在超平面之下是指 H 中任何点 h 都满足 $n^\top h \leqslant c$。

若两个集合 G 与 H 一个在超平面之上,另一个在超平面之下,则称它们被超平面分离。图 7.12(a)中 $\mathbb{R}^2$ 内的两个凸集 G 与 H 被超平面 $n^\top x = c$ 分离,此时超平面就是直线。图 7.12(b)是一个退化的例子,G 由 H 的一个边界点 ξ 组成。

下面给出超平面分离定理的一个常用形式。注意 G 与 H 可以有公共的边界点。

定理 7.11(超平面分离定理) *令 G 与 H 是 $\mathbb{R}^n$ 中的两个凸集,假设 H 有内点且内点都不在 G 中,则存在分离 G 与 H 的超平面 $n^\top x = c$。*

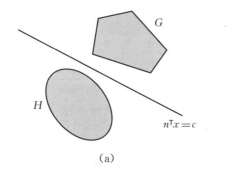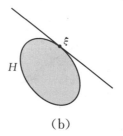

(a)   (b)

图 7.12　超平面分离

7.7.3　分离与鞍点

考虑一个二人零和博弈,其矩阵为 $\boldsymbol{A}$。最小化最大值定理说明双方总是可以找到满足 $\tilde{p}^\top \boldsymbol{A} q \geqslant \tilde{p}^\top \boldsymbol{A} \tilde{q} \geqslant p^\top \boldsymbol{A} \tilde{q}$ 的混合策略 $\tilde{p}$ 与 $\tilde{q}$。用博弈的值 $v = \tilde{p}^\top \boldsymbol{A} \tilde{q}$ 来重写这个鞍点条件就得到不等式:

$$\tilde{p}^\top \boldsymbol{A} q \geqslant v \geqslant p^\top \boldsymbol{A} \tilde{q} \tag{7.14}$$

我们来构造两个被超平面 $\tilde{p}^\top x = v$ 分离的凸集 G 与 H。超平面的法向是博弈方 I 的安全策略 $\tilde{p}$。博弈方 II 的安全策略 $\tilde{q}$ 可以用点 $\boldsymbol{A}\tilde{q}$ 在集合 $G \bigcap H$ 中这一事实推导出来。

我们用图 7.9(a)的矩阵来演示构造过程:

→ 7.7.4

$$A = \begin{pmatrix} 2 & 5 & 0 \\ 4 & 3 & 6 \end{pmatrix} \tag{7.15}$$

我们已经知道 A 对应的博弈的值是 $v = 3\frac{1}{2}$，双方的混合安全策略分别是

$\tilde{p} = \left(\frac{1}{4}, \frac{3}{4}\right)^{\top}$ 和 $\tilde{q} = \left(\frac{1}{2}, \frac{1}{2}, 0\right)^{\top}$（第 7.4.2 节）。

我们把超平面分离定理中的 G 取为 A 的列的凸包。在图 7.13(a) 中，G 是以 $(2, 4)^{\top}$，$(5, 3)^{\top}$ 和 $(0, 6)^{\top}$ 为顶点的三角形。

G 中的点 g 是 A 的列的凸组合。由于对 G 中的每一点 g 都存在 Q 中的向量 q 使得：

$$
\begin{aligned}
g &= q_1 \begin{pmatrix} 2 \\ 4 \end{pmatrix} + q_2 \begin{pmatrix} 5 \\ 3 \end{pmatrix} + q_3 \begin{pmatrix} 0 \\ 6 \end{pmatrix} \\
&= \begin{pmatrix} 2 & 5 & 0 \\ 4 & 3 & 6 \end{pmatrix} \begin{pmatrix} q_1 \\ q_2 \\ q_3 \end{pmatrix} = Aq
\end{aligned}
$$

故有 $G = \{Aq : q \in Q\}$。

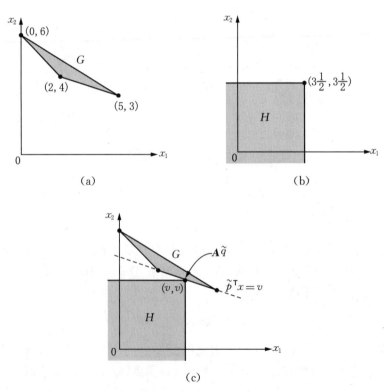

(a)

(b)

(c)

图 7.13　安全策略的几何表示

图 7.13(b) 中的集合 H 的定义为：

$$H = \{h: h \leqslant ve\}$$

其中 $v = 3\frac{1}{2}$ 是博弈的值。注意，h 在集合 H 中当且仅当对 P 中的任何 p，有：①

$$p^\top h \leqslant v \tag{7.16}$$

G 与 H 被超平面 $p^\top x = v$ 分离。由于 (7.16) 式中可以取 $p = \tilde{p}$，立刻可知 H 在超平面之下。要说明 G 在超平面之上，需要用到 (7.14) 式的左边。就是说，对 Q 中的任何 q，有 $\tilde{p}^\top Aq \geqslant v$。若记 $g = Aq$，则对 G 中的任何 g 有

$$\tilde{p}^\top g \geqslant v$$

(7.14) 式的右边还没有用到。就是说对 P 中的任何 p 有 $p^\top A\tilde{q} \leqslant v$。这样，根据 (7.16) 式，$G$ 中的元素 $A\tilde{q}$ 也在 H 中。也就是说，G 与 H 的公共点集 $G \cap H$ 包含 $A\tilde{q}$。如图 7.13(c) 所示，尽管 G 与 H 被超平面 $p^\top x = v$ 分离，它们仍然有公共点 $A\tilde{q}$。

7.7.4 用分离解博弈

已经看到最小化最大值定理可以用几何来解释。现在，我们用几何来解一些二人零和博弈。其方法适用于任何只有两行的得益矩阵。

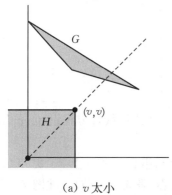
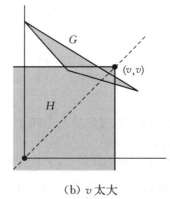

(a) v 太小　　　　　　　　(b) v 太大

图 7.14　选择数值 v

例 1　对于比图 7.9(a) 的得益矩阵更复杂的二人零和博弈，没人愿意用第 7.4.2 节中的方法进行分析。更好的办法是应用前一节的讨论来分析。

第一步，在一张图纸上标出矩阵 A 的列 $(2,4)^\top$，$(5,3)^\top$ 和 $(0,6)^\top$ 的位置，然后像图 7.13(a) 那样画出它们的凸包 G。

第二步，画出直线 $x_1 = x_2$。这条直线上的点 $(v,v)^\top$ 确定了如图 7.13(b) 所示

---

① 若 $h \leqslant ve$，则 $p^\top h \leqslant vp^\top e = v$。若对 P 中的任何 p，都有 $p^\top h \leqslant v$，则可对任意一个 i，取 $p = e_i$ 来证明 $h \leqslant ve$。

的集合 H。要选择能使 G 与 H 至少有一公共点的最小的 v 值。①图 7.14(a)是 v 取的太小的情况,结果 G 与 H 没有公共点了。图 7.14(b)是 v 取的太大的情况。若把 v 变小一点儿,G 与 H 仍然有公共点。

第三步,如图 7.13(c)那样画出分离线 $p^\top x = v$。

第四步,找出博弈方 I 的安全策略 $\tilde{p}$。它是分离线的一个法向,通常不需要计算就可以找到。但对此例来说,大多数人会觉得必须写出分离直线的方程。由于分离直线经过点 $(2, 4)^\top$ 和 $(5, 3)^\top$,其方程:

$$\frac{x_2 - 4}{x_1 - 2} = \frac{3 - 4}{5 - 2} = \frac{-1}{3}$$

也可以写为 $x_1 + 3x_2 = 14$。系数 1 和 3 就是分离超平面的法向量的分量(第 7.7.1 节)。但我们需要一个满足 $p_1 \geqslant 0$,$p_2 \geqslant 0$ 且 $p_1 + p_2 = 1$,也就是在 P 中法向量 $\tilde{p}$。将法向量 $(1, 3)^\top$ 更换为法向量 $\tilde{p} = \left(\frac{1}{4}, \frac{3}{4}\right)^\top$,这就是博弈方 I 的安全策略。

第五步,通过直线 $x_1 = x_2$ 与 $x_1 + 3x_2 = 14$ 的交点 $(v, v)^\top$ 来找出博弈的值 v。解方程组,有 $v + 3v = 14$,故 $v = 3\frac{1}{2}$。

第六步,利用 $A\tilde{q}$ 在集合 $G \bigcap H$ 中这一事实来找出博弈方 II 的安全策略 $\tilde{q}$。此例中,$G \bigcap H$ 由单个点 $(v, v)^\top = \left(3\frac{1}{2}, 3\frac{1}{2}\right)^\top$ 组成。于是:

$$\begin{pmatrix} 2 & 5 & 0 \\ 4 & 3 & 6 \end{pmatrix} \begin{pmatrix} \tilde{q}_1 \\ \tilde{q}_2 \\ \tilde{q}_3 \end{pmatrix} = \begin{pmatrix} 3\frac{1}{2} \\ 3\frac{1}{2} \end{pmatrix}$$

如果你愿意的话,可以加上条件 $\tilde{q}_1 + \tilde{q}_2 + \tilde{q}_3 = 1$ 来解线性方程组,但下面的做法通常会更容易一些。

G 是 A 的列的凸包。$A\tilde{q}$ 是 A 的列的一个凸组合。实际上 $A\tilde{q}$ 是点 $(2, 4)^\top$,$(5, 3)^\top$ 和 $(0, 6)^\top$ 的权数为 $\tilde{q}_1$,$\tilde{q}_2$ 和 $\tilde{q}_3$ 的重心(第 6.5.1 节)。在图 7.13(c)中,$(v, v)^\top = A\tilde{q}$ 看起来是在连接 $(2, 4)^\top$ 和 $(5, 3)^\top$ 的线段的一半处。若这是正确的,相应的权数一定是 $\tilde{q}_1 = \frac{1}{2}$,$\tilde{q}_2 = \frac{1}{2}$ 和 $\tilde{q}_3 = 0$。下式是对此的验证:

$$\frac{1}{2}\begin{pmatrix} 2 \\ 4 \end{pmatrix} + \frac{1}{2}\begin{pmatrix} 5 \\ 3 \end{pmatrix} + 0\begin{pmatrix} 0 \\ 6 \end{pmatrix} = \begin{pmatrix} 3\frac{1}{2} \\ 3\frac{1}{2} \end{pmatrix}$$

所以,不需要很多计算,我们就证明了博弈方 II 有唯一的安全策略

---

① 因为 $A\tilde{q}$ 同时属于 G 与 H,故集合 G 与 H 一定有公共点。但是超平面分离定理要求 G 不能包含 H 的内点,故它们的交集一定会包含尽可能少的点。

$$\widetilde{q} = \left(\frac{1}{2}, \frac{1}{2}, 0\right)^{\top}.$$

例 2　具有如下矩阵:

$$\boldsymbol{B} = \begin{pmatrix} 1 & 2 & 3 \\ 4 & 5 & 4 \end{pmatrix}$$

的二人零和博弈产生了图 7.15(a)的图形。分离线的方程是 $x_2 = 4$,所以 $\widetilde{p} = (0, 1)^{\top}$。博弈的值是 $v = 4$。$G \bigcap H$ 由连接 $(1, 4)^{\top}$ 和 $(3, 4)^{\top}$ 的线段 l 上的所有点组成。如果 $\boldsymbol{A}\widetilde{q}$ 在 l 上,则 $\widetilde{q}$ 是博弈方 II 的安全策略。如果点 $(1, 4)^{\top}$,$(2, 5)^{\top}$ 和 $(3, 4)^{\top}$ 的权数分别为 $\widetilde{q}_1$,$\widetilde{q}_2$ 和 $\widetilde{q}_3$,它们的重心何时会在 l 上? 唯一必须的限制是 $\widetilde{q}_2 = 0$。这样,Q 中任何满足 $\widetilde{q}_2 = 0$ 的 $\widetilde{q}$ 都是博弈方 II 的安全策略。

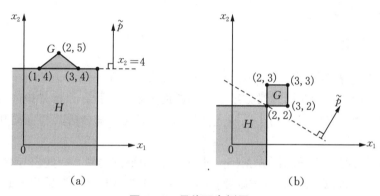

图 7.15　另外两个例子 v

例 3　具有如下矩阵:

$$\boldsymbol{C} = \begin{pmatrix} 2 & 2 & 3 & 3 \\ 2 & 3 & 2 & 3 \end{pmatrix}$$

的二人零和博弈产生了图 7.15(b)的图形。有很多分离线,只画出了其中的三条:两个极端情形 $\widetilde{p}' = (1, 0)^{\top}$ 与 $\widetilde{p}'' = (0, 1)^{\top}$ 及一个中间情形 $\widetilde{p} = (1 - r, r)^{\top}$。所以,对任意 $0 \leqslant r \leqslant 1$,$\widetilde{p}$ 都是博弈方 I 的安全策略。博弈的值是 $v = 2$。$G \bigcap H$ 由单个点 $(2, 2)^{\top}$ 组成。要使 $\boldsymbol{A}\widetilde{q}$ 为 $(2, 2)^{\top}$,所有的权数都应放在单列 $(2, 2)^{\top}$ 上,故博弈方 II 的唯一安全策略是 $\widetilde{q} = (1, 0, 0, 0)^{\top}$。

7.7.5　简化的技巧

分离超平面的方法总是可以求解二人零和博弈问题。但只有当得益矩阵仅有两行或两列时[①],这个方法才是实用的。更大的博弈通常可用各种技巧来变小,若

---

① 对后一种情况,将参与者 I 与参考者 II 的角色互换。则得益矩阵 $\boldsymbol{A}$ 的行与列也互换了,得到转置矩阵 $\boldsymbol{A}^{\top}$。这个矩阵中所有支付的符号也必须改变,以使之成为新参与者 I(原参与者 II)的支付矩阵,而不是原参与者 I(新参与者 II)的支付矩阵。所以,新博弈的得益矩阵是 $-\boldsymbol{A}^{\top}$。分析新的博弈,找到安全策略 $\widetilde{p}$、$\widetilde{q}$ 和值 v。则原博弈的值是 $-v$。原参与者 I 的安全策略是 $\widetilde{q}$,原参与者 II 的安全策略是 $\widetilde{p}$。

做不到的话,线性规划总是可以用的(第7.6.1节)。

如果只是想找到二人零和博弈的值和双方各自的一个安全策略,下面的技巧在简化大的博弈时是非常有用的。要找出博弈方的所有安全策略的话,通常需要更艰苦的工作。

- 第一个技巧是检查得益矩阵是否有鞍点。如果有的话,根本就不用再考虑什么混合策略。
- 第二个技巧是寻找对称性。第7.8节的例子说明了有时候我们如何用对称性来把事情变简单。
- 第三个技巧更原始一些。如第5.4.1节描述的那样,将劣的策略删除。例如,在第7.7.4节矩阵 B 的情况下,我们完全避开了计算。

7.8 飞船

这个游戏曾经在孩子们中很流行。两个玩家各自在一张纸上的格子中画出一些飞船。然后他们轮流选择对方纸上的参考格子来放炸弹。目标是抢先将对手的舰队消灭干净。以后我们会建立博弈模型,这一节我们来分析其高度简化的非对称的一个版本。

躲藏与搜寻。 疯狂的斯波克(Spock)从舰队司令部偷到了一些核导弹,想要摧毁企业号飞船,科克(Kirk)船长则要拯救飞船。斯波克的目标是尽快地破坏飞船,科克的目标是尽可能地延缓破坏行动以等待救援的到来。

科克把飞船藏在一个代表星云的 4×1 格板上。飞船占了两个相邻的方格。图7.16(a)表示了科克的三个纯策略,分别对应于星云中三个可能的躲藏位置。不论按什么顺序,斯波克都会一次接一次地瞄准组成星云的方格。他知道,只有当飞船所占的两个位置都被导弹瞄准时,飞船才会由于导弹爆炸而被摧毁。

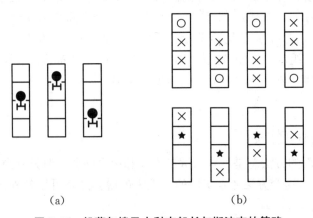

(a)   (b)

图 7.16　躲藏与搜寻中科克船长与斯波克的策略

图7.16(b)表示斯波克的纯策略。符号"○"或"★"表示他第一枚导弹的目标。用符号"○"表示,如果第一枚导弹没中,则第二枚与第三枚就是标有"×"的两个方格。用

符号"★"表示,如果第一枚导弹命中,下一枚的目标就是标有"×"的方格。若发生其他意外情况怎么办? 例如,若用了符号"○"而第一枚导弹命中了,斯波克的下一目标会是什么? 所有这类问题都可以用这样的思路来解决:他只会考虑不让他犯愚蠢错误的策略。例如,如果用了符号"★"而第一枚导弹没中,则斯波克就清楚地知道飞船的位置,这时不用第二枚与第三枚导弹去摧毁飞船就是很愚蠢的。

对这个二人零和博弈,科克的得益矩阵如图 7.17(a)所示。例如,第 2 行第 3 列的 2 是这样算出来的。如果科克用第 2 行而斯波克用第 3 列,斯波克的第一枚导弹就命中了,他就会知道飞船残余部分的位置并用第二枚导弹完成摧毁。这样博弈仅在发出两枚导弹后就结束了。

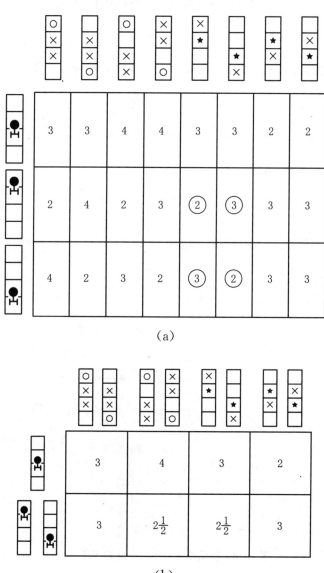

(a)

(b)

图 7.17 躲藏与搜寻中科克船长的得益矩阵

尽管不考虑斯波克的各种可以用的愚蠢的纯策略,图 7.17(a)中的得益矩阵仍然太复杂了,不能用分离超平面的方法求解。所以,还要做进一步的简化。假定两个纯策略除了南北方向互换外是一样的,则每个纯策略被使用的概率也是一样的。所以,科克使用第 2 行与第 3 行的概率是一样的。同样,斯波克使用第 7 列与第 8 列的概率一样。这就把科克的得益矩阵简化为图 7.17(b)的 2×4 矩阵。

例如,当科克以各 $\frac{1}{2}$ 的概率使用图 7.17(a)的第 2 行和第 3 行,且当斯波克以各 $\frac{1}{2}$ 的概率使用图 7.17(a)的第 5 列和第 6 列,结果就是图 7.17(b)的第 2 行和第 3 列的 $2\frac{1}{2}$。图 7.17(a)中圈起来的得益每个出现的概率都是 $\frac{1}{4} = \frac{1}{2} \times \frac{1}{2}$,故科克的期望得益是 $\frac{1}{4}(2+3+2+3) = 2\frac{1}{2}$。

分离超平面。 图 7.18 说明了分离超平面的方法在科克的简化的 2×4 矩阵上如何应用。分离线是 $x_1 + 2x_2 = 8$。分量之和为 1 的法向量是 $\tilde{p} = \left(\frac{1}{3}, \frac{2}{3}\right)^\top$。

$G \cap H$ 由单个点 $\left(2\frac{2}{3}, 2\frac{2}{3}\right)^\top$ 组成,它可由解方程 $x_1 + 2x_2 = 8$ 及 $x_1 = x_2$ 得到。博弈的值是 $v = 2\frac{2}{3}$。

点 $\left(2\frac{2}{3}, 2\frac{2}{3}\right)^\top$ 在连接点 $\left(3, 2\frac{1}{2}\right)^\top$ 和 $(2, 3)^\top$ 的线段三分之一处。故 $\tilde{q}$ 给予第 3 列的权数是 $\frac{2}{3}$,给予第 4 列的权数是 $\frac{1}{3}$,第 1 列与第 2 列的权数是零。[①] 于是,$\tilde{q} = \left(0, 0, \frac{2}{3}, \frac{1}{3}\right)^\top$。

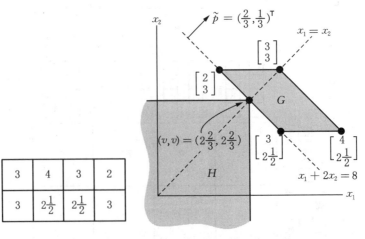

3	4	3	2
3	$2\frac{1}{2}$	$2\frac{1}{2}$	3

图 7.18　躲藏与搜寻中的分离超平面方法

---

① 可以先消去第 3 列与第 4 列,因为它们是弱劣于第一列的。

结论。躲藏与搜寻该怎么玩呢？原博弈当然会有一个均衡使得对称的策略的使用概率是相同的。在图 7.17(a) 的 3×8 博弈中，科克会使用混合策略 $\left(\frac{1}{3}, \frac{1}{3}, \frac{1}{3}\right)^{\top}$（因为它给第 2 行与第 3 行以相同的概率且和为 $\tilde{p} = \frac{2}{3}$），斯波克会使用混合策略 $\left(0, 0, 0, 0, \frac{1}{3}, \frac{1}{3}, \frac{1}{6}, \frac{1}{6}\right)^{\top}$。摧毁飞船所需要导弹的平均数目为 $v = 2\frac{2}{3}$。

尽管科克船长可能猜出应当以相同概率使用三个可能的隐藏点，但斯波克却要绞尽脑汁来找出他的不太明显的最优策略。

7.9　综述

博弈理论是从冯·诺依曼对二人零和博弈的研究开始的。这是将严格竞争博弈中博弈方的效用函数校正过以使得益之和总是零。因为只需要指定博弈方 I 的得益矩阵，这种博弈的策略形式有时也称为矩阵博弈。

得益矩阵的最大化最小值 $\underline{m}$ 与最小化最大值 $\overline{m}$ 总是满足 $\underline{m} \leqslant \overline{m}$。当且仅当矩阵具有鞍点 (σ, τ) 时等式成立。纯策略 σ 是博弈方 I 的安全策略，可以保证他的安全水平 $\underline{m}$。

当博弈方 I 的得益矩阵没有鞍点时，他的安全策略是混合策略。用混合策略求出最大化最小值 $\underline{v}$ 与最小化最大值 $\overline{v}$，冯·诺依曼定理说明 $\underline{v} = \overline{v}$ 总是成立的。在二人零和博弈中，博弈方的任何一对安全策略都是纳什均衡。博弈方 I 在均衡中的所得 $v = \underline{v} = \overline{v}$ 称为博弈的值。

在二人零和博弈中寻找博弈方 I 的安全策略是一个线性规划问题，博弈方 II 的问题是其对偶规划。所以，线性规划的对偶定理与冯·诺依曼的最小化最大值定理密切相关。即使一个线性规划问题并不是由博弈导出的，把线性规划与其对偶看作博弈仍然会很有帮助。对偶问题的解在原问题中可以解释为影子价格。

超平面分离定理给了求解某些二人零和博弈的简便方法。用这种方法之前，先要确认博弈没有鞍点。若你并不是要找出博弈的所有安全策略，在开始其他分析之前可以先去掉劣势策略。还要充分利用能找到的对称性。

7.10　进一步阅读

The Compleat Strategyst, by J. D. Williams；Dover, New York, 1954. 这本书收集了简单的二人零和博弈，读来令人愉悦。

7.11   练习

1. 若 A 与 B 是有限的实数集,则 [1]

$$A \subseteq B \Rightarrow \max A \leqslant \max B$$

2. 解释为什么下式成立:

$$\max\{a_1+b_1, a_2+b_2, \cdots, a_n+b_n\} \leqslant \max\{a_1, a_2, \cdots, a_n\} + \max\{b_1, b_2, \cdots, b_n\}$$

给出一个 $n=2$ 的严格不等的例子。

3. 解释为什么下式成立

$$\max\{-a_1, -a_2, \cdots, -a_n\} = -\min\{a_1, a_2, \cdots, a_n\}$$
$$\min\{-a_1, -a_2, \cdots, -a_n\} = -\max\{a_1, a_2, \cdots, a_n\}$$

4. 找出下列矩阵的最大化最小值与最小化最大值:

$$A = \begin{pmatrix} 1 & 2 \\ 3 & 4 \end{pmatrix}; \qquad B = \begin{pmatrix} 1 & 3 \\ 4 & 2 \end{pmatrix};$$

$$C = \begin{pmatrix} 2 & 4 & 6 & 3 \\ 6 & 2 & 4 & 3 \\ 4 & 6 & 2 & 3 \end{pmatrix}; \qquad D = \begin{pmatrix} 3 & 2 & 2 & 1 \\ 2 & 3 & 2 & 1 \\ 2 & 2 & 3 & 1 \end{pmatrix}$$

对哪个矩阵成立 $\underline{m} < \overline{m}$? 对哪个矩阵成立 $\underline{m} = \overline{m}$?

5. 对任何矩阵 A,证明:$-A^{\mathrm{T}}$ 的最大化最小值＝A 的最小化最大值×(-1)。

6. 找出本章第 4 题中矩阵的所有鞍点。

7. 对本章第 4 题中的每个矩阵,找出最大化 $\min_{t \in T} \pi(s, t)$ 的 s 值和最小化 $\max_{s \in S} \pi(s, t)$ 的 t 值,其中 $\pi(s, t)$ 是矩阵的第 s 行第 t 列的值。答案与第 6 题有什么关系?

8. 解释为什么所有的 $m \times 1$ 矩阵与 $1 \times n$ 矩阵都一定有鞍点。

9. 开区间 $(1, 2)$ 表示由所有满足 $1 < x < 2$ 的实数 x 组成的集合。解释为什么它没有最大和最小的元素。它的上确界和下确界是什么?

10. 设 M 是博弈中博弈方 I 的得益矩阵。证明:若 M 是本章第 4 题中的 A 或 D,则博弈方 I 有纯的安全策略。分别在两种情况下找出他的安全水平和所有的纯安全策略。两种情况下,要保证博弈方 I 的所得不超过其安全水平,博弈方 II 该怎么做?

11. 把博弈方 I 与博弈方 II 的角色互换一下,重做本章第 10 题。(你会发现

---

[1]　$A \subseteq B$ 是指集合 A 中的每个元素也是集合 B 的元素。记号 $\max A$ 指的是 A 的最大元素。

第5题也许有用也许没用。)

12. 在第7.4.2节中证明了 $\underline{m} = p_1(\delta) = 1 - p_2(\delta)$。用同样的方法证明 $\overline{m} = p_1(\delta) = 1 - p_2(\delta)$，其中：

$$\overline{m} = \min_e \sup_d \pi(d, e)$$

为什么这证实了"八两"的安全策略是在距离 δ 处开枪？

13. 博弈中博弈方 I 的得益矩阵是：

$$\begin{pmatrix} 1 & 2 & 3 & 4 & 5 \\ 9 & 7 & 5 & 3 & 1 \end{pmatrix}$$

矩阵没有鞍点，所以博弈方 I 的安全策略是混合策略。找出博弈方 I 的安全水平及博弈方 I 的混合安全策略。

14. 如果博弈方 I 的得益矩阵是第4题中的 D，为什么他的任一混合策略都是安全策略？博弈方 I 的安全水平是什么？

15. 如果博弈方 I 的得益矩阵是第4题中的 C，为什么他采用混合策略 $\left(\frac{1}{3}, \frac{1}{3}, \frac{1}{3}\right)^\top$ 可以保证其期望效用至少为3？证明博弈方 II 用第四个纯策略可以保证博弈方 I 的所得不超过3。博弈方 I 的安全水平是什么？博弈方 I 的安全策略是什么？

16. 当博弈方 I 的得益矩阵是第4题中的 B 时，找出他的安全策略。

17. 令 $p = (1-x, x)^\top$，$q = (1-y, y)^\top$，其中 $0 \leqslant x \leqslant 1$，$0 \leqslant y \leqslant 1$。如果博弈方 I 的得益矩阵是第4题中的 B，若他采用混合策略 p，博弈方 II 采用混合策略 q，证明他的期望效用是：

$$\Pi_1(p, q) = f(x, y) = 1 + 3x + 2y - 4yx$$

找出满足 $\partial f / \partial x = \partial f / \partial y = 0$ 的 (x, y) 值。解释为什么它们是函数 $f: [0, 1] \times [0, 1] \to \mathbb{R}$ 的鞍点。把这个结论与本章第16题的答案联系起来。

18. 博弈方采用纳什均衡时，至少可以得到最大化最小值（第7.4.6节）。根据冯·诺依曼定理，他们也至少可以得到最小化最大值。如果他们采用纯纳什均衡，证明他们至少可得到纯策略的最小化最大值。

19. 图6.15(b)的博弈中，若博弈方采用混合均衡，用第7.4.6节中的方法证明他们只能得到安全水平。为什么他们的均衡策略不是安全的？

20. 假定有一个只有共和党与民主党两党参加的选举。亚当与夏娃同时宣布是否对选举结果下赌注。如果他们都下了注，当共和党获胜时，亚当付给夏娃10元，当民主党获胜时，夏娃付给亚当10元。其他情况，谁也不用付钱。

a. 如果双方都是风险中性的，且对共和党获胜的概率判断相同，解释为什么博弈是零和的。

b. 如果双方都是风险中性的，但亚当认为共和党获胜的概率是 $\frac{5}{8}$ 而夏娃认为共和党获胜的概率是 $\frac{3}{4}$。解释为什么博弈不是零和的。

c. 如果双方对共和党获胜的概率判断相同且双方都是严格风险规避的。解释为什么博弈不是零和的。

21. 零和博弈中博弈方 I 的得益矩阵是 A。若他作为得益矩阵为 $-A^{\mathsf{T}}$ 的零和博弈的参与者 II，为什么他会一样高兴？如果 $A=-A^{\mathsf{T}}$，就称 A 是反对称的。为什么对称的矩阵博弈的得益矩阵是反对称的？证明这种博弈的值一定是零。

22. 用第 7.4.3 节中的方法来找出具有如下得益矩阵的零和博弈的值。确认第 7.7.4 节的方法会做出同样答案。

(a) $\begin{bmatrix} 9 & -5 & 7 & 1 & -3 \\ -10 & 4 & -8 & -6 & 2 \end{bmatrix}$ (b) $\begin{bmatrix} 1 & 2 & 3 & 4 & 5 \\ 5 & 4 & 3 & 2 & 1 \end{bmatrix}$

找出双方的所有安全策略。博弈的纳什均衡是什么？

23. 用第 7.4.3 节的方法找出下列矩阵博弈的值和所有安全策略。

(a) $\begin{bmatrix} 1 & 0 & 2 \\ 3 & 1 & 1 \end{bmatrix}$ (b) $\begin{bmatrix} 0 & 1 & 3 \\ 3 & 1 & 0 \end{bmatrix}$ (c) $\begin{bmatrix} -2 & 0 \\ -2 & 1 \\ -4 & -3 \end{bmatrix}$

24. 对下列矩阵博弈，找出博弈的值和双方的至少一个安全策略。

(a) $\begin{bmatrix} 7 & 2 & 1 & 2 & 7 \\ 2 & 6 & 2 & 6 & 2 \\ 5 & 4 & 3 & 4 & 5 \\ 2 & 6 & 2 & 6 & 2 \\ 7 & 2 & 1 & 2 & 7 \end{bmatrix}$ (b) $\begin{bmatrix} 1 & 3 & 2 & 5 \\ 0 & -1 & 6 & 7 \\ 3 & 4 & 2 & 3 \\ -7 & 2 & 2 & 1 \end{bmatrix}$

math

25. 设 2×2 矩阵 A 没有鞍点。若 A 是零和博弈中博弈方 I 的得益矩阵，证明：

a. 不论对手怎么做，使用安全策略的博弈方得到的得益是一样的。

b. 若对手使用安全策略，则不论自己怎么做，得到的得益也是一样的。

math

26. 设 2×2 矩阵 A 没有鞍点。若 A 是零和博弈中博弈方 I 的得益矩阵，证明博弈的值为 $v=(e^{\mathsf{T}}A^{-1}e)^{-1}$，其中 $e=(1,1)^{\mathsf{T}}$。

econ

27. 在第 7.1.1 节中，爱丽丝的投入产出矩阵是：

$$A=\begin{bmatrix} 1 & 3 \\ 4 & 2 \end{bmatrix}$$

她的原料存货是 $b=(3,2)^{\mathsf{T}}$。她可以卖出加工品的价格是 $c=(1,1)^{\mathsf{T}}$。她的原料的影子价格是什么？

econ

28. 假设图 7.10 中的对偶问题有唯一解 $\tilde{y}$。用几何方法解释当 b 有微小变动时 $\tilde{y}$ 为什么会不变。第 7.1.1 节中，爱丽丝可以向量 p 指定的价格买入少量原料，这个主意什么时候是好的？

29. 利用能找到的对称性来求出下列矩阵博弈的值。

(a) $\begin{bmatrix} 1 & 2 & 3 \\ 3 & 1 & 2 \\ 2 & 3 & 1 \end{bmatrix}$
(b) $\begin{bmatrix} 1 & 2 & 3 & 0 \\ 3 & 1 & 2 & 0 \\ 2 & 3 & 1 & 0 \\ 0 & 0 & 0 & 1 \end{bmatrix}$
(c) $\begin{bmatrix} 1 & 2 & 4 & 1 \\ 2 & 1 & 1 & 4 \\ 3 & 1 & 1 & 0 \\ 1 & 3 & 0 & 1 \end{bmatrix}$

30. 布罗托(Blotto)上校有四个兵,他可以按照三种不同的方式把他们派到两个据点去:(3,1),(2,2)或(1,3)①。他的对手巴罗尼(Baloney)伯爵有三个兵,可以用两种方式派到同样两个据点去:(2,1)或(1,2)。假设布罗托向据点 1 派了 m_1 个兵,而巴罗尼向据点 1 派了 n_1 个兵。如果 $m_1 = n_1$,结果是平局,两个指挥官在这个据点上的得益都是零。如果 $m_1 > n_1$,在据点 1 上,布罗托的得益是 n_1,巴罗尼的得益是 $-n_1$。如果 $m_1 < n_1$,在据点 1 上,布罗托的得益是 $-m_1$,巴罗尼的得益是 m_1。每方的总得益是他在两个据点的得益之和。

写出这个同时行动博弈的策略形式。证明它没有鞍点。找出一个混合策略纳什均衡。

31. 上题中如果布罗托有 5 个兵而巴罗尼有 4 个兵,重新做一遍。(你可能会用到第 7.8 节所说的把图 7.17(a)化简到图 7.17(b)的技巧。)

32. 假定斯波克从舰队司令部只偷到了 3 枚核导弹。重新分析第 7.8 节中的躲藏与搜寻问题。斯波克的目标是在导弹用完之前摧毁飞船,科克船长的目标是从轰炸中逃生。

33. 若赢家的得益是 +1,输家的得益是 −1,则第 2.2.1 节中的抽查博弈是零和博弈。当 $n > 1$ 时,这个零和博弈的 n 天版本的值 v_n 也是图 7.19 的矩阵博弈的值。解释其原因。并证明:

$$v_n = \frac{1 + v_{n-1}}{3 - v_{n-1}}$$

在边界条件为 $v_1 = -1$ 时解这个差分方程并证明 $v_n = 1 - 2/n$ (做代换 $v_n = 1 - w_n^{-1}$ 后会更容易一些)。把答案与第 2 章练习 22 的 5 天版的抽查博弈的解进行比较。

	行动	等待
行动	−1	1
等待	1	$v_n - 1$

图 7.19 n 天抽查博弈

---

① 这并不是第 5 章练习 11 中遇到的布罗托上校。

34. 对上一问题中的 n 天抽查博弈做些修改。环保局可以从河流可能污染的 n 天中任取两天来检查。工厂仍然从 n 天中选择一天向河中排污。若这个博弈的值是 u_n，证明当 $n \geqslant 3$ 时：

$$u_n = \frac{u_{n-1} + v_{n-1}}{2 - u_{n-1} + v_{n-1}}$$

其中 $v_k = 1 - 2/k$。算出 u_4，并算出当 $n = 4$ 时，环保局在第一天抽查的概率。

35. 布罗托上校与巴罗尼伯爵要在另一个军事场合比拼才智。这一次布罗托有两个兵而巴罗尼只有一个兵。双方都想在不失去自己营地的情况下占领对方的营地。每天，每个指挥官派出自己愿意派出的几个兵去攻击敌人的营地。如果营地的防守方人数少于进攻方，营地就被占领。否则结果是平局。除非某方在中途就获得胜利，进攻将持续进行 n 天。不全面的胜利是没有意义的，此时每支部队都会放弃任何可能的收获退回自己的营地等待下一次进攻。

将失败记为 -1，胜利记为 $+1$，平局记为 0。确定双方的最优策略，并计算使用最优策略时布罗托的期望得益。

36. "落单者"是一个三人零和博弈。三个风险中性的人同时选择正面或反面。如果所有人的选择相同，谁也不用付钱。若有人的选择与另两人不同，则他向另两人每人付 1 元。这个博弈中博弈方的安全策略是什么？找出一个没人使用安全策略的纳什均衡。与两人情况不同，为什么会存在这种纳什均衡？

37. 用计算机求线性规划来解矩阵博弈：

$$\boldsymbol{A} = \begin{pmatrix} 0 & 5 & -2 \\ -3 & 0 & 4 \\ 6 & -4 & 0 \end{pmatrix}; \qquad \boldsymbol{B} = \begin{pmatrix} 4 & 3 & 1 & 4 \\ 2 & 5 & 6 & 3 \\ 1 & 0 & 7 & 0 \end{pmatrix}$$

25

▶ 第8章

保持平衡

8.1 引言

天秤（Libra）是黄道带的一个星座，古人称重时用它来表示重量单位。所以均衡（equilibrium）的意思有些像是"相等的平衡"。例如，在纳什均衡中，由于在知道别人的选择后谁也不愿偏离，博弈方的策略选择是"平衡"的。

这一章深入研究纳什均衡的思想。这一章不讨论怎么计算，但所讨论的概念需要很多的数学知识。所以，那些不关心定理为什么正确的读者更希望快速浏览本章。

纳什均衡发生在博弈方的反应曲线相交的地方。可如果它们不相交，会怎么样呢？纳什证明了在可以使用混合策略的有限博弈中，这种情况不会发生。他的证明主要依赖于重要的布鲁威尔（Brouwer）不动点定理。所以，我们会很高兴地用六连棋博弈不会平局这一事实来化简布鲁威尔定理。

如果博弈的反应曲线相交多次，从而博弈有多个纳什均衡，会怎么样呢？如何选择其中一个均衡作为博弈的解，学者们仍然在被这个问题而困扰着。本章对这种均衡选择做初步的研究，介绍一些难点。

8.2 再论决斗

这一节研究决斗博弈的两个变体。第一个变体中，反应曲线相交了两次。第二个变体中它根本不相交。最主要的是，画出反应曲线并不一定是简单的工作。

有声决斗。决斗的第一个变体不同于以前的只是用数学模型表达的博弈形式。我们称之为有声决斗，强调的是"半斤"与"八两"可以听到枪声。听到了枪声，博弈方知道他的对手的枪已经是空的了，他就可以安全地走到最近距离处再开枪。

决斗的数学模型的变化使得反应曲线由图 5.3 变成了图 8.1(a)[①]。"半斤"与

[①] 把这两个进行对比时会有些麻烦。用矩阵元素来描述时，博弈方 I 的纯策略对应于行，而博弈方 II 的纯策略对应于列。在用直角坐标表示同样的信息时，博弈方 I 对应于水平坐标轴，博弈方 II 对应于垂直坐标轴。因而，博弈方 I 的纯策略对应于列，博弈方 II 的纯策略对应于行。

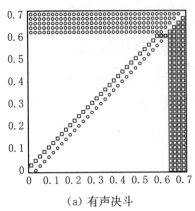
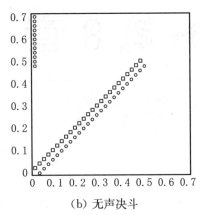

(a) 有声决斗　　　　　　　　　　(b) 无声决斗

　　图 8.1(a)中有声决斗的反应曲线相交了两次,所以博弈有两个纯策略纳什均衡。8.1(b)中无声决斗的反应曲线根本不相交,所以博弈没有纯策略纳什均衡。

图 8.1　决斗

　　"八两"仍然从距离 $D = 1$ 处开始。也继续使用记号 $p_1(d) = 1 - d$ 和 $p_2(e) = 1 - e^2$。但现在博弈方可以开枪的距离是 $\varepsilon = 0.02$ 的任何整倍数。所以,与第 7.4.2 节一样,他们可以同时开枪。"半斤"的生存概率就是 $q(d) = \frac{1}{2}\{p_1(d) + 1 - p_2(d)\}$。

　　图 8.1(a)的反应曲线相交于 $(d, e) = (0.6, 0.6)$ 和 $(d, e) = (0.62, 0.6)$。所以博弈有两个纯策略纳什均衡。

　　在某些博弈中,多个均衡的存在会导致严重的选择问题。但此例中,$\varepsilon = 0.02$ 时出现两个纳什均衡,只是一个没有意义的偶然现象。在有声博弈中真正重要的是,只要 ε 取得足够小,就可以让所有的均衡任意地接近于 $(d, e) = (\delta, \delta)$。其中 $\delta = (\sqrt{5} - 1)/2 = 0.62$ 是方程 $p_1(d) + p_2(d) = 1$ 的解(第 3.7.2 节)。例如,当 $\varepsilon = 0.001$ 时,反应曲线只相交于点 $(d, e) = (0.618, 0.618)$。

　　为什么我们不像第 7.3.3 节那样允许博弈方在任意小的距离 d 处开枪呢?理由是,这样的话最佳反应有时候会不存在。如果"八两"想在相距为 0.24 处开枪,则"半斤"就会想更早一点开枪。但是,若"半斤"在相距 $0.24 + \varepsilon$ 处开枪,他总是希望 ε 更小一点。我们不能像第 7.3.3 节那样用上确界来代替最大值,因为这会导致重画图 8.1(a)时反应曲线互相重叠。

　　解决这个问题的常用办法是先使 d 的允许取值的间隔为某个小的 $\varepsilon > 0$。在 $\varepsilon \to 0$ 时,这个离散博弈的均衡的极限就可看作是连续博弈的均衡。然而,如第 3.7.2 节中讨论的一样,尽管隐含使用了这种两步过程,却很少有人做出明确的说明。你最终将学会从容处理这类问题,但在搞清楚疑惑之前,建议初学者一旦碰到这类问题就使用两步过程。我们经常以决斗为例说明新的思路如何起作用,这也是原因之一。

　　无声决斗。在有声决斗中,对手开枪时,博弈方可以听到。而在无声决斗中,只有中了弹,博弈方才知道对手开了枪。

在下面的研究中,兄弟间的争斗到了这样一种程度:只要对方活着,自己就是活着也是不能接受的。所以,每个人的得益在他独自活下来时为1,其他情况下都是零。"半斤"对应于前一种情况的概率 $\pi(d, e)$ 在 $d > e$ 时是 $p_1(d)$,而在 $d < e$ 时是 $p_1(d)(1 - p_2(e))$。

无声决斗是不完美信息博弈,也不是严格竞争的。所以,它与有声博弈有很大的区别。这里,对它的研究会说明:即使策略空间是连续的,博弈的反应曲线也可以不相交。所以,与有声决斗不一样,无声决斗没有纯策略纳什均衡。

为使问题简单,取 $D = 1$,且取双方的命中概率都是 $p_1(d) = p_2(d) = 1 - d$ 以使博弈变成对称的。于是,在无声决斗中,"半斤"的得益函数为:

$$\pi_1(d, e) = \begin{cases} 1 - d, & \text{当 } d > e \\ \dfrac{1}{2}(1 - d^2), & \text{当 } d = e \\ e(1 - d), & \text{当 } d < e \end{cases}$$

有了这些信息,容易画出图 8.1(b) 中的反应曲线。由于它们是不连续跳跃的,因此就可能不相交。不连续并不是由对 d 的 $\varepsilon = 0.02$ 的格点限制造成的。不论 ε 取的多小,还是会有同样的跳跃。

8.3 纳什均衡何时存在?

在第 6 章中,纯策略的反应曲线不相交时,我们寻找混合策略的纳什均衡。可谁说混合策略的反应曲线就一定相交呢? 幸好,纳什证明了在有限博弈中是不会有这个问题的。

良性对应。在 2×2 双值矩阵博弈中,混合策略 $(1 - p, p)^\top$ 由区间 $I = [0, 1]$ 内的实数 p 来确定。在这种博弈中,可以将博弈方的混合策略集合取为 $P = Q = I$。在图 6.3(c) 的懦夫博弈中,博弈方 I 的得益函数就是

→ 8.5

$$\Pi_1(p, q) = 2 + 2p - 2q - 3pq$$

所以,它不仅是连续函数,对每个固定的 q 值,它也是 p 的仿射函数(第 6.5.1 节)。

仿射函数既是凸的也是凹的,其凹性就是纳什的证明对有限博弈都适用的原因。更一般地,只要博弈方的得益函数 Π_i 满足下列条件,纳什的证明也都适用:
- 每个策略集合是凸的和紧的[1]。
- 每个博弈方的得益函数是连续的。
- 当其他博弈方的策略不变时,每个博弈方的得益函数是凹的。

---

[1] $\mathbb{R}^n$ 中集合要是紧的,必须同时是闭的和有界的。要成为闭集,它必须包含其所有边界点。于是,由于包含两个边界点 0 和 1,紧区间 [0, 1] 是闭的。由于不包含端点 0 和 1,区间 (0, 1) 是开的。

角谷(**Kakutani**)**不动点定理。**很久以前,日本数学家角谷问我为什么有那么多经济学家来听他的讲座。当我告诉他,他因角谷不动点定理而出名时,他的反应是:"什么是角谷不动点定理?"我希望我现在对这个定理的解释比那时更好。

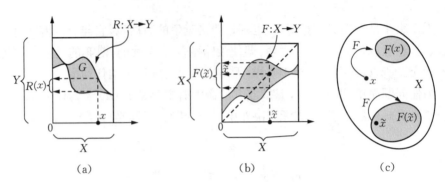

图 8.2　良性对应与不动点

我们需要上面列出的条件,以保证最优反应对应是良性的。一个对应 $R: X \to Y$ 是良性的,指的是当 X 与 Y 中凸的紧集时,满足下面的性质:

- 对每个 $x \in X$,集合 $R(x)$ 是非空凸集。
- $R: X \to Y$ 的图像是 $X \times Y$ 的闭子集。

图 8.2(a)是当 X 与 Y 都是紧区间时良性对应 $R: X \to Y$ 的图像。

图 8.2(b)是一个将 X 映射到自身的良性对应 $F: X \to X$。角谷不动点定理说明这种对应至少有一个不动点。这就是满足:

$$\tilde{x} \in F(\tilde{x})$$

的点 $\tilde{x}$。如图 8.2(b)所示,当 X 是紧区间时,角谷定理是平凡的。可对于图 8.2(c)所示的任意一个非空凸紧集来说,角谷定理就一点也不明显了。然而,我们会将这种情况留到用此定理证明纳什定理时再做讨论。

定理 8.1(纳什)　如果可以用混合策略,任一有限博弈至少有一个纳什均衡。

证明:以下只对两人博弈分步证明。

第一步,确认有限博弈中,作为博弈方最佳反应的对应 $R_i: P \to Q$ 是良性的。为保证这个结论正确,策略集与得益函数所需的性质已经在上面列出。尽管代数推理并不是非常困难,这里也省略了。

第二步,构造一个可以应用角谷定理的对应 $F: P \times Q \to P \times Q$。对 $P \times Q$ 中每一点 (p, q),定义:

$$F(p, q) = R_1(q) \times R_2(p)$$

(这使得 $F(p, q)$ 在集合 $P \times Q$ 中)。对 $P = Q = I$ 时的 2×2 双值矩阵博弈,这个定义就如图 8.3(a)所示。

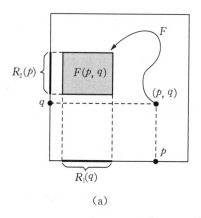

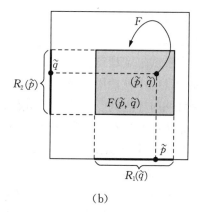

(a)　　　　　　　　　　　　　(b)

图 8.3　纳什定理中的对应 F

第三步, 利用 R_1 与 R_2 是良性的来推导出 F 是良性的。再次省略不太困难的代数推导。

第四步, 应用角谷不动点定理。如图 8.3(b) 所示,角谷定理证明了存在不动点 $(\tilde{p}, \tilde{q})$ 满足:

$$(\tilde{p}, \tilde{q}) \in F(\tilde{p}, \tilde{q}) = R_1(\tilde{q}) \times R_2(\tilde{p})$$

第五步, $(\tilde{p}, \tilde{q})$ 就是纳什均衡。由于 $\tilde{p} \in R_1(\tilde{q})$,混合策略 $\tilde{p}$ 是对 $\tilde{q}$ 的最佳反应。由于 $\tilde{q} \in R_2(\tilde{p})$,混合策略 $\tilde{q}$ 是对 $\tilde{p}$ 的最佳反应(第 6.2.1 节)。　□

8.3.1　对称博弈

我们研究的博弈大多具有对称性(第 5.3.1 节)。囚徒困境与懦夫博弈就是两个典型的例子。这种博弈看起来对双方是一样的。

在对称博弈的对称均衡中,所有博弈方采用相同的策略。由于懦夫博弈中(鸽,鹰)和(鹰,鸽)是纳什均衡,有限对称博弈当然可以有非对称的均衡。但是,下一个定理说明对称均衡也总是存在的。

定理 8.2　如果可以用混合策略,每个有限对称博弈至少有一个对称纳什均衡。

证明: 两人对称博弈情况下的证明要用到 $R_1 = R_2 = R$。在纳什定理的证明过程中把 $R_1(q)$ 换成 $R(q)$,把 $R_2(p)$ 换成 $\{p\}$,则不动点 $(\tilde{p}, \tilde{q})$ 满足 $\tilde{p} \in R(\tilde{q})$ 和 $\tilde{q} = \tilde{p}$。

由于 $\tilde{p} \in R(\tilde{p})$,混合策略 $\tilde{p}$ 是对于自身的最佳反应,故 $(\tilde{p}, \tilde{p})$ 是博弈的对称纳什均衡。　□

8.4　布鲁威尔的魔力

因为经济学家要寻找经济系统的均衡,不动点定理对他们就特别重要。不动

→ 8.5

点定理可以用于证明这种均衡的存在性,纳什定理的证明就是对这种标准方法的一个示范。

布鲁威尔定理是不动点定理家族的元老。冯·诺依曼在其最小化最大值定理的原始证明中就使用了布鲁威尔定理[①]。角谷告诉我,他是在听冯·诺依曼讲述这个证明时才想到了自己的不动点定理(把布鲁威尔定理中的 $f(x)$ 当成角谷定理中凸集 $F(x)$ 的重心就可以得到证明)。

定理 8.3(布鲁威尔) 设 X 是 R^n 中的非空紧凸集。如果函数 $f:X \to X$ 是连续的,则存在满足 $\tilde{x} = f(\tilde{x})$ 的不动点 $\tilde{x}$。

盖尔(David Gale)用六连棋博弈不会平局这一事实证明了布鲁威尔定理。从数学的角度这只是一个趣题。但他的讨论很有趣,任何博弈论的书都不会漏过它。特别是在纳什发明了使用六连棋博弈的方法后,就更是如此。但我们先得学习一些连续性与紧性的知识。

8.4.1 连续性

现在我们更多地讨论函数而不是前一节的对应。函数 $f:X \to Y$ 将集合 X 中的每一点 x 对应为 Y 中的唯一元素 $y = f(x)$。函数与对应的区别是,$f(x)$ 是 Y 的一个元素而不是 Y 的子集。在下面的讨论中,X 与 Y 分别是 $\mathbb{R}^n$ 和 $\mathbb{R}^m$ 的子集。

和所有的重要数学思想一样,讨论函数时所用的语言取决于讨论什么概念。这里,也许最有用的就是把函数看作是把 x 变到 $f(x)$ 的一个过程。这种思考方法的通常标识就是称函数为算子、变换或映射。

例如,布鲁威尔定理中的连续函数 $f:X \to X$ 可以想象为对一个水缸进行搅拌。搅拌会把位于点 x 处的水滴带到新的位置 $f(x)$。布鲁威尔定理就是说,不论怎么搅拌,总是至少有一点会回到出发点。这种比喻有助于解释为什么布鲁威尔定理中的 X 必须设为凸的。比如,如果 X 是汽车的内胎,把它灌满水,就可以旋转一定的角度,而不会有任何一滴水回到出发点。

称函数 $f:X \to Y$ 连续是指当 $k \to \infty$ 时,若 $x_k \to x$ 则 $f(x_k) \to f(x)$。[②]如果水按照连续过程移动,最初相邻的水滴最后仍然是相邻的。所以,像摩西分开红海那样的不连续性是不允许的。

连续性定义关注的是与集合 $S = \{x_1, x_2, \cdots\}$ 相邻的点 x。连续性要求可以解释为,水经过搅拌后,从 x 处出发的水滴仍然与最初位于 S 中的水滴集合是相邻的。图 8.4(a)是这个思想的示意图。

---

① 冯·诺依曼看到纳什演示其定理时,不以为然地说:"噢,是不动点的讨论啊。"这也许就是他这么说的原因。

② $k \to \infty$ 时 $y_k \to y$ 是指 k 的取值充分大时,y_k 与 y 的距离 $\| y_k - y \|$ 可以要多小就有多小。

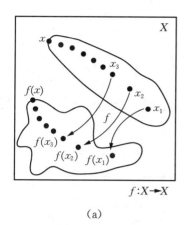
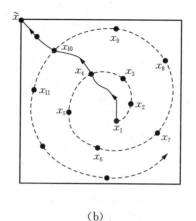

$$(a) \qquad\qquad\qquad (b)$$

图 8.4 连续性与紧性

8.4.2 紧性

$\mathbb{R}^n$ 中的紧集是闭的和有界的。紧集之所以重要,是因为从这种集合中取出的任何点的序列都有收敛的子序列[①]。人们只有看到在重要定理的证明中不断使用这个性质,才能体会到它的重要性。

例如,在证明布鲁威尔定理时,我们要证明对于每个自然数 k,可以在紧集 X 中找到向量 x_k 满足:

$$\| x_k - f(x_k) \| < \frac{1}{k} \qquad\qquad (8.1)$$

这就可以推出满足 $\tilde{x} = f(\tilde{x})$ 的不动点 $\tilde{x}$ 的存在性。怎么用函数 $f : X \to X$ 的连续性来得到这个结论呢?

如果 f 是连续的,则由 $g(x) = \| x - f(x) \|$ 定义的函数 $g : X \to \mathbb{R}$ 也是连续的。故当 $k \to \infty$ 时,若 $x_k \to \tilde{x}$ 则 $g(x_k) \to g(\tilde{x})$。但(8.1)表明 $k \to \infty$ 时,$g(x_k) \to 0$。于是,$g(\tilde{x}) = 0$,这正是我们要证明的。

这个推理的问题是,序列 x_1,x_2,x_3,… 的收敛是根本就没法保证的。如果 X 不是紧的,这个障碍可能是无法克服的。但如果 X 是紧的,只需要把原序列丢到一边,换成一个收敛的子序列就可以了。在图 8.4(b)所示的例子中,收敛的子序列由 x_1,x_4,x_{10},x_{17},… 组成。

8.4.3 布鲁威尔定理的证明

这个证明的框架局限于一个两维的情况,其中 X 是单位正方形 $I^2 = [0, 1] \times [0, 1]$。更一般的推广并不困难,但没有必要在这里详细说明。

---

① 这个非凡的定理归功于数学家波尔查诺(Bolzano)和韦尔斯特拉斯(Weierstrass)。

在第 2 章练习 13 中描述了六连棋博弈的纳什版本。图 8.5(a)重新画出了棋盘。纳什的六连棋博弈与第 2.7.1 节的传统形式是等价的,盘上添加的一个六角形可以说明这一点。

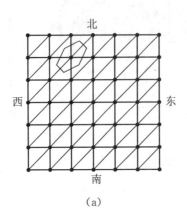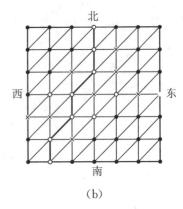

(a)   (b)

图 8.5　纳什六连棋

图 8.5(b)是纳什六连棋博弈中画圈一方获胜的例子,有一条连接南北的路上的所有节点都画上了圈。如果有一条连接东西的路上的所有节点都画上了叉,则是画叉一方获胜。由于博弈等价于通常的六连棋博弈,它也不会有平局。事实上,如果所有的节点上都画了圈或叉,则总有一方获胜。①

第一步,选择某个数 $d > 0$。I^2 中被 f 向南移动距离超过 d 的所有点 x 的集合记为 O_S。I^2 中被 f 向西移动距离超过 d 的所有点 x 的集合记为 X_W。同样可以定义 O_N 与 X_E。图 8.6(a)是这些集合可能的形状。图中没有阴影的集合 S 是由 I^2 中不属于 O_N,O_S,X_E 或 X_W 中任何一个的点 x 组成。

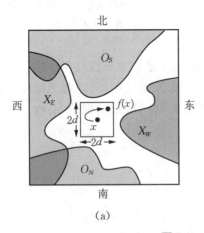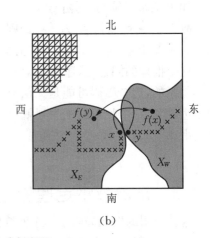

(a)   (b)

图 8.6　证明布鲁威尔定理

---

① 不能两人都赢这一事实可以用来证明约当(Jordan)曲线定理!

第二步，如果 S 是非空的，就可以在 I^2 中找到这样的点 x，它的像 $f(x)$ 落在以 x 为中心边长为 $2d$ 的正方形内。所以 x 是"几乎"不动的。如果不论 d 多小，这种近似不动的点都存在，那我们总可以找到满足 (8.1) 式的 x_k。但我们已经看到，X 的紧性与 f 的连续性可推导出存在一个正好不动的点 $\tilde{x}$。

第三步，现在来证明 S 一定非空。假定对某个 $d > 0$，S 是空的，I^2 中的每个点 x 一定落在集合 $O = O_N \bigcup O_S$ 或 $X = X_E \bigcup X_W$ 中，我们希望由此来找出矛盾。

第四步，像图 8.6(b) 那样用六角小网格盖住 I^2。对网格上的每个节点，根据它是在 O 中还是在 X 中来画上圈或叉（如果同时在两个集合中，可以随机画圈或叉）。用这种办法产生的六连棋博弈一定有人获胜（第 2.7.1 节）。假设胜利者是画叉一方。

第五步，画叉方获胜的路径中，最西面的节点一定在 X_E 中，最东面的节点一定在 X_W 中。路径当中一定会有某一位置从 X_E 变到 X_W。此时，可以找到一对相邻的节点 x 和 y，一个在 X_W 中，另一个在 X_E 中。

第六步，函数 f 把点 x 向西移动距离超过 d，把点 y 向东移动距离超过 d。只要六角网格足够小，x 与 y 的距离就可想要多小就有多小，这就与 f 的连续性产生了矛盾。[①]

8.5　均衡选择问题

均衡选择问题可能是现代博弈理论所面临的最大挑战。一旦我们脱离本书的模型博弈，开始研究实际生活中的财富博弈时，就会淹没在大量的纳什均衡中。我们该选择哪一个呢？

8.5.1　合理的解？

是不是总能找到一个均衡，它在某种意义下比其他均衡更合理？我们可以把它作为博弈的明确的解？

可能是冯·诺依曼和摩根斯坦觉得他们的任务就是识别博弈的合理的解，这才把均衡思想的阐述留给了纳什。最佳反应准则应当是定义非合作博弈合理解的基础，冯·诺依曼和摩根斯坦可能对此并不认同。相反，他们会说，与二人零和博弈一样，最佳反应准则可以从合理解的一个独立定义中推出来。

哈萨尼（John Harsanyi）曾经明确地提出，理性的博弈方在相同情况下并不一定做出相同的决策。现在，这一说法被谑称为哈萨尼学说。必定有一种唯一合理

[①]　我们已经证明对足够大的自然数 k，可找到 x_k 与 y_k 使得 $\| x_k - y_k \| < 1/k$ 但 $\| f(x_k) - f(y_k) \| \geqslant d$。如果 $k \to \infty$ 时 $x_k \to \xi$，则 $k \to \infty$ 时有 $y_k \to \xi$。由于 f 的连续性，$k \to \infty$ 时也有 $f(x_k) \to f(\xi)$ 和 $f(y_k) \to f(\xi)$。这会导致 $0 = \| f(\xi) - f(\xi) \| \geqslant d$，是矛盾的。可是，如果 x_1，x_2，x_3，$\cdots$ 不收敛怎么办呢？这可以用 X 的紧性来解决，因为我们总是可以使用一个收敛的子序列。

的解博弈的方法,如果博弈论学者怀疑这个信念的话,这个谐称就不该被当作玩笑了。只有在二人零和博弈中才会有合理解法,因为它的所有纳什均衡是等价和可交换的(定理7.10)。这类博弈中博弈方把哪个纳什均衡当作解都无所谓,所以不存在均衡选择问题。

集体理性? 如果书写博弈理论的巨著没有唯一正确的方法,那它的权威性从何而来呢? 有时候,有人提出应该把这本著作理解成一种假设性的社会中公民的理性协议的产物。这样集体理性这个概念就可以避免尴尬,可能成为解决均衡选择问题的方法(第1.7节)。

在新的构架下,人人都知道,只有自我纠偏的协议才是可行的。所以,只有均衡才可用于选择(第6.6.2节)。但并不是所有均衡都同样可以接受。例如,如果有一个均衡使所有人的结果都比另一个更好,我们也许会同意不使用后一个均衡。称较差的均衡是帕累托劣势的。

图8.7(a)用一个猎鹿博弈(第1.9节)来展示帕累托优势。纳什均衡(鸽,鸽)帕累托优于纳什均衡(鹰,鹰),这是因为博弈方在第一个均衡中都得到更大的得益。

可是,对于图8.7(c)中的性别之争会怎么样呢? 混合均衡劣于两个纯策略均衡(第6.6.2节)。但选择一个纯策略均衡的理由和选择另一个的理由是一样好的。如果我们不能联合起来掷硬币,难道不会出现混合均衡吗?(本章练习9)即使只有一个帕累托最优的均衡,由于它可能是弱劣的(第5.4.5节),结论也并不总是清楚的。

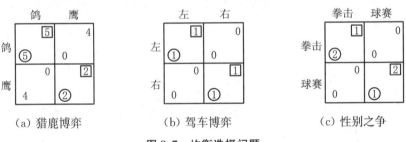

(a) 猎鹿博弈　　　　(b) 驾车博弈　　　　(c) 性别之争

图8.7　均衡选择问题

8.5.2　进化均衡选择

把均衡解释为理性博弈方思考的结果会产生困难的哲学问题,如果我们转而使用进化的解释,就不会有这样的困难。如果均衡是生物或社会进化力量的必然选择,我们基本上就知道该怎么解决博弈选择问题了。只要做出相关的进化过程的模型,看它如何发展就行了!

然而,要回答的问题仍然是很棘手的。如果有足够长的时间,是否进化一定会优先选择某个特定的均衡? 或者,我们所发现的均衡是进化史上那些偶然事件的函数吗? 如果是的话,从长期来看,哪些事件是重要的,哪些是无关紧要的?

大多数情况下,我们无法回答这类问题,因为实际建立生物或社会进化模型远远超出了我们的能力。实际上,如果我们知道每个博弈的"合理解",我们就不必过分担心均衡问题。同样,如果能对进化过程中的长期行为建立恰当的模型的话,我们也不必强调均衡的作用。对任意一个动态过程来说,最终的均衡只是多个可能的均衡之一。

风险控制。 如果进化解决了均衡选择问题,我们是否喜欢它的答案?这是无法保证的。生物学家赖特(Sewell-Wright)曾用风景的比喻来说明这一点①。把进化想象成一个球滚下山谷,在谷底形成均衡,可是一旦陷入山谷,如何能够脱身出来呢?

图 8.7(a)的猎鹿博弈就展示了这个问题。想象这样一个进化博弈,从一群动物中随机组对进行猎鹿博弈。图 8.8 中直线上的点代表所有动物的状态。在这种简单的情况下,状态就是动物群体中现在选择鹰策略的比例 p。

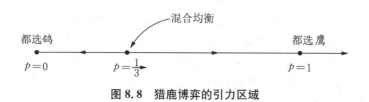

图 8.8 猎鹿博弈的引力区域

博弈的三个均衡分别对应于均衡 $p=0$, $p=\frac{1}{3}$ 和 $p=1$(第 6.2.3 节)。动物们如果将非最优策略逐渐替换为最优策略时,进化移动的方向用箭头表示。混合均衡是不稳定的,但结果可以是两个纯策略均衡中的任何一个。

立刻可知,帕累托优势的均衡(鸽,鸽)的引力区域更小一些。所以,我们更有可能陷入帕累托劣势的均衡(鹰,鹰)的引力区域。

正如很久以前在第 1.9 节中所看到的那样,这个问题说明在不知道会出现哪个均衡时,选鸽的风险比选鹰更大。因此,这种情况下,具有更大引力区域的纳什均衡称为风险优势的。

8.6　习惯

休谟(David Hume)第一个注意到日常生活博弈中进化过程对于均衡选择的重要性。例如,本书中的用词只有其习惯的含义。钱有价值只是因为习惯上认为它有价值。我住的房子和我开的汽车是我的,只不过是因为习惯上人们认为一些纸张的交换就表明了所有权。

---

① 在博弈论中用风景比喻是有危险的,因为风景有可能像埃舍尔(Escher,荷兰版画家。——译者注)的错觉绘画,你不断地向下走结果却站得更高!

8.6.1 群体选择

一个社会中所使用的所有习惯可以认为是代表了社会契约——公民在生活博弈中对于均衡的群体选择。

但是,讲到群体选择,这有意义吗?如果你告诉博弈论专家说,群体理性可以保证人们在一次性的囚徒困境博弈中进行合作,他们一定会气疯掉。一个等价的说法是,自然选择的是对物种有利的突变而不是突变的基因,对此,生物学家是更不能容忍的(第1.7节)。

讨论博弈的均衡选择时群体理性不再是愚蠢的。同样,当均衡之间出现竞争时,群体选择也不再与基因的自私性相抵触(第1.6.1节)。

对于史前的小型人类社会来说,社会契约的选择范围是非常大的。为了弄清楚这种选择是如何发生的,想象一下,在多人猎鹿博弈中,利利普特(Lilliput)的每个人都选择鸽,其公民的适应性就很强。如果布莱夫斯库(Blefuscu)的每个人都选择鹰,其公民的适应力就很差。所以利利普特的人口增加得比布莱夫斯库更快。如果超量的人口想要移居并建立保持其原有社会契约的殖民地,一些村庄就会同时出现这两种相竞争的社会契约,我们可以对其进行标准的进化分析。应用群体选择的分析,我们会吃惊地发现:生存下来的是帕累托劣势的社会契约(利利普特与布莱夫斯库是小说《格列弗游记》中的两个小人国。——译者注)。

当然,对于生活博弈中不是均衡的社会契约,上面的分析不起作用。但是,基因的自私性说明这种社会契约是不稳定的。

8.6.2 焦点

著名的布里丹(Buridan)之驴因为找不到一捆干草比另一捆好的理由而挨饿至死。在纯协调博弈中,这个问题无法避免,图8.7(b)的驾车博弈就是一个典型的例子。没有什么理由能说明均衡(左,左)与(右,右)中的一个比另一个更好,但社会进化使得在英国人们习惯于用前者而在法国则习惯于用后者。但习惯并不总是历史上偶然事件的产物,瑞典于1967年9月1日就特意从左行改为右行。

谢林(Thomas Schelling)把我们用来解决日常生活协调问题的这种简单的习惯称为焦点。[①]在驾车博弈中,没人关心采用哪个习惯。然而对于如性别之争这样的非纯协调博弈,由于不同的博弈方会喜欢不同的均衡作为焦点,事情就会困难得多。但是,谢林指出,在面对新的协调博弈时,我们仍然有办法确定焦点。

为了说明这一点,人们用稍加修改的形式来复述一些谢林的例子。在每种情况下自问,如果你在博弈中,你会做出什么选择。人们寻找焦点的成功及上下文暗

---

① 谢林2005年获得诺贝尔奖。

示的随意性都会让大多数人感到惊讶。重要的一课是,博弈出现的上下文,也就是博弈的表达方式,会对人们如何进行博弈造成很大影响。

(1) 两人各自独立地叫出正与反。两人叫的一样时每人可得 100 元,否则什么也得不到。你会怎么叫?

(2) 你明天要在纽约见某个人,但没有约好几点钟在哪儿见面。你会去哪儿? 什么时间去?

(3) 你是特工组成员之一,空投到敌方区域时意外地失散了。你会到哪里去与你的队友汇合? 图 8.9 是地形图。

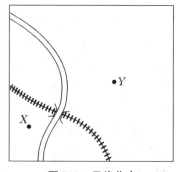

图 8.9 寻找焦点

(4) 赵一、钱二和孙三必须各自独立地按某个顺序写出三个字赵、钱和孙。如果他们选择了相同的顺序,则姓氏第一个出现的人得到 300 元,姓氏第二个出现的人得到 200 元,姓氏第三个出现的人得到 100 元。否则,什么也得不到。如果你是孙三,你会怎么做?

(5) 亚当与夏娃各拿到两张卡片之一,一张是空白的,另一张画了个叉。博弈方可以在前一张卡片上画叉,也可以把后一张卡片上的叉擦掉。如果他们亮出卡片时有且只有一个叉,则持有画叉卡片的人得到 200 元,持有空白卡片的人得到 100 元。否则,谁也没有赢。如果你拿到空白卡片,你会怎么做?

(6) 两支部队驻扎在图 8.9 的地图上的 X 点与 Y 点。每个指挥官都希望占领尽可能多的地方,前提是避免出现双方同时想占领一个区域而引发冲突。这是双方的共识。如果你是 X 点处军队的指挥官,你会试图占领哪些区域?

(7) 一个慈善家捐给亚当和夏娃 100 元,前提是他们必须就如何分配达成一致。要求两人各自独立地报出自己要的份额。如果两个份额相加超过 100 元,谁也得不到钱。否则,每人得到自己报出的份额。你会报多少?

(8) 赵一丢了 100 元钱,被钱二捡到了。钱二很诚实,不会花掉这笔钱。可是,如果没有适当的奖励,他也不愿意归还给赵一。两人争了起来,找孙三裁决。孙三坚决要求他们按前一个例子的机制来解决争执。如果你是赵一,你会给钱二多少奖励? 如果钱二之前拒绝过 20 元的奖励,你会给他多少? 如果前一天晚上赵一和钱二一起看过一个电视节目,节目中的专家说这种情况下公平的分法是钱三得到总数的三分之一,这时你会给钱二多少?

在例(1)中,大多数人叫了正。因为习惯上两个一起说时是先说正的。例(2)中人们做得好不好取决于他们对纽约的熟悉程度。谢林问了新英格兰人,他们非常喜欢中午去中央车站。对于例(3),即使是在谢林的更复杂的地图中,人们也非常愿意选择桥梁。在例(4)中,孙三通常会知道百家姓是大家熟知的,尽管写赵钱孙他得到的钱最少,他也只能这样做。例(5)中,人们最习惯的是听天由命,所以,大多数人会选择什么都不做。在例(6)中,公路或铁路几乎总是被选为边界。选择公路的比选择铁路的更多,这可能是因为公路划分区域稍微少一点不公平。在例

(7)中,五十五十的划分几乎是普遍的。例(8)更有挑战性。人们通常只有在听过专家建议后才会有效地协调,也就是按专家的建议去做。

8.7 综述

纳什均衡发生在博弈方的反应曲线相交的地方。反应曲线可能会很复杂。即使纯策略空间是连续的,反应曲线也可能是不连续和跳跃的。这种情况下没有纳什均衡。但是纳什证明了在可以使用混合策略的有限博弈中不存在这个问题。有限博弈至少有一个纳什均衡。如果该博弈是对称的,它至少有一个对称的纳什均衡。

纳什定理可以用角谷不动点定理来证明,后者可由布鲁威尔不动点定理推导出来。这些不动点定理在经济与其他领域有广泛的应用,但其证明通常比较困难。我们用六连棋博弈不能平局来证明布鲁威尔定理只是为了增加一点乐趣,但是关于紧性与连续性的讨论在各种广泛的场合下是很有用的。($\mathbb{R}^n$ 中的紧集是闭的和有界的。当 $k \to \infty$ 时,若 $x_k \to x$ 则 $f(x_k) \to f(x)$,称函数 f 连续。)

当博弈的反应曲线相交多次时,博弈有多个纳什均衡。我们将面临均衡选择问题,目前还没有满意的解决办法。原因可能是用这种方式来表达我们的困难有点弄巧成拙。如果我们对解决均衡选择问题所需要的一切了如指掌,可能我们就不再会把均衡当作中心概念了。从实用角度来说,许多协调博弈可以用焦点来解决,而焦点是由博弈出现的环境决定的。例如在日本左侧行车而在美国右侧行车。这种习惯通常是历史上偶然事件的结果,但并不总是如此。

8.8 进一步阅读

The Game of Hex and the Brouwer Fixed-Point Theorem,by David Gale;*American Mathematical Monthly* 86(1979),818—827.

Essays on Game Theory,by John Nash;Edward Elgar,Cheltenham,UK,1996.其中第四篇论文包含了关于有限博弈均衡存在性的纳什定理。

A General Theory of Equilibrium Selection in Games,by John Harsanyi and Reinhard Selten;MIT Press,Cambridge,MA,1988.两位诺贝尔获奖者发现均衡选择问题难以解决。

The Strategy of Conflict,*by Thomas Schelling*;Harvard University Press,Cambridge,MA,1960.谢林曾经勇敢地告诉一大群博弈论专家:博弈理论对焦点理论没有任何用处,得益表的思想可能是唯一的例外。

8.9 习题

1. 对于第 6 章练习 3 中的来源于加拿大国家彩票的三人博弈,

a. 写出博弈的策略形式,找出所有纯策略纳什均衡。

b. 为什么博弈是对称的? 为什么纯策略纳什均衡是非对称的? 请推导出至少有一个对称的混合策略纳什均衡。

c. 除了第 6 章练习 3 找出的对称纳什均衡之外,还有其他的吗?

2. 对于第 8.2 节中的有声决斗博弈,假设 d 允许取值的间隔是 $\varepsilon = 0.001$,画出点 $(0.62, 0.62)$ 附近区域的反应曲线,证实反应曲线相交于 $(0.618, 0.618)$。它们在其他地方相交吗?

3. 对于第 8.2 节中的无声决斗博弈,如果只允许 $d = 0$, $d = \frac{1}{2}$ 和 $d = 1$,画出博弈的扩展形式。

4. 重复第 8.2 节中的无声决斗博弈的分析,将假设更改为:"半斤"与"八两"感情非常好,如果其中一个人死了,另一个也不愿意独活。所以,如果他们都活下来了,则得益是 1。有人死去的其他情况下得益都是 0。

5. 解释为什么纳什均衡中采用严格劣的策略的概率不会是正的。举出一个纳什均衡策略是弱劣的博弈例子。解释为什么每个有限博弈至少有一个纳什均衡,其中没有以正概率使用的弱劣策略。[1]

6. 完全混合策略就是博弈方使用每个纯策略的概率都是正的。如果双值矩阵博弈中每个博弈方的得益矩阵是非奇异的,证明博弈最多只有一个双方都使用完全混合策略的纳什均衡。

7. 设双值矩阵博弈中博弈方 i 的得益函数为 $\Pi_i : P \times Q \to \mathbb{R}$,其中 P 是博弈方 I 的混合策略集合,Q 是博弈方 II 的混合策略集合。对任一纳什均衡 $(\tilde{p}, \tilde{q})$,证明:

$$\max_{p \in P} \min_{q \in Q} \Pi_1(p, q) \leqslant \min_{q \in Q} \max_{p \in P} \Pi_1(p, q) \leqslant \Pi_1(\tilde{p}, \tilde{q})$$

博弈方 II 的得益函数对应的不等式是什么? 为什么这两个不等式可导出在纳什均衡中谁的所得都不会少于安全水平? 你能想到什么办法不用计算就可以说明这一点一定成立?

8. 第 6 章练习 29 问到了图 6.21(b) 中博弈的合作与非合作区域。找出唯一的纳什均衡。证实在这个均衡中博弈方 II 使用第二个纯策略的概率为 $\frac{2}{3}$,他的期望得益是 $3\frac{2}{5}$。证明他的安全水平也是 $3\frac{2}{5}$,他的安全策略中使用第二个纯策略的概率是 $\frac{3}{5}$。有一个说法是唯一的纳什均衡必定会被当作博弈的合理解。讨论此例与这一说法的关系。

9. 对于图 6.15(b) 的性别之争,如果没有事先的沟通,也没有非对称的习惯,解释为什么没有可以作为博弈合理解的纯纳什均衡。证明在混合纳什均衡中每个

---

[1] 首先删掉所有弱劣策略,对所得的博弈应用关于有限博弈纳什均衡存在性的纳什定理。

博弈方的期望得益是 $\frac{2}{3}$。证明性别之争中每个博弈方的安全水平也是 $\frac{2}{3}$，但博弈方的安全策略与混合均衡策略是不同的。①对于混合均衡作为博弈理性解的质疑是，为什么博弈方不转用安全策略以保证得到 $\frac{2}{3}$ 的得益呢？如果博弈方 Ⅱ 转用安全策略的话，为什么博弈方 Ⅰ 使用混合均衡策略可以得到更多好处？

10. 图 6.21(b)的博弈的合作与非合作区域正好与性别之争的对应区域上下相反，所以被称为澳大利亚性别之争，像上题一样进行讨论，但是当博弈方 Ⅱ 转用安全策略时，证明博弈方 Ⅰ 使用混合均衡策略会有损失。

11. 找出图 5.10(a)的博弈的风险控制均衡与帕累托优势均衡。

12. 写出一个具有两个纯纳什均衡的双值矩阵博弈，使得其中一个均衡既是风险占优的，也是帕累托优势的。

13. 为什么钱是因为约定俗成才有价值？

14. 在詹姆斯(Henry James)笔下的波士顿，一位女士和一位男士来到了一个新式旋转门前。他们面临的是懦夫博弈的变体，有两个纯策略均衡：女士等男士先走，或者男士等女士先走。哪个均衡是焦点？

15. 两人各有一个按扇形五等分的圆盘，圆盘周边各扇形的颜色是红，红，绿，红，绿。每个圆盘像轮盘一样旋转，以使其方向为随机的。如果两人各自独立地选择了同色的扇形，每人可赢 100 元。否则，谁也赢不了钱。你会选择哪个扇形？你有多大把握你的对手会和你一样选择？

16. 设 Y 是 $\mathbb{R}^n$ 中紧的和严格凸的产品集合，公司的产出由 Y 中的一些商品组成。要选择产出使利润 $p^{\top}y$ 最大，其中 p 是价格向量。②由于 Y 是严格凸的，对每个价格向量 p，总有唯一的利润最大化产量 $y = s(p)$。于是，函数 $s: \mathbb{R}_+^n \to Y$ 是公司的供给函数。对于下面供给函数连续性的证明过程，回答括号中的问题，指出这种做法的缺陷。如何完善这个证明？③

设 $k \to \infty$ 时，$p_k \to p$。记 $y_k = s(p_k)$。对 Y 中的任何 z，有 $p_k^{\top}z \leqslant p_k^{\top}y_k$。(为什么？)如果 $k \to \infty$ 时，$y_k \to y$，则可以得出，对 Y 中的任何 z，有 $p^{\top}z \leqslant p^{\top}y$。(为什么？)所以，$y = s(p)$。(为什么？)这样，当 $k \to \infty$ 时，$s(p_k) \to s(p)$，所以 s 是连续的。

17. 经济理论中的均衡并不总是某个博弈的均衡。例如，第 i 个博弈方的策略集可能是 S_i，但可能有一些约束使得他不能随意选择 S_i 中的所有策略。博弈方可

---

① 混合均衡中博弈方 Ⅰ 使用第一个纯策略的概率是 $\frac{2}{3}$，博弈方 Ⅱ 使用第二个纯策略的概率是 $\frac{2}{3}$。博弈方 Ⅰ 的安全策略是以 $\frac{1}{3}$ 概率使用第一个纯策略，博弈方 Ⅱ 的安全策略是以 $\frac{1}{3}$ 概率使用第二个纯策略。

② y 的某些分量可能是负的，这代表投入。所以，并没有假定产出是无成本的。

③ 紧集 Y 中点的序列 $y_1, y_2, y_3, \cdots$ 收敛于 y 当且仅当它的所有子序列都收敛于 y。(证明？)

用的子策略集 T_i 常取决于所有博弈方的选择向量 s。①也就是说，$T_i = G_i(s)$，其中 $G_i : S_1 \times S_2 \times \cdots \times S_n \rightarrow S_i$。

a. 用角谷不动点定理证明至少存在一点 $\tilde{s}$ 使得 $\tilde{s}_i \in G_i(\tilde{s})$($i = 1, 2, \cdots, n$)。列出你的证明所用的当然成立的假设。

b. 改进你的推理来得到德布鲁(Debreu)"社会均衡定理"的一个形式。就是断定存在这样的点 $\tilde{s}$，它不仅使(a)成立，而且 $\tilde{s}_i$ 是博弈方 i 在 $G_i(\tilde{s})$ 中的最优选择。

18. 博弈理论的研究是基于这样一个假设：所有人的理性是相同的。康德认为他已经用同一原理推导出他的绝对信条(第1.10节)。你能找到一个改进的绝对信条，使它与博弈的纳什均衡一致吗？

19. 一个假想国有两个政党：保守党与理想党。他们都只关心权力，所以选择政治纲领的唯一目的就是最大化下次选举的选票。选民只关心实际内容，所以不会忠于哪个党派。简单起见，选民的意见用区间 $[0, 1]$ 中的实数 x 来表示。持有意见 $x = 0$ 的人相信社会结构应当像蚁丘一样，而持有意见 $x = 1$ 的人相信社会结构应当像一池鲨鱼一样。每个政党必须在政治结构范围中选择某一点作为纲领且以后不能变动。然后，选民们把票投给位置离自己意见最近的政党。

a. 为什么中点处的选民很重要？

b. 两个政党同时走上舞台。为什么每个政党都会把纲领定在 $x = \frac{1}{2}$ 处使得选举成为五五开？

c. 假设在理想党与保守党之后有一个新的直觉党要选择一个纲领。如果理想党与保守党分别选择 $x = \frac{1}{4}$ 和 $x = \frac{3}{4}$，直觉党选择 $x = \frac{1}{2}$，证明这是一个均衡。原有两党各得 $\frac{3}{8}$ 的选票，直觉党只能得到 $\frac{1}{4}$。

d. 如果直觉党注定失败，为什么他们会走上政治舞台？如果直觉主义者认为只有预期得到 26% 以上选票才值得组建政党，会发生什么情况？

e. 为什么只有两党的政治舞台并不总是相同的？对此，你知道些什么吗？

---

① 这会在一个简单交换经济中发生。这种经济中的经济活动只局限于参与者禀赋物品的贸易。每个人都可以用市场价格卖出自己的物品。卖出的总和构成了一个参与者用钱购物时的预算约束。然而，市场价格是由整个市场的供给与需求决定的。也就是取决于每个人如何花钱的选择。所以，每个人能选择的范围就是所有人实际选择的函数。

▶ 第 9 章

低价买入

9.1 经济模型

低价买入与高价卖出是赚钱的经典方法。博弈与这种经营有怎样的关联？我们先看两个截然相反的情况：完全竞争与垄断。在博弈论出现之前，经济理论学者对它们的看法几乎完全一致。不完全竞争的中间情形留到下一章再说。

大多数经济学课程，从最基本的到最高级的，其基本内容仍然是完全竞争与垄断。所以，学经济学的学生可能很想跳过本章。不过请注意，我试图用博弈论观点对其进行评价，提供一个新的视角。它也为后续章节提供了大量的例子。

9.2 偏导数

→ 9.3

每个经济学家都知道垄断者可以让边际收益等于边际成本来最大化其利润。数学家更喜欢说利润在导数为零的点处最大化。两种说法的意思是一样的，因为连续变量的边际值和导数是一样的。

经济学家的典型做法是：把一个数量，比如说边际效用，定义为多消费一单位商品所增加的效用，却不接着解释它们的意思是度量变量的单位可以任意小。在这一章和下一章里，由于我们讨论的某些商品像苹果、帽子这样自然具有离散的单位，就很容易在这一点上误入歧途。然而，为了保持数学上的简单性，我们将所有商品都看成连续变量。所以，即使对于苹果这样的例子，夏娃对某商品的边际效用也可以用她的效用函数对所讨论的商品求偏导数来得出。

求函数的偏导数就是假定所有其他变量为常数，对问题变量求导数。例如，如果 $f: \mathbb{R}^2 \to \mathbb{R}$ 的定义为 $f(x_1, x_2) = x_1^2 x_2$ ，则：

$$\frac{\partial f}{\partial x_1} = 2x_1 x_2; \; \frac{\partial f}{\partial x_2} = x_1^2$$

可微函数 $f: \mathbb{R}^n \to \mathbb{R}$ 在点 ξ 的梯度就是一个由 f 在点 ξ 的所有偏导数值组成的 $1 \times n$ 行向量 $\nabla f(\xi)$。上面的例子中，$\nabla f(3, 1) = (6, 9)$。其几何意义是，向量 $\nabla f(\xi)$ 的指向是 $f(x)$ 在点 ξ 处增加最快的方向。它的长度或模 $|\nabla f(\xi)|$ 是 $f(x)$ 在点 ξ 处沿这个方向的增加率。

当 x 沿着一条等高线移动时，$f(x)$ 根本不会变化。所以，向量 $\nabla f(\xi)$ 指向一个与等高线 $f(x) = f(\xi)$ 正交的方向就没什么奇怪的。因而，由第 7.7.1 节我们知道与等高线相切的超平面的方程可以用内积写出来：

$$\nabla f(\xi)(x - \xi) = 0$$

例如，等高线 $x_1^2 x_2 = 3$ 在 $x = (3, 1)^\top$ 处的切线是 $6(x_1 - 3) + 9(x_2 - 1) = 0$。

9.3 商品空间中的偏好

在伊甸园观察亚当的经济学家会用一个冯·诺依曼—摩根斯坦效用函数 u 来刻画他对不同数量的无花果叶与苹果的偏好。由于亚当对于等高线 $u(f, a) = 3$ 上的每个商品组的效用都是 3，他在这些组之间是没有差异的。所以，经济学家把 $u(f, a) = 3$ 称为无差异曲线。[①]

在本章和下一章中，为简单起见，假定亚当想要的东西总是越多越好，所以 u 是严格增加的。[②] 我们也假设 u 是凹的，这表明对亚当来说，在同一无差异曲线上两个组的自然混合至少比任何单独一个组都好（第 6.5.1 节）。在适当的时候，我们还假设 u 可以做任意次数的求导。

这些关于亚当偏好的假设没有一条是对所有商品成立的。人们通常不喜欢更多种垃圾。如果能与一位专心的女友约会，亚当也不会更喜欢同时与两位只花一半心思在他身上的女友约会。所以，要将标准的消费者模型用到现实中，还是需要慎重的。

如果 u 是两维商品空间上的严格增加的凹函数，则亚当的无差异曲线就和图 9.1(a) 所示的差不多。亚当有凹的冯·诺依曼—摩根斯坦效用函数，所以他是风险规避的。可是，如果说图 9.1(a) 中他的无差异曲线的形状是由他不喜欢冒险造成的，那可就错了。正如第 4.5.4 节所解释的，某些可以应用冯·诺依曼—摩根斯坦公理的人对于实际的冒险行动是中立的。一个理性的人的风险规避可以部分归因于他的商品空间的无差异曲线形状，而不是相反。

[①] 在大多数例子中，$u(f, a) = 3$ 确实表示一个曲线，但并不一定如此。例如，如果亚当对任何商品组都是没有差异的，则他唯一的无差异"曲线"就是整个商品空间。

[②] 严格增加的函数具有性质 $x > y \Rightarrow f(x) > f(y)$。当 x 与 y 是向量时，$x > y$ 的含义已经在第 5.3.2 节中解释过了。

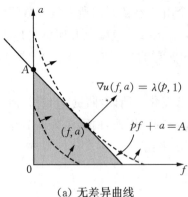
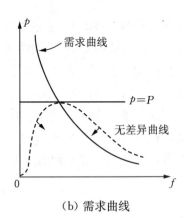

（a）无差异曲线 　　　　　　　　（b）需求曲线

无差异曲线用虚线画出。箭头是偏好增加的方向。

图 9.1　无差异与需求

9.3.1　价格

将市场博弈中的部分或全部博弈方称为价格接受者，这通常是合理的。市场以某种方式确定的价格是价格接受者无法改变的。所以，他们的问题不再是策略。他们只需要解决一个单人决策问题：以当前的价格，我该买多少或卖多少？

当价格最重要时，画在纵轴上的商品要改成数值，也就是商品价格的数值。计价单位可以是美元或黄金，在我们的伊甸园故事中，计价单位是苹果。

如果亚当是价格接受者，最初拥有 A 个苹果，夏娃愿意用每片无花果叶 p 个苹果的价格来买卖无花果叶，则亚当的预算直线是 $pf + a = A$。亚当可以用一部分苹果来买无花果叶，得到这条直线上的任何一个组合。

如图 9.1(a) 所示，亚当在预算约束条件下的效用最大化的组合就是他的一条无差异曲线与预算直线相切的地方。所以，只要梯度向量 $\nabla u(f, a)$ 的方向与预算直线 $pf + a = A$ 的法向量 $(p, 1)$ 相同，就可以找到最大化的组合。因此，对某个数 λ，有 $\nabla u(f, a) = \lambda(p, 1)$。

对于柯布—道格拉斯[①]的例子 $u(f, a) = f^2 a$，可得到方程：

$$\frac{\partial u}{\partial f} = 2fa = \lambda p, \quad \frac{\partial u}{\partial a} = f^2 = \lambda$$

从中可得出 $2a = fp$。由于解也必须在预算线 $pf + a = A$ 上，我们发现亚当会以 $f = 2A/3p$ 和 $a = A/3$ 来选择组合 (f, a)。

等式 $f = 2A/3p$ 和 $a = A/3$ 确定了亚当对无花果叶与苹果的需求。当一片无花果叶的价格被定为 p 个苹果时，它们说明了亚当会需要多少无花果叶与多少苹果。

有时，画出像图 9.1(b) 那样的图会很方便，其中纵轴以单价来代替计价。此

---

① 　这种效用函数的形式是 $u(f, a) = f^\alpha a^\beta$，其中 α 与 β 是正的常数。

图中的点(f, p)对应的是亚当以每片无花果叶 p 个苹果的价格购买 f 片无花果叶。所以,他的无差异曲线具有形如 $u(f, A - fp) = c$ 的方程,其中 c 是常数。

如果一片无花果叶的价格固定为 P 个苹果,则此图中亚当的预算线就是简单的 $p = P$。和前面一样,他的最优组合是在无差异曲线与预算直线相切的地方。所以,亚当对于无花果叶的需求曲线就是每条无差异曲线的最高点的轨迹。

9.3.2 拟线性效用

如果有:

$$u(f, a) = a + w(f)$$

则称亚当有拟线性的效用函数。[①] 用这种效用函数,一个尤特尔就是伊甸园中代表货币的一个苹果。数量 $w(f)$ 就是亚当为了得到 f 片无花果叶所愿意支付的最大值。w 是严格增加和凹的,这是一个标准的假设。

将 $u(f, A - fp) = A - pf + w(f)$ 对 f 求偏导可得到亚当在固定价格 p 下对无花果叶的需求,所以他的需求曲线方程具有特别简单的形式:

$$p = w'(f)$$

因为假设 w 是凹的,它的导数 w' 就是单调减少的。所以,具有拟线性效用的消费者的需求曲线是向下倾斜的。

可以通过积分来重新从需求曲线得到一个拟线性效用函数(第 21.3.2 节)。如果亚当以他的部分初始财产按每片无花果叶 p 个苹果的价格购买 f 片无花果叶,他增加的效用就是图 9.2(a) 的阴影区域。对于拟线性偏好,效用与货币是一样的,所以,阴影区域也代表亚当为了得到 f 片无花果叶实际愿意比 pf 多支付的数量。

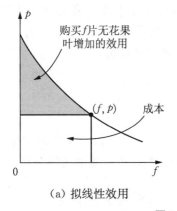

(a) 拟线性效用

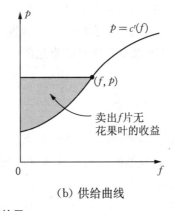

(b) 供给曲线

图 9.2　拟线性效用

① 它关于 a 和 $w(f)$ 是线性的,所以称它关于 a 和 f 是拟线性的。

下雨时为什么富人会乘出租车而穷人会淋湿？经济学家萨缪尔森（Paul Samuelson）有一个著名的解释是：富人认为出租车是很便宜的。这种消费者没有拟线性的效用函数，因为不管亚当变得多富或多穷，他对交换苹果与无花果叶的态度是完全不变的。他的不同无差异曲线只是在垂直方向的移动。例如，$u(f, a)$ $= 3$ 和 $u(f, a-3) = 0$ 是一样的。

所以，认为消费者有拟线性偏好并不是很现实的，但当我们把注意力转向市场中作为价格接受者的生产者时，这么做就会有更充分的理由。原因是公司有责任最大化股东的期望利润。

如果夏娃采摘 f 片无花果叶的成本是 $c(f)$ 个苹果，而亚当为夏娃的供给支付 a 个苹果，则夏娃在交易中的利润是：

$$\pi(f, a) = a - c(f)$$

如果每多采一片无花果叶的成本大于上一片的成本，则 c 是凸的，从而 $-c$ 是凹的。这样，π 就满足拟线性效用函数的要求。所以，这个函数的等高曲线或者等利润曲线可以看作是夏娃的无差异曲线。

因为夏娃把无花果叶提供给亚当而不是自己消费，为了找到固定价格 p 下夏娃最优的无花果叶产量，将 $\pi = a - c(f)$ 对 f 求偏导数就得到了供给曲线，它代替了需求曲线。供给曲线为：

$$p = c'(f)$$

这说明像夏娃这样的价格接受者在决定供给多少时，会让价格与边际成本相等。①

由于 c 是凸的，夏娃的供给曲线会向上倾斜，如图 9.2(b) 所示。假设 $c(0) = 0$，阴影部分表示夏娃生产 f 片无花果叶并以每片无花果叶 p 个苹果的价格卖给亚当所增加的效用（或利润）。

如果将计价的商品由苹果换成无花果叶，与上面的讨论不同，我们可以画出夏娃的需求曲线和亚当的供给曲线。有时，为强调消费者与生产者的这种相似性，我们会用机会成本来解释消费者的偏好。例如，亚当用两个苹果交换一片无花果叶的机会成本就是不能自己吃这两个苹果所带来的效用损失。

9.4　交　易

当夏娃在伊甸园中遇见亚当时，经济活动就开始了。如果亚当的初始禀赋是 A 个苹果，夏娃的初始禀赋是 F 片无花果叶，他们都有机会通过某种交易来大大提高自己的效用。

---

① 经济学家对这个等式的解释是：一旦多生产一片无花果叶的成本超过卖出所得时，夏娃就会停止生产。

我们用图 9.3(a)的埃奇沃斯(Edgeworth)盒来表示他们的交易机会。[①]盒 $\mathcal{E}$ 的宽是 F，高是 A。盒中的点 (f, a) 表示一个可能的交易，使得亚当得到组 (f, a) 而夏娃得到组 $(F - f, A - a)$。如果亚当与夏娃没有达成一致，亚当保留的组为 $(0, A)$，夏娃保留的组就是 $(F, 0) = (F - 0, A - A)$。所以，$e = (0, A)$ 称为禀赋点。它表示没有物品交换的空交易。

如果亚当的效用函数 u_1 满足第 9.3 节的假设，图 9.3(b)画出了亚当的部分无差异曲线 $u_1(f, a) = c$。夏娃的效用函数满足与亚当一样的假设，但是她在图 9.3(b)中的无差异曲线有不同的形状，这是因为我们画的不是 $u_2(f, a) = c$，而是 $u_2(F - f, A - a) = c$ 的图形。

9.4.1　讨价还价

亚当与夏娃会达成什么交易呢？这取决于后面几章所讨论的一系列问题。例如，博弈方相互对对方的偏好有多少了解？谁可能做出何种保证？延迟的成本是多少？如果我们知道所有这类问题的答案，就可以把亚当与夏娃的讨价还价问题模型化，成为一个非合作博弈。这个博弈的纳什均衡对应的是亚当与夏娃的可用的理性交易。

知道埃奇沃斯盒还是不够的。埃奇沃斯盒甚至都不是一个博弈，它没有说明博弈方的讨价还价策略。但是，知道埃奇沃斯盒和其他一些结果，仍然可以帮助我们对亚当和夏娃可能的交易做出一些经验推测。

对于经济学家称为科斯(Coase)定理的结果，埃奇沃斯经验推测早在 70 年前就预见到了。在讨价还价博弈中，除非有一些人为干扰造成冲突，博弈方都会做出帕累托有效的交易。图 9.3(c)画出了亚当和夏娃的无差异曲线，很容易看出帕累托有效的交易。埃奇沃斯盒 $\mathcal{E}$ 内部亚当和夏娃的无差异曲线相交的点 Q 不会是帕累托有效的。按照图 9.3(c)中的箭头指示，两人都愿意从 Q 移动到通过 Q 点的

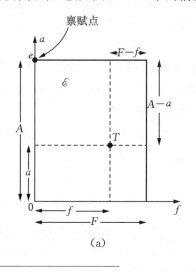

(a)

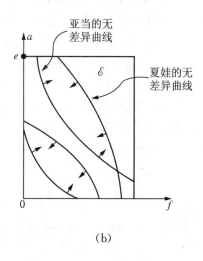

(b)

---

① 埃奇沃斯盒显然是由帕累托发明的。

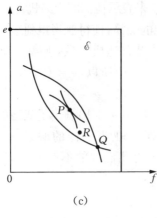

(c)

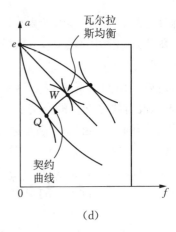

(d)

图 9.3(a)中,禀赋点 e 对应于无交易的结果,亚当保留组合$(0, A)$而夏娃保留组合$(F, 0)$。在交易 T 中,亚当得到(f, a)而夏娃得到$(F-f, A-a)$。图 9.3(b)中的箭头指向博弈方偏好的方向。图 9.3(d)中,如果夏娃是完全的垄断者,结果就是契约曲线上的交易 Q。交易 W 是完全竞争下的瓦尔拉斯均衡。

图 9.3 埃奇沃斯盒

两条无差异曲线所围的船形区域中的任何一点 R。所以,亚当和夏娃的无差异曲线必定在 $\mathcal{E}$ 内部对应于帕累托有效交易的 P 点处相切。

埃奇沃斯还观察到,如果交易使得他们的结果比不交易更糟,他们是不会同意的。所以,任何理性交易不仅要是帕累托有效的,还必须处在经过禀赋点 e 的两条无差异曲线之间。于是,候选的理性交易只剩下图中 9.3(d)所示的契约曲线上的点。

要对亚当与夏娃可能达成的交易做更精确的推测,需要更进一步的假定。只有一种情况相对简单一些。和第 5.5.1 节的斯塔克伯格模型一样,设想在讨价还价博弈中,夏娃可以承诺在剩下的谈判中使用特定的策略。如果这个策略是拒绝任何使她的效用少于交易 P 的交易,则对她来说,唯一的子博弈均衡是在图 9.3(d)中令 $P = Q$。亚当可以接受或者放弃。在均衡中,亚当是接受的。①

所以,在讨价还价博弈中,夏娃的权力保证她可以得到契约曲线上最好的结果。经济学家称她有完全垄断权力。只要不使用武力掠夺,她利用亚当的能力没有任何限制。亚当的无助导致他只能得到契约曲线上最差的结果。②

垄断者很少像刚才分析中的夏娃一样有那么大的权力。古典的假设是,夏娃的垄断权力只能使她设定一个价格 p,低于此的话她就不交易。

---

① 但是,关于人们在实验室中如何进行这种最后通牒博弈的实际表现,看一下第 19.2.2 节的实验证据吧。

② 因为夏娃占有全部剩余,亚当可能会抱怨这不公平。如果我们解释说剩余没有浪费所以结果是帕累托有效的,亚当也不会觉得舒服。如果一位经济学家劝他说,因为一些教科书上说任何帕累托有效的结果都是"社会最优"的,所以他的抱怨是反社会的,他会觉得被当作轻信的傻瓜,因而会更生气。

以每片无花果叶 p 个苹果的价格购买 f 片无花果叶会花掉亚当 pf 个苹果。他会剩下 $a = A - pf$ 个苹果。所以，在埃奇沃斯盒中，无花果叶按固定价格 p 与苹果的交易就落在通过禀赋点 $e = (0, A)$ 的直线 $a = A - pf$ 上，如图 9.4(a) 所示。

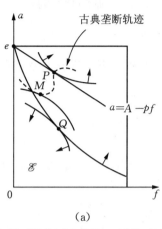
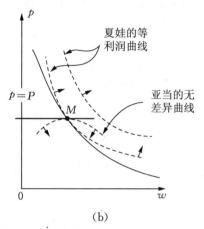

(a)　　　　　　　　　　　　　　　(b)

如果夏娃能固定价格 p，她就可以迫使交易处在图 9.4(a) 中的任一直线 $a = A - pf$ 上。亚当的最优反应是 P。虚线是所有这种最佳反应的轨迹。垄断点 M 是此轨迹上夏娃最喜欢的交易。由于 M 不在契约曲线上，它不是帕累托有效的。图 9.4(b) 用亚当的需求曲线讲了同一件事。亚当和夏娃的无差异曲线在 M 点不相切，所以它不是帕累托有效的。

图 9.4　古典垄断

如果夏娃确定了价格 p，亚当被迫在直线 $a = A - pf$ 上选择他最喜欢的交易 P。如图 9.4(a) 所示，P 落在亚当的无差异曲线与这条直线相切的地方。这种点的轨迹在图 9.4(a) 中以虚线画出。按照标准的斯塔克伯格方法，夏娃可以选择 p 来得到这条曲线上她最喜欢的交易 M。因为 M 落在这条曲线与夏娃的无差异曲线相切的地方，很明显，只有在可能性很小的偶然情况下，M 才会是帕累托有效的。所以，古典垄断下达成的交易是有浪费的，也是不公平的。

图 9.4(b) 和通常用来说明古典垄断的图更像一些。夏娃的最大利润点是 M，她的等利润曲线与亚当的需求曲线在这里相切。由图 9.1(b) 可知，在亚当的需求曲线上的点处，他的无差异曲线的切线是水平的。从而，亚当与夏娃的无差异曲线只有在反常的情况下才会相切，这再次证明了古典垄断通常不是有效的。

9.5　垄断

经济学家讨论古典垄断时很少使用埃奇沃斯盒。更熟悉的分析是这样进行的。多利是假想国中唯一的羊毛生产者。每盎司的生产成本是 c 元。羊毛的需求曲线为 $w + p = K$，其中 K 比 c 大很多。[①]（在第 5.5.1 节中，取的是 $c = 3$ 和 $K = 15$。）

---

① 处理像 $w + p = K$ 这种所谓线性需求曲线时，我们隐含假设方程仅对 $w > 0$ 和 $p > 0$ 成立。当 $w = 0$ 时，任何价格 $p \geqslant K$ 也在曲线上。当 $p = 0$ 时，任何数量 $w \geqslant K$ 也在曲线上。

如果生产的羊毛比按多利要求的价格所能卖出的数量还要多,那她就是很愚蠢的。所以,如果她生产了 w 盎司,她就会以每盎司价格为 $p = K - w$ 来出售,这是她能卖出所有羊毛的最高价格。

多利的利润是卖出产品的收益与生产成本的差。所以,她的利润为:

$$\pi(w) = pw - cw = (p-c)w = (K-w-c)w$$

为找出利润最大的产出 $\tilde{w}$,她会让边际收益等于边际成本。也就是说,她会对 $\pi(w)$ 求导并令导数等于零。由于:

$$\frac{d\pi}{dw} = K - c - 2w$$

利润在 $\tilde{w} = \frac{1}{2}(K-c)$ 时最大。从而价格是 $\tilde{p} = \frac{1}{2}(K+c)$。最大利润为 $\pi = \left\{\frac{1}{2}(K-c)\right\}^2$。

9.5.1 垄断权力的来源

刚才的故事中多利的垄断权力的来源是什么?为什么她是价格制定者而爱丽丝是价格接受者?最简单的答案是多利能够承诺一个她可以卖出的价格。但在图 9.4(a) 中,她为什么不利用自己的承诺权力从 M 移动到 Q 附近的某一点呢?

我们将这种承诺问题留到第 9.5.2 节。取而代之的问题是:要想不依赖于无法解释的承诺权力,还能够像制定价格的垄断者一样行动,多利所处的经济环境应该有什么样的特征?

第一个观察是经济应用中的垄断者通常都有大量的小消费者而不是一个大的消费者。经济学家把第 9.4 节中亚当与夏娃交换苹果与无花果叶的模型称为双边垄断,由此来区分买卖双方都有影响价格的权力的情况。

在理论上,处理很多消费者并不困难。最简单的情况是把单个消费者复制多次。垄断者多利的名字就是作为第一个被克隆的哺乳动物的羊的名字,但这里,要复制的是爱丽丝。

当价格为 p 时,人们不再使用一个大爱丽丝对羊毛的需求 $W = K - p$ 盎司,而是引入爱丽丝的 N 个小副本,每一个的需求是 $W = (K-p)/N$ 盎司。他们对羊毛的总需求是 $w = NW = K - p$ 盎司,因此,市场的需求曲线和只考虑一个爱丽丝时是一样的。所以,我们可以重复垄断的故事,告诉自己说,现在每个爱丽丝的副本都太小了,不会有显著的市场权力。如果还有任何怀疑,那就看看 $N \to \infty$ 时的极限情形。

但这个故事过于简单了。例如,假设多利必须挨家挨户地卖羊毛,每次只面对一个爱丽丝的副本。为什么她在每家门前的地位不同于把爱丽丝分成小副本之前的地位呢?事实上,第 18.6.2 节说明,她的情况一点也没变好。特别是,如果每个副本爱丽丝在自家门前有买方垄断权力的话,[①]多利从分裂爱丽丝中得不到任何好处。

因此,经济学家通常隐含地假设多利是一个农贸市场上的摊贩,而不是一个上门的推销员。她在摊上贴出价格,当她定的价格使得对羊毛的需求超过了她的供给量时,顾客就会蜂拥而来抢购她的羊毛。

9.5.2 价格歧视

对于赋予博弈方承诺权力而解释其来源的尝试,前面几章都是很排斥的。为什么有时候假设博弈方可以做出承诺确实是合理的,一个主要原因是她认为强硬的声誉是有利的。

要准确刻画一个积极垄断者的声誉,我们可以构建一个重复博弈,博弈中多利一遍又一遍地把羊毛卖给一群不断变化的顾客。但是,对这种模型的分析超出了本书的范围。我们只是可以观察到这种博弈中存在使多利坚持她的报价的均衡。这是因为,和暴露她是一个时常会降价的人所带来的损失相比,她今天低价多卖一些羊毛所能得到的钱是微不足道的。

如果多利可以做出可信的承诺,她就可以用不同的价格卖出不同盎司的羊毛。这种价格歧视可以有多种形式。例如,和教授相比,学生可以买到更便宜的机票。同样,大顾客会比小顾客得到更多的折扣。

价格歧视的核心就是把每盎司羊毛按顾客所愿意支付的最高价钱卖出。这就是多利想达到图 9.3(d)中的理想点 Q 时所必须做的。如果她一次只能卖 1 盎司羊毛,在把橱窗中的现有的 1 盎司羊毛按差不多是某人愿意支付的最高价卖出之前,她应当承诺不会卖出其他的羊毛。

如果多利的唯一顾客是爱丽丝,卖出每一盎司羊毛的价格会依次降低,以使爱丽丝的商品组从图 9.3(d)中的 e 点沿着她经过 e 的无差异曲线移动到交易 Q 处。因此,每次卖出 1 盎司羊毛,多利都会从爱丽丝处榨取此时所有可榨取的利益。如果爱丽丝有拟线性偏好,我们知道,由爱丽丝的需求曲线下方的面积可以算出多利可以从爱丽丝处榨取的总量(第 9.3.2 节)。本节的剩余部分对拟线性偏好的这一特征做更详细的介绍。

有多少剩余? 如果亚当对于苹果和无花果叶有拟线性的效用函数:

$$u(f, a) = a + 2\sqrt{f}$$

则他对无花果叶的需求曲线为 $p = 1/\sqrt{f}$(第 9.3.2 节)。在这个模型中,我们假定他的初始禀赋是组合 (F, A),其中 $F < 1$。

→ 9.6

---

① 买方垄断是买家具有垄断力量。

夏娃是利润最大化的无花果叶生产者,她生产每片无花果叶的成本是 1 个苹果。所以她生产无花果叶的边际成本总是 1 个苹果。夏娃没有初始禀赋,但她和亚当签约,为亚当提供 $f - F \geqslant 0$ 片无花果叶,为此亚当预先支付给她 $A - a$ 个苹果。亚当的结果是组合 (f, a),夏娃的结果是得到利润 $\pi = (A - a) - (f - F)$。

图 9.5(a) 是一种埃奇沃斯盒。注意,亚当的无差异曲线有纵向的平移。要找出亚当的无差异曲线与夏娃的等利润线相切的点,令 $\nabla u(f, a) = \lambda \nabla \pi(f, a)$,可发现契约曲线就落在垂直线 $f = 1$ 上。不论亚当有多少苹果,亚当与夏娃达成协议的无花果叶数量是一样的。这表明他们都有拟线性偏好。

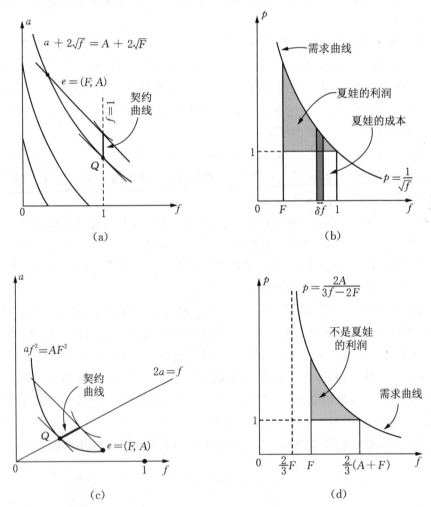

夏娃像完全价格歧视垄断者一样操作时,她会迫使交易为图 9.5(a) 和图 9.5(c) 中的 Q 点。亚当有拟线性偏好时,她的利润是图 9.5(b) 中需求曲线下方的阴影区域。若她不这么做,图 9.5(d) 中的阴影区域就不是她的利润。在后一种情况下,亚当对更多无花果叶的需求取决于他已经拥有多少无花果叶及他已经付出多少苹果。

图 9.5 价格歧视垄断

如果夏娃是完全歧视的垄断者，她会得到交易 Q。这是契约曲线上的一点 (f, a)，它是直线 $f = 1$ 与亚当的效用最低的无差异曲线 $a + 2\sqrt{f} = A + 2\sqrt{F}$ 的交点。于是 $A - a = 2(1 - \sqrt{F})$ 且 $f - F = 1 - F$。从而夏娃作为完全价格歧视垄断者的利润是：

$$\pi = (A - a) - (f - F) = 1 - 2\sqrt{F} + F$$

如何由亚当需求曲线下方的面积得出相同的答案？

作为完全价格歧视的垄断者，夏娃卖给亚当无花果叶的价格就会越来越低。如果亚当已经有 f 片无花果叶，他愿意支付的最高价格是 $p = 1/\sqrt{f}$，夏娃以此价格多卖 δf 片无花果叶给亚当，她的所得就是图 9.5(b) 中的窄条形区域的面积。

一旦无花果叶的价格低于夏娃生产无花果叶的边际成本，她就不再会为亚当提供服务。由于 $p = 1$ 时 $f = 1$，夏娃会为亚当服务，直到他的无花果叶从 $f = F$ 增加到 $f = 1$ 为止。若使 $\delta f \to 0$，可以发现，夏娃的总收益 R 就是亚当的需求曲线下方位于 $f = F$ 与 $f = 1$ 之间区域的面积。也就是，

$$R = \int_F^1 \frac{df}{\sqrt{f}} = 2(1 - \sqrt{F})$$

要求出夏娃的利润，必须减去她生产 $1 - F$ 片无花果叶的成本 $1 - F$。和前面一样，我们也得到 $\pi = 1 - 2\sqrt{F} + F$。

用市场需求曲线下方的面积来计算完全价格歧视垄断者的利润，这一方法被广泛使用，甚至在它给出错误答案时也如此。在亚当有拟线性偏好时，这种方法是对的，因为随着他的财富的减少，他对购买更多无花果叶的态度没有变化。然而，和大多数人一样，当我的储蓄罐快见底时，我花钱会更小心。亚当和我可能都愿意用每盎司 2 元的价格购买 10 盎司羊毛，可是，如果多利要求我们对前 5 盎司支付每盎司 4 元，我就不会跟在亚当后面为后 5 盎司支付每盎司 2 元。在我购买之前，多利的价格必须降下来。

为说明这一点，假设亚当有第 9.3.1 节中的柯布—道格拉斯效用函数 $u(f, a) = af^2$，重复上面的分析。他对无花果叶的需求曲线为 $p = 2A/(3f - 2F)$。注意在这个式子中明确出现了亚当的初始禀赋 (F, A)。为了简化，我们假设 $2A \geqslant F$。

契约曲线落在直线 $2a = f$ 上，如图 9.5(c) 所示。交易 Q 是契约曲线上的一点 (f, a)，它是直线 $2a = f$ 与亚当的效用最低的无差异曲线 $af^2 = AF^2$ 的交点。算出 (f, a) 并代入 $\pi = (A - a) - (f - F)$，可得到完全价格歧视垄断者的利润是：

$$\pi = A + F - 3\left(\frac{1}{4}AF^2\right)^{\frac{1}{3}} \tag{9.1}$$

为了证明它不是图 9.5(d) 中阴影部分的面积，算出：

$$\int_F^{\frac{2}{3}(A+F)} \frac{2A}{3f - 2F} df = \frac{2}{3}A\ln\left(\frac{2A}{F}\right)$$

它仅在 $2A = F$ 时与(9.1)式相等。其他情况下，积分更大一些。

导致错误的原因是亚当对无花果叶的需求随着他的财富发生变化。假设到现在为止，亚当已经付给夏娃 $b(f)$ 个苹果来购买 $f - F$ 片无花果叶，他还剩下 $a(f) = A - b(f)$ 个苹果。此时，夏娃再为他提供 δf 片无花果叶。由于亚当的当前禀赋是 $(f, a(f))$，他此时的需求曲线就是 $p = 2a(f)/(3(f+\delta f) - 2f)$。所以，夏娃只能说服他为多买 δf 片无花果叶而再支付：

$$b(f + \delta f) - b(f) = \frac{2a(f)}{f + 3\delta f}\delta f$$

让 $\delta f \to 0$，可以得到微分方程：

$$-\frac{\mathrm{d}a}{\mathrm{d}f} = \frac{2a}{f}$$

它的通解是 $af^2 = c$。积分常数 c 可以用边界条件 $f = F$ 时 $a = A$ 来确定。因此，如果亚当要买 f 片无花果叶，完全价格歧视垄断者能够从他那里榨取的苹果数量 a 是由 $af^2 = AF^2$ 确定的。但这是亚当的效用最低的无差异曲线的方程，所以，如果夏娃想要决定多大的 f 才能在 $af^2 = AF^2$ 的条件下最大化 $\pi = (A - a) - (f - F)$，她只要重做以前的计算，先得到 Q，再得到(9.1)式。

没有收入效应。 经济学家认为完全价格歧视垄断者无法榨取需求曲线下方区域的原因是"收入效应"。一个没有收入效应的重要的例子是，多利有很多潜在顾客，每人最多只想要 1 盎司羊毛。因为某些顾客会付更多的钱来保证得到 1 盎司羊毛，我们的市场需求曲线和前面是一样的。然而，这种顾客为买 1 盎司羊毛多付或少付的态度变化与我们的模型没有关系，因为他们买过后就从我们的视线中消失了。

9.5.3 垄断模型

我们已经对几个垄断模型做过简单的介绍。第一个是古典模型，多利是价格制定者，她选择自己最喜欢的价格并用此价格满足所有的需求。这个模型可能受到多种形式的质疑。例如，如果多利的顾客不相信她以后不降价的声明，她就有可能被迫处在一个和第9.6.1节一样的价格接受者的位置上。另一个极端是，有时候她的定价权力太大，可以对不同盎司的羊毛定不同的价格。

要想对不同环境下的垄断建立模型，还取决于更多的细节。它可以和多利的顾客的耐心程度有关。它也可以和所讨论的是帽子这样的耐用品还是鲜鱼这样的易腐品有关。谁知道什么？这个问题会特别重要。例如，价格歧视垄断者如何知道谁愿意付多少？一个顾客如何知道垄断者的边际成本？

即使价格歧视垄断者消息很灵通，如何防止她准备低价销售羊毛的顾客把她为其他人制定的高价格拉下来呢？也许，多利可以让她的顾客签署一个禁止再出售的协议。如果可以的话，她也许可以让他们接受其他协议。例如，第 1.10.3 节中谈到了国家医疗照顾制如何要求一个最惠顾客协议，它可以保证没有其他人能得到更优惠的价格。多利的顾客会很高兴签署这样的协议,但最终结果却使多利可以承诺一个价格。如果不给已经购买的顾客折扣,多利无法以低于古典垄断价格提供超过垄断数量的羊毛,所以,她根本不会降低垄断价格就是可信的。

如果博弈理论得到充分研究,它会为垄断者所面临的所有不同的市场条件提供不同的模型。然而,目前情况下,在后面章节中很少把建立垄断模型的问题作为启发性的例子。

9.6　完全竞争

垄断与完全竞争是经济理论的两个经典范例。我们鄙视前者而赞赏后者。一个原因是完全竞争的经济是帕累托有效的,而垄断则不是。

9.6.1　看不见的手

亚当·斯密(Adam Smith)是第一个注意到完全竞争经济的优点的经济学家。正如他解释的,尽管我们每个人都只想自私地提高自己的利益,市场会提供一只看不见的手,它可以保证物品的有效分配。对博弈理论研究者来说,亚当·斯密的看不见的手就是人们在博弈中反复试验到达均衡的过程的一个比喻。

科斯猜想。 科斯猜想与第 9.4.1 节的科斯定理是不同的。这里讨论的是为什么垄断者也会关注亚当·斯密的看不见的手的作用。

多利是一个没有承诺权力的垄断者。她的每个潜在顾客都只需要 1 盎司羊毛。多利可用每盎司 1 元的固定边际成本按她的意愿生产任意多的羊毛,她的供给曲线就是 $p = 1$。[①]

此例中多利的供给曲线在图 9.6(a)中用 S_1 作了标记。市场需求曲线用 D 标出。科斯指出,多利满足了所有愿意按价格 p 购买的消费者的需求后,会愿意以更低的价格 q 生产和销售更多的羊毛,如果消费者知道这一点,谁也不会为 1 盎司羊毛支付 $p > 1$ 的价格。所以,为了争取顾客,多利被迫把价格一路下降到每盎司 $p = 1$,从而她的利润变成零。在图 9.6(a)中找出市场需求曲线 D 与市场供给曲线 S_1 的交点 W_1,就弄清了她的产品的供给与需求。尽管多利是唯一的羊毛卖家,亚当·斯密的看不见的手还是把她变成了价格接受者。

这是垄断者面临的最沮丧的情况。比如,如果多利被迫用拍卖方式销售羊毛,价格升高到仍然竞购的顾客数量与多利愿意按此价格卖出的羊毛数量相等时才会成交,上面的情况就会发生。拍卖价格升高到超过顾客的支付意愿时,潜在的顾客会陆续退出,所以,拍卖的结果就是图 9.6(a)中的 W_1。

---

① 如果她被迫成为价格接受者,价格 $p > 1$ 时,她会生产和销售尽可能多的羊毛。价格 $p < 1$ 时,她根本不会生产任何羊毛。$p = 1$ 时,她在这两种可能性之间是无差异的。

多利怎样才能避开科斯结果？一个可能性是采用第 5.5.2 节看到过的应急办法。她可以公开地破坏掉她卖出超过垄断数量的羊毛的能力。要做到这一点，她可以用限制带到市场去的货物数量这样轻松的办法，也可以用烧掉剪羊毛机这样痛苦的办法。经济学家批评垄断者限制供给抬高价格时，针对的就是这个把戏。

要弄清这个计策如何发挥作用，假设多利生产了 w_0 盎司的羊毛，这时城中唯一的剪羊毛机被彻底烧毁了，无法再生产更多的羊毛。她的新供给曲线就是图 9.6(a) 中的 S_2。[①]S_2 的水平部分之所以这样，是因为当需求 $w < w_0$ 时，多利生产存量以外的羊毛的边际成本被假定为零。当 $w = w_0$ 时，多利多生产 1 盎司羊毛的边际成本被假定为无穷大，所以 S_2 的其他部分是垂直的。

如图 9.6(a) 所示，拍卖会导致点 W_2，它是市场需求曲线 D 与市场供给曲线 S_2 的交点。所以，甚至当缺德的垄断者限制供给抬高价格时，看不见的手仍然会起作用。这一点常被忽略以便把注意力集中于多利对 w_0 的利润最大化选择，她的选择与古典垄断者是一样的。

竞争价格。像多利这样的垄断者可能会不假思索地想用一个需求超过供给的价格 p 来出售羊毛，但那些排在队伍最后且购买意愿更强的消费者就会愿意出更高的价格。这样造成的非正式拍卖将把多利从愚蠢行为的后果中解救出来。

经济学家把看不见的手的力量归因于这种非正式的拍卖。在一个有大量小生产者和大量小消费者的古典完全竞争经济中，这种机制特别有效。给予看不见的手以生命力的拍卖过程对市场上的两个方向都起作用。当价格高到供给超过需求时，生产者就会为了寻找买主而竞相降价。当价格低到需求超过供给时，消费者就会为了寻找卖主而竞相加价。所以，只有当供给与需求相同时，稳定的价格才是可能的。

经济学家用图 9.6(b) 来说明这种完全竞争的经济。在图 9.6 中找出市场需求曲线 D 与市场供给曲线 S 的交点 W，就得到了竞争价格 p 和羊毛的竞争交易量 q。在这个交点上，需求等于供给。

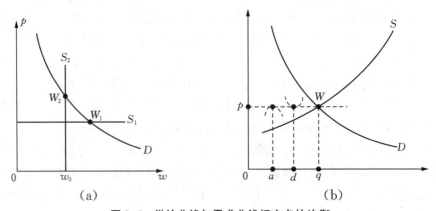

图 9.6 供给曲线与需求曲线相交点的均衡

[①] 多利为生产羊毛支付的 w_0 元与能卖多少钱无关，所以，生产 1 盎司羊毛的边际成本与 S_2 的形状无关。如果多利决定进入市场前先储备 w_0 盎司的羊毛，这部分成本就沉没了。

帕累托效率。如果生产者是多利的 M 个小副本,消费者是爱丽丝的 N 个小副本,每个多利要卖 d 盎司羊毛,每个爱丽丝要买 a 盎司羊毛,其中 $Md = Na = q$。图 9.1(b) 解释了为什么爱丽丝与多利的无差异曲线与图 9.6(b) 中对应于竞争价格 p 的水平直线相切。

要改善一个爱丽丝的处境,就得为她分配一个图 9.6(b) 中她的无差异曲线下方的一个组。这些点的总和位于通过 W 的水平直线的下方。要改善一个多利的处境,就得为她分配一个图 9.6(b) 中她的无差异曲线上方的一个组。这些组的总和位于通过 W 的水平直线的上方。市场出清时两个总和必须相等,因而这一竞争结果的帕累托改进是不可能的。所以,我们证明了亚当·斯密的洞见:在完全竞争市场中,看不见的手会设计出有效的结果。

9.6.2 瓦尔拉斯均衡

瓦尔拉斯(Warlras)在博弈理论之前就构建了均衡的观念,它抓住了完全竞争经济的实质。然而,瓦尔拉斯均衡并不是博弈论意义下的均衡。假设对于每个可能的价格集合,所有的消费者和生产者都会选择最优的消费向量和生产向量。当价格使得市场对每种商品的供给正好满足市场对这种商品的需求时,就出现了瓦尔拉斯均衡。

我们回到第 9.5.1 节的双边垄断来说明瓦尔拉斯均衡在埃奇沃斯盒中的样子。亚当和夏娃有机会用苹果交换无花果叶。图 9.3(d) 画出了他们的契约曲线。瓦尔拉斯均衡 W 就发生在价格直线同时与亚当和夏娃的无差异曲线相切的点。如果价格是 p 且 $W = (f, a)$,则亚当的需求与夏娃的供给是 f 片无花果叶。夏娃的需求与亚当的供给是 $A - a$ 个苹果。所以,苹果与无花果叶的供给与需求都相等。于是,市场出清了,我们就建立了一个瓦尔拉斯均衡。

重要的是,亚当和夏娃的无差异曲线不仅与瓦尔拉斯价格直线相切于 W,它们本身也是相切的。所以,我们可以确认与瓦尔拉斯均衡 W 是帕累托有效的,这与垄断点 M 是不同的。经济学家把这个结果的更一般结论称为第一福利定理。[1]

9.6.3 交易博弈

在某些情况下,瓦尔拉斯均衡是帕累托有效的,但是,何时我们可以指望看不见的手把我们带到那儿呢?博弈论学者试图对交易过程建立博弈模型来解决这个问题。那么有人会问,这个交易博弈中的纳什均衡是否为瓦尔拉斯均衡呢?

图 9.7(a) 是一个亚当与夏娃同时作为(双边)垄断者的交易博弈的纳什均衡。双方都承诺了价格和数量。亚当的价格是他愿意卖出无花果叶的最低价。夏娃的

---

[1] 第二福利定理是说通过选择适当的禀赋点,可以把任何帕累托有效的点纳入一个瓦尔拉斯均衡。

价格是她愿意买入无花果叶的最高价。亚当的数量是他愿意用来换取苹果的无花果叶的最大数量。夏娃的数量是她愿意用来换取无花果叶的苹果的最大数量。因此,亚当把自己限制在图 9.7(a)中区域 R 内,夏娃把自己限制在区域 S 内。在图示的纳什均衡中,他们在瓦尔拉斯均衡 W 处进行交易。

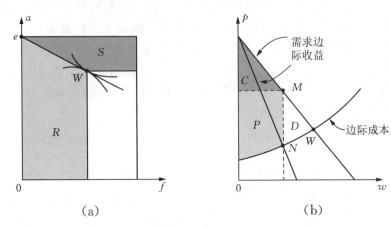

图 9.7　双边垄断与古典垄断

但这个交易博弈并不现实,因为没有什么好的理由来说明为什么亚当和夏娃只能用固定的比率交换这么多苹果与无花果叶。其实,在后面几章研究讨价还价博弈时,我们会发现双边垄断与能够应用瓦尔拉斯均衡的理想环境相差很远。下面的有大量小买主与小卖主的模型是一个更适宜的环境,因为谁也不会有什么市场权力。

配对与讨价还价。考虑一个市场,其中每个交易者都想买卖一种特殊的房子。进入市场后买主与卖主都会寻找讨价还价的伙伴。如果寻找与讨价还价的成本可以忽略,则所有的房子都会以相同的价格 p 卖出(赛伊定律)。否则,一个愿意多付的买主或一个愿意少要的卖主就会遇上一大堆想和他谈判的人。

假定每天涌入市场的潜在买主与卖主是由需求函数 D 与供给函数 S 决定的。这意味着有 $S(p)$ 个卖主在价格不超过 p 时可以选择留在场外,所以有 $S(p)$ 个房主会进入市场以期按价格 p 卖掉其房子。同样,有 $D(p)$ 个潜在买主会进入市场以期按价格 p 买到房子。

一旦有某一配对达成交易,他们就会一起离开市场。所以,为了保持稳定状态,每天进入市场的买主与卖主的人数必须相等。于是,$S(p) = D(p)$,已经处于瓦尔拉斯均衡。

但在现实生活中寻找与讨价还价的成本是不可忽略的。所以,对博弈论的一个重大质疑是,这种成本不能假定为零时,结果会与瓦尔拉斯均衡相差多远?(第 18.6.2 节)

瓦尔拉斯寻价。有组织的市场很少会遇到这种质疑。这种市场中,买主与卖主都参加一个正式的"双拍卖",其规则比非正式的配对与讨价还价简单得多。

瓦尔拉斯把他在巴黎证交所看到的拍卖过程称为**寻价**。伦敦的罗斯柴尔德 (Rothchild)银行每天两次用同样的过程确定金价。纽约证交所的开盘价有时也是用差不多的方法确定的。

考虑一个例子,每个交易者都想买或卖一根金条。拍卖师报出一个价格,然后交易者同时宣布是否愿意按此价格交易。如果愿意交易的买主与卖主的数量相同,市场就以此价格结束。否则,拍卖师根据前一价格下愿意交易的买主多还是卖主多来调高或调低报价。

如果存在唯一的瓦尔拉斯均衡,那么所有博弈方宣称愿意按任何不带来损失的价格进行交易,就是这个交易博弈的一个纳什均衡。因此,他们保证了寻价只会结束于唯一的瓦尔拉斯价格(此时,宣布愿买的人的数量等于宣布愿卖的人的数量)。亚当也许可以偏离均衡策略来使寻价结束在其他价格上,但这不会给他带来任何好处。当他不想交易时,若宣布愿意交易以停止寻价,他会遭受损失。当他想交易时,若宣布不愿意交易以停止寻价,他什么也得不到。

一些评论者喜欢把魔力归因于自由市场,这些结果激起了他们的热情。但是,这个例子不需要做太大改动就可以产生一种纳什均衡,其中博弈方谎报交易位置以操控自己喜欢的出清价格。如果亚当以当前价格交易可以获利的话,他可能有保持沉默的策略动机,因为他预计这样的话拍卖员就会调整出他更喜欢的价格(本章练习21)。如果交易者不能肯定供给与需求的状态,甚至都没法保证结果是瓦尔拉斯均衡。

这里的教训是,要驶向安全的避风港,我们不能总是依靠看不见的手来掌舵。有大量小买主与卖主的市场相对更难以被操控,但博弈论告诉我们其他情况下某些交易者如何能够控制出清价格。如果像臭名昭著的加利福尼亚电力市场那样,价格失去了控制,博弈理论有可能提出不太容易操控的新市场机制。随着计算机化的普及,对市场设计这一新领域之专门知识的需求只会不断地增加。

9.7　消费者剩余

完全竞争产生了帕累托有效的结果。完全歧视价格垄断也一样。但每片无花果叶卖同样价钱的古典垄断一般不是有效的。图 9.7(b)用供给与需求曲线说明这一点,这是经济教科书普遍使用的方法。

要寻找垄断的无花果叶数量,夏娃就要找出图 9.7(b)中她的边际收益曲线与边际成本曲线相交的点 N。然后她在亚当的需求曲线上的 M 点处交易。如果亚当有拟线性偏好,标记为 C 的区域就是与不交易相比亚当的从交易 M 获得的效用(以苹果计算)(第 9.3.2 节)。所以,经济学家把 C 称为由交易 M 产生的消费者剩余。夏娃的利润 P 称为由交易 M 产生的**生产者剩余**。

如果亚当与夏娃在瓦尔拉斯均衡点 W 交易而不是在 M 点,消费者剩余与生产者剩余之和就会增加标记为 D 的区域。经济学家把这个区域称为垄断的**净损**

失。因为 $D > 0$，在 M 点交易一定不是帕累托有效的，因为亚当与夏娃可以瓜分 D 而都得到更大的得益。

一些经济学家分析问题时，好像政府的正确目标总会是最大化总的剩余。一个明显的反例是，如果亚当不具有拟线性偏好，他最关心的是他得到的效用，这和他的消费者剩余是不一样的。一个改良者如果最大化亚当的消费者剩余而不是他的效用，他就不会受到毫无保留的欢迎。正如从第 9.5.2 节所知，消费者剩余甚至都不是亚当从必须给完全价格歧视垄断者的支付中节省下来的钱。即便是的话，对于改良者含蓄的假设：富人省下的 1 元钱和像他这样的穷人省下的 1 元钱一样重要，亚当也不会感到高兴。

尽管有这些缺点，下一章中我们仍然在不完全竞争的各种形式中把消费者剩余用作消费者福利的近似衡量。

9.8 综述

本章介绍了市场组织的两个极端的例子，也是经济学教科书重点介绍的。第一步是引入具有凸偏好的消费者的标准模型。用市场需求曲线来概括这类消费者的属性通常是合适的，但本章包含的一些例子说明，了解市场需求曲线并不总是足够的。只有具有拟线性偏好时，才可以用消费者需求曲线下方的区域来重建他的效用函数。

消费者与生产者有相似之处，这有时是值得记住的。消费者希望最大化他的效用函数，生产者希望最大化她的利润函数。所以，等利润线可以看作是生产者的无差异曲线。甚至消费者的需求曲线与生产者的供给曲线的区别也只是立场的不同。生产者的供给曲线与她的边际成本曲线是一样的，但即使是很少交易的消费者我们也可以用机会成本来纳入考虑。机会成本是他减少一部分存货而不是留作他用所带来的损失。

只有两种商品时，埃奇沃斯盒给出了两个交易者可用交易的几何解释。我们总是用纵轴上的商品计价来简化埃奇沃斯盒的讨论。计价是用来表达价格的商品。

埃奇沃斯盒中的契约曲线是帕累托有效的交易集合，它带给交易双方的效用至少要和不交易时一样多。如果博弈方理性地讨价还价，结果会是其中哪一个交易？答案取决于一些影响讨价还价过程的博弈细节。

当讨价还价博弈中所有的权力都集中到一个人身上时，她就被称为是完全价格歧视垄断者。她逐渐降低提供给消费者的价格，使得他沿着他经过禀赋点的无差异曲线移动到契约曲线上她最喜欢的点。

实际生活中的垄断者更常见的是用固定价格来卖产品。结果很少是帕累托有效的。科斯提出问题：垄断者能够承诺在以一个价格卖出尽可能多的产品后不降低价格？使她的承诺可信的一个办法是储备不要超过能够高价卖出的数量。因此,经济学家常把垄断者解释为限制供给抬高价格的人。

完全竞争市场的结果称为瓦尔拉斯均衡。当价格调整到使得每种商品的市场供给正好满足这种商品的市场需求时,就出现了瓦尔拉斯均衡。不同于固定价格垄断,完全竞争市场是帕累托有效的。在埃奇沃斯盒中,瓦尔拉斯均衡对应于契约曲线上的一点,双方的无差异曲线在该点相切,且公切线通过禀赋点。在供给曲线与需求曲线的图中,它对应于这两条曲线的交点。

亚当·斯密的看不见的手是对交易博弈中通向一个纳什均衡的过程的比喻。只有条件合适时,这种纳什均衡才和相关市场的瓦尔拉斯均衡一致。即使在瓦尔拉斯寻价中,当交易者应对拍卖者的报价时,结果也并不总是瓦尔拉斯均衡。设计尽可能健全的有组织的市场以防止交易者操控出清价格的企图,这是博弈论的一个越来越重要的应用领域。

消费者剩余是不同类型的市场组织下消费者的损益的近似衡量。最大化消费者剩余与生产者剩余之和,这有时被提议为一个开明的政府的正确目标。尽管政府可能做得更糟,但这个提议一般情况下都缺少适当的理由。

9.9 进一步阅读

Intermediate Microeconomics：*A Modern Approach*，by Hal Varian：Norton, New York，1990. 在本科的第二门微观经济学课程的教材中,这本书最为流行。

A Course in Microeconomic Theory，by David Kreps：Princeton University Press, Princeton，NJ，1990. 这是一本供经济学研究生使用的少见的有思想的教材。

9.10 习题

1. 本章的主要例子是爱丽丝来到多利的店中。多利解释说,买 1 个蛋要花 $5\frac{1}{4}$ 便士。买 2 个蛋只要花 2 便士,但前提是都吃掉才行! 爱丽丝买了 1 个蛋。她因此违背了哪个标准假设?

fun

2. 将下列表达式对 a 求偏导数:

(a) $3a + 2f$；　　(b) $a^2 f$；　　(c) $\ln(f + 2\sqrt{a})$

review

3. 当 $u(f, a) = a^2 f$ 时求出 $\nabla u(f, a)$。写出曲线 $a^2 f = A^2 F$ 在点 $(F, A)^\top$ 的切线方程。

review

4. 函数 $u : \mathbb{R}^2 \to \mathbb{R}$ 与 $v : \mathbb{R}^2 \to \mathbb{R}$ 的定义为 $u(f, a) = af^2$ 与 $v(f, a) = a^2 f$。找出点 (f, a) 使得在该点处对于某个 λ 成立 $\nabla u(f, a) = \lambda \nabla v(f, a)$。为什么它们是两个函数的等高线相切的点?

review

5. 当边际收益等于边际成本时利润最大。为什么这和令利润的导数为零是一样的? 利润最小时边际收益与边际成本有什么关系?

econ

6. 亚当的效用函数 $u: \mathbb{R}_+^2 \to \mathbb{R}$ 的定义为 $u(f, a) = af^2$。如果他的禀赋是 $(0, A)$ 且一片无花果叶的价格是 p 个苹果，写出 (f, p) 空间中亚当的一条无差异曲线的方程 [图 9.1(b)]。画出该曲线，并验证他的需求曲线 $f = 2A/3p$ 是该曲线上 p 最大化的点的轨迹。

7. 鲍勃的效用函数 $u: \mathbb{R}_+^2 \to \mathbb{R}$ 的定义为 $u(f, a) = a^2 f$。无花果叶和苹果的价格是 p 和 q，计价单位是元。鲍勃有 M 元，可以用来购买任意无花果叶与苹果的组合 (f, a)，前提是 $pf + qa \leqslant M$。为什么鲍勃会需要 $f = M/3p$ 片无花果叶和 $a = 2M/3q$ 个苹果？鲍勃的 N 个副本会需要多少无花果叶和苹果？

8. 接上一题，市场是由 N 个副本鲍勃组成的，爱丽丝是苹果的垄断卖主。证明不论怎么定价，她的收益都是一样的。如果她生产苹果的单位成本是正的，证明她愿意达到假想国的解，即价格无穷大但不卖苹果。

9. 如果亚当的效用函数 $u: \mathbb{R}_+^2 \to \mathbb{R}$ 的定义为 $u(f, a) = f + 2a$，可以说无花果叶与苹果是完全替代的。如果 $u(f, a) = \min\{f, 2a\}$，可以说无花果叶与苹果是完全互补的。解释这个术语。在这两种情况下画出无差异曲线并算出当亚当的禀赋是 $(0, A)$ 且每片无花果叶的价格是 p 个苹果时他对无花果叶的需求量。

10. 亚当的效用函数 $u: \mathbb{R}_+^2 \to \mathbb{R}$ 的定义为 $u(f, a) = a + \ln f$。

a. 画出这个拟线性效用的无差异曲线。验证它们相互间是纵向的平移。

b. 若亚当的禀赋是 (F, A) 且每片无花果叶的价格是 p 个苹果，算出他对无花果叶的需求量。

c. 如果亚当需要 f 片无花果叶，用阴影标出他的需求曲线下方等于他的增加效用的区域。对他的需求用函数积分来验证这一点。$F = 0$ 时会出现什么错误？

11. 亚当的禀赋是 $(0, A)$，夏娃的禀赋是 $(F, 0)$。如果亚当和夏娃都有下面定义的效用函数 $u: \mathbb{R}_+^2 \to \mathbb{R}$，画出埃奇沃斯盒并找出契约曲线。

(a) $u(f, a) = af^2$；　　(b) $u(f, a) = (f+1)^2(a+2)$

在每种情况下找出瓦尔拉斯均衡。如果夏娃是完全价格歧视垄断者，她会实施什么样的交易？

12. 如果亚当的效用函数由本章第 10 题给出，仿照图 9.4(a) 画图。对古典垄断者的轨迹和垄断点 M 的位置进行评论。

13. 用本章第 9 题的效用函数来重做第 10 题。（不要指望结果与正文中的图形相似。）

14. 在第 9.5.2 节中说明，如果亚当的效用函数是拟线性的，完全价格歧视垄断者从亚当那儿榨取的剩余就等于他的需求曲线下方的某个区域的面积。对于其他效用函数，这个结果不成立。用定义为 $u(f, a) = a^2 f$ 的效用函数 $u: \mathbb{R}_+^2 \to \mathbb{R}$ 来重做第 9.5.2 节的这部分分析。

15. 在美国中西部的一个小镇上，多利拥有唯一的一家五金店。她已经为冬季储备了正常供给量的雪铲,但一场突如其来的大雪把小镇与外界隔绝后,对雪铲的需求急剧增加。当多利提高雪铲的售价时,爱丽丝抱怨新价格不公平,因为与按旧价格出售的雪铲相比,多利并没有为按新价格出售的雪铲多付什么代价。

a. 对于旧情况和新情况,画出需求曲线与供给曲线。

b. 假设多利按旧的价格卖雪铲。想用旧价格购买雪铲的顾客来到店里,发现多利的雪铲已经卖完了,这对他们公平吗?

c. 有人会辩解说,多利不应该根据先到先得来出售,而应该根据最需者先得来进行配售。可是,她怎么确定谁是最需要的呢? 正如为残疾人保留的车位被大量滥用一样,如果相信顾客对需要的自我评价,也是不明智的。对一个大到谁也不了解其他人情况的小镇来说,你有什么可用的建议?

d. 经济学家有时会辩解说一个人对某物的需要可由他愿意为之支付的数量反映出来。如果这样,多利就可把雪铲拍卖给最高出价者,以此确定谁是最需要的。对于降雪前后两种情况,在供给与需求图上说明进行这种拍卖的结果。如果在降雪之前顾客认为用这种办法决定价格是公平的,为什么在降雪之后就应该认为同样的过程是不公平的呢?

16. 欧佩克是一个石油生产者的卡特尔,每当它试图用垄断权力限制产量以抬高价格时,上题中的一些争议就会重演。即使加油站的储油罐内装满了用旧价格买进的汽油,加油的价格也会立刻上涨。解释导致价格立刻上涨的逆向推理过程。(它的依据是,如果明天可卖更高价的话,今天就不会有人卖出。)批评者认为价格立刻上升的特征是不公平的剥削,这在多大程度上是合理的?

17. 一个市场中有 n 辆旧车,车主中的 f 比例的人愿意用 l 元或更高的价格卖车。其他车主愿意用 p 元或更高的价格卖车。如果 $l < p$,假设车主是价格接受者,画出车的供给曲线。供给曲线由水平与垂直的线段组成。在完全竞争市场中,如果需求曲线与供给曲线相交于供给曲线的水平段,解释为什么愿意用均衡价格卖车的人有一些卖掉了车而有些没有。如果需求曲线与供给曲线相交于供给曲线的垂直段,均衡中会有多少辆车被卖出? 非正式的拍卖会把价格抬高到以均衡价格卖车的车主愿意接受的水平,描述这一过程。

18. 上题中部分车主愿意卖得比其他车主便宜,原因是他们拥有的是坏车(总是出故障)而不是好车(行驶正常)。需求来自旧车商们,他们和车主一样是价格接受者。尽管旧车商会做踢轮胎等检查动作,他们买下车之前并不能区分坏车和好车,但他们转卖时必须依照相关法律对车辆做准确的介绍。

a. 旧车商是风险中性的。所以,他们的需求是由转卖的**期望**价格决定的。有 $M > n$ 个潜在买主,他们愿意为坏车支付 L 元,愿意为好车支付 P 元 ($P > p > L > l$)。解释为什么车商购买的车的期望转卖价格是 $LF + P(1-F)$,其中 F 是车商买下的 N 辆车中坏车的比例。

b. 如果所有车商都相信所有 n 辆旧车都会卖出,即 $N = n$ 且 $F = f$,画出车商的需求曲线。如果 $f < (P-p)/(P-L)$,证明车商可以理性地预期,所有的车

econ

econ

都在瓦尔拉斯均衡中完成交易。如果不等式是相反的,证明上述预期是非理性的,因而从长期来看,瓦尔拉斯均衡不存在。

c. 如果所有车商都相信只有坏车才卖得出去,即 $N = nf$ 且 $F = 1$,画出车商的需求曲线。证明这时候车商总有理性预期。

d. 如果坏车的比例不是太小,证明阿克洛夫(Akerlof)的结论:只有坏车才有交易。如果坏车的比例足够小,证明两种信念机制都是与瓦尔拉斯分析一致的。①

19. 在第 9.6.1 节的最后一段,对于有 M 个副本多利和 N 个副本爱丽丝的市场,我们做出了第一福利定理的大体证明。讨论并指出图 9.6(b)中每个多利与爱丽丝的供给与需求曲线。找出 (A, α),其中 A 与 α 是与瓦尔拉斯配置相比爱丽丝更偏好的羊毛数量与价格。对于多利,同样找出 (D, δ)。为什么这种帕累托改进对双方都是不可能的,除非 $MD \geqslant NA$ 且 $MD\delta \leqslant NA\alpha$?为什么 $\alpha < \delta$ 时这两个不等式不能都成立?为什么对瓦尔拉斯配置作帕累托改进时后一不等式必须成立?

20. 以上一题为基础,对纯交换经济的第一福利定理做出一般的证明。(回忆第 7.7.2 节的超平面分离定理。)

21. 10 个炒金者每人想买 1 根金条,另外 10 个炒金者每人想卖 1 根金条。为每个炒金者制定一个保留价格,使得供给曲线与需求曲线在一个垂直线段上重叠。为什么会有多重瓦尔拉斯均衡?如果供给与需求曲线是公共知识,证明瓦尔拉斯寻价中有这样的纳什均衡:市场的一方总是宣布自己的真实支付意愿,另一方在寻价达到它最满意的瓦尔拉斯价格之前保持沉默。

22. 一家主要的哲学杂志上登出了下面的故事以证明这样一个论断:有非传递的偏好可以是合理的。假设必须忍受足够长时间的逐渐减轻的拷打,如果对你的拷打少了一丁点儿,你总是会觉得更糟。所以,如果每次只减少一点拷打而增加必须忍受拷打的时间,有传递偏好的人宁可选择前两年被严刑拷打,也不愿意永远忍受手指上肉刺的轻微不适。但是没有人选择前者,所以非传递偏好是合理的。

检查隐含的效用函数:

$$u(x, t) = -\frac{xt}{1+t}$$

的最大化,证明上述论断是错的。其中,x 代表拷打的强度,t 代表必须忍受的时间长度。点 (X_1, T_1) 代表严刑拷打两年,画出这个效用函数过此点的无差异曲线。画出适当的箭头表明偏好增加的方向。找出代表很长时间忍受肉刺的点 (X_2, T_2)。

用你的图形来指出上面的论断中错误其实是季诺(Zeno)悖论的翻版。(季诺悖论中,阿基里斯跑得比乌龟快,但据说永远不会超过乌龟。)

---

① 市场上会发生什么取决于交易者的预期,所以交易者的预言是自我完成的。

▶ 第 10 章

高价卖出

10.1　不完全竞争模型

本章的主要场景是,疯帽匠说他的帽子少于半基尼就不卖,[①]但狂兔认为可以用更少的钱买下。如果有另一个疯帽匠加入竞争,狂兔的机会可以增加。但这两个疯帽匠会定什么价格呢?

同一市场中少数几个生产者进行竞争的博弈称为寡头。前一章已经研究了需求曲线,所以,为了简化,这里只把生产者当作博弈方。我们无法用供给曲线模型的方法研究生产者,因为那样使用完全竞争的方法需要大量的小生产者。

10.2　古诺模型

我们的计划是用第 5.5.1 节的设定来系统研究几个重要的例子。回忆一下,假想国中每顶帽子的生产成本是 c 英镑。需求方程为 $h+p=K$,其中 K 是比 c 大得多的数。所以,能以每顶 p 英镑价格卖出的帽子的数量是 $h = K - p$。在第 5.5.1 节中,我们取的是 $c = 3$ 和 $K = 15$。

10.2.1　垄断

寡头垄断就是有为数不多的 n 个生产者,每一个都有可观的规模。$n = 1$ 的寡头垄断就称为垄断。

作为价格制定者的垄断者生产 $\tilde{h} = \frac{1}{2}(K-c)$ 顶帽子并以每顶 $\tilde{p} = \frac{1}{2}(K+c)$ 的价格卖出(第 9.5 节)。这个产量给她带来最大的利润 $\pi = \left\{\frac{1}{2}(K-c)\right\}^2$。我们将会看到,在市场引入少量的竞争,就可以大大改善众多消费者的处境。

---

① 过去 1 英镑曾经为 20 先令,1 先令为 12 便士。高档商店里的服装仍用更古老的基尼标价,1 基尼为 21 先令。所以,半基尼是 10 先令 6 便士,记作 10/6。

10.2.2 双寡头

$n=2$ 的寡头垄断称为双寡头。在第 9.5 节中，爱丽丝是多利的顾客之一，但现在她和鲍勃是两个生产者。

在古诺的模型中，两个生产者选择产量时都不考虑对方的选择。帽子卖出的价格则由需求方程决定。也就是说，价格会调整到供给等于需求为止。如果爱丽丝生产 a 顶帽子，鲍勃生产 b 顶，供给就是生产出来的帽子总数 $h=a+b$。当价格为 p 时帽子的需求量是 $h=K-p$。所以帽子卖出的价格满足：

$$p=K-a-b$$

爱丽丝与鲍勃进行同时行动的博弈，从区间 $[0,K]$ 中选择 a 和 b。由于得益就是利润，得益函数为：

$$\pi_1(a,b)=(p-c)a=(K-c-a-b)a$$
$$\pi_2(a,b)=(p-c)b=(K-c-a-b)b$$

因为每个博弈方的策略集合是无限的，这个博弈也是无限的。对决斗的研究说明这种博弈有时会出现麻烦，但也可以变得很简单。这个例子中，我们可以轻松地用微积分找出唯一的纳什均衡 $(\tilde{a},\tilde{b})$。

要得到爱丽丝对于鲍勃的选择 b 的最佳反应，只需要将她的利润函数对 a 求偏导数并令导数等于零。由于：

$$\frac{\partial \pi_1}{\partial a}=K-c-2a-b$$

爱丽丝对于 b 的唯一最佳反应为：

$$a=R_1(b)=\frac{1}{2}(K-c-b)$$

爱丽丝与鲍勃的反应曲线如图 10.1 所示。只要把公式 $a=R_1(b)$ 中的 a 与 b 互换，就得到鲍勃的反应曲线方程。于是，鲍勃对于爱丽丝的选择 a 的唯一最佳反应为：

$$b=R_2(a)=\frac{1}{2}(K-c-a)$$

纳什均衡 $(\tilde{a},\tilde{b})$ 是反应曲线的交点。要算出 $\tilde{a}$ 和 $\tilde{b}$，必须同时解方程 $a=R_1(b)$ 和 $b=R_2(a)$。这两个方程为：

$$2\tilde{a}+\tilde{b}=K-c$$
$$\tilde{a}+2\tilde{b}=K-c$$

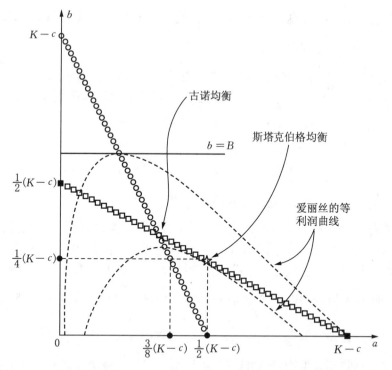

虚线是爱丽丝的等利润曲线。沿这种曲线上的爱丽丝的利润是常数。例如 $\pi_1(a, b) = 3$ 是爱丽丝的利润为 3 的等利润曲线。[它的方程是 $(K - c - a - b)a = 3$，所以它是渐近线为 $a + b = K - c$ 和 $b = 0$ 的双曲线。]注意每一条水平直线 $b = B$ 都和一条等利润曲线相切于 $a = R_1(B)$ 处。这是因为爱丽丝通过计算对 $b = B$ 的最佳反应，在直线 $b = B$ 上找到她利润最大的点。当爱丽丝是先行者而鲍伯是跟随者时，得到的斯塔克伯格结果用星号标出。斯塔克格先行者在最大化利润时假设跟随者会做出对她产量选择的最佳反应，所以该点处在爱丽丝的等利润曲线与鲍勃的反应曲线的切点上。

图 10.1 古诺双寡头的反应曲线

所以 $\tilde{a} = \tilde{b} = \frac{1}{3}(K - c)$。

于是，在双寡头古诺模型中，有唯一的纳什均衡：双方都生产 $\frac{1}{3}(K - c)$ 顶帽子。所以，生产的帽子的总数是 $\frac{2}{3}(K - c)$，从而它们被卖出的价格是 $\tilde{p} = K - \frac{2}{3}(K - c) = \frac{1}{3}K + \frac{2}{3}c$。每个博弈方的利润是 $\left\{\frac{1}{3}(K - c)\right\}^2$。

这些结论证实了第 5.5.1 节中当 $c = 3$ 且 $K = 15$ 的特殊情况的分析。均衡中，爱丽丝与鲍勃各生产 4 顶帽子并获得 16 英镑利润。

10.2.3 串谋

垄断者得到的利润比双寡头在同一个市场得到的利润之和更多。所以，爱丽丝与鲍勃有动机进行串谋：协议限制各自的产量来将总产出削减到垄断的水平 $\frac{1}{2}(K-c)$（第 1.7.1 节）。

串谋协议中，谁得到多少份额取决于爱丽丝与鲍勃幕后的讨价还价（第 16.7 节）。最简单的情况是爱丽丝与鲍勃同意五五开分割市场，如图 10.1 所示，各生产 $\frac{1}{4}(K-c)$ 顶帽子。每人可以得到垄断利润的一半。由于：

$$\frac{1}{2}\left\{\frac{1}{2}(K-c)\right\}^2 > \left\{\frac{1}{3}(K-c)\right\}^2$$

与古诺双寡头相比，双方都更喜欢串谋协议。

消费者因为这种串谋协议而遭受损失，他们得用更多的钱来买更少的帽子。所以，串谋一般是违法的。这并不能阻止双寡头的串谋企图，但会增加他们成功的难度。在纳什均衡中是没必要串谋的，所以协议中总有人会有作弊的动机。例如，图 10.1 表明，如果鲍勃遵守他与爱丽丝的协议生产 $\frac{1}{4}(K-c)$ 顶帽子，则爱丽丝的最佳反应不是遵守协议自己生产 $\frac{1}{4}(K-c)$ 顶帽子，而是生产 $\frac{3}{8}(K-c)$ 顶帽子。如果爱丽丝作弊超量生产，鲍勃能怎么办？ 他不能控告爱丽丝，因为他们的串谋协议一开始就是违法的。

古诺双寡头中串谋协议的不稳定性看来是对消费者有利的，但第 1.8 节解释说，当爱丽丝与鲍勃反复进行同样的古诺双寡头博弈时，情况就会完全不同了。在这个重复博弈中，有价值的串谋协议作为均衡结果就是可行的。这是因为现在如果爱丽丝背弃了协议，他就可以用拒绝和她以后的串谋对她进行惩罚（第 11.3.3 节）。

10.2.4 寡头

我们可以将两个博弈方换成 n 个博弈方来重新讲述古诺双寡头的故事。则博弈方 Ⅰ 的利润函数为：

$$\pi_1(h_1, h_2, \cdots, h_n) = (K-c-h_1-h_2-\cdots-h_n)h_1$$

解方程组：

$$2\tilde{h}_1 + \tilde{h}_2 + \cdots + \tilde{h}_n = K-c$$
$$\tilde{h}_1 + 2\tilde{h}_2 + \cdots + \tilde{h}_n = K-c$$
$$\vdots$$
$$\tilde{h}_1 + \tilde{h}_2 + \cdots + 2\tilde{h}_n = K-c$$

可以得到纳什均衡。方程组唯一的解是：

$$\tilde{h}_1 = \tilde{h}_2 = \cdots = \tilde{h}_n = \frac{1}{n+1}(K-c)$$

例如,设 $n=9$,则每家厂都生产 $\frac{1}{10}(K-c)$ 顶帽子。所以,生产的帽子的总数是 $\frac{9}{10}(K-c)$,从而它们被卖出的价格是 $\tilde{p} = K - \frac{9}{10}(K-c) = \frac{1}{10}K + \frac{9}{10}c$。每个博弈方的利润是 $\left\{\frac{1}{10}(K-c)\right\}^2$。

10.2.5 完全竞争

完全竞争工业里的厂家是价格接受者。他们不相信自己可以影响帽子卖出的价格。第 9.6.2 节解释了为什么可以预期这种市场会出现瓦尔拉斯均衡。观察市场供给曲线与市场需求曲线的交点,就找到了这个均衡。如果这种说法正确的话,则当 $n \to \infty$ 时,每个厂家的市场权力逐渐减小到零,古诺寡头垄断就会变成完全竞争市场。

对于有 n 个厂家的古诺寡头垄断,当 $n \to \infty$ 时,生产的帽子的数量收敛于 $K-c$,它们被卖出的价格收敛于 $\tilde{p} = c$。每个厂家都得到零利润。为了说明这也是完全竞争时的情况,可以先注意一下,因为所有厂家的边际成本都是 c,市场供给曲线就是 $p = c$。市场需求曲线是 $p + h = K$。所以,在供给曲线与需求曲线的交点处有 $\tilde{h} = K - c$ 与 $\tilde{p} = c$。因为每顶帽子都以边际成本卖出,每个厂家都得到零利润。

图 10.2 中的表格可以帮助我们解释为什么经济学家这么喜欢竞争。注意消费者的处境会怎样随着产业内竞争的加强而变得更好。帽子的价格下降了,而帽子的产量上升了。

	总产出	价格	总利润	消费者剩余
垄 断	$\frac{1}{2}(K-c)$	$\frac{1}{2}K + \frac{1}{2}c$	$\frac{1}{4}(K-c)^2$	$\frac{1}{8}(K-c)^2$
双寡头	$\frac{2}{3}(K-c)$	$\frac{1}{3}K + \frac{2}{3}c$	$\frac{2}{9}(K-c)^2$	$\frac{2}{9}(K-c)^2$
寡头垄断	$\frac{n}{n+1}(K-c)$	$\frac{1}{n+1}K + \frac{n}{n+1}c$	$\frac{n}{(n+1)^2}(K-c)^2$	$\frac{n^2}{2(n+1)^2}(K-c)^2$
竞 争	$K-c$	c	0	$\frac{1}{2}(K-c)^2$
斯塔克伯格	$\frac{3}{4}(K-c)$	$\frac{1}{4}K + \frac{3}{4}c$	$\frac{3}{16}(K-c)^2$	$\frac{9}{32}(K-c)^2$

消费者剩余列内的数值衡量了不同体制下消费者的幸运程度。

图 10.2　不同市场结构的比较

10.3 斯塔克伯格模型

我们在第 5.5.1 节就碰到过双寡头斯塔克伯格模型。它与古诺模型只是在时间上有所不同。爱丽丝先行决定生产多少帽子。鲍勃观察到爱丽丝的产量决定后,跟着决定他自己生产多少帽子。所以,鲍勃的纯策略是函数 $f: [0, K] \to [0, K]$。如果爱丽丝选择 a,鲍勃的产量就是 $b = f(a)$。

我们从古诺模型的研究中知道,对于爱丽丝的每个可能的 a,鲍勃有唯一的最佳反应 $b = R_2(a)$。所以他最优的纯策略就是函数 R_2。爱丽丝知道鲍勃会选择 R_2,所以她会选择 $a = \tilde{a}$ 来最大化自己的利润:

$$\pi_1(a, R_2(a))$$

这样算出来的 $(\tilde{a}, R_2)$ 是这个斯塔克伯格博弈的子博弈完美均衡。使用这个均衡时,博弈的进行结束于 $(\tilde{a}, \tilde{b})$,其中 $\tilde{b} = R_2(\tilde{a})$。这个结果在图 10.1 中用星号标出。回想第 5.5.1 节,尽管更准确的说法是斯塔克伯格博弈的一个子博弈完美示例,经济学家仍然喜欢把 $(\tilde{a}, \tilde{b})$ 称为斯塔克伯格“均衡”。

由古诺模型知道 $b = R_2(a) = \frac{1}{2}(K-c-a)$ 且 $\pi_1(a, b) = (K-c-a-b)a$。所以爱丽丝要最大化:

$$(K-c-a-R_2(a))a = \frac{1}{2}(K-c-a)a$$

她的问题在这个特例中很容易解决,因为斯塔克伯格先行者的利润表达式正好是垄断者生产 a 时所得的一半。所以,爱丽丝会做出和垄断者一样的产出决定 $\tilde{a} = \frac{1}{2}(K-c)$。

鲍勃的产出是 $\tilde{b} = R_2(\tilde{a}) = \frac{1}{4}(K-c)$。总产出是 $\frac{3}{4}(K-c)$。所以帽子被卖出的价格是 $\tilde{p} = \frac{1}{4}K + \frac{3}{4}c$。图 10.2 解释了为什么消费者更喜欢斯塔克伯格双寡头而不是古诺双寡头。

10.3.1 有竞争外围的垄断

我们可以把一个大生产者与很多小对手竞争的市场看作有竞争外围的垄断。我们建立模型时把单位成本为 c 的大生产者作为斯塔克伯格先行者,它生产 l 顶帽子。博弈开始时她公开承诺最多卖 $L < K$ 顶帽子。如果她没有进一步承诺的权力,那么由第 9.6.1 节可知,在没有竞争外围的情况下,我们可以用像图 9.6(a) 中 S_2 那样的供给曲线对她的市场建立模型。所以,帽子的价格 p 超过 c 时,先行者的

供给曲线是方程为 $l = L$。

假设外围厂家的单位成本高于先行者,则当 $p \leqslant c$ 时他们根本不会生产。当 $p > c$ 时,假设竞争外围生产的帽子总量由供给曲线 $f = s(p-c)$ 确定,其中 s 是一个小的常数。找出市场需求曲线 $p + h = K$ 与市场供给曲线的交点 W 就找到了这个市场的瓦尔拉斯均衡。当 $p > c$ 时,市场供给曲线的方程是 $h = l + f = L + s(p-c)$。所以,均衡价格是 $\tilde{p} = (K + sc - L)/(s+1)$,有 $\tilde{h} = ((K-c)s+L)/(s+1)$ 顶帽子以此价格卖出。先行者的利润是:

$$\pi = \frac{(K-c-L)L}{s+1}$$

它在 $L = \frac{1}{2}(K-c)$ 时最大。所以,和纯斯塔克伯格模型一样,先行者选择与没有对手的垄断者相同的产量。

10.4 伯川德模型

现在来讨论策略价格的制定。为此,我们仍然留在双寡头假想国中,但现在爱丽丝和鲍伯是在农贸市场上卖草莓。草莓与帽子不同,它容易腐烂。在我们的模型中,它一点也不会变坏,可是一旦留过了夜,就烂得不能卖了。所以,如果不能在市场上当天卖出,它们就一文不值。

和以前一样,爱丽丝和鲍勃的单位成本是每篮 c 英镑。它并不是早晨把篮子运到市场的成本,我们假定这是可以忽略的。它也不是这一天中另送一篮草莓到市场的成本,我们假定这是无穷大的。它是卖 1 篮草莓的劳务和其他成本。需求方程还是 $a + b + p = K$。

在古诺双寡头中,爱丽丝与鲍勃选择 a 与 b。由于第 9.6.1 节所述的原因,他们的全部产品都会按有人愿意接受的最后一篮草莓的最高价格 p 出售,从而 $p = K - a - b$。要点是如果消费者知道等到后来价格会更低,谁也不愿意在较早的时候出高价。

古诺的不完全竞争受到他的同胞伯川德(Joseph Bertrand)的质疑,后者认为古诺忽视了作为某些市场特征的激烈价格竞争。伯川德认为我们应该设想爱丽丝与鲍勃承诺**价格**,让市场决定各自的供给量,而不是由爱丽丝与鲍勃选择**产量**,让市场决定价格。

在第 5.5.2 节和其他地方,我们已经指出有必要怀疑声称一口价的交易者的可信性。在世界上任何地方都没有人把古董商的这种声称当回事。然而,如果交易者在相同的条件下长期卖同一产品,一口价就成为规范了。例如,如果你在超市的结账台前要为一篮草莓讨价还价,那看来是很傻的。可是,意大利的主妇们谁也不愿意按照街头市场上卖的一篮草莓的标价付款。简而言之,交易者可以承诺一口价这一假设的合理性取决于所研究的市场的特殊环境。

如果我们假设消费者总是从便宜的小贩那儿买东西(而且两个小贩报价一样时,各买一半),那么对伯川德双寡头的分析会很容易。这时博弈就简化成一个拍卖:双方都想用比对手更低的价格来抓住所有消费者。只有当爱丽丝与鲍勃都无法再降低价格否则就低于成本时,压价才会停止。所以在均衡中售价就等于两人的边际成本 c 英镑。尽管爱丽丝与鲍勃是双寡头,但是结果却和完全竞争情况下是一样的。

在 $c=3$ 和 $K=15$ 的情况下画出博弈方的反应曲线是有用的。对于这些数值,垄断者将会把价格定为 9 英镑。

在伯川德竞争中,如果鲍勃选择一个价格 $q>9$,则爱丽丝应该不用理会他,只要用垄断价格 $p=9$ 进行交易就可以了。因为她的价格比鲍勃低,整个市场都会被吸引过来,没人会去搭理鲍勃。如果鲍勃在范围 $3<q\leqslant9$ 内选择一个价格,则爱丽丝应当把价格压得比他低一点点以争取整个市场。如果 $q\leqslant3$,她就不应该把价格压得比鲍勃低,那样的话她就会以低于成本销售而导致亏损。此时任何 $p\geqslant3$ 都是最优的,因为不论怎么做爱丽丝的利润都是零。

和第 8.2 节中的分析一样,在出现"一点点"时需要小心从事。在伯川德模型中,如果开出的价格必须是整便士数,则爱丽丝对于鲍勃的选择 $q=3.01$ 的反应就不能是 3.009。反应 $p=3.00$ 也不是最优的,那样的话她的利润会变成零。她的最佳反应是 $p=3.01$,尽管这样她得与鲍勃平分市场。如果我们注意这个细节,就会得到图 10.3(a)所示形状的反应曲线。当价格必须是分币的整数倍时,反应曲线的交点是 $(p,q)=(3,3)$ 和 $(p,q)=(3.01,3.01)$。

然而,最小硬币单位在大小上是无足轻重的。所以,我们可以关注最小硬币单位 $\varepsilon>0$ 减小到零时会发生什么情况。两个均衡 $(p,q)=(3,3)$ 和 $(p,q)=(3+\varepsilon,3+\varepsilon)$ 都收敛于 $(p,q)=(3,3)$。所以,在更仔细的分析中,我们关于 $(3,3)$ 是唯一均衡的论断仍然成立。

10.4.1 价格领导

→ 10.6

在研究了竞争厂家同时承诺产量的古诺模型之后,我们又分析了厂家依次做出产量承诺的斯塔克伯格情形。对伯川德模型做同样的分析不会让结果有什么改变,因为厂家是同时还是依次承诺价格是毫无影响的。可是,对有外围竞争垄断的伯川德分析会更有意思。

我们像第 10.3.1 节那样进行分析,唯一的区别是现在领导者要做的是价格承诺而不是产量承诺。经济学家对这种模型很感兴趣,它有助于理解这样一个市场:当价格变化时,除一个厂家外,所有的厂家都采用跟随领导者的策略。

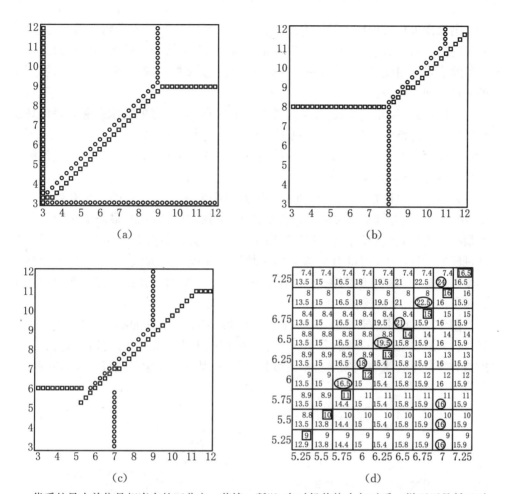

(a)

(b)

(c)

(d)

货币的最小单位是相当大的四分之一英镑。所以,有时候价格会与对手一样而不是低于对手。图 10.3(d)包含了图 10.3(c)的一块 9×9 的得益。(在最后这个图中,不要把对应关系弄错了,爱丽丝的策略对应于列而鲍勃的策略对应于行。)

图 10.3 价格的反应曲线

领导者承诺的价格不会超过她缺席市场时的瓦尔拉斯价格,否则她什么也卖不出去。同样,除非价格不高于她的每顶帽子的价格 P,外围竞争者也卖不出任何产品。然而,看不见的手确保他们的售价不会明显低于 P。从而,他们会以比 P 低一点点的价格供给 $f = s(P-c)$ 顶帽子。由于价格为 P 时帽子的总需求量是 $K-P$,领导者就只能去满足帽子的剩余需求量 $K-P-s(P-c)$。她的剩余需求的利润是:

$$\pi = (K + sc - (s+1)P - c)P$$

当取:

$$P = (K - (s-1)c)/2(s+1)$$

时利润达到最大值。

剩余需求。对价格领导模型感兴趣的一个原因是它引入了剩余需求的思想。原来的需求曲线是 $p+h=K$。以价格 P 卖掉 H 顶帽子以后新的需求曲线是什么？除了需求曲线形状之外，如果没有对消费者更多的了解，有些问题是回答不了的。这个问题就是其中之一。

人们最感兴趣的可能是大量只想要一顶帽子的消费者的需求总和就是市场需求的情形。价格为 P 时，这些消费者中有 $K-P$ 个人需要帽子，其中只有 H 个人可以从外围竞争者那儿买到帽子。谁会是幸运的顾客呢？经济学家把决定谁能买到帽子的方法称为配给方案。

教科书上讨论常让人觉得似乎配给方案毫无疑问是有效的。在有效的配给下，第一个买到的顾客是对帽子评价最高的。[①]我们可以想象，最渴望买帽子的人会最有动力挤到爱丽丝商店门口队伍的前列。但如果顾客是随机排队的，那就是比例配给的情形了（假设有足够多的小顾客以便应用大数法则）。愿意用价格 P 向爱丽丝买一顶帽子的顾客当中，各个支付意愿等级的顾客都会按比例出现在买到帽子的 H 个幸运顾客中。

图 10.4(a) 是 H 个顾客按有效配给价格购买之后的剩余需求曲线。图 10.4(b) 是比例配给的剩余需求。由于两种情况下价格为 P 时的需求是相同的，配给方案并不会影响到领导价格的分析，但是在其他模型中会造成很大的区别。

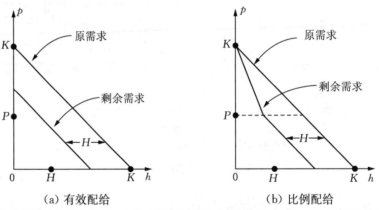

（a）有效配给　　　　　　　　　（b）比例配给

原来的市场需求曲线方程是 $p+h=K$。现在 H 个顾客以价格 $P<K-H$ 买到了帽子。为得到有效配给下的剩余需求曲线，把愿意支付价格 $p>K-H$ 的 H 个顾客放在一边。则原来的需求曲线向左平移了 H 距离。为得到比例配给下的剩余需求曲线，把原来的需求曲线中位于 $0\leqslant p\leqslant P$ 范围内的线段向左平移 H 距离，然后把这个线段的最高点与原来的需求曲线的最高点用直线连接起来。

图 10.4　剩余需求曲线

10.5　埃奇沃斯模型

因为伯川德双寡头和完全竞争市场一样迫使价格降到单位成本，我们会喜欢

---

①　有效配给最大化消费者剩余，但比例配给的帕累托效率也不差。

生活在适用伯川德双寡头模型的世界中。因为在伯川德模型中利润为零,厂家会更喜欢适用古诺模型的世界。

哪个才是正确的模型呢?经济学家今天还在为此争论,但博弈论学者都同意没有"正确"的不完全竞争模型。托尔斯泰(Tolstoy)有句名言:所有的幸福家庭都是相同的,但每个不幸的家庭各有其不幸。类似地,所有的完全竞争市场是相像的,但每个不完全竞争市场都需要一个根据其特殊环境定制的模型。

容量约束。即使激烈的价格竞争是市场的特征,应用伯川德模型还是很少会不受批评。埃奇沃斯指出了双寡头为价格竞争时所面临的典型容量约束的重要性。即使爱丽丝与鲍勃可以做出价格承诺,他们仍然会像在古诺模型中一样,只会带有限篮数的草莓到市场去。但是现在我们不能再依靠看不见的手来告诉我们最后会出现什么价格。

如果爱丽丝带了 1 篮而鲍勃带了 10 篮,当她压低价格时他可以一笑了之。一旦爱丽丝卖掉了她那一篮,鲍勃就可以作为垄断者来满足爱丽丝的顾客离开市场后的剩余需求。所以,鲍勃的利润取决于剩余需求曲线的形状,后者又取决于爱丽丝卖给哪个消费者的配给方案。这里,我们假设配给方案是有效的(第 10.4.1 节)。

埃奇沃斯对爱丽丝与鲍勃的问题的策略建立了一个两阶段博弈模型:

阶段 1,容量选择。首先,爱丽丝与鲍勃同时决定带多少篮草莓到市场。

阶段 2,价格制定。接着,爱丽丝与鲍勃同时承诺一个当天的售价。

因为假设爱丽丝与鲍勃在承诺价格前已经观察到对方的容量选择,我们可以用逆推法来解这个博弈。

每一对可能的容量都会产生一个定价子博弈,需要找出其纳什均衡。我们还是用古诺分析,但把古诺利润换成为每个子博弈的均衡利润。替换后的古诺博弈的纳什均衡就对应于整个埃奇沃斯博弈的子博弈完美均衡。图 10.5(a)是第 5.5.1 节的受约束的古诺得益表。把古诺得益换成与四对容量选择相对应的四个定价子博弈的均衡得益,就得到图 10.5(b)的新得益表。

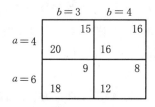

	$b=3$	$b=4$
$a=4$	20 ⎡15	16 ⎡16
$a=6$	18 ⎡9	12 ⎡8

(a) 古诺

	$b=3$	$b=4$
$a=4$	20 ⎡15	16 ⎡16
$a=6$	$20\frac{1}{4}$ ⎡$8\frac{7}{8}$	16 ⎡$10\frac{2}{3}$

(b) 埃奇沃斯

古诺得益表和图 5.11(c)一样,它只用了可能容量对中的四对。埃奇沃斯得益表说明了当博弈方选择数量并接着进行有效配给的伯川德价格竞争时,古诺得益表会发生怎样的变化。

图 10.5 埃奇沃斯竞争

图 10.5 的显著特征是,在改变得益以允许价格的伯川德竞争后,古诺均衡仍

→ 10.5.1

然是一个均衡。① 在这个均衡中,爱丽丝与鲍勃选择古诺数量 $a=b=4$,他们都把价格定为古诺价格 7 英镑。所以,伯川德价格竞争并不一定会对博弈结果产生什么影响。

这个结果并不是偶然的。下面我们简要介绍克雷普斯与申克曼(Scheinkman)的论证来说明这一点。

效率配给。埃奇沃斯博弈的定价子博弈有时候有纯策略纳什均衡,有时候又没有。我们对 $c=3$ 且 $M=15$ 的特例画出一些反应曲线来说明这两种情况。

例 $(a,b)=(4,3)$。在选择容量 $(a,b)=(4,3)$ 后,博弈方在定价子博弈中的纯策略反应曲线如图 10.3(b)所示。由于爱丽丝与鲍勃无法满足超出他们的容量的需求,它们与伯川德双寡头的反应曲线是不同的。

当价格足够高时,爱丽丝与鲍勃仍然会相互压价,但容量约束的存在防止了价格一路下跌到单位成本。当价格足够低时,爱丽丝会乐于看到鲍勃的压价。所有的顾客都想从鲍勃那儿买草莓,可他只有 3 篮可卖。鲍勃的草莓卖完后,顾客就不得不从爱丽丝这儿高价购买草莓。

克雷普斯与申克曼假设配给是有效的,鲍勃的 3 篮草莓会卖给评价最高的顾客。则留给爱丽丝的剩余需求为 $a=12-p$(而不是她作为垄断者且没有鲍勃来抢走评价最高的顾客时面临的需求 $a=15-p$)。

在剩余垄断中,爱丽丝得到利润 $\pi=(p-3)(12-p)$,在 $p=7\frac{1}{2}$ 时利润最大。可是,为了得到最大利润,她得卖出 $12-p=4\frac{1}{2}$ 篮草莓,这比她能卖的 4 篮要多。所以,她最接近垄断利润的做法是把 4 篮草莓用最高的价格 $p=12-4=8$ 卖出。所以,一旦鲍勃的价格 $q\leqslant 8$,爱丽丝就会停止压价。她的最佳反应是简单地保持 $p=8$。

我们可以对鲍勃做完全相同的讨论。一旦爱丽丝的价格 $p\leqslant 8$,鲍勃就会停止压价。他的最佳反应也是 $q=8$,因为对于爱丽丝没能以低价满足的顾客,这就是只有 3 篮可卖的垄断者能够收取的价格。

由于博弈方的反应曲线相交于 $(p,q)=(8,8)$,双方都承诺 8 英镑的价格就是一个纳什均衡。显然这是有 7 篮草莓可卖时的古诺价格。所以,当 $(a,b)=(4,3)$ 时,爱丽丝与鲍勃从定价子博弈中得到的均衡利润就是 $(a,b)=(4,3)$ 时的古诺利润。

例 $(a,b)=(6,4)$。在选择容量 $(a,b)=(6,4)$ 后,博弈方在埃奇沃斯博弈的定价子博弈中的反应曲线如图 10.3(c)所示。反应曲线不相交,所以没有纯策略纳什均衡。因为反应曲线从一处不连续地跳跃到另一处,不相交是可能的。

爱丽丝的反应曲线有跳跃是因为她作为剩余垄断者不再受到容量约束。面临

---

① 在图 10.5(b)的古诺均衡(4,4)中,爱丽丝的策略是弱劣的,但是如果允许所有的容量选择,就不会出现这种现象。

的剩余需求为 $a=11-p$ 时,爱丽丝定价为 $p=7$ 时她的利润 $\pi=(p-3)(11-p)$ 是最大的。这时,她卖出 $a=11-7=4$ 篮草莓,少于她 6 篮的容量。她的利润是 $\pi=16$ 英镑。当 $q\leqslant 5\frac{2}{3}$ 时,这会比她压低一点鲍勃的价格所得的更多。如果压价的话,她会卖出全部容量,所得利润只是略少于 $(q-3)6$,但当 $q\leqslant 5\frac{2}{3}$ 时,$(q-3)$ $6\leqslant 16$。所以,当 q 降低到 $5\frac{2}{3}$ 时,爱丽丝的最佳反应是从略低于 q 跳跃到 $p=7$。

鲍勃的情况是相似的。当 p 降低到 7 时,鲍勃的最佳反应是从略低于 p 跳跃到 $q=6$。如图 10.3(c)所示,跳跃的不佳位置影响了纯纳什均衡的存在性。所以,只可能有混合纳什均衡。

找出复杂博弈的混合均衡一般都不会轻松。较好的方法是先确定均衡用到的混合策略的**构件**。所谓混合策略的**构件**就是以正概率用到的纯策略的集合。像第 6.1.1 节一样,陆续删掉劣策略就可以找到例子中的构件,不过我们的运气并不总是这么好。

图 10.3(d)是一个 9×9 得益表,爱丽丝是对应于列的博弈方,鲍勃是对应于行的博弈方。注意,陆续删除强劣的策略,就会少了第一行第一列和最后一行最后一列,剩下一个价格从 5.5 英镑到 7 英镑的 7×7 表格。我们从整个表格出发就会得到这个 7×7 表格。所以整个得益表格的任何纳什均衡也是这个 7×7 双矩阵博弈的均衡。

由于这个 7×7 双矩阵博弈中不存在纯均衡,我们要寻找一个爱丽丝与鲍勃分别使用混合策略 α 和 β 的均衡。我们把爱丽丝的得益矩阵记为 A,鲍勃的记为 B,别忘了鲍勃是博弈方 I 而爱丽丝是博弈方 II。

向量 $\beta^{\top}A$ 列出了当鲍勃使用 β 时爱丽丝使用每种纯策略所得到的得益(第 6.4.4 节)。如果 α 使得爱丽丝使用 5.5 到 7 之间每个价格的概率是正的,那么每个价格带来的利润就必须一样。因为 A 的最后一列元素都是 16,这个均衡利润就是 16 英镑。于是:

$$\beta^{\top}A = 16e^{\top} \tag{10.1}$$

其中 e 是元素全为 1 的 7×1 向量。这个向量等式展开后就成为七个线性方程的方程组,可以在电脑上点几下按钮就解出 β。但在我们充分信任这个答案之前,还得先对图 10.3(d)进行更精确的计算。

(10.1)式的解的正规表达式为 $\beta=16e^{\top}A^{-1}$,其中 A^{-1} 是 A 的逆矩阵。矩阵 A 有简单的结构:当 $q\leqslant p$ 时,对应于价格 (q,p) 的元素是 $(11-p)(p-3)$,而当 $q>p$ 时则是 $6(p-3)$。其结果是 A^{-1} 的许多元素为零,所以求出 A^{-1} 变得异常容易。

然而,如果能够避开的话,谁也不会去求逆矩阵。所以我们可以像第 6.1.1 节那样绕过这个困难,就是转到连续的情况,并应用博弈方在每个正概率使用的纯策略之间没有差异这一结果。假设鲍勃使用价格 $q \leqslant p$ 的均衡概率是 $Q(p)$。则当爱丽丝以正概率使用价格 p 时她的利润为：

$$(11-p)(p-3)Q(p)+6(p-3)(1-Q(p))=16$$

所以，鲍勃使用价格 $q \leqslant p$ 的均衡概率为：

$$Q(p)=\frac{6\left(p-5\frac{2}{3}\right)}{(p-3)(p-5)}$$

它的取值从 $p=5\frac{2}{3}$ 时 0 增加到 $p=7$ 时的 1。

爱丽丝使用价格 $p<q$ 的均衡概率可以用复杂一点的计算得出为：

$$P(q)=\frac{4\left(q-5\frac{2}{3}\right)}{(q-3)(q-5)}$$

它的取值从 $q=5\frac{2}{3}$ 时的 0 增加到 $q=7$ 时的 $\frac{2}{3}$。所以，爱丽丝的均衡策略在 $q=7$ 处有一个质量为 $\frac{1}{3}$ 的点。除了 7 英镑使用的概率是 $\frac{1}{3}$ 外，每个特定价格使用的概率都是 0。

埃奇沃斯得益。对于了解埃奇沃斯博弈的两个子博弈中的伯川德竞争来说，上述讨论的内容已经超过了我们的需要。两个例子代表了一般情况下可能发生的结果。

容量选择 $(4,3)$ 代表了图 10.1 中双方反应曲线上及其下方的点集 R 中的点。这种容量选择 (a,b) 之后的定价子博弈有纯均衡，就是双方都采用古诺均衡价格然后都卖掉所有产品。所以，这种容量选择下的埃奇沃斯得益等于古诺得益。

容量选择 $(6,4)$ 代表了集合 R 之外的点。它们至少处在图 10.1 中某一条反应曲线的上方。这种容量选择 (a,b) 之后的定价子博弈有混合均衡。在均衡中选择较大容量的博弈方的期望得益等于他（她）作为斯塔克伯格博弈中跟随者的得益。在 $(a,b)=(6,4)$ 的例子中，得到较大得益的是爱丽丝，她的得益是 16 英镑。如果在斯塔克伯格博弈中她看到鲍伯选择 $b=4$ 后再选择自己的容量，这也就是她的得益。

这些结果帮我们证实了克瑞普斯（Kreps）与申克曼（Scheinkman）的发现：古诺结果仍然是埃奇沃斯博弈的子博弈完美均衡。如果图 10.3 中爱丽丝的得益矩阵包含所有容量选择，图 10.3(b) 中对应于 $a=4$ 的行就等于对应于 $b \leqslant 4$ 的列的图 10.3(a) 中的行。对应于 $b>4$ 的列的元素都是 16。由于博弈是对称的，对鲍勃的得益矩阵中对应于 $b=4$ 的列可以做同样的观察。所以，即使得益表扩大到包含所有的容量选择，$(4,4)$ 在图 10.3(b) 中仍然是纳什均衡。

10.5.1　比例配给

克瑞普斯与申克曼的结果说明激烈的价格竞争并不一定能消除古诺双寡头中典型的高价格与低产量。然而，这并不意味着古诺在身故之后与伯川德的争论中能赢得胜利的桂冠。例如，在讨论比例配给（第 10.4.1 节）时，如果用贝克曼（Beckman）的分析则会得到不同的结果。

如图 10.4 所示，在面对剩余需求曲线时，垄断者可以更为轻松。特别是，爱丽丝与鲍勃作为剩余垄断者时，不太可能受到容量约束，因而他们的反应曲线更有可能产生跳跃。所以，在比例配给时，即使爱丽丝与鲍勃选择了最优的容量，我们也会预期在定价子博弈中出现混合策略。如伯川德所预言的，我们也会看到比古诺情形更低的价格和更高的产量。[①]

全包旅游。 双寡头掷骰子决定价格的模型有多大现实意义？用这种朴素的方式解释混合策略时，答案就是：一点也不现实。但我们已经看到，即使根本不用掷骰子，博弈方的策略选择实际上也是不可预测的（第 6.3 节）。

瓦里安（Hal Varian）似乎合理地把按底价卖出商品的销售活动解释为实际执行混合策略的一个方法。如果你在一天结束时绕着水果市场走一圈，看到小贩们为了甩卖存货而报出的各种各样的价格，就会发现同一现象所起的作用。但是，如果你问到用什么随机方式来决定在何时何地进行销售，爱丽丝的市场主管一定会认为你疯了。这种决定一般都是由专家委员会做出的，专家们相信他们的经验可以准确地告诉他们每次销售的正确时间和地点。可是鲍勃的专家们也有类似的经验。如果他们不能准确预测爱丽丝的专家们的决定，那么对他们来说，爱丽丝就好像是在掷骰子一样。

我个人在这方面的一点经验来自为一项大的全包旅游业务的咨询，这个业务被欧盟委员会指控为反竞争业务。全包旅游可能比真实的草莓更适用于我们对草莓所做的假设。一个成功的公司必须在旅游季节到来之前很早就预订容量，可是，一旦飞机带着空位起飞，对应的全包旅游就永远消失了。另一方面，在预订期间，空位一点也不会腐烂。所以，当全包旅游公司预订的容量超过最后的需求时，他们的地位就和在一天结束时试图甩卖存货的草莓卖主是一样的。由于比例配给非常符合全包旅游的实际情况，所以，我们应当会观察到定价子博弈的混合均衡。

我们在全包旅游业务中观察到混合均衡了吗？主管们当然不会比其他产业的主管们更倾向于掷骰子，但在旅游季节末期出现的各种价格中，观察到的离散程度太大了，无法用竞争公司的成本或需求的差异来解释。反复实践的学习过程把市场主管们变得比他们自己了解的还要理性！

[①]　戴维森（Davidson）和德耐克尔（Deneckere）已经证明了这些预想。

10.6 综述

这一章中,我们考虑了一些不完全竞争的标准模型,其原因只是他们自身而不是为了某种博弈理论思想。

在古诺模型中,厂家同时选择生产多少。他们可以销售的价格由需求方程决定。有 n 个厂家的古诺寡头垄断包括了所有的可能性,从 $n = 1$ 时的垄断情形到 $n \to \infty$ 时的完全竞争。随着 n 的增加,消费者的福利也随价格更便宜而增加。斯塔克伯格模型的不同点只是厂家依次做出产量决定。

为定价建立模型时,不完全竞争模型中可以出现混合策略。在伯川德竞争中,博弈方承诺一个价格并满足此价格下的所有需求。如果对手的价格高于单位成本,压价总是有利的,所以唯一的均衡就是博弈方都按单位成本销售。埃奇沃斯竞争引入了博弈方选择容量的前期阶段。克瑞普斯与申克曼证明了即使价格为伯川德竞争的,埃奇沃斯竞争的简单模型的均衡仍然与古诺结果相同。

更现实的模型产生的结果处在伯川德结果与古诺结果之间。本章中,这种模型的最显著特征是在博弈的定价阶段一般需要用到混合策略。市场主管们会否认使用混合策略,但无法解释的价格离散有时提供了证据,说明他们在无意中达成了混合均衡。

10.7 进一步阅读

Theory of Industrial Organization, by Jean Tirole: MIT Press, Cambridge, MA, 1988. 这本流行的书中涵盖了大量的不完全竞争模型,包括埃奇沃斯—伯川德模型的更一般形式。附录提供了各种博弈论工具的简单介绍。

Game Theory with Economic Applications, by Scott Bierman and Luis Fernandez: Addison-Wesley, Reading, MA, 1998. 这本书并不使用复杂的数学工具,研究了很多经济模型。关于寡头垄断的那一章特别重要。

10.8 习题

econ

1. 在第 10.2.2 节的古诺博弈中,爱丽丝与鲍勃为使用哪种串谋交易而讨价还价,他们可能达成一个帕累托有效的结果(不考虑消费者的利益)。解释为什么帕累托有效的产量对会处在爱丽丝与鲍勃的等利润曲线的切点上。推理说明帕累托有效的产量对落在连接对应于爱丽丝垄断的点与对应于鲍勃垄断的点的线段上。为什么这应当是很显然的? 证明这个博弈的纳什均衡不是帕累托有效的。

2. 在第 10.2.2 节的古诺博弈中,爱丽丝与鲍勃有相同的单位成本 $c > 0$。假

设现在改成为 $0 < c_1 < c_2 < \frac{1}{2}K$，证明：

    a. 反应曲线为 $q_1 = R_1(q_2) = \frac{1}{2}(K - c_1 - q_2)$ 和 $q_2 = R_2(q_1) = \frac{1}{2}(K - c_2 - q_1)$。

    b. 纳什均衡产量为 $q_1 = \frac{1}{3}K - \frac{2}{3}c_1 + \frac{1}{3}c_2$ 和 $q_2 = \frac{1}{3}K - \frac{2}{3}c_2 + \frac{1}{3}c_1$。

    c. 均衡利润为 $\pi_1 = \frac{1}{9}(K - 2c_1 + c_2)^2$ 和 $\pi_1 = \frac{1}{9}(K - 2c_2 + c_1)^2$。

3. 画出上一题的等利润曲线。

    a. 画出博弈方的反应曲线和该博弈的纳什均衡。

    b. 画出爱丽丝是先行者鲍勃是跟随者的斯塔克伯格博弈的均衡产量。

    c. 指出可以成为串谋协议的帕累托有效产量对组成的曲线。证明该曲线的方程是：

$$2(q_1 + q_2)^2 - (2q_1 + q_2)(K - c_2) - (2q_2 + q_1)(K - c_1) + (K - c_1)(K - c_2) = 0$$

证明该博弈的垄断产量在此曲线上，但纳什均衡产量不在此曲线上。

4. 在第 10.2.2 节中，所有厂家生产相同的产品。现在改为考虑产品有差异的情况。可能是爱丽丝以单位成本 c_1 生产窗饰，但鲍勃以单位成本 c_2 生产窗花。如果生产了 q_1 件窗饰和 q_2 件窗花，两种产品的价格分别由需求方程决定为 $p_1 = K - 2q_1 - q_2$ 和 $p_2 = K - q_1 - 2q_2$。在新条件下改写古诺模型，并找出：

    a. 博弈方的反应曲线。

    b. 均衡中的产量与产品销售的价格。

    c. 均衡利润。

5. 把需求方程改为 $p_1 = K - 2q_1 + q_2$ 和 $p_2 = K + q_1 - 2q_2$，重做上一题。说明消费者对产品的态度必须怎样改变才会产生这种新的需求方程。

6. 在第 10.2.4 节的 n 人古诺寡头垄断博弈中，

    a. 修改这个博弈：不管生产多少，每个厂商要进入帽子产业，必须支付一个固定的成本 F。解释为什么固定成本小于每个博弈方的均衡利润时，谁也不会改变自己的行为方式。

    b. 如果固定成本超过了 n 个博弈方的均衡利润，则至少有一个厂家会觉得不进入帽子产业会更好。假设将支付固定成本 F 改为没有进入障碍，确定最终生产帽子的厂家数量。当 $F \to 0$ 时会怎么样？

7. 在第 10.4 节我们研究了两个厂家有相同单位成本的伯川德模型，现在假定爱丽丝与鲍勃的单位成本是不同的，即 $c_1 > c_2 > 0$。证明只有鲍勃在用价格 $p = c_1$ 卖草莓。所以，爱丽丝不会进入市场，但她进入市场的可能性决定了鲍勃能够卖出产品的价格。

8. 对于伯川德双寡头情形重做本章第 4 题与第 5 题。

econ

econ

econ

econ

9. 窗饰的消费者以均匀密度① ρ 分布于一条长度为 l 的街道上。每个消费者最多只需要一个窗饰。消费者会从花费最少的来源处购买需要的窗饰。②计算花费时,他不仅要考虑商店里窗饰的售价,也要考虑他的运输支出。消费者行走 x 距离并返回的费用是 tx^2 元。

在霍泰林(Hotelling)模型中,两个窗饰厂要在同一条街上开店。每个厂家独立地选择商店的位置。他们的商店开张后,进行伯川德竞争。厂家的单位成本总是 c 元。没有固定成本。

a. 爱丽丝把商店开在距街道西端 x 处,鲍勃把商店开在距街道东端 X 处。如果现在鲍勃的定价是 P,计算爱丽丝定价为 p 时得到的顾客数量。她的利润是多少?

b. 选定 x 与 X 之后,接下来的子博弈是同时行动博弈,爱丽丝与鲍勃的纯策略是价格 p 与 P。对所有的 x 与 X 的值,求出这个子博弈的唯一纳什均衡。在这个纳什均衡中博弈方的利润是多少?

c. 考虑选择位置 x 与 X 的同时行动博弈。之后的定价博弈当然会出现纳什均衡。唯一的纳什均衡是什么?

d. 讨论子博弈完美均衡的概念与前面分析的关系。

e. 均衡中厂家的位置在哪里?他们会定什么价格?他们的利润是多少?

10. 假设厂家可以跟随先行者而不是同时行动,重新进行第 10.2.4 节的分析。博弈方 Ⅰ 首先选择他将要生产的数量 q_1。博弈方 Ⅱ 在看到博弈方 Ⅰ 的选择后第二个选择她的产量 q_2。然后在看到 q_1 与 q_2 后选择 q_3,如此这般。这个博弈的"斯塔克伯格均衡"是什么?证明当 $n \to \infty$ 时这个均衡的结果接近于完全竞争。

11. 再次分析第 10.2.4 节的 n 人寡头垄断模型,但是去掉所有博弈方同时行动的假设。取而代之的假设是:博弈方 Ⅰ 首先选择产量 q_1,观察到他的选择后,所有其他博弈方同时选择生产多少。当 $n \to \infty$ 时会怎么样?

12. 在本章第 9 题的霍泰林模型中,如果一个厂家作为先行者首先选址,其他条件都一样,证明结论不会发生变化。

13. 我们有时候会看到相同的产品卖出非常不同的价格。对这种价格分散的一个可能的解释是价格博弈有混合均衡。甚至伯川德双寡头也可以有混合均衡。考虑这样一个情况:两个博弈方都有常数单位成本 $c > 0$,且需求函数是 $q = p^{-l}$ $(0 < l < 1)$。证明,对于每个 $a > c$,存在一个对称的混合均衡使得均衡时博弈方的价格 p 超过 $P \geqslant a$ 的概率为:

$$\text{prob}(p > P) = \left(\frac{a-c}{P-c} \right) \left(\frac{P}{a} \right)^l$$

14. 在研究伯川德双寡头时忽略上题中的混合均衡的原因是,那会要求以正概率使用任意大的整数。这种可能性在 $l > 1$ 时是不存在的,因为那时的垄断价格

---

① 这意味着在任一长度为 x 的街道上有 ρx 个消费者。

② 他的保留价格非常高,不需要加以考虑。

$p^* = lc/(l-1)$ 是有限的。证明在伯川德博弈中任何价格 $p > p^*$ 是强劣的。

令 $c < a < b \leqslant p^*$。证明不存在对称纳什均衡,使得区间 $[a, b)$ 内的所有价格的使用概率为正,区间之外的价格使用的概率为零。

15. 对每个 $\varepsilon > 0$,在上题的假设下找出伯川德双寡头的混合 ε 均衡(第 5.6.1 节)(令 a 接近于 c 且 $b = p^*$)。画图表示 ε 均衡中一个混合策略的概率密度函数。当 $\varepsilon \rightarrow 0$ 时,这个策略在多大程度上接近于传统的均衡策略(每个博弈方选择 $p = c$)? 当 $\varepsilon \rightarrow 0$ 时,博弈方的得益会怎么样?

▶ 第 11 章

自我重复

11.1　互惠

在没有外在方法**强制**达成事前协议时,理性的博弈方在只进行一次囚徒困境那样的博弈时,无法得到合作的成果。也许有人会说需要一个警官来帮助理性的博弈方在这种一次性博弈中进行合作。然而,博弈重复进行时,合作作为均衡结果是可以达成的。

例如,爱丽丝与鲍勃是囚徒困境中的双寡头,他们在寻找合作的方法。在一次性的情形中,由于双寡头之间串谋是不合法的,如果另一方欺诈,爱丽丝与鲍勃谁也不能诉诸法律,所以他们之间的任何协议都无法维持下去。但在重复博弈的情形下,如果双方都使用冷酷策略,就是一个纳什均衡(第 1.8 节)。在此均衡中,爱丽丝与鲍勃总是合作的,但原因并不是他们不再唯利是图。他们之所以合作,是因为不合作的话以后会受到对手的严惩。

人人都明白这种自我纠偏或激励相容协议在日常生活中的重要性。人们为他人提供服务时总是期待某种回报的。正如常言所说:投桃报李。如果某人提供的服务没有得到满意的回报,该服务就会被取消。有时甚至还会出现报复行为。

哲学家休谟认为这种互惠是团结人类社会的黏合剂。如果我们不再提供适当的回报,周围的人就会略施惩罚来把我们拉回正轨。通常并不需要很多惩罚。一个侧身或一个几乎察觉不到的撇嘴动作通常就足以表明如果你继续游离于公认的均衡路径之外会招来社会的排斥。但是,对付那些根本不守秩序的人,可能会用上包括电椅在内的任何手段。

在与周围人的互惠协议组成的复杂网络中,尽管我们每人都起着作用,可是我们对这个系统的的理解并不会超过骑自行车时所用的物理学。博弈论分析了这种自我纠偏协议的一些细节。它们怎样起作用? 为什么它们能存在? 它们能支持多大程度的合作?

11.2　重复零和博弈

如果亚当与夏娃进行两次猜硬币博弈会发生什么情况? 根据第 6.2.2 节,

图 11.1(a)中的零和博弈 Z 中也可得出博弈方 $\mathbb{I}$ 的得益矩阵。其值为 $v = \dfrac{1}{2}$。两个博弈方的安全策略都是 $\left(\dfrac{1}{2}, \dfrac{1}{2}\right)$。

当 Z 由相同的博弈方进行两次时，它就成了重复博弈 Z^2 的阶段博弈。（如果阶段博弈不全一样，则把依次进行这些阶段博弈得到的博弈称为**超博弈**。）

在这个例子中，假定博弈方不考虑贴现。只要把两个阶段博弈的得益相加就可得到博弈方在重复博弈 Z^2 中的得益。例如，如果第一阶段使用的策略对 (s_1, t_2)，第二阶段使用的策略对 (s_2, t_2)，则亚当在重复博弈 Z^2 中的所得就是 $0 + 1 = 1$。

重复博弈不是 M。 Z^2 的策略形式常会与图 11.1(b)的矩阵博弈 M 混淆越来。如果试图把一个博弈的安全策略用到另一个博弈中，错误就会很明显。

混合策略 $\left(0, \dfrac{1}{2}, \dfrac{1}{2}, 0\right)$ 是得益矩阵为 M 的博弈中亚当的一个安全策略。它可以保证他的期望得益恰好为 $+1$。他无法保证自己的所得超过 $+1$，因为混合策略 $\left(0, \dfrac{1}{2}, \dfrac{1}{2}, 0\right)$ 同样可以保证夏娃的期望得益为 -1。

	t_1	t_2
s_1	1	0
s_2	0	1

Z

(a)

	$t_1 t_1$	$t_1 t_2$	$t_2 t_1$	$t_2 t_2$
$s_1 s_1$	2	1	1	0
$s_1 s_2$	1	2	0	1
$s_2 s_1$	1	0	2	1
$s_2 s_2$	0	1	1	2

M

(b)

图 11.1　两个零和博弈

可是，假设夏娃知道亚当会掷一枚均匀的硬币决定采用 $s_1 s_2$ 或是 $s_2 s_1$。如果亚当在第一阶段采用 s_i，则夏娃的反应是在第二阶段采用 t_i。按这种方式她在第二阶段总能得到 0，因而她的期望得益变为 $-\dfrac{1}{2} + 0 = -\dfrac{1}{2}$。于是，亚当只能得到 $+\dfrac{1}{2}$，低于预想的安全水平 $+1$。

造成这种反常现象的原因是 M 的纯策略不允许博弈方根据第一阶段发生的情况而决定第二阶段的行为。

根据行为的历史决定行动。 为了不与重复博弈 Z^2 的纯策略相混淆，把阶段博弈 Z 中亚当的纯策略集合 $S = \{s_1, s_2\}$ 称为**行动**。阶段博弈 Z 中夏娃的行动集合是 $T = \{t_1, t_2\}$。

Z^2 的第一阶段可能的结果集合是 $H = S \times T$。所以，在第二阶段，集合 H 中的四个元素就是可能的行为的**历史**。例如，历史 $h_{21} = (s_2, t_1)$ 意味着在第一阶段亚

当采用行动 s_2 而夏娃采用 t_1。

Z^2 中亚当的纯策略是一对 (s, f)，其中 s 是第一阶段采用的 S 中的一个行动，$f: H \rightarrow S$ 是一个**函数**。如果夏娃在第一阶段采用行动 t，则第二阶段博弈的历史是 $h = (s, t)$，所以亚当的纯策略要求他在第二阶段采用行动 $f(h) = f(s, t)$。所以，他在第二阶段的行动是随着第一阶段发生的情况而定的。

有多少纯策略？ 亚当与夏娃在决定下一阶段博弈如何行动时，不会忘记之前已经发生的事情。这一事实带来一个不太愉快的后果，就是重复博弈中纯策略的数量很快地变得非常大。

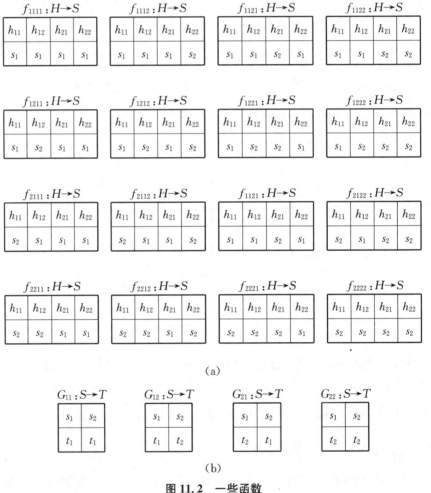

(a)

(b)

图 11.2 一些函数

图 11.2(a)表示了 16 个可能的函数 $f: H \rightarrow S$。由于亚当对 s 有 2 种选择，对 f 有 16 种选择，他在 Z^2 中就有 2×16 种纯策略选择。夏娃也有同样数量的纯策略，所以 Z^2 的策略形式可用图 11.3(a)中的 32×32 矩阵来表达。

因为每一行与每一列都重复了四次，这个策略形式并不像第一眼看上去那样可怕。如果把不同的行与列只写一次，可以得到图 11.3(b)的 8×8 矩阵。这个

8×8 矩阵是简化了的策略形式,其中所包含的纯策略正好是博弈方在第二阶段行动只随第一阶段**对手**的行动而定的策略。

如果夏娃不理会自己在第一阶段做了什么,她的一个纯策略就是(t, G),其中 t 是 T 中的一个行动,$G:S \to T$ 是一个函数。如果亚当在第一阶段采用行动 s,则夏娃在第一阶段采用行动 t 而在第二阶段采用行动 $G(s)$。图 11.2(b)中的表格表示了四个可能的函数 $G:S \to T$。

解 Z^2。显然,重复两人零和博弈的一个解是双方在每次重复时总是独立地采用阶段博弈的安全策略。然而,一个有意义的发现是,这并不是博弈方可用的唯一安全策略。

例如,如果亚当以 $\frac{1}{8}$ 的概率使用图 11.3(b)的零和博弈中他的每个纯策略,这就是一个安全策略。这时,不论夏娃怎么做,他的期望得益都正好是 $+1$。同样,夏娃也可以 $\frac{1}{8}$ 的概率使用她的每个纯策略来保证期望得益是 -1。亚当的另一个安全策略是各以 $\frac{1}{4}$ 的概率选择 (s_1, F_{12}),(s_1, F_{21}),(s_2, F_{12}) 和 (s_2, F_{21})。可以代替的是,他也可各以 $\frac{1}{4}$ 的概率选择 (s_1, F_{11}),(s_1, F_{22}),(s_2, F_{11}) 和 (s_2, F_{22})。最后这个安全策略就对应于在每次重复时总是独立地采用阶段博弈的安全策略。

	(t_1,g_{1111})	(t_1,g_{1112})	(t_1,g_{1121})	(t_1,g_{1122})	(t_1,g_{1211})	(t_1,g_{1212})	(t_1,g_{1221})	(t_1,g_{1222})	(t_2,g_{2111})	(t_2,g_{2112})	(t_2,g_{2121})	(t_2,g_{2122})	(t_2,g_{2211})	(t_2,g_{2212})	(t_2,g_{2221})	(t_2,g_{2222})
(s_1,f_{1111})	2	2	2	2	1	1	1	1	1	1	0	0	1	1	0	0
(s_1,f_{1112})	2	2	2	2	1	1	1	1	1	1	0	0	1	1	0	0
(s_1,f_{1121})	2	2	2	2	1	1	1	1	1	1	0	0	1	1	0	0
(s_1,f_{1122})	2	2	2	2	1	1	1	1	1	1	0	0	1	1	0	0
(s_1,f_{1211})	2	2	2	2	1	1	1	1	0	0	1	1	0	0	1	1
(s_1,f_{1212})	2	2	2	2	1	1	1	1	0	0	1	1	0	0	1	1
(s_1,f_{1221})	2	2	2	2	1	1	1	1	0	0	1	1	0	0	1	1
(s_1,f_{1222})	2	2	2	2	1	1	1	1	0	0	1	1	0	0	1	1
(s_1,f_{2111})	1	1	1	1	2	2	2	2	1	1	0	0	1	1	0	0
(s_1,f_{2112})	1	1	1	1	2	2	2	2	1	1	0	0	1	1	0	0
(s_1,f_{2121})	1	1	1	1	2	2	2	2	1	1	0	0	1	1	0	0
(s_1,f_{2122})	1	1	1	1	2	2	2	2	1	1	0	0	1	1	0	0
(s_1,f_{2211})	1	1	1	1	2	2	2	2	0	0	1	1	0	0	1	1
(s_1,f_{2212})	1	1	1	1	2	2	2	2	0	0	1	1	0	0	1	1
(s_1,f_{2221})	1	1	1	1	2	2	2	2	0	0	1	1	0	0	1	1
(s_1,f_{2222})	1	1	1	1	2	2	2	2	0	0	1	1	0	0	1	1
(s_2,f_{1111})	1	0	1	0	1	0	1	0	2/1	2/1	2/1	2/1	2/1	2/1	2/1	2/1
(s_2,f_{1112})	1	0	1	0	1	0	1	0	2/1	2/1	2/1	2/1	2/1	2/1	2/1	2/1
(s_2,f_{1121})	0	1	0	1	0	1	0	1	2/1	2/1	2/1	2/1	2/1	2/1	2/1	2/1
(s_2,f_{1122})	0	1	0	1	0	1	0	1	2/1	2/1	2/1	2/1	2/1	2/1	2/1	2/1
(s_2,f_{1211})	1	0	1	0	1	0	1	0	2/1	2/1	2/1	2/1	2/1	2/1	2/1	2/1
(s_2,f_{1212})	1	0	1	0	1	0	1	0	2/1	2/1	2/1	2/1	2/1	2/1	2/1	2/1
(s_2,f_{1221})	0	1	0	1	0	1	0	1	2/1	2/1	2/1	2/1	2/1	2/1	2/1	2/1
(s_2,f_{1222})	0	1	0	1	0	1	0	1	2/1	2/1	2/1	2/1	2/1	2/1	2/1	2/1
(s_2,f_{2111})	1	0	1	0	1	0	1	0	2/1	2/1	2/1	2/1	2/1	2/1	2/1	2/1
(s_2,f_{2112})	1	0	1	0	1	0	1	0	2/1	2/1	2/1	2/1	2/1	2/1	2/1	2/1
(s_2,f_{2121})	0	1	0	1	0	1	0	1	2/1	2/1	2/1	2/1	2/1	2/1	2/1	2/1
(s_2,f_{2122})	0	1	0	1	0	1	0	1	2/1	2/1	2/1	2/1	2/1	2/1	2/1	2/1
(s_2,f_{2211})	1	0	1	0	1	0	1	0	2/1	2/1	2/1	2/1	2/1	2/1	2/1	2/1
(s_2,f_{2212})	1	0	1	0	1	0	1	0	2/1	2/1	2/1	2/1	2/1	2/1	2/1	2/1
(s_2,f_{2221})	0	1	0	1	0	1	0	1	2/1	2/1	2/1	2/1	2/1	2/1	2/1	2/1
(s_2,f_{2222})	0	1	0	1	0	1	0	1	2/1	2/1	2/1	2/1	2/1	2/1	2/1	2/1

(a)

	(t_1,G_{11})	(t_1,G_{12})	(t_1,G_{21})	(t_1,G_{22})	(t_2,G_{11})	(t_2,G_{12})	(t_2,G_{21})	(t_2,G_{22})
(s_1,F_{11})	2	2	1	1	1	1	0	0
(s_1,F_{12})	2	2	1	1	0	0	1	1
(s_1,F_{21})	1	1	2	2	1	1	0	0
(s_1,F_{22})	1	1	2	2	0	0	1	1
(s_2,F_{11})	1	0	1	0	2	1	2	1
(s_2,F_{12})	1	0	1	0	1	2	1	2
(s_2,F_{21})	0	1	0	1	2	1	2	1
(s_2,F_{22})	0	1	0	1	1	2	1	2

(b)

图 11.3　一些大矩阵

11.3　重复囚徒困境

现在我们来研究将图 11.4(a)中的囚徒困境重复进行 n 次所得到的博弈。如果 $n = 10$，则每个博弈方有 $2^{349\,525}$ 个纯策略（本章习题 3），但分析仍然是容易的。存在唯一的子博弈完美均衡，就是每个博弈方总是选择鹰。

	鸽	鹰
鸽	2 \ 2	3 \ -1
鹰	-1 \ 3	0 \ 0

	鸽	鹰
鸽	$2+y(h)$ \ $2+x(h)$	$3+y(h)$ \ $-1+x(h)$
鹰	$-1+y(h)$ \ $3+x(h)$	$0+y(h)$ \ $0+x(h)$

（a）囚徒困境　　　　　　　（b）最后阶段

图 11.4　囚徒困境的有限次重复

原因是很简单的。在重复博弈的最后阶段之前，由于对夏娃以后报复的担心，亚当也许不会选择鹰。但是，在最后阶段，不可能有以后的报复了。由于在一次囚徒困境中鹰优于鸽，所以，不管行为的历史如何，两个博弈方都会在最后阶段选择鹰。

现在考虑倒数第二阶段。谁也不会因为在这一阶段选择鹰而受到惩罚。这是因为，对手对这种不好的行为所施加的最坏的惩罚就是在最后阶段采用鹰。但不论现在发生什么情况，对手在最后阶段总是要采用鹰的。所以，两个博弈方都会在倒数第二阶段采用鹰。

现在对倒数第三阶段做同样的讨论。

定理 11.1　有限次重复的囚徒困境有唯一的子博弈完美均衡，就是每个博弈方计划总是选择鹰。

证明：为了进行正式的证明，我们需要借助归纳法。为此，用 $P(n)$ 表示对于 n 次重复的囚徒困境定理是成立的。

我们知道 $P(1)$ 是成立的，因为这就是一次博弈的情形。要证明定理还需要对每个 $n=1, 2, \cdots$ 证明 $P(n) \Rightarrow P(n+1)$。为此，假定 $P(n)$ 对 n 的某个特定值成立，然后设法推导出 $P(n+1)$ 也成立。

假定经过历史 h 后已经到达了 $n+1$ 次重复博弈的最后阶段。如果亚当在第 k 阶段的行为产生的得益是 x_k，则在进行最后阶段博弈之前他的总得益是 $x(h) = x_1 + x_2 + \cdots + x_n$。类似地，夏娃有累积得益 $y(h)$。因为把博弈方的得益加上一个常数不会产生策略的差异，所以图 11.4(b) 所示的最后阶段博弈与图 11.4(a) 的囚徒困境是策略等价的。特别地，鹰强优于鸽，从而最后阶段博弈有唯一的纳什均衡（鹰，鹰）。

图 11.4(b) 的博弈是 $n+1$ 次重复囚徒困境的最小的子博弈。逆推法要求把每个这种最小子博弈换成标有这个博弈中使用纳什均衡的得益对的分支。在图 11.4(b) 中（鹰，鹰）是唯一的纳什均衡，所以这里要求的得益对是 $(0+x(h), 0+y(h))$。

经过这种简化得到的博弈恰好与 n 次重复的囚徒困境是相同的。由于假设 $P(n)$ 成立，所以博弈方总是都采用鹰。我们已经知道，他们在 $n+1$ 次重复囚徒困境的最后阶段采用鹰，于是他们在这个博弈中总是采用鹰。从而 $P(n+1)$ 成立。

11.3.1 理性的傻瓜？

一些批评者把一次性囚徒困境中采用鹰的行为看作是"理性的傻瓜"，他们也认为重复囚徒困境时这种情况是加倍的。确实，如果博弈理论认为理性的人在持续关系中也不会合作的话，那这个理论也没什么意义了。

要对这种批评进行反驳，重要的是认清重复情形与一次情形有多大差异。在一次囚徒困境中，因为鹰强优于鸽，不论是否了解亚当的理性程度，夏娃选择鹰总是最佳的。但是，要在有限次重复的囚徒困境中得到类似的结果，仅有双方理性成为共同知识还是不够的。我们还需要他们关于这一点的信念非常牢固：博弈中发生任何事情都不会改变他们的信念（第 2.9.4 节）。不论亚当如何频繁地采用非理性的行为，夏娃都必须坚持认为他的行为是受了某种临时因素影响，不会在将来持续如此（第 5.6.2 节）。

→ 11.3.2

这种理想化的假设是很不现实的。在接近长期重复博弈的终点时，现实的人为什么会相信具有不变的非理性历史的对手在将来更可能会理性行动呢？如果用更现实的假定来分析有限次重复囚徒困境，就会得到不同的结论。特别是，存在采用鸽的均衡（第 5 章习题 22）。

更加现实的一个步骤是研究没有确切时间范围的重复囚徒困境。当然，没有人能长生不老,所以亚当知道他与夏娃的关系终究会结束,但是他不太可能确定他们最后一次见面的精确日期。

11.3.2 一个无限时限的例子

当囚徒困境重复不确定次数时会发生什么情况?假定博弈进行到下一阶段的概率总是 $\frac{2}{3}$,我们以此为例进行讨论。

这个重复博弈没有有限的时限。博弈经过 N 个阶段而不会结束的概率是 $\left(\frac{2}{3}\right)^N$,所以没有一个 N 的值使得经过 N 个阶段后博弈肯定终止。$N\to\infty$ 时,$\left(\frac{2}{3}\right)^N \to 0$,所以博弈能够真正永远进行下去的概率是零。但这仍然是一个有无限时限的博弈。

只要对手的回应是采用鸽,冷酷策略就是也采用鸽(第 1.8 节)。一旦对手不这么做,冷酷策略就是以后总是采用鹰。所以,任何偏离都会受到切实有力的惩罚,但如果双方都坚持冷酷策略,就不会发生惩罚。双方将会永远合作。

此时,每个博弈方的期望得益为:

$$C = 2 + 2\left(\frac{2}{3}\right) + \cdots + 2\left(\frac{2}{3}\right)^{N-1} + 2\left(\frac{2}{3}\right)^N + 2\left(\frac{2}{3}\right)^{N+1} + 2\left(\frac{2}{3}\right)^{N+2} + \cdots$$

假定某个博弈方在第 $N+1$ 阶段第一次偏离了冷酷策略而采用了鹰。则偏离方在这一阶段会得到 3,但以后都不会超过零。如果另一方坚持冷酷策略,则偏离者转变策略后最多能够得到:

$$D = 2 + 2\left(\frac{2}{3}\right) + \cdots + 2\left(\frac{2}{3}\right)^{N-1} + 3\left(\frac{2}{3}\right)^N + 0\left(\frac{2}{3}\right)^{N+1} + 0\left(\frac{2}{3}\right)^{N+2} + \cdots$$

如果 $C \geqslant D$,则偏离是无利可图的。所以,我们考察:

$$
\begin{aligned}
C - D &= (2-3)\left(\frac{2}{3}\right)^N + (2-0)\left(\frac{2}{3}\right)^{N+1} + (2-0)\left(\frac{2}{3}\right)^{N+2} + \cdots \\
&= \left(\frac{2}{3}\right)^N \left\{ -1 + 2 \times \frac{2}{3}\left(1 + \frac{2}{3} + \left(\frac{2}{3}\right)^2 + \cdots\right)\right\} \\
&= \left(\frac{2}{3}\right)^N \left\{ -1 + \frac{4}{3}\left[\frac{1}{1-\frac{2}{3}}\right]\right\} = 3\left(\frac{2}{3}\right)^N > 0
\end{aligned}
$$

可见,如果对手坚持冷酷策略,偏离冷酷策略的博弈方就会受到损失。于是,(冷酷,冷酷)是一个纳什均衡,其结果是博弈方在无限时限博弈中任何时候都是合作的。

这个故事解释了为什么在无限时限重复囚徒困境中理性合作是可行的。这个故事非常好,以后每次碰到新的重复博弈时都会再引用它!

11.3.3　重复古诺双寡头的串谋

因为在不是纳什均衡的交易中有人总是有欺骗的动机，所以在一次性古诺双寡头博弈中，爱丽丝与鲍勃是很难进行串谋的。但是，双寡头博弈几乎从来不会只进行一次。它们通常日复一日地进行，无法确切地知道何时他们的合作会结束。与第10.2.3节所考虑的严酷的一次博弈环境相比，这种重复的环境更适宜于串谋交易的维持。其原因只要照搬第11.3.2节中的讨论，也就是不确定重复次数的囚徒困境中合作是可行的。

在第10.2.2节的古诺双寡头，如果两个厂家串谋将总产量限制为利润最大的垄断产量 $\tilde{h} = \dfrac{1}{2}(K-c)$ 顶帽子，他们就可以联合从消费者身上榨取最大利益。现在研究的重复情形中，假设他们同意爱丽丝每期生产 a 顶帽子而鲍勃每期生产 b 顶帽子，其中 $a+b=\tilde{h}$。如果双方遵守协议，则爱丽丝每期可得到利润 A，鲍勃每期可得到利润 B。可是，如果有人欺诈呢？

在一次的情形下，这个考虑确实破坏了串谋的可能性。但在不确定重复次数的情形下，爱丽丝与鲍勃可以在协议中加入一个条款来约定有人违约时采取什么行动。最简单的条款是结束合作，双方在以后的时期中各自采用一次性的纳什均衡策略。

如果爱丽丝与鲍勃按这种方式进行，会是这个重复博弈的纳什均衡吗？答案取决于爱丽丝与鲍勃如何评价进行重复博弈时产生的得益流量。经济学家的通常做法是计算这种收入流量的**现值**（第19章习题19）。

例如，如果年利率固定为 $r\%$，则一张承诺三年后支付 X 元的借据的现值是 $Y = X/(1+r)^3$。更一般地，如果从现在起 t 年后可得到 X_t 元，则收入流 X_0，X_1，X_2，… 的现值就是 $X_0 + \delta X_1 + \delta^2 X_2 + \cdots$，其中 $\delta = 1/(1+r)$ 是与固定利率 r 相对应的**折现因子**。

如果爱丽丝的折现因子是 δ，其中 $0 < \delta < 1$，则当双方都没有偏离串谋协议时，她对其的收入流评估价值为：

$$C = A + A\delta + A\delta^2 + \cdots + A\delta^N + \cdots$$

如果鲍勃遵守协议而爱丽丝偏离了协议，爱丽丝会得到多少？

如果爱丽丝在第 $N+1$ 阶段才首次偏离协议，她会得到：

$$D = A + A\delta + \cdots + A\delta^{N-1} + Z\delta^N + E\delta^{N+1} + E\delta^{N+2} + \cdots$$

其中，Z 是爱丽丝在第 $N+1$ 阶段欺骗鲍勃而享有的高收益，E 是每个厂家采用一次纳什均衡策略时每期得到的利润。

如果 $C < D$，爱丽丝就会使诈。所以，我们要考察：

$$C-D = \delta^N\{(A-Z)+(A-E)\delta+(A-E)\delta^2+\cdots\}$$
$$= \delta^N\{(A-Z)+(A-E)\delta/(1-\delta)\}$$

它在

$$\delta \geqslant \frac{Z-A}{Z-E}$$

时是非负的。

因为 $E<A<Z$ 时右边小于 1，当 δ 充分大时这个不等式就会成立。[1]在同样的环境下对鲍勃也成立类似的不等式。所以，如果博弈方没有把未来价值折扣太多的话，在重复古诺双寡头博弈中，串谋其实是与博弈方激励相容的。

黑暗中串谋。前面的讨论说明，如果博弈方对其未来的收入流有足够的关心的话，在无限时限的重复古诺双寡头模型中有一些串谋交易可以作为纳什均衡而维持存在。

串谋是否因此成为寡头垄断的特征呢？很多无耻的串谋案例曝了光，有记录的案例无疑只是冰山的一角，但我们要记住，我们所研究的模型忽略了许多重要的问题。

特别是，我们对重复博弈的定义假设了爱丽丝与鲍勃肯定地知道另一人在博弈的前面阶段的所作所为。这样，他们很容易监督另一人是否遵守了协议。但现实世界中的串谋更像是在一间屋子中玩的瞎子捉人游戏，某人不停地在家具之间随机移动。

如果鲍勃没有在爱丽丝的工厂里安插间谍，他怎么会知道她正在生产多少顶帽子？如果他的利润比应得的低，他会怀疑爱丽丝作了弊，可是她会把这归咎于她不能控制的外在差错。他还是要惩罚她吗？如果他惩罚了她但她是无辜的，他就无谓地破坏了他们的良好协议。如果她是有罪的但他没有惩罚她，她以后还会继续利用他。

这种问题没有什么容易的答案，例如在像全包旅游这样的产业中，交易项目有无法预期的巨大动荡，就可能很少或者没有串谋。

11.4 无限重复

无限次重复博弈的策略集是巨大而复杂的。所以，简化过程的第一步就是把注意力限制在那些可以用有限自控机表达的策略上。

---

[1] 在第 10.2.3 节中，如果 $a=b$，则 $A=B=\frac{1}{8}(K-c)^2$ 且 $E=\frac{1}{9}(K-c)^2$。爱丽丝在第 N 阶段的最优偏离是 $R_1(b)=\frac{3}{8}(K-c)$，对应的利润为 $Z=\left\{\frac{3}{8}(K-c)\right\}^2$。

11.4.1 有限自控机

　　自控机就是一台理想化的计算机器。用自控机表达策略时,博弈方对策略的选择可以看作是代表了与适当编程的计算机进行博弈的决策。有限自控机只能记住有限数量的事情,因而在长期重复博弈中,它不能了解所有可能的历史。所以把注意力局限于可用有限自控机表达的策略是一个很现实的限制。

　　适合进行重复博弈的自控机的类型是与爱丽丝在第 n 阶段的行为相对应的,就是为亚当在第 $n+1$ 阶段选择行动。图 11.5 是各种能够进行重复囚徒困境博弈

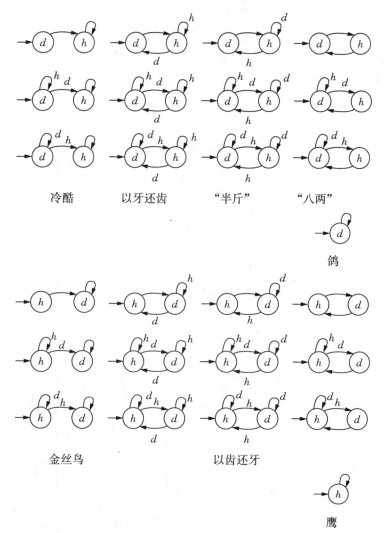

　　这里列出了能够进行囚徒困境博弈的所有 26 种单状态和双状态的有限自控机。每个圆圈代表机器的一个可能状态。写在圆圈中的字母是机器在此状态时提供的输出。箭头表示转换。每台机器都有一个没有出发点的箭头,它表示机器的初始状态。没有标注的转换与对手前一阶段的行为是独立的。上面一半以合作开始的机器被称为是"善良"的,下面一半称为"邪恶"的。

图 11.5　有限自控机

的有限自控机的小图。圆圈代表机器可能所处的状态。每个圆圈中的字母表示机器在这个状态时会采取的行动。箭头表示机器如何根据对手在前一阶段博弈的行为从一个状态移动到另一个状态。没有出发点的箭头表示机器开始博弈的状态。

标记为以牙还齿的机器的得名是因为它下一次总是做对手上一次所做的行动。如果它现在的状态是输出代表鹰的 h，当接收的输入是 h 时它留在同一状态中。当它接收到代表鸽的 d 时，它就转换到输出 d 的状态。

因为是从采用鸽开始的，我们称以牙还齿是台善良的机器。相反，以齿还牙是邪恶的机器，因为它是从试图利用对手的鹰开始的。当对手采用鸽时它保持当前状态不变，当对手采用鹰时它转换状态。

图 11.6 是以齿还牙与以牙还齿博弈以及以齿还牙与自身博弈时发生的情况。在两种情况下，两台机器最终都按某个状态序列无限循环。图 11.6(a) 中，循环长度是三阶段且立即开始。图 11.6(b) 中，循环只有一个阶段，且只有经过第一阶段的某种初步对抗才会开始。

		循环			循环			循环		
亚当	得益	-1	0	3	-1	0	3	-1	0	3
	以牙还齿	d	h	h	d	h	h	d	h	h
	阶段	1	2	3	4	5	6	7	8	9
夏娃	以齿还牙	h	h	d	h	h	d	h	h	d
	得益	3	0	-1	3	0	-1	3	0	—

(a)

亚当	得益	0	2	2	2	2	2	2	2	2
	以齿还牙	h	d	d	d	d	d	d	d	d
	阶段	1	2	3	4	5	6	7	8	9
夏娃	以齿还牙	h	d	d	d	d	d	d	d	d
	得益	0	2	2	2	2	2	2	2	2

长度为1的循环

(b)

图 11.6　计算机对战

任何两个有限自控机互相进行的重复博弈最终都会按某个状态序列循环往复下去。[①]这使得对他们在重复博弈中的总得益的计算变得比较容易。

11.4.2　耐心的博弈方

在重复博弈中,如果亚当采用策略 a 而夏娃采用策略 b,亚当的得益是什么?如果在博弈的第 n 阶段中亚当与夏娃选择了行动 s_n 与 t_n,则亚当在第 n 阶段的得益是 $\pi_1(s_n, t_n)$。要算出他在重复博弈中的总得益,就必须对下面的收入流进行估价:

$$\pi_1(s_1, t_1), \pi_1(s_2, t_2), \pi_1(s_3, t_3),\cdots$$

和第 11.3.3 节一样,博弈方要把这种收入流的贴现之和最大化。亚当在重复博弈中的得益函数 $U_1:S \times T \rightarrow \mathbb{R}$ 就是:

$$U_1(a, b) = \pi_1(s_1, t_1) + \delta\pi_1(s_2, t_2) + \delta^2\pi_1(s_3, t_3) + \cdots$$

其中 δ 是折现因子。

图 11.6(a) 中亚当的收入流是 $-1, 0, 3, -1, 0, 3, -1, 0, 3,\cdots$。所以,如果 a 是以牙还齿而 b 是以齿还牙,则亚当在重复博弈中得到的得益就等于:

$$
\begin{aligned}
U_1(a, b) &= -1 + 0\delta + 3\delta^2 - 1\delta^3 + 0\delta^4 + 3\delta^5 - 1\delta^6 + 0\delta^7 + \cdots \\
&= (-1 + 3\delta^2) + (-1 + 3\delta^2)\delta^3 + (-1 + 3\delta^2)\delta^6 + \cdots \\
&= (-1 + 3\delta^2)(1 + \delta^3 + \delta^6 + \cdots) \\
&= (-1 + 3\delta^2)/(1 - \delta^3) \\
&= (-1 + 3\delta^2)/(1 - \delta)(1 + \delta + \delta^2)
\end{aligned}
$$

我们的计划是研究非常耐心的博弈方,但是不能像第 11.2 节那样简单地令 $\delta = 1$,这是因为 $\delta = 1$ 时得到的级数是不收敛的。例如,$-1 + 0 + 3 - 1 + 0 + 3 - 1 + 0 + 3 + \cdots$ 发散到 $+\infty$。所以,我们还需要做一些基本工作。

效用函数 U_1 与 $AU_1 + B$ 表示相同的偏好(第 4.6.1 节)。于是,把 U_1 换成 $(1 - \delta)U_1$ 并不会改变策略环境。这样就可以求 $\delta \rightarrow 1$ 时的极限。对于亚当的例子,

$$\lim_{\delta \to 1}(1 - \delta)U_1(a, b) = \lim_{\delta \to 1}\left(\frac{-1 + 3\delta^2}{1 + \delta + \delta^2}\right) = \frac{-1 + 3}{3} = \frac{2}{3}$$

这正好就是亚当的阶段博弈得益按 -1,0 和 3 循环时他的平均所得。

使用有限自控机的一个优点是这个办法总是有效的。当两个有限自控机互相进行重复博弈时,最终会按某个固定和状态序列进行循环。这样,每个博弈方对其

---

① 如果 a 有 m 个状态,b 有 n 个状态,则总共只有 mn 个状态。于是,经过 mn 个阶段后,两台机器必然会回到之前曾经共同所处的某个状态中。因而,注定会重复过去的行为。

收入流的估价就可以假定为他们在**循环中**得益的平均值。[①]

图 11.6(b)是第二个例子。亚当与夏娃都把他们的收入流估价为两个单位。注意，这个估价并不考虑博弈一开始所处的位置。我们假定博弈方只关心**长期**的结果。

11.4.3　纳什均衡

从现在起，我们理所当然地把重复博弈中博弈方对收入流的估价看成是他们长期的平均得益。我们已经知道两个冷酷策略构成无限次重复囚徒困境的纳什均衡（第 1.8 节）。我们还能找到其他纳什均衡吗？[②]

本章中，我们使用图 11.4(a)给出的囚徒困境的例子。如果限制博弈方只能选择图 11.5 中有名称的有限自控机，则所得博弈的策略形如图 11.7 所示。

	鸽	鹰	冷酷	以牙还齿	以齿还牙	"半斤"	"八两"	金丝鸟
鸽	2 / 2	[3] / -1	2 / ②	2 / ②	[3] / -1	2 / ②	2 / ②	[3] / -1
鹰	-1 / ③	[0] / ⓪	[0] / 0	[0] / 0	$-1\frac{1}{2}$ / $1\frac{1}{2}$	$-\frac{1}{2}$ / $1\frac{1}{2}$	$-\frac{1}{2}$ / $1\frac{1}{2}$	-1 / ③
冷酷	[2] / 2	0 / ⓪	[2] / ②	[2] / ②	0 / 0	[2] / ②	[2] / ②	-1 / ②
以牙还齿	[2] / 2	0 / ⓪	[2] / ②	[2] / ②	$\frac{2}{3}$ / $\frac{2}{3}$	[2] / ②	[2] / ②	[2] / 2
以齿还牙	-1 / ③	$1\frac{1}{2}$ / $-1\frac{1}{2}$	0 / 0	$\frac{2}{3}$ / $\frac{2}{3}$	[2] / ②	[2] / ②	[2] / ②	[2] / 2
"半斤"	[2] / 2	$1\frac{1}{2}$ / $-1\frac{1}{2}$	[2] / ②	[2] / ②	[2] / ②	[2] / ②	[2] / ②	[2] / 2
"八两"	[2] / 2	$1\frac{1}{2}$ / $-1\frac{1}{2}$	[2] / ②	[2] / ②	[2] / ②	[2] / ②	[2] / ②	[2] / 2
金丝鸟	-1 / ③	[3] / -1	[3] / -1	2 / ②	2 / ②	2 / ②	2 / ②	2 / 2

图 11.7　受限制的策略形式

---

① 用这种方法估价收入流等价于使用效用函数

$$V_1(a,\, b) = \lim_{N \to \infty} \frac{1}{N} \sum_{n=1}^{N} \pi_1(s_n,\, t_n)$$

所以，它通常被称为均值极限准则。我们把注意力限制在可以用有限自控机表示的策略，一个原因就是一般情况下均值极限未必存在。

② 除了第 11.4.5 节关于子博弈完美均衡的大致讨论之外，为了适当地简化，我们把注意力限制于纳什均衡的情况。

这个策略形说明在无限次重复博弈中一定会有很多纳什均衡。如果可以使用**所有的**有限自控机，纳什均衡的数量是无限的。但是现在我们只研究图 11.7 所示的 22 个纳什均衡中的 4 个均衡。

鹰对鹰。 如果夏娃知道亚当在囚徒困境的每次重复中都会采用鹰，她也许会感叹失去了合作的机会，但是她的最佳反应是在任何时间同样采用鹰。所以，(鹰，鹰)是这个博弈的纳什均衡。

这个现象说明了一个一般的结果。如果(s, t)是一次博弈中的纳什均衡，则亚当总是采用 s 而夏娃总是采用 t 也是重复博弈的纳什均衡。

冷酷对冷酷。 和第 11.3.2 节一样，"冷酷"与自身对抗是一个纳什均衡。结果是双方在任何时候都合作。

如果"冷酷"不是对其自身的最佳反应，就会存在另外某一台名为"异常"的机器，它得到的得益超过使用"冷酷"时的 2。所以，"异常"与"冷酷"博弈时不能总是采用鸽。它最终一定会采用鹰。可是一旦"异常"采用了鹰，"冷酷"就会采取报复行动，转换为自己也采用鹰的状态。这样，在"异常"与"冷酷"博弈时，后者会采用鹰，且在长期中只采用鹰。"异常"所能做的最好就是也一样长期采用鹰。于是，"异常"得到得益 0，这比预想的至少为 2 的得益少得多了。

以牙还齿对以牙还齿。 "冷酷"策略杜绝了某个阶段偏离者后悔的机会。任何违约都会使偏离者受到永久的惩罚。以牙还齿策略不会这么强烈。它给违约以足够的惩罚使得偏离无利可图，但如果犯错者重新开始合作，它也会给予原谅。

为什么两个"以牙还齿"会成为纳什均衡？两个"以牙还齿"相互博弈时会进行合作，从而都可以得到 2 的得益。是否存在一台异常机器在与"以牙还齿"博弈时所得可以超过 2？

异常机器最终必须采用鹰，但"以牙还齿"会采用鹰进行报复，直到异常重新采用鸽为止。所以，"异常"机器一无所获。在任一阶段当"以牙还齿"采用鸽时，它可以采用鹰而得到得益 3，但相应地，在它采用鸽来劝说"以牙还齿"重新合作时，它就得承受 −1 的得益。

以齿还牙对以齿还牙。 这一对策略之所以成为纳什均衡，其原因与两个"以牙还齿"成为纳什均衡的原因基本相同。注意以齿还牙是恶的机器，它在第一阶段是不合作的。但在与自身博弈时，两台机器都会转换为任何时候都进行合作。因为只有长期结果才是重要的，所以两个博弈方仍然可以得到合作得益 2。

11.4.4 民间定理

图 11.8(a)仍然是一次性的囚徒困境。它的合作得益区域是图 11.8(b)的阴影部分(第 6.61 节)。我们已看到这个博弈的无限次重复中有许多纳什均衡，但其总数是非常庞大的。X 中深色阴影部分的每一个点都是这个无限次重复博弈的一个均衡结果。

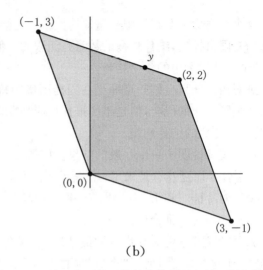

	鸽	鹰
鸽	2 　　2	3 　　−1
鹰	−1 　　3	0 　　0

（a）　　　　　　　　　　　　　　　（b）

图 11.8(b) 中的浅色阴影部分是图 11.8(a) 的一次囚徒困境的合作得益区域。深色阴影部分是无限次重复博弈中所有纳什均衡结果的集合。

图 11.8　民间定理

　　我们把这个结论的一般形式称为**民间定理**，其中民间就是指民间习俗。在博弈论的早期研究中，似乎人人都知道这个定理，但谁也没想把作者的功劳归于自己。然而，奥曼（Bob Aumann）是最早认识到它的重要性的人物之一。[1] 这个定理是：

　　　　无限次重复博弈的所有纳什均衡结果的集合是由阶段博弈的合作得益区域中所有博弈方至少得到安全水平的所有点组成的。

　　民间定理在政治哲学中非常重要。如果没有外部的权力机构来防止违约，一次博弈中的合作得益区域中的大多数点是我们无法实现的（第 11.1 节）。但当我们把社会当作一个整体来考虑合作时，就没有可以借助的外部权力机构。所有世俗的权威——如国王、总统、法官、警察等等——他们自身也是生活博弈的博弈方。

　　休谟之前的哲学家无法找到这个难题的答案。即使在今天，哲学家们还在编织一些理由来说明为什么在一次囚徒困境中合作是理性的，徒劳地试图绕过这个问题。但是一个社会并不进行一次性博弈。它进行的是重复博弈，此时民间定理告诉我们，我们可以局限于生活博弈的均衡协议而不会损失合作带来的好处。[2] 在有外部权力机构时理性博弈方可能签署的一次性博弈的任何契约，作为无限次重复情形下的自我纠偏协议也是可行的。

　　可是，为什么我们所有人不能友好和平地生活在一起？众多的原因之一是我们关于重复博弈的陈述假定了历史是共同知识，因而谁也不可能作弊而不被发现。所以，相比于一般的大的社会，对于很难保持秘密的小村子社会，更适宜于使用标

---

① 人们通过 2005 年的诺贝尔奖认识了他的地位。

② 谁也不会签署一个使其所得低于安全水平的契约。

准的民间定理。对信息加上不同方式的限制可以得到定理的各种变体。这些变体说明即使很难发现欺诈,有时还是会有保持理性合作的办法,但这仍然是博弈论中未能完全了解的众多领域之一。

博弈 $G^{\#}$。很容易证明民间定理的一个简单形式,但为了准备一般的证明,我们需要把无限次重复囚徒困境中已经介绍的一些想法加以推广。

在以下讨论中,前面由囚徒困境扮演的角色将换成为一般的无限次博弈 G。它是一个无限次重复博弈 G^{∞} 的阶段博弈。一次博弈 G 中亚当的纯策略集合 S 就是 G^{∞} 中每个阶段他可以采取的行动集合。G 中夏娃的纯策略集合 T 就是 G^{∞} 中每个阶段她可以采取的行动集合。

输入集合 T 中的行动且输出集合 S 中的行动的有限自控机的集合记为 $\mathscr{A}$。输入集合 S 中的行动且输出集合 T 中的行动的有限自控机的集合记为 $\mathscr{B}$。集合 $\mathscr{A}$ 与 $\mathscr{B}$ 是我们最终研究对象 $G^{\#}$ 的纯策略集合。博弈方为 $G^{\#}$ 所做的策略选择可以看作是一个决定:把进行 G^{∞} 的职责交给一台适当选择的计算机器。

如果亚当选择 $\mathscr{A}$ 中的 a,夏娃选择 $\mathscr{B}$ 中的 b,则两个自控机最终会按一个状态序列永久循环下去(和图 11.6 一样)。如果机器循环经过的行动对是 (s_1, t_1),$(s_2, t_2), \cdots, (s_N, t_N)$,则博弈方在 $G^{\#}$ 中的得益为:

$$V_i(a, b) = \frac{1}{N} \sum_{n=1}^{N} \pi_i(s_n, t_n) \tag{11.1}$$

所以博弈方在 $G^{\#}$ 中的得益就是在最终形成的循环中博弈方的平均所得。

例如,图 11.6(a) 中的一次博弈 G 是囚徒困境。自控机 a 为"以牙还齿",自控机 b 为"以齿还牙"。循环的长度是 $N = 3$,且 $(s_1, t_1) = (d, h)$,$(s_2, t_2) = (h, h)$,$(s_3, t_3) = (h, d)$。于是:

$$(V_1(a, b), V_2(a, b)) = \frac{1}{3}(-1, 3) + \frac{1}{3}(0, 0) + \frac{1}{3}(3, -1) = \left(\frac{2}{3}, \frac{2}{3}\right)$$

注意,两个进行重复囚徒困境的自控机产生的得益只能是有理数。[①]所以,在证明用有限自控机表达策略的民间定理时,我们最多只能预期这样一个结果:纳什均衡结果在阶段博弈的合作得益区域的某一部分是稠密的。[②]

引理 11.1 $G^{\#}$ 的任何结果都处在一次博弈 G 的合作得益区域中。

证明:如果 (s, t) 是 G 的纯策略对,则 G 的策略形式中和第 s 行第 t 列的得益对就是 $(\pi_1(s, t), \pi_2(s, t))$。$G$ 的合作得益区域是所有这种得益对的凸包(第 6.6.1 节)。由(11.1 式)得:

$$(V_1(a, b), V_2(a, b)) = \frac{1}{N} \sum_{n=1}^{N} (\pi_1(s_n, t_n), \pi_2(s_n, t_n))$$

---

① 有理数就是一个分数 m/n,其中 m 与 $n \neq 0$ 为整数。

② 因为任何一个实数都可以用有理数任意逼近,所以有理数在所有实数组成的集合中是稠密的。例如,$\pi = 3.14159\cdots$ 可以用有理数 $3\,142/1\,000$ 来逼近,精确度为 $0.000\,5$。

→11.5

所以博弈 $G^{\#}$ 的结果 $(V_1(a, b), V_2(a, b))$ 是 G 的策略形式的得益对的凸组合（第 6.5.1 节）。

最小化最大值点。 本节所述的民间定理当然可以有混合策略，但我们所做的证明只能用于纯策略。我们无法证明 G 的合作得益区域中每个 $x \geqslant \overline{v} = \underline{v}$ 的点都是纳什均衡结果，我们只能证明每个 $x \geqslant \overline{m}$ 的点都是纳什均衡结果。

G 的最大化最小值点是 $\underline{m} = (\underline{m}_1, \underline{m}_2)$，但这里更重要的是最小化最大值点 $\overline{m}$。如果允许混合策略，则最大化最小值与最小化最大值就没有区别了。这是因为冯·诺依曼最小化最大值定理表明 $\underline{v} = \overline{v}$，但是除非两个得益矩阵都有鞍点，一般有 $\underline{m} < \overline{m}$（定理 7.2 与定理 7.3）。

在图 11.8(a) 的一次囚徒困境中，$\underline{m} = \overline{m} = (1, 1)$。图 11.9(b) 是图 11.9(a) 中博弈的合作得益区域以及 $\underline{m} = (2, 2)$ 与 $\overline{m} = (3, 2)$ 的位置（两者都没有在得益矩阵中出现）。

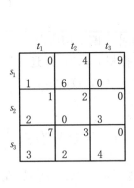

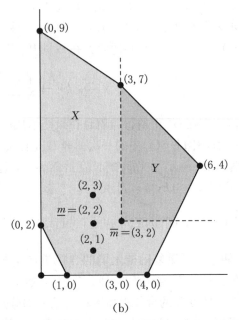

(a)   (b)

设想在重复博弈中亚当偏离后夏娃要对他进行惩罚。如果她为此使用纯策略，她知道亚当会以最佳反应来回应。所以她能对亚当最严厉的惩罚是让他只得到最小化最大得益。

图 11.9 最小化最大值点

假设夏娃选择了 T 中的纯策略 t 时，S 中的 $r_1(t)$ 是亚当的最佳反应之一。则：

$$\overline{m}_1 = \min_{t \in T} \max_{s \in S} \pi_1(s, t) = \min_{t \in T} \pi_1(r_1(t), t) \tag{11.2}$$

中间一项的最大化是在 $s = r_1(t)$ 时达成的。由此，一次博弈的任何纯策略纳什均衡 (σ, τ) 至少可以让博弈方得到最小化最大值。原因很简单。由于 σ 是对 τ 的最

佳反应，

$$\pi_1(\sigma, \tau) = \pi_1(r_1(\tau), \tau) \geqslant \min_{t \in T} \pi_1(r_1(t), t) = \overline{m}_1$$

类似地，由 τ 是对 σ 的最佳反应可推出 $\pi_2(\sigma, \tau) \geqslant \overline{m}_2$。

下面的引理说的是表面上非常相似的结论。但是要记住，$G^\sharp$ 是与 G 很不相同的博弈。$G^\sharp$ 的纯策略就是进行重复博弈的自控机。

引理 11.2 在 $G^\sharp$ 的任一纳什均衡中，博弈方至少可以得到他们在一次博弈 G 中的最小化最大值。

证明: 如果 $V_1(a, b) < \overline{m}_1$，我们证明对于 b 有比 a 更好的反应，从而 (a, b) 不会是 $G^\sharp$ 的纳什均衡。很容易找到更好的反应。只要在 $\mathscr{A}$ 中取一个自控机 c，它在重复博弈的每一阶段都做出对 b 的最佳的一次反应。如果 c 在与 b 博弈时阶段博弈的最差得益是 $\pi_1(s_n, t_n)$，则:

$$
\begin{aligned}
V_1(c, b) &\geqslant \pi_1(s_n, t_n) \\
&= \pi_1(r_1(t_n), t_n) \\
&\geqslant \min_{t \in T} \pi_1(r_1(t_n), t_n) = \overline{m}_1
\end{aligned}
$$

策略 c 并不一定是对 b 的最佳反应，但在 $V_1(a, b) < \overline{m}_1$ 时它是比 a 更好的反应。所以，如果 (a, b) 是 $G^\sharp$ 的纳什均衡，则有 $V_1(a, b) \geqslant \overline{m}_1$。类似地，也有 $V_2(a, b) \geqslant \overline{m}_2$。 □

图 11.9(b) 画出了图 11.9(a) 中博弈 G 的合作得益区域 X。引理 11.2 说明 $G^\sharp$ 的纳什均衡在集合 Y 中。有一个均衡是很容易确定的。由于 (s_3, t_1) 是一次博弈 G 的纳什均衡，如果亚当与夏娃分别选择总是采用 s_3 与 t_1 的自控机，就一定是 $G^\sharp$ 的纳什均衡。于是，$(3, 7)$ 就是 $G^\sharp$ 的一个纳什均衡结果。但这只是一个纳什均衡结果。民间定理说的是所有的纳什均衡结果。

定理 11.2(民间定理) 设 X 是有限一次博弈 G 的合作得益区域，$\overline{m}$ 是它的最小化最大值点。则对应于博弈 $G^\sharp$ 中纯策略纳什均衡的结果在集合

$$Y = \{x : x \in X, x \geqslant \overline{m}\}$$

中是稠密的。

证明: 证明的思路几乎是难以置信的简单。怎样才能使图 11.9(b) 中的一个点 y 成为重复博弈的均衡结果? 如果亚当偏离了产生 y 所必须的行动，夏娃为了惩罚他，会永久地采用某个策略使他只能得到最小化最大得益 $\overline{m}_1$。由于 $y \geqslant \overline{m}_1$，所以他不会偏离。

第一步，设 $x_1, x_2, \cdots, x_K$ 是出现在 G 的策略形中的得益对。令 $q_1, q_2, \cdots, q_K$ 是满足 $q_1 + q_2 + \cdots + q_K = 1$ 的非负有理数，则:

$$y = q_1 x_1 + q_2 x_2 + \cdots + q_K x_K$$

是 $x_1, x_2, \cdots, x_K$ 的凸组合，所以落在 X 中。所有这种 y 的集合是稠密的。我们

$\rightarrow$ 11.4.5

要证明,如果 $y \geqslant \overline{m}$,则 y 是 $G^{\#}$ 的纳什均衡结果。

第二步,分数 q_1, q_2, $\cdots$, q_K 可以用公共的分母 N 写出来,即 $q_k = n_k/N(k = 1, 2, \cdots, K)$,其中 n_k 是非负整数。这样就有 $n_1 + n_2 + \cdots + n_K = N$。

第三步,设产生 G 中结果 x_1, x_2, $\cdots$, x_K 的行动对为 (s_1, t_1), (s_2, t_2), $\cdots$, (s_K, t_K)。为了得到 $G^{\#}$ 的结果 y,我们构造两个按照 N 个行动对序列永远循环的自控机 a 与 b。它们先在 n_1 个阶段中采用 (s_1, t_1),接着在 n_2 个阶段中采用 (s_2, t_2),然后在 n_3 个阶段中采用 (s_3, t_3),如此这般。当它们在 n_K 个阶段中采用 (s_K, t_K) 完成循环后,重新开始循环。

第四步,当 a 与 b 博弈时产生的得益对就是 y,这是因为:

$$\frac{1}{N}\sum_{k=1}^{K} n_k\pi(s_k, t_k) = \sum_{k=1}^{K} q_k x_k = y$$

例子。 现在暂时把证明放在一边,来研究一个例子,即 G 是图 11.8(a) 的因徒困境且 y 是图 11.8(b) 所示的点。由于:

$$y = \frac{3}{4}(2, 2) + \frac{1}{4}(-1, 3)$$

要使 y 成为重复博弈的均衡结果,就得按行动对 $(s_1, t_1) = (d, d)$,$(s_2, t_2) = (d, d)$,$(s_3, t_3) = (d, d)$ 和 $(s_4, t_4) = (d, h)$ 进行循环。但这就是图 11.10 中代表 "矮子" 与 "矬子" 的图的顶部四个状态在启动后的行为。

将图 11.10 中代表 "矮子" 与 "矬子" 的图的底部这个状态包括进来,是为了确保 "矮子" 与 "矬子" 互为最佳反应。对产生 y 的循环的任何偏离都会遭到对手的惩罚,也就是对手将永久转换为总是采用鹰的底部状态。所以,证明(冷酷,冷酷)是纳什均衡的讨论同样适用于(矮子,矬子)。

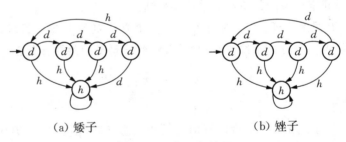

图 11.10 矮子与矬子

第五步,现在以 "矮子" 与 "矬子" 为样板来完成自控机 a 与 b 的构造。

图 11.11 是其最终结构。图形顶部的状态连通起来是为了保证两台机器按照必要的行动对循环以得到结果 y。把图的底部状态包含进来是为了确保 (a,b) 是纳什均衡。可是如何确定惩罚行动 $\bar{s}$ 和 $\bar{t}$ 呢?

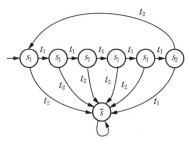
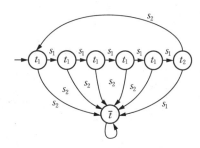

自控机 a　　　　　　　　　　自控机 b

这个例子中的均衡循环要求在五个阶段中采用 (s_1 , t_1)，在一个阶段中采用 (s_2 , t_2)。

图 11.11　民间自控机

第六步，惩罚 $\bar{s}$ 和 $\bar{t}$ 的重要特征是它们令对手得到最小化最大值。于是，选择 $\bar{s}$ 使得：

$$\pi_2(\bar{s} , r_2(\bar{s})) = \min_{t \in T} \pi_2(s , r_2(s)) = \overline{m}_2$$

因而，即使夏娃做出了对亚当选择 $\bar{s}$ 的最佳反应 $r_2(\bar{s})$，她的所得仍然不会超过她的最小化最大值。所以，如果夏娃知道亚当的行为，亚当能使夏娃得到的最差结果是 $\overline{m}_2$。

第七步，在 $y \geqslant \overline{m}$ 时，在产生 y 的循环中某个博弈方的任何偏离都会导致对方永久转换到惩罚状态中。这个惩罚状态使得对手的所得不会超过他(她)在 G 中的最小化最大值。因为任何企图改进 y 的偏离只能使情况变得更糟，所以谁也不能把现在使用的机器更换为异常机器而得到好处。于是，(a , b) 是纳什均衡，y 就是民间定理要求的均衡结果。　　　　□

11.4.5　谁来保护保护者？

在第 2.9.3 节引入子博弈完美均衡的原因更加适合于重复博弈。在民间定理中，我们研究纳什均衡时，博弈方由于预见到会受惩罚而不会偏离合作行为。如果他们确实偏离了，他们相信对手会采取报复使自己得到最小化最大值。所以他们从不会**真正偏离**，惩罚也从不会**真正实施**。

但我们赋予博弈方的信念是合理的吗？如果夏娃发生了偏离，不论给自己造成多大损害，亚当以后都会无情地最小化她的最大值，这真的可信吗？如果他关心自己的利益，这就不可信！所以问题就出现了：能否找到计划的惩罚总是可信的均衡策略？答案是肯定的。也就是说，把纳什均衡换成子博弈完美均衡的民间定理也成立。

→ 11.5

这种改进版的民间定理的正式证明过于烦琐，这里不再复述，但其思路是很简单的。图 11.12 是一个能够达成某个子博弈完美均衡的惩罚机制。

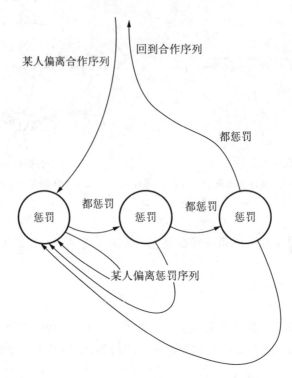

进行三个阶段的惩罚足以防止对均衡循环的偏离。当罚不罚时,自身也会受到惩罚。

图 11. 12　保护保护者

偏离合作序列的博弈方要受到足够阶段数的惩罚以使偏离无利可图,之后双方重新回到合作期。①但是当均衡策略表明应当惩罚时博弈方却放弃惩罚怎么办呢? 此时放弃行为本身也会受到惩罚。如果某人放弃对当罚不罚的人的惩罚,这个放弃行为也会受到惩罚。

这种构建可以正式回答一个常见问题,这个问题通常是引用尤维纳(Juvenal)(古罗马讽刺作家。——译者注)的政治上并不正确的几行诗句来提出的:

> Pone seram;cohibe:
>
> Sed *quis custodiet* ipsos *custodes*?
>
> Cauta est,et ab illis incipit uxor.

斜体的语句翻译过来就是"谁来保护保护者?"博弈论的回答是他们互相保护。

11.5　社会契约

把社会团结在一起的黏合剂是什么? 哲学家习惯地试图用"社会契约"来进行

→ 11.6

---

① 在这个例子中,双方都转换到惩罚过程中。这意味着自控机不仅要输入对手的行为,也要输入自己在上一次的行为。

解释。社会契约就是我们所有人都参与的一个隐性协议，它以某种方式控制着我们相互之间的交易。

"契约"这个词不是很恰当。它要求我们有意识地签署协议而且有某种外部权力机构来维护协议条款的执行。但法定契约的这些特征在社会契约中都不存在。特别地，如果我们想把社会契约当成社会的组织规范，我们就必须解释在不可能因违反条款而受起诉时人们为什么还会遵守条款。

博弈论的办法是把社会契约定义为在生活博弈的某个均衡中的协调一致（第8.6.1节）。人们遵守社会契约的条款是为了自己的利益，所以社会契约是**自我纠偏**的。把社会团结在一起并不需要什么黏合剂。正如在石墙或石拱中，每块石头都被相邻的石块固定在自己的位置上，反过来它也帮着把相邻的石块固定在它们的位置上。

休谟在200年前就第一次提出了这个看法，至今仍没有被广泛接受是因为批评者认为它"过于简化"了。爱与责任就毫无价值吗？互相信任与尊重都被抛到窗外了吗？完全不是！博弈论学者与任何其他人一样热爱自己的邻居。但我们并不打算说事情正好就是这样发生的。我们要知道为什么。

关于猩猩的一个实验也许可以澄清这一点。在关猩猩的笼子里挂一些香蕉，可是一旦有一只猩猩去取香蕉，整群猩猩就会被水淋得湿透。一段时间后，个别靠近香蕉的猩猩会受到其他猩猩的惩罚。最后，没有猩猩去碰香蕉了。甚至在停止淋水后，逐渐把猩猩们全部替换成从没见过淋水的新猩猩，仍然没有猩猩去碰香蕉。如果它们会说话，留在笼中的猩猩也许会互相告诫，谁也不能碰香蕉，因为这在猩猩社会中是正确无误的。这正好和我们谈论人类社会的各种禁忌时所说的一样。但这种方式的讨论并不能解释社会契约，只是对社会契约的一个描述。

11.5.1 信任

我们在第5.6.2节中谈到过抢劫问题。爱丽丝为鲍勃提供了一项服务，相信他会做出补偿来作为回报。但是如果他不补偿时什么也不会发生，那他为什么要补偿呢？社会学家把抢劫问题模型化为图11.13(a)的模型博弈，我们称之为信任迷你博弈。这个博弈有唯一的子博弈完美均衡：爱丽丝因为预见到鲍勃不会补偿而不会提供服务。

但人们大都是会付账的。若问到为什么，他们通常说他们有责任付账而且他们很看重自己诚实的声誉。博弈论学者认同这是对社会契约如何运作的一个好的描述，但我们想知道为什么人们会表现出这种美德。所以，我们来研究信任迷你博弈的无限次重复情形。

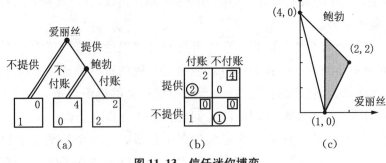

图 11.13 信任迷你博弈

民间定理说明图 11.13(c)的阴影区域中的所有点都是重复博弈的均衡结果，也包括了爱丽丝总是提供而鲍勃总是付账时得到的得益对(2，2)。我们对现实生活中的这个均衡的解释是，鲍勃不能承受因欺骗而失去诚实声誉的损失，因为这样的话爱丽丝以后再也不会为他提供服务了。实际上，爱丽丝通常会是某个新来的人，但同样的均衡一样可以存在，因为谁也不会比爱丽丝更愿意与有不付账声誉的人进行交易。

批评者争辩说即使在诚实声誉无关紧要的一次博弈中，人们仍然是付账的。但博弈论学者认为这里没有问题。当一次博弈很罕见时，采用与重复博弈中所用策略不同的特殊策略得不到多少好处。

对于经常碰到的一次性博弈，说人们有特别好的品德就不对了。[1]人们试图反驳这种对人类本性的陈旧评论时，有时候会引用一些关于人们如何进行一次因徒困境的实验。一开始确实有大约一半实验对象是合作的，但随着每次与新对手博弈的经历，背叛的频率无情地上升，直至大约 90% 的对象都学会了背叛。

11.5.2 权威

康德是许多认为责任是团结社会的黏合剂的哲学家之一。他的观点是我们有责任服从权威，所以社会必须有一个作为各种权威终极来源的大老板。否则当我们追究谁对谁负责时就会陷入无穷的倒推过程。

可是，子博弈完美形式的民间定理明确结束了这个责任链。保护者互相保护。某些根本没有老板的社会也运转得很好，比如至今仍然在世界的某些角落里生存的游牧社会。即使在专制社会，康德的观点也没什么用，因为它无法解释为什么大老板拥有权威。

例如，红桃皇后是假想国的大老板，可是人们为什么服从她？爱丽丝服从是因为她相信若她不服从的话皇后会命令行刑者砍下她的头。行刑者服从是因为他相信他不服从的话皇后会命令其他人砍下他的头。假想国里的其他人也都是这么

---

[1] 一个广为引用的例子是在一家你不太可能再次光顾的餐厅里给小费。我年轻时做过侍者，我自己也得到过慷慨小费的温暖，但其数量在我的收入中可以忽略。

想的。当寻找这个均衡中皇后权威的来源时，我们发现她对臣民拥有权力只是因为他们认为她有权力。

这种专制的社会契约需要至少两个博弈方才能运作。其秘密仍然是互惠，但是，现在由受害方执行对违背社会契约的惩罚也不再是必须的。正如休谟在200多年前就指出的，在多人重复博弈中，防止欺诈的惩罚一般是由第三方执行的。

11.5.3　利他主义

按照休谟的观点，像红桃皇后这样的老板只不过是重复博弈中达成均衡的协调机制。如果现代游牧社会可以借鉴的话，没有老板的史前人类社会是把公平作为协调机制的。

要了解它可能的运行方式，可以设想一个在任何时刻都只有一个妈妈与一个女儿生存的虚拟世界。每个博弈方有两个生活时期，第一个是青年时期，第二个是老年时期。在青年时期，博弈方烤出两个（大的）长条面包，然后生下女儿并立刻变老。老年的博弈方太虚弱，无法生产任何东西。

一个均衡是每个博弈方在青年时期吃掉两个面包。这样每人都得忍受悲惨的老年生活，可是给定其他人的选择，每个人这么做都是最优的。每个博弈方都更喜欢在青年时吃一个面包并在老年时吃一个面包。但是，因为面包烤好后不吃掉就会腐烂，这种"公平"的结果只有当所有的女儿都把两个面包中的一个给她的妈妈时才能实现。

因为女儿自私时妈妈没法报复，所以公平结果可以作为均衡而保持下去有点令人吃惊。在这个公平均衡中，**守规则者**是这样的博弈方，她给予她的妈妈一个面包当且仅当她的妈妈青年时也是守规则者。所以守规则者奖励其他守规则者而惩罚不守规则者。

要知道为什么会给妈妈一个面包，假设爱丽丝、碧翠丝与卡罗尔是妈妈、女儿和孙女。如果碧翠丝忽视了爱丽丝，她就成为不守规则者。所以，卡罗尔要惩罚碧翠丝以避免自己也成为不守规则者。不然的话，她将受到她的女儿的惩罚，如此这般。所以，如果第一个出生的博弈方被认为是守规则者，则每人都是守规则者就是一个子博弈完美均衡。

在现实生活中，女儿们照顾她们年老的妈妈一般是因为爱她们。但这个模型告诉我们，即使是所有的女儿都是铁石心肠的利己主义者，她们的妈妈也未必会被忽视。

11.6　合作的进化

在上世纪50年代早期证明各种形式的民间定理的博弈论学者们并不知道休谟的存在。生物学家特里弗斯（Robert Trivers）在15年后重新发现这个思想时也同样不了解他们的工作。他把使得民间定理成立的机制称为**互惠利他主义**。大约12年后,这一词汇最终被阿克塞尔罗德(Bob Axelrod)的《合作的进化》自由传播于整个世界。

民间定理说明无限次重复博弈有数量庞大的均衡。所以看来我们面临特别严峻的均衡选择问题。然而,均衡都是紧紧堆在一起的,这意味着进化不容易陷入帕累托不利均衡的引力区域(第8.5.2节)。阿克塞尔罗德的贡献是用计算机模拟说明我们通常可以指望进化来选择一个帕累托有效的均衡。

阿克塞尔罗德的奥运会。 阿克塞尔罗德邀请不同的社会科学家提交计算机程序来参加一项比赛,在无限次重复囚徒困境中,每个选手都会与其他每个选手配对。在了解了示范过程的结果之后,参赛者提交了执行博弈中63种可能策略的计算机程序。例如,心理学家拉帕波特(Anatole Rapaport)提交了以牙还齿,经济学家弗里德曼(James Friedman)提交了冷酷策略。

在这个奥运会中,"以牙还齿"是最成功的策略。阿克塞尔罗德使用一个更新规则来模拟使用63个策略的进化效果,这个规则确保在一代中获得更高得益的策略在下一代中数量更大。所有在进化模拟中最后生存下来的策略中,以牙还齿的数量最大,这解决了阿克塞尔罗德的问题,他继而建议把以牙还齿作为全体人类合作的范例。为了说明其优点,他说:

> "以牙还齿"取得巨大成功的原因是它是善良、报复、原谅与明确的组合体。它的善良防止它陷入不必要的麻烦中。它的报复性防止了其他人背叛后不知悔改。它的原谅性有助于恢复相互合作。它的明确性使得其他博弈方能够理解它,因而引发长期合作。

在阿克塞尔罗德的论断影响下,一整代社会科学家成长起来,他们相信弄清互惠的工作原理所需要的一切都在以牙还齿中。

但是,要知道在阿克塞尔罗德的模拟中,"以牙还齿"并不是如此成功的。[①] 当初始选手群体发生变化时,这个有限的成功也不稳定。当初始选手群体由所有26个最多有两个状态的有限自控机组成时(图11.5),不原谅的"冷酷"就做得特别好。进化的结果也不一定是那些从不首先背叛的善良机器。至于进化合作所要的明确性,只要变异体能识别它自己的副本就行了。阿克塞尔罗德列出的特性只剩下对成功策略的报复性的要求。但这只能应用于两两互动的情况。

例如,有人说互惠不能解释友谊的进化。黑猩猩的攻守同盟确实不能用以牙还齿的观点来解释。如果亚当因为受伤或生病而需要帮助,因为他以后不太可能是有用的盟友,他的盟友就没有帮助他的动机。所以,他做出的任何退出合作的威胁只能是空谈。但在多人互动中,并不一定要由受害者来惩罚背叛者(第11.5节)。如果亚当被弃之不顾,团体中其他人会看到,他们会对他的不忠的盟友进行

---

① 成功策略是六个选手的混合。"以牙还齿"是使用频率最大的策略,但其概率只是略微大于六分之一。

惩罚：以后拒绝与他们结盟。谁愿意同朋友有难时弃之不顾的人结盟呢？

我认为人们之所以对"以牙还齿"保持热情，与人们编织理由说明为什么在一次囚徒困境中合作是理性的，它们的原因是相同的。他们希望相信人类的本性是善良的。但是我们从阿克塞尔罗德的奥运会以及后来的许多进化模拟中得到的现实教训更为可靠。

尽管"以牙还齿"的论断过于夸张，但它的一个结论似乎还是很有生命力的：进化很可能会产生合作的结果。所以，我们用不装扮成杰克博士来解释我们怎样在大多数时间能够友好相处。在不确定期限的重复博弈中，即使是海德先生的社会也最终能学会协调达成一个帕累托有效的均衡。①

11.7　综述

自孔子以来的圣人们认为互惠是人类合作的关键。在一次博弈中不会产生互惠，所以要研究它就得研究重复博弈。

如果博弈 G 由相同的博弈方重复进行，我们就称之为重复博弈的阶段博弈。G 的策略就变成重复博弈中每一阶段可采取的行动，但简单地认为重复博弈的策略由每一阶段的行动组成是不对的。我们必须允许在任一阶段根据博弈的前期历史来选择行动。假定此前的博弈历史是博弈方的公共信息，这有时是不现实的，但本章就是在这个有缺陷的假定下展开的。

如果重复进行十次囚徒困境，唯一的子博弈完美均衡是双方总是采用鹰。但当囚徒困境重复不确定次数时，总是采用鸽就可以成为均衡的结果，前提是博弈方有足够耐心而且下一博弈是最后一次的概率总是很小的。对古诺双寡头中的串谋有同样的结论。一般的结果称为民间定理。它是说无限次重复博弈的所有纳什均衡结果由阶段博弈的合作得益区域中博弈方至少得到安全水平的所有点组成。

在无限次重复囚徒困境中亚当与夏娃都使用"冷酷策略"是一个纳什均衡，民间定理的证明就是把这一结果一般化。没人敢于使用鸽以外的策略，因为任何欺诈者都会受到对方永久转换为鹰的无情惩罚。

文中证明的民间定理的形式局限于能够用有限自控机表示的纯策略。当两个这种自控机相互博弈时，他们最终会开始按照某一个行动对序列循环往复。我们把博弈方的得益等同于他们在循环中的平均得益，也就是说博弈方是非常耐心的。这种均值极限得益对应的是先算出博弈方收入流的折现之和，再取折现因子 $\delta \to 1$ 时的极限。

为了证明民间定理，首先对于阶段博弈的合作得益区域中任一指定结果 x，找出一个使得博弈方的得益接近 x 的循环。然后，在策略中加入适当的惩罚来防止博弈方对这个循环的偏离。但这个做法仅当 $x \geqslant \overline{m}$ 时成立，因为如果亚当知道夏

---

① 　杰克博士是英国著名小说《化身博士》中的科学家，晚上变身为海德先生为非作歹。——译者注

娃的行为,她就无法让他的所得低于最小化最大值。

谁来保护保护者? 这个问题的来源是,当执行惩罚的代价很高时,博弈方为什么应当坚持自己的策略惩罚偏离的对手? 答案是民间定理对于子博弈完美均衡仍然成立,因为可以加入条款使得当罚不罚时自身也要受到惩罚。对责任链的这种角合解释了为什么一些政治哲学家把形成特定社会组织原则的社会契约模型化为重复生活博弈中不同的子博弈完美均衡。之后,我们有机会理解为什么像声誉和信任等概念在人类社会中如此重要。

阿克塞尔罗德对"以牙还齿"策略的高度赞扬使得重复博弈中互惠的思想广为人知。在无限次重复囚徒困境中双方都用此策略就是一个均衡,这个策略要求在博弈开始时采用鸽,之后复制对手在前一阶段的行动。但是,支持"以牙还齿"的进化讨论也一样可以应用于许多其他策略。它肯定不会包含影响重复博弈中互惠的一切因素。在解释多于两人的博弈中的互惠行为时,"以牙还齿"就更为无力,这时亚当对夏娃的欺骗企图通常受到第三个博弈方的惩罚。然而,阿克塞尔罗德关于进化很可能产生无限次重复博弈中帕累托有效均衡的论断似乎真的很有说服力。

11.8　进一步阅读

Evolution of Cooperation, by Bob Axelrod: Basic Books, New York, 1984. 这本书让人了解到互惠的重要性,可是它对"以牙还齿"的论述是过分夸大的。

Game Theory, By Drew Fudenberg and Jean Tirole: MIT Press, Cambridge, MA, 1991. 从中可以找到民间定理的更多细节。

Game Theory and Social Contract. Vol. 2: Just Playing, by Ken Binmore: MIT Press, Cambridge, MA, 1998. 第三章回顾了阿克塞尔罗德的讨论。

Social Evolution, by Bob Trivers: Cummings, Menlo Park, CA, 1985. 介绍了动物社会中的互惠及更多其他内容。

11.9　习题

1. 我们已经对图 11.1(a)中的博弈 Z 两次重复做了研究,所用的假设是博弈方在重复博弈 Z^2 中的得益是 $x+y$,其中 x 与 y 分别是博弈方在第一与第二阶段的得益。如果 Z^2 中的得益是:

$$(a)\ x+\frac{1}{2}y \qquad (b)\ xy$$

取代图 11.3(b)的矩阵是什么?

2. 在 11.2 节中集合 H 是第二次进行 Z 之前可能的博弈历史集合。H 有多少个元素? 如果 Z 是 3×4 矩阵博弈,H 有多少个元素? 如果 H 是第五次进行 Z 之前的博弈历史集合,H 有多少个元素?

3. 证明 n 次重复囚徒困境有：

$$2^{4^0} \times 2^{4^1} \times 2^{4^2} \times \cdots \times 2^{4^{n-1}} = 2^{(4^n-1)/3}$$

个纯策略。对 10 次重复囚徒困境的纯策略数量，估计一下写出来需要多少个十进制数字。

4. 相继进行正好 n 次 G 就得到重复博弈 G^n。G^n 的得益可由每个阶段的得益相加而得。如果 G 有唯一的纳什均衡，证明 G^n 有唯一的子博弈完美均衡，就是要求每个博弈方计划在每个阶段总是采用他(她)的纳什均衡策略。

5. 图 1.13(a) 的懦夫博弈有三个纳什均衡。证明重复两次懦夫博弈得到的博弈至少有九个子博弈完美均衡。

6. 定理 11.1 说明，当囚徒困境重复有限次时，存在唯一的子博弈完美均衡，就是每个博弈方总是计划采用鹰。证明所有的纳什均衡也都会导致实际总是采用鹰，但是存在这样的纳什均衡，博弈方计划在某种条件下采用鸽，而在均衡中采用鸽的条件不会出现。

7. 定理 11.1 说明，当囚徒困境重复有限次时，存在唯一的子博弈完美均衡，就是每个博弈方总是计划采用鹰。用同样形式的讨论对有限次重复连锁店博弈证明第 5 章练习 17(b) 的结论。

8. 在第 11.3.2 节中我们研究了重复囚徒困境的一种形式，其中任一次重复是最后一次的概率 p 给定为 $p = \dfrac{1}{3}$。使一对"冷酷"策略组成纳什均衡的最大 p 值是多少？

9. 第 5 章练习 22 考虑了一种方法，使得有限次重复囚徒困境不完全理性可以导致合作。在本题中，博弈方是完全理性的，但他们只能选择最多为 100 个阶段的有限自控机。[①]为什么这种机器不能选择到 101 个阶段？为什么囚徒困境重复 101 次时，(冷酷，冷酷)是选择自控机博弈的纳什均衡？[②]

10. 在第 6.6 节中，有图 6.15 给出的懦夫博弈与性别之争的各种得益区域的图形。找出混合策略的最小化最大值点，并画出非常耐心的博弈方重复进行这些博弈时可能维持为纳什均衡的得益对的集合。(引用第 11.4.4 节给出的民间定理的一般形式。)

11. 对图 8.7(a) 的猎鹿博弈重做上一习题。

12. 本章所研究的有限自控机称为摩尔机器。给定输入集合 T 与输出集合 S，摩尔机器可以写成 $\langle Q, q_0, \lambda, \mu \rangle$ 的形式，其中 Q 是状态集合，q_0 是初始状态，$\lambda: Q \to S$ 是输出函数，$\mu: Q \times T \to Q$ 是转换函数。下面的表达式确定的是图 11.5

---

① 挑剔者会认为博弈方是有限理性的，因为博弈方似乎无法解决需要 100 个以上阶段的有限自控机的计算问题。

② 内曼(Neyman)证明了，即使可用的状态数远远大于囚徒困境的重复次数，合作仍然可能是纳什均衡结果。

博弈论教程

318

math

phil

fun

econ

中的哪一台机器？

$$S = T = \{d, h\}$$
$$q_0 = d$$
$$\lambda(d) = d; \lambda(h) = h$$
$$\mu(d, d) = d; \mu(d, h) = h; \mu(h, d) = d; \mu(h, h) = h$$

13. 解释为什么没有连接外部存储的电脑是一台有限自控机？它的每个状态由电脑能够容纳的所有可能的内存集合组成。如果我们不让电脑连接外部时钟或计算器，它的复杂性"真的"代表了它执行的策略的复杂性吗？

14. 利率固定为 10%。有一项资产可以永久地每年带来 1 000 元回报。通过计算资产所确保的收入流的年回报折现之和，可以算出它的当前价值。你会用什么样的折现因子？假如没有不确定性，这项资产的交易价格是多少？

15. 要借 1 000 元，你得分 12 个月每月偿还 100 元。

a. 为借 1 000 元，你一年里的费用是 200 元。为什么你的年利率不等于 200/1 000＝20%？

b. 如果月利率是 m，收入流 1 000，-100，-100，…，-100 的当前价值是多少？通过确定使当前价值为零的 m 值来算出你所付的近似月利率 μ。

c. 与这个月利率对应的年利率是多少？

16. 假定每个博弈方可以直接观察到对手过去所用的随机装置而不只是对手实际采用的行动，写出关于混合策略均衡的民间定理。为什么这个假定很重要？

17. 在重复博弈中，进行每个阶段之前博弈方总是一起看到硬币的掷出，假定这是公共信息。举例说明这一点可能无关紧要。

18. 潘多拉可以自己选择零到 1 元之间的任何数量。如果这个单人博弈重复进行无限次而且潘多拉非常耐心，解释为什么找不到像第 11.4.5 节所考虑的子博弈完美均衡：在任何时候她都克制自己不拿走全部的 1 元钱。

19. 在第 5 章练习 19 中，爱丽丝是有限次重复连锁店博弈的在位垄断者，她不能通过打击先进入她市场的人来建立起严厉的声誉。本题考虑的是无限次重复的情形。假设爱丽丝使用满足 $0 < \delta < 1$ 的折现因子 δ 来估价她的收入流。

假设爱丽丝的策略为 s：当且仅当她过去从未默许过进入者时她会打击进入者。第 i 个潜在进入者的策略是 t_i：当且仅当她过去默许过进入者时进入市场。这些策略是纳什均衡吗？它是否为子博弈完美的？

20. 最后通牒博弈是许多实验研究的对象（第 19.2.2 节）。一个例子是，亚当可以提议把 4 元钱中的任何一部分给夏娃。如果她接受，她就得到这一部分，亚当得到剩下的部分。如果她拒绝，两人什么也得不到。图 11.14 所示的是最后通牒迷你博弈的一个简化版本，亚当只能做出等分的公平提议或者是他的所得是夏娃 3 倍的不公平提议。假设夏娃肯定接受公平的提议，但对不公平的提议可以说同意或不同意。

a. 解释为什么图 11.14(a) 中的双线所示的是这个博弈的唯一子博弈完美均

衡。证明博弈的策略形如图 11.14(b)所示。证明合作得益区域是图 11.14(c)的阴影部分。

b. 找出一次博弈的所有纯纳什均衡与混合纳什均衡。

c. 如果博弈方有充分的耐心,证明图 11.14(c)中深色阴影部分中的每一个结果都可以维持重复博弈中的一个纳什均衡。

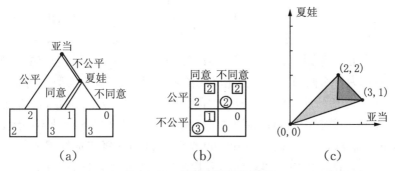

图 11.14 最后通牒迷你博弈

21. 在实验研究中,真实的人们并不使用上题中的最后通牒博弈的子博弈完美均衡。休谟的解释是人们习惯于在博弈的重复情形下使用公平的均衡。如果休谟的解释是对的,用这个最后通牒迷你博弈来评论人们如何使用词汇**公平**、**声誉**和**互惠**。为什么这个解释很难与下面说法区分开来:人们喜欢把把良好声誉、公平、互惠纳入到效用函数中?

22. 假设在图 6.15(b)所示的性别之争的新版本中,红桃皇后扮演了夏娃的角色。亚当换成了一副牌中的所有其他牌。在这个多人协调博弈中,每个人都要做出相同的策略选择,否则每个人的得益都为零。如果每人都选择了拳击,皇后得到得益 1,其他人每人得到 2。如果每个人都选择了球赛,皇后得到得益 2,其他人每人得到 1。

a. 如果每个人能看到红桃皇后的首先行动,解释为什么结果会是所有人都采用她更喜欢的策略。

b. 假设行动是同时进行的,如果有这样的公共信息:每人都相信皇后会采取她喜欢的策略,证明每个人都会采用这个策略。

把这个结论与第 11.5.2 节对权威的讨论联系起来。

23. 安徒生有一个童话讲的是,一个国王受到两个骗子的蒙骗,相信他们为他织出了一件只有心地纯洁的人才能看见的衣服。为了举行穿过全城的盛大游行,他们假装给国王穿上了并不存在的新衣。尽管国王赤身裸体,但每个人都假装看见了新衣服。有一个断言:在一个社会中每个人都知道是错的却仍然可被当作对的。用这个故事说明民间定理如何能够解释这个断言的错误程度。

24. 在代际交叠模型中,任何时刻总是只有三个人生存。时而有两人配对进行囚徒困境博弈,另一人观看。目前生存的是爱丽丝、鲍勃和卡罗尔。他们维持着一个每人都合作的社会契约。但是卡罗尔死了，取代她的是年轻的丹，他并不知道这个习俗。丹第一次与爱丽丝配对，后者试图利用他的幼稚。构造一个均衡：受到鲍勃惩罚的威胁防止了这种恶劣行为。

25. 从一个有限的人群中每次随机匿名组对进行无限次囚徒困境博弈。如果博弈方有充分的耐心与远见，解释为什么每个人使用冷酷策略是这个多人重复博弈的纳什均衡。所以，即使不可能辨别出欺诈者，仍然可以达成合作。

26. 上一题中，无辜者因为其他人的罪行受到了有意识的惩罚。为什么把这种机制称为"传染"？这是结果纠正手段的例子吗？如果对外部群体某个成员犯罪的反应是惩罚正好碰到的这个外部群体的任一成员，这可以维持怎样的合作均衡？

27. 解释为什么两两互惠利他主义无法解释第 11.5.3 节模型的利他主义。

28. 把图 6.15(a)给出的懦夫博弈重复 100 次。重复博弈的得益就是阶段博弈的得益之和。策略 s 告诉你，除非在前一阶段两个博弈方的行动不一致，你在第 100 个阶段之前总是选择**减速**，在第 100 个阶段以相等概率选择**减速**与**加速**。如果过去发生过协调不成功，s 要求博弈方找出第一个出现不同行动的阶段，然后总是使用该人在这个阶段没有采用的策略。

　　a. 为什么(s, s)是纳什均衡？

　　b. 证明(s, s)是子博弈完美均衡。

　　c. 用类似方法给出一些不同于 2, 2, 2, ···, 1 为均衡结果的收入流的例子。

　　d. 要在有限次重复情形下使这种民间定理结果可能成立，对懦夫博弈有什么要求？

29. 图 6.15(b)给出的性别之争有两个纯策略纳什均衡和一个混合策略纳什均衡。如果没有办法打破对称性，解释为什么一次博弈会有均衡选择问题。

　　现在假设性别之争重复进行 n 次。重复博弈的得益就是阶段博弈得益之和。

　　策略 s 告诉你，总是使用一次博弈中混合均衡策略，直到某一阶段你的选择与对手一致为止。如果后者最终发生了，s 要求你交替采用拳击与球赛直到博弈结束。解释为什么(s, s)是对称的纳什均衡。

▶ 第 12 章

获取信息

12.1 知识与判断

按照哲学的传统理解,知识就是正确的判断。但博弈理论家却将知识与判断做了明确的区分。这一章介绍如何处理信息,下一章研究判断。

12.1.1 决策问题

如果 A 是可能行为的集合,B 是世界所处的可能状态的集合,C 是可能结果的集合(第 3.2 节),那么,函数 $f:A\times B\to C$ 就称为一个决策问题。

潘多拉选择集合 A 中的一个行为 a,但接下来发生什么还依赖于世界所处的状态 b。所以结果 $c=f(a,b)$ 既依赖于潘多拉的选择 a 也依赖于状态 b。

在博弈进行过程中,博弈方可能要作许多决策。在每个阶段,博弈方**知道**自己面临什么样的决策问题,但通常并不知道世界正处于何种状态。在这种情况下,博弈方就得依靠他们的判断(第 3.3.2 节)。所以,判断必须定义在表示世界状态的集合 B 上。

随着博弈的进行,博弈方所知道的东西也会发生变化。例如在打桥牌时,爱丽丝用王牌吃了你的 A 之后,你就知道她手中不再有那张王牌了。冯·诺依曼发现通过引入信息集这一简单的办法,可以记录博弈过程中博弈方所知道的事实(第 2.2.1 节)。尽管这一想法现在看来再自然不过,但我觉得用简单的方法解决那些看似复杂的事情是冯·诺依曼的另一伟大贡献。

一旦潘多拉知道她所处的特定的信息集,她就知道要解决什么样的决策问题。如何求解则取决于她对各种可能结果的偏好以及她对世界状态的判断。

每当博弈到达一个新的信息集,她就要考察她的新知识以**更新**她的判断。下一章将讨论在博弈方知道自己到达某一信息集之后如何决定各种状态的概率(第 3.3 节)。这一章只对信息集本身进行讨论。

12.2 脏脸

下一节关于知识算子的讨论会让人觉得小题大做，你肯定会想是否有必要这么小心。通常是没有必要的，但我们要用下面这个古老的推理故事来说明，如果没有适当的数学模型，有时是很容易陷入混乱的。

爱丽丝、碧翠丝和卡罗尔是三个很传统的维多利亚时代的女士，她们乘坐火车旅行。她们的脸都是脏的，尽管维多利亚女士是羞于以脏脸见人的，但谁也没有不好意思。这说明尽管每个人都清楚的看到其他人的脏脸，但谁也不知道自己的脸是脏的。

一个牧师进入她们的车厢，并说有一个女士的脸是脏的。由于维多利亚时代的牧师从不说假话，三个女士都特别留神起来。

牧师说过话之后，有一位女士脸红了。这是怎么回事？难道牧师不是简单地告诉女士们她们已经知道的事情吗？

在女士们已经知道的事实上，牧师的话增加了什么？为了解释这一点，需要仔细研究推理的过程，以得出有一位女士肯定会脸红的结论。如果碧翠丝和卡罗尔都没有脸红，爱丽丝会做如下的推理：

爱丽丝：假设我的脸是干净的，碧翠丝就会做如下推理：

碧翠丝：我看见爱丽丝的脸是干净的。假设我的脸也是干净的，卡罗尔就会做如下的推理：

卡罗尔：我看到爱丽丝和碧翠丝的脸都是干净的。如果我的脸也是干净的，那就没有人的脸是脏的。但牧师的话表明情况并非如此。所以我的脸是脏的，我应该脸红。

碧翠丝：卡罗尔并没有脸红，所以我的脸是脏的，我应该脸红。

爱丽丝：碧翠丝没有脸红，所以我的脸是脏的，我应该脸红。

上述分析说明**有人**会脸红，但不是**所有人**都会脸红。人们经常会做出所有人都会脸红这一错误结论。

那么，在女士们已经知道的事实上，牧师的话增加了什么呢？每个人都知道有人脸是脏的，但牧师的话把这一事实变成了**共同知识**（common knowledge）。在前面的章节里，已经接触过几次共同知识的想法。在这一章中，这已经成为了问题的几个要件之一。

12.3 知识

我们将关于知识的哲学称为**认识论**（epistemology）。在这部分的讨论中，常常将第 3.2 节的样本空间 Ω 称为世界的可能性集。我们甚至可以称其为**讨论域**（universe of discourse）以强调其重要性。但仍将 Ω 的一个子集 E 称为一个事件。

→ 12.4.1

在维多利亚时代女士的例子中,讨论域包含了图 12.1 各列所给出的 8 种状态。例如,状态 $\omega = 8$ 表明三个女士的脸都是脏的。如果 $\omega = 8$ 是世界的真实状态,那么任何包含 ω 的事件也就都发生了。比如碧翠丝的脸是脏的这一事件 $D_B = \{3, 5, 7, 8\}$ 也发生了。

	1	2	3	4	5	6	7	8
爱丽丝	干净	脏脸	干净	干净	脏脸	脏脸	干净	脏脸
碧翠丝	干净	干净	脏脸	干净	脏脸	干净	脏脸	脏脸
卡罗尔	干净	干净	干净	脏脸	干净	脏脸	脏脸	脏脸

图 12.1 维多利亚例子中世界的状态

(K0) $K\Omega = \Omega$ (P0) $P\phi = \phi$
(K1) $K(E \cap F) = KE \cap KF$ (P1) $P(E \cup F) = PE \cup PF$
(K2) $KE \subseteq E$ (P2) $PE \supseteq E$
(K3) $KE \subseteq K^2 E$ (P3) $PE \supseteq P^2 E$
(K4) $PE \subseteq KPE$ (P4) $KE \supseteq PKE$

图 12.2 知识和可能性

12.3.1 知识算子

潘多拉的知识可以用**知识算子** $\mathcal{K}$ 来确定。对于任一事件 E,集合 $\mathcal{K}E$ 表示潘多拉知道 E 已经发生这一状态的集合。那就是说,$\mathcal{K}E$ 表明潘多拉知道 E 已经发生这一事件。

例如,在打牌时,只要奥尔加手里没藏着和桌面相配的一对五,潘多拉手中三条加一对的满堂彩就稳赢。如果事件 E 表示潘多拉手里的牌更好,那么 $\mathcal{K}E$ 表明潘多拉看到可能被奥尔加摸到的一张五已经发给了别人这一事件。

图 12.2 列出了有限讨论域的性质。

性质(K0)和(K1)是常规假设。(K2)是说潘多拉不可能知道某事,除非这件事确已发生。

性质(K3)其实是多余的,它可以由(K2)和(K4)推导而来。因为 $\mathcal{K}^2 E = \mathcal{K}(\mathcal{K}E)$,所以(K3)是说,如果潘多拉不知道自己知道某件事,那她就不知道这件事。博弈论巧妙的再现了这个让人苦恼已久的问题。你是怎么知道自己知道自己知道自己知道某件事的?[①]如不知道所有这些"知道",你就等于什么都不知道。

性质(K4)引入了**可能性算子**(possibility operator)$\mathcal{P}$。不知道某件事没发生其实和认为这件事已经发生是一样的。所以我们定义可能性算子 $\mathcal{P}E = \sim \mathcal{K} \sim E$,其中 $\sim F$ 是 F 的补集。性质(K4)是说如果潘多拉认为什么是可能的,那么她知道她

---

① 托马斯·霍布斯(Thomas Hobbes)在 1641 年向笛卡尔(Rene Descartes)提出这一批判。

认为这是可能的。

说明。图 12.2 给出可能性算子 $\mathscr{P}$ 的性质(P0)～(P4)与(K0)～(K4)等价。我们也可以从(P0)～(P4)开始讨论,并利用 $\mathscr{K}E = \sim \mathscr{P} \sim E$ 定义 $\mathscr{K}$。

因为 $E \subseteq F$ 意味着 $E \bigcap F = E$ 以及 $E \bigcup F = F$,从(K1)和(P1)可以得到:

$$\left.\begin{array}{c} E \subseteq F \Rightarrow \mathscr{K}E \subseteq \mathscr{K}F \\ E \subseteq F \Rightarrow \mathscr{P}E \subseteq \mathscr{P}E \end{array}\right\} \tag{12.1}$$

类似的,(K3),(K4),(P3)和(P4)中的"$\subseteq$"可以用"$=$"代替。

小世界。假设(K0)～(K4)太强了,以至于不能够被广泛采用。[1]只有当讨论域充分小,因此人们可以洞察各种可能事件的一切含义时才有意义。统计学家伦纳德萨维奇(Leonard Savage)将这种有限制的讨论域称为**小世界**假定(见第 13.6.2 节)。

公理中最明显的需要在小世界框架下进行讨论的是(P4)。(P4)可以重新表述成 $\mathscr{K}E = \sim \mathscr{K} \sim \mathscr{K}E$,这意味着,如果潘多拉不知道自己不知道某件事,那么她知道这件事(本章练习 2)。

这个假设在一个博弈的小世界中是无法回避的。例如,假设潘多拉不知道她不知道自己有红桃 Q。那么,她知道她不知道她自己有红桃 Q 就不成立。但如果她拿到别的牌,她就知道自己没有红桃 Q。因此她知道自己没有拿到其他牌。

但是日常生活中的事并不总是意料之中的。好比昨天我岳母突然来我家度周末,这让我很吃惊。但是我确实不知道我不知道她要来我家住。这个例子说明了大世界能够包含任何可能,甚至是那些我们没考虑到的事件。

12.3.2 自明事件

我们用一种不算标准的方法定义**自明事件**(truisms)。如果潘多拉本人不知道这件事情的话,那这件事就不是自明的。所以 T 是自明事件当且仅当 $T \subseteq \mathscr{K}T$。利用性质(K2),我们可以得到 $T = \mathscr{K}T$。

如果我们认为在进行观察的时候,自明事件抓住了正在发生事物的本质,那我们就可以断言所有的知识都源于自明事件。下面的定理正式的表达了这一含义。这一结论并不深奥,利用知识算子就可以对它加以证明。

定理 12.1 当且仅当自明事件 T 表明 E 发生,潘多拉知道 E 已经发生了。

证明: 我们分两步分别说明其必要性和充分性:

步骤一, 如果实际的状态 ω 属于自明事件 T,并且 $T \subseteq \mathscr{K}E$ 成立,我们将证明潘多拉知道 E 已经发生。如果 $\omega \in T \subset \mathscr{K}E$,那么无论 T 是否是自明事件都有 $\omega \in \mathscr{K}E$。

---

[1] 这些公理被哲学家们称为形式逻辑(modal logic)S-5。另有一些形式逻辑被认为更适用于大世界,虽然对此人们还存有争议。

步骤二,如果潘多拉知道 E 已经发生,我们将指出自明事件 T 已经发生,并有 $T \subseteq E$。证明很容易,只需令 $T = \mathcal{K}E$ 即可。性质(K3)告诉我们 $T \subset \mathcal{K}T$,因此 T 是自明事件。因为潘多拉知道 E 发生意味着状态 $\omega \in \mathcal{K}E = T$,所以自明事件 T 一定已经发生了。 □

12.4 可能性集

当实际状态是 ω 时,潘多拉认为所有可能的状态集合被称为可能性集 $P(\omega)$。这个定义满足以下关系:

$$\omega_2 \in P(\omega_1) \Leftrightarrow \omega_1 \in \mathcal{P}\{\omega_2\}$$

不要担心会将 $P(\omega)$ 和 $\mathcal{P}\{\omega\}$ 这两个集合弄混,下述定理表明这两者是相同的。

定理 12. 2 $\omega_1 \in \mathcal{P}\{\omega_2\} \Leftrightarrow \omega_2 \in \mathcal{P}\{\omega_1\}$。

证明:如果该结论不成立,不妨假设 $\omega_1 \in \mathcal{P}\{\omega_2\}$ 但 $\omega_2 \notin \mathcal{P}\{\omega_1\}$。

步骤 1,将 $\omega_1 \in \mathcal{P}\{\omega_2\}$ 改写成 $\{\omega_1\} \subseteq \mathcal{P}\{\omega_2\}$。如果能说明 $\omega_2 \notin \mathcal{P}\{\omega_1\}$ 等价于 $\mathcal{P}\{\omega_2\} \subseteq \sim \{\omega_1\}$,我们就找到了矛盾,因为只有空集才是其补集的子集。

步骤 2,将 $\omega_2 \notin \mathcal{P}\{\omega_1\}$ 改写成 $\{\omega_2\} \subseteq \sim \mathcal{P}\{\omega_1\} = \mathcal{P} \sim \{\omega_1\}$。连续运用(12.1)式,(P4)和(K2),可以得到:

$$\mathcal{P}\{\omega_2\} \subseteq \mathcal{P}\mathcal{K} \sim \{\omega_1\} \subseteq \mathcal{K} \sim \{\omega_1\} \subseteq \sim \{\omega_1\}$$

推论 12. 1 $\zeta \in P(\omega) \Rightarrow P(\zeta) = P(\omega)$。

证明:利用(12.1)式和(P3),可以得到:

$$\zeta \in P(\omega) \Rightarrow \{\zeta\} \subseteq \mathcal{P}\{\omega\} \Rightarrow \mathcal{P}\{\zeta\} \subseteq \mathcal{P}\{\omega\} \Rightarrow P(\zeta) \subseteq P(\omega)$$

但定理 12.2 告诉我们 $\omega \in P(\zeta)$,所以 $P(\omega) \subseteq P(\zeta)$ 同时成立。

定理 12. 3 $P(\omega)$ 是包含 ω 的最小的自明事件。

证明:由性质(P2)得到 $\omega \in \mathcal{P}\{\omega\}$。性质(K4)表明 $\mathcal{P}\{\omega\}$ 是自明事件。为什么 $\mathcal{P}\{\omega\}$ 是包含 ω 的**最小**的自明事件?如果另有一个自明事件 T 也包含 ω,我们要证明 $\mathcal{P}\{\omega\} \subseteq T$。但根据(P1)和(P4),$\{\omega\} \subseteq T = \mathcal{K}T$ 意味着:

$$\mathcal{P}\{\omega\} \subseteq \mathcal{P}T = \mathcal{P}\mathcal{K}T \subseteq \mathcal{K}T = T$$

推论 12. 2 当且仅当 $P(\omega) \subseteq E$,潘多拉知道 E 中的状态 ω 发生。

证明:如果 $P(\omega) \subseteq E$,那么定理 12.3 告诉我们潘多拉知道 E 中的 ω 发生,因为 $P(\omega)$ 是包含 ω 的自明事件。同时,如果潘多拉知道 E 已经发生,那么一定存在一个满足 $\omega \in T \subseteq E$ 的自明事件 T。但是 $P(\omega)$ 是包含 ω 的最小的自明事件。所以 $\omega \in P(\omega) \subseteq T \subseteq E$。

12.4.1 知识的分划(Knowledge Partitions)

集合 S 的一个分划就是将它分成一组子集合,使得 S 中每个元素属于并且只属于这些子集中的一个。

例如,在第15.2节我们将看到一个有关扑克的例子。爱丽丝和鲍勃分别从只包含红桃 K、红桃 Q 和红桃 J 的一摞牌中摸一张。爱丽丝摸到的牌可以定义成下面这个集合的一个分划:

$$\Omega = \{KQJ, KJQ, QKJ, QJK, JKQ, JQK\}$$

构成这一分划的子集合是:

$$\{\{KQJ, KJQ\}, \{QKJ, QJK\}, \{JKQ, JQK\}\} \tag{12.2}$$

我们关于可能性集的理论,将潘多拉的讨论域分划成很多知识单元。当真实的状态确定后,潘多拉知道这些知识单元中有且只有一个会发生。基于这一事实可以推出她所知道的一切。

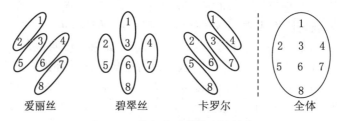

图 12.3　牧师声明前的可能性集

例如,在扑克的例子中,洗牌后真实的状态是 $\omega = QKJ$。爱丽丝首先从桌子上摸了张红桃 Q。她因此知道(12.2)式给出的知识分划中事件 $P(\omega) = \{QKJ,\ QJK\}$ 发生了。

脏脸的可能性集。 在脏脸女士的例子中,可能性集是怎样的呢? 图 12.3 给出了在牧师声明**之前**每位女士的可能性集(请暂时忽略第四列)。

例如,无论爱丽丝看到同伴的脸是怎样的,她自己的脸既可能是干净的,也可能是脏的。用 P_A 表示爱丽丝认为的可能性,$P_A(1) = P_A(2) = \{1, 2\}$。

图 12.4 给出牧师发表声明**之后**,但在她们还未脸红**之前**,每位女士面临的可能性集。如果爱丽丝看到的是两张干净的脸,她可以推断出在牧师声明前后自己脸的状态。因此,$P_A(1) = \{1\}$ 并且 $P_A(2) = \{2\}$。

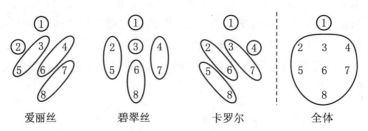

图 12.4　牧师声明之后,有人脸红之前的可能性集

12.4.2　知识的精炼

可以对一些可能性的分划加以比较。如果分划 $\mathscr{C}$ 中每一集合都是分划 $\mathscr{D}$ 中集合的子集,我们称分划 $\mathscr{C}$ 是 $\mathscr{D}$ 的**精炼**。也可以说 $\mathscr{D}$ 是 $\mathscr{C}$ 的粗化。例如,图 12.4 中爱丽丝的分划是图 12.3 中她的分划的一个精炼。等价的,图 12.3 中爱丽丝的分划是图 12.4 中她分划的一个粗化。这表明在后一种情形下她获得了更多的信息。

轮流脸红。如果一位女士因为发现自己是脏脸而脸红了,其他人就会利用这位女士的知识对她们自己的知识分划进行精炼。

下面给出爱丽丝首先脸红情况下,三位女士轮流脸红的过程。图 12.5(a)说明了女士们的知识分划是如何变化的。

步骤一,图 12.3 给出牧师说话前大家的知识状态。

步骤二,在牧师说话之后,知识的状态变成了图 12.4 的样子。图 12.5(a)的第一行与图 12.4 相同,只不过这张图将某位女士是脏脸这一状态用阴影显示了出来(暂时忽略第四列。)

步骤三,爱丽丝(不是碧翠丝,也不是卡罗尔)现在有机会脸红。只有在状态 2 她才会脸红,因为这是她知道自己是脏脸的唯一状态。不管她是否脸红,爱丽丝自己的信息没有发生改变。但是,碧翠丝和卡罗尔将从她的行为中知道些东西。如果爱丽丝脸红了,真实的状态一定是 $\omega = 2$。因此,碧翠丝将她的可能性集 $\{2, 5\}$ 分成两个子集 $\{2\}$ 和 $\{5\}$。

就像福尔摩斯侦探小说中那只狗**没有**叫唤一样,当碧翠丝的可能性集是 $\{2, 5\}$ 时,无论爱丽丝是否脸红,都可以揭示一些信息。爱丽丝没有脸红排除了状态 $\omega = 2$ 发生的可能。所以 $\omega = 5$ 一定发生。

卡罗尔也进行类似的推理,因此她将可能性集 $\{2, 6\}$ 分划为 $\{2\}$ 和 $\{6\}$。图 12.5(2)的第二行给出了这一结果。

步骤四,碧翠丝(不是卡罗尔,也不是爱丽丝)现在也有机会脸红。只有在状态 3 和状态 5 时她才会脸红。这给卡罗尔提供了有用的信息,新的可能性的分划变得尽可能的精炼。不过爱丽丝并未从中获得新的知识。特别地,她的可能性集 $\{3, 5\}$ 无法精炼,因为碧翠丝在状态 3 和状态 5 时都会脸红。图 12.5(a)的第三行给出了这个结果。

步骤五,卡罗尔(不是爱丽丝,也不是碧翠丝)现在有机会脸红。她在状态 4、状态 6、状态 7 和状态 8 发生时都会脸红。然而,无论是爱丽丝还是碧翠丝都无法基于这个信息对她们的可能性集的分划进行精炼。

步骤六,爱丽丝现在又一次有机会脸红。她只在状态 2 时脸红,这对碧翠丝和卡罗尔都没什么帮助。

步骤七,碧翠丝现在又一次有机会脸红。她只有在状态 3 和状态 5 时脸红,这对爱丽丝和卡罗尔也没什么帮助。

步骤五、步骤六和步骤七会一直这样重复,因此不需要进行更多的分析了。图 12.5(a)的第三行给出了最终的信息状态。

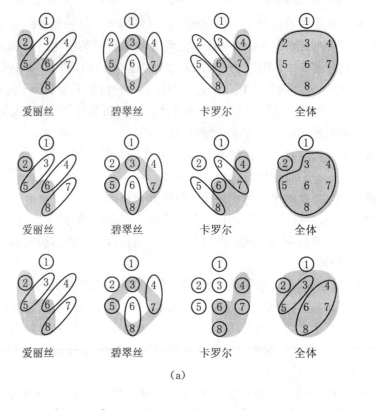

(a)

	1	2	3	4	5	6	7	8
爱丽丝脸红	No	Yes	No	No	No	No	No	No
碧翠丝脸红	No	No	Yes	No	Yes	No	No	No
卡罗尔脸红	No	No	No	Yes	No	Yes	Yes	Yes

(b)

图 12.5 轮流脸红

谁脸红? 假如女士们意识到自己是脏脸一定会脸红,利用图 12.5(a)的第三行可以构造出图 12.5(b)这张表格。

例如,在状态 $\omega = 8$ 时碧翠丝的可能性集是 $P_B(8) = \{6, 8\}$。她的脸是脏的这个事件是 $D_B = \{3, 5, 7, 8\}$。因此 $P_B(8) \subseteq D_B$ 不成立。这样根据推论 12.2,当真实状态是 $\omega = 8$ 时碧翠丝不会脸红。然而 $P_C(8) = \{8\}$,并且 $D_C = \{4, 6, 7, 8\}$。那么 $P_C(8) \subseteq D_C$,因此当真实状态为 $\omega = 8$ 时,卡罗尔脸红。

不过,轮番脸红只是这个特定信息下脏脸女士例子的一种情形。本章练习 14 和练习 15 给出了其他可能的情况。一些人总是脸红,但到底是谁脸红取决于脸红机制是如何运作的。

12.5　信息集

通常,博弈中世界的状态与可能的行动有关。在博弈进行过程中,潘多拉会根据之前的行动重新分划她的知识。随着博弈一步步进行,博弈方对可能行动集合 Ω 的知识分划越来越精炼。不过,图 12.5(a)用起来的确比较麻烦,用**信息集**来概括博弈方知识分划的特点更为方便(第 2.2.1 节)。

信息集不是可能性集,但它承袭了可能性集的许多特点。最重要的特点是潘多拉的信息集必须把她的决策节点**分开**。特别是她的信息集不能重叠。

例如,图 3.1 的蒙提霍尔博弈是一个有着四个节点的不完美信息博弈。爱丽丝要在这些节点处进行决策。这些决策点被分成两个信息集。如果限定世界的历史状态可能是下面四种情况:[13],[23],[21]和[31],那么这两个信息集就变成可能性集。

信息集合的性质。别指望对决策节点随意分划就能得到有意义的信息集。特别的,如果将$\{x, y\}$视作信息集,图 12.6 中的任何一种情形都是不允许的。在图 12.6(a)中,亚当可以通过计算他所面临选择的数量,知道自己所处的节点。在图 12.6(b)中,他可以通过描述他选择的标签推断出他所在的节点。

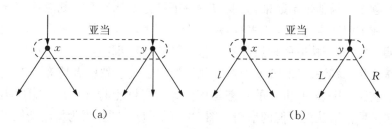

图 12.6　非法的信息集

12.5.1　完美回忆

在一个完美回忆的博弈中,没有人会忘记他们曾知道的东西,因为到达某个信息集本身,就可以帮助你回忆起过去知道的事情。

完美信息博弈一定是完美回忆博弈,因为完美信息博弈中的所有信息集只包含一个决策节点。这样,每个人都知道迄今为止博弈的全部历史。但就像图 3.1 给出的蒙提霍尔博弈那样,完美回忆博弈却可能是一个不完美信息博弈。

健忘的驾驶者。特伦斯是一位深受爱戴但非常健忘的经济学家。在图 12.7(a)给出的中度健忘驾驶者博弈里,特伦斯的家位于和办公室同一街区但是相反方向的拐角上。他向右或者向左转两个弯都可以回到家。如果按照其他方式走,那他肯定就找不到家。但是在他第二次转弯的时候,他记不起第一次是向右转还是向左转了。他的健忘体现在博弈树中节点 x 和 y 位于同一个信息集 I 中,这表明他不知道将他带入信息集 I 的是$[l]$还是$[r]$。

在图 12.7(b)给出的重度健忘驾驶者博弈中,特伦斯要先右转然后左转才能到家。但是在他到达第二个转弯口处,他甚至记不起他是否已经转过一次弯了。他的健忘体现在不知道将他带入信息集 I 的经历是$[\phi]$还是$[r]$。这种不完美回忆的情况更为严重,因为在**同一行动处**,我们面临着包含两个决策节点的信息集。

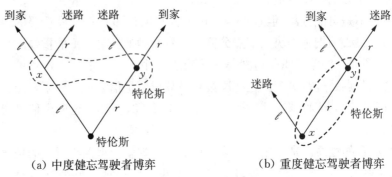

(a) 中度健忘驾驶者博弈 　　(b) 重度健忘驾驶者博弈

图 12.7　健忘的驾驶者

特伦斯可以将发生的事情记录下来,这样就可以避免单人非完美回忆博弈所遇到的问题。如果他记不起来,只要查看一下笔记本就好了。既然我们允许他可以不花费成本就能查看博弈论书籍,那就没有理由认为记笔记是有成本的。除非特别说明,博弈专家构造的理想世界中总是假定完美回忆这一点成立。

完美回忆和知识。 图 12.8 相对正式地给出了健忘驾驶者博弈中对完美回忆的违背。在这些图表中,世界的状态是该博弈所有可能的行动。可能性集指的是特伦斯决策后他所认为可能的事情。图 12.8(a)包括两行,因为特伦斯知道需要先后做出两个决策。

中度健忘驾驶者博弈中的问题在于,第二个可能性分划不是第一个分划的一个精炼。重度健忘驾驶者博弈中的问题更为严重,因为可能性集发生了重叠——这严重违反了知识定义的要求。

phil

→ 12.5.3

12.5.2　队员(Agents)

重度健忘驾驶者这样的博弈模型很少碰到,因为它的知识结构是混乱的。但是含有一定程度遗忘的模型有时是有用的,例如,打桥牌。

我们可以用四人博弈模型来研究桥牌。此时它是一个具有完美回忆的不完美信息博弈。南和北是两个单独的博弈方,只不过他们的偏好恰好相同。有时称这样的博弈方集合为**团队**。东和西也是一组,但他们的偏好与**南—北**组合完全相反。

此外,也可以用亚当和夏娃之间的双人零和博弈来研究桥牌。亚当是**南北**组合的领队。**南**和**北**按照赛前的约定,服从亚当的命令。我们称**南**和**北**是亚当的队员。类似的,**东**和**西**是夏娃的队员。

后面这种方法看起来更为简单,因为双人博弈总比四人博弈要简单一些。但是如果用后面这种方法来研究桥牌,它就是一个不完美回忆博弈。如果亚当以**南**的身份出牌时,可以记住刚才他作为北时手里的牌,这时候该博弈就没什么意义了。

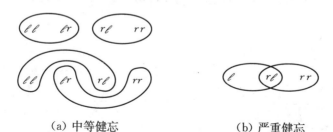

（a）中等健忘   （b）严重健忘

在中度健忘博弈中,第二个可能性分划不是第一个分划的精炼。在重度健忘博弈中,可能性集甚至不是一个分划。

图 12.8   违反了知识定义的要求

12.5.3   行为策略

纯策略指定博弈方在每个信息集处一个特定的行动。如果 $n = 10$,那么图 3.14 的决斗博弈中,"半斤"有五个独立的信息集。在每一个信息集处他有两个选择,所以他共有 $2^5 = 32$ 个纯策略。

混合策略 p 是与博弈的纯策略有关的矢量(第 6.4.2 节)。"半斤"以概率 p_i 采用纯策略 i 就得到了他的混合策略 p。因为决斗博弈有 32 个纯策略,因此得到的混合策略是一个非常长的矢量。

行为策略与纯策略很相似,它指出博弈方在每个信息集处如何行动。但是与在每个信息处选择某一特定行动不同,行为策略指出了采取每个行动的**概率**。在决斗博弈中,行为策略由五个概率构成,而不像混合策略那样要求给出 32 个概率。

采用行为策略的博弈方可以看成一群队员面临各自的信息集分别作决策。每个队员都在纸上写下在他所负责的信息集处选择各种行动的概率。队员之间**独立**行动。

如果采用混合策略,"半斤"就要在博弈**开始**前确定下全部行动方案。而采用行为策略,他只需在到达某个信息集**之后**才忙着扔骰子或者转轮盘。

尽管两者看起来很不相同,下面的结果指出这两种策略在完美回忆博弈中是相同的。这个结果很有用,因为行为策略比混合策略要简单得多。

命题 12.1(库恩 Kuhn)   在完美回忆博弈中无论潘多拉选择的 s 是混合策略还是行为策略,都存在另外那种策略类型中的策略 t 与之对应,不管对手如何行动,策略 t 和策略 s 都有同样的结果。

我们用图 12.9 这个简单的博弈来说明为何库恩定理成立。

图 12.9(a) 和图 12.9(b) 分别给出夏娃的纯策略 LLR 和 RRL。我们的目标是，对于以 $\frac{1}{3}$ 的概率选择 LLR 和 $\frac{2}{3}$ 的概率选择 RRL 这样一个混合策略 m，找到一个行为策略 b，使它的结果和该混合策略相同。为了找到这个行为策略，我们需要确定夏娃的三个队员在每个信息集选择行动 R 的概率 q_1，q_2 和 q_3。

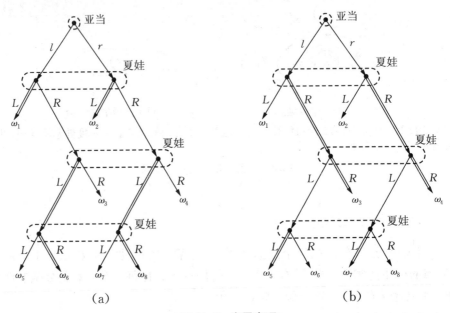

图 12.9 库恩定理

混合策略 m 在 LLR 和 RRL 两个策略中随机选择。在夏娃的第一个信息集处以 $\frac{1}{3}$ 的概率选择 L，以 $\frac{2}{3}$ 的概率选择 R。为了在行为策略中模仿这个行为，取 $q_1 = \frac{2}{3}$。

如果混合策略 m 选择了 LLR，夏娃的第二个信息集就根本不会到达。如果真的到达了第二个信息集，混合策略 m 选择的一定是策略 RRL。因此夏娃的第二个信息集表明之前一定选择了 R。为了模仿这个行动，行为策略中取 $q_2 = 1$。

如果采用混合策略 m，夏娃的第三个信息集根本不会到达。所以可以为 q_3 指定任意值。

12.6 共同知识

在前面的章节中，我们时常听到一些事情必须是共同知识。哲学家大卫·刘易斯(David Lewis)指出如果每个人都知道它，每个人都知道每个人知道它，每个人都知道每个人都知道每个人知道它，等等，那么这件事就是共同知识。但是你怎么才能知道这种无限回复中的陈述是真的呢？本节用脏脸女士的例子来解释鲍勃·奥曼（Bob Aumann）在回答这类问题时怎样使共同知识变成一个有用的工具的。

12.6.1 一致想法

共同知识算子要满足的公理与单人知识算子 $\mathcal{K}$ 要满足的公理是一样的。不同的是它还有一个双重算子 $\mathcal{M}$，用来记录博弈方全体认为是可能的事件。利用有关共同知识的推论 12.2，当世界的真实状态是 ω 时，E 是共同知识的充要条件是：

$$M(\omega) \subseteq E$$

如果掌控了共同的可能性 $M(\omega)$，我们就解决了如何判定事件 E 是共同知识这一问题。奥曼指出 $M(\omega)$ 只不过是每个博弈方可能性集的**交汇**（meet）。[①]

找到交汇。 一件事情可能难以成为共同知识，但是却很容易成为公共的可能性（communally possible）。只要爱丽丝认为它是可能的，这件事就具有了公有的可能性。如果碧翠丝认为爱丽丝可能认为这件事是可能的，那也行。或者，如果卡罗尔认为碧翠丝可能认为爱丽丝认为某事是可能的，同样可以。以此类推。

用图表很容易描绘这些可能性构成的链条。图 12.10 对此作了说明。图 12.5(a) 的第三行给出了爱丽丝、碧翠丝和卡罗尔的可能性分划。第四列给出她们的交汇，这是另一个包含公共的可能性的集合分划。

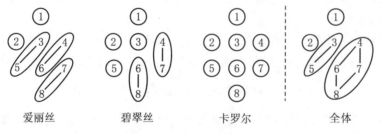

图 12.10　公有的可能性集

为了找到交汇，针对至少一个人，将同一个可能性集中的两个状态用一条线连起来。例如，因为 4 和 7 都属于碧翠丝同一个可能性集，因此在 4 和 7 之间画一条线。在画完所有的线后，如果两个状态能够通过一系列线连起来，它们就属于同一个公共的可能性集。例如，4 和 8 属于同一个公共可能性集，因为 4 与 7 相连，而 7 又与 8 相连。

利用我们掌握的这个技巧，很容易追踪随着时间的推移，脏脸女士们共同知识的演化。图 12.3、图 12.4 和图 12.5(a) 的第四列给出公共的可能性集是如何随着

---

① 一些作者偏好使用**交集**（join）而不是**交汇**（meet）。因为在矩阵中这些术语具有双重性，数学家难免会被弄糊涂。

信息的透露而变化的。$D = \{2, 3, 4, 5, 6, 7, 8\}$ 表示有人是脏脸这一事件。在图 12.4 中它是共同知识，因为 $M(8) \subseteq D$ 成立。$D_C = \{4, 6, 7, 8\}$ 表示卡罗尔的脸是脏的这一事件。在图 12.5(a)的第三行它成为共同知识。只有那时，$M(8) \subseteq D_C$ 才成立。

公开事件。 在牧师宣称有人的脸是脏的之后，一系列推理就展开了，越来越多的东西成为共同知识。这隐含着一种理解，就是如果牧师看到有人是脏脸的话他会说出来，不然他就保持沉默。

这种理解使得 D 成为一个**公开事件**。这就是说 D 是一个共同的自明事件，如果不是每个人都知道的话它就不能发生。与定理 12.1 类似，事件 E 是一个共同知识，当且仅当它能够被一个公开事件所指出。

通常情况下，我们怎样说明公开事件所表示的意义？正像自明事件指的是一个人直接观察到的东西，公开事件指的是大家都在场时，这群人所观察到的东西，而且他们在观察的同时，也看到其他人正在观察。这就是为什么我们如此重视目光交流的原因。我们注视他人的眼睛，通过眼神与他人交流信息，这是我们之间的共同知识。

12.6.2　交互知识

我们再一次利用脏脸女士的例子来解释怎样定义共同知识算子。

不同的人知道的事情通常不一样。在脏脸女士的例子中，我们需要三个知识算子 $\mathscr{K}_A$，$\mathscr{K}_B$ 和 $\mathscr{K}_C$。

→ 12.7

如果每个人都知道这件事，那它就是**交互知识**。说的明确些，如果这些人是爱丽丝、碧翠丝和卡罗尔，那么"每个人都知道"算子是这样定义的：

$$(每个人都知道)E = \mathscr{K}_A E \bigcap \mathscr{K}_B E \bigcap \mathscr{K}_C E$$

当事件的真实状态是 ω 时，E 是交互知识的充要条件是 $\omega \in$（每个人都知道）E。

例如，在牧师的声明发表之前，车厢中有一个人是脏脸是交互知识。为了理解这点，回想一下 $D_A = \{2, 5, 6, 8\}$ 表示爱丽丝的脸是脏的。类似的，$D_B = \{3, 5, 7, 8\}$ 和 $D_C = \{4, 6, 7, 8\}$ 分别表示碧翠丝和卡罗尔的脸是脏的。有人的脸是脏的这个事实就可以表示成：$D = D_A \bigcup D_B \bigcup D_C = \{2, 3, 4, 5, 6, 7, 8\}$。注意到，$\mathscr{K}_A D = \{3, 4, 5, 6, 7, 8\}$，$\mathscr{K}_B D = \{2, 4, 5, 6, 7, 8\}$ 和 $\mathscr{K}_C D = \{2, 3, 5, 6, 7, 8\}$。因此：

$$(每个人都知道)D = \mathscr{K}_A D \bigcap \mathscr{K}_B D \bigcap \mathscr{K}_C D = \{5, 6, 7, 8\}$$

世界的真实状态实际上是 $\omega = 8$。因为 $8 \in$（每个人都知道）E，所以 D 是交互知识。

我们需要用交互知识来定义公开事件 E。就像定义自明事件一样，公开事件的判别标准是：

$$E \subseteq (每个人都知道)E$$

12.6.3 共同知识算子

因为(每个人都知道)算子满足图 12.2 中的性质(K2):

$$E \supseteq (每个人都知道)E$$
$$\supseteq (每个人都知道)^2 E$$
$$\supseteq (每个人都知道)^3 E$$
$$\vdots$$
$$\supseteq (每个人都知道)^N E$$
$$= (每个人都知道)^{N+1} E$$
$$= (每个人都知道)^{N+2} E$$

为什么上述公式在第 N 步之后就不再改变了？原因有限集合 Ω 只包含 N 个元素,所以每次从(每个人都知道)$^n E$ 去掉一些东西使之成为其严格子集的工作一定在第 N 步甚至这之前就不得不停下来。

如果讨论域是有限的,对于充分大的值 N,我们可以定义共同知识算子:

$$(每个人都知道)^\infty E = (每个人都知道)^N E$$

当真实状态是 ω 时,刘易斯关于事件 E 是共同知识的标准就变成:

$$\omega \in (每个人都知道)^\infty E$$

共同知识的性质。交互知识算子不满足图 12.2 公理的全部。它满足(K0),(K1),(K2),但不满足(K3)。例如,在图 12.3 的状态 5,每个人都知道有个人是脏脸,但碧翠丝认为可能是状态 2。在状态 2,爱丽丝认为可能是状态 1。由于状态 1 每个人的脸都是干净的,因此在状态 5 每个人都知道每个人都知道有人是脏脸就不成立了。

因为共同知识算子满足图 12.2 公理的每一条,因此就不会碰到上述问题。如果我们通过下面的式子定义公共的可能性算子 $\mathcal{M}$ 的话,可以得到和个人知识算子 $\mathcal{K}$ 相类似的结论。

$$\mathcal{M}E = \sim (每个人都知道)^\infty \sim E$$

12.7 完全信息

严格说来,对博弈的描述必须是博弈方的共同知识。这包括博弈的规则,博弈方对各种可能结果的偏好,以及博弈方对**机运**行动的判断。这时我们称信息是**完全**的。

显然,我们并不总是需要这么多共同知识。例如,单次的囚徒困境博弈中的博弈方只需要知道鹰是鸽的强占优策略就可以了。但其他博弈的要求可能更严格一些。

要搞清楚为什么我们需要对知识提出很强的条件,最好的方法是放松完全信息的假定,看看会出什么问题。我们把这个问题留到第 15 章关于不完全信息的讨论中。

12.8 就不一致达成一致

理性人会真诚的就不一致达成一致(agreeing to disagree)吗? 正是这个问题让罗伯特·奥曼(Robert Aumann)开始了对共同知识的研究。这里给出迈克尔·巴赫(Michael Bacharach)按照他的方法给出的例子。

12.8.1 这是常识,我亲爱的华生(Elementary, My Dear Watson)

爱丽丝、碧翠丝和卡罗尔中的一个将被控有罪。唯一能够获得的线索是车厢中她们脸上的状态。福尔摩斯和波罗被请来解开这个谜团。由于付给他们的酬金有限,他们只能花很少的时间对案件进行调查。他们商定由福尔摩斯追踪一条线索,波罗调查另外一条线索。

在调查结束时,每位侦探都会将状态空间 $\Omega = \{1, 2, 3, 4, 5, 6, 7, 8\}$ 简化为可能性集中的一个。因为分头调查获得的信息不同,所以福尔摩斯最终得到的可能性分划可能和波罗的不一样。譬如,调查结束后福尔摩斯与波罗的可能性分划跟图 12.11(a) 给出的一样。

图 12.11 的每个可能性分划 $P(\omega)$ 都指出一名嫌犯。它表示真实状态为 ω 时侦探们将要指控的那个人。因此,如果真实状态 $\omega = 8$,福尔摩斯会指控卡罗尔,因为 $P_S(\omega) = \{6, 8\}$。

→ 12.9

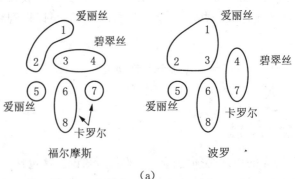

(a)

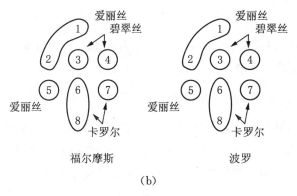

图 12.11 推理小说

这个例子中很重要的一点是,福尔摩斯和波罗用相同的方式**推理**。可能他们毕业于同一家侦探学校(或者他们读过同一本博弈论书)。因此,如果福尔摩斯和波罗到达同一个可能性集,他们将指控同一个人。例如当 $\omega = 8$ 时,$P_S(\omega) = P_H(\omega) = \{6, 8\}$。因此 $\omega = 8$ 时,福尔摩斯和波罗都将指控卡罗尔。

现在假设福尔摩斯和波罗在完成他们的调查**之后**,但在报告他们的结果**之前**,进行了讨论。他们告诉对方,基于目前的证据打算指控谁。如果指控的对象不同,他们有可能达成一致吗? 例如真实状态是 $\omega = 3$,当波罗指控爱丽丝时,福尔摩斯还会坚持指控碧翠丝吗?

在图 12.11 的情况下,答案是"**不**"。假如真实的状态是 $\omega = 3$,在无法获得更多信息的前提下,福尔摩斯和波罗同时进行指控。福尔摩斯指控碧翠丝,波罗指控爱丽丝。双方对嫌犯的指控给福尔摩斯和波罗都提供了有用的信息。他们将利用这个新的信息对他们的可能性分划加以精炼。图 12.11(b) 给出了新的分划。福尔摩斯和波罗的分划是**相同**的。这样,侦探们将指控**同一个**人。在图 12.11(b) 中,碧翠丝将被指控。

这个问题的关键是,比方说福尔摩斯如果不考虑波罗的结论,就太蠢了。如果波罗得到了和福尔摩斯一样的信息,那么他会像福尔摩斯那样进行相同的推理。因此,当波罗给出他的结论时,这个结论对于福尔摩斯也是证据,其效力就和他自己收集到的证据一样。

12.8.2 达成共识

如果给出适当的假定,上述例子中的结论就具有普遍意义。假设中最重要的一点就是,福尔摩斯和波罗的初步结论是**共同知识**。

为了弄清楚为什么,我们假定两位侦探都已完成调查。并且他们碰到一起,每个人要指控谁就成为他们的共同知识。现在他们是否还会指控不同的人?

假设福尔摩斯最后的可能性集 Ω 是这样的:

$$\langle 爱丽丝, 碧翠丝_1, 碧翠丝_2, 碧翠丝_3, 卡罗尔 \rangle$$

其中,假定碧翠丝$_2$表示福尔摩斯要指控碧翠丝的那个可能性集。如果真实状态是ω时,福尔摩斯指控碧翠丝是一个共同知识,可以得到:

$$M(\omega) \subseteq 碧翠丝_1 \bigcup 碧翠丝_2 \bigcup 碧翠丝_3$$

但分划M是福尔摩斯可能性分划的一个粗化。因此,要么 碧翠丝$_2 \subseteq M(\omega)$,要么 碧翠丝$_2 \subseteq \sim M(\omega)$。对福尔摩斯其他的可能性集也存在类似推导。可以得到$M(\omega)$一定是福尔摩斯要指控碧翠丝的那些可能性集的并集。因此,可以得到下面的结果:

$$M(\omega) = 碧翠丝_2 \bigcup 碧翠丝_3 \tag{12.3}$$

雨伞原理。我们现在需要第 1.4.2 节讨论泽尔腾教授的雨伞时提出的弱理性假定。

在侦探学校,福尔摩斯和波罗两人都接受过在不同情况下该怎样进行指控的训练。如果调查发现世界的可能性集是E,侦探所受的训练会告诉他应该指控谁。用$d(E)$表示这个被指控的人。例如,当$E = 爱丽丝$时,侦探所指控的人就是$d(E) = 爱丽丝$。

假设E和F是两个不会同时发生的事件。侦探们的决策规则满足下面的性质:

$$d(E) = d(F) \Rightarrow d(E \bigcup F) = d(E) = d(F)$$

如果侦探们的决策规则违反了这个条件,他就会在法庭上面对辩护律师的这样的质疑:

你指控我的委托人碧翠丝吗? ——**是的**。

你指控她时,你知道爱丽丝脸的状态吗? ——**不知道**。

如果你知道爱丽丝是脏脸,你会指控谁? ——**卡罗尔**。

如果你知道爱丽丝的脸是干净的,你会指控谁? ——**卡罗尔**。

你的决定难道不是非理性的吗? ——**我想是的**。

因为福尔摩斯在碧翠丝$_2$和碧翠丝$_3$两种情况下都将指控碧翠丝,雨伞原理告诉我们(12.3)式意味着:

$$d(M(\omega)) = 碧翠丝 \tag{12.4}$$

在状态ω时,波罗也一定会指控碧翠丝,因为如果有相同的论据他也会得到(12.4)式的结果。

这个结论具有普遍性。如果每个人都采用同样的方法推理,利用雨伞原理可以得到下面的命题。

命题 12.2 如果"在状态ω下每个人知道的东西是不同的"是一个共同知识,

那么他们所知道的不同点在 $M(\omega)$ 上必须是一致的。

投机悖论。奥曼用上述命题的另一种说法指出博弈方不能就概率的不一致达成一致(第 13 章练习 28)。经济学中的描述则更为有趣。它指出对理性博弈方而言投机是不可能发生的。

这个悖论最初的描述是这样的,爱丽丝和鲍勃正在进行双人零和博弈,但是他们都不知道得益如何。爱丽丝建议鲍勃签订一个附加条款,该条款允许博弈方改变原有的策略。鲍勃会签署这样的条款吗?当然不会,因为如果爱丽丝无法从中获利,她是不会提出这个条款的。但是在零和博弈中,爱丽丝的所得就是鲍勃的损失。

在博弈方看来,签订合同必须要双方都受益,这是大家的共同知识。但是这个观点显然与零和博弈相违背。

保罗·米格罗姆(Paule Milgrom)和南希·斯托基(Nancy Stokey)给出了这个悖论更为精细的描述。市场交易已经达到帕累托效率。因为交易存在风险,这个结果表明没有人能够通过进一步的交易提高资产的期望效用。但是一些交易者得到了内部消息。当他们希望利用这些内部消息获利时,会有人和他们做交易吗?

在米格罗姆和斯托基的理想世界里,答案是"不"。签下这个交易合同时人们都持有这样一个共同知识,那就是存在一个事件 E,在此情形下合同双方都指望通过交易改善现状。但是如果确实如此的话,我们在最初签订的合同中就会指出,在事件 E 发生的情况下将按照新的约定执行,这将使双方的现状都得到改善。这个结果有时被称为格劳乔·马克斯(Groucho Marx)定理,因为他曾开玩笑地说他不会加入任何一个愿意吸收他为会员的俱乐部。

既然这样的话,为什么会存在投机?悖论假定所有人都用同样的规则进行推理。很多学者指出对于理性人这点一定成立。海萨尼就是其中的一位,因此奥曼把这种主张称之为哈萨尼教条(Harsanyi Doctrine)(第 13.5.1 节)。但为什么只能有一种理性的方式?在贝叶斯决策理论中这显然不成立,在贝叶斯理论中,只有博弈方的先验判断完全相同时他们的推理规则才一致(第 13 章练习 28)。股票市场中的投机者,对于我们这种认为理性就意味着赚钱的想法总是一笑置之。

12.9 协调行动

大卫·刘易斯在介绍习俗的书中给出了共同知识的定义,这个定义我们在第 8.6 节讨论均衡选择时已经遇到过。例如,我们每天早晨去上班的路上都要进行的驾驶博弈就有两个帕累托有效的均衡。法国的习俗是每个人都沿右侧驾驶。在英国,习俗使每个人都沿左侧驾驶。

刘易斯指出大家之所以按照习俗行事是因为它们是共同知识。有的学者关于纳什均衡表达了相同的观点。但这样的观点显然是错的。一个纳什均衡之所以是最优的,是因为所有的博弈方都相信其他博弈方将以一个充分大的概率采用和他们一样的均衡策略。

幸运的是,协调行动不需要协议的各方一起行动这样的共同知识,因为这样的要求通常会使协调博弈变得无法实现。为了理解这一点,我们看一下计算科学领域的关于拜占庭将军的悖论。

要小心带着礼物的希腊人。[①]拜占庭时期的希腊人做事总是鬼鬼祟祟,他们彼此之间也很难达成信任。下面的故事表明,他们无法就任何事情协调一致。

在这个故事中,两个拜占庭时期的将军分别占据两个相邻的山丘,敌人就在这两个山的山谷之中。如果两位将军联手进行攻击,他们肯定能取胜。但是如果只有一位将军发起进攻,他将遭到重创。因此,第一位将军派人带消息给第二位将军,建议发起进攻。由于信息在穿过敌军防线时有可能会遗失,所以第二位将军派人前往第一位将军那里确认要实施这个攻击计划。但当信使到达第一位将军那里时,第二位将军并不知道第一位将军已经知道第二位将军收到了发起攻击的提议。这样,第一位将军又派出一位信使,以确认第二位将军的信使已经到达。但是当信使到达第二位将军那里时,第一位将军不知道第二位将军已经知道第一位将军知道第二位将军获得了第一位将军的信息。

因而提议进攻这个事实不是共同知识,因为如果事件 E 是共同知识,那么**所有**(每个人都知道)$^n E$ 形式的表述必然都是真实的。会有更多的信使穿梭往来于两位将军之间,直到某个信使被敌军抓获。无论之前每位将军收到了多少次确认信息,发起进攻的提议**永远不会**成为共同知识。

如果真如故事中那样,理性的协调行动就是不可能的。那么在分布式系统上工作的计算机专家们就会碰到非常棘手的问题,因为位于不同地点的机器将无法同步工作。瑞典也无法在 1967 年 9 月 1 日实现将汽车驾驶规则从沿左侧行驶改为沿右侧行驶。

12.9.1 电子邮件博弈

鲁宾斯坦的电子邮件博弈是上述拜占庭将军悖论的一个正式描述。它建立在图 8.7(a)给出的猎鹿博弈基础之上。博弈有两个纯策略纳什均衡:(鸽,鸽)和(鹰,鹰)。前者是帕累托占优策略,后者是风险占优策略(第 8.5.2 节)。我们首先用第 1.9 节讨论过的猎鹿博弈来说明博弈方很难说服其对手放弃风险占优均衡策略转而采用帕累托占优均衡策略。

---

① 当特洛伊人要接受木马时,阿波罗的祭司提醒他们当心希腊人的礼物。——译者注

在电子邮件博弈中,爱丽丝和鲍勃必须独立的在行动鸽或鹰中进行选择。他们的得益取决于**机运**在猎鹿博弈中指定的得益是鸽对应鸽,鹰对应鹰,还是恰好相反。他们的共同知识是前者发生的概率为 $\frac{2}{3}$。

只有鲍勃知道机运的决定。他打算将这个信息告诉爱丽丝,这样他们可以协调行动选择他们共同偏好的那个均衡,但他们只能通过电子邮件进行联系。邮件是自动发送的。假设默认的行动是鸽,鲍勃一旦知道**机运**选择鹰对应鸽,他就发消息给爱丽丝告诉她"采用鹰"。爱丽丝的机器给鲍勃一个反馈,确认收到了这个消息。鲍勃的机器给爱丽丝机器一个反馈以确认收到了她的确认信息。以此类推。

谁都知道些什么? 随着一次次确认消息的收到,(每个人都知道)^n 算子开始变得有用。如果博弈方可以无限等待的话,**机运**的选择终将成为共同知识。[1]

不过实际的情况是,电子邮件中总存在一个很小的概率 $\varepsilon > 0$ 使邮件无法到达。这样**机运**的选择成为共同知识的可能性为零。但我们还是要讨论爱丽丝和鲍勃是否可能采取协调行动。是否存在一个纳什均衡使他们的得益比采取默认的行动鸽更好? 我们将看到答案是**不**。

图 12.12 给出了电子邮件博弈中爱丽丝和鲍勃的可能性集。世界可能的状态是所发出的信息的数目。例如 $P_A(3) = \{2, 3\}$ 和 $P_B(3) = \{3, 4\}$。为了理解为什么 $P_A(3) = \{2, 3\}$,注意到如果第四个信息丢失,那么爱丽丝会想第三个信息(由鲍勃机器发出)可能没有发出,因为第二个信息(由她自己机器发出)可能没有到达。

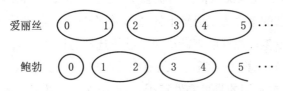

图 12.12　电子邮件博弈中的可能性集

找到均衡。像以往一样,纯策略是定义在博弈方信息集上的一个行动(如电子邮件博弈中的鸽或者鹰)。除了状态 0 之外,唯一的纳什均衡满足,当鲍勃知道**机运**选择鸽对应鸽要求两个博弈方在他们所有的信息集上都选择鸽时,他选择鸽——哪怕两个博弈方在所有的信息集处都知道**机运**选择了鸽对应鹰。

可以用归纳法对上述结果加以证明。我们先说明如果爱丽丝在$\{0, 1\}$时采用默认的行动鸽,那么对鲍勃来说在$\{1, 2\}$采用行动鸽是最优的。在到达这个

---

[1]　假设第一次传递信息用了一秒钟,后面传递的信息花费的时间是前一个信息的一半,等待的时间只不过是两秒!

可能性集后,鲍勃更加坚信世界的状态是 1 而不是 2[①]。此时他选择的行动鹰是**最优的吗**？最有利的是每个状态的可能性都差不多,而且爱丽丝在{2，3}时打算选择行动鸽。鲍勃就仿佛在猎鹿博弈中按照相同的概率选择行动对手进行博弈那样,选择自己的策略,因此他的最优反应是鹰,这与他在{1，2}选择行动鸽相对应。

类似的,在{1，2}时鲍勃选择鸽,意味着爱丽丝在{2，3}选择鸽,以此类推。这个电子邮件中纳什均衡是双方**总是**选择鸽。尽管刘易斯必须拥有共同知识的观点是错的,不过拜占庭将军的麻烦还没完!

解救拜占庭将军！ 电子邮件博弈为处理知识问题提供了一个良好练习,如果我们做出通信是有明确目的并且具有较高成本这个更为真实的假定后,悖论就不存在了。当发信和收信的成本都很低时,允许博弈方选择是否发信和收信就存在很多纳什均衡。

最让人愉快的均衡是,当鲍勃提议采取鹰时爱丽丝随即表示同意——就像是朋友约定在咖啡店见面那样简单。但也存在经过反复确认信息后,双方才选择鹰这样的纳什均衡。一个上流社会晚宴的主人就经历过这样的情况,客人们在晚宴后慢吞吞的挪向大门口,时不时停下来向主人表示感谢。[②]

12.10 综述

决策问题可以用函数 $f:A \times B \to C$ 来表示。潘多拉在集合 A 中选择行动 a,但结果 $c = f(a, b)$ 还取决于世界的状态 b潘多拉知道她所面临的决策问题,所以她**知道**世界可能性的集合 B。但她不知道 B 中的哪个元素才是世界的真实状态,她关于这些状态发生可能性的判断决定了她所选择的行动。

在小世界里,知识算子 $\mathcal{K}$ 满足一组有用的公理,不过这些公理通常并不总能满足。在博弈论中,更常用的是可能性算子 $\mathcal{P} = \sim \mathcal{K} \sim$。潘多拉认为状态 ω 是可能的这一事件 $P\{\omega\}$ 与真实状态是 ω 时潘多拉所认为的可能性集 $P(\omega)$ 相同。这些可能性集对潘多拉的空间进行了分划。

博弈方对博弈的了解由他的信息集给出,博弈方在行动时可以知道什么事情是可能的。博弈理论家从认识论的角度深入探究,研究在定义恰当的信息集时知识假定所起的作用。

除非特别说明,我们总是假定博弈方具有完美回忆。这意味着博弈方从来

---

① 因为只有当第一个信息收到后,第二个信息才可能丢失。

② 社会的演化是否会最终消除这类冗长的道别？很可能不会如我们所愿。除非电子邮件博弈中唯一的均衡——就是从不采用鹰——无法通过演化稳定测试(Binmore and Samuelson, Games and Economic Behavior, 35(2001), 6-30)。

不会忘记任何事情。通过对健忘驾驶者博弈的研究，我们发现完美回忆对信息集施加了重要的限制。特别是，同一博弈中的两个不同节点不能属于相同的信息集。

库恩定理指出，我们只需研究不完美回忆博弈中的行为策略，而无需采用混合策略。行为策略就是潘多拉在每一信息集处采用不同行动的概率。通过在每个信息集处安排一个单独的队员，她实施了离散化的策略选择。

当真实状态是 ω 时事件 E 是共同知识，当且仅当对于所有的 n，有：

$$\omega \in （每个人都知道）^n E$$

用 $M(\omega)$ 表示事件是共同知识，它是当 ω 发生时，所有博弈方认为可能的状态集。找到 $M(\omega)$ 很容易，因为公有的可能性分划只不过就是每个博弈方个体可能性分划的交汇。

遵循雨伞原理的理性博弈方，在采用相同的决策规则时，无法就不一致达成一致。他们可能拥有不同的私人信息，如果他们将要采取的选择是共同知识的话，他们一定会得出同样的结论。如果交易中有人会遭受损失是共同知识的话，理性投机将不可能发生。

拜占庭将军悖论的基础是，除非同时行动是共同知识，否则将无法协调行动。对电子邮件博弈的分析指出，只有在非常严格的限定条件下，这个结论才站得住脚。

12.11　进一步阅读

A Mathematician's Miscellany，by J. E. Littlewood：Cambridge University Press，Cambridge，1953. 当我还是一个学生时，在这位伟大数学家所写的一本通俗读物中第一次接触到脏脸的悖论。

Conventions：*A Philosophical Study*，by David Lewis：Harvard University Press，Cambridge，MA，1969. 这位作者非常大度地对大卫·休谟和托马斯·谢林表示感谢。

12.12　练习

1. 下述事件对应于图 12.1 中 Ω 的哪个子集？当世界的真实状态是 $\omega = 3$ 时，下面哪个事件会发生？

a. 碧翠丝的脸是脏的。

b. 卡罗尔的脸是干净的。

c. 恰好有两位女士的脸是脏的。

2. 哲学家苏格拉底对于特尔斐的先知把他称为希腊最聪明的人感到迷惑不解。最终他确信一定是因为他是希腊唯一一个知道自己无知的人而其他人不知道他们并不知道宇宙的任何秘密。

证明第 12.3.1 节中性质(K0)~(K4)意味着 $(\sim \mathscr{K})^2 E = \mathscr{K}E$。推导苏格拉底认为他生活在一个大世界中。

3. 用第 12.3.1 节中关于知识的性质(K0)~(K4),证明:

a. $E \subseteq F \Rightarrow \mathscr{K}E \subseteq \mathscr{K}F$。

b. $\mathscr{K}E = \mathscr{K}^2 E$。

c. $(\sim \mathscr{K})^2 E \subseteq \mathscr{K}E$。

并解释以上结论。

4. 证明第 12.3.1 节的性质(K0)~(K4)与(P0)~(P4)等价。

5. 给出与本章练习 3 类似的可能性算子 $\mathscr{P}$ 的性质,并加以解释。

6. 在第 12.2 节中脏脸女士的例子中,事实是每个人的脸都是脏的。为什么在牧师发表声明前,这不是爱丽丝的一个自明事件?

7. 证明事件 E 是一个自明事件当且仅当 $T = \mathscr{K}T$。用共同知识算子代替 $\mathscr{K}$,证明对于公开事件 T 上述结果同样成立。

8. 对于任意事件 E,证明下面这些是自明事件:

(a) $\mathscr{K}E$; (b) $\sim \mathscr{K}E$; (c) $\mathscr{P}E$; (d) $\sim \mathscr{P}E$。

9. 证明当 S 和 T 是自明事件时,$\sim S$, $S \cap T$,也是自明事件。

10. 解释为何下式成立。

$$\bigcap_{\omega \in \mathscr{K}E} \mathscr{K}E \subseteq \bigcap_{\omega \in \mathscr{K}E} E \subseteq \bigcap_{\omega \in \mathscr{K}(\mathscr{K}E)} \mathscr{K}E = \bigcap_{\omega \in \mathscr{K}E} \mathscr{K}E$$

利用定理 12.2 和本章练习 7 推导:

$$\mathscr{P}\{\omega\} = \bigcap_{\omega \in \mathscr{K}E} E$$

11. 运用定理 12.3 证明:

$$\mathscr{K}E = \{\omega : \mathscr{P}\{\omega\} \subseteq E\}$$

12. 假定第 12.2 节脏脸女士例子中,牧师在只有一个人脸脏时不再告诉大家了,只在有两个以上的人是脏脸时才会告诉大家有人的脸是脏的。如果女士们都知道他的这种古怪脾气,画出牧师声明后女士们的可能性集的图。

13. 继续上一练习,用与图 12.5(a)类似的图,说明如果她们如第 12.4.2 节那样轮番脸红时,她们的可能性分划是怎样精炼的。

14. 假设脏脸女士们不是像第 12.4.2 节那样轮流脸红。而是在牧师的话说完一秒钟后三个女士一起脸红,然后在两秒钟后又一起脸红,等等。用图形说明随着时间过去,女士们的可能性分划是如何精炼的。这个例子中谁会脸红? 在牧师说完后的第几秒钟会出现第一次脸红？

15. 构造一个与第 12.4.2 节和本章练习 14 最后的可能性集结构不同的脸红的例子。

16. 对于图 12.9 的博弈：

a. 找到夏娃的一个混合策略，使得这个混合策略的结果与她在每个信息集处为各个行动赋予同样概率时的行为策略的结果相同。

b. 找到夏娃的一个行为策略，使得这个策略的结果与用 $\frac{2}{3}$ 的概率选择 RLR 和 $\frac{1}{3}$ 的概率选择 LRL 这样一个混合策略的结果相同。

17. 解释为什么图 5.16 给出的博弈是具有完美回忆的不完美信息博弈？为博弈方 2 找到一个行为策略，使得该行为策略的结果与用 $\frac{2}{3}$ 的概率选择 dD 和 $\frac{1}{3}$ 的概率选择 uU 这样一个混合策略的结果相同。

18. 在图 12.7(a) 中度健忘司机的博弈中，找到一个混合策略，使得与他在第一信息集处以概率 p 选择 r，在第二个信息集处以概率 P 选择 r 这样一个行为策略的结果相同。

并证明，找不到一个行为策略，使它与以 $\frac{1}{2}$ 的概率选择 $[ll]$ 和 $\frac{1}{2}$ 的概率选择 $[rR]$ 的混合策略的结果相同。为什么库恩定理在这里不适用？

19. 在图 12.7(b) 重度健忘司机博弈中，特伦斯的两个纯策略的结果分别是什么？证明所有的混合策略都会使他迷路，但是可以找到一个得益是 $\frac{1}{4}$ 的行为策略。为什么库恩定理在这里不成立？

20. 证明第 12.6.2 节中的 $\mathscr{K} = $ （每个人都知道）算子满足图 12.2 中的性质 (K0)，(K1) 和 (K2)。第 12.6.2 节给出了一个例子，说明了每个人可以知道一些事情，但是他们不知道每个人都知道这件事。请给出另外一个这样的例子。

21. 如何用正式术语定义算子 $\mathscr{K} = $ （有人知道）？为什么这个算子不满足图 12.2 中的性质 (K1)？

22. 为什么共同知识算子 $\mathscr{K} = $ （每个人都知道）$^\infty$ 满足第 12.6.3 节图 12.2 中的性质 (K3)？

23. 回到本章练习 13 和练习 14。在上述每种情形中，找到脸红过程每个阶段的公共的可能性分划。最终，共同知识是碧翠丝和卡罗尔的脸都是脏的，如果事实确实如此。请说明理由。在练习 13 中，为什么当碧翠丝和卡罗尔的脸都是干净时，这不能成为共同知识？

24. 吉诺和波莉总是说实话这是一个共同知识。状态空间是 $\Omega = \{1, 2, 3, 4, 5, 6, 7, 8, 9\}$。图 12.13(a) 给出博弈方最初的可能性分划。两个博弈方依次宣布目前他们的可能性集中有多少个元素。

a. 为什么无论世界的状态如何,吉诺开始时总是宣称有三个元素?

b. 吉诺的声明是怎样改变波莉的可能性分划的?

c. 现在波莉发表了一个声明。解释为什么后来的可能性分划如图12.13(b)所示那样。

d. 随着大家继续发表声明,博弈方的可能性分划不断更新。最终,会到达图12.13(c)那样。为什么之后不会再改变了?

e. 在图12.13(c)中,事件$E\{5, 6, 7, 8\}$指的是吉诺的可能性集包含两个元素。为什么当真实状态是$\omega = 5$时这是一个共同知识? E是公开事件吗?

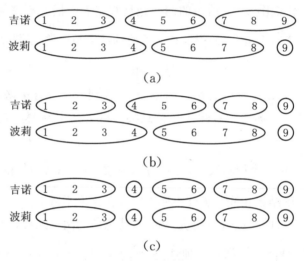

图 12.13　达成一致

25. 在前面的练习中,共同知识是吉诺和波莉认为Ω中的每个元素都是等可能的。他们不再宣布目前可能性集中包含多少个元素,而是宣布事件$F = \{3, 4\}$目前的条件概率。

a. 在图12.13(a)中,解释为什么吉诺宣称概率为$\frac{1}{3}$的事件是$\{1, 2, 3, 4, 5, 6\}$,他宣称概率是0的事件是$\{7, 8, 9\}$。

b. 在吉诺发表过最初的声明之后,波莉的可能性分划是什么? 解释为什么波莉宣称概率为$\frac{1}{2}$的事件是$\{1, 2, 3, 4\}$,宣称概率为0的事件是$\{5, 6, 7, 8, 9\}$。

c. 在波莉的声明发表之后,吉诺的新的可能性分划是什么? 解释为什么吉诺宣称概率是$\frac{1}{3}$的事件是$\{1, 2, 3\}$,宣称概率是1的事件是$\{4\}$,宣称概率是0的事件是$\{5, 6, 7, 8, 9\}$。

d. 波莉新的可能性分划是什么? 解释为什么波莉宣称$\frac{1}{3}$、1、0可能的事件与(c)中的相同。

e. 为什么无论世界的真实状态如何,每个博弈方对于事件 F 的后验概率是共同知识?

f. 在图 12.13(a)中,为什么无论在哪种状态下,没有一个博弈方关于 F 的后验概率是共同知识?

g. 如果世界的真实状态是 $\omega = 2$,声明的序列将是怎样的?

26. 图 12.14 给出爱丽丝、碧翠丝和卡罗尔最初的可能性分划。她们的共同知识是,对于每个状态赋予了相同的先验概率。图 12.14 右侧的表给出爱丽丝、碧翠丝和卡罗尔对于不同状态下事件 F 的最初后验概率,以及这些概率的平均值。每个博弈方**私下**告诉一个中间人她关于事件 $F = \{1, 2, 3\}$ 的后验概率。中间人计算这三个概率的平均值,然后**公开**计算结果。碧翠丝和卡罗尔根据这个新的信息修正她们对 F 的后验概率。她们私下将当前的后验概率告诉中间人,中间人然后公布新的平均值,以此类推。

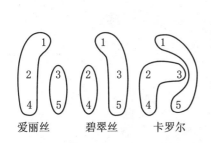

状态	爱丽丝	碧翠丝	卡罗尔	平均
1	$\frac{2}{3}$	$\frac{2}{3}$	$\frac{1}{2}$	$\frac{11}{18}$
2	$\frac{2}{3}$	$\frac{1}{2}$	$\frac{2}{3}$	$\frac{11}{18}$
3	$\frac{1}{2}$	$\frac{2}{3}$	$\frac{2}{3}$	$\frac{11}{18}$
4	$\frac{2}{3}$	$\frac{1}{2}$	$\frac{2}{3}$	$\frac{11}{18}$
5	$\frac{1}{2}$	$\frac{2}{3}$	$\frac{1}{2}$	$\frac{5}{9}$

图 12.14　达成一致的另一个例子

a. 在中间人第一次公告之后,修正并且重画图 12.14。

b. 在中间人第二次公告后,重复(a)。

c. 在中间人第三次公告后,重复(a)。

d. 在关于 F 的概率达成一致前,中间人需要发表多少次公告?

e. 如果真实的状态是 $\omega = 1$,事件的次序将是怎样的呢?

f. 如果真实的状态是 $\omega = 1$,这会成为共同知识吗?

g. 如果真实的状态不是 $\omega = 5$,在哪个阶段这会成为一个共同知识?

h. 如果 ω 是偶数,在哪个阶段这会成为一个共同知识?

i. 如果每个人报告给中间人的 F 的概率是相同的,就达成了一致。为什么一致一旦达成,它就成为共同知识?

27. 如果每个博弈方的策略选择是交互知识,解释为什么理性博弈方一定选择纳什均衡策略?

28. 爱丽丝和鲍勃一起玩扑克。牌发好后,爱丽丝背着鲍勃先瞥了一眼自己的牌,然后提出要和鲍勃打个赌。如果她没有红桃 Q,她就付给鲍勃 1 美元。如果她有红桃 Q,鲍勃付给她 1 美元。为什么鲍勃拒绝和她打赌?

如果爱丽丝要和鲍勃打赌,说她能证明穿越时间旅行是可能的,那会怎样? 请注意,爱丽丝自己可能就是一个穿越时间隧道的人!

▶ 第 13 章

不断更新

13.1 理性

什么是理性？和其他人一样，博弈论专家试图给理性下一个清晰的定义，但还没有人宣称找到了所有的答案。也许理性和生活一样，是一个没有严格界限的概念。但就像门外汉在看到了不起的艺术杰作时也能分辨出来一样，在听到不理性的论断时不少人也能觉察得到。

然而，浪费的选票之谜是一个让人警戒的例子（第 1.3.3 节）。假如单独一张选票不会影响大选结果，那大选前的雨夜里每个投票人都会选择待在家里，这无疑是民主政治的失败。大家都喜欢民主，因此他们争辩说不会有哪张选票对大选结果"没用"。他们所犯的错误就是让他们的**偏好**影响了他们的**判断**。

本章专门研究的理性要求人们能将偏好和判断进行分离。贝叶斯决策理论就是这一原则在博弈论中的体现。

13.2 贝叶斯更新

博弈进行时博弈方根据所面对的信息集，对**机运**在过去的行动有所了解。例如，打桥牌时**东**出了一张红桃 Q，那么发牌时这张牌就没有被**机运**发给北。

不过博弈方不一定对事情非常有把握，通常他们只知道某事件变得更有可能还是更不可能发生。例如玩桥牌时，对家的第一摞牌没有黑桃，那么她有红桃 Q 的可能性就更大一些。但是到底大多少呢？

解决这个问题的方法是**贝叶斯更新**。本节给出这种方法的要点。

13.2.1 贝叶斯法则

如果 E 和 F 是独立的事件，那么 $\text{prob}(E \cap F) = \text{prob}(E) \bigcap \text{prob}(F)$。但是如果 E 和 F 不独立，$E \cap F$ 的概率是多少？在第3.3节，我们知道必须要引入条件概率 $\text{prob}(E|F)$ 来量化 F 发生时你关于 E 的新判断。

review

→ 13.2.3

在公平的掷骰子游戏中,如果骰子上的点数超过 3(记做事件 E)就算你赢。当你知道这个点数是偶数(记做事件 F)时,你赢的概率是多少?

科学地回答上述问题的方法是,记录下骰子抛出 $6n$ 次后所有的结果。当 n 充分大时每个数字出现的次数大约都为 n 次。划去所有的奇数后剩下约 $3n$ 个偶数。如果骰子显示 2,你输了,如果骰子显示 4 或者 6,你就赢了。后者出现的次数约为 $2n$ 次。所以,当骰子显示偶数时你赢的频率大约为 $2n/3n$。因此我们说 $\text{prob}(E \mid F) = \dfrac{2}{3}$。

计算过程可以用下面的公式来表示:

$$\text{prob}(E \cap F) = \text{prob}(E \mid F)\,\text{prob}(F)$$

这就是我们在第 3.3 节中用来定义条件概率的公式$\Big($在这个掷骰子的例子中,$\text{prob}(E \cap F) = \dfrac{1}{3}$, $\text{prob}(F) = \dfrac{1}{2}\Big)$。

利用条件概率的定义立即可以得到贝叶斯法则,即:

$$\text{prob}(E \cap F) = \frac{\text{prob}(F \mid E)\,\text{prob}(E)}{\text{prob}(F)}$$

分母也可以用条件概率来表示。因为:

$$\text{prob}(F) = \text{prob}(E \cap F) + \text{prob}(\sim E \cap F)$$

我们有:

$$\text{prob}(F) = \text{prob}(E \mid F)\,\text{prob}(E) + \text{prob}(F \mid \sim E)\,\text{prob}(\sim E)$$

但为了避免烦琐的表示,我们通常不用这个公式。

贝叶斯法则可以由下面的事实得到,

$$\text{prob}(E \mid F)\,\text{prob}(F) = \text{prob}(E \cap F) = \text{prob}(F \mid E)\,\text{prob}(E)$$

这不过是条件概率定义的一个变形罢了。这种形式可以简洁地表示事件发生频率之间的算术关系。然而当我们将研究范围由观察频率而得的客观概率扩展到第 13.3 节引入的主观概率时,需要对信奉贝叶斯法则的理由重新进行考虑。

13.2.2 考试中的瞎猜

参加选择题测试的学生要在 m 个选项中选择一个正确答案。这些测试者要么是啥也不懂随便瞎猜,要么是全知全能肯定答对。如果全知全能的学生比例是 p,那么在答对的人中瞎猜的人所占比例是多少?

我们要计算 $\text{prob}(\text{瞎猜} \mid \text{答对})$,贝叶斯规则告诉我们:

$$\text{prob}(\text{瞎猜} \mid \text{答对}) = \frac{\text{prob}(\text{答对} \mid \text{瞎猜})\text{prob}(\text{瞎猜})}{\text{prob}(\text{答对})}$$

因为那些不懂的学生随便瞎选,因此 $\text{prob}(\text{答对} \mid \text{瞎猜}) = 1/m$。我们已知啥也不懂的学生的比例是 $\text{prob}(\text{瞎猜}) = 1 - p$。那么答对的概率 $\text{prob}(\text{答对})$ 是多少?

采用下面的技巧我们可以避开直接计算分母。记 $c = 1/\text{prob}(\text{答对})$,则:

$$\text{prob}(\text{瞎猜} \mid \text{答对}) = c(1 - p)/m$$

利用 $\text{prob}(\text{答对} \mid \text{全知全能}) = 1$ 和 $\text{prob}(\text{全知全能}) = p$,可以得到:

$$\text{prob}(\text{全知全能} \mid \text{答对}) = cp$$

然后用下面的公式计算 c:

$$\text{prob}(\text{瞎猜} \mid \text{答对}) + \text{prob}(\text{全知全能} \mid \text{答对}) = 1$$

我们知道 $c(1 - p)/m + cp = 1$,因此 $c = m/(1 - p + pm)$。那么:

$$\text{prob}(\text{瞎猜} \mid \text{答对}) = \frac{1 - p}{1 - p + pm}$$

如果选项有三个,并且这个 100 人的班级中只有一个全知全能者,则 $m = 3$, $p = 0.01$。如果一个学生选择了正确答案,那么有 0.971 的可能他是瞎猜的。

13.2.3　最后一次对蒙提·霍尔问题的讨论

我们回到第 3.1.1 节的蒙提·霍尔问题,用贝叶斯更新方法对 3.3.3 节提出的不完全信息博弈进一步加以讨论。

图 13.1(a) 给出在疯帽匠打开盒 1 并表明它是空的之后,爱丽丝知道博弈到达了 R 中两个节点当中的一个。要么是左节点 l,要么是右节点 r。

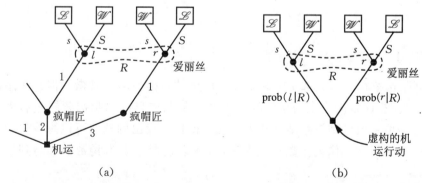

子博弈只能从单一的信息集出发,但图 13.1(b) 给出在不完美信息博弈中如何利用逆推法找到子博弈起点的虚拟的**机运**的行动。

图 13.1　在蒙提·霍尔博弈中对右边的信息集进行更新

爱丽丝不知道她是在 l 还是在 r，因此她计算出反映她到达 R 后的判断，概率 $\text{prob}(l \mid R)$ 和 $\text{prob}(r \mid R)$。她可以利用条件概论理论，但多数人倾向采用贝叶斯规则：

$$\text{prob}(l \mid R) = c\text{prob}(R \mid l)\text{prob}(l) = c\text{prob}(l)$$
$$\text{prob}(r \mid R) = c\text{prob}(R \mid r)\text{prob}(r) = c\text{prob}(r)$$

其中 $\text{prob}(R \mid l) = \text{prob}(R \mid r) = 1$，因为如果她在节点 l 或节点 r 处，她肯定知道自己在信息集 R。利用 $\text{prob}(l \mid R) + \text{prob}(r \mid R) = 1$ 可以算出 c。因此 $c = 1/(\text{prob}(l) + \text{prob}(r))$。

计算出无条件概率 $\text{prob}(l)$ 和 $\text{prob}(r)$，我们得到[①]：

$$\text{prob}(l \mid R) = \frac{\text{prob}(l)}{\text{prob}(l) + \text{prob}(r)} = \frac{p}{1+p}$$

$$\text{prob}(r \mid R) = \frac{\text{prob}(r)}{\text{prob}(l) + \text{prob}(r)} = \frac{1}{1+p}$$

其中 p 是爱丽丝对**机运**将奖金放在盒 2 中但疯帽匠打开了盒 1 的先验的主观概率。

图 13.1(b) 指出，爱丽丝对信息集 R 中节点 l 和 r 的后验概率可以视作由**机运**引发的虚拟博弈的概率。在这个虚拟博弈中爱丽丝在看到盒 1 是空的时，爱丽丝对是否改变主意所做的决策。

寻找子博弈完美均衡的工作好像在一个完美信息博弈中进行似的。为了找到爱丽丝在 R 的最优选择，我们采用处理子博弈的一般方法分析这个虚拟的子博弈（第 14.3 节）。如果 l 发生的概率比 r 大，为了使她获得奖金的可能性最大，爱丽丝将选择策略 S（也就是仍旧选择盒 2）。如果她觉得 r 的概率比 l 大，她会选择策略 s（此时她放弃盒 2，改选盒 3）。

但只要 $p < 1$ 就有 $\text{prob}(l \mid R) < \text{prob}(r \mid R)$。除非 $p = 1$，爱丽丝在 R 总是宁愿改变主意。

13.2.4　无意义的选票

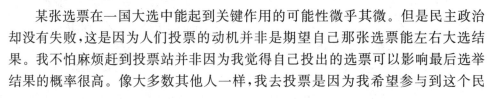

某张选票在一国大选中能起到关键作用的可能性微乎其微。但是民主政治却没有失败，这是因为人们投票的动机并非是期望自己那张选票能左右大选结果。我不怕麻烦赶到投票站并非因为我觉得自己投出的选票可以影响最后选举结果的概率很高。像大多数其他人一样，我去投票是因为我希望参与到这个民

→ 13.3

---

① 博弈到达 l 的充要条件是**机运**将奖金放在盒 2 中，而疯帽匠打开了盒 1。第一个事件发生的概率是 $1/3$，即 $\text{prob}(l) = p/3$。博弈到达 r 的充要条件是**机运**将奖金放在盒 3 中，主持人打开了盒 1，这样 $\text{prob}(r) = 1/3$。

主进程中。不过一旦我费时费力地跑去投票站,我就会尽可能让我那张选票的效力最大化。也就是说把我的选票会左右大选结果这种几乎不可能的事件当成真的,因为如果一旦这样的小概率事件发生,我的选票将给大选带来不一样的结果。

为了说明博弈专家如何对投票进行推理,我们假设选举在爱丽丝和鲍勃之间进行。潘多拉是五个选民中的一个。另外两个选民是爱丽丝的妈妈和爸爸,无论怎样他们总要投票给爱丽丝。潘多拉和另外两个选民希望更优秀的候选人当选。潘多拉该投票给谁?

除非潘多拉那张选票能起到决定作用,否则投给谁都无所谓。因此只有她认为在另外两个选民都投票给鲍勃时她才会去投票。如果她认为鲍勃更合适,她就会和他们一样投票给鲍勃。但如果她觉得爱丽丝更合适会怎样呢? 在投票给爱丽丝之前,她会问一下自己,**为什么**其他的自由选民会选择鲍勃? 除非她有理由认为自己的消息更可靠,她仍可能以概率 p 投票给鲍勃。

用一个简单的模型进行说明。假设**机运**以 $\frac{1}{2}$ 的概率选择事件 A 或事件 B。事件 A 表示爱丽丝更优秀,事件 B 表示鲍勃更优秀。

投票者知道一些候选人的事,但他们的消息可能有误。事件 A 发生时,选民收到信息 a 的概率是 $\frac{2}{3}$,收到信息 b 的概率是 $\frac{1}{3}$。事件 B 发生时,选民收到信息 a 的概率是 $\frac{1}{3}$,收到信息 b 的概率是 $\frac{2}{3}$。这些信息彼此独立。

假定其他的自由选民在收到信息 b 时总投票给鲍勃,收到信息 a 时以概率 p 投票给鲍勃,那么当潘多拉收到信息 a 时,她会把选票投给谁?

如果用 β 表示选民投票给鲍勃,潘多拉收到信息 a 后,她的选票将起决定作用的事件可以表示成 $a\beta\beta$。为了做出决定,潘多拉需要用贝叶斯规则来找到条件概率大的那个。[①]

$$\mathrm{prob}(A \mid a\beta\beta) = c\, \mathrm{prob}(a\beta\beta \mid A)\mathrm{prob}(A) = c\,\frac{2}{3}\left(\frac{2}{3}p+\frac{1}{3}\right)^2\frac{1}{2}$$

$$\mathrm{prob}(B \mid a\beta\beta) = c\, \mathrm{prob}(a\beta\beta \mid B)\mathrm{prob}(A) = c\,\frac{1}{3}\left(\frac{1}{3}p+\frac{2}{3}\right)^2\frac{1}{2}$$

考虑两种情形。在第一种情形中,潘多拉知道其他两个自由选民没有意识到他们选票的作用,除非他们的选票是那张关键票。他们仅根据自己的信息选择候选人。因此 $p=0$,并且 $\mathrm{prob}(A \mid a\beta\beta) < \mathrm{prob}(B \mid a\beta\beta)$。结果是,潘多拉总是投票

---

① 注意,$\mathrm{prob}(a\beta\beta \mid A) = \mathrm{prob}(a \mid A)\{\mathrm{prob}(\beta \mid A)\}^2$,并且 $\mathrm{prob}(a \mid A) = \frac{2}{3}$,$\mathrm{prob}(\beta \mid A) = \mathrm{prob}(\beta \mid a, A)\mathrm{prob}(a \mid A) + \mathrm{prob}(\beta \mid b, A)\mathrm{prob}(b \mid A) = p \times \frac{2}{3} + 1 \times \frac{1}{3}$。我们不需要计算 c。如果要算的话,我们只需利用 $c^{-1} = \mathrm{prob}(a\beta\beta) = \mathrm{prob}(a\beta\beta \mid A) + \mathrm{prob}(a\beta\beta \mid B)$,或者 $\mathrm{prob}(A \mid a\beta\beta) + \mathrm{prob}(B \mid a\beta\beta) = 1$ 就能算出。

给鲍勃——哪怕她自己的消息表明爱丽丝更优秀。如果觉得这个结果有点荒谬，那换个角度想一下，只有当另外两个选民的信息有利于鲍勃时，潘多拉的决定才是关键的，此时对鲍勃有利的信息是 2 比 1。

第二种情形假设所有的自由选民都是博弈专家，并且这是共同知识。为了找到相应的混合策略均衡，假定 prob$(A \mid a\beta\beta)$ = prob$(B \mid a\beta\beta)$，该式在 $p \approx 0.32$ 时成立（本章练习 8）。当潘多拉收到有利于爱丽丝的消息时，潘多拉将以略小于三分之一的概率投票给鲍勃。

博弈论批评家对这个结果不以为然。策略投票不能令人满意，但是随便乱投票结果肯定更差。不过圣人康德这次总算站在我们这边了。如果除了爱丽丝的父母之外所有的自由选民都像博弈专家那样投票，较好的候选人被选上的概率大约是 0.65。如果所有自由选民都根据收到的信息投票，不仅结果不稳定，而且优秀候选人当选的可能性仅为 0.63（本章练习 9）。

13.3　贝叶斯理性

如果贝叶斯理论仅仅是有关如何利用贝叶斯规则更新概率，那它不可能这么重要。它也可以用于我们对将来发生事情的概率不知情的时候。本节介绍如何对冯·诺依曼—摩根斯坦定理进行扩展以适用于这种情形。

→ 13.4

13.3.1　风险和不确定性

当"**机运以客观概率选择行动**"时，经济学家说他们面临着**风险**。转动轮盘就是最典型的例子。对一个标准的轮盘，球将等可能地停在 0 到 36 这 37 个槽中的任意一个上。通过多次旋转轮盘然后记下每个槽获胜的频率来验证这些槽是等可能的。这些频率就是我们计算每个数字客观概率的基础。如果在 100 次旋转中数字 7 出现了 50 次，那每个人都会怀疑庄家关于每个数获胜概率都是 $\frac{1}{37}$ 的说法。

当经济学家不想用一个合适的数字来表明**机运**行动的概率时，他们称之为**不确定性**。不同的人倾向于不同的概率，有时他们也把这种情形称为"**模棱两可**"。赌马就是一个典型的例子。

因为比赛只进行一次，所以人们无法在来年的赛马大会上观察到赛马"闪电"赢得比赛的频率。你也无法从赛马场提供的赔率得到每匹马获胜的概率。就算赌马经纪人知道这个概率，他们也会出于自身利益故意误导你。尽管如此，人们还在赌马，他们也会去相亲，他们跳槽、结婚，将钱投到那些不成熟的技术上，他们试图证明一些定律。在不确定环境中，我们怎么来评价理性选择呢？

在第 4.2 节中，经济学家构造了一个修改过的显示偏好理论的例子。正如潘多拉在超市购物可以显示她的偏好，她对不同的赛马下注揭示了她的**偏好**以及她的判断。

13.3.2　显示偏好和判断

决策函数 $f: A \times B \to C$,对 $A \times B$ 上的二元组 (a, b) 指定 C 中的一个值,满足 $c = f(a, b)$。如果世界的状态是 b,潘多拉选择了行动 a,那么结果就是 $c = f(a, b)$。潘多拉**知道**,B 是目前可能状态的集合。她的判断告诉她哪个状态更可能发生。

用 a 表示潘多拉在赛马大会中对赛马"闪电"下注这个行动。用 E 表示"闪电"获胜的事件,$\sim E$ 表示它没有获胜。结果 $\mathscr{L} = f(a, \sim E)$ 表示它输掉比赛时潘多拉的得益,$\mathscr{W} = f(a, E)$ 表示如果它获胜时潘多拉的得益。

可以用一张表概括她的行动 a:

$$a = \begin{array}{|c|c|} \hline \mathscr{L} & \mathscr{W} \\ \hline \sim E & E \\ \hline \end{array} \qquad (13.1)$$

赌马的例子表明为什么行动 a 的结果可以用定义在 $B \to C$ 上的函数 $c = G(b) = f(a, b)$ 确定下来。如果我们这样来看一个行动,就称它为**赌博**。

因为无法获得世界各种状态的客观概率,冯·诺伊曼和摩根斯坦的理论并不适用于赛马的例子。但通过将图 4.6 中第一行按照下面的方式修改,他们的理论可以从研究风险扩展到研究不确定性。

$$\mathbf{G} = \begin{array}{|c|c|c|c|c|} \hline w_1 & w_2 & w_3 & \cdots & w_n \\ \hline E_1 & E_2 & E_3 & \cdots & E_n \\ \hline \end{array} \sim \begin{array}{|c|c|c|c|c|} \hline w_1 & w_2 & w_3 & \cdots & w_n \\ \hline p_1 & p_2 & p_3 & \cdots & p_n \\ \hline \end{array} \qquad (13.2)$$

新的那行表明,潘多拉把一个赌局 $\mathbf{G}$ 看成是彩票 $\mathbf{L}$,$p_i = \mathrm{prob}(E_i)$ 表示潘多拉对事件 E_i 的主观概率。

如果潘多拉的主观概率 $p_i = \mathrm{prob}(E_i)$ 不随赌局 $\mathbf{G}$ 而变换,我们就可以用第 4.5.2 节的方法找到她的冯·诺伊曼—摩根斯坦效用函数 $u: \Omega \to \mathbb{R}$。她的行为就**好像**在相应的主观概率 $p_i = \mathrm{prob}(E_i)$ 下,使下面的期望效用最大化:

$$Eu(\mathbf{G}) = p_1 u(\omega_1) + p_2 u(\omega_2) + \cdots + p_n u(\omega_n)$$

贝叶斯理性用一种特定的方式将你的判断和你的偏好区分开来。博弈理论假定所有的博弈方都具有贝叶斯理性。我们需要知道的是博弈方在不同结果下的冯·诺依曼—摩根斯坦效用以及他们对**机运**每个行动的主观概率。

13.3.3　荷兰赌(Dutch Books)

为什么潘多拉将赌局 $\mathbf{G}$ 看成和彩票 $\mathbf{L}$ 一样?如何找到她的主观概率测度?

→ 13.4

为什么对任何赌局 **G** 这个概率测度应该相同？

为了运用显示偏好公理，我们需要假定潘多拉的行为是**稳定**和**一致**的。第 4.2.1 节的金钱泵的例子说明了一致性的重要。当赌局中遇到这种情形，我们说这是一个荷兰赌，而不再采用金钱泵的说法。

对经济学家来说，进行荷兰赌就和传说中的炼金师能点石成金一样。不过你不需要那些物理学家，也不需要昂贵的设备，就可以制造这个"经济学家之石"。你所需要的就是两个人关于某些事情发生概率的不同看法。

假设亚当确信赛马"闪电"在赛马大会中获胜的概率是 $\frac{3}{4}$。夏娃确信这个概率只有 $\frac{1}{4}$。不论赌注多么小，亚当都会接受关于"闪电"会赢的优于 $1:3$ 的赔率。夏娃将接受"闪电"会输的任何优于 $1:3$ 的赔率。[1]赌马经纪人可以设下一个荷兰式赌局，他用 1 美分以赔率 $1:2$ 和亚当赌，同时他也用 1 美分以赔率 $1:2$ 和夏娃赌。无论赛马的结果如何，经纪人总会输 1 美分给其中一个人，但却从另一个人那里赢回 2 美分。

这就是那些赌马经纪人如何赚钱的秘密。这并不是一个疯狂的赌局，他们希望他们的客户进行思考，他们只在有把握的事情上下注。

避免陷入荷兰赌。为了在第 13.3.2 节中合理地引进主观概率，我们假定潘多拉的选择充分揭示了她在足够多的一系列赌博中的理性偏好。

具有完全的偏好需要做出以下假定，只要能够让她自主选择作为赌局的经纪人一方，或是赌徒一方，潘多拉从不拒绝任何一场赌博。理性的意思是说没有人能针对她设下荷兰式赌局。

按照安斯康柏（Anscombe）和奥曼（Aumann）的方法，假设赌局包括第 4.5.2 节提到的所有彩票。然后研究存在风险时冯·诺依曼和摩根斯坦的理性选择理论。这使得方程(13.2)有意义，我们也能用扑克筹码来表示潘多拉的冯·诺依曼—摩根斯坦效用函数的单位。我们允许以筹码计价的复合赌局。

复合赌局是对简单赌局中哪一结果会出现进行的赌博：

$$
G = \begin{array}{|c|c|c|c|c|}
\hline
w_1 & w_2 & w_3 & \cdots & w_n \\
\hline
E_1 & E_2 & E_3 & \cdots & E_n \\
\hline
\end{array}
$$

例如，经纪人就事件 E 是否发生开出 $x:1$ 赔率。对所有的类似赌局，潘多拉自主选择是做赌徒还是做经纪人。如果当 $x = a$ 时她选择做经纪人，当 $x = b$ 时她选择做赌徒，那么必须有 $a \leqslant b$。否则在第 13.3.2 节中针对亚当和夏娃的荷兰赌就会在这里被用来对付潘多拉。

如果潘多拉不是一直选择做经纪人或赌徒，[2]那我们就可以找到赔率 $c:1$，当

---

[1] 假设他们的冯·诺依曼—摩根斯坦效用函数是光滑的。

[2] 如果是的话，那么当她对事件 E 的主观概率 $p = 0$ 时她总是选择做经纪人。如果她的主观概率 $p = 1$ 时 她总是选择做赌徒。

$x < c$ 时她做经纪人,当 $x > c$ 时她做赌徒。这样做的结果就好像她认为事件 E 发生的概率是 $p = 1/(c+1)$ 一样。我们称 p 是她关于事件 E 的主观概率。

如果事件 E 在其他赌局中出现,潘多拉必须仍旧认为这个概率是 p。否则就会有人利用她对事件 E 发生概率看法的不同设下荷兰赌。潘多拉必须小心按照标准的概率法则使用她的主观概率,以避免其他针对她而设下的荷兰赌。

我们假设潘多拉具有贝叶斯理性。

13.3.4 先验概率和后验概率

如果潘多拉要避免荷兰赌,她必须遵守和条件概率有关的那些概率法则。她的主观概率必须服从贝叶斯规则。正是因为这个原因,人们采用贝叶斯的名字来命名贝叶斯理性规则。[1]人们认为利用新的信息进行推理是理性行为的一个重要方面,贝叶斯更新就是贝叶斯决策理论中如何利用新信息进行推断的那部分内容。

当我们讨论这类推断时经常用到**先验**概率和**后验**概率的说法。经济学家问你先验概率时,他是让你在某些事发生前量化你的判断,后验概率是在这些事发生后量化你的判断。

抛硬币。 一个不均匀的硬币出现正面的概率是 p。你关于 p 的先验概率是 $\mathrm{prob}\left(p = \frac{1}{3}\right) = 1 - q$ 和 $\mathrm{prob}\left(p = \frac{2}{3}\right) = q$(假定 p 只取 $\frac{1}{3}$ 或 $\frac{2}{3}$)。在观察的 $N = n + m$ 次抛硬币中,出现 m 次正面 n 次反面(记作事件 E)后,你的后验概率是什么?根据贝叶斯法则[2]:

→ 13.4

$$\mathrm{prob}\left(p = \frac{2}{3}\,\Big|\,E\right) = c\,\mathrm{prob}\left(E\,\Big|\,p = \frac{2}{3}\right)\mathrm{prob}\left(p = \frac{2}{3}\right) = \frac{2^m q}{2^m q + 2^n(1-q)}$$

$$\mathrm{prob}\left(p = \frac{1}{3}\,\Big|\,E\right) = c\,\mathrm{prob}\left(E\,\Big|\,p = \frac{1}{3}\right)\mathrm{prob}\left(p = \frac{1}{3}\right) = \frac{2^n(1-q)}{2^m q + 2^n(1-q)}$$

如果 $m \approx \frac{2}{3}N$ 并且 $n \approx \frac{1}{3}N$ 会怎样,这是否说明正面出现的频率接近 $\frac{2}{3}$?如果 N 很大,这一事实表明正面出现的客观概率约为 $\frac{2}{3}$。你的关于 $p = \frac{2}{3}$ 的后验概率接近于 1,因为:

---

[1] 他可能对于在他死后将理性决策的整个理论用他的名字来命名而感到惊讶。这个理论事实上是多年来经由多位学者共同构建的,其中包括弗兰克·拉姆齐(Frank Ramsey)和伦纳德·萨维奇(Leonard Savage)。

[2] 二项式分布告诉我们,如果正面出现的概率是 p,在 $m+n$ 次投掷中出现 m 次正面这一事件的概率是 $(m+n)!\,p^m(1-p)^n/m!n!$。

$$\text{prob}\left(p = \frac{2}{3}\,\bigg|\,E\right) \approx \frac{q}{q + (1-q)2^{-N/3}}, \text{当 } N \to \infty \text{ 时}$$

这个例子说明了主观概率和客观概率的关系。除非你事先认为 $p = \frac{2}{3}$ 发生的概率为 0，不然在看到多次独立试验后，你关于 p 的后验概率将以很大的可能接近 1(本章练习 15)。

13.4　建立正确的模型

如果要求避免陷入荷兰赌，第 4.8.3 节关于一致性的论断就难以维持。不过，以贝叶斯决策理论应用失败为借口来挑剔贝叶斯一致性要求的企图通常无法成功——我们将发现，不是一致性要求不合理，而是对决策问题建立了不正确的模型。

优雅的礼仪。 阿玛蒂亚·森(Amartya Sen)指出，人们不会拿碗里最后 1 个苹果。当碗里只有 1 个苹果时，人们揭示了没有苹果好于 1 个苹果的偏好；但当碗里有 2 个苹果时，人们的偏好又反转了过来。这显然是不一致的。

支持这种说法的数据都来自讲礼仪的人——在潘多拉的选择中也类似。潘多拉的判断空间 B 必须能让她意识到她不能随心所欲地从碗里拿苹果，而要遵守社会的礼仪。她的结果空间 C 必须让潘多拉明白她需要考虑长期声誉，而不能仅仅满足于苹果带来的一时之快。否则，我们就无法把她因行为粗鲁而招致同伴的轻视考虑到模型中。

这样，认为潘多拉的行为违反显示性偏好理论中的一致性假定的说法就不成立了。她很喜欢吃苹果，如果没有违反礼仪的话她就会拿上 1 个，但是如果违反了礼仪，她就不会拿。

酸葡萄。 森的例子告诉我们在应用贝叶斯决策理论之前对选择问题建立合适的模型非常重要。因为一致性假设其实是说理性博弈方临 $f: A \times B \to C$ 上的选择问题，而且针对 A, B, C 的操作不允许影响到其他区域上的操作。

比如，伊索寓言中那只狐狸仅仅因为它无法吃到葡萄就认为葡萄是酸的就是不理性的。因为此时它允许区域 B 中的判断受到区域 A 中可以采取行动的影响。如果它认为鸡肉比葡萄好吃因此它就可以吃到，那么它在 A 中的行动就受到 C 中偏好的影响。同样的想法可能会让它觉得能吃到的葡萄一定是甜葡萄，因为甜葡萄比酸葡萄好吃，或者它会想酸葡萄比甜葡萄好吃，因为它能吃到的葡萄是酸葡萄。在这两种情形中，它无法将区域 B 中的判断和区域 C 中的偏好区分开来。

如果 A、B 和 C 的内容本身有所关联，这种非理性就无法避免。考虑 A 和 C 可能有关联的一个例子，假设在下棋时潘多拉拒绝了对方要求平局的请求，结果她却输了。如果对方没有求和的话她可能没有这么难过，此时如果设 $C = \{\mathscr{L}, \mathscr{D}, \mathscr{W}\}$ 那就

→ 13.5

错了。至少我们要将拒绝求和请求后的输棋和没有拒绝求和请求后的输棋加以区分。也就是说，如果有必要，到达结果的方式必须被包含在结果的定义中。

A 与 B 之间存在关联，和 B 与 C 之间存在关联一样会出现问题。例如，在小镇展会上的奖品是雨伞和蛋筒冰激凌，可能的状态是**晴天**或者**下雨**。毫不奇怪，潘多拉对奖品的偏好与她对天气的判断有关。如果是这样，这时奖品本身就不能作为 C 中的对象。一旦她这样做，当天气变化时，潘多拉的偏好仿佛是在雨伞和蛋筒冰激凌之间摇摆不定，我们就无法得到显示性偏好理论所需要的**稳定**的偏好。在这种情况下，我们要用潘多拉的**心态**来定义 C。不是单单将雨伞作为结果，而是要结合潘多拉的心态，也就是说将拥有晴天的雨伞和拥有雨天的雨伞作为结果。

当采用这种方法时，批评者会批评说对理论的陈述就像是在重复的唠叨。不过，正如第 1.4.2 节所指出的，这种指控令人费解，因为我们完全是按照命题的真实含义来阐述的。

警告。如果我们用策略形式对爱丽丝和鲍勃之间的交流建模，那么爱丽丝的结果空间 C 是由得益矩阵中的元素构成的集合。她的行动空间 A 是行所构成的集合。因为她不知道鲍勃打算采取什么行动，她的判断空间 B 是列所构成的集合。

如果我们希望运用正统的决策理论，爱丽丝和鲍勃之间的交流一定不能使 A，B，C 之间存在没有纳入模型的联系。如果存在未被纳入模型中的联系，最好重建一个更复杂的模型以消化这些关联。

比如，图 5.11 不是斯塔克伯格模型正确的策略形式，因为它并没有考虑到鲍勃在行动前就知道爱丽丝的行动这个事实。经济学家通过引入非标准的斯塔克伯格均衡绕开了这个问题（第 5.5.1 节），但博弈专家喜欢图 5.12(a) 的模型，在这个模型中鲍勃的策略空间考虑到被图 5.11(c) 所忽略的联系。只有这样，我们才可以运用标准的理论进行分析。

13.5 科学归纳法？

我们曾提过客观概率和主观概率。哲学家们喜欢第三种说法。**逻辑**概率指的是现有证据支持某命题正确这一判断的程度。

逻辑概率理论可以解决有关科学归纳法的古老问题。我的男朋友真的爱我吗？宇宙是无限的吗？只需将收集到的证据输入计算机，利用逻辑概率理论编写的程序会自动算出合适的概率。

→ 13.6

贝叶斯主义者认为，贝叶斯决策理论中的主观概率能够毫无争议地用逻辑概率重新加以表述。贝叶斯主义者因此认为贝叶斯法则解决了科学归纳法的问题。

13.5.1 先验概率来自哪里?

如果贝叶斯法则解决了科学归纳法的问题,那么用新信息来更新你的判断就和膝跳反射一样简单。但作为推论起点的先验概率是多少? 它们从何而来?

哈萨尼教条。有时人们觉得理性人天生就知道先验概率。哈萨尼甚至考虑用实验来确定这些理性的先验概率。你可以想象有一张无知的面纱遮住你已经获得的信息。哈萨尼认为,这种无知状态下的完美理性人都将选择同样的先验概率。博弈专家们称之为哈萨尼教条(第 12.8.2 节)。但就算哈萨尼是对的,我们这些凡人又如何知道这个先验概率是多少呢? 因为没有人知道它是多少,先验概率一定是用更平凡的方式找到的。

不充分理由原则。贝叶斯统计学家们运用过去的经验选择先验概率。贝叶斯物理学家喜欢用熵最大化的方法来找先验概率。此外人们还采用拉普拉斯的不充分理由原则。该原则认为如果没有理由认为某件事更可能发生的话,就指定两件事的概率相同。但这个原则比较含糊。

如果潘多拉对比赛中三匹赛马的情况都不了解时,如何指定她的先验概率? 不充分理由原则能否告诉我们给每匹马都指定 $\frac{1}{3}$ 的先验概率? 或者因为潘多拉毫无理由的认为赛马"闪电"更可能获胜而赋予它 $\frac{1}{2}$ 的概率?

13.6 构建先验概率

当无法得到客观概率时,而且逻辑概率理论尚未完善时,怎么办? 我们采用**主观概率**。

我们对潘多拉如何将她关于世界的经验转换成为主观概率的过程并不了解,我们只能说后者反映了她"心底的感觉"。但如果她认为内心的感觉从不会出错,那她未免不够理性。人类内心的想法经常使人困惑而且也不一致。明白了判断的这个缺点,明智的人就会对他们不太确信的观点进行修改,直到他们觉得更有把握。

萨维奇认为他的理论是完成这一工作的有用工具。在第 4.8 节中,他对阿莱的回应表明了他的态度。当阿莱指出他的选择不一致时,萨维奇意识到他内心的不理性,因而对自己的行为进行了修正。同样,如果你打算接受 96×69 美元,而不是 87×78 美元,那么当你意识到它与 $96 \times 69 = 6\,624$ 和 $87 \times 78 = 6\,786$ 这个判断不一致时,你将会改变主意(第 4.8.3 节)。

那么萨维奇是怎样形成先验概率的? 他脑中闪过一个观点,如果有较多而不是较少证据能够支持这个观点的话,他心里可能认为这是正确的。对将来的每件事,他都会这样问自己,"如果经历了这些事**之后**,我内心的主观概率是什么?"很可能这些后验概率彼此不一致,那么他会调整脑海中的想法直到达成一致。①只有这时他才对内心的想法给出了公正的判断。

虽然萨维奇的一致性公理被认为比荷兰赌的例子更为深奥,但它们能得到相同的理论。特别是一致性要求所有后验概率能够从**相同**的先验概率利用贝叶斯规则导出。在对初始判断进行调整并达到一致之后,萨维奇就可以按照贝叶斯规则那样做——不过他采用的推理几乎和贝叶斯主义者正好相反。萨维奇不是在他一无所知时就机械地由先验概率推导后验概率,他利用后验概率推导出先验概率。

萨维奇并非没有考虑运用这个信息过程的困难。如果所考虑的未来事件的集合很大,那这个过程显然不切实际。因此他说这个理论只适用于所谓的小世界。

13.6.1 小世界

萨维奇在很多不同场合用"可笑"和"荒谬"表达了他对贝叶斯主义者所主张的贝叶斯理论的前提假设的看法。他认为明智的做法是只在"**小世界**"背景下运用他的理论。就连我们建立信息集假设时所基于的知识理论也只有在小世界中才有意义(第12.3.1节)。

对萨维奇来说,在小世界里你总是可以做到"行动前仔细观察"。潘多拉可以在**事前**考虑将来所有信息对她内心想法的影响。任何将来可能发现的初始模型的错误**提前**得到了纠正,因此不会出现任何意外。

在大世界中,人们可能"遇到一个问题才想到要去解决"。可能遇到意外说明初始模型忽略了一些不该被忽视的细节。像膝跳反射那样自然的事情,现在可能不一定成立。如果潘多拉坚持在输家身上下注,并保持行动的一致,那么从长远看她会输掉更多钱。如果她改变策略在胜者身上下注,哪怕这会使她暂时被置于荷兰赌的境地,但最终将使她受益。

也许潘多拉最初在那个贝叶斯主义者所描绘的大世界中选择了先验概率,但之后获得了一些未曾预料到的信息。如果她不去置疑之前选择先验概率的原则,难道不是太傻了吗? 如果她的怀疑足以动摇以前的判断,那她为什么不放弃原先的先验概率,然后在一个更合适的标准下重塑她的先验概率? 我想不出她不这么做的理由。但这时潘多拉不能用贝叶斯法则更新她的判断。

艾斯伯格悖论(Ellsberg's Paradox)。罐子中有 300 个球,其中 100 个是红色的。其余 200 个要么是黑色的要么是白色的,但我们不知道它们的比例。随机抽取一个球,根据球的颜色分别用 R,B,W 表示三个可能事件。根据图 13.2 给出的赌局,选出你偏好的那个。

---

① 卢斯(Luce)和雷法(Raiffa)的《博弈和决策》(*Games and Decisions*)中的很多精彩观点都被遗忘了(第 4.10 节)。在这个问题上他们说,"一旦面临不一致,人们会修正他们最初的想法以保持一致。考虑这样的过程——做出最初的判断,检查一致性,修正,再检查一致性,等等——直到最后获得真实的先验概率"。

J =	1 百万美元	0 百万美元	0 百万美元
	R	B	W

K =	0 百万美元	1 百万美元	0 百万美元
	R	B	W

L =	0 百万美元	1 百万美元	1 百万美元
	R	B	W

M =	1 百万美元	0 百万美元	1 百万美元
	R	B	W

为了更具戏剧性,奖金的计量单位是百万美元。

图 13.2 艾斯伯格悖论中的彩票

贝叶斯理论认为该例子中 $prob(R) = \frac{1}{3}$,并且 $prob(B) = prob(W)$。这表明偏好满足 **J**~**K** 以及 **L**~**M**。不过多数人会倾向于下面的偏好,即 **J** ≻ **K** 和 **L** ≻ **M**,此时他们将面临荷兰赌。他们无法用主观概率来评估这三个事件,因为 **J** ≻ **K** 等价于 $prob(R) > prob(B)$,而 **L** ≻ **M** 等价于 $prob(B) > prob(R)$。

人们更喜欢结果 **J** 而不是 **K**,因为 $prob(R)$ 已经明确但 $prob(B)$ 却没有。同样他们喜欢结果 **L** 而不是 **M**,因为 $prob(B \cup W)$ 是客观确定的,但概率 $prob(R \cup W)$ 却不是。这个悖论给出了人们讨厌不确定性的一个例子。

我个人认为,在大世界中进行决策的人厌恶不确定性是合情合理的。谁知道幕后有什么肮脏交易存在(本章练习 23)? 的确,艾斯伯格悖论可能是小世界中会碰到的问题,但人们遇到具体问题时很可能无法区分大世界和小世界。他们的选择只不过是他们生活在大世界中形成的本能反应。

13.7 博弈中的贝叶斯理性

博弈论中用到简单的模型几乎都发生在人为定义的小世界中。因此,我们可以放心地使用贝叶斯决策理论而不必顾忌萨维奇的忠告,那就是不要在大世界中使用他的理论。但必须谨慎,不要将在小世界中得到的博弈论定理用到大世界中。

13.7.1 主观均衡

→ 13.8

从进化的角度来看,混合均衡概括了大人群中不同策略被采用的客观频率。但是却很难基于理性假说对混合均衡做出合理的解释。如果两个纯策略对你而言是无差异的,那你为什么要在意选择哪个策略呢?

正因为如此,第 6.3 节建议将混合均衡表述成理性博弈方的**判断**,而不是他们实际要采取什么**行动**的预测。如果用这种方式解释均衡,我们称为**主观**均衡。但什么是判断的均衡?

我认为这是又一个需要我们彻底解决科学归纳问题后,才能给出合适答案的问题。不过天真的贝叶斯主义者却根本没有意识到这个问题。在进行猜硬币博弈时,就存在这个问题。亚当的直觉告诉他夏娃选择"正面"或"反面"的主观概率。然后,他选择"正面"或者"反面"以最大化他的期望效用。夏娃也采取同样的行动。但结果却不是一个均衡,那又怎么样?

不能简单地用"亚当认为夏娃认为……"这样的句子来逃避这个问题。在形成他关于夏娃的主观判断的时候,亚当同时还要猜测夏娃是如何形成关于他的主观判断的。他不仅要利用第 13.6 节给出的调整过程修正自己的概率直至达到一致,他还要模仿夏娃进行类似的调整。最后不仅得到亚当关于夏娃策略选择的主观概率,同时也预测夏娃关于他策略选择的主观概率判断。这两个主观概率集必须满足下面的条件,即博弈双方都在他们主观判断的基础上采取了最优的行动。如果是这样,我们就得到一个纳什均衡。否则亚当将面临荷兰式赌局。

13.7.2 共同的先验概率?

我们通常认为**机运**选择各种行动的概率是客观的,但如果我们不是在赌桌上,而是在赌马的话,情况会怎样呢?

那我们必须在模型中加入博弈方关于**机运**的主观判断。主观均衡的有关结论仍然成立。但如果亚当打算避免陷入他关于其他人判断的预期的一个荷兰赌的话,他必须努力产生一个**共同的**先验概率,每个博弈方都基于这个共同的概率利用各自的信息形成后验判断。

但为什么夏娃的先验概率和亚当**一样**呢?在非常复杂的博弈中,只有所有博弈方的内心想法相似时,我们才能指望这个利用信息调整的过程最终可以收敛到同样的结果。不过只有当博弈方具有相同的文化和生活经历时,他们的内心想法才可能相似。换一种说法,只有博弈方是一个联系紧密社区的成员时,才能使他们作为一个全体避免陷入荷兰赌。

这并不是什么新观点。从第 1.6 节我们就一直强调所有博弈方都读过同一本博弈论书是一个共同知识。我们现在所谈论的是冯·诺依曼——或者其他作者——他是怎么根据不同的博弈给出具体的策略建议的。如果他假设所有的博弈方有相同的先验概率,这就仿佛所有的博弈方都有共同的文化背景。

有些作者不同意共同先验概率的假设必须建立在共同文化这一前提上。他们引用第 13.5.1 节的哈萨尼教条,认为共同先验概率成立的唯一前提是博弈方有相同的**理性**。不过我个人认为,只有博弈方通过参考统计资料**客观**地决定他们的先验概率,而且每个人都知道其他人参考了这个统计资料时,我才会做出博弈方具有共同先验概率这一假定。

相关的主观均衡。奥曼在研究主观均衡时提出了一个重要的假设,那就是世界可以被看成一个小世界,在那里博弈方不仅知道纸牌游戏是如何发的,而且还知道所有人的思想和行动。如果爱丽丝是贝叶斯理性的,她就会像在第 6.6.2 节懦夫博弈中采取相关均衡的爱丽丝一样的行动。现在的仲裁人是整个世界,这个信号告诉她要采用特定的行动。然后她利用这个信号中的信息更新她的先验判断。因为她是贝叶斯理性的,她的行动是基于后验判断的最优行动。奥曼关于相关均衡的思想涵盖了一切!

结果不是简单的相关均衡,它需要所有博弈方有共同的先验判断。盲目的采用海萨尼理论通常会排除博弈方就不一致的先验判断达成共识的可能。

13.8 综述

贝叶斯理论认为:

$$\mathrm{prob}(F \mid E) = \frac{\mathrm{prob}(E \mid F)\,\mathrm{prob}(F)}{\mathrm{prob}(E)}$$

在博弈的信息集处计算条件概率非常有用,这个过程被称为贝叶斯更新。在事情发生之前,你关于世界可能状态的概率测度叫作**先验概率**。观测到事件 E 之后,根据贝叶斯更新法则得到的概率叫作**后验概率**。

有时我们需要计算许多像 $\mathrm{prob}(F_i \mid E)$ 这样的条件概率。如果事件 E 发生后,F_1,F_2,$\cdots$,F_n 中有且只有一个事件发生,记作:

$$\mathrm{prob}(F_i \mid E) = c\,\mathrm{prob}(E \mid F_i)\,\mathrm{prob}(F_i)$$

利用公式 $\mathrm{prob}(F_1 \mid E) + \mathrm{prob}(F_2 \mid E) + \cdots + \mathrm{prob}(F_n \mid E) = 1$ 可以计算 c。

贝叶斯理性指的不仅仅是信奉贝叶斯规则。假设博弈方具有贝叶斯理性意味着他们能将判断和偏好分别处理,前者用主观概率测度来衡量,后者用效用函数来量化。在赌局 $\mathbf{G}$ 中,假设事件 E_i 发生你可以得到 ω_i 的奖金,贝叶斯理性博弈方的行动就仿佛在最大化他们的期望效用:

$$\varepsilon u(\mathbf{G}) = p_1 u(\omega_1) + p_2 u(\omega_2) + \cdots + p_n u(\omega_n)$$

其中 $u(\omega_i)$ 是奖金 ω_i 带给他们的冯·诺依曼—摩根斯坦效用,$p_i = \mathrm{prob}(E_i)$ 是他们对事件 E_i 的主观概率。

如果草率地定义集合 B 和集合 C,那你很可能无法将你的判断和偏好区别开。如果你对雨伞和蛋筒冰激凌的偏好取决于那天是下雨还是晴天,你就不能把得到雨伞作为决策问题的可能结果。虽然你可能被认为是啰唆的,你必须将雨天得到雨伞和晴天得到雨伞作为可能的结果来考虑。有时在运用贝叶斯决策理论之前有必要用类似的方式重新定义你的行动。

当我们说潘多拉在下注时揭示了充分而理性的偏好,这到底指什么呢? 最基本的要求是潘多拉的选择要使她避免陷入荷兰赌。**荷兰赌局**的机制是这样的,那就是无论发生什么潘多拉总会蒙受损失。假设潘多拉总愿意参与赌局,并自主选择作为赌局的一方,她的行动必须好像表明每件事都有确定的概率,否则就无法避免陷入荷兰赌。由于缺少客观证据说明某件事发生的可能性,因此说她的下注行动所揭示出的概率是**主观**的。如果还假设潘多拉的行为遵循冯·诺依曼—摩根斯坦理论,我们说她具有贝叶斯理性。

萨维奇利用一组更为复杂的标准得出了相同的结论。他的工作经常被用来作为贝叶斯理论的佐证——他认为贝叶斯更新解决了科学归纳的问题。在小世界中你可以评估将来每一种可能情况,进而形成先验概率,但在小世界以外这种做法就很荒谬。幸运的是在这个意义上,博弈模型通常都建立在小世界中。

贝叶斯主义者告诉你要基于最初的先验概率不断更新,哪怕已有证据表明这个先验概率是建立在一个错误的基础上。哈萨尼学说认为,两个具有相同信息的理性的人将形成同样的先验概率。不充分理由原则是说,除非有理由表明某件事比另一件事更可能发生,否则我们赋予它们相同的先验概率。在运用这三个命题时要非常谨慎。

萨维奇研究了这样一个过程,你通过思考逐渐调整你的最初想法,直到达成一致。这个推理方法也同样适用于**主观均衡**,只要这个博弈方用同样的方法调整他关于其他博弈方对自己看法的判断。结论是,博弈方赋予其他人的判断都可以由**共同的先验概率**导出。但这并不是说所有博弈方具有相同的共同先验概率是一个共同知识。

365

13.9 进一步阅读

The Foundations of Statistics,by Leonard Savage:Viley,New York,1954. 该书的第一部分是贝叶斯理论的经典。第二部分对建立大世界中的决策理论进行了一次不太成功的尝试。

Notes on theTheory of Choice,by David Kreps:Westview Press,London,1988. 该书对这一主题进行了全面阐述。

A Theory of Probability,by John Maynard Keynes:Macmillan,London,1921. 本书是被誉为 20 世纪最伟大的经济学家之一的凯恩斯对创建逻辑概率理论进行的一次不太成功的尝试。①

13.10 练习

1. 玩轮盘赌时 0,1,2,3,…,36 中每个数字出现的机会相同。你在数字 7 下了 1 元钱的赌注,赌场提供了 35:1 的赔率。你预期能赚到多少钱? 当轮盘停下来时,你看到获胜的数字是个位数,此时你的期望收益是多少?

2. 计算第 3 章练习 8 中的概率 $\text{prob}(x = a \mid y = c)$ 和 $\text{prob}(y = c \mid x = a)$。

review

---

① 第 14 章练习 21 给出他的不充分理由原则的一个实例。

3. 世界上一共有 n 个国家，人口分别为 M_1，M_2，$\cdots$，M_n。每个国家左撇子的人数分别是 L_1，L_2，$\cdots$，L_n。随机挑选一个左撇子，他（她）来自第一个国家的概率是多少？

4. 盒子中有1枚金币和2枚银币。从盒子中随机抽取2枚硬币。疯帽匠看到了硬币，但你没看到。然后他给你看其中的1枚硬币，那是1枚银币。在怎样的赔率下，你会和他赌另外那枚硬币是金币？如果这枚银币是从抽出的2个硬币中随机选出来的，此时你会接受怎样的赔率？

5. 盖尔轮盘赌的新例子。玩家知道庄家在轮盘上做了手脚，因此图 3.19 的轮盘显示数字之和始终是 15（第 3 章练习 31）。请说明图 13.3 给出的扩展形式。

a. 已知玩家1选择轮盘2，并且玩家2已经到达中间的信息集，请问玩家2信息集中各个节点出现的概率是多少？

b. 在她每个不同的信息集上，玩家2的最优选择是什么？在图 13.3 的副本上绘出与最优选择相对应的路径。

c. 利用逆推法说明，无论玩家1选择轮盘2还是轮盘3，都可以确保得到2/5。

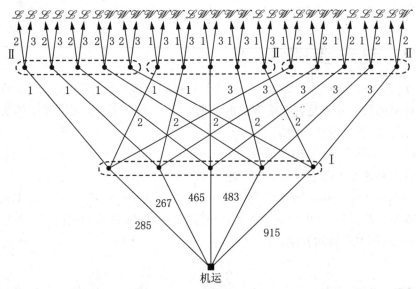

两个博弈方都知道轮盘被做了手脚，因此轮盘指向的数字之和总是15。轮盘停下后指向的数字不再是独立得到的，因此采用机运行动作为单独的起点。

图 13.3　盖尔轮盘赌的扩展形式

6. 根据下面给出的条件重画图 13.3 的信息集。两个玩家都知道玩家1在旋转前就知道轮盘1会停在哪个数字，玩家2在旋转前就知道轮盘2将停在哪个数字。描出玩家2在九个不同信息集的最优选择所对应的路径。用逆推法，绘出玩家1在三个不同信息集的最优反应路径。证明这场赌博肯定可以给玩家1带来

fun

3/5 的收益,如果他始终选择轮盘 2,得益可能会更高。

7. 请解释为什么 $\text{prob}(E) = \text{prob}(E \cap F) + \text{prob}(E \cap \sim F)$ 成立。推导：

$$\text{prob}(E) = \text{prob}(E \mid F)\text{prob}(F) + \text{prob}(E \cap \sim F)\text{prob}(\sim F)$$

设 $F_1, F_2, \cdots, F_n$ 是 E 的划分,用条件概率 $\text{prob}(E \mid F_i)$ 的语言写出 $\text{prob}(E)$ 类似的公式。

8. 计算第 13.2.4 节策略投票中所讨论的概率 $\text{prob}(A \mid a\beta\beta)$ 和 $\text{prob}(B \mid a\beta\beta)$。证明当 $p = \dfrac{2 - \sqrt{2}}{2\sqrt{2} - 1} \approx 0.32$ 时,这些条件概率相等。为什么 p 值与混合均衡相关?

9. 在第 13.2.4 节关于策略投票的讨论中,证明较优秀候选人当选的概率是:

$$q = \frac{1}{2}\left\{1 - \left(\frac{2}{3}p + \frac{1}{3}\right)^3 + \left(\frac{1}{3}p + \frac{2}{3}\right)^3\right\}$$

请证明当 p 的值等于上题给出的值时,这个概率取得最大值。

10. 如果参加投票是因为你的选票会起到关键作用,那么你需要假设很多人将改变他们如何投票的计划。为什么在第 1.3.3 节的孪生子谬误中没有包括这样的假定?

11. 政治评论家们认为支持走中间路线的小党派纯粹是浪费选票,因为它根本没有获胜的机会。请你构建一个简单的模型,每个人都基于自己的选票不会被浪费而进行投票,但结果是**每个人都投票给这个中间路线的小党**,甚至**没有一个人**是因为自己最支持该党而投票给它。

12. 在布什凭借佛罗里达州①几百张选票的优势击败戈尔的那场总统大选中,讨论一个缺乏经验的博弈学者在投票站前考虑是否要投票给纳德的绿党的问题。(纳德认为布什和戈尔一样糟糕透顶,但如果纳德退出大选,大多数支持纳德的选民就会把票投给戈尔。)

13. 经纪人开出 $a_k : 1$ 的赔率赌第 k 匹马会在比赛中获胜。比赛中共有 n 匹赛马,并且:

$$\frac{1}{a_1 + 1} + \frac{1}{a_2 + 1} + \cdots + \frac{1}{a_n + 1} < 1$$

你怎样利用这个难得的机会,设计一个针对经纪人的荷兰赌?

14. 亚当认为民主党在总统大选中胜出的概率为 $\dfrac{5}{8}$。夏娃认为共和党胜出的概率为 $\dfrac{3}{4}$。第三方候选人没有任何获胜机会。他们同意以 $1:1$ 的赔率各拿出 10

---

① 这次大选的真正问题不是你的选票是否有价值,而是你的选票是否被计算在内了。

美元就大选结果打赌。亚当预期能赢多少钱？夏娃呢？

假设亚当和夏娃会接受任何具有非负预期收益的赌局。设计一个针对亚当和夏娃的荷兰赌局。

15. 在第 13.3.4 节中，硬币正面朝上的概率是 p。潘多拉对 p 的先验概率是 $\mathrm{prob}\left(p=\frac{1}{3}\right)=1-q$ 和 $\mathrm{prob}\left(p=\frac{2}{3}\right)=q$。在 $N=n+m$ 次抛硬币中，观察到 m 次正面和 n 次反面的事件（记作 E）后，说明她的后验概率是：

$$\mathrm{prob}\left(p=\frac{2}{3}\,\middle|\,E\right)=\frac{2^m q}{2^m q+2^n(1-q)}$$

$$\mathrm{prob}\left(p=\frac{1}{3}\,\middle|\,E\right)=\frac{2^n(1-q)}{2^m q+2^n(1-q)}$$

如果 $q=\frac{1}{2}$，$N=7$ 和 $m=7$，请问潘多拉对 $p=\frac{2}{3}$ 的后验概率是多少？如果 $q=0$，她的后验概率是多少？

16. 一枚硬币正面朝上的概率是 p。潘多拉对 p 的先验概率是 $\mathrm{prob}\left(p=\frac{1}{4}\right)=\mathrm{prob}\left(p=\frac{1}{2}\right)=\mathrm{prob}\left(p=\frac{3}{4}\right)=\frac{1}{3}$。在 $N=n+m$ 次抛硬币中，观察到 m 次正面和 n 次反面（记作事件 E）后，说明她对 $\mathrm{prob}\left(p=\frac{1}{2}\right)$ 的后验概率是 $\mathrm{prob}\left(p=\frac{1}{2}\,\middle|\,E\right)=2^N/(2^N+3^m+3^n)$。

假设 p 的真实值是 $\frac{1}{2}$。从图 3.8 我们可以发现在 $N=7$ 次独立的抛掷中最可能出现的结果是 $m=3$ 或 $m=4$。证明潘多拉关于 $p=\frac{1}{2}$ 的后验概率大于 $\frac{1}{2}$ 的可能性更大。

17. 一位戏剧评论家关于每部百老汇热门戏剧的首演评论让所有报纸编辑都难忘。为什么这不是促使这些编辑聘请这位评论家的一个好的理由？

用 H 表示评论家预测演出成功这一事件，h 表示演出确实取得成功这一事件。用 F 表示评论家预测演出失败这一事件，f 表示演出的确失败这一事件。潘多拉对于演出的先验概率是 $\mathrm{prob}(h)=\mathrm{prob}(f)$。除非她有更多的信息，否则去看一场表演和待在家里没什么两样。当评论家的建议满足 $\mathrm{prob}(h\,|\,H)>\mathrm{prob}(f\,|\,H)$ 时，才能说服她去观看表演。如果她不会因听信评论家的建议错过一场成功的演出而懊悔，需要满足 $\mathrm{prob}(h\,|\,F)<\mathrm{prob}(f\,|\,F)$。如果编辑根据 $\mathrm{prob}(H\,|\,h)=1$ 的标准来决定是否聘请这位评论家，潘多拉的标准是否被满足？如果评论家只关心能否被聘用，他会采取什么手段来达到上述标准？

18. 如果在玩扑克时爱丽丝拿到了四个 Q，她对于桌子上还有一个 Q 的后验概率是零。但是，鲍勃仍然会对这一事件赋予正的概率。爱丽丝提出要和鲍勃关于桌上没有 Q 打一个赌,并且提出一个对鲍勃看似有利的赔率。为什么鲍勃会将爱丽丝打赌的提议看作是更新概率的有用信息? 鲍勃在更新概率后,不再愿意在原先的赔率下和爱丽丝打赌了。如果爱丽丝提出,鲍勃对任一赔率都可以选择作为赌局的任何一方,事情会有什么变化? (第 13.3.3 节)

19. 可以用贝叶斯理论分析几乎任何事情,包括神创论的支持者试图用它来证明上帝的存在。他们的观点是,有组织就表明存在组织者。

用 F 表示某事是有组织的,用 G 表示存在组织者。人们都认同 $\text{prob}(F \mid G) > \text{prob}(F \mid \sim G)$ 这个观点。神创论要说明的是如果上帝的存在是较有可能而不是较不可能的,那么 $\text{prob}(G \mid F) > \text{prob}(\sim G \mid F)$ 成立。解释为什么先验概率满足 $\text{prob}(G) > \text{prob}(\sim G)$ 的人可以立即得到这个结论,但其他人却很迟疑。

20. 很多人都声称他们曾被外星人绑架。用 E 表示这种说法是真的,用 R 表示这些人的报告是真实的。如果 $\text{prob}(R \mid E) = 1$ 和 $\text{prob}(R \mid \sim E) < 1$,证明当人们的先验概率 $p = \text{prob}(E)$ 满足 $p = q/(1+q)$ 时,贝叶斯理论将表明被外星人绑架是更有可能发生的。

21. 大卫·休谟一个著名的主张是,相信奇迹是不理性的,因为违反自然规律和证人撒谎或者欺骗相比总是更无法令人相信。利用前面的练习说明,不管证人们提供怎样的证据,休谟的主张成立的前提是,人们对奇迹发生的贝叶斯先验概率为零。

如果休谟的观点成立,请评论其背后的科学含义。例如,量子物理学的理论对我而言是不可思议的,但当物理学家向我讲述他们的工作时我是相信他们的。

22. 我们看第 4 章练习 29 帕斯卡博彩的一个例子。通常我们不仅相信上帝的存在,也遵守他的规范。为了提高她的期望效用,潘多拉应该对上帝的存在以及存在来世赋予很高的主观概率。这一点和贝叶斯决策理论是否一致?

23. 作为第 13.6.1 节埃尔斯伯格悖论的实验组织者,你希望尽可能的省钱。如果参加实验的人选择 **J** 和 **L**,你要支付给每个实验者 100 万美元。如果实验的参加者具有贝叶斯理性,他愿意选择 **K** 和 **M**,那你能否通过固定罐子中黑球和白球的比例而减少损失?

24. 前面已经重温了第 1 章练习 23 纽康布悖论的各种不同的解决方法。在第 1 章练习 24 中,哲学家大卫·刘易斯把亚当看作是囚徒困境博弈的博弈方。图 13.4(a)给出了亚当的选择问题。函数 $f: A \times B \to C$ 是什么? 集合 A, B, C 是什么?

政治学家约翰·费内(John Ferejohn)建议用图 13.4(b)对纽康布悖论建模。状态 B 中正确和错误的标记表示夏娃是否成功地预测了亚当的选择。为什么这个模型中 B 和 A 有关联,因此贝叶斯决策理论无法适用? (第 13.4 节)

	鸽	鹰
鸽	2	0
鹰	3	1

	正确	错误
鸽	2	0
鹰	1	3

（a）纽康布—刘易斯模型　　　　　　　（b）纽康布—费内模型

图 13.4　对纽康布悖论建模的尝试

25. 哲学家理查德·杰弗里斯(Richard Jeffries)对贝叶斯决策理论进行了改善。在囚徒困境博弈中，他假设亚当关于夏娃的判断是基于他本身的策略选择。这种情况是如何违反第 13.4 节中的规定的？

26. 鲍勃被控谋杀了爱丽丝。他的 DNA 与现场发现的痕迹相匹配。经专家证实，每 1 亿人中只有 10 个人会在该 DNA 检验中结果呈阳性。陪审团认为鲍勃只有千万分之一的可能是清白的，但法官提请他们注意图 13.5。辩护律师说这张图说明鲍勃有罪的可能性只是十分之一。而控方律师则说这张图表明鲍勃肯定有罪。请评判辩控双方的推理。

	有利	不利
熟　人	1	999
陌生人	9	

表格中的数字表明每 1 亿人中有多少属于该类别。除了 1 009 个人之外的所有人都属于空白的单元格。

图 13.5　DNA 检测

27. 其实很容易发现控方的推理存在明显的错误，按照他们的逻辑，表格的第一行给出在人群中随机抽取的 1 000 人进行检测的结果。假设有足够的证据表明谋杀案中罪犯很可能认识受害人，重新设计这个诉讼案件。

28. 贝叶斯理性的博弈方在给定的判断下，做出决策使得其期望得益最大化。证明这样的决策规则满足第 12.8.2 节的雨伞原理：如果 $E \bigcap F = \varnothing$，并且 $d(E) = d(F)$，那么 $d(E \bigcap F) = d(E) = d(F)$。

解释为什么两个贝叶斯理性的博弈方只有在其先验判断相同时，才会有相同的决策规则？

29. 考虑一只黑色的乌鸦为"所有的乌鸦都是黑的"这一观点所补充的论据。亨佩尔(Hempel)悖论用到了"$P \Rightarrow Q$"与"非 $Q \Rightarrow$ 非 P"等价这一事实。因为粉色不是黑色，火烈鸟不是乌鸦，考虑一只粉色的火烈鸟为此所补充的证据。解决这个悖论要注意到粉色的火烈鸟只为该论断提供了微不足道的证据，因为黑色以外还有很多其他颜色，除了乌鸦还有很多其他动物。用贝叶斯公式来说明这一论断。

▶ 第 14 章

寻求精炼

14.1 考虑不可能的事

红桃皇后曾对满心疑虑的爱丽丝说,有时我会在早餐前相信六件不可能的事。①爱丽丝只有七岁半,但她也该知道最好不要相信什么奇迹。进行理性决策**总是**需要考虑那些不可能发生的情况。为什么爱丽丝不去用手摸火炉? 因为她知道如果摸了的话会把手烧伤。

政客们自称和爱丽丝有相同的想法,那就是假设的问题根本毫无意义。就像老布什在回答记者关于失业救济的提问时说的,"如果青蛙有翅膀,尾巴就不会碰地"。②这些假想的问题并非毫无意义,它们是博弈论的重要组成部分——就像它应该是政治中不可缺少的东西一样。博弈方恪守均衡策略,是因为不这样做将产生不利后果。当然,爱丽丝不会偏离均衡策略。但是她不偏离均衡的原因是,她预料到一旦偏离均衡策略的话会有她不希望看到的事情发生。

博弈论无法避免虚拟语气,但它们通常涉及得过于深广——尤其在考虑对纳什均衡进行**精炼**这个问题的时候。

第 8 章中我们发现在**强占优**的纳什均衡中进行选择是很困难的,精炼方法也不能解决这个问题。在这样的均衡中,每个博弈方只有一个最优反应。如果存在多个最优反应,精炼理论可以有效的删除一些策略。例如,子博弈完美就是通过删除均衡时不会到达的子博弈中的最优反应来得以精炼的(第 2.9.3 节)。假定这个**子博弈的确会**达到的话,博弈方的选择**应该是**最优选择。

博弈理论家提出太多深奥的理由来排除那些令人讨厌的均衡。他们提出了含义各异的精炼法则,以至于人们对这些越来越古怪的思想心存疑虑。一些学者甚至提出纳什均衡**粗化**这一背道而驰的思路。但本章不打算研究所有关于精炼或粗化纳什均衡的提议,而是重点研究这些提议尚未解决的问题。

---

① 在《爱丽丝漫游奇境》中,当爱丽丝认为"人绝不能相信不可能的事"时,这位皇后答道:"……是啊,有时我会在早餐前相信六件不可能的事。"——译者注

② 布什的原文是,"If a frog had wings, he wouldn't hit his tail on the ground."——译者注

14.2 反事实推理

经典的数学证明多以"假定 $\varepsilon > 0$"开始。但是如果该假定不成立会怎么样？倘若有人在课堂上提出这个问题，大家一定会哄堂大笑，但这的确是一个值得思考的问题。

定理的形式由"$P \Rightarrow Q$"给出。它和"（非 P）或 Q"的含义是相同的，所以当 P 不真时，其结论一定成立。因此，如果定理的前提假设不成立的话，定理总是自动成立。

数学家总是觉得用**如果**开始的句子必须有具体的含义，但是用虚拟语气表达的条件语句通常给出假定条件不成立时的一些虚拟事情。例如，如果爱丽丝去摸火炉的话她的确会烧伤手，但是"她去摸火炉"这件事没有发生。她没有去摸炉子，**因为**她知道虚拟条件的结果是真的。因此她进行反事实推理——基于一个实际上是虚假的前提得到一个正确的结论。

爱丽丝的反事实推理很容易理解。但是，下面来自澳大利亚的哲学家大卫·刘易斯的例子又该如何解释呢？

　　　　如果袋鼠没有尾巴，它们会跌倒。

因为袋鼠有尾巴的，因此关于如果袋鼠没有尾巴会发生什么的论断，只在和实际不同的虚构的世界中才有人关注。

在一个可能的世界，可能是一只断了尾巴的袋鼠侥幸存活下来，但其他都没改变。这只倒霉的袋鼠在试图站起来时肯定会摔倒。但你也可以设想另一个可能的世界，经历了长时间的演化，那些后来被称为袋鼠的有袋类动物都没有尾巴。袋鼠不会再跌倒了，因为如果它们有这种缺陷的话就不会生存下来。

在文章本身和上下文里可以发现很多反事实推论的陈述。通常这些文章的背景都非常清楚。譬如，亚当告诉夏娃，如果昨晚打牌时他拿到了红桃 Q 而不是红桃 K，他们就不会输掉这个月按揭的钱，夏娃很容易就明白他的意思。在发牌前，亚当可能拿到各种不同的牌，每一种都表示不同的可能世界。但只有与红桃 Q 有关的那个可能世界才能让亚当和夏娃保留住他们的房子。

复杂一些的反事实推论处理起来就不那么清晰了，我们要做的是怎样将亚当玩纸牌例子中的洗牌和发牌用约定方法来描述。只有利用这种存在上下文关系的模型，才能清楚地解释反事实推论。

生物进化提供了一个重要的例子。怎样解释当环境出现异常时动物们如何行动？如果这些行为是演化形成的，那也是在过去那个不同基因适者生存的世界中发生的。把这个说法应用于自私基因上，我们用来解释反事实推论的世界肯定是那个已经消失的世界。这里的背景就是物种的演化史。

→ 14.3

14.2.1 连锁店悖论

在第 2.5 节中曾给出逆推法在"输—赢"博弈中一个无懈可击的应用。人们通常认为在任何博弈中逆推法都不会有问题。理性博弈方并非在任何时候都会采用子博弈完美策略,但有时人们会觉得,当所有博弈方都具有理性成为共同知识时,一定能逆向推导出他们的**行动**。泽尔腾的连锁店悖论表明这种说法并不总是对的,因为他们忽略了使博弈方不偏离均衡的反事实推论的解释。

连锁店博弈。爱丽丝在两个小镇开了两家商店。假设鲍勃打算在第一个小镇开一家商店,爱丽丝要么默许他的加入,要么与他打价格战。如果鲍勃在第二个小镇又要开第二家商店,爱丽丝还是选择默许或反击。如果鲍勃退出第一个小镇,我们简单地假定他也会从第二个小镇退出。类似的,如果爱丽丝默许鲍勃在第一个小镇经营,我们假定鲍勃进入第二个小镇时,爱丽丝会再度默许。

这个例子是第 5 章一系列练习中给出的完整连锁店悖论的一个简化。图 14.1(a)的双线说明逆推法会导致行动[ia],也就是鲍勃进入,爱丽丝默许。在图 14.1(b)中利用弱劣策略反复消去法可以得到同样的结果。

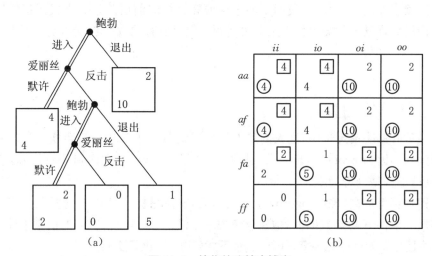

图 14.1　简化的连锁店博弈

理性行动？假设博弈论书中说行动[ia]是理性的。那么爱丽丝在第一次行动前认为鲍勃是理性的。为了检验一下这本书所建议的默许策略是否合理,她需要预测如果她选择反击后,鲍勃的第二次行动会是什么。但是书中说反击是不理性的。鲍勃在第二次行动前也要进行反事实推论:如果理性的爱丽丝在第一次行动时表现出了不理性,在第二次行动中她会怎么做呢？

这个问题有两个可能的答案:爱丽丝可能默许也可能会反击。如果爱丽丝在第二次行动中采取默许策略,那么鲍勃第二次的最佳行动就是进入,因此爱丽丝第一次的行动应该是默许。在这种情况下,书上的意见是正确的。但如果爱丽丝在第二次行动中采取反击,那么鲍勃第二次行动的最佳选择是退出,因此爱丽丝应该在第一次行动中选择反击。在这种情况下,书上的意见就靠不住了。

什么样的世界会出现上面这两种情况? 在这样的世界里我们必须放弃博弈方是超理性这个假设。这个世界中博弈方有时会犯错误。最简单情况是这种错误只是短暂的——就像打字出错那样——没有理由认为将来还会出错。在这样的世界中,即使爱丽丝的第一次行动是不理性的,鲍勃仍然预期她会在第二次行动中表现出理性。如果博弈中的反事实推论总能依据这样的世界来解释,那么逆推法总是理性的。

刘易斯认为用来解释反事实推论的默认世界是"最接近"现实的一个。看到前面的分析他应该会高兴。[1]但当我们用博弈论分析实际问题时,我们对超理性博弈方可能犯下的错误并不感兴趣。我们感兴趣的是现实生活中的人想要尽可能完美处理所面临的复杂问题时犯下的错误。他们的错误更可能是"考虑不周"(thinkos)而不是"偶然出错"(typos)。这类错误对将来是有影响的(第 2.9.4 节)。在连锁店博弈中,爱丽丝在第一次行动中非理性的反击行动,预示着她在第二次行动中也可能不理性。[2]但如果鲍勃在这样的可能世界里进行反事实推论,逆推法就不成立了。

连锁店悖论告诉我们,我们不能忽视博弈进行的前后关系。现代经济学家通过抓住模型背景中的突出特点来解决问题。但对所有的古怪心理建模可不是件轻松事。

14.2.2 分母为零

在贝叶斯决策理论中,当人们基于一个零概率事件 F 进行反事实推论时就会碰到问题。因为 $\text{prob}(E \mid F) = \text{prob}(E \bigcap F)/\text{prob}(F)$,我们遇到了一个无法完成的任务,那就是分母为零。

柯尔莫哥洛夫(Kolmogorov)的《概率论》就像是概率理论中的圣经。当你基于零概率事件 F 更新判断时,他建议考虑一个满足 $\text{prob}(F_n) > 0$ 的概率事件序列 F_n,并且当 $n \to \infty$ 时 $F_n \to F$。可以通过下式定义 $\text{prob}(E|F)$:

$$\lim_{n \to \infty} \text{prob}(E \mid F_n)$$

不过柯尔莫哥洛夫也告诫我们不要使用"错误的"事件 F_n。例如本章练习 21 得到的 $\text{prob}(E|F)$ 的值就没有任何意义。在柯尔莫哥洛夫考虑的几何问题中不难找到 $\text{prob}(E|F)$ 的"正确"值,但是博弈理论家就没有那么幸运了。他们应该怎么办呢?

---

[1] 在这个反事实事件中,他还活着。

[2] 泽尔腾将这个博弈重复进行了 100 次,观察在爱丽丝曾经多次对进入者进行反击后,得到了这个看似可靠的解释。

爱丽丝告诉红桃皇后她**无法**相信不可能的事，当她指的是由超理性博弈方形成的世界中没有人会采用的行动时，她可能是对的。但是这个在理想世界中是零概率的事件 F 可能与人们时常犯错的可能世界中有着正概率的事件 F_n 相关。人们会问在这个可能的现实世界中如果 F_n 发生了，博弈方将如何行动。然后利用**这些**行动来逼近超理性世界中不可能事件 F 发生时博弈方的行为。

14.2.3 颤抖的手

泽尔腾称现实世界中偶尔犯错的博弈方有一双"颤抖的手"。博弈方总试图理性行事，但一些随机事件会对他们产生干扰。就好像博弈方伸出手按下行动按钮那一刻手颤抖了一下（第2.9.4节）。泽尔腾举例说，一只雄鸟本打算和伴侣一起哺育它们的宝宝，但在回巢的路上却不幸被猎人射中了。

我们可以将这种心理或身体上的局限加入到扩展博弈模型的规则中去。假定独立的随机干扰以非常小的概率 $\varepsilon > 0$ 导致博弈方在信息集上选择了本来**不会采取**的 n 个行动中的一个，那么博弈方将以 $1 - n\varepsilon$ 的概率选择原本**计划**选择的行动。然后根据柯尔莫哥洛夫的建议，将由超理性博弈方所构成的世界视作这个颤抖世界当 $\varepsilon \to 0$ 时的极限。

在颤抖的世界，每个信息集都以正的概率到达，因此就不会碰到零概率事件。在任何一个纳什均衡中，所有的博弈方需要在全部信息集上使他们的行动最优。采用逆推归纳法不会再碰到任何障碍了。

扩展博弈的纳什均衡最终收敛到原博弈的策略组合。泽尔腾将这些策略称为**完美均衡**，但更多时候它被称为**颤抖手均衡**（trembling-hand equilibria）。当博弈的背景使我们关注这样的颤抖手均衡时，我们有充足的理由删去那些弱劣策略和不是子博弈完美的纳什均衡。[①]

原因很简单。当博弈中引入一个微小的正颤抖时，弱劣策略将变成严格劣策略，因此永远不会被理性博弈方采用。类似的，理性博弈方将选择每个子博弈都会以正概率到达的纳什均衡。我们需要证明这些性质对极限的情况也成立，不过证明并不困难。

14.2.4 相关的颤抖

当错误只是偶然性的，容易说明逆推法和弱劣策略反复消去法仍然适用。不过，结论的成立依赖于这些错误彼此**独立**的假设。

当错误是由于考虑不周而发生的，问题就比较棘手。我们可以假想，当博弈方

---

① 并非所有的子博弈完美均衡都是颤抖手均衡，它们甚至可能包括那些弱劣策略。

伸手去按行动按钮时胳膊肘**被机运**碰了一下,但建模时必须要考虑爱丽丝过去所犯错误意味着她将来也可能犯同样的错误(第2.9.4节)。我们在引入**机运**的行动时,必须考虑到颤抖的相关性。

求极限时会发生什么,很大程度上取决于扩展模型中这些颤抖是如何相关的。但只要有足够的创造性,我们就能使原博弈中几乎所有的纳什均衡成为扩展博弈均衡的极限——包括那些弱劣策略或不是子博弈完美的均衡。

再来看连锁店悖论。为了说明最后这点,我们回到图14.1连锁店博弈再来看一下,为什么纳什均衡(fa, oi)虽然是弱劣的并且也不是子博弈完美的,但在求极限时却可能无法将它删去。

这里的技巧很简单,按照图14.2(a)的方法通过引入新的**机运**行动对连锁店博弈进行扩展。机运偶尔会用一个总是选择斗争的机器人来代替爱丽丝。[1]图14.2(b)的策略形式表明(fa, oi)始终是扩展博弈的纳什均衡,因此对$\varepsilon \to 0$求极限时它不会被删去。

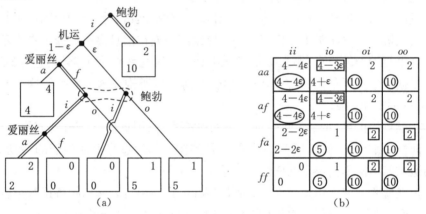

图14.2(a)中**机运**以概率$\varepsilon > 0$选择用一个总是斗争的机器人代替爱丽丝。图14.2(b)给出博弈的策略形式。

图14.2　连锁店博弈中的相关颤抖

是否应该放弃逆推法？上面的论述表明,除非充分考虑了博弈的具体背景,否则我们不能舍弃任何一个纳什均衡。那逆推法还有什么好处呢?

至少有两个原因可以说明为什么放弃逆推法很愚蠢。颤抖手均衡往往是博弈背景所要求的。许多模型博弈太简单了,因此无法考虑与颤抖相关的情况。此时,逆推法就是纳什均衡的一个合理的精炼。就算无法利用逆推法进行精炼,它仍是计算纳什均衡非常有用的工具。当我们通过引入颤抖对模型进行扩展,并得到复杂的策略形式时,记住这点就尤为重要,这样每个信息集总能以正概率到达。只要能避免计算这种策略形式下的得益,不论什么方法我们都欢迎!

---

① 在所有信息集都能以一个正的概率到达的扩展博弈中,必须加入更多的颤抖。这就是为什么我们考虑(fa, oi)而不是(ff, oo)的原因,因为按照通常的做法,后者在加入新的颤抖时会被消去。

14.3 逆推法和不完美信息

在不完美信息博弈中如何进行逆推？因为子博弈要求从单一节点出发，因此这里子博弈完美均衡的思想已经不再适用。在每个信息集前添加一个虚构的**机运**的行动作为子博弈的起点，可以绕过这个难题（第 13.2.3 节）。

14.3.1 评估均衡

对博弈的每个信息集，评估是一个二元组 (s, μ)，s 是一组行为策略，μ 是博弈方的判断。如果评估满足下面两个条件，就可以对子博弈完美均衡的概念进行扩展：[①]

- 假设 s 是后续策略，给定关于信息集的判断 μ，策略 s 要求每个博弈方在每个信息集的行动是最优的。
- 只要有可能，就要利用博弈方曾采用过策略 s 的假定，通过贝叶斯更新得到判断组合 μ。

再论连锁店悖论。我们首先说明图 14.2(a) 扩展的连锁店博弈中的纳什均衡 (fa, oi) 就是评估均衡。

我们关注鲍勃第二次行动时的信息集。很容易理解为什么图 14.2 的双线是博弈中其他行动的最优选择。并且只有在鲍勃的第二次行动时，我们可以选择与 (fa, oi) 对应的一组判断 μ，因为其他的信息集都只包含一个节点。

当鲍勃看到爱丽丝在第一次行动中选择了反击，现在他正面临第二次行动，他会去翻看那本博弈书。贝叶斯更新在这里是没有用处的，因为鲍勃的对手选择了反击，他无法从中知道任何东西。因此，他仍对信息集右侧的节点赋予概率 ε。但基于这一信念，他的最佳选择是进入（因为当 ε 充分小时，有 $2(1-\varepsilon) > 1$）。

逆推法？原博弈中的子博弈完美均衡 (aa, ii) 不是扩展模型的评估均衡。如果是评估均衡的话，鲍勃在第二次行动前应该知道对手一定是机器人。他会将信息集右侧的节点概率更新为 1。但基于这个判断，他的最优选择是不进入。

然而，我们不能简单地将原始博弈中的逆推法弃之不用。我们找不到扩展博弈中的评估均衡使之收敛到原博弈的子博弈完美均衡，但我们可以找到一个评估均衡使它收敛于原博弈中沿着逆推路径 $[ia]$ 得到的纳什均衡。

在这个评估均衡中，鲍勃在第一次行动中选择了进入，爱丽丝在她的第二次行动中选择了默许。其他行动时的行为策略必须是混合策略。因此，在第一次行动时，默许和反击这两个行动对爱丽丝是无差异的。因此鲍勃在第二次行动时以概

[①] 大卫·克瑞普斯和鲍勃·威尔逊称这一想法为序贯均衡，但我没有采用他们的补充假设。有时人们会用完美贝叶斯均衡的说法，但在通常的意义下，评估均衡既不是完美的，也不是贝叶斯意义上的均衡。

率 q 选择不进入,并且满足 $4 = 2(1-q) + 5q$,因此得到 $q = \dfrac{2}{3}$。

如果鲍勃的最优选择是混合策略,给定他在第二次行动前的判断,他对于进入与否必须是无差异的。因此,他一定认为右侧和左侧的节点是等可能的。

爱丽丝第一次行动时的最优选择是以概率 p 进行反击。鲍勃会从博弈书上知道这个情况,然后在第二次行动时更新判断。就像蒙提·霍尔博弈那样,他将右侧节点的概率更新为 $\varepsilon/(p(1-\varepsilon)+\varepsilon)$(第 13.2.3 节)。但为了保持均衡,这个概率必须等于 $\dfrac{1}{2}$。因此 $p = \varepsilon/(1-\varepsilon)$。

在新的评估均衡中,鲍勃在第一次行动中肯定选择进入,爱丽丝的第二次行动肯定是默许。在第二次行动时,鲍勃判断每个节点是可能的,此时他以 $\dfrac{1}{3}$ 的概率选择不进入。爱丽丝在第一次行动时以概率 $p = \varepsilon/(1-\varepsilon)$ 选择反击。令 $\varepsilon \to 0$,得到极限均衡路径 $[ia]$。

注意在极限均衡中,鲍勃在第二次行动时的信念不能通过贝叶斯更新得到,因为这里用到的策略组合令他无法到达第二个行动。他的判断的确是根据柯尔莫哥洛夫方法得来的,不过评估均衡的定义使我们可以为这种情况下的判断随意赋值。

14.4 四人帮模型(Gang of Four)

对包含各种不同禀性博弈方的可能世界进行建模的思想是由四位经济学家[①]给出的。除非能完全把握博弈方的心理状态,否则运用他们的理论更像是一门艺术。这个方法的优点是将博弈方心理的假设构建到博弈规则中——这样就清楚地表明了它们到底是怎样的。

和图 14.2(a)的扩展连锁店博弈一样,这里的想法是引入决定博弈方是谁的**机运**的行动。**机运**以很高的概率指定一个人是理性的,但对任意特定博弈方角色,存在一个小概率指定他属于众多**非理性**类型中的一个。用自动执行的机器来表示这些非理性的类型。无论指定他们执行的策略是聪明还是愚蠢,他们总是坚定地执行。

传统的模型由于略去了后来被证实非常关键的小瑕疵而显得过于简单,因此他们的想法被广泛采用。对 $\varepsilon \to 0$ 时的考察可能会产生误导,因为只有 ε 远小于现实中的本已很小的预期值时,极限情况才能很好地趋近现实。

有限重复囚徒困境博弈给出了一个典型的例子,但这里我们以图 5.14(a)给出的简单蜈蚣博弈为例,研究更为复杂的不理性行为。回想一下,罗森塔尔提出蜈蚣

[①] 大卫·克瑞普斯(David Kreps),保罗·米格罗姆(Paul Migrom),约翰·罗伯茨(John Roberts)和鲍勃·威尔逊(Bob Wilson)。

博弈是为了回答古典经济学中的抢劫问题(第5.6.2节)。当人们彼此缺乏信任时,交易如何产生?我们仍旧认为答案在于假设人们存在一点非理性。但现在我们采用比逼近纳什均衡更为精细的工具来处理这个问题。

14.4.1 诚实的声誉

无限重复博弈中促使博弈方合作的均衡可以理解成博弈方需要建立公正诚实的声誉(第11.5.1节)。但在有限重复博弈中会怎样?在经济实验室中,受试者在与相同对手进行给定次数的囚徒困境博弈或古诺博弈时,的确会进行大量合作。只有当博弈快要结束时才会有一些博弈方背叛他们的合作伙伴。

对此,人们的解释是实验中的受试者不大可能相信其他受试者全都是理性的(第5.6节)。如果像四人帮模型那样假设对手有一个很小的概率是非理性的机器人,多数博弈论的预测都不会改变,但现在我们要讨论的是可能引起改变的情况。例如,当我们排除所有不理性行为的可能时,亚当和夏娃在有限重复囚徒困境博弈中永远都不会合作(第11.3节)。然而,四人帮定理表明,在有限重复囚徒困境博弈中,如果亚当和夏娃认为存在一个非常小的概率,他们的对手是一个采用"以牙还齿"策略的机器人,那么理性博弈的结果就与我们在实验中观察到的一样。

理由很简单。比如在博弈的某个阶段,按照博弈书上的建议亚当肯定会选择鹰,此时机器人选择鸽。如果夏娃观察到鸽,无论起初关于对手是机器人的先验概率有多低,她都立刻将这个概率更新成1。因此,她的最优策略是在倒数第二个阶段之前采用鸽。但亚当预料到了夏娃的这个想法,因此他不会固守博弈书建议的鹰,而采用鸽。夏娃误以为他是机器人,而且只有亚当先她一步采用背叛的鹰策略时她才意识到自己的错误。

博弈的均衡要求亚当和夏娃在博弈早期都以正的概率采用鸽策略。四人帮定理指出在多数博弈中这个概率都非常高,这为后来观察到的受试者的行为提供了可靠的理性基础。

当然,博弈理论的批评者对这个例子很不以为然。睿智的评论者们指出,人们之所以合作是因为需要维持互惠的声誉。但四人帮理论不同意这个观点。相反,他们认为这恰恰解释了**为什么**你做出要对"以牙还齿"的策略进行反击的姿态是有意义的。

14.4.2 蜈蚣博弈

图14.3显示了如何将四人帮理论的技术运用在图5.14(a)的蜈蚣博弈中。"机运"首先以 $1-\varepsilon$ 的概率选择是让亚当担任博弈方 I,还是以 ε 的概率作为一类非理性的博弈方。非理性类型的不同在于退出博弈前他们采取合作策略的时间。"机运"赋予后者的这些概率反映了不同非理性类型在总体中的比例。夏娃在她的

信息集处无法区分自己的对手到底是亚当还是某种非理性的机器人。

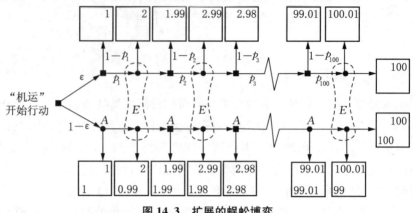

图 14.3　扩展的蜈蚣博弈

给出合适的前提假设,这个扩展博弈的评估均衡将使亚当和夏娃在博弈的大部分阶段都采取"向前"的行动。

评估均衡。 在蜈蚣博弈中,亚当和夏娃为了使其合作伙伴获得 1 美元的得益,交替放弃自己当前的 1 美分。为了看清问题的结构,在图 14.4 中我们用 c 代替图 14.3 中的数字 0.01。

为了使问题简化,我们假设在博弈的开始阶段机器人选择向前行动的概率始终是 1,而在博弈的后半段这个概率是 0。图 14.3 表明当机器人首次以概率 0 选择向前,在这个节点机器人选择向下时夏娃的得益为 x。前次行动中机器人以概率 p 选择向前。在此之前,它以概率 1 选择向前。

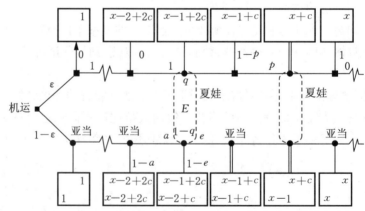

这里给出了图 14.3 扩展蜈蚣博弈的部分博弈树。双线显示在均衡中被采纳的行动。当 p 很小时,亚当和夏娃必须采用混合策略。他们分别以概率 a 和 e 选择向前。

图 14.4　寻找均衡

我们利用这个方法寻找一个评估均衡,使得夏娃抢在机器人有机会选择向下之前,率先选择向下策略。接着,亚当打算在这步之前就向下。但如果亚当这样打算,那么夏娃在更早一些背叛亚当的选择是否更优？

答案取决于夏娃在到达图 14.4 中代表先前行动信息集 E 时的判断。在夏娃已经到达 E 的**前提下**,我们正在寻找的评估均衡中的判断指定了与机器人进行博弈的条件概率 q。这个判断必须在"每个人都按照博弈论书所建议的方法采取行动"这一前提下,按照贝叶斯更新方法得到。

如果书上说亚当在之前的某个行动中肯定要向下,那么 $q = 1$,因为如果她的对手是亚当的话,夏娃就不会到达 E。在 E 处她的最优选择是向前。但亚当通过博弈论的书知道夏娃的这个想法时,他的反应是将**向下的选择**推迟到 E 之后。因为这不是一个均衡策略,博弈书也不会说亚当在这之前肯定会向下。

再来看另一个极端情况。假设书上说亚当和夏娃两人在博弈刚开始时都选择向前。此时 q 的计算非常简单。夏娃到达了集合 E 这一点并没有告诉她更多的对手是谁的信息,和博弈开始时一样, $q = \varepsilon$。在 E 点选择向前是最优策略的充要条件是:

$$x - 1 + c \leqslant q\{(1-p)(x-1-c) + p(x+c)\} + (1-q)\{x-1+c\}$$

$$(14.1)$$

简化后得到 $p \geqslant \dfrac{c}{q} = \dfrac{c}{\varepsilon}$。

如果 ε 不太小而 p 充分大,在 E 点夏娃将选择向前。亚当和夏娃两人在之前的所有行动中都选择向前也是最优的。因此书中的说法将成为一个均衡。

综上所述,如果 ε 不是太小而 p 充分大,我们可以找到一个评估均衡,使得亚当和夏娃在博弈的早期相互合作,都选择向前。夏娃打算在机器人确定要背叛之前选择向下。亚当计划在夏娃选择向下之前率先选择向下。夏娃知道亚当会在此时背叛她,但是她却并未抢先一步背叛亚当,这是因为她觉得将对手视作机器人采取行动平均看来会得到更高回报。

14.5 信号博弈

信号博弈是检验我们精炼理论的经典舞台。基本的问题非常重要：如何获知消息的真正含义？

博弈论将这个问题视作协调问题。在生活博弈中有无数的均衡。在进行了语言的交流后,我们如何协调到其中的一个均衡上而不是另一个呢？我们怎么知道有些话是重要的,有些只是空口声明？（第 6.6.2 节）

一种回答是,发送一些信号的成本很高,因此这些信号一定传达了发信人的某种意图。扎哈维的"不利条件原理"是这个观点在生物学中的应用。为什么雄孔雀的尾巴那么大？发送这种昂贵的信号是为了引起雌孔雀的注意,告诉别人自己身体健康,哪怕有如此不利的尾巴也能适应竞争。类似的,一些云雀在受到幼鹰追逐时会唱歌。成年的老鹰不会受此困扰,因为它们知道云雀唱歌只能说明它们不需要全部的肺活量来飞行。

博弈论用非常清晰的形式对这一争论建立了模型,但这类模型通常有多个均衡。人们提出纳什均衡精炼的概念来解决均衡选择问题。我们来看两个这样的精炼,同时也看一下用来说明精炼的反事实推论的想法。因为这种推论无法清楚地说明进行反事实推论的可能世界的特点,所以我觉得它并不合适,但其他博弈理论家不像我这么苛刻。

14.5.1　烧钱

"不利条件原则"也适用于经济学。报纸上经常抱怨那些给生活造成不便的罢工是不理性的。公司和工人最后总会达成一致,那为什么不在罢工之前而非要等到罢工之后才达成协议呢?毫无疑问很多罢工是不理性的,但即使每个人都心存善愿罢工还是会发生。罢工或停工是一项昂贵的信号,意在显示你有多么强大。

举一个简单的例子,爱丽丝找鲍勃谈判,但见面后二话不说从钱包里掏出 100 美元当着亚当的面烧掉。爱丽丝用这种方式告诉鲍勃,如果鲍勃不肯接受一个有利于她的交易的话,她有足够的钱承担接下来的风险。

下面的模型图以性别之争为例,来说明这类讨价还价模型。

正推法。 第 6.6.1 节中那对度蜜月的情侣在没有事先沟通的情况下进行性别之争。接下来的例子中,他们有机会进行有限的交流。在进行图 14.5 左上角的性别之争前,亚当可以通过从钱包里拿出 2 美元烧掉,以此发送信号给夏娃。图 14.5(a)给出了博弈的结果。用美元数来衡量得益,并且假设博弈方是风险中性的。

博弈以亚当的选择开始,他要么选择 D(不烧钱),要么选择 B(烧钱)。如果他选择后者,在接下来进行的性别之争中他的得益会减少 2 美元。图 14.5(b)给出该博弈简化的策略形式(亚当的纯策略 Bt 表示他烧掉 2 美元后在性别之争中选择策略 t。夏娃的纯策略 rl 表示如果亚当烧钱,那么夏娃就选择策略 r,否则她选择 l)。

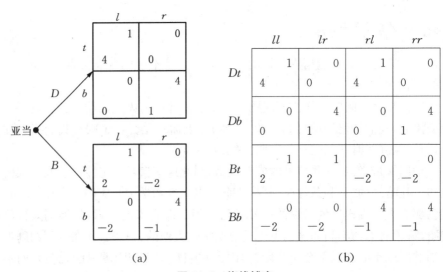

(a)　　　　　　　　　　(b)

图 14.5　烧钱博弈

烧钱博弈存在好几个纳什均衡,但除了(Dt, ll)之外的均衡都可以用前推精炼法删除。如果这是正确的,那将是一个了不起的结论。当选择(Dt, ll)时,亚当不烧钱的决定某种意义上是向夏娃显示,在性别之争博弈中,两人应该一致选择的均衡是他偏好的(t, l),而不是夏娃所偏好的(b, r)。

前推法是按照下面的步骤进行的:

第一步,如果亚当烧钱,在性别之争中就别指望他会选择均衡(b, r),因为如果他不烧钱的话,他的得益至少比-1要好。

第二步,如果亚当烧钱,他会设法采取行动t,以便使(t, l)成为性别之争的均衡。此时他的得益是2。

第三步,如果亚当**不烧钱**,就别指望他会选择均衡(b, l),因为我们已经看到,他的得益是2,超过了烧钱时的1。

第四步,如果亚当不烧钱,他会设法采取行动t,以便使性别之争中的均衡成为(t, l)。此时他的得益是4。

第五步,无论亚当是否烧钱,我们都看到亚当将采取策略t。夏娃的最优反应是ll。亚当无需烧钱也可以得到最好的结果。

利用弱劣策略反复消去法,可以先后删去策略Bb, rr, rl, Db, lr以及Bt,同样可以得到均衡是(Dt, ll)。但是,在第5.4.5节我们知道,采用未经严格审查的弱劣策略必然是不理性的。用前推法也会导致同样的问题。

如果这个观点是对的,那么亚当烧钱就是不理性的。如果他真的烧钱了,夏娃会用反事实推论对此加以解释。在第二步假设夏娃将亚当的反事实举动认为是理性的,为什么她不简单地认为这是非理性的行动——并且在将来也会发生? 简言之,这种观点只在下面的情形中是可能的,在那个世界中,错误的行动是因为博弈方阅读了不同的博弈论书,不巧的是这些书的作者采用了不同的均衡选择理论。但是这个深奥的可能世界离我们非常遥远!

14.5.2 硬汉不吃乳酪

图14.6(a)给出的克瑞普斯的乳酪博弈带我们回到最根本的问题,那就是如何知道信号的真正含义。

"机运"首先决定亚当是硬汉还是懦夫。不管怎样亚当都将面对夏娃,夏娃要么**欺负**他要么**遵从**他。如果夏娃知道亚当是硬汉就**遵从**他,如果知道他是懦夫就会**欺负**他。但只有亚当本人知道"自然"赋予他的性情。不过,他可以通过表现的像硬汉或懦夫来给夏娃发信号。这里信号的发送方式是固定的,要么喝**啤酒**要么吃**乳酪**。硬汉喜欢啤酒,懦夫喜欢乳酪,但他们不一定选择他们喜欢的东西。例如,懦夫希望被人看作硬汉,因此他掩藏起自己对啤酒的厌恶。

"机运"以概率$1-r = \frac{1}{3}$指定一个人是硬汉,以概率$r = \frac{2}{3}$指定他是懦夫。用"硬汉"和"懦夫"标识的信息集说明亚当知道自己的禀性。用乳酪和啤酒标识的信息集表示夏娃只知道亚当发送的信号但不知道他到底是硬汉还是懦夫。得益的规则是,如果夏娃遵从亚当,亚当可以得到 2 个单位的奖励。如果他没有吃下自己不喜欢的食物,他还可以得到 1 个单位的奖励。如果夏娃猜对了,她可以得到 1 个单位的奖励。

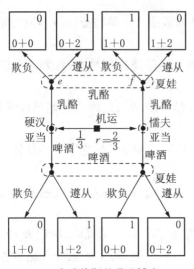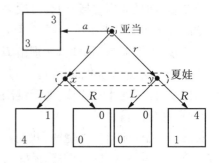

(a) 克瑞普斯的乳酪博弈　　　　(b) 科尔伯格的戴立克博弈

图 14.6　不完全信息的两个博弈

这个博弈有唯一的评估均衡,如果亚当是硬汉他肯定喝啤酒。如果夏娃看到亚当吃乳酪,她一定会欺负人。如果亚当是懦夫,那么他会难以决定。他以 $\frac{1}{2}$ 的概率遂自己的心愿吃乳酪,同时以 $\frac{1}{2}$ 的概率假装硬汉喝啤酒。这让夏娃在看到亚当喝啤酒时心里犯开了嘀咕。均衡时,她以 $\frac{1}{2}$ 的概率欺负亚当,同时以 $\frac{1}{2}$ 的概率遵从他。

为了验证这个行动是均衡的,我们首先要弄清夏娃在两个信息集处的判断。博弈到达夏娃信息集乳酪中左侧节点的无条件概率是 0,到达右侧节点的无条件概率是 $\frac{2}{3} \times \frac{1}{2} = \frac{1}{3}$。因此在评估均衡中的判断组合赋予左节点的条件概率是 0,右节点的条件概率是 1。博弈到达夏娃信息集啤酒中左侧节点的无条件概率是 $\frac{1}{3}$,到达右侧节点的无条件概率是 $\frac{2}{3} \times \frac{1}{2} = \frac{1}{3}$。因此在评估均衡中判断组合赋予左侧节点和右侧节点的条件概率都是 $\frac{1}{2}$。

有了这些判断,夏娃的最优选择是看到亚当吃乳酪时就**欺负**他。因为夏娃在信息集啤酒处的两个行动是无差异的,她的最优选择是以相同的概率分别选择两个行动。接下来要验证亚当在两个信息集处的行动是最优的。在硬汉处,乳酪带来的得益是 0，啤酒带来的得益为正。所以他选择啤酒。在懦夫处，均衡要求他采取混合策略。为了达到最优，亚当必须对选择乳酪或者啤酒无差异。这点也是成立的，因为选择前者的得益是 1，选择后者的得益是 $\frac{1}{2} \times 0 + \frac{1}{2} \times 2 = 1$。

14.5.3 合并均衡和分离均衡

在前面的均衡中信号传达了真实信息。夏娃有时候能够知道亚当到底是硬汉还是懦夫。身材高大的青少年可能会认为喝啤酒可以"将男孩和男人区分开来"。经济学家将这种**分离均衡**与后面要碰到的**合并均衡**加以区分。在合并均衡中，不同类型的博弈方总是发出相同的信号，因而无法将他们区分开来。此时信号根本没有传达任何信息。

要解释这个结果，首先要忘记喝啤酒和吃乳酪与男子汉气概有关的习俗。一些言语或者信号只有在经历了一系列事件到达某个均衡而不是其他均衡时才能显出它真正的含义。如果我们想知道其他可能的均衡是怎样的，我们必须把一个词汇与我们熟悉的它在英语中的含义区分开，仅将他们视作抽象的信号。

如果喝啤酒是硬汉发出的"正确"的信号，这一结论应该产生于内源性的分析。在计算出均衡策略之后，让博弈方解释一下在采用均衡策略时如何理解所收到的信号会很有意义。然而，在均衡策略被算出**之前**，我们不能想当然地认为信号非要按照特定的方式来解释。例如，在一个说反话或好挖苦的沟通环境中，我们将采用不同的规则来进行沟通。这些话不能按照字面的意思来理解。我们所说的话通常意味着相反的意思，然而我们还是惊讶地发现这些话通常会被误解。

在经济博弈中，事情没有那么深奥但问题的本质是一样的。例如，其他公司降低了价格，这意味着什么？这表明它有实力还是没实力？有时，博弈均衡允许对这类信号做出不太明确的解释，比如**乳酪博弈**的例子中 $r = \frac{2}{3}$ 时。不过，当 $r = \frac{1}{3}$ 时问题就没那么简单了。

14.5.4 未到达的信息集

在**乳酪博弈**中当 $r = \frac{2}{3}$ 时，我们不需要担心反事实的情况，因为均衡时所有的信息集都能以正的概率到达。但如果 $r = \frac{1}{3}$，情况就完全不同了。我们会碰到信号问题中的一个典型问题。

吃乳酪的人是懦夫。不管亚当是哪种类型，我们首先看一下亚当喝啤酒时的评估均衡。夏娃看到亚当喝啤酒会遵从他,看到他吃乳酪就欺负他。

夏娃在啤酒处的行动是最佳的,因为就算看见亚当喝啤酒,她还是不知道亚当的类型。在啤酒处的贝叶斯更新没起到什么作用,左侧节点的概率仍是 $r=\frac{2}{3}$。这时夏娃的最优选择是遵从,因为亚当很可能是一个硬汉而不是懦夫。

有问题的信息集是乳酪,因为在均衡时这一点并没有到达。评估均衡的定义允许我们对该节点赋予任意的概率。我们规定左侧节点的概率为0,右侧节点概率为1。在反事实的事件乳酪能够到达的情况下,我们假定夏娃将推断对方是懦夫,此时她的最优选择是欺负他。但如果她欺负每一个吃乳酪的人,那么无论亚当是什么类型,他的最优选择总是喝啤酒。

喝啤酒的是懦夫。 如果我们交换前面例子中啤酒和乳酪的角色,就出现了一个问题。我们可以得到这样一个评估均衡,如果看到亚当喝啤酒这一反事实的情况,夏娃将推断亚当是懦夫。因此,不管亚当是硬汉还是懦夫他都要吃乳酪。

直观标准。 第二个评估均衡显得有悖常理。这些信号"原始"的意思似乎被弄反了。

克瑞普斯提出一种被称为直观标准的精炼,这种精炼方法将删除那些有悖常理的均衡。他指出在乳酪博弈进行之前,如果博弈方有机会进行空口声明,硬汉亚当就会用下面的话来"反驳"博弈书中建议的有悖常情的均衡。

亚当:我是一个硬汉。博弈论书上说我要吃乳酪。但不管怎么说,我现在打算喝啤酒了。我劝你最好别把我当成一个懦夫来对待。

夏娃:我怎么知道你不是一个玩骗人把戏的懦夫?

亚当:我正告诫你不要相信博弈书上说的那套,这本身就说明了我是个硬汉,懦夫只会乖乖地闭上嘴巴。如果你听我的,我喝啤酒的得益是3,但如果我们按照书上说的那套去做,我只能得到2。而且不管你是否相信我,懦夫是不会去喝啤酒的。按照书上说的,他不喝啤酒的得益是3,但如果喝啤酒他的得益最多只能是2。

如果我是夏娃,我不会被他说服,我会这样反驳:

夏娃:你认为我应该相信你是个硬汉,因为懦夫不可能去挑战博弈书。但是,如果我真的被你说服了的话,那懦夫就不会默不作声了。他会发现这是一个发送信号的好机会,他完全可以像硬汉那样发表同样的言论。因此这样的言论不过是空口声明罢了。

虽然这个利用空口声明来精炼不正确均衡的企图失败了,但是它却让我们注意到这样一个事实,那就是对于硬汉和懦夫来说犯错误的**成本**是不一样的。如果这对夏娃用来评估其反事实推理是重要的,那么我们就有充足的理由去掉那个不恰当的均衡。如果犯下代价高昂的错误的可能性远远低于代价低廉的错误,那么在不正确的均衡中,夏娃在啤酒处将赋予喝啤酒的人是硬汉一个较高的概率。此时她将选择遵从因而破坏那个不正确的均衡。

14.6 合理化

结束本章前我们看一下纳什均衡的粗化,也就是合理化。它的支持者提出,假设我们只知道博弈方是贝叶斯理性这个共同知识,我们能得到什么? 他们的回答是,任何采用严格劣策略反复消去法后剩下来的策略对都是可能的。[①]

合理化的观点。爱丽丝和鲍勃正进行有限博弈。他们都不确定对方最后会采用哪种纯策略。贝叶斯理性的博弈方会为每种可能的选择赋予一个主观概率。然后博弈方基于主观概率选择能够使他的期望得益最大的策略。这样博弈方就好像面对一个采用混合策略的对手那样选择自己的最优策略。

记鲍勃的混合策略为 M。然后爱丽丝从针对 M 的最优反应 $\mathcal{B}M$ 中选择一个策略。如果鲍勃知道爱丽丝是贝叶斯理性的,他将从针对 $\mathcal{B}M$ 的最优反应集 $\mathcal{B}^2M = \mathcal{B}(\mathcal{B}M)$ 中选择一个策略。如果爱丽丝知道鲍勃知道她是贝叶斯理性的,她将从 $\mathcal{B}^3M$ 中选择一个策略,依此类推。

要证明这个结论需要用到下面这个结果,一个混合策略是针对其对手混合策略的最优反应,当且仅当这个混合策略不是严格劣策略(本章练习 20)。可以得到,当博弈方具有贝叶斯理性是一个共同知识时,可以选择的策略组合由那些经过严格劣策略反复消去法后剩下的策略构成。

讨论。有些博弈根本就没有严格劣策略。在这类博弈中,**所有**的策略都是合理的。这是否意味着在这类博弈中我们可以忘记纳什均衡,只是简单地告诉博弈方任何事情都可能发生? 如果我们只知道博弈方是贝叶斯理性这个唯一的共同知识,那么答案只能是**肯定**的。然而,仅仅基于这一条前提假设的理论毫无用处。现实生活中的人,哪怕是来自不同国家的陌生人,都有着比合理化假说多得多的共同点。我们都是人类这一事实本身就确保我们有一些共同的文化。

虽然还不够成熟,正统的博弈论已然注意到了这一点。人们不断讨论哪些内容应该被写进博弈论书本中,这意味着那些被写进书中的内容将成为博弈方的共同知识。更为一般的是,在那些博弈推论背后所隐含的假设正是博弈中人们的行动方式——就像约定俗成那样——在某种程度上就是共同知识。我们注意的目光集中在那些不会自我偏离的稳定的习俗上。这些就是我们选择**均衡**时的习俗。像所有其他的理想化的事物一样,假设这些习俗是博弈方的共同知识有时是很不恰当的。但是,我实在是想不出哪种现实情形中的博弈方除了贝叶斯理性外没有任何其他共同知识。

14.7 综述

并非所有的纳什均衡都是子博弈完美的,因此子博弈完美均衡是纳什均衡的

---

① 有时人们会争辩说可以允许删除弱劣策略,但仅仅是在第一轮删除的时候才允许。

一个精炼。就像其他的精炼方法一样，它要求能够对理性博弈方偏离理性行为时的反事实情况给出详细的解释。

使反事实情况能够得到合理解释的一个方法就是，在一个扩展的博弈中引入**机运**或者**颤抖**，因而所有的信息集都能够以正的概率到达。原博弈中对反事实的判断可以被看作扩展博弈中颤抖的概率趋向零时判断的极限。如果颤抖是独立的，可以证明子博弈完美均衡和弱劣策略反复消去法是合适的。如果颤抖是相关的——也就是错误是可预期的，而不纯粹是偶然的——那几乎所有的纳什均衡都可以找到合理的解释。连锁店悖论提供了一个利用逆推法得到的一个不那么让人信服的子博弈完美均衡的例子。

不过，逆推法仍然是个有价值的工具，特别是用评估均衡思想解决不完美信息博弈时。评估是一个二元组(s, μ)，其中s是行为策略组合，μ是判断组合。在均衡达到时，对给定信息集中节点的判断组合μ，策略s必须给出针对每个信息集的最优行动。如果可能，这些判断必须基于以前的s利用贝叶斯更新得到。判断组合要指定每个信息集处的判断，这当中也包括采用策略s时无法到达的那些信息集。

四人帮模型指出，在颤抖趋向零的过程中有时会出现有趣的情形。在蜈蚣博弈中就能找到这样的评估均衡，直到博弈的最后阶段博弈方仍彼此信任。在有限次重复囚徒困境博弈中也可以观察到类似的结果。

信号博弈是发生精炼的经典舞台。在烧钱博弈中，前推法可以排除其他所有的均衡，仅留下一个。直观标准也可以排除乳酪博弈中不正确的均衡。这些精炼是否有意义取决于对反事实进行解释时的那些隐含假设在何种程度上与现实相符。

合理化是纳什均衡粗化的概念。从所有博弈方都是贝叶斯理性这一共同知识出发，我们可以证明严格劣策略反复消去法的合理性。但为什么要假设博弈方没有其他共同知识呢？

14.8　进一步阅读

Counterfactuals，by David Lewis：Harvard University Press，Cambridge，MA，1973. 这本书成功地推广了莱布尼茨关于可能世界的想法，但却不是一本有用的使用反事实方法的指南。

The Situation in Logic，by Jon Barwise：Center for the Study of Language and Information，Stanford，CA，1989. 这是另一本有关反事实和共同知识的著作。

Game Theory for Applied Economists，by Robert Gibbons：Princeton University Press，Princeton，NJ，1992. 这是一本非常简要的博弈论介绍，用非常传统的方法处理精炼。

14.9 练习

1. 在意外测验悖论中，任何事情都伴随着意外，因此当老师在周一进行考试也就不让人奇怪了（第 2.3.1 节）。为什么这个矛盾不是反事实的？

2. 请说明图 14.1 给出的连锁店博弈的例子中，利用弱劣策略反复消去法不仅能得到子博弈完美均衡策略，所有处于逆推法路径上的策略组合都可以保留下来。

3. 设计一个模型博弈，雄鸟要么飞回鸟巢，要么抛弃雌鸟另寻伴侣。如果他没有返回鸟巢，雌鸟要么继续独自孵化小鸟，要么重新找一个伴侣。给出适当的得益，逆推法将使雄鸟保持忠诚。但是鸟类并不善于分析那些反事实情形。在这个生物学的例子中，能够将逆推法得到的均衡看作是颤抖手均衡吗？

4. 图 5.2(b) 给出一个三人博弈的策略形式。请问哪些策略是劣策略？两个纯策略纳什均衡分别是什么？请说明，没有哪一个博弈方需要采用弱劣策略，但有一个是颤抖手均衡。

5. 冯·诺伊曼和摩根斯坦建议人们一般不要用扩展形式，而采用策略形式。这相当于所有的博弈本质上都是同时行动博弈。通过研究允许博弈方同时选择策略的新博弈，来讨论他们的建议。请验证图 14.7(b) 正是与 14.7(a) 的扩展形式相对应的策略形式。写出具有相同策略形式的同时行动博弈的扩展形式。并指出后者有一个颤抖手完美均衡，但是原博弈不存在颤抖手完美均衡。

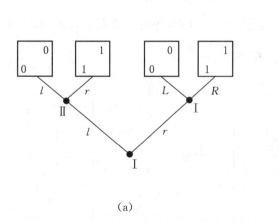

(a)   (b)

这个扩展形式下的颤抖手均衡与具有相同策略形式的同时行动博弈的颤抖手均衡不一致。

图 14.7　有多少个扰动？

6. 利用逆推法分析第 13.2.3 节给出的蒙提·霍尔博弈。给出博弈的评估均衡。将这个均衡与之前的分析结果进行比较。

7. 将图 14.2(a) 左边最下面单元格中鲍勃的得益从 2 改为 3。解释为什么（fa, oi）不再是评估均衡的一部分了？在第 14.3.1 节中还可以找到哪些评估均衡？

8. 图 14.8 给出泽尔腾的赛马博弈。验证 (d, A, l) 和 (a, A, r) 是纳什均衡。为什么这两个均衡都是子博弈完美均衡？请说明 (d, A, l) 不是评估均衡的一部分，但 (a, A, r) 可以是。

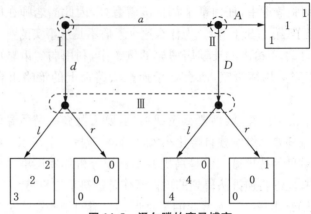

图 14.8　泽尔腾的赛马博弈

9. 在第 14.4.2 节中，蜈蚣博弈给出了利用四人帮理论的一个例子。画出博弈的扩展形式，其中机运可能为博弈方 II 指定一个非理性的类型。

10. 假设第 14.4.2 节的蜈蚣博弈中机器人总是以概率 p 选择向前，找到这个经过修正的博弈的评估均衡。

11. 在第 14.4.2 节的评估均衡中，无法到达的信息集所隐含的可能世界怎样影响人们的判断？

12. 找到烧钱博弈（第 14.5.1 节）中所有的纯策略纳什均衡。

13. 证明图 14.9 所给出的正是 $r = \dfrac{2}{3}$ 时乳酪博弈的策略形式。利用这个策略形式找到该博弈唯一的纳什均衡（第 14.5.2 节）

	bb	bd	db	dd
qq	$\dfrac{2}{3}$ $\dfrac{2}{3}$	$\dfrac{2}{3}$ $\dfrac{2}{3}$	$\dfrac{1}{3}$ $\dfrac{8}{3}$	$\dfrac{1}{3}$ $\dfrac{8}{3}$
qb	$\dfrac{2}{3}$ 0	0 $\dfrac{4}{3}$	1 $\dfrac{2}{3}$	$\dfrac{1}{3}$ 2
bq	$\dfrac{2}{3}$ 1	1 $\dfrac{5}{3}$	0 $\dfrac{7}{3}$	$\dfrac{1}{3}$ 3
bb	$\dfrac{2}{3}$ $\dfrac{1}{3}$	$\dfrac{1}{3}$ $\dfrac{7}{3}$	$\dfrac{2}{3}$ $\dfrac{1}{3}$	$\dfrac{1}{3}$ $\dfrac{7}{3}$

图 14.9　乳酪博弈的策略形式

14. 图 14.6(b)给出科尔伯格的戴立克(Kohlberg's Dalek)博弈。为什么这里存在着均衡选择问题？前推精炼法是如何解决这一问题的？（经济实验表明，现实中博弈方 I 最终以行动 a 结束自己的博弈。）

15. 给出一个 2×2 双值矩阵博弈的例子，使得**每一对**纯策略都是可理性化的。

16. 利用合理化准则找到图 14.10 双值矩阵博弈中唯一的一组纯策略（别忘了可能与混合策略有关）。

2 5	6 2	4 1	3 0
1 4	4 3	1 2	2 1
0 1	1 1	5 1	1 5
3 2	1 0	2 0	4 4

图 14.10　博弈的合理化

17. 在第 10.2.2 节给出的古诺双寡头博弈中：

a. 证明每个博弈方的利润是其产出的严格凹函数。证明混合策略永远不可能成为最优反应，因而可以被忽略。

b. 已知 $0 \leqslant x \leqslant K-c$ 时，$R(x) = \frac{1}{2}(K-c-x)$。借助图 10.1，绘制一张包括爱丽丝的反映曲线 $a = R(b)$ 以及鲍勃的反应曲线 $b = R(a)$ 的大图表。

c. 令 $x_0 = 0$，定义 $x_{n+1} = R(x_n)$，$n = 0, 1, 2, \cdots$，如果当 $n \to \infty$ 时有 $x_n \to \tilde{x}$，请解释为什么 $\tilde{x} = R(\tilde{x})$。证明 $(\tilde{x}, \tilde{x})$ 是第 10.2.2 节古诺双寡头博弈的唯一的纳什均衡。

d. 在问题(b)的图形中，在博弈双方的轴上标出 x_1。请解释为什么对于任何一个博弈方来说最优反应是产量不超过 x_1。删除图中 $a > x_1$ 或 $b > x_1$ 的部分。

e. 在两个博弈方的轴上标出 x_2。如果双方都知道(d)中所删除部分的策略不会被采用，解释为什么对于任何一个博弈方来说最优反应是产量不低于 x_2。删除图中 $a < x_2$ 或 $b < x_2$ 的部分。

f. 在博弈双方的轴上标出 x_3，然后考虑，现在图中哪些部分可以被删除？

g. 前面给出了删除过程的最初三个步骤，如果产量 q 不会被这个过程删除，请说明 q 满足条件 $x_{2n} \leqslant q \leqslant x_{2n+1}$。

h. 证明古诺双寡头博弈中仅有的**合理化**策略组就是唯一的纳什均

衡$(\tilde{x},\tilde{x})$。

18. 在有限双人博弈中,博弈方 I 的得益矩阵是 A。请说明为什么当且仅当

$$\exists q \in Q \forall p \in P \, (\tilde{p}^{\top}Aq \geqslant p^{\top}Aq)$$

满足时博弈方 I 的混合策略 $\tilde{p}$ 是对应博弈方 II 某一混合策略的最优反应。其中 P 是博弈方 I 的混合策略集,Q 是博弈方 II 的混合策略集①。为什么上述论断等价于

$$\min_{q \in Q} \max_{p \in P_0} p^{\top}Aq \leqslant 0$$

其中 $P_0 = \{p - \tilde{p} : p \in P\}$。

19. 利用上一题给出的符号,说明博弈方 I 的混合策略 $\tilde{p}$ 是严格劣策略(也可能相对于混合策略)当且仅当

$$\exists p \in P \forall q \in Q (p^{\top}Aq > \tilde{p}^{\top}Aq).$$

并证明 $\tilde{p}$ 不是严格劣策略当且仅当②

$$\forall p \in P \exists q \in Q (p^{\top}Aq \leqslant \tilde{p}^{\top}Aq)$$

为什么后面这个论断等价于

$$\max_{p \in P_0} \min_{q \in Q} p^{\top}Aq \leqslant 0$$

20. 利用上面的练习说明,在有限双人博弈中博弈方的混合策略是对手某个混合策略的最优反应,当且仅当它不是严格劣策略。(证明要用到冯·诺伊曼最小最大定理,用 P_0 代替定理中的 P 即可。)

21. 圆周上随意选择的弦的长度大于半径的概率 p 是多少? 如果弦的中点到圆心的距离是 x,证明弦的长度是 $2\sqrt{r^2 - x^2}$。其中 r 是圆的半径。并证明:

$$p = \mathrm{prob}\left(\frac{x}{r} \leqslant \frac{\sqrt{3}}{2}\right)$$

a. 随意选择的弦的中点等可能地落在任何一条半径上。假定它位于某条半径上,那么它也以相同的概率位于这条半径上的任何一点。证明:$p = \sqrt{3}/2$。

b. 随意选择的弦的中点等可能的位于圆内部的任何一点。证明 $p = 3/4$。

结合柯尔莫哥洛夫关于如何计算基于零概率事件的条件概率的建议,讨论上述结果之间的关联。

22. 对上一题练习给出的悖论进行更深入的讨论。假设弦的一个端点等可能的落于圆周上的任何一点,在第一个端点选定后,另一个端点等可能的位于圆周上的另外一点。讨论不充分理由原则的含义(第 13.5.1 节)。

---

① 符号"$\exists q \in Q$"的意思是"存在 q 属于集合 Q 使得",符号 $\forall p \in P$ 的意思是"对于集合 P 中的任意 p"。
② 为什么"非($\exists p \forall q \cdots$)"与"$\forall p \exists q$(非 $\cdots$)"是等价的?

▶ 第 15 章

知道该相信什么

15.1 完全信息

如果博弈方知道博弈过程中迄今为止的一切事情，称信息是完美的。如果博弈设定所需的全部信息——包括偏好以及判断都是共同知识，称信息是完全的。

到目前为止我们一直假设信息是完全的，虽然有时并不需要这样强的假设。在囚徒困境博弈中，博弈方只需知道鹰是取得最大得益的强占优战略就行了，但如果将得益矩阵作些修改，变成懦夫博弈，我们就需要完全信息。

什么情况下假设完全信息才是合适的？毫无疑问，下棋比赛是完全信息的，但俄罗斯轮盘赌就不同了。鲍里斯能准确地知道弗拉基米尔的风险规避程度吗？古诺双寡头博弈中两家公司的目标都是利润最大化，但假设他们可以估算出对方的利润，这是否可信？要知道在现实生活中，为了打败竞争对手，公司通常对自己的生产成本严格保密。

哈萨尼关于不完全信息的理论给出解决这类问题的一个途径。他提供了一种将不完全信息**完全化**的策略结构技巧。但这个理论给使用者留下很多悬而未定的问题。它告诉我们信息结构中缺少了什么，但却没有指出可以在哪里找到这些信息。它提出了正确的问题，但是它把怎样拿出正确的答案的问题留给我们。

通过将博弈转化成**不完美**信息博弈，可以很好地解决这个问题。没有必要在这个博弈中假设信息是**完全**的。如果信息结构不完全，这甚至算不上是一个博弈。在经济学教科书中看到的"不完全信息博弈"，实际上可以利用海萨尼变换将其变为完全但不完美信息博弈。

15.2 诈牌

冯·诺依曼关于纸牌的讨论促使我最终成为一名博弈理论家。我知道，一位玩牌高手常常要诈牌，只是我并不认为冯·诺依曼所声称的那样频繁的诈牌是最优的。我应该更多的去了解这位大师而不是去质疑他！因为经过一番痛苦的计算,我不仅不得不承认他是对的,但也发现自己无可救药的迷上了博弈论。

冯·诺依曼模型。冯·诺依曼第二个纸牌模型给出了不完全信息问题的一般解决方法。在这个模型中,两个风险中性的玩家爱丽丝和鲍勃,独立的被分到一个位于0和1之间的实数。每个数被指定的可能性相同。

在发到这个数字前,每个玩家必须在盘子里放上1美元。数字发好后,进行一轮下注,这时鲍勃可能**认输**。如果他认输,那么无论谁的牌更好,爱丽丝都将得到全部的赌资。如果鲍勃不认输,大家就摊牌,此时谁手里的牌大谁就赢。在爱丽丝最后一次下注后,如果鲍勃跟注,并且他下注的总数和爱丽丝一样时,双方摊牌。

为了让事情简单化,冯·诺依曼对下注的可能性进行了严格的限制。在他的模型中,爱丽丝首先行动。她可以选择过牌(就是不下注,在赌资中增加0美元)或加注(在赌资中加上1美元)。如果她过牌,鲍勃必须跟注。如果爱丽丝加注,鲍勃可以选择认输或者跟注。

图15.19(a)给出了冯·诺依曼模型中玩家的最优策略。哪怕你只玩过最简单的牌,你也知道即使爱丽丝手中的牌不好,有时她也必须要加注。否则,爱丽丝只在有好牌的时候才加注,鲍勃就知道不应该跟注。业余选手在拿到中等的牌时可能会减少诈牌的频率,但冯·诺依曼对这种胆怯的做法不屑一顾。如果对方牌很好而你又想赢的话,那么在拿到差牌时多一些诈牌是有好处的！

一个简化的模型。冯·诺依曼模型尽管对纸牌作了很多简化,但仍然捕捉了博弈的本质。下面对模型进一步简化,将无限的数字简化成只包含红桃 K、红桃 Q 和红桃 J。然而,图 15.1(b)表明,最佳行动的特征和冯·诺依曼模型相同。

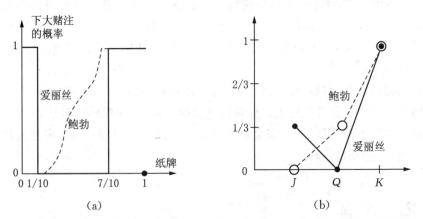

(a)   (b)

图15.1(a)指出爱丽丝或鲍勃诈牌的概率是他们手里牌的函数(鲍勃有多个最优策略,这里只给出了其中的一个。图 15.1(b)表明简化例子中的最优策略具有相似的特征)。

图 15.1　冯·诺依曼纸牌模型的最优选择

图 15.2 中给出了机运首先行动的简化模型的博弈树,洗牌后纸牌的六种排序是等可能的。第一张牌发给爱丽丝,第二张牌发给鲍勃。博弈树剩余的部分表明玩牌时冯·诺依曼所采用的下注规则。

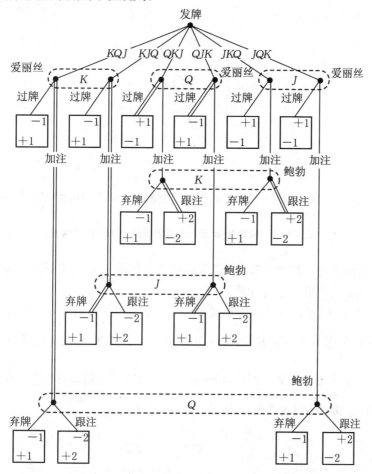

图 15.2　冯·诺依曼第二个纸牌模型的简化例子

至于俄罗斯轮盘赌,这个双人零和博弈可以用两种不同的方法解决(第 4.7 节和第 5.2.2 节)。我们首先寻找纳什均衡的策略形式,然后利用逆推法说明为什么扩展形式是不合适的。但首先我们可以作一些简化,用图 15.2 中的双线来表明。例如,当爱丽丝拿到 Q,她选择过牌,因为鲍勃只在有把握击败她时才会加注。因此需要考虑余下的两个决策。如果爱丽丝拿到 J,她是否会诈牌? 如果鲍勃拿到 Q,他是否会跟注?

图 15.3(a)给出博弈中所有的纯策略,但只有阴影部分的策略形式才是关键的(其他都是劣策略)。图 15.3(b)给出了阴影部分的精细描述。这个博弈有唯一的纳什均衡,其中爱丽丝以概率 $r = \frac{1}{3}$ 选择 RCR(如果拿到 J 就加注)。鲍勃以 $c = \frac{1}{3}$ 的概率选择 CCF(如果拿到 Q 就跟注)。爱丽丝的期望得益是 $\frac{1}{18}$。

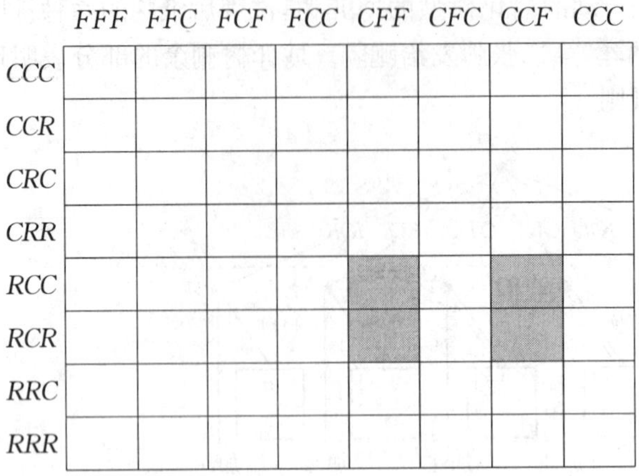

	FFF	FFC	FCF	FCC	CFF	CFC	CCF	CCC
CCC								
CCR								
CRC								
CRR								
RCC					(shaded)		(shaded)	
RCR								
RRC								
RRR								

	$(C)F(F)$	$(C)C(F)$
$(RC)C$	0 / 0	$-\dfrac{1}{6}$ / $\dfrac{1}{6}$
$(RC)R$	$-\dfrac{1}{6}$ / $\dfrac{1}{6}$	$\dfrac{1}{6}$ / $\dfrac{1}{6}$

(a)   (b)

在图 15.3(b)中,如果爱丽丝拿到 J,她要么过牌要么加注。如果鲍勃拿到 Q,他要么弃牌要么跟注。

图 15.3 冯·诺依曼第二个纸牌模型简化例子的策略形式

因为对得益的计算有所限制,策略形式的分析看上去比实际要简单得多。利用扩展形式能完全避免这类计算。

拿到 Q 时,鲍勃必然选择混合策略,因而弃牌和跟注对他是无差异的。他的信息集 Q 的左侧节点到达的无条件概率是 $\frac{1}{6}$。右侧节点到达的无条件概率是 $\frac{1}{6}r$,其中 r 是爱丽丝拿到 J 时加注的概率。相应的条件概率是 $\frac{1}{1+r}$ 和 $\frac{r}{1+r}$。因此,在 Q 处鲍勃对于这两个行动是无差异的,如果:

$$-1 = \frac{-2}{1+r} + \frac{2r}{1+r}$$

这意味着 $r = \frac{1}{3}$。

如果拿到 J,爱丽丝会选择同样的混合策略。假设拿到 Q 时鲍勃跟注的概率是 c,那么爱丽丝在 J 处对两个行动是无差异的,如果下式满足:

$$-1 = \frac{1}{2}(-2) + \frac{1}{2}\{(1-c) - 2c\}$$

这意味着 $c = \frac{1}{3}$。

全部押上。 和你我这样的业余选手相比,在拉斯维加斯参加世界纸牌锦标赛的选手们的策略更符合冯·诺依曼的建议。但如果你认为依靠这些数学模型就能像伟大的选手阿马里洛·斯利姆(Amarillo Slim)那样大获全胜的话,你会很失望的。你可以针对拿到的任何牌计算出安全策略,但在公平博弈中采用这些策略的期望得益是零。要想在牌桌上赢钱,你需要更为冒险。你必须找到并利用对手心

博
弈
论
教
程

396

phil

→ 15.3

理上的弱点。然而,除非你像阿马里洛·斯利姆那样是个天生的心理专家,你试图利用别人弱点的企图很可能被他人反过来用在你身上。

15.3 不完全信息

按照古怪的哲学家托马斯·霍布斯(Tomas Hobbes)的说法,人的特点包括身体的力量、激情、经验和理智。在博弈论中,潘多拉身体的力量由博弈规则给出。她的理性使她遵循贝叶斯理性原则。其他的特点蕴含在她的偏好和判断之中。为了使信息完全,霍布斯的三个标准必须是共同知识:

- 博弈的规则,
- 博弈方对于博弈可能出现结果的偏好,
- 博弈方关于博弈中机运行动的判断。

当上述这些要求中的一个或多个不满足时,哈萨尼方法提供了一个可行的解决办法。我们专注于博弈方偏好的不完全信息,但事实表明如果不考虑判断的不完全信息,我们就无法讨论不完全信息。

15.3.1 分配角色

当我们从博弈的表述中删去博弈方的偏好,结果就变成所谓的博弈形式或者机制,如果用戏剧语言来描述的话,就会生动得多。我们可以把博弈规则想象为**剧本**。在双人博弈中,这个剧本由两个**演员**分饰不同的**角色**。

集合 $\mathcal{M}$ 表示找工作的男演员,集合 $\mathcal{F}$ 表示找工作的女演员,他们正在面试。机运就相当于负责安排角色的助理导演。她的职责就是从集合 $\mathcal{M}$ 中选择一个演员担任角色 I,从集合 $\mathcal{G}$ 中选择一个演员担任角色 II。被选中的演员知道自己被选中的事实,但不知道对手戏的演员是谁。演员们必须在不知道对手是谁的情况下行动。

演员选择何种策略取决于他们的**类型**。所有的演员都是贝叶斯理性的,因此演员的类型由他的偏好和判断组成。

偏好。演员的偏好由定义在一系列可能结果上的冯·诺依曼—摩根斯坦效用函数指定。

判断。演员的判断是他关于机运赋予演员演出机会的主观概率。

指定每个待选演员的类型,我们将不完全的信息结构完整化。结果变成一个不完美信息博弈,我们称之为**贝叶斯博弈**。

贝叶斯博弈的起点是指派角色。信息集显示演员自己知道被选中,但不知道演对手戏的人是谁。演员们就机运赋予每个演员演出机会的概率形成自己的判断。通常——但不是必须——我们假设这些判断是相同的(第13.7.2节)。做出这样一个**共同的先验判断**的假设并不意味着所有演员都处于相同的信息状态,因为当他们达到自己获得演出机会这个信息集后要做的第一件事,就是利用贝叶斯法则更新他们的先验概率。

贝叶斯—纳什均衡。 贝叶斯博弈中的纳什均衡被称作**贝叶斯纳什均衡**。连字符前面的**贝叶斯**提醒你这是一个贝叶斯博弈,你需要找到的演员到底是谁,他们的偏好和判断是什么? 连字符后面的**纳什**告诉我们需要进行怎样的计算。

经济学家经常谈论的贝叶斯纳什均衡指的是"在不对称信息博弈中的贝叶斯均衡"。我们说信息是**不对称的**,因为在被导演选中之前和之后,他们知道的事情是不一样的。我们说均衡是**贝叶斯的**,因为演员们用贝叶斯法则来更新他们的先验判断。就像我不喜欢用"斯塔克伯格均衡"指代斯塔克伯格博弈中的子博弈完美均衡一样,我也讨厌贝叶斯均衡这个说法(第 5.5.1 节)。

不存在无限的递归。 只有认识到哈萨尼方法是如何避免了无限递归,才能明白它的精妙之处。这要归功于他做出的那个大胆的假设,那就是从不完全信息结构转化而来的贝叶斯博弈是完全信息博弈。

要明白为什么可能出现一个无限的递归,看一下爱丽丝和鲍勃拿到牌后的情况。爱丽丝不知道鲍勃手里的牌。鲍勃不知道爱丽丝如何判断他手里的牌。爱丽丝不知道鲍勃如何判断她对鲍勃手里牌的判断。依此类推。在纸牌博弈中,这一连串的关于判断的判断,通过假设担任洗牌和发牌任务的机运的安排是公共知识而得以封闭。当信息是不完全的时候,哈萨尼假定指派角色的行为是公共知识,这里他用了同样的技巧。

尽管经济学文献中很少提到,但事实是指派角色的行为是公共知识这一假设只在某些情况下才符合现实。为了保险起见,我们用纸牌模型来说明哈萨尼理论。

15.3.2 玩纸牌时的类型

想象一个来自火星的人类学家看到了我们的纸牌模型,但他不知道不同的牌对爱丽丝和鲍勃的意义。这个火星人通过提出下面这些问题来运用不完全信息理论。

1. 剧本是什么? 剧本包括图 15.4(a)给出的冯·诺依曼的下注规则。不过得益一栏是空白的,因此缺少进行博弈理论分析所需的信息。得益一栏填写什么取决于博弈方的特点。用戏剧术语来说,这意味着我们需要了解参与面试这两个角色的两组演员的情况。

2. 谁是演员? 如果火星人观察了足够长的时间,他会发现爱丽丝和鲍勃都有三种不同的行为。我们知道当爱丽丝和鲍勃拿到三张不同的牌时,会有不同的行为。但火星人将爱丽丝和鲍勃的这三种不同的行为视作人格分裂的三种状态,我们称之为爱丽丝 K、爱丽丝 Q、爱丽丝 J、鲍勃 K、鲍勃 Q 和鲍勃 J。

3. 他们的偏好是什么? 图 15.4(b)给出当爱丽丝 J 对阵鲍勃 Q 时双方的偏好。图 15.4(c)给出当对手从爱丽丝 J 变为爱丽丝 K 时,鲍勃 Q 对于各种可能结果偏好的改变。此时他停止跟牌,弃牌认输。我们假设演员的偏好根据他所担任角色的不同相应的发生变化,这一点对我们的理论至关重要。

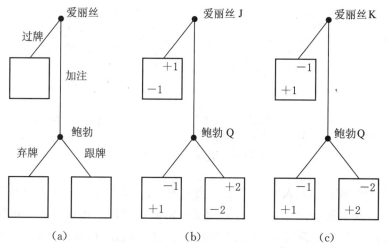

图 15.4(a)给出图 15.2 纸牌模型的框架。图 15.4(b)和图 15.4(c)给出某些演员的部分偏好。

图 15.4 不完全信息情况下的偏好

4. 他们的判断是什么? 如果每个角色由哪位演员来担任是共同知识,那我们将进行图 15.4(b)那样的完美信息博弈,但演员们并不知道另外那个角色是由谁来扮演的。演员们关于这个问题的判断必须被引入我们构建的贝叶斯模型中。

图 15.5(a)给出每种类型的演员为出演另一角色演员的类型所赋予的概率。在玩纸牌时,演员们拿到牌后对各种牌局的先验概率进行更新,得到上述概率。

5. 什么是指派角色? 在玩纸牌时,发牌就是指派角色。在图 15.2 中由机运发牌来开始博弈。信息集描述了演员们对于指派角色这个行动的了解。例如,爱丽丝 J 知道机运指派她担任爱丽丝这个角色,因此可以断定机运不会指派鲍勃 J 担任鲍勃的角色。

图 15.5(b)给出了另外一种表示方法(第三行第二列的数表示爱丽丝拿到 J,鲍勃拿到 Q 的概率)。这是扮演爱丽丝和鲍勃的演员们的先验概率分布,一旦知道自己的类型,演员们据此推导各自的后验判断。在玩纸牌时,假设共同知识是所有的演员具有相同的先验概率,因为只要洗牌和发牌是公平的,这个假设就是合理的(第 13.7.2 节)。

6. 谁是博弈方? 将模型转化成不完美信息模型后,不完全信息理论提供了两种不同的分析方法。我们是用扩展形式还是利用策略形式来分析问题呢?

(i)演员是博弈方。当我们用逆推法分析纸牌模型的扩展形式时,隐含地采取了这种做法。每个演员都被看成独立的博弈方。在我们的例子中,爱丽丝 K、爱丽丝 Q 和爱丽丝 J 在图 15.2 上面三个信息集中选择,鲍勃 K、鲍勃 Q 和鲍勃 J 在下面三个信息集中选择。

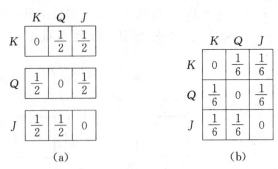

图 15.5(a)给出每个演员对饰演另一角色演员类型的判断。图 15.5(b)给出了共同的先验判断,被选中的演员从这个判断出发来更新他们的判断。

图 15.5　不完全信息时的判断

因为博弈被看作六人博弈,我们需要写下图 15.2 得益矩阵中六个博弈方的得益。落选演员的得益是无关紧要的,通常我们假定他们的得益为零。根据这种约定,按照 JQK 的顺序摸牌,在爱丽丝加注,鲍勃跟牌后的得益向量是(0,0,2,0,2,0)。更精确地说,我们应该指定爱丽丝 J 的得益是 $-2\times\frac{1}{3}$,而不是 -2,因为她被选中的概率只有 $\frac{1}{3}$,但通常我们没有时间去考虑得如此精细。[①]

(ii)演员是代理人。第二个方法仍旧维持原模型的**两人博弈**结构。当我们利用策略模型分析纸牌博弈时,隐含地使用了这种方法。

假如被选中扮演爱丽丝的女演员向冯·诺依曼请教她该采用什么策略。同样,被选中扮演鲍勃的男演员跑去征求摩根斯坦的意见。为了使冯·诺依曼和摩根斯坦能给出最佳建议,必须指定一种恰当的委托结构使他们的偏好与前来咨询的演员的偏好一致。然后冯·诺依曼根据前来咨询的女演员的**各种可能**的类型分别给出建议。例如冯·诺依曼会对爱丽丝 K 和爱丽丝 J 给出不同的建议。

这个方法中演员实际上只是代理人。故事中真正的博弈方是在后面拽线的家伙,就是冯·诺依曼和摩根斯坦。在机运指派角色之前,冯·诺依曼和摩根斯坦要考虑一个复杂的博弈。每个人都必须就演员们的咨询,针对各种情况准备好行动指令。

15.4　俄罗斯轮盘

在俄罗斯轮盘赌中,事情的关键取决于鲍里斯和弗拉基米尔对风险的厌恶程度,但这很可能不是共同知识。为了让事情变得简单些,我们看一下图 4.4 的例子,假设左轮手枪只有 3 个弹镗。

---

① 就像为落选演员指定任何得益都无关紧要一样,将被选中的博弈方的得益都乘上相同的数,结果也是无差异的。

他们要考虑 3 个可能的结果:$\mathscr{G}$(死亡),$\mathscr{D}$(丢脸)和 $\mathscr{W}$(胜利)。经过调整,令他们的冯·诺依曼—摩根斯坦效用函数符合以下关系,当结果是 $\mathscr{G}$ 时效用为 0,当结果是 $\mathscr{W}$ 时效用为 1。鲍里斯和弗拉基米尔对风险的厌恶程度取决于结果 $\mathscr{D}$ 带给他们的效用 a 或 b(第 4.7 节)。

虽然这个不完全信息的问题不算困难,但仍值得用哈萨尼的方法进行系统的分析:

1. 剧本。图 15.6(a)给出了简化的框架,如果鲍里斯有机会第二次行动,他将退出比赛(否则的话,他肯定会被射中)。

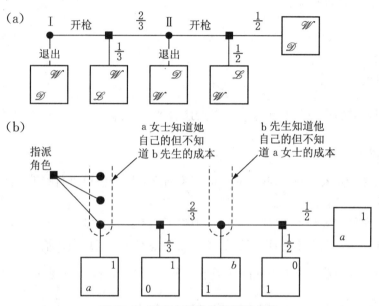

图 15.6 不完全信息的俄罗斯轮盘

2. 演员。对 0 到 1 之间的每个数 a,可能扮演鲍里斯的演员集合 $\mathscr{F}$ 包含演员 a 女士(假设演员们可以熟练的反串)。对 0 到 1 之间的每个数 b,可能扮演弗拉基米尔的演员集合 $\mathscr{M}$ 包含演员 b 先生。

3. 偏好。对结果 $\mathscr{D}$,a 女士的冯·诺依曼—摩根斯坦效用是 a,b 先生的效用是 b。

4. 判断。这里需要做一些假设。最简单的就是假设所有的演员关于对手的风险厌恶程度拥有**相同**的判断。我们可以指定任意的概率,这并不会使模型变得更为复杂,但最简单的假设是令这些概率相同。要求鲍里斯和弗拉基米尔的判断是共同知识未免过于严格,不过我们需要这个假定以便进行哈萨尼变换。

5. 指派角色。我们指定演员的判断,与从[0,1]均匀分布上独立的选择 a 和 b 本质上是一样的(这意味着,a 或 b 位于[0,1]任何小区间上的概率等于小区间的长度)。假定 a 和 b 独立可以使问题大大简化,因为演员们不能从自己被选中这个事实推知对手的信息,因此不需要进行贝叶斯更新。

6. 演员是博弈方。我们将每位演员作为一个单独的博弈方。图15.6(b)给出这个贝叶斯博弈的部分内容。

7. 贝叶斯—纳什均衡。我们用逆推法求解这个贝叶斯博弈。现在轮到 b 先生行动了，当 $b > \frac{1}{2} \times 0 + \frac{1}{2} \times 1 = \frac{1}{2}$ 时，他退出决斗。当 $b < \frac{1}{2}$ 时，他扣动扳机。

a 女士不知道 b 是多少，但是她认为 b 大于或小于 $\frac{1}{2}$ 的可能性相同（事件 $b = \frac{1}{2}$ 发生的可能性是 0）。因此 a 女士认为对手退出决斗的概率是 $\frac{1}{2}$。据此可以得到 a 女士退出决斗的条件：

$$a > \frac{1}{3} \times 0 + \frac{2}{3} \times \frac{1}{2} \times 1 + \frac{2}{3} \times \frac{1}{2} \times \frac{1}{2} \times 1 + \frac{2}{3} \times \frac{1}{2} \times \frac{1}{2} \times a$$

化简后得到 $a > \frac{3}{5}$。

不明就里的莫斯科少女奥尔加高兴地看到，军官们以 $\frac{3}{5}$ 的概率扣动第一枪，以 $\frac{1}{2}$ 的概率扣动第二枪。

奥尔加的介入。现在，我们对前面有关演员判断的假设进行修改，给出一个必须进行贝叶斯更新的例子。

奥尔加暗恋着鲍里斯，所以她偷偷地告诉鲍里斯，他的风险厌恶程度要比弗拉基米尔低。尽管消息不是那么可靠，鲍里斯还是把这个消息当作福音。

现在 a 女士就会在 $b > a$ 的前提下计算 $b > \frac{1}{2}$ 的概率。如果 $a > \frac{1}{2}$，那么弗拉基米尔肯定会退出决斗，因此鲍里斯退出的条件是 $a > \frac{1}{3} \times 0 + \frac{2}{3} \times 1 = \frac{2}{3}$。

如果 $a < \frac{1}{2}$，弗拉基米尔退出决斗的概率是：

$$p = \text{prob}\left(b > \frac{1}{2} \,\middle|\, b > a\right) = \frac{\text{prob}\left(b > \frac{1}{2} \text{ and } b > a\right)}{\text{prob}(b > a)} = \frac{1}{2(1-a)}$$

此时 a 女士退出的条件是：

$$a > \frac{1}{3} \times 0 + \frac{2}{3} \times p \times 1 + \frac{2}{3} \times (1-p) \times \frac{1}{2} + \frac{2}{3} \times (1-p) \times \frac{1}{2} \times a,$$

化简后得到 $4a^2 - 7a + 3 < 0$。该式只有在 $\frac{3}{4} < a < 1$ 时才成立，因此当 $a < \frac{1}{2}$ 时，a 女士总会扣动扳机。

莫斯科少女奥尔加吃惊地发现她暗恋的鲍里斯变得更加胆大（因为他现在扣动扳机的概率是 $\frac{2}{3}$，而不是 $\frac{3}{5}$）。如果人们不知道鲍里斯有了内部消息，他们会认为鲍里斯的胆量变大了,真正变化的是鲍里斯对弗拉基米尔胆量的**判断**。

15.5 不完全信息的双寡头博弈

现实生活中企业有时会采取严密的措施以防对手知道自己的成本。本节将对爱丽丝和鲍勃成功隐瞒成本的情况进行建模。

在第 10.2.2 节的古诺双寡头博弈中,爱丽丝和鲍勃的共同知识是双方有相同的单位成本,并且 $c > 0$。现在我们假设爱丽丝和鲍勃的单位成本分别是 A 和 B,但他们不知道对方的单位成本。因此,对于每个可能值 A 我们需要演员 A 女士来扮演,对每个可能的值 B 需要演员 B 先生来扮演。人们可以将这些演员想象成爱丽丝和鲍勃公司的经理。

演员的偏好。如果 A 女士和 B 先生被指派作为经理,他们的目标是公司利润最大化。他们的利润函数是:

$$\pi_A(a, b) = (K - A - a - b)a$$
$$\pi_B(a, b) = (K - B - a - b)b$$

演员的判断。 古诺双寡头模型的一个好处是,我们并不需要知道指派不同演员去管理爱丽丝或鲍勃公司的概率,因为所有的一切都可以用期望的形式来表达。例如,符号 $\mathscr{E}X = \overline{X}$ 表示鲍勃预期爱丽丝的成本是 $\overline{A}$。

通常我们还需要考虑 $\overline{\overline{A}}$,这是爱丽丝关于鲍勃对爱丽丝成本的预期的预期。但如果我们做出机运"指派爱丽丝和鲍勃公司经理的行动是**独立的**"是共同知识这样一个大胆的假设,就能使我们的问题封闭。因此不必考虑关于判断的判断,以及关于判断的判断的判断这类问题。这个假定保证各家公司所有可能的经理人都有**相同的**关于其他公司经理人选的判断。

→ 15.6

博弈方是代理人。 现在研究冯·诺依曼和摩根斯坦之间的一个不完美信息博弈,他们分别代表爱丽丝和鲍勃的利益。对冯·诺依曼来说,这个博弈的一个纯粹策略是函数:$\alpha : \mathscr{F} \to \mathbb{R}_+$,其中 $\mathscr{F}$ 是爱丽丝公司可能的经理人选。如果 A 女士被指派管理爱丽丝公司,她告诉冯·诺依曼自己的类型并向他请教自己的工厂应该生产多少顶帽子。他的回答是 $\alpha(A)$。摩根斯坦选择 $\beta : \mathscr{U} \to \mathbb{R}_+$ 的函数。如果 B 先生被指派管理鲍勃公司,摩根斯坦建议他生产 $\beta(B)$ 顶帽子。

贝叶斯—纳什均衡。 对于纳什均衡,α 和 β 必须是彼此的最优反应。因为给定摩根斯坦的建议 β,冯·诺依曼对每位 A 女士的建议必定是最优的,因此 α 的值 $\alpha(A)$ 必须使 A 女士的期望利润最大:[1]

$$\mathscr{E}\pi_A(\alpha, \beta) = (K - A - a - \overline{b})a$$

其中 $\overline{b} = \mathscr{E}\beta(B)$ 是 A 女士关于 B 先生产出的预期。就像在第 10.2.2 节一样,通过

---

[1] 注意,期望算子是线性的,例如 $\overline{2X + 3} = 2\overline{X} + 3$。

对 α 求微分得到最大值。令导数等于 0,得到:

$$K - A - 2a - \bar{b} = 0$$

可以得到,当下式满足时,冯·诺依曼建议的函数 α 是 β 的最优反应。

$$\alpha(A) = \frac{1}{2}(K - A - \bar{b}) \tag{15.1}$$

类似的,给定冯·诺依曼建议的产量 α,当下面的式子满足时,摩根斯坦给 B 先生的建议是最优的:

$$\beta(B) = \frac{1}{2}(K - B - \bar{a}) \tag{15.2}$$

我们曾经用 $\bar{a}$ 和 $\bar{b}$ 表示 $\alpha(A)$ 和 $\beta(B)$ 的期望,那时还不知道它们具体的值。现在我们可以对(15.1)式和(15.2)式求期望,将它们求出来:

$$\bar{a} - \frac{1}{2}(K - \bar{A} - b)$$

$$\bar{b} = \frac{1}{2}(K - \bar{B} - \bar{a})$$

在计算期望的过程中,$\bar{a}$ 和 $\bar{b}$ 是常数这一点很重要。根据假设,一家公司可能的经理人选对于其他公司经理人选的判断是**相同的**。

在 $\bar{A} = \bar{B} = c$ 这种对称的情况下,[①]我们得到:

$$\bar{a} = \bar{b} = \frac{1}{3}(K - c)$$

平均的产出与"爱丽丝和鲍勃都有相同的单位成本 c"是共同知识时的平均产出一样(第 10.2.2 节)。

在(15.1)式和(15.2)式中代入 $\bar{a}$ 和 $\bar{b}$ 的值,我们得到使函数 α,β 成为贝叶斯—纳什均衡的条件:

$$\alpha(A) = \frac{1}{6}(2K - 3A + c)$$

$$\beta(B) = \frac{1}{6}(2K - 3B + c)$$

例如,当 $A = B = 0$ 时,市场上的帽子都泛滥了,因为爱丽丝和鲍勃关于对手成本的预期发生了严重的错误。

15.5.1 关于判断的判断

如果我们不假定机运独立指定爱丽丝和鲍勃公司的经理是共同知识,并以此

---

① 尽管此时贝叶斯博弈是对称的,经济学家们仍旧称他们在处理非对称信息的情况。

让模型封闭的话,关于成本有着不完全信息的古诺模型中会发生什么呢?在对(15.1)式和(15.2)式求期望之前,一切都是相同的。但是,我们必须考虑到这样一个事实,不同的经理关于其对手可能会有不同的判断,因此期望取决于不同演员的特点。特别是,$\bar{a}$ 和 $\bar{b}$ 不再是常数,所以:

$$\bar{a} = \frac{1}{2}(K - \bar{A} - \bar{b})$$

$$\bar{b} = \frac{1}{2}(K - \bar{B} - \bar{a})$$

但我们如何计算 $\bar{a}$ 和 $\bar{b}$?再次求期望,我们得到:

$$\bar{a} = \frac{1}{2}(K - \bar{\bar{A}} - \bar{\bar{b}})$$

$$\bar{b} = \frac{1}{2}(K - \bar{\bar{B}} - \bar{\bar{a}})$$

符号 $\bar{\bar{a}}$ 看上去有些怪异。它表示 B 先生关于 A 女士关于 B 先生关于 A 女士产出的预期的预期的预期!当我们继续试图消去 a 和 b 表达式中的未知项时,事情会变得更糟。但通过不懈的努力后,我们的贝叶斯—纳什均衡产量可以用无限项的和来表示:

$$\alpha(A) = \frac{1}{2}(K - A) - \frac{1}{4}(K - \bar{B}) + \frac{1}{8}(K - \bar{\bar{A}}) - \frac{1}{16}(K - \bar{\bar{\bar{B}}}) + \cdots$$

$$\beta(B) = \frac{1}{2}(K - B) - \frac{1}{4}(K - \bar{A}) + \frac{1}{8}(K - \bar{\bar{B}}) - \frac{1}{16}(K - \bar{\bar{\bar{A}}}) + \cdots$$

对无限项求和是博弈论基本问题中最为困难的一个。我们如何处理这样的无限递归:如果我认为他认为我认为……对这个不完全信息问题,哈萨尼的回答是,通过假设有关指派经理的信息是共同知识,可以让问题封闭。

使模型封闭。我们已经看到如何让有着关于生产成本不完全信息的古诺模型封闭的一种方式。但还有许多其他解决方法。

一个非常漂亮的解决方法是假设这样的共同知识,即演员们总是认为关于对手成本的预期就等于他们自己的成本。所有关于预期的预期都瓦解了,因为有:

$$\bar{B} = A;\ \bar{\bar{A}} = \bar{B} = A;\ \bar{\bar{\bar{B}}} = \bar{\bar{A}} = A$$

依此类推。A 女士的贝叶斯—纳什产量是:

$$\alpha(A) = \frac{1}{2}(K - A) - \frac{1}{4}(K - A) + \frac{1}{8}(K - A) - \frac{1}{16}(K - A) + \cdots$$

$$= \frac{1}{2}(K - A)\left\{1 - \frac{1}{2} + \frac{1}{4} - \frac{1}{8} + \cdots\right\}$$

$$= \frac{1}{3}(K - A)$$

所有的复杂因素都简化为一个简单的结果。此时公司的产量与假设"对方的单位成本和自己一样"是共同知识时相同(第10.2.2节)。

15.5.2 关于不一致达成一致

演员们通过更新机运指派角色的先验分布,得到他们对其他代理人的判断。这些先验分布必须是共同知识,但它们未必相同。如果所有演员都具有相同的先验分布,我们说他们的判断是**一致的**。

在前面两个不完全信息古诺模型中,我们可以看到演员们具有共同的先验判断,因此他们的判断是一致的。但是,如果演员们确信对方公司的单位成本非常高以至于根本不会进行生产,那会怎样呢?两家公司随后将根据自己的单位成本选择垄断产量,结果将自己置于荷兰赌局,这客观上提高了消费者的效用(第13.3.3节)。

这个例子做了一个让经济学家感到不安的假设,即理性的博弈方可能"就不一致达成一致"。因此他们通常会援引哈萨尼教条,假定存在关于博弈方先验判断的共同知识,那么这些先验判断必须是相同的(第13.7.2节)。

→15.7

15.6 纯化

在博弈论中混合策略可以有很多解释。有时我们认为,混合均衡是行动的均衡——在猜硬币博弈中,爱丽丝起劲地通过抛硬币来决定该怎么做(第2.2.2节)。有时我们将混合均衡解释成判断的均衡(第6.3节)。后者的解释比较棘手,因为脑子里得想着混合均衡是可以纯化的。亚当可能根本不需要随机选择策略,但当夏娃借助博弈论书想看透他的行为时,她无法确定亚当到底会怎样行动。

哈萨尼用他的不完全信息理论,提供了一个精确的模型,并引出了使混合均衡纯化的思想。图6.2(a)的双值矩阵博弈给出了他的主要观点,这里我们用图15.7(a)再现这个博弈。博弈中亚当和夏娃的得益矩阵分别是 A 和 B。

图6.2(b)给出两个博弈方的反应曲线。反应曲线只相交一次,这表明博弈具有唯一的纳什均衡。这个混合均衡通常被解释成两个博弈方以 $\frac{1}{2}$ 的概率选择各自的纯策略。我们的任务是使这个混合均衡**纯化**。

变动的得益。 由于博弈方的行为不是随机的,那么人们头脑中造成不确定性的随机因素必须来自其他方面。哈萨尼假设博弈方无法确切知道其对手的偏好。例如,人们关于风险的态度可能每天都不一样,因此博弈方很可能无法确定对手的风险厌恶程度。这种变化将反映在博弈方的冯·诺依曼—摩根斯坦效用函数中,继而影响博弈的得益。

图15.7(b)描述了我们的模型。表格中的空白单元格说明信息是不完全的。男演员集 $\mathcal{M}$ 中的演员 E 先生可以通过一个 2×2 的矩阵 E 来识别。E 的赋值表示与博弈15.7(a)中亚当不同的得益。女演员集 $\mathcal{F}$ 中的演员 F 女士也可以用 2×2 的矩阵 F 来标识出与夏娃不同的得益。

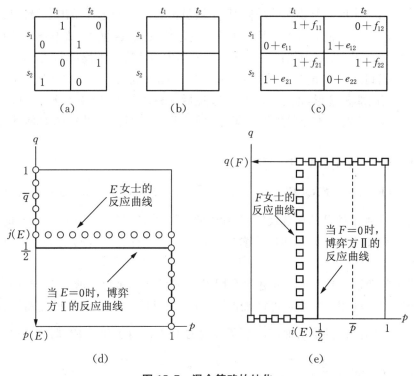

图 15.7　混合策略的纯化

如果由谁来担任这些角色是公共知识的话，博弈将变成图 15.7(c)。然而扮演亚当的 E 先生，只知道自己的得益矩阵是 $\boldsymbol{A}+\boldsymbol{E}$。他无法确定对手的得益矩阵。同样，扮演夏娃的 F 女士，只知道自己的得益矩阵是 $\boldsymbol{B}+\boldsymbol{F}$。

指定演员的得益矩阵就确定了他们的偏好。至于他们的判断，他们拥有的共同知识是助理导演独立的选择演员 E 先生和 F 女士。正如上一节所说的，我们不需要指明概率密度函数。

贝叶斯—纳什均衡。 在指派角色前，每个 E 先生都选择一个 2×1 的列向量 $P(\boldsymbol{E})$ 代表他选择的混合策略。$P(\boldsymbol{E})$ 的第二个坐标用 $p(\boldsymbol{E})$ 表示。这是 $P(\boldsymbol{E})$ 要求 E 先生选择**第二个**纯策略的概率。我们的纯化方案如果成功的话，混合策略 $P(\boldsymbol{E})$ 将成为纯策略，此时 $p(\boldsymbol{E})$ 等于 0 或者 1。夏娃不知道 $\boldsymbol{E}$ 是什么，但她可以计算出亚当预期的混合策略 $\overline{P} = \mathscr{E}_E\{P(\boldsymbol{E})\}$。我们用 $\overline{p}$ 表示这个 2×1 的列向量的第二个坐标。

F 女士同样选择了 2×1 的列向量 $Q(\boldsymbol{F})$ 来代表她的混合策略。这里第二个坐标记做 $q(\boldsymbol{F})$。亚当计算出夏娃预期的混合策略选择 $\overline{Q} = \mathscr{E}_F\{Q(\boldsymbol{F})\}$。用 $\overline{q}$ 表示这个 2×1 的列向量的第二个坐标。

回忆第 6.4.3 节，遇到 F 女士时，E 先生的得益是 $P(\boldsymbol{E})^{\top}(\boldsymbol{A}+\boldsymbol{E})Q(\boldsymbol{F})$。因为他不知道对手是谁，他计算出相应的期望值：

$$\mathscr{E}_F\{P(\boldsymbol{E})^{\top}(\boldsymbol{A}+\boldsymbol{E})Q(\boldsymbol{F})\} = P(\boldsymbol{E})^{\top}(\boldsymbol{A}+\boldsymbol{E})\mathscr{E}_F\{Q(\boldsymbol{F})\} = P(\boldsymbol{E})^{\top}(\boldsymbol{A}+\boldsymbol{E})\overline{Q}$$

如果像纳什均衡所要求的那样,每个演员都对他人的选择做出了最优反应,那么这个方程告诉我们 $P(E)$ 一定是针对 $\bar{Q}$ 的最优反应,这里 $A+E$ 是第一个博弈方的得益矩阵。图 15.7(d)给出在这样一个博弈中博弈方 I 的反应曲线。

为了找到针对 $\bar{Q}$ 的最优反应,E 先生要考虑到底是 $\bar{q} > j(E)$ 呢,还是 $\bar{q} < j(E)$。在前面那种情形,他令 $p(E) = 0$。在后一种情况下,他令 $p(E) = 1$。只有当 $\bar{q} = j(E)$ 时 E 先生才会采用混合策略,因为只有这时两个纯策略对他才是无差异的。

类似的,F 女士的期望得益是:

$$\mathscr{E}_E\{P(E)^\mathsf{T}(B+F)Q(F)\} = \mathscr{E}_E\{P(E)^\mathsf{T}\}(B+F)Q(F) = \bar{P}^\mathsf{T}(B+F)Q(F)$$

为了找到针对 $\bar{P}$ 的最优反应,F 女士研究了图 15.7(e)。当 $\bar{p} < i(F)$ 时,她选择 $p(F) = 0$;当 $\bar{p} > i(F)$ 时,她选择 $p(F) = 1$。只有 $\bar{p} = i(F)$ 时,她才采用混合策略。

微小的变动。到目前为止还没有用 E 和 F 的元素来反应博弈 15.7(a)中得益的**微小变动**。利用这个假定可以确保图 15.7(d)和图 15.7(e)的反应曲线接近于 E 和 F 是零矩阵时的反应曲线。对所有的 E 和 F,$i(F)$ 和 $j(E)$ 都接近 $\frac{1}{2}$。可以得到 $\bar{p}$ 和 $\bar{q}$ 趋向于 $\frac{1}{2}$。①

纯化达成。我们可以从这个结论中知道什么?

- 所有的演员都采用纯策略。
- 亚当关于夏娃的判断通过 $\bar{q}$ 来体现。这是亚当判断夏娃采用她的第二个纯策略的概率。类似的,夏娃认为亚当采用他的第二个纯策略的概率是 $\bar{p}$。
- 当变动逐渐变小,$\bar{p}$ 和 $\bar{q}$ 将接近 $\frac{1}{2}$。

虽然博弈方实际上采用的是纯策略,随着得益的变动逐渐变小,他们关于对手的**判断**逐步靠近原来的混合纳什均衡。混合纳什均衡得以纯化。

15.7 关于规则的不完全信息

如果共同知识是囚徒困境博弈将重复 10 次,那么亚当和夏娃将始终采取鹰策略。指责他们是"理性傻瓜"的批评者没有意识到完全信息这一要求是多么强(第 11.3.1 节)。特别是博弈的规则必须是博弈方之间的共同知识。倘若博弈规则不是共同知识,事情就会完全不同。为此我们用哈萨尼的方法来分析下面这种情

→ 13.8

---

① 这个结论依赖于图 15.7(a)给出的原始博弈不存在纯策略均衡这一事实。假设,对于所有的 F 都有 $i(F) < \frac{1}{2}$ 有 $\bar{p}$ 远大于 $\frac{1}{2}$。那么对所有的 F 都有 $q(F) = 1$,所以 $\bar{q} = 1$。因此对于所有的 E 有 $p(E) = 0$,所以 $\bar{p} = 0$。但这与假设 $\bar{p} > \frac{1}{2}$ 相矛盾。

形,大家都知道囚徒困境博弈将重复有限次,但没有人知道到底它会进行多少次。

15.7.1 无知是福

理性的人知道的越多越好,这种说法有时并不成立(第 5 章练习 24)。假设图 1.3(a)的囚徒困境要重复进行 10 次,如果亚当和夏娃**不知道**在进行了第 10 次博弈后博弈就结束,他们的状况都会得到很大改善。在有限次囚徒困境博弈中,一点点的无知,有时会和一点点的非理性一样,得到令博弈方满意的结果(第 14.4.1 节)。

当博弈的次数是有限的,但具体次数未知是共同知识时,我们需要对每一个可能的次数指派一位演员。如果 n 是偶数,我们指定 n 先生担任亚当的角色。如果 n 是奇数,我们指定 n 女士担任夏娃的角色。

导演指定了博弈的实际长度 N。为了让事情看起来简单些,我们采用与电子邮件博弈(第 12.9.1 节)类似的信息结构。这个选定的演员与 N 和 $N+1$ 相关。被选中的演员 $n(n>1)$ 只知道博弈的长度是 n 或者 $n-1$,此外什么也不知道(唯一的例外是,1 女士能确定博弈的长度是 1)。图 15.8 给出了演员和他们的信息集。

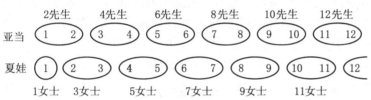

图 15.8　博弈要进行多久?

演员与他们所担任的角色有相同的偏好。我们假定,对于选中的演员 $n(n>1)$,他认为博弈长度为 n 的可能性两倍于 $n-1$(第 15 章练习 23)。

我们关心当导演指定 $N=10$ 时会发生什么。10 先生和 11 女士分别担任亚当和夏娃的角色。10 先生认为,他的对手既可能是 9 女士也可能是 11 女士。他必须同时考虑 9 女士和 11 女士的想法。9 女士认为对手可能是 8 先生或 10 先生。11 女士则认为对手是 10 先生或 12 先生。依此类推,我们不得不将更多的演员考虑进来,直到没有人被遗漏。这样,我们的不完全信息博弈将会包含无数个演员,每个人都被视作一个独立的博弈方。

我们要找到一个均衡,其中每个演员都采用冷酷策略。这就要求演员们采用鸽策略,直到下面两件事中任何一件发生。第一个可能性是,对手偶然间采用了鹰策略。对这样的对手要进行惩罚,那就是不管以后发生什么一直采用鹰策略。第二种可能是,到达了博弈的"触发"阶段。此后无论对手有多么合作,从该阶段起始终采用鹰策略。在我们的例子中,触发阶段是博弈方知道已经到达博弈最后一个阶段。例如,11 女士的触发阶段是博弈的第 11 个阶段。

如果所有演员都采用这种冷酷策略,结果就是贝叶斯—纳什均衡。如果

$N = 10$，并且演员们采纳了这个均衡，那么直到第九阶段博弈方都会采用鸽策略。只有在第 10 个，也就是最后一个阶段才有人采用鹰策略。

为什么演员们没有受到诱惑偏离这个均衡？试想 7 女士，如果她的对手是 6 先生，那么博弈的长度就是 $N = 6$。如果双方同时采用冷酷策略，那么 7 女士的收入流是 $1, 1, 1, 1, 1, -1$。如果她的对手是 8 先生，那么博弈的长度是 $N = 7$，她的收入流是 $1, 1, 1, 1, 1, 1, 3$。因此，采用严格触发策略时，7 女士的期望得益是 $\frac{1}{3} \times 4 + \frac{2}{3} \times 9 = 7\frac{1}{3}$。

如果偏离均衡她的得益是多少？最好的结果是，她抢在 6 先生之前偏离均衡。也就是说，如果她打算偏离均衡，她要做好在第 5 阶段和以后各阶段都采用鹰策略的打算。这产生了两个收入流，$1, 1, 1, 1, 3, 0$ 和 $1, 1, 1, 1, 3, 0, 0$。因此，7 女士可以从偏离均衡的行动中获得 $\frac{1}{3} \times 7 + \frac{2}{3} \times 7 = 7$，这个得益低于均衡得益。

15.8　综述

对博弈来说，信息必须是完全的。这意味着博弈规则、博弈方的得益，以及他们对机运安排所赋予的主观概率必须是共同知识。哈萨尼提出了一个方法，将不完全信息转变为完全信息博弈，我们称之为贝叶斯博弈。

通过偏好和判断定义演员。贝叶斯博弈是不完美信息博弈，由机运为每个博弈方的角色安排一个演员。演员得知自己被选中后要做的第一件事，就是基于这个事实本身更新自己的判断。

哈萨尼方法解决的是博弈论中最基本的问题。我们如何处理像"我认为他认为我认为……"这样无限递归的推理过程。在不完全信息情况下，哈萨尼方法通过假设贝叶斯博弈中机运安排是共同知识使这一问题得以解决。有时这是一个不太合理的非常强的假设。

贝叶斯博弈中的纳什均衡通常被称为"不对称信息博弈的贝叶斯均衡"。但我更喜欢说成是贝叶斯—纳什均衡，因为它并非真的是一个不完全或者不对称信息**博弈**。

采用哈萨尼不完全信息理论的主要原因是，人们往往无法精确知道他人的偏好。因此我们提出以下几个问题：

> 剧本是怎样的？
> 演员是谁？
> 他们的类型是什么？
> 机运的安排是什么？
> 贝叶斯博弈中的博弈方是谁？

剧本包括博弈的规则，这通常被称为机制或博弈形式。指定演员的类型，需要指明他们的偏好和判断。尽管我们关心的重点是博弈方未知的偏好，但无法回避的是演员对机运安排的判断。我们可以用扩展形式或者策略形式分析贝叶斯博弈。在前一种情况下,每个演员都是一个博弈方。在后一种情况下,我们将演员视作原博弈方的代理人。这两者的区别就好像行动策略与混合策略之间的区别(第12.5.3节)。

哈萨尼不完全信息理论并没有提出任何新的原则。它只提供了一个建模的技巧,我们可以在玩纸牌这类不完美信息博弈中直接套用它。在关于成本具有不完全信息的古诺双寡头博弈中运用这个技术,我们可以得到爱丽丝的产量是她的单位成本 A 的函数:

$$\alpha(A) = \frac{1}{2}(K - A) - \frac{1}{4}(K - \overline{B}(A)) + \frac{1}{8}(K - \overline{A}(A)) - \frac{1}{16}(K - \overline{\overline{B}}(A)) + \cdots$$

其中,$\overline{B}(A)$ 是爱丽丝对于鲍勃成本 B 的预期,$\overline{A}(A)$ 是爱丽丝对鲍勃对自己成本预期的预期,等等。正因为这种形式,经济学家认为有必要在一定程度上假设一切都是共同知识,以使模型封闭。

哈萨尼的方法可以用在关于博弈规则具有不完全信息的情形中。当囚徒困境博弈将重复有限次,但不知道具体次数是共同知识时,将出现贝叶斯—纳什均衡形式的合作。

15.9　进一步阅读

Game Theory:*Analysis of Conflict*,by Roger Myerson:Harvard University Press,Cambridge,MA,1991. 这本高级博弈论著作对于贝叶斯方法的运用非常小心。

The Education of a Poker Player,*including Where and How One Learns to Win*,by Herbert Yardley:Jonathan Cape,London,1959. 如果你想通过玩牌来赚钱,就不要浪费时间来学数学模型。

15.10　练习

1. 达蒙·蓝扬(Damon Runyon)告诫我们说,不要和一个声称自己能够让黑桃 J 从一副牌中跳出,还可以让果汁喷到你的耳朵里的人打赌。如果你非要赌,那么就要做好耳朵被灌满苹果汁的准备! 玩牌高手也给出类似的警告,那就是不要就别人很有把握的事情打赌。这真是一个好建议吗? 借助下面的模型说明你的答案。

爱丽丝和鲍勃正在玩一种不预先下赌注的纸牌。鲍勃拿到 H 或 L 的概率相同。他看到自己的牌后,要么弃牌认输,要么押 1 元钱。如果他下注,爱丽丝要么弃牌认输,要么跟牌。如果她跟牌,比赛结束。如果鲍勃的牌是 H,他可以赢 2 元钱。如果他的牌是 L,爱丽丝赢 2 元钱。请说明,均衡时爱丽丝从不跟牌。在删除了弱劣策略后,请说明当鲍勃拿到 H 时下注,拿到 L 时他认输。假设在鲍勃决定认输或是下注之前,只能以很小的概率 $p > 0$ 看到自己的牌,对这种情况进行分析。

2. 如果你总是不和那些手里可能有好牌的人打赌,那纸牌游戏为什么还会存在? 假设本章练习10中,在鲍勃拿到牌之前,爱丽丝和鲍勃都要先下1元钱的赌注。在这个假设下说明,尽管鲍勃可能有把握击败爱丽丝,但爱丽丝有时仍会跟注。

问题的关键在于,如果不下注的成本非常高,那么和那些胸有成竹的人赌一下有可能比直接认输更好。

3. 在玩五张牌梭哈(five-card stud)时(5张牌梭哈的玩法中,牌手会拿到5张牌,1张朝下4张朝上。——译者注),最后一轮爱丽丝提出加注。如果她的暗牌是 A,她知道手里的牌肯定比鲍勃好。在考虑是否要认输时,鲍勃的行动体现了前面练习中的智慧。他盘算着,如果认输,他将失去之前所押的全部赌注。因为他跟注所需的钱远低于这个数目,因此他决定继续赌。

利用沉没成本的思想解释为什么鲍勃的分析是不正确的。但是,如果鲍勃认输的话,的确会有成本产生。运用机会成本的思想,解释这个成本是如何产生的。

4. 在支付了 a 美元的赌注后,爱丽丝和鲍勃以相同的概率独立分到一张牌,H(高)或 L(低)。在看过自己的牌之后,爱丽丝和鲍勃同时决定要么弃牌认输,要么追加 b 美元的赌注。如果他们同时弃牌,或者摊牌后大家的牌一样,他们拿回各自的赌注。

写下该博弈的 4×4 的策略形式。利用严格劣策略反复消去法,说明双方总是采用毕林普上校的投注策略,即在 $b > a > 0$ 时,持有 H 牌的人总是下注,持有 L 牌的人总是认输。如果 $a > b > 0$,他们总是下注。

5. 第15.3.2节利用哈萨尼不完全信息理论的语言重新解释了纸牌模型。借助图15.9的帮助,采用同样的方法重新解释第14.5.2节的乳酪博弈。

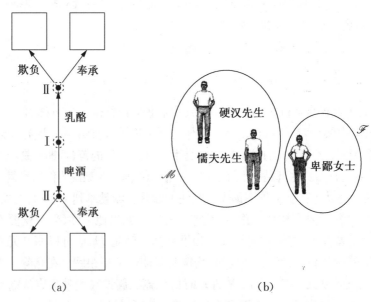

(a)   (b)

图 15.9 乳酪博弈的再阐述

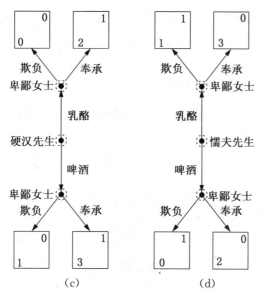

图 15.9 乳酪博弈的再阐述(续)

6. 博弈理论家用图 8.7(a) 的猎鹿博弈,说明了卢梭社会契约理论的一个例子。亚当和夏娃同意合作去猎鹿。他们知道在成立这个组合后,每个人都可能看到一只野兔,但他们还是相互承诺不会放弃一起猎鹿的承诺,单独跑去抓兔子。

图 15.10 给出了此时卢梭这个例子的模型,假设每个人发现野兔的概率是 $\frac{1}{2}$。例如,得益表中 YN 表示亚当发现了野兔,而夏娃没有发现。运用严格劣策略反复消去方法对这个博弈问题求解,并说明卢梭认为合作是理性的这一点不成立,就像单次囚徒困境博弈一样。

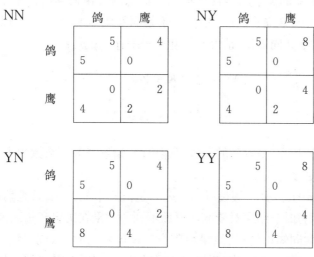

图 15.10 猎鹿博弈

7. 当下面给出的机运决定 a 和 b 的方式是共同知识时,分析不完全信息情况下俄罗斯轮盘赌(第 15.4 节)。首先从 $[0,1]$ 均匀分布中选取 a。然后以 $\frac{1}{2}$ 的概率令 b 等于 a,以 $\frac{1}{2}$ 的概率从相同的分布中独立地选取 b。

8. 当 $A=B=c$ 为常数是一个共同知识时,我们关于成本具有不完全信息的古诺双寡头的第一个模型就简化成为第 10.2.2 节那样。分析当 $\overline{A}=c_1$ 和 $\overline{B}=c_2$ 的情形。当 $\overline{A}=c_1$ 和 $\overline{B}=c_2$ 是共同知识时,你的回答应该简化成为第 10 章练习 2 的形式。

9. 在关于成本具有不完全信息的古诺模型中(第 15.5 节),假设博弈方的成本只能是 H(高)或 L(低)。共同知识是机运分别以 0.8、0.1 和 0.1 的概率指定 (L,L)、(L,H) 和 (H,L)。解释为什么当爱丽丝的成本是 H 时,她知道鲍勃的判断发生了严重错误。不需要计算,请说明她的贝叶斯—纳什均衡产量是怎样体现这个知识的。

10. 第 15.5.1 节在博弈方预期对手的成本与自己的成本一样的前提下,讨论了关于成本具有不完全信息的古诺双寡头模型。现在假定:

$$\overline{A}=cB;\ \overline{B}=dA$$

其中 c 和 d 是正常数。请说明,在贝叶斯—纳什均衡时下面的式子成立:

$$\alpha(A)=\frac{1}{3}K-A(2-d)/(4-cd)$$

$$\beta(B)=\frac{1}{3}K-B(2-c)/(4-cd)$$

11. 请说明上面的练习中,只有 $cd=1$ 时博弈方的判断才是一致的(注意,$\mathscr{E}(X/Y=y)=cy$ 意味着 $\mathscr{E}X=c\mathscr{E}Y$)。

12. 在一个新的关于成本具有不完全信息的古诺博弈的例子中,假设所有的 B 先生具有相同的单位成本 c_2,他们关于爱丽丝成本的预期 $\overline{A}$ 也相同(第 15.5.1 节)。如果这些是共同知识,请说明贝叶斯—纳什产量是:

$$\alpha(A)=\frac{1}{6}(2K+2c_2-3A-\overline{A})$$

$$b=\frac{1}{3}(K-2c_2+\overline{A})$$

虽然和鲍勃相比,爱丽丝的成本可能更低,请解释为什么鲍勃不了解这个事实会导致他生产更多的帽子。

13. 在前面的练习中,假设爱丽丝公司是低成本的,但如果鲍勃认为她是高成本是他们的共同知识,结果对爱丽丝反而不利。如果在决定产量之前,她有机会让她的成本成为共同知识的话,结果会怎样? 请解释,为什么成本低时 A 女士告知别人,但成本高时她企图隐瞒,不会成为贝叶斯—纳什均衡?(在这样的均衡中,如

econ

econ

econ

果 B 先生知道 A 女士隐瞒了成本,他就会对 $\overline{A}$ 进行更新。考虑一下,如果 A 女士的成本很高以至于不便透露时,她的最优选择是什么?)

14. 这里给出本章练习 2 基础上的一个新例子。所有 B 先生关于爱丽丝的成本有相同的预期这一点不再成立。每个 B 先生有自己的预期 $\overline{A}(B)$。但是,每个 A 女士仍然有相同的关于 $\overline{A}(B)$ 的预期 $\overline{\overline{A}}$。如果这些事实是共同知识,请说明贝叶斯—纳什产量是:

$$\alpha(A) = \frac{1}{6}(2K + 2c_2 - 3A - \overline{\overline{A}})$$

$$\beta(B) = \frac{1}{12}(4K - 8c_2 + 3\overline{A}(B) + \overline{\overline{A}})$$

如果 A 小于 c_2,并且鲍勃知道这一点,鲍勃怎样做才能继续生产很多帽子?

15. 这里给出使不完全信息变成完全信息博弈的一个方法:

a. 剧本如图 15.11(a)所示。

b. 将要扮演角色 Ⅰ 的演员是 A 先生或 B 先生。将要担任角色 Ⅱ 的演员是 C 女士或 D 女士。

c. 图 15.11(b)给出机运为每个演员指派角色的概率。例如选择 B 先生和 D 女士分别担任角色 Ⅰ 和角色 Ⅱ 的概率是 0.1。

d. 图 15.11(c)给出了演员的偏好。这些图给出了当机运安排角色的方式是共同知识时,图 15.11(a)矩阵中空白处的得益该如何填写。注意,得益之和总是为零。①

解释为什么机运指派某人担任角色 Ⅰ 与指派某人担任角色 Ⅱ 独立这一点不正确。计算当 C 女士知道自己被选中扮演角色 Ⅱ 后,她认为演对手戏的是 B 先生的概率 $\text{prob}(B \mid C)$。哪些演员在自己被选中后,能够肯定演自己对手戏的演员?

16. 继续本章练习 15。

a. 求解图 15.11(c)给出的四个二人零和博弈。在每个得益矩阵中标出最后被采用的策略。如果由谁扮演某个角色是共同知识,这四个博弈给出使图 15.11(a)的信息完全化的四种可能方法。

b. 将本章练习 15 描述的不完美信息博弈看成一个四人博弈,博弈方是 A 先生、B 先生、C 女士和 D 女士。利用严格劣策略反复消去法求解这个四人博弈。

c. 在(b)中,你假定的共同知识是什么?

d. 回到图 15.11(c),对于每个表格,如果每个被选中的演员采用你在(b)中计算出的纯策略,标出每个得益矩阵博弈的结果。

e. 分析(a)和(b)中结果的差别。请解释,A 先生是如何利用 C 女士的无知的?

---

① 贝叶斯博弈因此也是零和的,但如果演员们的判断不一致的话,我们不能得到这个结论。

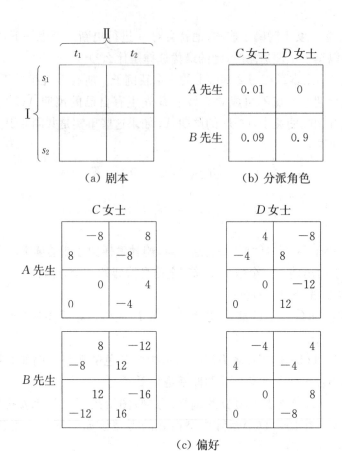

（c）偏好

图 15.11　本章练习 15 的信息

17. 在这里给出本章练习 15 的第二种解决方法。

a. 第 15.3.2 节建议将博弈方 I 视作冯·诺依曼的化身,他给 A 先生和 B 先生出主意。类似地,博弈方 II 可以看作摩根斯坦的化身,他给 C 女士和 D 女士提供咨询。图 15.12 给出以冯·诺依曼和摩根斯坦作为博弈方的博弈扩展形式。填写得益矩阵中的空白处。

b. 冯·诺依曼和摩根斯坦的四个纯策略是什么?

c. 找到在冯·诺依曼和摩根斯坦之间进行的这个博弈的策略形式。证明这是一个零和博弈。

d. 注意冯·诺依曼的得益矩阵中有一个鞍点。求解这个博弈。

e. 证明,利用严格劣策略反复消去方法也可以求解这个问题。

18. 冯·诺依曼和摩根斯坦可以利用最大最小原则对上面练习构造的零和博弈求解出正确答案。为什么不能对本章练习 16 运用同样的方法?

19. 本题将针对本章练习 15 提出更多的问题。

a. 如何修改图 15.12 的博弈树,使它能够表示本章练习 16 中的四人博弈?

b. 如果博弈方的行动是随机的,解释为什么本章练习 16 的方法相当于行为策略,而第 11 章练习 17 相当于采用混合策略?

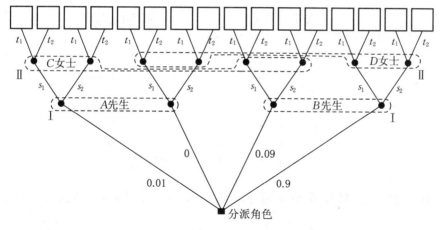

图 15.12   本章练习 17 的泽尔腾博弈树

20. 这是与本章练习 15 有关的最后一问。现在共同知识是图 15.13 给出的演员的判断。

a. 请说明指定的判断是不一致的(第 15.5.2 节)。

b. 用冯·诺依曼和摩根斯坦之间的双人不完美信息博弈对这种情形建模。

c. 通过对策略形式的大量计算,说明即使图 15.11(c)中的元素之和是零,这也**不是**一个零和博弈。

21. 两名代理人就是否提供一种**公共产品**同时做出决策。称它为公共产品是因为,一旦有人提供了这种产品,那些搭便车的人可以和提供这个产品的人一样享受这个产品带来的好处。图 15.14(a)给出当所有的成本和收益都是共同知识时双方的得益。在这个得益表中,c_i 表示提供公共产品的代理人 i 的成本。

a. 请解释,为什么图 15.14(a)其实就是懦夫博弈的例子[图 6.3(c)和图 6.15(a)]。当 $0 < c_i < 4$ 时,找到它的三个纳什均衡。如果 $c_1 = c_2 = 1$,并且采用混合纳什均衡,公共产品被提供的概率是多少? 如果 $c_1 = c_2 = 3$ 时又会怎样呢?

b. 现在考虑成本 c_i 不是共同知识的情形。假设代理人的成本要么是"高"($c_i = 3$),要么是"低"($c_i = 1$)。共同知识是每个人的成本是独立的,并且博弈方是高成本的概率为 p。利用哈萨尼理论将这个问题转换成四人同时行动的博弈模型。如果 $\frac{1}{4} \leqslant p \leqslant \frac{3}{4}$,指出该博弈有一个纳什均衡,其中低成本的代理人提供公共产品,高成本的代理人搭便车。公共产品提供的概率是多少?

c. 如果 p 不在 $\frac{1}{4} \leqslant p \leqslant \frac{3}{4}$ 的范围内,对称的纳什均衡是怎样的?

d. 如果(b)中关于成本分布是共同知识的假定被改成:机运根据图 15.14(b)来选择 (c_1, c_2),找到一个对称纳什均衡。公共产品提供的概率是多少?

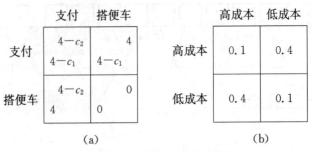

	支付	搭便车
支付	$4-c_2$ 4 $4-c_1$ $4-c_1$	
搭便车	$4-c_2$ 0 4 0	

	高成本	低成本
高成本	0.1	0.4
低成本	0.4	0.1

(a)   (b)

图 15.14 　本章练习 21 中的信息

22. 为什么在第 15.7 节的囚徒困境博弈中,博弈只重复有限次是一个共同知识?

23. 如果第 15.7 节囚徒困境模型中的演员们所赋予的判断是一致的,我们可以找到一个机运指派演员的先验分布,基于这个分布,利用贝叶斯更新可以求出每个演员的判断。解释为了使第 15.7 节的论断成立,为什么需要加上先验概率随着重复博弈长度增加而增加这个条件? 为什么这是不可能的?

24. 对第 15.7 节的设定从两方面进行修改。首先,将图 1.3(a)给出的囚徒困境博弈中两个博弈方都选择鸽的得益从 1 改成 2。其次,将博弈方认为博弈将进行较长时间的概率从 $\frac{2}{3}$ 改成 $\frac{1}{3}$。证明,所有博弈方选择冷酷策略仍旧是一个贝叶斯纳什均衡,但博弈方的判断现在是一致的,因为它可以从博弈长度为 N 的概率是 $\left(\frac{1}{2}\right)^N$ 这一先验概率出发,然后利用贝叶斯更新得到。

▶ 第 16 章

联　手

16.1　讨价还价

　　联手合作能让我们得到比单独行动更多的得益。将大家的才能和资源整合起来,可以创造出比各部分和大得多的盈余。但是哪些人会联手,他们又将创造出怎样的盈余呢? 人们又是如何分配这些盈余的呢?

　　这些问题属于合作博弈理论的范畴。本章将通过研究第 9.4 节的埃奇沃斯盒,拓展我们对经济谈判的理解。

16.2　合作博弈

　　博弈理论家将生活视作一个零和博弈,因而经常受到人们的指责。难道他们没注意到人是一种会彼此合作的社会动物吗?

　　持有这种观点的批评家没有注意到自冯·诺依曼和摩根斯坦的《博弈论和经济行为》这本书发表后所发生的事件。因为不知道怎样扩展冯·诺依曼和摩根斯坦给出的严格竞争情况下非合作博弈的理性解,早期的文献都集中于双人零和博弈的研究。那些自封为战略专家的人引用这些文献,伪称利用博弈理论来分析时政,并在“冷战”最严重的时期提出了危险的核冒险。所有这一切都是很久以前的事了,但每当博弈专家指出任何为囚徒困境博弈中理性合作行为正名的企图都很荒谬时,就会产生这种误解。

　　为了澄清事实,博弈理论家不仅认为人这种社会动物在大部分时间都会合作,而且还认为在博弈中这样做是理性的。这与我们否认双人零和博弈或囚徒困境博弈中人们会合作这一点并不矛盾,因为后者很少出现在日常生活中。如果这些代表了人们通常进行的博弈,那我们根本就不可能演变成社会性的动物。

　　合作还是非合作理论? 为什么博弈方在一些情况下彼此信任,在另一些情况下互不信任是合理的。我们只能运用这本书前几章专门讨论的**非合作博弈理论**来回答这个问题。另一种方法是将我们本来要证明的东西纳入到机制的设定中,这种机制将导致合作,但是这并未解释合作到底是如何进行的。

非合作博弈理论并非像批评者所想象的那样是研究冲突的博弈,它可以解释博弈方的策略选择是怎样导致了博弈中的合作。例如,在第 17 章中,我们将研究非合作的讨价还价博弈,其中博弈方的讨价还价策略可能会也可能不会达成一致。如果博弈方协商一致,他们将在谈妥的结果上成功的合作。否则,合作破裂。

与非合作博弈理论不同,合作博弈理论并不解释**为什么**物种中存在合作。它假设博弈方进入了一个我们不了解的黑匣子,匣子里的内容解决了所有自从第 1.7.1 节就开始困扰我们的有关承诺和信任的问题。用管理术语来说,合作理论假设如何达成合作的问题是在"模型之外"(off model)被决定的,而不像非合作博弈理论那样在"模型之内"(on model)来解决。在本章合作博弈理论的学习中,我们只考虑当理性合作已经发生时将发生什么,而将理性合作**如何**终止的问题留到下一章研究。

潘多拉的盒子。 当潘多拉打开那个装着神给予人类礼物的盒子时,只有希望没有飞走。然而,为了符合现实情形,合作博弈理论的黑匣子中必须有比希望更多的东西。

在经济生活中,人们可以辩称黑匣子包含了所有的法律制度。博弈方小心地履行合同,担心一旦违反合同就会被起诉。在社会生活中,黑匣子可能包含了博弈方关心当前的欺骗行为会影响他们将来声誉的各种理由。我们甚至可以认为,黑盒子中包含了我们儿时教化的结果,或者与生俱来的对不道德行为的厌恶。[1]

在第 1.7 节潘多拉在试图完善合作博弈理论黑匣子犯下了一个严重的错误,她天真地认为只要人们理性行事,冲突便会消失。现实生活中的许多冲突都是非常愚蠢的,但告诉这些人他们的内心比头脑更理性丝毫不会让他们的愚蠢有所减少。

16.3 合作的得益域

合作的黑匣子最起码要包含事先的谈判阶段。在谈判阶段,博弈方可以就博弈中将采用的策略自由地签署任何协议。前面的章节强调了遵守承诺的困难性,但合作博弈理论中达成的协议被认为是具有**约束力的**。博弈方一旦签署协议,就必须要遵守,哪怕后来他们觉得这个协议给他们带来了不便。

有约束力的协议的存在使博弈中的战略结构变得无关紧要。协议的细节也不是很重要。博弈方要知道的只是如果执行这个协议,双方的得益是什么。在合作博弈理论,我们将研究的重点从博弈的**策略空间**转移到**得益空间**。

---

[1] 虽然我们可以像第 1.4.1 节那样,通过恰当地修改博弈的得益或策略,然后继续利用非合作博弈理论来分析。

16.3.1 从策略到得益

第 5.5.1 节介绍了一个简化的古诺博弈,其中爱丽丝帽子的产量是 $a = 4$ 或 $a = 6$。鲍勃的产量是 $b = 3$ 或 $b = 4$。他们的目标是使预期利润最大。因此得益函数是 $\pi_1(a, b) = (p-c)a$ 和 $\pi_2(a, b) = (p-c)b$,其中 c 是单位生产成本,$p = K - a - b$ 是帽子的价格。图 5.11(c) 的策略形式告诉我们当 $c = 3$ 和 $K = 15$ 时得益函数的所有信息。

图 16.1 是更加复杂的策略形式的表示法,博弈的策略空间和得益空间是分离的。得益函数 $\pi_1: \mathbb{R}^2 \to \mathbb{R}$ 和 $\pi_2: \mathbb{R}^2 \to \mathbb{R}$ 通过连接两个空间的箭号来表示。例如,连接策略 $(6, 4)$ 和得益 $(12, 8)$ 的箭号表明,当爱丽丝和鲍勃的产量分别是 6 和 4 时,爱丽丝将得到 12 美元,鲍勃将得到 8 美元。数学家称箭号代表**向量函数** $\pi_1: \mathbb{R}^2 \to \mathbb{R}^2$,其定义是:

$$\pi(a, b) = (\pi_1(a, b), \pi_2(a, b))$$

博弈唯一的纳什均衡策略是 $(a, b) = (4, 4)$,它对应着图 16.1 中的得益组 $N = (16, 16)$。如果博弈方能够签署有约束力的协议,就没有理由指望他们会采用这个均衡策略了。例如,爱丽丝和鲍勃可以串谋,使他们的行为像是一个垄断厂商,从而侵害消费者的利益。他们将限制帽子的供应数量,来推动价格上涨。在我们的博弈中,双方采取策略 $(a, b) = (3, 4)$ 最接近垄断情形。对应的得益是 $M = (20, 15)$。

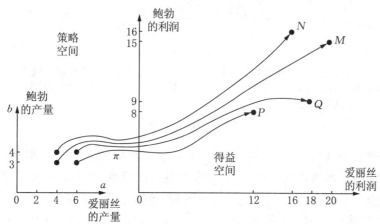

这是图 5.11(c) 策略形式的另一种表示。如果忽略混合策略,博弈的合作得益区域是集合 $\{M, N, P, Q\}$。

图 16.1 分离的得益空间和策略空间

第 6.6.1 节介绍的合作得益区域是指双方能够签署有约束力的协议时博弈方可能的得益组合。如果不允许混合策略,博弈方可以就这个博弈的四对纯策略中的任何一个达成协议。合作得益区域包含了得益空间的四个点,M, N, P 和 Q。

如果允许混合策略,通常我们不去画图 16.1 这样的图。①然而,在第 6.5 节我们知道,就像图 16.2(a)所显示的那样,合作得益区域 X 只不过是纯得益组合的凸包。

16.3.2 自由处置

合作博弈理论中的博弈方可以选择任何有约束力的协议。除此之外,合作黑匣子中还包含哪些内容则取决于建模者的目的。一个通常没有坏处的假设是,博弈方可以随意消除自己的效用。如果 x 是双方博弈方都接受的得益组合,并且 $y \leqslant x$,那么博弈方可以在实现 x 之后,通过协商在每人烧掉一定数量的钱后达到得益组合 y。

博弈方可以通过烧掉一些钱或者给自己找些麻烦来消除自己的效用。但理性的博弈方为什么要这么做呢? 第 5.5.2 节给出的一些例子表明,鲍勃可能出于某种策略故意使自己的处境变糟,但这里允许自由处置效用的主要原因是,除非这些得益无法达到,否则我们不应该将这些得益组合从博弈方的可行集中删去。如果确有一些可行集中的元素从不会被博弈方选择,我们会在决定博弈方的最优策略时再来考虑这个事实。

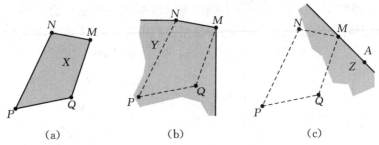

(a) (b) (c)

图 16.2(a)给出允许混合策略时图 16.1 这个简化古诺模型的合作得益区域。图 16.2(b)给出当允许自由处置时,合作得益区域是如何扩展到 Y 的。图 16.2(c)给出当效用可以转移时,合作得益区域又是如何扩展为 Z 的。

图 16.2 合作得益区域

当允许自由处置时,合作得益区域 X 将被更简单的区间 Y 所取代。我们看到,进行图 16.1 的古诺博弈时,爱丽丝和鲍勃可以就图 16.2(a)中集合 X 中的任何得益组合 x 协商一致。如果允许自由处置,他们也可以就任何满足 $y \leqslant x$ 的 y 达成一致,因为这个向量不等式意味着 $y_1 \leqslant x_1$ 和 $y_2 \leqslant x_2$ (第 5.3.2 节)。它的几何含义是,y 位于 x 的西南方。对于集合 X 中的所有 x 都可以得到这样的 y,这些 y 组成了图 16.2(b)中的区域 Y。

合作得益区域总是凸的。如果允许自由处置时,它还是**完备的**。这意味着如果 x 在集合 Y 中,并且 $y \leqslant x$,那么 y 也在 Y 中。

---

① 本章练习 1 处理了 2×2 双值矩阵博弈这种例外的情况(第 6.2.2 节)。

16.3.3 补偿

现实生活中,爱丽斯为了说服鲍勃使用某一策略有时会许诺对他因此而遭受的损失进行补偿。如果这种交易是非法的,我们称之为贿赂。

假定人们可以像消除自己的效用那样,在自己和他人之间转移效用,那么补偿就可以被包含在合作黑匣子中。博弈论专家在谈到这类转移时用了一个中性的词**旁支付**(side payment)。

如果允许旁支付,图 16.2(b)中的集合 Y 将被图 16.2(c)中的集合 X 所取代。例如,为了达到得益组合 $R = (15, 20)$,爱丽斯和鲍勃可以就得益组 $M = (20, 15)$ 达成一致,然后由爱丽斯付给鲍勃 5 个单位的效用。

一般说来,如果 y 属于集合 Y,并且 $z = (y_1 - r, y_2 + r)$,那么无论旁支付 r 取何值,z 都属于集合 Z。对于双人博弈的情况,集合 Z 通常包括某条斜率为 -1 的直线西南方的所有得益组合。在我们的例子中,这条直线穿过 M 点。

可转移的效用? 警觉的读者会记起第 4.6.3 节提到试图比较不同博弈方的效用是有问题的,如果进一步并要求效用既可以比较又可以转移,问题就更严重了。效用不是真实的东西,因而无法真正转移。只有实物商品才可以从一个人传给另一个人。

因而可转移效用只在特殊情况下才有意义。一个典型的情况是,两个博弈方都风险中性,并且他们的冯·诺依曼—摩根斯坦效用对于货币 x 的函数都是 $u_1(x) = u_2(x) = x$。爱丽斯转移 1 单位效用给鲍勃就相当于爱丽斯给了鲍勃 1 美元。

16.4 纳什讨价还价问题

纳什用二元组 (X, ξ) 对讨价还价问题进行了简化。在这个**纳什讨价还价问题**中,X 代表博弈双方都同意的可行得益组的集合,X 中的得益组合 ξ 被称为**当前的状况**,它表示双方意见不合的后果。

第 17 章中,我们将看到简单的纳什模型在某些情形下效果很好,但是在其他情形中模型需要进一步细化。抓住工资谈判的本质要求我们找到**两个分歧点**:破裂点 b 和僵局点 d。**讨价还价**问题因而成为一个三元组 (X, b, d)。纳什最初的讨价还价问题 (X, ξ) 可以看作是 $b = d = \xi$ 时的特例。

科斯定理告诉我们,理性的博弈方将同意合作(第 9.4.1 节)。那为什么还要担心他们意见不合时会发生什么?答案是,策略的选择总是和反事实的情形有关(第 14.1 节)。如果看到一辆汽车飞驰而来,我肯定不会去穿马路,因为我知道如果我这么做的话会被车子撞到。当我过马路时,那些不曾发生的事影响了我的行为。同样的,爱丽斯和鲍勃意见不合的后果将影响他们合作时协议的内容。

16.4.1 可行集

如果博弈方能够就得益 x 协商一致,则得益组 x 是可行的。通常我们假定可行的得益组的集合满足下面三个要求:

集合 X 是凸的。

集合 X 是闭的,并且是上有界的。[①]

允许自由处置。

如果我们在有限博弈的合作得益区域中允许自由处置,那么这些条件通常都会满足。正如我们在第 6.6 节所看到的,如果我们不要求契约本身具有约束力,就必须在不同的得益区域上建立可行集 X 的模型。然而,大多数时间我们无需担心可行集 X 到底是怎么来的。只要它能满足我们的三个要求就足够了。

16.4.2 分钱博弈

对于卖家来说贝弗利山庄的豪宅价值 400 万美元,但对于潜在的买家来说它值 500 万美元。买方和卖方碰到一起完成这笔交易就可以创造 100 万美元的盈余。他们怎么分配这些盈余将由他们谈判决定。抓住这个讨价还价问题本质的一个简单模型就是人们熟知的分钱博弈。

这个例子与慈善家提供给爱丽丝和鲍勃分享 1 美元机会那个模型一样——如果他们能就如何分配这 1 美元达成协议,他们就可以得到这笔钱。如果他们无法达成协议,慈善家就收回他的 1 美元。在这个例子中,1 美元就是两个代理人为之讨价还价的盈余。慈善家要求只有爱丽丝和鲍勃达成一致时才能得到这笔钱表明,只有买卖双方都愿意才能创造出盈余这个事实。

什么因素决定了谁分多少钱?人们对风险的态度显然是重要的,如果爱丽丝对于谈判破裂的风险厌恶程度低于鲍勃,她就很可能分得更多的钱。图 16.3 给出的可行集 X 的形状反映了爱丽丝和鲍勃对风险的态度。

用金钱来表述的话,爱丽丝和鲍勃可以就图 16.3(a)的集合 $M = \{m : m_1 + m_2 \leqslant 1\}$ 中的任何组合 $m = (m_1, m_2)$ 达成协议。要实现 $(0.4, 0.6)$ 这个点,爱丽丝得到 40 美分,鲍勃得到 60 美分。为了实现 $(2.4, -1.4)$ 这一点,他们同意按照 40:60 的比例分配这笔钱,然后鲍勃额外付给爱丽丝 2 美元。要实现 $(-3, -3)$ 这点,他们可以拒绝慈善家的好意,然后每人从口袋里掏出 3 美元烧掉。

---

① 一个集合是闭的,如果它包含所有边界上的点。集合 S 上有界,如果存在 b,使得对于 S 中的所有 x,都有 $x \leqslant b$。

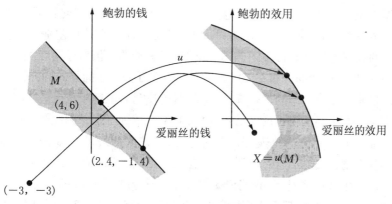

图 16.3　风险规避的博弈方分钱

　　假设博弈双方在交易中除了钱什么都不关心。特别地,除非能给自己带来经济利益,否则爱丽丝既不会帮助鲍勃,也不会对他使坏。鲍勃的想法和爱丽丝完全相同。交易中博弈方 i 的冯·诺依曼—摩根斯坦效用函数的 $u_i:M \to \mathbb{R}$ 由下式给出:

$$u_i(m) = v_i(m_i)$$

其中, $v_i:\mathbb{R} \to \mathbb{R}$ 表示金钱带给博弈方 i 的效用。[1]

　　图 16.3 右图给出当爱丽丝和鲍勃风险规避时,分钱博弈的可行集 X,因此, u_1 和 u_2 是凹函数。在这种情况下, $X = u(M)$ 一定是凸的。[2]

16.4.3　讨价还价集

　　现在我们要在合作黑匣子中添加一个新内容。我们要求理性协商得到的得益组合位于冯·诺依曼和摩根斯坦所称的**讨价还价集**中。这相当于埃奇沃斯合同曲线中的得益空间(第 9.4.1 节)。因此讨价还价集包含所有帕累托有效的得益组合,它至少不低于不发生交易时的得益。

　　科斯定理。 当理性协商的结果是帕累托有效时,经济学家称之为科斯定理(第 9.4.1 节)。这个结论只在很强的前提下才成立。例如,当讨价还价者交换信息或者找到可行协议的成本很高时,就不能指望结果会是帕累托有效的。经济学家

---

[1]　我们很自然地假定,函数 v_i 是 $\mathbb{R}$ 上严格递增、连续、上有界下无界的函数。如果 v_i 是凹的,这些假定保证得益组的可行集 X 满足第 16.4.1 节的条件。

[2]　正像 $m = (m_1, m_2)$,所以 $u(m) = (u_1(m), u_2(m))$。这里给出证明 $u(M) = (u(m):m \in M)$ 是凸函数的思路。假设 x 和 y 属于 $u(M)$,那么对于 M 中的某个 m 和 n,有 $x = u(m)$ 和 $y = u(n)$。为了证明 $u(M)$ 是凸的,我们要说明对于每个满足 $a+b=1$(其中 $a \geqslant 0$, $b \geqslant 0$),有 $ax + by \in u(M)$。因为 M 是凸的, $am + bn \in M$。因此 $u(am + bn) \in u(M)$。如果 $u(am + bn) \geqslant z$,因为允许自由处置,所以可以得到 $z \in u(M)$。效用函数 u_i 是凹的,所以 $u_i(am + bn) \geqslant a u_i(m) + b u_i(n)(i = 1, 2)$。因此 $u(am + bn) \geqslant au(m) + bu(n) = ax + by$。可以得到 $z = ax + by \in u(M)$,所以 $u(M)$ 是凸的。

将这种摩擦进行了理想化的处理,他们声称只有交易成本为零时科斯定理才适用。

交易成本为零,通常也被理解为讨价还价者之间不存在信息差别,但这样将信息问题略去的处理方法是非常不正确的。例如,当房子的价值对于潜在的买方和卖方是独立的,并且等可能的分布在 400 万美元到 500 万美元之间是共同知识,最优谈判结果可能是非常没有效率的。就算谈判能使理性交易者的期望盈余最大,但只有当买方的估价高于卖方 25 万美元时交易才能实现(第 20 章练习 8)。因此要记住,本章的结论只在参与讨价还价各方的偏好是所有讨价还价者之间的共同知识时才成立。

帕累托改进。 如果 x 和 y 是得益组合, $x \gg y$ 是说所有的博弈方对 x 的偏好都更甚于 y 。在这种情况下,我们说 x 是 y 的一个弱帕累托改进。 $x > y$ 意味着所有的博弈方对 x 的偏好都至少和 y 一样,并且至少有一个人对 x 的偏好严格优于 y (第 5.4.1 节)。这时我们说 x 是 y 的一个严格帕累托改进。

一个可行的得益组合 x 是**弱**帕累托有效的,如果对 x 的弱改进是不可行的(第 1.7 节)。一个可行的得益组合 x 是**强**帕累托有效的,如果对 x 的严格改进是不可行的。[1]

科斯定理可以由下面的事实加以"证明"。如果交易成本可以忽略,理性的博弈方面对一个帕累托无效的方案不会停止谈判,因为如果用双方都偏好的更优的方案取代现有的方案,大家都可以从中获益。

为了说明**每个**博弈方都想继续谈判,而不是坚持 y ,我们需要一个对 y 可行的弱改善。按照科斯的观点,理性博弈方只能就一个**弱**帕累托有效的交易达成一致。但如果不特别说明,我们将按照通常的习惯将其理解成更严格意义上的帕累托有效。究竟采用哪种理解几乎没有区别。

在图 16.4 中我们第一次用到这个约定,它给出了图 16.2 中集合 X , Y 和 Z 的帕累托有效点。阴影集指的是对 x 的帕累托改进。在每种情况下, z 是一个可行点, x 是一个帕累托改进。

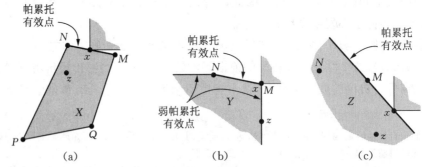

→ 16.4.4

集合 X , Y 和 Z 的定义与图 16.2 中相同。注意到 Y 的一些边界点是弱帕累托有效的,但不是(严格)帕累托有效的。

图 16.4 帕累托有效

---

[1] 这里用到的**弱**和**严格**有时会让人迷惑。按照这里的定义,一个可行集 X 的严格帕累托有效配置的数量少于弱帕累托有效的数量。因此 x 是严格帕累托有效是比 x 是弱帕累托有效更强的说法。

16.4.4　做大蛋糕

　　讨价还价是典型的人际交往,这既需要合作也需要竞争。为了做大蛋糕,合作是必要的。不过每个人都想获得更大的份额,因此产生了竞争。现实生活中,人们往往为谁将分得多大的蛋糕吵得不可开交,以至于没有人去做蛋糕。但科斯定理认为理性的博弈方最终会相互妥协,这使得他们可以联手制作尽可能大的蛋糕。

　　讨价还价通常分为两个阶段,在合作阶段大家考虑如何制作最大的蛋糕,在竞争阶段双方决定如何分蛋糕。例如,当第16.3.1节简化的古诺博弈中允许旁支付或贿赂的话会怎样。如果科斯定理适用,理性的爱丽丝和鲍勃将就图16.2(c)可行集 Z 边界上的一点 A 达成一致。为了达到 A,爱丽丝和鲍勃首先必须联合行动,达到得益组合 $M = (20, 15)$。这种做大蛋糕的行动使他们相互勾结成为一个垄断者。关于如何分配蛋糕的附属协议决定了一个博弈方要支付多少给另一方,以使他们的境况从 M 变成 A。

　　工资谈判。我们回到爱丽丝的帽子工厂看一个工资谈判的例子。鲍勃是爱丽丝工厂里工会的谈判代表。

　　在本章中,爱丽丝公司制造的帽子售价是每顶8美元。生产函数是 $h = \sqrt{l}$,其中 h 是每天生产帽子的数量,l 是每天劳动的总工时数。如果爱丽丝付给工人的小时工资是 w,她每天的利润是 $\pi = 8\sqrt{l} - wl$。如果工人每小时休闲的价值为1美元,那么他每天的收入是 $I = wl + (24 - l)$。

→ 16.4.5

　　爱丽丝和鲍勃就将来的工资 w 和就业水平 l 谈判时,会发生什么?我们假定爱丽丝想要最大化她的利润 π,鲍勃想要使工人的总收入 I 最大。博弈双方都是风险中性的。可以得到的总盈余是:

$$s = \pi + I = 8\sqrt{l} + 24 - l$$

该式在 $l = 16$ 时取得最大。如果科斯定理适用,爱丽丝和鲍勃将就每天工作 $l = 16$ 小时达成一致。这使每天的盈余达到40美元。他们之间就工资率 w 的谈判就变成了分钱博弈,只不过这里的蛋糕不是1美元,而是40美元。

16.4.5　谈判破裂

　　回到一般的情况,假设爱丽丝和鲍勃达成协议的愿望没有实现。双方不得不单独行动,并努力使自己的境况达到最佳。在分钱博弈中,他们就回到了慈善家带着那1美元出现前的境况。在第16.3.1节简化的古诺博弈中,我们假定谈判破裂的结果就是回到非合作博弈,因此爱丽丝和鲍勃采用纳什均衡策略 $a = 4$ 和 $b = 4$。

　　博弈方谈判破裂后的得益 b_i,是双方单独行动时他(或者她)所能得到的最佳结果。博弈双方谈判破裂后的得益组合 b 称为讨价还价问题的**破裂点**。

如果联合行动带给博弈方的得益比各自行动时要少,那么签署这样一个协议是愚蠢的:①因此我们假定讨价还价集中的协议包含了 X 中所有满足 $x \geqslant b$ 的帕累托有效点 x。取 $b = (0, 0)$ 作为分钱博弈中的破裂点,$(16, 16)$ 是允许贿赂时简化古诺博弈的纳什均衡产出,我们得到图 16.5(a) 和图 16.5(b) 给出的讨价还价集 B。

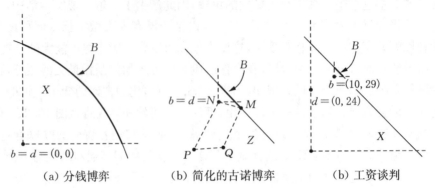

（a）分钱博弈　　　　　（b）简化的古诺博弈　　　　　（b）工资谈判

假设分钱博弈中 $b = d$,简化的古诺博弈中允许贿赂。在工资讨价还价问题中,$d = (0, 24)$,以及 $b = (10, 29)$。

图 16.5　三个讨价还价问题

16.4.6　僵局

在工资谈判例子中,如果谈判破裂,公司和工人将在别处寻找次优选择。爱丽丝可能雇用较少的工人,她也可能会倒闭。鲍勃的工人可能会找到差一点的工作,或者去领救济金。破裂点 b 是爱丽丝和鲍勃在进行其他选择时的得益。

经济学家用纳什讨价还价问题 (X, d) 的思想来预测工资的决定,他们将破裂点 b 称为分歧点 d。但在决定爱丽丝和鲍勃会达成怎样的协议时,b 的位置并不重要。如果协议与 b 有关,那么当鲍勃的外部选择减少时,爱丽丝总是会从中得益。但为什么鲍勃要做出新的让步? 爱丽丝威胁说如果他不这么做,自己就一走了之,但她的威胁是不可信的。现在鲍勃提供给爱丽丝的得益以及爱丽丝自己的外部选择都没有改变,所以爱丽丝绝不会一走了之。

总而言之,我们要考虑 b,因为我们需要它来确定讨价还价集。不过,我们会添加第二个分歧点,来考察谈判陷入僵局时会发生什么? 爱丽丝和鲍勃在谈判桌上相互对峙,既不向对方妥协也不一走了之。在僵持状态下他们获得的得益称为**僵持点 d**。

比如在罢工的例子中,爱丽丝和鲍勃在陷入僵局时的得益很可能小于谈判破裂时双方的得益。在利用三元组 (X, b, d) 对讨价还价问题进行建模时,我们通常假设 $d \leqslant b$。

工资谈判 2。假设图 16.5(c) 给出的工资问题中,谈判期间爱丽丝没有收入,

---

① 能够意识到这一点的博弈方被认为是具有个人理性的。本书中很少用到这个术语,因为这通常意味着博弈方在破裂点的得益是他们的安全水平(第 18.2 节)。

但工人仍可以享受价值每小时 1 美元的休闲。因此僵持点 $d = (0, 24)$。爱丽丝的外部选择是卖掉工厂，找个海滩享受退休生活。工人可以到邮局去工作。爱丽丝认为在海滩的每天价值为 10 美元，她在破裂点的得益是 10 美元。政府将为工人支付每小时 2 美元、每天 5 小时的工资，鲍勃在破裂点的得益是：$2 \times 5 + (24 - 5) = 29$。因此 $b = (10, 29)$。

16.4.7 存量和流量

在把现实生活中的讨价还价问题用纳什模式来表述的时候，不应该忽略任何与策略相关的内容。特别要注意的是，交易的货物是属于存量还是流量，以及它们是能存放的还是易腐的。

埃奇沃斯盒中的讨价还价问题提供了一个例子（第 9.4.1 节）。如果亚当有 F 个无花果叶的存货，夏娃有 A 个苹果的存货，那么谈判破裂的结果非常简单，他们分别消费自己最初的禀赋。因此他们的讨价还价集就对应于合同曲线。另一方面，埃奇沃斯盒没有告诉我们有关亚当和夏娃僵持点的任何信息。但是，如果他们的禀赋在无限的对持中逐渐减灭，那么僵持点就对应没有任何禀赋的情形。

如果亚当和夏娃的禀赋是**每天** F 个无花果叶和 A 个苹果的**流量**，破裂点仍是相同的。但是，如果我们假定不交易的话，苹果和无花果叶就会腐烂，现在僵持点就和破裂点一样，因为亚当和夏娃在无限的对峙中会消耗掉他们每天的禀赋。

16.5 支撑超平面

如果点 ξ 不在凸集 S 内部，那么可以找到一个超平面将 ξ 和 S 分离（定理 7.11）。如果 ξ 是 S 的边界点，我们可以得到通过 ξ 的超平面 H，并且 S 位于由它定义的两个半平面中的一个之内。此时我们说，H 是 S 在 ξ 处的**支撑**超平面。包含 S 的半空间称为支撑半空间。

图 16.6 给出二维空间的一些支撑超平面，其中的超平面就是一条直线。请注意，位于光滑边界上的点 ξ 的支撑超平面就是在 ξ 处的切平面。如果 ξ 是角点，则在 ξ 处存在多个支撑超平面。

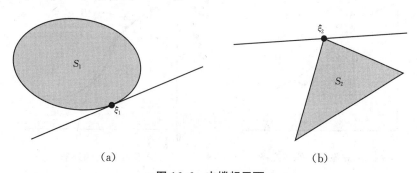

(a)   (b)

图 16.6　支撑超平面

→ 16.6

16.6 纳什讨价还价解

冯·诺依曼和摩根斯坦认为,博弈论不过是告诉人们理性协议位于讨价还价集之内。纳什的观点和他们相反,他指出利用理性假设可以确定讨价还价集中唯一的得益组合。这个得益组被称作**纳什讨价还价解**。

16.6.1 讨价还价解

讨价还价解给出爱丽丝和鲍勃都同意的得益组合,这并不仅针对某个讨价还价问题,而是针对**所有的**讨价还价问题。用数学语言表述就是,用 $\mathscr{B}$ 表示所有讨价还价问题的集合,用函数 $F:\mathscr{B} \to \mathbb{R}^2$ 定义一个讨价还价解,其中得益组合 $F(X, b, d)$ 总是处于可行集 X 之中。

我们尤其关注一般的**纳什讨价还价解** $G:\mathscr{B} \to \mathbb{R}^2$。给定参数 $\alpha \geq 0$ 和 $\beta \geq 0$,我们用 X 中的点 $s = x$ 定义 $G(X, b, d)$,在这点上纳什乘积:

$$(x_1 - d_1)^\alpha (x_2 - d_2)^\beta$$

当 $x \geq b$ 时取得最大值。

图 16.7(a) 表明 $s = G(X, b, d)$ 位于该问题的讨价还价集 B 中。由于我们允许 α 随 β 增加,s 沿着 B 移动的结果将对爱丽丝更为有利。参数 α 和 β 告诉我们在讨价还价的规则下,谁更占有优势。正因为如此,α 和 β 被称为爱丽丝和鲍勃的**讨价还价能力**。

举个国际象棋的例子可能有助于理解 α 和 β。如果我执黑和一位国际象棋大师对弈,那我肯定会输,因为我的棋艺比那位大师差多了。但如果有个天才在我们比赛的前一天出版了一本棋谱会怎样呢? 如果棋谱上说执白的人有一个取胜的策略,那我还是会输掉比赛——不过不是因为我的棋艺比不上他。我们都发挥了最佳水平。大师赢了,仅仅是因为**博弈**让我处于不利的地位。

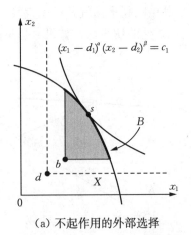

（a）不起作用的外部选择　　（b）发挥作用的外部选择

图 16.7　纳什讨价还价解

类似的，α 和 β 也不表明谈判技巧。如果爱丽丝和鲍勃是理性的，他们都会尽可能地讨价还价。如果说他们讨价还价能力不同，那是因为在讨价还价博弈中他们处于有利或不利的位置。例如，那些急于达成协议的人的讨价还价能力就比不上那些愿意等待的人（第 17.5.3 节）。

如果没有特别限定，我们通常想到的纳什讨价还价解一般是**规范的或对称的**。这对应着 $\alpha = \beta$ 的情况。人们会说，讨价还价中优势恰好相等。

分钱博弈 2。我们回到第 16.4.2 节，假设爱丽丝和鲍勃的效用函数分别是 $v_1(z) = z^\gamma$ 和 $v_2(z) = z^\delta$，其中 $0 < \gamma \leqslant 1$，$0 < \delta \leqslant 1$。[①]帕累托有效的效用配置是 $(z^\gamma, (1-z)^\delta)$，其中 z 是爱丽丝分到的美元份额，$1-z$ 是鲍勃的份额。我们假定 $b = d = (0, 0)$。

扩展的纳什讨价还价解可以通过对纳什乘积求最大值得到：

$$(x_1 - d_1)^\alpha (x_2 - d_2)^\beta = z^{\alpha\gamma}(1-z)^{\beta\delta}$$

对 z 求导数并令导数为零，可以求得 z 的最大值：

$$z = \frac{\gamma\alpha}{\gamma\alpha + \delta\beta}, \quad 1-z = \frac{\delta\beta}{\gamma\alpha + \delta\beta}$$

为了得到对称的纳什讨价还价解，令 $\alpha = \beta$。美元按照 $\gamma : \delta$ 的比例进行分配。

这里的寓意是，在这种讨价还价情况下，风险规避是不好的。你越厌恶风险，你得到的钱就越少。如果 $\gamma = \delta = 1$，那么爱丽丝和鲍勃都是风险中性的，美元按照 $50 : 50$ 的比例分配。如果 $\delta = \frac{1}{3}$，那么鲍勃是风险规避的，分配方案变成了 $75 : 25$。

二手车经销商装作对将要失去的一笔生意毫不在意。但正如《圣经》上说的，尽管买主们嘴上说商品不好，但是一旦买到手，他就会自夸（《旧约》20：14）。

工资谈判 3。我们的工资谈判例子已经被简化成分钱模型，其中有 40 美元的盈余要被分配。由于爱丽丝和鲍勃是风险中性的，可行集就是图 16.8(a) 中的 Z。和以前一样，取 $d = (0, 24)$ 和 $b = (10, 29)$，我们需要解讨价还价问题 (Z, b, d)。

如果缺少约束条件 $x \geqslant b$，博弈的对称纳什讨价还价解是 $s = (8, 32)$。图 16.8(a) 表明了这个结论，图中表示纳什乘积等高线的 $x_1(x_2 - 24) = C$ 与可行集 Z 的边界 $x_1 + x_2 = 40$ 相切于点 $(8, 32)$。

如果加上条件 $x \geqslant b$，讨价还价集将退缩到图 16.8(b) 中的 B 点。等高线 $x_1(x_2 - 24) = C$ 显示纳什乘积在 B 点达到最大值，即 $s' = (10, 30)$，[②]因此，这就是对称纳什讨价还价问题 (Z, b, d) 的解。请注意，爱丽丝的得益并没有超过她的外部选择。她可能会威胁说要到海边享受退休生活，但鲍勃的出价总会高那么一点点，使爱丽丝觉得继续营业更为有利。

---

① 当 $z < 0$ 时效用函数没有定义，但我们假定可以自由处置。注意到 v_1 和 v_2 是严格递增的凹函数，因此博弈方偏好得到更多的钱，而且他们是风险规避的。

② 称约束条件 $x \geqslant 10$ 是最大化过程中**有效的**，因为如果去掉这个约束条件的话，最大值将变成其他的数。

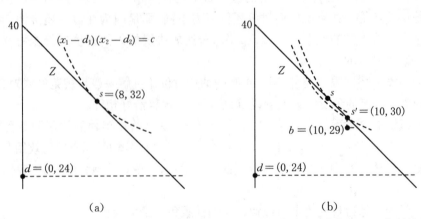

图 16.8(a)给出当约束条件 $x \geqslant b$ 起作用时,如何利用纳什讨价还价解(Z, d)找到纳什讨价还价解(Z, b, d)。当约束条件不起作用时,纳什讨价还价解(Z, d)和(Z, b, d)一致。

图 16.8   工资谈判

因为工作时间是 $l = 16$ 小时,鲍勃愿意接受的收入是 $I = 30$,公式 $I = wl + (24-l)$ 告诉我们,他最终的工资是$w = 1.375$美元。如果爱丽丝没有外部选择,这个工资应该是 $w = 1.5$ 美元。

16.6.2   找到纳什讨价还价解

在确定广义纳什讨价还价解时,关键在于相对的讨价还价能力。因此可以利用$\alpha + \beta = 1$进行正规化。现在我们不去求最大的纳什乘积,而改用图 16.9(a),按照下面的步骤来确定s:

第一步,找到 X 中所有满足 $x \geqslant b$ 的点组成的凸集 S。

第二步,找到点s处S的支撑线。

第三步,对于每个支撑线,找到点r和t。

第四步,我们要确定的点s满足$s = \alpha r + \beta t$。

为了看一下如何运用这个几何方法,我们考虑第 16.3.1 节简化的古诺博弈中允许串谋的情况。允许贿赂的可行集 Z 在图 16.2(c)中给出。取 $d = (16, 16)$,我们要求广义纳什讨价还价问题的解(Z, d)。当 $\alpha = \frac{1}{3}$,$\beta = \frac{2}{3}$ 时,图 16.10(a)给出了解s。它位于连接点r和t的线段的三分之二处。

用几何方法寻找对称纳什讨价还价解就更容易了。因为s就位于图 16.9(b)中r和t的中点。

对称纳什讨价还价解s位于S的边界上,并且d到s的射线所形成的夹角恰好等于点s处S的支撑线和水平线的夹角。

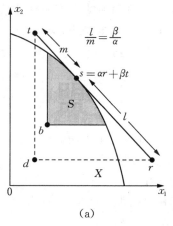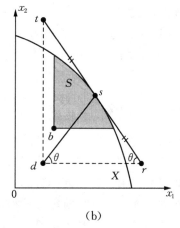

图 16.9 寻找纳什讨价还价解的几何方法

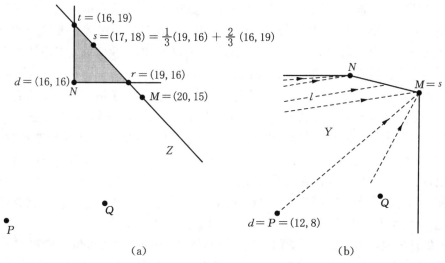

图 16.10(a)表示讨价还价问题 (Z, d),其中可行集 Z 来自图 16.2(c),并且 $d = (16, 16)$。点 s 是广义纳什讨价还价问题 (Z, d) 的解,其中 $\alpha = \frac{1}{3}$,$\beta = \frac{2}{3}$。图 16.10(b) 给出讨价还价问题 (Y, d),其中可行集 Y 来自图 16.2(b),并且 $d = (12, 8)$。点 s 是对称纳什讨价还价问题 (Y, d) 的解。

图 16.10 简化古诺博弈中的串谋

我们将这个结果用于第 16.2.1 节简化的古诺博弈,研究不存在贿赂时的串谋问题。相关的可行集 Y 见图 16.2(c)。

如果图 16.10(b) 中的虚线 l 与 Y 的边界相交于 s,那么对于 Y 每一个位于 l 上的点,s 是对称纳什讨价还价问题 (Y, d) 的解。l 与水平线的夹角等于点 s 处支撑线和水平的夹角。因为在 Y 的角点 $(16, 16)$ 和 $(20, 15)$ 处有多条支撑线,所以有多条虚线通过这两点。在你寻找纳什讨价还价解的时候,很可能会得到这样的角点解。

因为 $(16, 16)$ 已经是 Y 中的帕累托有效点,$d = (16, 16)$ 的情况就不那么引人关注了。我们看一下 $d = (12, 8)$ 的情形,如果在谈判前博弈方能够让彼此相信,当串谋无法达成时他们将选择最大产量,就会出现这样的结果(第 17.4.1 节)。图 16.10(b)表明此时对称纳什讨价还价解是 $s = (20, 15)$。

16.6.3 纳什讨价还价理论

解决讨价还价问题时合理的程序是怎样的? 纳什提出了下面的标准:
- 协商得到的得益组合位于讨价还价集之中。(性质 1)
- 最终结果不应与博弈方的效用尺度有关。(性质 2)
- 如果在 t 可行时博弈方就得益组合 s 协商一致,那么在 s 可行时,他们协商的结果绝不会是 t。(性质 3)
- 在对称情况下,博弈双方的得益相同。(性质 4)

性质 1 已经被详细阐述过了。性质 2 其实就是说,效用的单位以及原点的选择是任意的。第 4 个性质并不是太合理,它限定了讨价还价过程中要同等的对待博弈双方。后面的定理证明中并没有用到这一性质。因此我们只需考虑性质 3。

第 3 个性质其实是**独立于无关选择**(independence of irrelevant alternatives)的一种表述。令人尊敬的博弈理论家鲍勃·奥曼对此进行了解释。一个著名的计量经济学家组成的委员会要在"小鸡夫人"、"鸟博士"以及"鹰教授"当中选择一位进行演讲。大家很快就商定不请"鸟博士",但花了很长时间才定下来要邀请"小鸡夫人"而不是"鹰教授"。此时有人指出"鸟博士"根本就不胜任。这引起了新一轮辩论,最终大家决定邀请"鹰教授"。这给出违反独立于无关选择的一个例子,这是说在"小鸡夫人"和"鹰教授"之间进行的选择应该独立于"鸟博士",因为就算他是候选人,他也不会被选中。

纳什公理。 为了证明下面的定理,我们对涉及到的抽象的讨价还价解 $F: \mathscr{B} \to \mathbb{R}^2$ 制定纳什公理(或基本假设)。为了让事情变得简单一些,我们限定讨价还价问题 (X, d) 只有一个分歧点。

第一个公理是说,讨价还价解位于讨价还价集中。

公理 16.1

→ 16.7

$$(\text{i}) \; F(X, d) \geqslant d$$
$$(\text{ii}) \; y > F(X, d) \Rightarrow y \notin X$$

第二个公理是说,解与效用的尺度无关。例如,讨价还价解给予夏娃 50 个单位的效用。现在她采用了新的效用衡量方法,在新的效用尺度下,原来的效用 u 等于 $U = \frac{9}{5}u + 32$。如果其他情况相同,讨价还价解带给夏娃 $\frac{9}{5} \times 50 + 32 = 12$ 个新效用单位。

为了用更一般的方法来表述,我们引入两个严格递增的仿射变换 $\tau_1: \mathbb{R} \to \mathbb{R}$ 和 $\tau_2: \mathbb{R} \to \mathbb{R}$。回忆一下,严格递增的仿射变换是指 $\tau_i(u) = A_i u + B_i$,其中 $A_i > 0$。

函数 $\tau: \mathbb{R}^2 \rightarrow \mathbb{R}^2$ 可以用 τ_1 和 τ_2 通过下面的方法来构造：

$$\tau(x) = (\tau_1(x_1), \tau_2(x_2)) = (A_1 x_1 + B_1, A_2 x_2 + B_2)$$

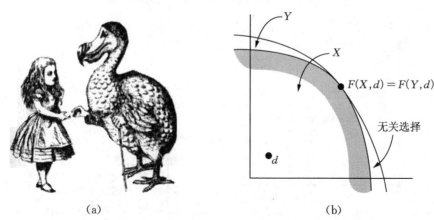

(a)　　　　　　　　　　　　　　(b)

在图 16.11(a)中，爱丽丝遇到了**自然**的一个无关选择。在图 16.11(b)中，没有包含在 Y 内的 X 中的点是无关选择，因为就算它们有资格，也不会被选中。

图 16.11　无关选择

公理 16.2　给定严格递增的仿射变换 τ_1 和 τ_2，

$$F(\tau(X), t(d)) = \tau(F(X, d))$$

第三个公理正式地表述了独立无关选择。在图 16.11(b)中，集合 Y 是包含 $F(X, d)$ 的 X 的子集。在 X 中但不在 Y 中的元素是无关选择。如果讨价还价问题 (X, d) 的解是函数 $F(X, d)$，那么讨价还价问题 (Y, d) 的解一定也是 $F(X, d)$，因为不管无关选择是否在内，都不会影响最终的选择。

公理 16.3　如果 $d \in Y \subseteq X$，那么：

$$F(X, d) \in Y \implies F(Y, d) = F(X, d)$$

任何广义的纳什讨价还价解 $G: \mathscr{B} \rightarrow \mathbb{R}^2$ 都满足公理 16.1、公理 16.2 和公理 16.3。下面的定理是说它们是满足这些公理的唯一的讨价还价解。[①]

定理 16.1(纳什)　如果 $F: \mathscr{B} \rightarrow \mathbb{R}^2$ 满足公理 16.1—16.3，那么对于给定的讨价还价能力 α 和 β，F 是扩展的纳什讨价还价解。

证明：从图 16.12(a)中简单的讨价还价问题 $(Z, 0)$ 开始。可行集 Z 包含了所有满足 $x_1 + x_2 \leqslant 1$ 的得益组合 x。分歧点是零向量 $0 = (0, 0)$。

第一步，由公理 16.1，讨价还价问题 $(Z, 0)$ 的解 $s' = F(Z, 0)$ 位于连接 $r' = (1, 0)$ 和 $t' = (0, 1)$ 的线段上。因为 s' 是 r' 和 t' 的凸组合，可以将它写成 $s' = \alpha r' + \beta t'$，其中 $\alpha + \beta = 1$，并且 $\alpha \geqslant 0$，$\beta \geqslant 0$。

---

① 这个定理实际上是纳什定理的一般化。只要对所有的 (X, d) 都可能有 $F(X, d) = d$，那么去掉公理 16.1(ii)，这个定理还能进一步推广。

第二步,接下来考虑图 16.12(c)给出的任意讨价还价问题(X, d)。令 $s = G(X, d)$,其中 G 是对应讨价还价能力 α 和 β 的扩展的纳什讨价还价解。因此图 16.12(c)中 $s = \alpha r + \beta t$。我们要证明 $F(X, d) = G(X, d)$。

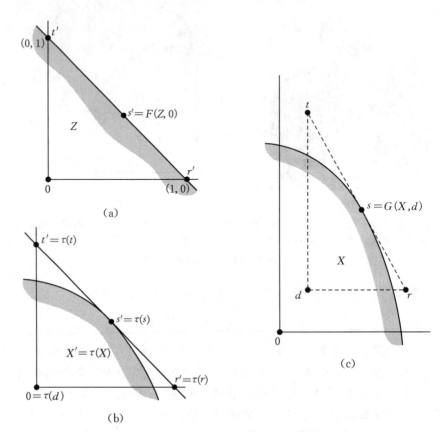

图 16.12 纳什讨价还价理论示意图

第三步,利用严格递增的仿射变换 $\tau_i : \mathbb{R} \to \mathbb{R}$ 重新调整亚当和夏娃的效用尺度,使得 $\tau_1(d_1) = \tau_2(d_2) = 0$ 和 $\tau_1(r_2) = \tau_2(t_2) = 1$。如图 16.12(b)所表明的,仿射变换 $\tau_i : \mathbb{R} \to \mathbb{R}$ 具有性质 $\tau(d) = 0$, $\tau(r) = r'$ 和 $\tau(t) = t'$。

第四步,因为仿射函数能保持函数的凸性,通过 r, s 和 t 的直线的映射仍旧是集合 X 映射的支撑线。也就是说,通过 r', s' 和 t' 的直线 $x_1 + x_2 = 1$ 是凸集合 $X' = \tau(X)$ 的支撑线。特别的,因为函数 τ 保持凸性,$s' = \tau(s)$。因此由公理 16.2,

$$F(Z, 0) = \tau(G(X, d)) \tag{16.1}$$

第五步,这是本证明的核心部分。根据公理 16.3,由 $X' \subseteq Z$ 得 $F(X', 0) = F(Z, 0)$。

第六步,因为 $X' = \tau(X)$ 和 $0 = \tau(d)$,利用(16.1)得到:

$$F(\tau(X), \tau(d)) = \tau(G(X, d))$$

如果 $\tau^{-1}:\mathbb{R}^2 \to \mathbb{R}^2$ 是 τ 的反函数,可以得到[1]

$$G(X, d) = \tau^{-1}(F(\tau(X), \tau(d))) \qquad (16.2)$$

第七步,用 τ^{-1} 代替公理 16.2 中的 τ。并将结果用于(16.2)式的右侧,得到:

$$G(X, d) = F(\tau^{-1}(\tau(X)), \tau^{-1}(t(d))) = F(X, d)$$

问题得证。

16.6.4 对称性

对称纳什讨价还价问题的解 $N:\mathscr{B} \to \mathbb{R}$ 是讨价还价能力 α 和 β 相等时广义纳什讨价还价问题的特殊情况。博弈方是对称的这一事实可以用 $\mathbb{R}^2 \to \mathbb{R}^2$ 上的函数 ρ 来定义,$\rho(x_1, x_2) = (x_2, x_1)$ 表示博弈双方的得益可以交换。

纳什对称性要求可以通过下面的公理来表述。

公理 16.4 $F(\rho(X), \rho(d)) = \rho(F(X, d))$。

这个公理是说,讨价还价问题的解与谁是博弈方 I,谁是博弈方 II 的标识无关。如果交换博弈方的标识,双方的得益保持不变。

推论 16.1(纳什) 如果 $F:\mathscr{B} \to \mathbb{R}^2$ 满足公理 16.1~公理 16.4,那么 F 是对称纳什讨价还价解 N。

证明:定理 16.1 证明中的讨价还价问题 $(Z, 0)$ 是对称的。由公理 16.4,它的解也是对称的。因此 $\alpha = \beta$。

16.7 古诺双寡头博弈中的串谋

企业不喜欢竞争,无论是完全竞争,还是不完全竞争。他们可以联合成卡特尔的形式挣到更多的钱(第 10.2.3 节)。有时他们共同制定商品的价格,但在古诺双寡头博弈中他们就市场份额进行协商。我们一直使用简化的古诺博弈作为例子,但现在我们要看一下第 10 章练习 2 给出的完整版本,其中爱丽丝和鲍勃的单位成本满足 $0 < c_1 < c_2 < \frac{1}{2}K$。

econ

→ 16.8

如果现实中行贿的风险很大,我们用图 16.13(a)给出的 (X, d) 表示爱丽丝和鲍勃之间的讨价还价问题。可行集 X 的帕累托前沿满足第 10 章练习 3(c)中的方程。分歧点 d 是不存在串谋时的古诺博弈的纳什均衡。从第 10 章练习 2,我们知道 $d_1 = \frac{1}{9}(K - 2c_1 + c_2)^2$ 和 $d_2 = \frac{1}{9}(K - 2c_2 + c_1)^2$。

---

[1] 如果对于 Y 中的每个 y,方程 $y = f(x)$ 在 X 中有唯一解 $x = f^{-1}(y)$,称函数 $f:X \to Y$ 有反函数 $f^{-1}:Y \to X$。

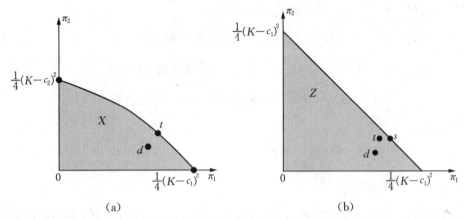

爱丽丝和鲍勃在进行古诺双寡头博弈前正在进行串谋的谈判,其中爱丽丝的单位成本较低。僵持点 d 是古诺博弈的纳什均衡点。纳什讨价还价问题 (Z, d) 和 (X, d) 的解 s 和 t 分别对应实际中允许或者不允许贿赂的两种情形。

图 16.13　完整古诺双寡头博弈中的串谋

当 $K = 6$, $c_1 = 1$ 和 $c_2 = 2$, 讨价还价问题 (X, d) 的对称纳什解是 $t = (4.31, 1.20)$ (本章练习 22)。这个结果是根据双方谈定的市场份额得到的,其中爱丽丝的产量是 $q_1^* = 1.59$,鲍勃的产量是 $q_1^* = 0.70$。

如果爱丽丝和鲍勃愿意收受贿赂的话,问题将变得更为有趣。图 16.13(b) 给出新的讨价还价问题。科斯定理告诉我们,爱丽丝和鲍勃将在 Z 的帕累托前沿上的某一点达成共谋。因为爱丽丝的单位成本更低,所以对鲍勃来说进行生产本身就是无效率的。因此串通的结果就是,爱丽丝通过向鲍勃行贿从而独占整个市场。最终爱丽丝生产 $q_1 = \frac{1}{2}(K - c_1)$,并得到 $\frac{1}{4}(K - c_1)^2$ 的利润。这其中的多少会作为贿赂付给鲍勃呢?

讨价还价问题 (Z, d) 的对称纳什讨价还价解 s 是 $s_1 = \frac{1}{8}(K - c_1)^2 + \frac{1}{2}(d_1 - d_2)$ 和 $s_2 = \frac{1}{8}(K - c_1)^2 - \frac{1}{2}(d_1 - d_2)$。后者就是爱丽丝向鲍勃行贿的数目。在 $K = 6$, $c_1 = 1$ 和 $c_2 = 2$ 的时候,分歧点是 $d = (4, 1)$,爱丽丝的垄断收益为 6.25。因此 $s = (4.38, 1.88)$,行贿的数额是 1.88。

令消费者感到稍许宽慰的是,这里所研究的串谋是不稳定的。高管们在烟雾缭绕的酒店房间中达成的不过是无价值的交易,因为他们达成的协议不具有约束力。你怎么可能去起诉某人违反了一个非法的交易?因此,只要有一个企业有激励违反协议,协议最终就会被违反(第 10.2.3 节)。然而,废弃禁止串谋的反托拉斯法是不明智的,因为爱丽丝和鲍勃可能在今后很长一段时间都维持着这种古诺双寡头博弈的格局。这种**重复博弈**可以有多个均衡,包括我们在这里一直谈论的串谋(第 11.3.3 节)。

16.8 不完全信息

这本书关于讨价还价问题的讨论几乎都假设,任何博弈方感兴趣的事情在谈判开始前都是共同知识。博弈理论家知道不完全信息的讨价还价问题在实践中更为重要,但我们没有一个系统的理论。目前我们能做到的就是分析一些特殊的情形。

第 16.4.3 节指出当信息不完全时,科斯定理通常不成立。但如果科斯定理成立会怎样?哈萨尼和泽尔腾提出了一套公理,将纳什讨价还价解扩展到此类情形。我们用一个例子说明他们的方法。

在研究第 16.6.1 节分钱博弈时,我们理所当然地假定爱丽丝和鲍勃的效用函数是共同知识。但博弈方真的能知道所有人对风险的态度吗(第 15.4 节)?如果博弈方只知道他们自己的效用函数,我们如何建模?这样的不完全信息问题的处理,可以通过假设爱丽丝和鲍勃是众多可能**类型**的一种,每种类型的博弈方有着不同的冯·诺依曼—摩根斯坦效用函数(第 15.3.1)。

假设共同知识是,爱丽丝是 A_i 类型的概率是 p_i,鲍勃是 B_i 类型的概率是 q_i。哈萨尼和泽尔腾的理论认为,美元的分配方法将使下面的纳什乘积最大化。[①]

$$(x_1 - d_1)^{p_1} \cdots (x_I - d_I)^{p_I} (y_1 - e_1)^{q_1} \cdots (y_J - e_J)^{q_J}$$

在乘积中,如果爱丽丝的类型是 A_i,协议达成时她的效用是 x_i,协议未达成时她的效用是 d_i。类似地,如果鲍勃的类型是 B_j,协议达成时他的效用是 y_j,协议未达成时他的效用是 e_j。

针对这种新情况,重新讨论第 16.6.1 节的分钱博弈,我们寻找使下式最大的美元的分配方案 $(z, 1-z)$。

$$z^{\overline{\gamma}} (1-z)^{\overline{\delta}}$$

其中,$\overline{\gamma} = p_1 \gamma_1 + \cdots + p_I \gamma_I$,并且 $\overline{\delta} = q_1 \delta_1 + \cdots + q_J \delta_J$。所以当鲍勃不知道爱丽丝效用函数 $v_1(z) = z^{\gamma}$ 中 γ 确切的取值时,他就依照 γ 等于它的期望值 $\overline{\gamma}$ 那样来处理。类似地,爱丽丝也依照 δ 就是其期望值 $\overline{\delta}$ 那样行动。

注意这个结果是怎样取决于爱丽丝和鲍勃的判断的(第 15.5.1 节)。特别的,如果爱丽丝和鲍勃只知道对手是从人群中随机抽选的,谈判的结果就是平均分配这 1 美元。哪怕实际上爱丽丝是风险中性的,而鲍勃是极度风险厌恶的——只要在谈判时他没有紧张得直冒冷汗,他就能和爱丽丝平分这 1 美元。

16.9 其他讨价还价解

纳什讨价还价解是诸多讨价还价解中最早提出公理系统的。由于使用了过多

[①] 这个理论利用了对称公理,如果不用这个公理,我们将用讨价还价能力 αp_i 和 βq_j 代替 p_i 和 q_j。

→ 16.9.2

的概念,批评者们有时会以此为借口来攻击公理化方法本身。如果所有的讨价还价解都要通过公理化方法来捍卫的话,那么捍卫这样一个讨价还价解的意义何在呢? 但是,提出这个问题本身就说明你完全没有体会到这里的关键所在。制定一个公理体系反映讨价还价解特征的目的就是要概括出到底需要辩解什么。只有当人们问起讨价还价解采用的公理与实际情况是否相符时,才需要辩解。

要想对公理进行评价是不容易的。抽象的看来它们似乎总是合理的。举例来说,第 16.6.3 节用来捍卫纳什独立于无关选择的故事看起来是那么有道理——直到人们意识到这需要博弈方具有某种集体理性。但为什么爱丽丝和鲍勃在讨价还价时具有集体理性,而在囚徒困境博弈中却没有? 这种疑惑不会动摇我们的信心,因为下一章的非合作博弈理论表明,纳什讨价还价解的确能够预测这类策略谈判博弈的结果。

如果连纳什的公理都难以解释,那么刻画其他讨价还价解的公理又该如何解释? 卡莱和斯莫罗廷斯基(Kalai—Smorodinsky)提出的一个讨价还价解是一系列练习的基础,它告诉我们到底要谨慎到何种程度。[①]

16.9.1 卡莱—斯莫罗廷斯基解

纳什讨价还价问题(X, d),可以方便地用几何上的理想点 U 来描述。假设鲍勃在分歧点至少能得到 d_1,爱丽丝的理想得益 U_1 是她可以得到的最高回报。当爱丽丝至少可以得到 d_1 时,鲍勃的理想得益 U_2 是他可以得到的最高回报。

通常爱丽丝和鲍勃不可能同时达到他们的理想得益——图 16.14(a)中点 U 位于可行集 X 之外就反映了这一事实。找到理想点 U,并将它与分歧点 d 连成一条直线。卡莱—斯莫罗廷斯基讨价还价解 K 就是这条直线与 X 的帕累托前沿的交点。

刻画卡莱—斯莫罗廷斯基讨价还价解的公理与刻画对称纳什讨价还价解的公理一样,只是将独立无关选择(公理 16.3)换成了下面的被称为个体单调性的公理。[②]

公理 16.5 假设 $d \in Y \subseteq X$,并且(X, d) 和 (Y, d) 的理想点 U 相同。如果 (Y, d) 是 X 的帕累托有效点,那么:

$$F(X, d) = F(Y, d)$$

卡莱和斯莫罗廷斯基公理刻画的讨价还价解的证明非常简单,我们将它留作一个练习(本章练习 25)。

为什么要求个体单调性? 图 16.14(b)揭示出根据上述公理,(X, d) 和 (Y, d) 有相同解的条件。卡莱和斯莫罗廷斯基发现,对 Y 中每个可能的结果 y,存在 X 中

[①] 卡莱和斯莫罗廷斯基提出他们的解部分是出于这个目的,但后来者却不像他们那样谨慎。

[②] 单调性对不同的人的含义不同。对数学家来说,一个单调函数要么是递增的,要么是递减的。但对经济学家而言,这通常意味着该函数是递增的。有时它们意味着**严格**递增。一个单调讨价还价解指的是当协议集扩大时,讨价还价解给博弈双方带来更多的得益(本章练习 27)。个体单调性的意义是类似的。

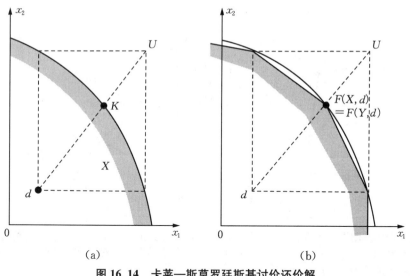

图 16.14　卡莱—斯莫罗廷斯基讨价还价解

的结果 x，使得鲍勃的得益大于 y_2，但爱丽丝的得益又不小于 y_1。他们认为，鲍勃在 (X, d) 中得益要高于 (Y, d) 中的得益。对爱丽丝而言也是一样，因此函数 $f(X, d) \geqslant f(Y, d)$。但 $f(Y, d)$ 是 X 中的帕累托有效点，这意味着 $f(X, d) = f(Y, d)$。

然而当谈判的协议集变大时，为什么要假设鲍勃的谈判地位至少和以前一样强？为什么对于爱丽丝每个可能的回报，鲍勃会得到更多？就算我们接受了这一原则，为什么它仅适用于比较两个具有相同理想点的两个情形？（本章练习 26）

16.9.2　瓦尔拉斯讨价还价解

当纳什制定了讨价还价问题 (X, ξ) 时，他理所当然地认为理性博弈方的谈判行为只和效用信息有关。但如果博弈方可以选择的谈判策略受到制度的限制时会怎样？

第 9.6.3 节研究的双边垄断就是一个典型的例子。图 16.15 同时利用埃奇沃斯盒 ε，以及纳什讨价还价问题 (X, ξ) 来描述亚当和夏娃之间的讨价还价问题。为了使问题简化，埃奇沃斯盒中的禀赋点 e 用相应纳什讨价还价问题中唯一的分歧点 ξ 来标识。回忆一下第 16.4.7 节，当商品束 (f, a) 表示易腐商品而不是可存放商品时，这种标识是有意义的。

→ 16.10

在第 9.6.3 节，亚当和夏娃只能就价格和数量进行沟通。在这种情况下，我们考虑讨价还价解的时候不仅要考虑博弈方的效用，还要考虑定义他们效用函数的**经济环境**。

借鉴纳什公理的精神，通过指定一套公理来研究这个具有深刻信息的讨价还价问题的解是很自然的。有点令人惊讶的是，用来刻画纯交换经济中瓦尔拉斯均衡的这套公理，为经济学课本将双边垄断视作完全竞争的例子提供了一些理由。但是在双边垄断的研究中用到这个思想时，我更愿意称之为瓦尔拉斯讨价还价解，以表明我们并非没有注意到有人拥有市场支配力这个事实。

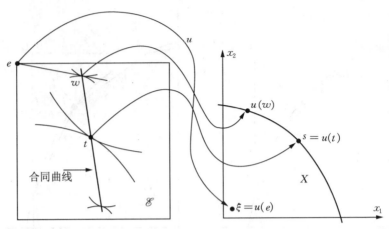

精心选择左侧埃奇沃斯盒中亚当和夏娃的无差异曲线,以使讨价还价问题变换到右侧效用空间后是对称的。这里的商品束指的是易腐商品流,因此禀赋点 e 对应于分歧点 d。请注意,瓦尔拉斯均衡的结果不一定是公平的。

图 16.15   瓦尔拉斯讨价还价解

本章练习 29 进行了贯穿始终的讨论,从类似纳什公理的一套公理体系得到瓦尔拉斯讨价还价解 w。简单说来,用 w 位于合同曲线上这个要求取代原来的公理 16.1。公理 16.2 也被新的公理所代替,这个公理表明最终结果不应与效用的尺度或者商品的度量单位有关。对应于公理 16.4 的新公理要求,如果埃奇沃斯盒是对称的,那么 w 也是对称的。

在讨论纳什讨价还价解的时候,最重要的是公理 16.3——独立于无关选择。对应公理 16.2,新公理分两部分叙述,一部分是关于效用的,另外一部分是关于商品的。首先看关于商品的部分,如果从埃奇沃斯盒中删去一些交易,创建一个仍包含原禀赋点 e 和讨价还价解 w 的新的埃奇沃斯盒,此时的讨价还价解不变。有关效用的部分更有意思。保持 e 和 w 的效用不变,当博弈方改变效用函数,使得无法再通过交易提高效用时,问题的解保持不变。

16.10   综述

合作博弈理论略去了之前的谈判阶段,对那个阶段如何签订具有**约束力的**合同的过程不予考虑。我们将注意力从非合作的策略空间转到合作得益区域的效用空间(第 6.6.1 节)。假设可以对效用进行自由处置或转移,这将使合作得益区域变得更大。

在纳什讨价还价问题 (X, b, d) 中,集合 X 包含了所有可能的交易。破裂点 b 给出了博弈方的外部选择——即双方独立行动时每个人可以得到的最大收益。僵持点 d 出现在博弈双方虽无法达成一致,但又没有放弃谈判转而寻求外部选择时。我们总是假设 $b \geqslant d$。纳什本人考虑了 $\xi = b = d$ 时的特殊情形 (X, ξ)。

科斯定理指出,当交易成本为零时理性的讨价还价者将就一个帕累托有效的结果达成一致——前提是讨价还价者在讨价还价前所关心的任何事情都是共同知识。讨价还价集包含了 X 中所有的满足 $x \geqslant b$ 的帕累托有效点 x。冯·诺依曼和摩根斯坦认为,理性的交易可以位于讨价还价集中的任何一点,但纳什公理指出纳什讨价还价解才是这个问题**唯一**的结果。

最关键的公理是独立于无关选择。它是说当 t 可行时博弈方就 s 达成了一致,那么当 s 可行时他们不可能就 t 达成一致。如果对称性公理不成立,纳什公理利用讨价还价能力 $\alpha \geqslant 0$ 和 $\beta \geqslant 0$ 刻画了广义纳什讨价还价解。对于 X 中满足 $x \geqslant b$ 的 x,它使得下面的纳什积最大:

$$(x_1 - d_1)^{\alpha}(x_2 - d_2)^{\beta}$$

利用纳什积,我们可以看到博弈方的风险厌恶程度越低,他的讨价还价能力就越高,得益也越高。但通常利用几何方法更容易找到纳什讨价还价问题的解。

本章的大部分地方,我们总是假定信息是完全的。因此博弈方的偏好也是共同知识。哈萨尼和泽尔腾提出了一个将纳什讨价还价解扩展到不完全信息情况下的方法,但这个方法是否可以广泛应用目前还不得而知。

除了纳什讨价还价解之外,还存在其他的讨价还价解,但他们的公理体系不那么有说服力。一个例外是,与得益不相关的信息可能影响谈判结果。有时瓦尔拉斯均衡就是讨价还价解。

16.11 进一步阅读

Game Theory and the Social Contract, Vol. 2:*Just Playing*, by Ken Binmore:MIT Press, Cambridge, MA, 1998. 该书给出更多有关谈判的背景。

Getting to Yes:*Negotiating Agreement without Giving In*, 2d ed., by Roger Fisher and William Ury:Houghton Mifflin, Boston, 1992. 这本畅销书认为一个好的谈判包括要坚持公平交易。战略思维被认为是肮脏的把戏!

Everything Is Negotiable, by Gavin Kennedy:Prentice Hall, Englewood Cliffs, NJ, 1983. 他的书是在机场书店里出售的,但仍然给出不少好建议。

The Art and Science of Negotiation, by Howard Raiffa:Harvard University Press, Cambridge, MA, 1982. 这是经典的《博弈与决策》这本书其中一位作者的另一巨著。

16.12 练习

1. 画一张与图 16.1 类似的图,其中的合同允许混合策略。你的策略空间将类似于图 6.2(b)。假设混合策略是以相同概率采取纯策略(4,4)和(6,4),用箭号连接这个混合策略组合和相应的期望得益组合。

2. 在第 9.3.2 节中,假设亚当和夏娃具有准线性偏好,并且效用单位是一个苹果。如图 9.5(a)显示,埃奇沃斯盒中的合同曲线是一条垂直的线段。解释为什么所有帕累托有效交易要求夏娃支付给亚当相同数量的无花果叶,但是亚当付给夏娃的苹果却可能不同。说明这个结论与转移效用概念之间的联系。假设亚当和夏娃是风险中性的,描述效用空间的讨价还价集。

3. 普鲁士著名将领冯·克劳塞维茨的名言是,战争是用其他手段延续外交。科斯定理是否意味着理性的博弈方永远都不会进行战争?

4. 第 16.6.1 节中,当爱丽丝的外部选择得益降为 5 美元时,工资谈判问题的对称纳什讨价还价解是什么?假设邮局愿意支付给鲍勃每天 10 小时,每小时 2 美元的工资,他的外部选择的改变会使纳什讨价还价解发生什么变化。

5. 署名马歇尔·杰文斯的侦探小说中的问题被一个哈佛大学教授用新古典经济学中的理论解决了。在《致命的冷漠》一书中,男主人公解释了为什么当唯一的竞争对手被杀害后,他能够非常便宜地买下这幢房子。"如果对资产的竞争对手减少了,那么资产价格下跌。记住这一点总不会错。"为什么这个说法不正确?他用错了哪条原则?

6. 在本章练习 2 的问题中,什么时候把破裂点和僵持点看作和禀赋点一样的做法是有意义的?假设在第 9.5.2 节的准线性交易问题中这一做法是有意义的,找到对称纳什讨价还价解。这时进行交易的无花果叶和苹果有多少?

7. 画出第 6 章练习 23 的凸集 H 在点$(1,1)$,$(2,4)$,$(3,3)$和$\left(2,\dfrac{4}{3}\right)$处的支撑线。如果存在多条支撑线,画出一些就可以了。

review

8. 定义 $\mathbb{R}^2 \to \mathbb{R}^2$ 上的函数 $(y_1,y_2)=f(x_1,x_2)$,其中:

$$y_1 = x_1 + 2x_2 + 1$$
$$y_2 = 2x_1 + x_2 + 2$$

为什么 f 是仿射函数?在图上标出点 $f(1,1)$,$f(2,4)$和$f(4,2)$。同时画出第 6 章练习 23 中集合 H 对应的 $f(H)$,以及上一练习中的支撑线 l 对应的 $f(l)$。

9. 对图 16.16 给出的博弈,找到下述情形中的合作得益区域:

a. 博弈方可以做出有约束力的协议,但不能自由支配或者转移效用。

b. 允许自由处置效用,但是不能转移效用。

c. 允许自由处置效用,同时效用也可以从一方转移给另一方。

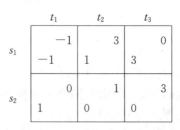

图 16.16　本章练习 9 的博弈

10. 下面哪个式子中的 y 满足 $y > x$，并且是 $x = (2, 3)$ 的一个帕累托改进。

    (a) $y = (4, 4)$ (b) $y = (1, 2)$ (c) $y = (2, 4)$

    (d) $y = (3, 3)$ (e) $y = (2, 3)$ (f) $y = (3, 2)$

这些值中，哪个 y 的值满足 $y \geqslant x$?哪个 y 的值满足 $y \gg x$?

11. 找到从本章练习 9(b) 和练习 9(c) 得到的合作得益区域 Y 和 X 的帕累托有效点。如果破裂点是 $b = (0, 1)$，讨价还价集是什么?如果破裂点是 $c = (0, 1)$，讨价还价集是什么?

12. 如果 $d = (0, -3)$，找到问题 (Z, b, b)，(Z, c, c)，(Z, d, d) 和 (Z, c, d) 的对称纳什讨价还价解的值，其中 Z、b 和 c 在上面的练习中已经给出。用 Y 代替 Z，重复上面的工作。

13. 假设讨价还价能力分别是 $\alpha = \dfrac{1}{3}$ 和 $\beta = \dfrac{2}{3}$，找到上面练习中的每个讨价还价问题的广义纳什讨价还价解的值。当 $\alpha = \dfrac{2}{3}$ 和 $\beta = \dfrac{1}{3}$ 时重复上面的工作。

14. 如果讨价还价能力是 $\alpha = \dfrac{2}{5}$ 和 $\beta = \dfrac{3}{5}$，分钱问题的广义纳什讨价还价解是什么，其中 x 给爱丽丝带来的冯·诺伊曼—摩根斯坦效用由函数 $v_1(x) = x^\gamma$ 给出，给鲍勃带来的效用由 $v_2(x) = x^\delta$ 给出，这里 $\gamma = \dfrac{1}{4}$，$\delta = \dfrac{3}{4}$。如果 γ 和 δ 的值都变为 $\dfrac{1}{2}$ 时，谁分到的美元增加了?

15. 如果爱丽丝和鲍勃都爱冒险，解释为什么分钱博弈的对称纳什解的结果是，他们通过抛硬币来决定谁能得到全部的美元?

16. 第 16.6.2 节给出寻找对称纳什讨价还价解 s 的各种几何方法。当 X 的帕累托有效点位于可微曲线 $y = f(x)$ 上时，利用图 16.9(b) 给出的方法，证明当破裂约束 $s \geqslant b$ 无效时，

$$f'(s_1) = -\frac{s_2 - d_2}{s_1 - d_1}$$

通过令相应的纳什积的导数为零，同样可以得到上述结果。

17. 解释为什么讨价还价集中的**每对**得益组合都对应**某个**讨价还价能力为 α 和 β 的广义纳什讨价还价解。我们能否因此认为定理 16.1 缺少实质内容?

18. 在第 16.4.4 节工资谈判问题中，假设爱丽丝和鲍勃只就工资 w 进行谈判。双方就工资协商一致后，爱丽丝单方面决定她愿意支付工资的劳动时间。在这种情况下，可行集 X 是什么? 当僵持点是 $b = d = (0, 24)$ 时，写出作为 w 函数的对称纳什解的纳什积。双方商定的工资是多少? 每天的工作时间是多长? 为什么企业认为，同时商定工资和劳动时间会产生人浮于事的现象? 为什么工人认为只就工资进行协商是无效率的?

19. 有报纸报道说，"男人们嘴上说权利平等，但在家里却让妇女承担了四分

之三的家务。"如果其他都一样,妻子比丈夫承担更多家务的事实确实表明婚姻中权力的天平偏向了男性,但是其他的事情果真相同吗? 本题考察了被记者们忽略的一些事实。

爱丽丝和鲍勃结婚了。除了可以分担家务外,他们不知道婚姻还有其他好处。按照现在时髦的做法,他们同意签署一项具有约束力的婚姻协议,合同中规定了每周每人做多少时间的家务。

在爱丽丝和鲍勃生活的社会中,人们认为已婚夫妇应该在家务上花费适当的时间。假设自己做 h 小时家务,其伴侣做 k 小时家务时,人们的冯·诺依曼—摩根斯坦效用是,当 $h+k \geqslant C$ 时 $u=1-ch$,当 $h+k<C$ 时 $u=-ch$,但男性和女性对于正常数 C 和 c 的看法不同。对于女性,$C=W$,$c=w$。对于男性,$C=M$,$c=m$,其中 $W>M>0$,并且 $m>w>0$。

a. 如果单独生活,男性和女性每周花在家务上的时间是多少? 为什么当 $mM>1$ 时男人的生活将陷入脏乱之中?

b. 请解释为什么帕累托有效的婚姻合同规定的每周双方从事家务的总时间应该是爱丽丝认为合适的数量,而不是鲍勃认为合适的数量?

c. 假设每个人的偏好是共同知识,而且男人独居时是做家务的,描述爱丽丝和鲍勃在结婚之前必须要解决的纳什讨价还价问题。不考虑爱丽丝和鲍勃有其他结婚人选的情况。

d. 用对称纳什讨价还价解来解决爱丽丝和鲍勃的讨价还价问题。证明,如果女性认为需要做的家务数量是男人所认为的两倍,那么妻子们最后将做三倍的家务。

20. 如果 U 是纳什讨价还价问题 (X, d) 的理想点,解释为什么对称纳什讨价还价解总是赋予博弈方 i 至少 $\frac{1}{2}(U_i - d_i)$ 的效用。

21. 利用对称纳什讨价还价解预测第 16.7 节双寡头之间存在串谋时伯川德博弈的结果。

22. 找到第 16.7 节 (X, d) 的对称纳什讨价还价解 t。一种方法是利用方程 $\frac{\partial N}{\partial q_i}=0(i=1, 2)$,求纳什积 $N=(\pi_1 - d_1)(\pi_2 - d_2)$ 的最大值。(当利用计算机来进行数值求解时,注意要排除 $N=0$ 时的稳定点。)

23. 找到本章练习 11 中每个讨价还价问题的卡莱—斯莫罗廷斯基讨价还价解,其中僵持点和破裂点相同。

24. 指出卡莱—斯莫罗廷斯基讨价还价解不满足纳什的独立于无关选择要求。

25. 说明公理 16.1、公理 16.2、公理 16.4 和公理 16.5 刻画了卡莱—斯莫罗廷斯基讨价还价解。

26. 为什么卡莱和斯莫罗廷斯基的个体单调性只适用于具有相同理想点 U 的讨价还价问题? 如果没有这个限制,使用这个原则会碰到什么问题?

27. 继续上一练习。如果 $X \subseteq Y$ 时我们坚持认为讨价还价解是单调的，即 $F(X, d) \leqslant F(Y, d)$，会怎样？说明无论是纳什讨价还价解，还是卡莱—斯莫罗廷斯基解，在这个意义上都不是单调的。

28. 利用图 16.17 说明，分钱博弈的卡莱—斯莫罗廷斯基讨价还价解对风险中性，而不是风险规避的博弈方更有利。[1]

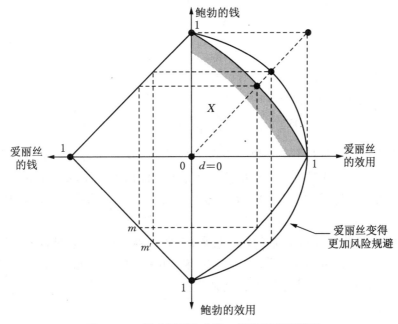

图 16.17　风险厌恶和卡莱—斯莫罗廷斯基解

29. 第 16.9.2 节非正式地提出了瓦尔拉斯讨价还价解的一组公理。下面的步骤给出这些公理的正式描述。如果均衡是唯一的，这些公理的确刻画了埃奇沃斯盒中的瓦尔拉斯均衡。

a. 扩展埃奇沃斯盒，使禀赋点 e 和瓦尔拉斯均衡 w 位于它的次对角线上。

b. 改变商品的单位，使得盒子成为正方形。

c. 改变效用的单位，使 e 和 w 处的得益分别是 $(0, 0)$ 和 $(1, 1)$。

d. 用 τ 表示穿越次对角线的埃奇沃斯盒。用盒中每点处都大于 u_1 和 $\tau \circ u_2$ 的最小函数 U_1 代替亚当的效用函数 u_1。[2]用同样的方法处理爱丽丝的效用函数 u_2。

e. 应用对称公理和有效性公理。

f. 利用独立公理和尺度公理，回到最初的结构。

---

① 注意不要犯我在 *Just Playing* 这本书中犯过的错误。在那张图中我将爱丽丝的效用视作鲍勃得到的美元份额的函数。

② 函数 U_1 可能不是凹的，但是它通常是拟凹的（拟凹函数 $f: \mathbb{R}^n \rightarrow \mathbb{R}$ 指的是对所有的 c，集合 $\{x: f(x) \geqslant c\}$ 是凸的）。

▶ 第 17 章

分 利

17.1 非合作讨价还价模型

非合作讨价还价听上去好像一个自相矛盾的说法。如果不合作,为什么要讨价还价? 但我们再次进入反事实推论。如果不可能出现异议,那么也不会有任何内容需要讨价还价(第 16.4 节)。如果爱丽丝从不说"不",为什么不向她要所有的东西呢?

有时候,合作博弈理论简单地描述理性博弈者达成的一致意见,但我们需要非合作博弈理论来理解为什么会达成这个一致意见(第 16.2 节)。因此,如果对使用哪个合作讨价还价解决方案以及如何使用存在分歧,那么可以从非合作讨价还价模型中寻找答案。

17.2 纳什规划

合作博弈理论假定存在博弈前的谈判时间,在这段时间中博弈者就如何进行博弈达成一个有约束力的协议。但在合作分析中,这一行为被打包在一个黑箱中(第 16.2 节)。**纳什规划**邀请我们打开这一黑箱,看看它内部的机制是否真是按照描述合作博弈解概念的公理那样发挥作用。

纳什观察到任何谈判本身就是一种博弈,其中的行为就是博弈者在讨价还价中可能说的话或做的事。如果我们按这种方法对博弈 $\mathscr{G}$ 前的任意讨价还价建立模型,结果就是一个扩展博弈 $\mathscr{N}$。$\mathscr{N}$ 这一谈判博弈的一个策略首先告诉博弈方如何进行博弈前的讨价还价,然后说明如何以谈判结果为基础进行博弈 $\mathscr{G}$。

必须在没有博弈前讨价还价的假定前提下研究谈判博弈,所有事前行为已经被放入其规则中。因此,分析这些行为是非合作博弈的任务。这意味着在希望均衡选择问题的证明不过于困难的情况下寻找它们的纳什均衡(第 8.5 节)。

如果可以成功得到谈判博弈的解,我们就有方法来检验合作博弈理论。如果合作博弈的解概念认为关于如何进行博弈 $\mathscr{G}$ 的一个理性协议为 s,那么我们在解 $\mathscr{N}$ 时应该也可以得到 s。

一个重要的附带条件是,合作博弈理论认为的那些作为不可撤销合同可执行的结果,应该是博弈 $\mathcal{G}$ 的均衡;但是要解释清让博弈方在博弈 $\mathcal{G}$ 中信守承诺需要增加的复杂法律和经济手段,就会觉得人生苦短了(第5.5.2节)。

执行理论。 纳什规划有时被错误地描述为合作和非合作博弈理论孰优孰劣的争论。但实际上,纳什规划统一了这两种方法,用一个方法的强项弥补另一个方法的弱点。在我看来,出现上述混淆部分是因为没有充分区分纳什规划和执行理论。

福利函数描述了一个政府的目标(第19.4节)。为了使一个福利函数生效,政府必须制定一套合适的规则并加以执行,这就为它的公民创建了一个博弈。在理想世界中,当这个博弈达到均衡时福利最大化。因此,执行理论是关于如何设计博弈使其均衡具有合适福利属性的理论(第20.5节)。

但我们在纳什规划中不得不放弃设计博弈的乐趣。当打开合作的黑箱时,无论发现里面是什么样的谈判博弈,我们都无法摆脱。如果发现其均衡的社会属性不合需要,我们也毫无办法。

17.2.1 在讨价还价中重要的是什么?

在讨价还价过程中包含了一方试图利用另外一方的愚蠢来获利的许多努力。但理性的博弈方会忽略传统讨价还价中所有华而不实的大话。侮辱、奉承和假装的愤怒都毫无作用。因此,看理性博弈方谈判不可能有一堆笑料,但我们没有什么抱怨的理由。如果一个谈判博弈一般化到足以反映真实生活谈判中所有的曲折反复,那么这个博弈的复杂程度将超乎想象。即使排除所有不相关的内容后,我们仍然发现对得到的谈判博弈进行分析是一个挑战。

究竟什么才是理性讨价还价中真正重要的因素呢?上一章强调了风险。如果其他情况相同,胆大的博弈方将比胆小的博弈方得到更多。在这一章中,我们研究可信和不可信的承诺和威胁。在威胁不可信的地方,时间延迟成为一个因素。如果其他情况再次相同,我们发现耐心的博弈方将比不耐心的博弈方得到更多。但信息的重要性要胜过其他所有的考虑因素。

完全信息。 当爱丽丝试图卖给鲍勃一辆二手车时,她最想知道他是否真的愿意付钱,但鲍勃不会告诉她。她也不会告诉鲍勃她愿意接受的最低价格。这种信息不对称非常重要。尤其是,科斯定理是失败的(第16.4.3节)。可能存在博弈双方都从出售中获利的价格,但有时候这辆车仍卖不出去。即使爱丽丝和鲍勃成功地商定了一个价格,这一交易是否达成仍在很大程度上取决于谈判开始时谁知道什么。

我们仍不知道如何找到满意的方法来处理不完全信息下的这类讨价还价问题。第15章解释了博弈理论家如何处理不完全信息的一般性问题,但在讨价还价中应用这个理论时,发现大多数情况下模型给出的均衡选择问题难以处理,因此无法得到确定性的结果。我们将在这一章中看到一些特殊情况，但除非另有说明，否则应该总是假设信息是完全的。

17.3 讨价还价中的承诺

通常是一个弱点导致失败，但在讨价还价中并非如此，其中可能是"优势成为弱点"。例如，在分钱博弈中，鲍勃以接受不少于 99 美分的承诺开始讨价还价，如果假定爱丽丝相信鲍勃的承诺是真正不可撤销的，她就失去了讨价还价的立场。现在，她要在得到 1 美分或一无所获中做出选择。如果她理性地选择了前者，[1]那么鲍勃的策略将令他得到 1 美元中的最大部分。

当然，鲍勃不能仅通过给出承诺就让爱丽丝相信。谁会相信一个声称自己现在做出"最新和最后报价"的人？即使是高档商店昂贵的物品，标价也很少会是最后的价格。卖方通常会设法使你觉得自己像吝啬鬼一样挑战价格，但至少这次民间智慧是正确的。一切都是可以讨价还价的。永远不要听信不能还价的回答。时常可以证明卖方很容易被打败。当我在德克萨斯州某个地方的租车柜台得到报价后，我和店员的谈话是这样的：

我：你将提供多少折扣？

店员：20%。

但有多少人想到问一下？

建立承诺确实困难（第 5.5 节）。为了达到这个目的，有时候人们致力于建立固执或愚蠢的声誉。通过投票给不妥协的领导人，工会会员有时候可以成功地使自己的承诺被接受。但除了这类特殊情况外，承诺的词汇通常只是被看作非常廉价的话。

真正的承诺往往无法做出。但如果可以，又会发生什么情况呢？博弈双方将急于先提出自己的"接受或拒绝"的要求。如果他们进行的谈判博弈不是偏向某一方，他们的要求将同时到达。此时的博弈将成为一个纳什要求博弈。

对这一博弈的研究不仅是对第 8 章的技术一次有帮助的应用练习，同时也是我们第一次有机会应用纳什规划。是否可以证明纳什要求博弈的解就是纳什讨价还价解？如果答案是肯定的，那对纳什来说，这必然曾是一个美好的时刻。

17.3.1 纳什要求博弈

→ 17.5

纳什要求博弈是一个基于纳什讨价还价问题(X, d)的同时行动博弈。爱丽丝和鲍勃同时宣布一个要求。他们的要求 x_1 和 x_2 相容或者不相容。如果

---

[1] 实验说明现实的人们或者没有理性，或者像在最后通牒博弈这类博弈中一样，除了金钱外，还关心其他的事情。

$x = (x_1, x_2)$ 落在可行得益对集合 X 内,要求是相容的,博弈双方随后都能满足自己的要求。如果要求不相容,那么博弈双方得到他们无法达成一致时的得益。

可以从便于使用的角度出发选择博弈方冯·诺依曼—摩根斯坦效用刻度上的 0 点和单位(第 4.6.2 节)。因此,我们取 $d = 0$,并让 X 的边界穿过点 $(0, 1)$ 和 $(1, 0)$。图 17.1(a) 显示了由此得到的讨价还价问题 (X, d)。作为进一步的简化,将博弈方的要求限制在区间 $[0, 1]$ 上。

博弈方的反应曲线如图 17.1(b) 所示。如果鲍勃的要求满足 $0 < x_2 < 1$,那么爱丽丝的最优反应是选择要求 x_1 使得 (x_1, x_2) 在 X 中是帕累托有效的。她的要求不会更少,因为如果这样,她得到的也会减少。她的要求也不会更多,否则要求将是不相容的,她的回报将是 $d_1 = 0$。如果鲍勃提出他的最大要求 $x_2 = 1$,那么爱丽丝无论怎样都是什么也得不到的。因此对这种情况,任何要求都是她的最优反应。

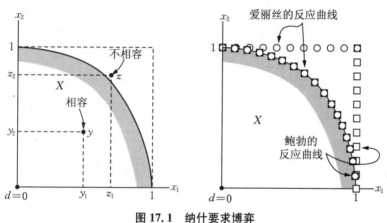

图 17.1 纳什要求博弈

图 17.1(b) 表明,问题 (X, d) 讨价还价集合中任意一点都对应于纳什要求博弈的一个纳什均衡(第 16.4.3 节)。也有一个"非合作"纳什均衡存在。如果博弈双方都贪婪地提出自己最大的可能要求,带来的均衡就是博弈双方都什么也得不到。

我们已经发现纳什均衡的数量是无限的。这就带来了一个严重的均衡选择问题。有时候,这类问题可以通过采用更接近现实的模型来解决。由于除了死亡和税收外没有可以确定的事情,因此纳什也在他的博弈中引入了一点不确定性。

17.3.2 平滑纳什要求博弈

在平滑纳什要求博弈中,博弈者对可行集合 X 不太确定,所以他们事先不知道要求对 (x_1, x_2) 是否可以被证明是相容的。

为了对这种情况建模,我们指定(x_1,x_2)相容的概率为$p(x_1,x_2)$。图 17.2(a)显示了概率函数 $p:[0,1]^2 \to [0,1]$ 的一些等高线。例如,如果要求对 $x=(x_1,x_2)$ 落在等高线 $p(x)=\dfrac{1}{3}$ 上,那么证明要求对 x 相容的概率为 $\dfrac{1}{3}$。

博弈者知道集合 X 的边界是 $p(x)=0$ 和 $p(x)=1$ 这两个区域之间条形区域的一部分。如果不确定性很小,那么条形区间将很窄。我们关注的是当这一条形区域宽度极小时会发生什么情况。

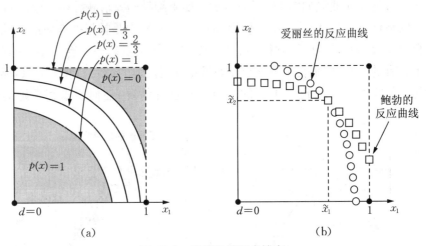

(a)　　　　　　　　(b)

图 17.2　平滑纳什要求博弈

在博弈中,因为博弈方选择要求对(x_1,x_2)的结果无法预测,博弈方 i 得到 x_1 的概率为 $p(x_1,x_2)$,得到 0 的概率为 $1-p(x_1,x_2)$,因此博弈方 i 的得益函数为:

$$\pi_i(x_1,x_2)=x_i p(x_1,x_2)$$

假设函数 $p:[0,1]^2 \to [0,1]$ 的表现足够好,可以成功通过一个简单方法来计算平滑要求博弈中博弈者的反应函数。[①]为了找到她对鲍勃要求 x_2 的最优反应,爱丽丝只要简单求其得益函数对 x_1 的偏导数,并设得到的偏导数 $\partial\pi_1/\partial x_1$ 等于 0。鲍勃的做法也是一样的。因此,我们得到等式:

$$x_1 p_{x_1}(x_1,x_2)+p(x_1,x_2)=0 \tag{17.1}$$

$$x_2 p_{x_2}(x_1,x_2)+p(x_1,x_2)=0 \tag{17.2}$$

其中,$p_{x_1}(x)$ 表示在点 x 上 p 对 x_1 的偏导数。图 17.2(b)给出了这些反应曲线的常见形状。[②]

[①] p 是可微、拟凹并严格递减就足够了。

[②] 当 $x_1=1$ 或 $x_2=1$ 时将会出现什么情况?基于对 p 的假设,反应曲线可能如图 17.1(b)所显示的那样向后弯曲,并且在一个博弈双方都什么也得不到的均衡点上相交。

在两条反应曲线相交处就是一个纳什均衡 $\tilde{x} = (\tilde{x}_1, \tilde{x}_2)$。在图 17.2(b)中，两条反应曲线相交一次。但有可能反应曲线相交多次，所以存在多个纳什均衡。但我们应当看到，当博弈方对 X 是什么这一点相当确定时，它们都近似于对称的纳什讨价还价解。

曲线 $p(x) = p(\tilde{x})$ 在点 $\tilde{x}$ 上的切线对应等式 $\nabla p(\tilde{x})(x - \tilde{x}) = 0$（第9.2节）。当表示完整时，等式变成：

$$p_{x_1}(\tilde{x}_1, \tilde{x}_2)(x_1 - \tilde{x}_1) + p_{x_2}(\tilde{x}_1, \tilde{x}_2)(x_2 - \tilde{x}_2) = 0 \qquad (17.3)$$

如果 $\tilde{x} = (\tilde{x}_1, \tilde{x}_2)$ 是一个纳什均衡，它必然同时落在爱丽丝和鲍勃的反应曲线上。因此，当 $x = \tilde{x}$ 时，(17.1)式和(17.2)式都是成立的，因此式(17.3)中的偏导数项可以删去，从而得到简单的等式：

$$\frac{x_1}{2\tilde{x}_1} + \frac{x_2}{2\tilde{x}_2} = 1$$

图 17.3 说明这是点 $\tilde{x}$ 上 $p(x) = p(\tilde{x})$ 的切线方程。

在图 17.2 中，切线与水平轴在点 $r = (2\tilde{x}_1, 0)$ 相交，与垂直轴在点 $t = (0, 2\tilde{x}_2)$ 相交。因此，纳什均衡 $\tilde{x} = (\tilde{x}_1, \tilde{x}_2)$ 在 r 和 t 连线部分的中点。如果 Y 是图 17.3 中的阴影部分，那么可以说明 $\tilde{x}$ 是讨价还价问题 $(Y, 0)$ 的对称纳什讨价还价解（第 16.6.2 节）。

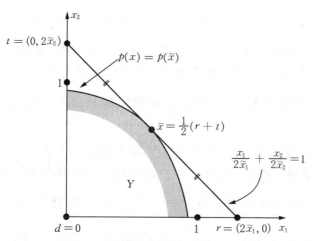

图 17.3 描述平滑博弈中的纳什均衡

集合 Y 的边界是一个概率等高线。随着图 17.2(a)中条形区域的宽度趋向于 0，所有这类等高线都收敛到集合 X 的边界上，[①] 从而 $\tilde{x}$ 收敛为讨价还价问题 $(X, 0)$ 的对称纳什讨价还价解。

---

① 数学家应当注意到条形的"宽度"可能被作为 $p = 0$ 处集合和 $p = 1$ 处集合之间的豪斯道夫（Hausdorff）距离（在豪斯道夫度量中，纳什讨价还价解是连续的）。

$\tilde{x}$ 的极限值是初始的要求博弈的一个纳什均衡。利用纳什的观察平滑博弈中纳什均衡极限的技术，可以将这个均衡与所有其他均衡分离开来。这个均衡选择标准从初始纳什要求博弈的所有纳什均衡集合中选择对称的纳什讨价还价解，由此可以就通过纳什规划所要求检验的合作解概念给出我们的第一个例子，尽管它针对的只是博弈方可以自由做出自己合意承诺的情况。

17.3.3 不完全信息

纳什讨价还价解预测了信息完全时纳什要求博弈的均衡结果。但哈萨尼和泽尔腾将这个观点应用到不完全信息情况时，结果又是怎样的呢？

继续第 16.8 节中分钱的例子。假设从可能类型的相同分布中独立选择爱丽丝和鲍勃的类型。这样我们不需要知道更多信息就可以写出哈萨尼和泽尔腾的预测结果。由于情况是对称的，无论爱丽丝和鲍勃是什么类型，他们都将各得到 50 美分。

可以证明如果爱丽丝和鲍勃无论是什么类型，提出的要求总是将近一半的美元，那么结果是一个平滑纳什要求博弈的贝叶斯—纳什均衡。因此，这个结果可以从纳什规划那里得到一些支持。但由于这个博弈总是有其他的纳什均衡，因此这种支持只是部分的。

例如，考虑两个类型出现概率相等的情况。每个类型的效用函数为 $v_i(z) = z^{\gamma_i}$，其中 $\gamma_1 = 1$，$\gamma_2 = \frac{1}{3}$。因此第一个类型是风险中性的，第二个类型是严格风险规避的。在这种情况下，如果每个类型在似乎可以确定他们对手是另一个类型的情况下进行平滑纳什要求博弈，那么结果是一个贝叶斯—纳什均衡。风险中性类型会提出要近 $\frac{3}{4}$ 的美元，而风险规避类型则提出要近 $\frac{1}{4}$ 的美元（第 16.6.1 节）。

为了确定我们正在讨论一个纳什均衡，需要检验是否任何一种类型都无法通过转向另一种类型来获利。因为风险中性类型和其他的风险中性类型匹配时什么也得不到，因此他们的期望得益为 $\frac{3}{8} = \frac{1}{2} \times \frac{3}{4}$。如果他们模仿风险规避的类型，则总可以得到 $\frac{1}{4}$ 美元，但因为 $\frac{3}{8} > \frac{1}{4}$，他们的得益变差了。类似地，对于风险规避的类型，模仿风险中性类型并不好，因为：

$$\left\{\frac{1}{4}\right\}^{\frac{1}{3}} > \frac{1}{2} \times \left\{\frac{3}{4}\right\}^{\frac{1}{3}}$$

相对第二个均衡来说，第一个均衡有帕累托改进。但这并不意味着第二个均衡在现实中不会出现！

→ 17.4

17.4　纳什威胁博弈

当合作的黑箱包含无限的承诺力量时，我们对纳什要求博弈的分析可以支持对对称纳什讨价还价解的使用。但如果我们不能确定在哪里放入不一致点，那将会怎么样？纳什的回答是 d 由博弈方的威胁——无法达成一致时他们会怎么做——所决定。

如第 17.2 节所示，爱丽丝和鲍勃有机会对如何进行博弈 $\mathscr{G}$ 协商达成一致。纳什威胁理论的简化版本假设博弈方通过承诺谈判破裂时他们在 $\mathscr{G}$ 中策略同时开始谈判。[①]这些威胁就决定了应用对称纳什讨价还价解时的不一致点 d。博弈方的问题是从效果最大化出发选择他们的威胁。

在图 6.15(b) 的性别之争中，每个博弈方有无限数量的混合策略可以作为可能的威胁。图 17.4(a) 从图 6.17(b) 复制了博弈的非合作得益区域 X。回忆一下，标有 p 和 q 的线段对应于每个博弈方的混合策略（第 6.6.1 节）。如果在性别之争中使用 p 和 q，结果就是落在对应线段交点上的得益对 $d(p, q)$。如果爱丽丝和鲍勃承诺采用威胁 p 和 q，那么最后结果是问题 $(Y, d(p, q))$ 的对称纳什讨价还价解 $s(p, q)$。[②]

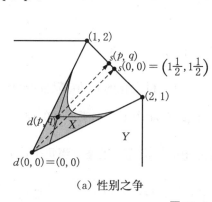

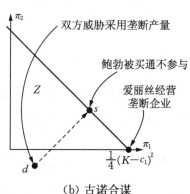

（a）性别之争　　　　　　　　　　（b）古诺合谋

图 17.4　纳什威胁博弈

我们已经将问题转化为一个结果为 $s(p, q)$ 的威胁博弈，其中爱丽丝和鲍勃分别选择 p 和 q。对性别之争来说，因为 $s_1(p, q) + s_2(p, q)$ 总是等于 3，并且威胁博弈是固定和的，因此容易得到它的解（第 7.2 节）。鞍点定理随后说明博弈方的最优威胁是他们的安全策略（第 7.4 节）。这些都可以从图 17.4(a) 中看到。

如果爱丽丝在威胁博弈中采用 $p = 0$，那么她最差可能得益为 $1\dfrac{1}{2}$。如果鲍

[①]　没有理由说明为什么他们不应该同时承诺采用一个谈判策略，但可以证明在哪个阶段做出后一个承诺是没有差异的。

[②]　因为这里假设自由处置是明智的，因此可行集合已经从 X 扩展到 Y。

勃采用 $q = 0$，他的最差可能得益也是 $1\frac{1}{2}$。因此，在一个得益和总是等于 3 的博弈中，没有人可以保证自己的得益超过 $1\frac{1}{2}$。因此，$p = 0$ 和 $q = 0$ 是我们寻找的安全策略。

在性别之争中，妻子威胁除非达成一致，否则就自己独自去看芭蕾。同时，丈夫威胁独自去看拳击赛。随后，他们由抛硬币的结果来决定一起去看芭蕾或拳击赛。

17.4.1　威胁的串谋

第 16.7 节研究了可以行贿时古诺双寡头模型中的串谋。讨价还价问题 (Z, d) 中的不一致点 d 被作为基础古诺博弈的纳什均衡。当威胁不可信时，这一点是有意义的，但如果威胁可信，情况又是怎么样的呢？

我们已经知道对于所有的不一致点 d，问题 (Z, d) 的对称纳什讨价还价解是 $\pi_1 = \frac{1}{2}(d_1 - d_2) + \frac{1}{8}(K - c_1)$ 和 $\pi_2 = \frac{1}{2}(d_2 - d_1) + \frac{1}{8}(K - c_1)$（16.7 节）。如果爱丽丝和鲍勃威胁要采用 q_1 和 q_2，他们无法达成一致的得益分别是 $d_1 = (K - c_1 - q_1 - q_2)q_1$ 和 $d_2 = (K - c_2 - q_1 - q_2)q_2$。因此，当爱丽丝威胁采用 q_1 而鲍勃威胁采用 q_2 时，爱丽丝在纳什威胁博弈中的得益为：

$$\frac{1}{2}(K - c_1 - q_1)q_1 - \frac{1}{2}(K - c_2 - q_2)q_2 + \frac{1}{8}(K - c_1)^2$$

可以证明对爱丽丝来说，选择令 $(K - c_1 - q_1)q_1$ 最大化的 q_1 值是她的严格优势策略。但最大化值 $q_1 = \frac{1}{2}(K - c_1)$ 是爱丽丝的垄断产出。出于同样的原因，鲍勃的垄断产出 $q_2 = \frac{1}{2}(K - c_2)$ 是他在威胁博弈中的严格优势策略。当每个博弈方都采用这些最优威胁时，达成的一致是爱丽丝得到 $\frac{1}{4}(K - c_1)^2 - \frac{1}{8}(K - c_2)^2$ 的得益，鲍勃得到 $\frac{1}{8}(K - c_2)^2$ 的得益。

因此，如图 17.4(b) 所示，每个博弈方威胁在无法达成一致时要像垄断者一样行动。随后他们达成一致，鲍勃将得到其自身垄断得益的一半作为贿赂，同时让爱丽丝得到她所有的垄断得益。但如果鲍勃在产出选择前接受贿赂，他是否会继续这一交易？如果贿赂必须在产出选择后支付，爱丽丝又是否会遵守她的承诺？

17.5　无承诺的讨价还价

受前面对性别之争分析的启发，如果我妻子不让我看喜欢的电视节目，我就威胁要烧掉我们的房子，但她提出我的威胁是不可信的，因为它与我们讨价还价博弈的子博弈完美均衡不一致。

在威胁必须可信才会产生效果时，时间出现在考虑的问题中。耐心的博弈方可以威胁不耐心的博弈方协议的达成可能被拖后。如果威胁可信，不耐心的博弈方将被迫让出较大的份额。为了看看这个份额究竟有多大，我们需要研究非合作讨价还价模型的子博弈完美均衡，在这个模型中提议和反提议的数量是不确定的。我们从一些只有几轮讨价还价的简单模型开始。

17.5.1 最后通牒博弈

最后通牒博弈是以分钱博弈为基础的。博弈方喜欢更多的钱，并且不再关心其他任何东西。同时，假设博弈方是风险中性的。其实，即使他们不是，情况也不会有什么变化。

规则规定爱丽丝首先对鲍勃提议如何划分这 1 美元。鲍勃可能接受或拒绝。如果接受，爱丽丝的提议将被采用；如果拒绝，博弈结束，双方都什么也得不到。

博弈树如图 17.5 所示。根部的分叉上标注了爱丽丝要求得到的金额。在每个这样的要求后，鲍勃可以选择 Y（接受）或 N（拒绝）。拒绝后，博弈双方都什么也得不到。

纳什均衡。 图 17.5(a)中双划线的分叉表示这个博弈许多纳什均衡中的一个。这一结果非常违反直觉。爱丽丝给鲍勃所有美元，而鲍勃接受。这样一个奇怪的结果是怎样从纳什均衡中得到的？

用 s 表示图 17.5(a)中爱丽丝的纯策略。s 要求爱丽丝提议把 1 美元都给鲍勃。鲍勃的纯策略更为复杂。对爱丽丝每个可能的提议，鲍勃必须回复他是接受或拒绝。图 17.5(a)中的纯策略 t 要求他除了给他整 1 美元的提议外，拒绝所有其他提议。

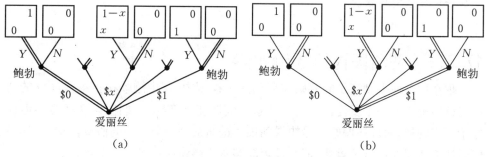

图 17.5　最后通牒博弈

纯策略(s, t)就是一个纳什均衡。为了说明这一点，需要确定 s 和 t 互为最优反应。这对鲍勃来说并不难。他不可能得到比 1 美元更多的得益，而这就是他针对 s 采用 t 的得益。但爱丽丝的情况就没有这么好。用 s 作为对 t 的反应，她什么也得不到。但如果她使用其他任何纯策略，因为会被拒绝，所以也是什么也得不到的。因此,s 是 t 的最优反应,因为它至少和其他任何反应一样好。

子博弈完美均衡。策略对(s, t)不是子博弈完美的,它要求鲍勃在采用(s, t)情况下无法到达的子博弈中计划以不理性的方式进行博弈。鲍勃可能威胁爱丽丝自己将采用策略t,但爱丽丝将发现他的承诺不可信(第5.5.2节)。例如,纯策略t要求鲍勃拒绝分给他 10 美分的提议。10 美分不是很多,但比什么都没有好。因此,如果鲍勃是理性的,他将接受分给他 10 美分这一提议。有人会提出他可能出于恶意、为了"给爱丽丝一个教训"或因为想建立一个强硬的声誉而拒绝这个提议。但所有这些说法都要求鲍勃在爱钱以外还有其他动机(第19.2.2节)。

图 17.5(b)说明如何使用逆推法发现唯一的子博弈完美均衡。这要求鲍勃计划接受所有的建议而爱丽丝则要求得到整 1 美元。由于爱丽丝可以选择$[0, 1]$中的任何实数作为她的要求,因此博弈是无限的,所以事情并不完全是直截了当的。因此,下面将认真描述这个过程,包括以下三个步骤:

第一步,将所有与"鲍勃接受爱丽丝要求 $x < 1$"对应的分叉线改为双划线。因为$1 - x > 0$,所以接受这样一个要求是最优的。

第二步,将所有"爱丽丝要求为 1"的分叉线改为双划线。因为满足$x < y < 1$的要求 y 将被接受,并产生一个比要求 x 更好的得益,因此$x < 1$的要求都不是最优的。

第三步,将所有对应于"鲍勃接受爱丽丝要求 1"的分叉线改为双划线。拒绝也是最优选择这一点是正确的,但拒绝不对应于一个子博弈完美均衡。如果鲍勃计划拒绝爱丽丝的要求 1,那么爱丽丝提出某个 $x < 1$ 的要求会更好,因为这个要求将必然会被接受。但我们已经看到这样的要求不可能是最优的。

在更复杂的模型中,基本原则再次得以满足,有必要对它进行明确的表述:

> 在均衡中,提议者总是计划向响应者提出一个令响应者对接受或拒绝感到无差异的金额。在均衡时,响应者总是计划接受这种或更好的提议,并拒绝任何更差的提议。

17.5.2 两阶段讨价还价博弈

现在把上面得到满足的原则应用到一个模型中,其中鲍勃在拒绝爱丽丝的初始提议后提出了一个反提议。为了让这个问题变得有趣,我们假设博弈方不但偏好于更多的钱,而且还偏好于尽快得到钱。这通常是一个合理的假设。最后,如果何时达成协议这一点不重要,那么是否能够达成协议这一点也不重要。

折扣因子。爱丽丝和鲍勃对时间的态度可以用满足$0 < \delta_i < 1$的折扣因子模型化(第11.3.3节)。博弈方 i 在时间 t 得到 x 美元的效用为$x\delta_i^t$。折扣因子是对博弈方不耐心程度模型化的一个简单方法。折扣因子接近于 0 的博弈方是非常不耐心的。$\delta_i = 1$的博弈方则具有完全的耐心。对这样的博弈方来说,现在得到 50 美分和确定 10 年后得到 50 美分是无差异的。

图 17.6(a)给出了这个两阶段讨价还价博弈的博弈树。爱丽丝在时刻 0 提出第一个提议。如果鲍勃拒绝这个提议,则他在时刻 $\tau > 0$ 提出反提议。如果他的提议被爱丽丝拒绝,那么两个博弈方都什么也得不到。我们先研究 $\tau = 1$ 的情况。

子博弈完美均衡。 在鲍勃提出反提议这个节点为根部的子博弈是最后通牒博弈的复制版本。如果在达到这样一个子博弈时使用均衡策略,那么鲍勃得到整个 1 美元。因为他在时刻 1 得到美元,所以这个结果带给他的效用为 $1 \times \delta_2 = \delta_2$。在这个事件中,爱丽丝的效用为 $0 \times \delta_1 = 0$。

现在,逆推法告诉我们用标示为得益对 $(0, \delta_2)$ 的页状图形来代替每个子博弈,其中得益对 $(0, \delta_2)$ 是子博弈中均衡博弈的结果。这就将问题缩减为如图 17.6(b) 所示。

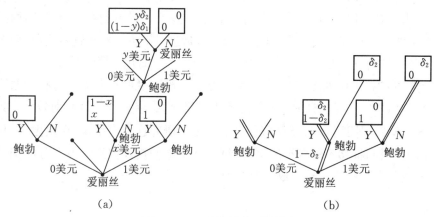

(a)   (b)

图 17.6　二阶段讨价还价博弈

在这个简化的博弈中,爱丽丝的均衡提议令鲍勃感到接受和拒绝是无差异的。因此,她的要求为 $1 - \delta_2$,为鲍勃留下 δ_2,这也是在均衡中他拒绝时可以得到的得益。根据前一节中给出的原因,均衡时他会接受爱丽丝的要求 $1 - \delta_2$。

如果 δ_2 接近 0,那么鲍勃是非常没有耐心的,爱丽丝将得到整 1 美元。如果 δ_2 接近 1,那么鲍勃是非常耐心的,他将得到整 1 美元。

博弈一个阶段和下一阶段之间的时间长度也是重要的。如果是 τ 而不是 1,那么每个 δ_i 都必须用 δ_i^τ 代替。因此,爱丽丝在均衡时的要求为 $1 - \delta_2^\tau$,而鲍勃会接受这一要求。由于当 $\tau \to 0$ 时 $\delta_2^\tau \to 1$,可以证明当 τ 足够小时,鲍勃几乎可以得到一切。因此,如果鲍勃可以选择在提出反提议前要等待多长时间,他将会让等待时间 τ 尽可能地短。

17.5.3　无限时间博弈

前一小节对简单讨价还价博弈的研究是为了下面的模型做准备。这也许是所有可能讨价还价模型中最自然的。因此,它是对纳什讨价还价方法明显的辩护。在这种方法中,子博弈完美均衡结果可以用一般化的纳什讨价还价解来描述。

偏好。基础的讨价还价问题仍是分钱,但我们现在回到第 16.4.2 节中的一般形式。一次交易是图 16.3 中集合 M 的货币支付对 $m = (m_1, m_2)$。在时刻 t,博弈方 i 对交易 m 的冯·诺依曼—摩根斯坦效用是:

$$u_i(m, t) = v_i(m_i)\delta_i^t$$

其中 v_i 为严格递增和凹的,所以现在博弈方是风险规避的。我们也设 $v_i(0) = 0$ 来保证一个什么也得不到的博弈方在得到 0 美元支票时是无所谓的。为方便起见,我们也选择一个效用刻度 $v_i(1) = 1$。

规则。在研究的讨价还价博弈 G 中,爱丽丝在时刻 0 给出第一个提议。如果鲍勃拒绝这个提议,他在时刻 τ 给出反提议。如果爱丽丝拒绝他的提议,她会在时刻 2τ 给出针对反提议的反提议。他们不断重复这个过程直到有一个提议被接受。但也有可能所有提议都被拒绝,这时博弈会永远进行下去。对于这种情况,两个博弈方的效用都为 0。如第 17.5.2 节中所示,取 $\tau = 1$ 简化计算。

博弈 G 的树形图如图 17.7(a) 所示。图 17.7(b) 说明在时刻 0 可行的效用对集合 $X_0 = u(M, 0)$。在时刻 1 可行的效用对集合 $X_1 = u(M, 1)$ 相对较小。集合 $X_2 = u(M, 2)$ 则更小。经济学家鲁宾斯坦首先研究这个模型,他喜欢把 X_t 想象成一个随着时间推移不断变小的馅饼,每次被拒绝的提议都意味着可分的馅饼更小,从而提供了博弈方早点达成一致的动机。

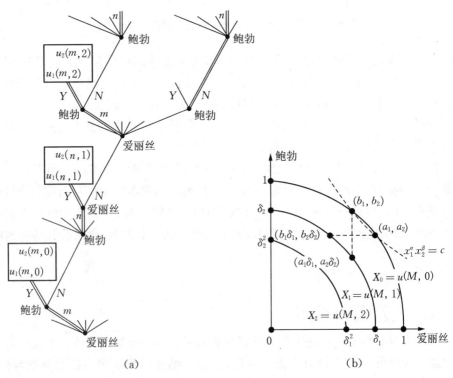

(a)　　　　　　　　　　(b)

图 17.7　无限时间博弈

稳定策略。 在图 17.7(a) 树中双划线的分叉说明每个博弈方的稳定或马尔科夫策略。当策略忽略一个博弈方的历史时,它们就是稳定的。

无论过去可能发生过什么,采用一个稳定策略的博弈方总是计划在未来按相同的方法进行博弈。例如,无论以前出现过的被拒绝提议和反提议情况如何,在每次轮到爱丽丝给出提议时,她总是提议 m,而鲍勃总是提议 n。

我们研究鲍勃总是计划接受 m(或其他任何对他来说更好的提议)并拒绝任何更差的提议这一特定情况。类似地,爱丽丝总是计划接受 n(或其他任何对她更好的提议)并拒绝任何更差的提议。这种纯策略是否构成一个子博弈完美均衡呢?答案令人惊奇地简单。

子博弈完美均衡。 定义向量 a 和 b 为 $a = u(m, 0)$ 和 $b = u(n, 0)$。例如,$a_2 = u_2(m, 0)$ 是鲍勃在时刻 0 接受 m 的效用,$a_1 = u_1(m, 0)$ 是爱丽丝在时刻 0,接受 m 的效用。我们知道一个均衡提议应当让响应的博弈方感到接受或拒绝是无差异的。如果在博弈 G 中爱丽丝在时刻 0 提出 m,那么鲍勃从接受这个提议中可以得到效用 a_2。如果他拒绝,他将在时刻 1 提出 n,而爱丽丝将接受。因此,他从拒绝中得到效用 $b_2\delta_2$。为了让他感到接受或拒绝是无差异的,就要求:

$$a_2 = b_2\delta_2 \tag{17.4}$$

注意 (17.4) 式意味着对任意 t,$a_2\delta_2^t = b_2\delta_2^{t+1}$。因此,无论爱丽丝在什么时候提出 m,鲍勃都感到接受或拒绝是无差异的。

对爱丽丝也需要类似的条件。最容易的方法就是重复前面对协作博弈(companion game) H 的讨论。除了由鲍勃在时刻 0 首先提议外,这个博弈与博弈 G 在其他方面都是相同的。如果在博弈 H 中,鲍勃在时刻 0 提议 n,那么爱丽丝接受这个提议就可以得到效用 b_1。如果她拒绝,那么她将在时刻 1 提出 m,而鲍勃将接受。因此,她从拒绝中得到效用 $a_1\delta_1$。为了让她感到接受和拒绝是无差异的,就要求:

$$b_1 = a_1\delta_1 \tag{17.5}$$

再次注意到对任意 t,$b_1\delta_1^t = a_1\delta_1^{t+1}$。因此,无论鲍勃在什么时候提议 n,对爱丽丝来说接受或拒绝都是无差异的。

图 17.7(b) 说明了条件 (17.4) 和条件 (17.5)。条件 (17.4) 说明点 (a_1, a_2) 和 $(b_1\delta_1, b_2\delta_2)$ 在同一水平线上。条件 (17.5) 说明点 (b_1, b_2) 和 $(a_1\delta_1, a_2\delta_2)$ 在同一垂直线上。[①]

(17.4) 式和 (17.5) 式描述了前后两个提议的时间间隔 τ 满足 $\tau = 1$ 时的均衡。

[①] 这种 a 和 b 存在吗?注意 $a_1 = v_1(m_1)$,$a_2 = v_2(m_2)$,$b_1 = v_1(n_1)$,$b_2 = v_2(n_2)$。由于 a 和 b 是帕累托有效的,因此 $m_1 + m_2 = 1$ 并且 $n_1 + n_2 = 1$。这样,在 $f(x) = v_2(1 - v_1^{-1}(x))$ 时,$b_i = f(a_i)$,所以方程 (17.4) 可以写作 $f(a_1) = \delta_2 f(b_1)$。将这个式子与 (17.5) 式结合起来得到 $f(a_1) = \delta_2 f(a_1\delta_1)$。因此存在性的一个条件是由 $g(x) = f(x) - \delta_2 f(x\delta_1)$ 定义的函数 $g: [0, 1] \rightarrow [0, 1]$ 在 $[0, 1]$ 中的某处为 0。注意 $g(0) = 1 - \delta_2 > 0$ 并且 $g(1) = 0 - \delta_2 f(\delta_1) < 0$。但是一个在 0 处为正、在 1 处为负的连续函数必然在 0 到 1 之间的某处为 0。实际上,当 v_1 和 v_2 为凹时,因为 g 在 $[0, 1]$ 上严格递减,因此 a 和 b 是由 (17.4) 式和 (17.5) 式唯一定义的。

但为了得到实际的均衡还需要更多的计算。如果我们将注意力转到 $\tau \to 0$ 时的极限状态，就可以避开这类计算。幸运的是，这种极限状态是最令人感兴趣的情况，因为在真实世界中，没有什么能阻止讨价还价者坚持严格的时间规划，而且假定一个博弈方已经拒绝一个提议，那么下一步最优做法就是尽快地给出反提议。

当 $\tau \neq 1$ 时，我们必须用 δ_i^τ 代替(17.4)式和(17.5)式中的 δ_i。如果我们同时从折扣因子 δ_i 转向对应的折扣率 $\delta_i = e^{-\rho_i}$，使得①：

$$a_2 = b_2 e^{-\rho_2 \tau} \tag{17.6}$$

$$b_1 = a_1 e^{-\rho_1 \tau} \tag{17.7}$$

那么事情会简单一些。

定理 17.1 假设(17.6)式和(17.7)式规定的稳定子博弈完美均衡带来得益对 $s(\tau)$，那么：

$$当\ \tau \to 0\ 时, s(\tau) \to s$$

其中 s 是讨价还价问题 $(X_0, 0)$ 的广义纳什讨价还价解，对应的讨价还价能力为 $\alpha = 1/\rho_1$ 和 $\beta = 1/\rho_2$。

证明：因为 $\alpha = 1/\rho_1$ 和 $\beta = 1/\rho_2$，由式(17.6)式和(17.7)式可以得到：

$$\left(\frac{a_2}{b_2}\right)^\beta = \left(\frac{b_1}{a_1}\right)^\alpha = e^{-\tau} \tag{17.8}$$

但(17.8)式意味着：

$$a_1^\alpha a_2^\beta = b_1^\alpha b_2^\beta$$

所以如图 17.7(b)对 $\tau = 1$ 的情况所示，点 $a = (a_1, a_2)$ 和 $b = (b_1, b_2)$ 都落在相同的曲线 $x_1^\alpha x_2^\beta = c$ 上。

(17.8)式告诉我们，当 $\tau \to 0$ 时，$a_2/b_2 \to 1$，$b_1/a_1 \to 1$。因此，点 a 和 b 都收敛到同样的值 s 上。②这告诉我们当每个 δ_i 都由 δ_i^τ 代替时，图 17.7(b)中出现了一些有趣情况。当 $\tau \to 0$ 时，修改后的图将在 $X = X_0$ 和 $b = d = 0$ 的情况下退化为图 16.7(a)。因此当 $\tau \to 0$ 时，$s(\tau) \to s$。

17.5.4 均衡的唯一性

第 17.3.3 节中，在发现自己的模型有其他均衡前，我们一直认为纳什规划表现良好。在鲁宾斯坦的讨价还价模型中不存在同样的情况。除了讨价还价能力为 $\alpha = 1/\rho_1$ 和 $\beta = 1/\rho_2$ 时广义纳什讨价还价解所对应的稳定均衡外，博弈没有其他子博弈完美均衡。

→ 17.5.5

---

① 折扣率对应于经济学家所谓的"瞬时利率"。如果以 ρ/n 的利率在 1 年中收取 n 次利息，那么当 $n \to \infty$ 时，年折扣因子是 $\delta = (1 + \rho/n)^{-n} \to e^{-\rho}$。

② 事先没有必要假设 a 和 b 收敛。这个观点说明 a 的所有极限点都等于 s，所以 a 不可能有不同的极限点，一定是收敛的。对 b 来说，情况也是类似的。

为了证明这个结果,我们回到下面特定的情况,即在时刻 t 将 1 美元中的 x 分配给爱丽丝,将 $1-x$ 分配给鲍勃,这带给爱丽丝的效用为 $x\delta_1^t$,带给鲍勃的效用为 $(1-x)\delta_2^t$。如前面几章一样,取 $\tau=1$ 简化代数运算。

定理 17.2(鲁宾斯坦) 无限讨价还价博弈 G 有唯一的子博弈完美均衡结果。

证明: 博弈 G 可能有许多子博弈完美均衡结果,在每个结果中爱丽丝都得到不同的得益。令爱丽丝最大的子博弈完美均衡得益为 A_1,最小的为 a_1。[①]回顾 H 表示鲍勃首先提议的协作博弈。令 H 中,鲍勃最大的子博弈完美均衡得益为 B_2,最小的为 b_2。可以通过说明 $A_1=a_1$ 并且 $B_2=b_2$ 加以证明。

第一步,在博弈 G 中,子博弈完美均衡给鲍勃的份额不少于 $b_2\delta_2$,因为无论爱丽丝在时刻 0 有什么提议,他总是拒绝。博弈 H 就从时刻 1 开始进行。但对鲍勃来说,因为有一个时段的滞后,H 中最小的子博弈完美均衡结果 b_2 必须由因子 δ_2 折扣。因为可分的只有 1 美元,所以如果鲍勃在均衡中至少得到 $b_2\delta_2$,那么爱丽丝得到的不会超过 $1-b_2\delta_2$。这就说明了下面的不等式:

$$A_1 \leqslant 1-b_2\delta_2 \tag{17.9}$$

第二步,假设 $x<1-B_2\delta_2$。可以说明 x 不属于 G 中爱丽丝的子博弈完美均衡得益集合 S。

令 $x<y<1-B_2\delta_2$。由于 $1-y>B_2\delta_2$,在均衡时,爱丽丝在时刻 0 的要求 y 必然被鲍勃接受。这是因为如果他拒绝,就要在时刻 1 进行谈判博弈 H。对鲍勃来说,H 中最大的子博弈完美均衡结果为 B_2,因为在时间上有长度为 1 的滞后,结果必须由因子 δ_2 折扣,因此他接受 $1-y$ 时所得到的要比他拒绝时得到的最大数量 $B_2\delta_2$ 更多。

可以证明,对爱丽丝来说采取自身得益为 x 的策略并不是最优的,因为通过简单地要求 y,她在时刻 0 就可以得到 y。因此,$x \notin S$。由于这一点对每个 $x<1-B_2\delta_2$ 都成立,因此 S 的最小元素 a_1 必须满足:

$$a_1 \geqslant 1-B_2\delta_2 \tag{17.10}$$

第三步,通过交换前面讨论中 G 和 H,可以进一步得到下面两个不等式:

$$B_2 \leqslant 1-a_1\delta_2 \tag{17.11}$$

$$b_2 \geqslant 1-A_1\delta_1 \tag{17.12}$$

第四步,根据(17.12)式,可以得到 $-b_2 \leqslant -(1-A_1\delta_1)$。这个结论可以被代入(17.9)式,得到:

$$A_1 \leqslant 1-b_2\delta_2 \leqslant 1-\delta_2(1-A_1\delta_1)=1-\delta_2+A_1\delta_1\delta_2$$

因此,可以推论得到:

---

① 对爱丽丝来说子博弈完美均衡的得益集合 S 被证明有一个最大值和一个最小值。但是,没有必要做出这个假设。如果取 A_1 和 a_1 为 S 的上确界和下确界,这个证明同样可以很好地发挥作用。

$$A_1 \leqslant \frac{1-\delta_2}{1-\delta_1\delta_2} \tag{17.13}$$

第五步，类似地，由(17.11)式可以得到$-B_2 \geqslant -(1-a_1\delta_1)$。这个结论可以代入(17.10)式，得到：

$$a_1 \geqslant 1-B_2\delta_2 \geqslant 1-\delta_2(1-a_1\delta_1) = 1-\delta_2+a_1\delta_1\delta_2$$

因此，可以推导得到：

$$a_1 \geqslant \frac{1-\delta_2}{1-\delta_1\delta_2} \tag{17.14}$$

第六步，记得a_1和A_1分别是集合S的最小值和最大值，所以有$a_1 \leqslant A_1$。(17.3)式、(17.4)式、B_2和b_2对应的不等式意味着：

$$a_1 = A_1 = \frac{1-\delta_2}{1-\delta_1\delta_2}; \quad b_2 = B_2 = \frac{1-\delta_1}{1-\delta_1\delta_2}$$

这样就完成了对定理的证明。

均衡策略？ 什么样的子博弈完美均衡策略对会产生爱丽丝唯一的均衡得益a_1？可以证明必需的纯策略是第17.5.3节中讨论过的那些。爱丽丝在时刻0提议$a = (a_1, 1-a_1)$。鲍勃对接受或拒绝是无差异的（因为$1-a_1 = b_2\delta_2$），但他的均衡行为是接受。如果在均衡中鲍勃拒绝，那么在时刻1将进行博弈H。对爱丽丝来说，H中唯一的子博弈完美均衡得益为$1-b_2$，由于有一个长度的时间滞后，因此需要由δ_1折扣。但很容易确定$(1-b_2)\delta_1 < a_1$，所以鲍勃在时刻0的拒绝使得爱丽丝不可能得到她唯一的均衡得益。

纳什讨价还价解？ 这个结论是否与第17.5.3节中的结果一致呢？也就是说，当前后两次提议的时间间隔τ足够小时，达成一致的交易a是否近似于讨价还价能力为$\alpha = 1/\rho_1$和$\beta = 1/\rho_2$时的广义纳什均衡解？如果这样，将按照比率$\rho_2 : \rho_1$划分美元。为了证明这一点，将所有δ_i都用δ_i^τ代替，并考虑当$\tau = 0$时a_1的极限值。由洛必达法则，可以得到：[①]

$$\lim_{\tau \to 0} \left(\frac{1-\delta_2^\tau}{1-\delta_1^\tau\delta_2^\tau} \right) = \lim_{\tau \to 0} \left(\frac{1-e^{-\tau\rho_2}}{1-e^{-\tau(\rho_1+\rho_2)}} \right) = \lim_{\tau \to 0} \left(\frac{\tau\rho_2}{\tau(\rho_1+\rho_2)} \right) = \frac{\rho_2}{\rho_1+\rho_2}$$

17.5.5　正面和反面

当说到讨价还价问题不确定时（第16.6节），冯·诺依曼和摩根斯坦简单地重复了他们那个时代的正统观点。经济学家坚持认为讨价还价是心理学的一个分

→ 17.6

---

① 如果f和g在ξ上连续，那么假定$g(\xi) \neq 0$，有$\lim_{x \to \xi} \frac{f(x)}{g(x)} = \frac{f(\xi)}{g(\xi)}$，如果$g(\xi) = 0$，又会发生什么情况？假定$f(\xi) = 0$，极限仍是有限的。洛必达法则说明假定$f$和$g$在$\xi$附近连续并且右极限存在，那么$\lim_{x \to \xi} \frac{f(x)}{g(x)} = \lim_{x \to \xi} \frac{f'(x)}{g'(x)}$。

支,他们在这方面做不出什么贡献。鲁宾斯坦粉碎了这种自满的态度,但他也第一个否认自己的分析接近讨价还价问题的最终答案。他的模型的正反两面分别是什么呢?

正面

1. 科斯定理。 鲁宾斯坦模型唯一的子博弈完美均衡要求爱丽丝开始的提议立刻被鲍勃接受。因此这个结果是帕累托有效的,所以我们可以在相当一般的条件下对科斯定理进行正式的证明。

2. 纳什规划。 广义纳什讨价还价解已经通过了纳什规划严格的检验。如果在鲁宾斯坦讨价还价模型中前后两个提议的时间间隔 τ 足够小,那么子博弈完美均衡结果近似于讨价还价能力为 $\alpha = 1/\rho_1$ 和 $\beta = 1/\rho_2$ 时的广义纳什讨价还价解。我们为什么要特别关注 τ 变得很小时的情况呢?因为在真实生活中,没有什么能阻止讨价还价者坚持严格的时间规划,两个博弈方都有动力在拒绝一个提议后尽快提出新的提议(第 17.5.2 节)。

3. 应用。 在利用纳什规划检验合作解概念时,我们也得到了如何在实践中利用它们的指导思想。从鲁宾斯坦讨价还价模型,我们学习到博弈方对时间的态度决定了他们在广义纳什讨价还价解中的讨价还价能力。所以在讨价还价时要耐心。在下一节中,我们将修改模型来确认关于上一章中破裂和僵局的直觉。

反面

1. 信息。 由于鲁宾斯坦模型中的谈判几乎在一开始就结束了,因此人们有时候会觉得自己被欺骗了。当理性讨价还价者在讨价还价前就知道彼此的强势和弱点时,为什么还要有什么行动?这只会浪费时间——而时间是非常宝贵的。另一方面,真实的人们往往不理性。他们离鲁宾斯坦模型假设的知情者也往往相距甚远,因此这个模型有很多内容都没有涵盖。

2. 均衡。 鲁宾斯坦讨价还价博弈的任何结果都可以作为纳什均衡得到支持,并且在利用子博弈完美解决均衡选择问题时也存在问题(第 14.2.1 节)。我们可以用安全均衡的概念来代替子博弈完美。在安全均衡中,只要假定博弈方在任何子博弈中获得的得益不低于他们的安全水平。演化观点也可以从有利于鲁宾斯坦结果的角度汇集起来。但所有这些观点都是存在质疑的。

3. 实验。 实验——包括我自己的一些——表明,实验被试在最后通牒博弈或两阶段讨价还价博弈中不使用逆推法(第 19.2.2 节)。因此,他们为何在鲁宾斯坦博弈中使用这一方法呢?不过,不管出于何种原因,我自己的实验表明鲁宾斯坦的理论在实验室的表现实际上相当不错。下一节中提出的讨价还价破裂和僵局点计算在预测实验结果时的表现特别好。

17.6　出错

纳什和鲁宾斯坦所提出理论的优势之一在于它的简单,但我们这些尝试向应用经济学家解释它如何运作的人并不总是做得很好。为了重新调整一下这个关系,这一节指出了一些该做和不该做的事情。

我发现了鲁宾斯坦讨价还价模型与广义纳什讨价还价解的联系,并且外部选择与这一理论也是相一致的。对我来说,有一种普遍的滥用特别令人痛心。这种做法无视僵局及破裂点的差异,并自动利用后者作为纳什初始理论中的不一致点。如果其他每件事的模型化都是正确的,那么纳什讨价还价解通常就会给出错误的预测。但现在通过使用广义纳什讨价还价解(带有最适合可用数据的讨价还价能力)可以"修正"这一误差。

本轮(Epicycles)? 作为按这种方法滥用广义纳什讨价还价解带来错误的一个例子,我们考虑第 16.6.1 节中分析的分钱问题。如果对称的纳什讨价还价解是正确的,我们发现美元的分配比例为 $\gamma:\delta$,其中 γ 和 δ 衡量了博弈方的风险规避程度。但假设我们没有注意到决定美元分配比例的博弈方承担风险的态度,则可能犯将博弈方当作风险中性的错误,从而得到 $\gamma=\delta=1$。我们可以利用讨价还价能力 γ 和 δ 的广义纳什讨价还价解使这个错误"符合"数据。但用这个方法来拯救一种坏的建模方向,并不比当发现天体只作完美圆周运动的理论不成立时,试图用所谓的本轮加以解释以拯救该理论的做法更值得人们尊重。

我认为应该将广义纳什讨价还价解中的讨价还价能力与数据拟合,也认为应当将纳什理论中的不一致点放在破裂点。但我要强调的是我们应该好好理解背后的理论,以了解什么时候做到"这样做正确"。

破裂或僵局? 在第 16.4.6 节中,我们看到在纳什初始理论中经常有至少两个可能的不一致点 ξ:一个僵局点 d 和一个破裂点 b。我们支持将一个讨价还价问题的纳什模型从 (X,ξ) 扩展到 (X,b,d),以同时认可这两个点。但该如何让一个习惯于忽略 d 并令 $\xi=b$ 的应用者信服呢?

通过对非合作讨价还价博弈详细的观察,可以在原则上解决这些争议。我们这里考虑的模型被设计用来探讨**强迫**和**非强迫**破裂的不同含义。当博弈方离开博弈去选择他或她的最优外部选项并带来结果 b 时,发生非强迫的破裂。而在强迫破裂中,谈判会被某个外部行为主体打断并强加结果 b,无论博弈方们是否喜欢这个结果。例如,当爱丽丝和疯帽匠就她要支付他多少工资进行讨价还价时,生产将暂停,这时其他人可以偷走他们的市场。

通过在鲁宾斯坦讨价还价博弈中引入一些附加行动,就可以将这两种可能性引入到分钱模型中。在每次拒绝后,就会产生一次"自然"变动,以概率 $\lambda\tau$ 强迫采用破裂点 b,其中 $\lambda\geqslant 0$。可能是因为捐献这 1 美元的慈善家对谈判时间延长感到不耐烦而将钱收回。博弈有 $1-\lambda\tau$ 的概率继续一个新的行动。在这个新的行动中,刚刚拒绝提议的博弈方可能进入或退出博弈。[①]

退出博弈会带来破裂点 b。如果拒绝者选择进入,时间会前进 τ,拒绝者会成为下一时段的提议者。

定理 17.3 在第 17.5.3 节的假设下,随着 $\tau \to 0$,修正后鲁宾斯坦讨价还价博弈的一个子博弈完美均衡结果收敛到一个广义纳什讨价还价解。这个讨价还价问题是 (X, b, d),其中:

$$d_i = \frac{\lambda b_i}{\lambda + \rho_i} \tag{17.15}$$

讨价还价能力为 $\alpha = 1/(\lambda + \rho_1)$ 和 $\beta = 1/(\lambda + \rho_2)$。

它的证明就是对前一节思想的重复,所以我们转而关注这个结果的含义。

计算僵局点。 一般来说,爱丽丝的僵局点得益 d_1 是在没有达成一致并且没有人追求他们外部选择时,她能得到多少。例如,如果她在谈判继续的每个时段得到收入 $h\tau$,那么她的僵局得益将是:[②]

$$d_1 = h\tau + h\tau\delta_1^{\tau} + h\tau\delta_1^{2\tau} + \cdots = \frac{h\tau}{1 - \delta_1^{\tau}} \tag{17.16}$$

根据洛必达法则(第 17.5.4 节),随着 $\tau \to 0$,d_1 将收敛到 h/ρ_1。在修正后的鲁宾斯坦博弈中,爱丽丝的僵局得益将是:

$$d_1 = \lambda\tau b_1\delta_1 + \lambda\tau(1-\lambda\tau)b_1\delta_1^{2\tau} + \lambda\tau\,(1-\lambda\tau)^2 b_1\delta_1^{3\tau} + \cdots = \frac{\lambda\tau b_1}{1 - (1-\lambda\tau)\delta_1^{\tau}} \tag{17.17}$$

它随着 $\tau \to 0$ 收敛到 $\lambda b_1/(\lambda + \rho_1)$。

$\lambda = 0$ 的情况。 这是我们在第 16.4.6 节中作为标准情况的情况。没有时间滞后带来盈余损失的风险,我们回到了第 17.5 节中的问题。破裂点对应于永远的不一致,这意味着 $d = 0$。讨价还价能力为 $\alpha = 1/\rho_1$ 和 $\beta = 1/\rho_2$。但是总有一些盈余损失的小风险,因此我们对讨价还价问题的标准回答只是一种近似。

$\rho_1 = \rho_2 = 0$ 的情况。 博弈方无限耐心,并且只有失去盈余的风险是重要的。破裂点 d 变得与僵局点 b 相同,讨价还价能力也相等,因此可以说明使用单个不一致点等于破裂点的**对称纳什讨价还价解**是合理的。但我们假设时间在谈判中不重要的频率有多高呢?

17.7 综述

纳什规划这个概念让我们通过研究非合作讨价还价模型来检验和修正合作

---

① 博弈方在选择离开博弈前必须拒绝最后提议这一点很重要,但很难承诺自己不去听。我记得在一个下午的足球赛中,一架轻型飞机拖着写有"梅西亚,嫁给我"的条幅在安娜堡上空飞过!

② 记得假定 $|x| < 1$,几何级数的加总公式为 $1 + x + x^2 + \cdots = (1-x)^{-1}$。

解。为了让非合作讨价还价模型的均衡结果与合作解概念相符,我们需要加入这类模型的假设表明实践中什么时候、如何运用这个概念。纳什规划应用最主要的障碍是我们不能处理不完全信息下的非合作讨价还价博弈。因此,除了一些特殊情况外,这一理论被局限在**完全信息**的情况中。在这种情况下,对博弈方来说最重要的就是谈判开始前的共同知识。

在讨价还价中承诺是一个有用的武器,但做出可信的承诺并不容易。纳什的要求博弈对博弈双方都拥有无限承诺力量的情况建立模型,每个博弈方同时给出一个"接受或拒绝"的要求。在这个博弈的平滑版本中,所有纳什均衡结果都近似于对称的纳什讨价还价解。

纳什威胁理论处理的是没有给定不一致点的情况。这时博弈方做出不可撤回的威胁,明确如果无法达成一致时他们会怎么做。这将情况缩减为一个严格竞争的威胁博弈,解的方法与两人零和博弈一样。当应用到古诺双寡头模型中的串谋问题时,每个博弈方威胁要像在垄断时一样行动。这些威胁决定了低成本的博弈方要支付多少钱让高成本的博弈方不进入市场。

鲁宾斯坦讨价还价博弈对只在意可信承诺的情况建立模型。博弈方轮流给出提议,直到达成一致。博弈有唯一的子博弈完美均衡结果。当前后两个提议的时间间隔趋向于 0 时,这个结果近似于一个广义纳什讨价还价解。折扣率为 ρ_i 的博弈方拥有的讨价还价能力为 $1/\rho_i$,因此耐心的博弈方可以得到更多。

17.8 进一步阅读

The Economics of Bargaining,by Ken Binmore and Partha Dasgupta:Blackwell,New York,1987. 这一文集对本章描述的理论加以扩展。

Bargaining Theory without Tears,by Ken Binmore:Investigaciones Econo'micas 18 (1994),403~419. 这篇文章证明了第 17.6 节的结果,并针对非凸可行集的情况进行了一般化。

17.9 练习

phil

1. 当在不完全信息下讨价还价时,为什么博弈方通过烧掉一些钱来开始行动可能是理性的? 说明滚木球时一局的第一投就打倒所有木柱和烧钱的相似性。

2. 在 $b=d$ 时,将第 17.3.2 节中对平滑纳什要求博弈的分析应用到讨价还价问题 (X,b,d)。解释为什么在 $b>d$ 时,类似的讨论可以带来相同的结论。

econ

3. 第 9.6.3 节考虑了埃奇沃斯盒中的一个要求博弈。亚当和夏娃同时提出一个价格和一个数量。亚当提出如果要求在效用空间中某个区域外,他不会交易。简单说明这个区域和夏娃一个最优反应对应的区域。

4. 丹尼尔·笛福是一个雇佣文人,除《鲁滨逊飘流记》外还写了不少书。在《完全英国商人》中,笛福解释说,在他那个时代,教友派信徒拒绝讨价还价,因为他们认为与一个人愿意进行的交易相比,提出一个更好的交易是不诚实的行为。为什么成为一个拥有这种信誉的教友派信徒可能是相当有利可图的?

5. 哲学家大卫·高契尔(David Gauthier)提出讨价还价应当被看作一个两阶段过程,每个博弈方在第一阶段提出要求,在第二阶段做出让步。他认为理性的博弈方将提出他们理想化的得益,并且双方都在他们最初提出的得益 $U_i - d_i$ 上以相同的百分率做出让步。解释为什么他会在无意中重新使用卡莱—斯莫罗廷斯基(Kalai-Smorodinsky)的讨价还价解。高契尔的观点如何达到纳什规划的标准?

6. 上个练习中高契尔给出的观点是在拒绝纳什威胁理论后提出的。他说:

"最大有效威胁策略……发挥着纯假设的作用,因为亚当和安(Ann)实际上没有选择他们。但如果亚当和安不选择这些策略,他们就不能利用这些策略进行有效的威胁。最有效的威胁策略被证明是无用的。"

为什么最有效的威胁从来不会被用到?为什么有时候不会发生的事情决定了会发生的事情?为什么如果可以证明威胁无法阻止一些不希望看到的行为,这时威胁是否将被用到确实是一个问题?

7. 纳什要求博弈假设承诺不可逆转。为了考虑更宽松的要求,我们来看博弈方风险中性时的分钱问题。他们的谈判博弈从每个人提出要求开始。博弈方可以撤回这些要求,但这样做的成本很高。在提出 $a(0 \leqslant a \leqslant 1)$ 后接受 $x < a$ 的博弈方必须支付 $c(a-x)$,其中 $c > 0$。

如果爱丽丝提出 a 而鲍勃提出 b,解释为什么他们接下去的讨价还价问题为 $(X, 0)$,其中可行集 X 如图 17.8(b)所示。说明如果这个问题利用对称的纳什讨价还价解来解决,博弈方的最优初始要求为 $a = b = \dfrac{1}{2}$,即博弈方简单地提出他们期望得到多少。

(a)

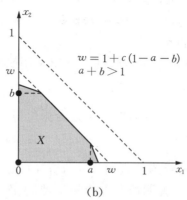

(b)

图 17.8(a)说明撤回一个承诺时采用的姿态。

图 17.8 可撤回承诺

8. 爱丽丝是一种电子产品的垄断卖家,对于这种电子产品,她可以无成本地复制生产。鲍勃对爱丽丝产品的估值为 B,克里斯(Chris)的估值为 C,其中 $0 < B < C$。这些估值是共同知识,但爱丽丝认为鲍勃或克里斯是高价值消费者的可能性相等。如果她与这两人分别进行讨价还价,利用哈萨尼和赛尔的对称纳什讨价还价解来预测她可以从两个人那里分别得到什么价格。对爱丽丝来说,另一个选择是与一个同时代表鲍勃和克里斯的代理人就使用权(site license)进行讨价还价。那么代理人的估值为 $B+C$ 是共同知识。利用对称纳什讨价还价解,预测这种情况下的价格。证明爱丽丝偏好于出售使用权。

9. 上一个练习说明团体许可证对消费者来说不是好事。但如果 $2C > 5B$,说明不完全信息下的讨价还价博弈有一个爱丽丝偏好的均衡,即她只出售给高价值的消费者。但当一个团体许可证被出售时,如何可能有帕累托改进?

10. 利用纳什的威胁理论分析图 6.15(a)中的懦夫博弈。

11. 针对第 5.5.1 节中的简化古诺博弈画出非合作得益区域。在第 16.6.2 节中,我们考虑在无法行贿时,$N = (16, 16)$ 和 $P = (12, 8)$ 作为一个串谋谈判中可能的不一致点。为什么当博弈方没有承诺力量时,前者是有意义的?说明后者只是与纳什威胁理论一致的大量不一致点中的一个,但所有这些都在结果(20, 15)上产生了一个串谋的一致。

12. 解释为什么当允许旁支付时,纳什的威胁博弈必然有固定和。解释为什么发现博弈方最优威胁可以退化为对常和博弈的解。通过将基础博弈 $\mathscr{G}$ 得益表每一格中的 d 用问题 (Z, d) 的对称纳什讨价还价解 $s(d)$ 代替可以得到这个常和博弈的得益表。

13. 将上一个练习的步骤应用到图 17.9(a)的得益表,第 6 章练习 29 中画出了这个博弈的非合作得益区域。解释为什么通过解图 17.9(b)可以发现最优威胁。确认在这个常和博弈中,爱丽丝的得益矩阵有一个鞍点。确定最优威胁和由此达成的一致中博弈方的得益。

14. 在允许旁支付的假设下,对图 17.10 重复上一个练习。说明:

a. 爱丽丝应当威胁以概率 1/6 采用她的第一个纯策略,以概率 5/6 采用她的第二个纯策略。

b. 鲍勃应当威胁以概率 2/3 采用他的第一个纯策略,以概率 1/3 采用他的第二个纯策略。

c. 达成一致时的结果是爱丽丝得到 12 美元中的 $8\frac{2}{3}$ 美元,鲍勃得到 $3\frac{1}{3}$ 美元。

15. 解释为什么纳什威胁博弈可能不是常和的,但说明他们总是具有严格的竞争性。说明博弈方的最优威胁仍是威胁博弈的安全策略这一说法是正确的。

16. 为什么第 17.3 节起首的故事是一个反向的最终通牒博弈?

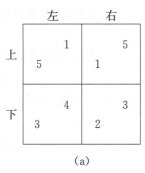 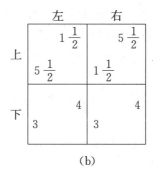

图 17.9　第 17 章练习 13 的得益表

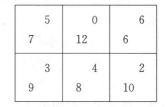

不一致博弈　　　　　　威胁博弈

图 17.10　练习 14 的得益表

17. 当要求必须以美分整数为单位时，可以发现最后通牒博弈的所有子博弈完美均衡。说明在其中某一个中，爱丽丝提出要求 99 美分。推论得到当要求离散时，第 17.5.1 节总结的原则不适用。

18. 继续上一个练习，令货币的最小单位为 $\mu > 0$ 而不是 1 美分。随着 $\mu \to 0$，离散模型的所有子博弈完美均衡将在何种意义上收敛到连续模型唯一的子博弈完美均衡上？

19. 找出最后通牒博弈的一个纳什均衡，其中 1 美元被对半分。

20. 假设第 17.5.2 节中的两阶段讨价还价博弈扩展到三阶段，其中鲍勃首先给出提议。在唯一的子博弈完美均衡中，鲍勃可以得到多少？

21. 假设爱丽丝和鲍勃对如何分配慈善家捐献的 1 美元进行讨价还价博弈。慈善家规定只能采用 10∶90、20∶80、50∶50 和 60∶40 这四种分法，而爱丽丝和鲍勃可以轮流否决他们认为无法接受的分法。如果利用子博弈完美策略并且爱丽丝可以首先否决，那么分配结果是什么？如果鲍勃先开始否决，分配结果又是什么？

22. 给出对应于鲁宾斯坦讨价还价博弈一个纳什均衡的任意美元分配。

23. 对分钱博弈来说，鲁宾斯坦讨价还价博弈为什么存在先发优势？说明随着 $\tau \to 0$，这个优势会消失。

24. 假设在鲁宾斯坦讨价还价博弈中总是随机选择下一个提议者。如果爱丽丝和鲍勃被选中的概率相等，说明定理 17.1 成立。当爱丽丝被选中的概率为 $1 - p$，鲍勃被选中的概率为 p 时，讨价还价能力必须如何变化？

25. 在鲁宾斯坦讨价还价博弈中,博弈者只能有两个提议,即爱丽丝得到整个1美元,或鲍勃得到整个1美元。

a. 找出爱丽丝一开始就提出她得到整个1美元而鲍勃同意的子博弈完美均衡。

b. 找到爱丽丝一开始就提出把整个1美元给鲍勃而鲍勃同意的子博弈完美均衡。

c. 利用这些结果说明在不能立即达成一致的情况下存在其他的子博弈完美均衡。

26. 假设在鲁宾斯坦讨价还价博弈中,博弈者不对时间进行贴现,但对每个没有达成一致的时间长度 τ 支付固定成本 $c_i\tau$。论证子博弈完美均衡分析在 $\tau \to 0$ 时产生以下结果:

a. 如果 $0 < c_1 < c_2$,爱丽丝得到整个1美元。

b. 如果 $c_1 > c_2 > 0$,鲍勃得到整个1美元。

c. 如果 $c_1 = c_2 > 0$,博弈双方中至少一个得益为0的任何结果都是可能的。

27. 如果子博弈完美被作为理性行为的标准,那么为什么上一个练习提供了科斯"定理"的一个反例?

28. 因为在现实生活中没有限制使得博弈方必须根据特定的时刻表行动,并且尽快提出下一个提议总是最好的做法,因此我们研究了鲁宾斯坦讨价还价博弈中 $\tau \to 0$ 时的极限情况。批评者认为这将有利于反应更快的博弈方。写出一个爱丽丝的反应时间短于鲍勃反应时间的模型来确定这种批评是错误的。为什么这种反对的理由只是一个转移注意力的说法?

29. 本章练习17说明当提议必须以美分整数为单位时,最后通牒博弈存在多个子博弈完美均衡。将这种观点进一步推进,可能说明在前后两个提议之间的时间间隔 τ 足够小的假定下,当提议必须以美分整数为单位时,任何美元的分配都对应于鲁宾斯坦讨价还价博弈中的一个子博弈完美均衡。批评者认为这个结果彻底毁灭了鲁宾斯坦的理论,但我们认为如果存在人们关心的最小货币单位 $c > 0$,为什么不能认为存在人们关心的最小时间单位 $\tau > 0$?对于这个争论,你有什么看法?

▶ 第 18 章

联　盟

18.1　联盟

在黑猩猩的社会中,权力通过黑猩猩间联盟不断转移的模式得以行使。我们假装自己不是这样,但实际上在人类社会中,事情也没有太大的不同。即使在那些为自己的社会关系平等而骄傲的社会中,"你认识哪些人"通常也要比"你知道什么"更为重要。

应该如何对联盟进行模型化? 卡尔·马克思认为,与资本和劳动一样,潜在的联盟可以被视作是一个巨人游戏中庞大的球员,但这种幼稚的建模方法忽略了一个事实,即一个联盟的凝聚力取决于它能在多大程度上成功满足单个成员的愿望。我们需要知道是什么让联盟建立起来。如何并且为什么建立一种联盟形式而不是另一种?

冯·诺依曼和摩根斯坦在他们《博弈理论和经济行为》(*Theory of Games and Economic Behavior*)的合作部分中试图对这些难以回答的问题给出答案。他们的工作带来了大量的研究文献,其中各种令人迷惑的合作解概念得到大量公理的支持。所有这些在抽象思考时似乎是可信的,但它们不可能同时都正确。纳什规划提供了一种可能的方式来确定在什么情况下使用哪个概念是有意义的,但到目前为止博弈论在这个方面并没有很大的发展。因此,我们在这里说明这个问题最基本的情况,概述三种最流行的合作概念。

对于市场上如何形成联盟,理论已经取得了较大的进展。哪些买家和卖家将以什么样的交易合伙关系进行合作? 在这个问题上,我们发现自己有着更为坚实的基础。

18.2　联盟型

当从扩展型转向对应的策略型时,我们失去了博弈结构中的一部分(第5.1节)。当我们离开非合作博弈理论而开始考虑合作解概念时,我们扔掉的结构甚至更多,因为合作博弈理论中可能存在有约束力的博弈前协议通常意味着基础博弈的策略结构不再重要(第16.3节)。一个博弈的联盟型也完全遵从这个推理过程,放弃了每个可能联盟可用得益组集合外的所有信息。

得益区域。n人博弈中所有博弈方的集合由$N = \{1, 2, \cdots, n\}$表示。一个**联盟**是N的任意子集。例如,在二人博弈中可能的联盟是0,$\{1\}$,$\{2\}$和$\{1, 2\}$。集合N本身被称为**总联盟**。

一个联盟形成意味着这个联盟的成员签订了共同选择策略的约定。在可能有旁支付时,协议包括对博弈方最终得益如何在联盟成员间重新分配的一个方法。

合作解概念通常试图只利用博弈联盟型提供的数据来预测会形成哪些联盟。博弈的**联盟型**是对每个可能的联盟S得益区域$V(S)$的列表。定义n人博弈中一个联盟S的合作得益区域$V(S)$,当且仅当S的成员能够在一个联合策略上达成一致,并且这个联合策略保证联盟S中每个博弈方i至少都有x_i的得益时,一个n元的x属于$V(S)$。

例如,如果在一个三人博弈中,爱丽丝是博弈方Ⅰ,鲍勃是博弈方Ⅱ,那么他们可能签订具有约束力的协议,保证有图16.2(b)集合Y中的任意得益对。但$V(\{1, 2\})$不是两维的集合Y。它是一个三维的柱体,平行于第三个博弈方的得益轴并以Y为底。

第16.4.1节对于二人博弈中总联盟的合作得益区域X给出了一些简化的假设。我们对n人博弈中联盟S的合作得益区域做出同样的假设,因此集合$V(S)$是凸的、闭的,并且存在上限。此外,尽管并不重要,但我们也假设允许自由处置。

可转换效用。虽然在现实性上有相当大的损失,但假设效用可转换令事情简单了很多(第16.3.3节)。

这时,集合$V(S)$由单个数字$v(S)$决定,后者是联盟自身可以保证得到的总效用,与联盟外的博弈方行为无关。这个效用可以在联盟成员间按照他们喜欢的任意方式重新分配,所以$V(S)$是所有n维x的集合,并且:

$$\sum_{i \in S} x_i \leqslant v(S)$$

在图16.2中,爱丽丝和鲍勃的最大共同得益$35 = 20 + 15$发生在$M = (20, 15)$。因此,如果允许旁支付,他们会在图16.2(c)集合Z中的任何得益对上达成一致。如果这个结构嵌入带转移效用的三方博弈,$V(\{1, 2\})$是以Z为底的三维柱体,并且平行于第三个博弈方的得益轴。也就是说,$V(S) = \{(x_1, x_2, x_3) : x_1 + x_2 \leqslant 35\}$。

带转移效用合作博弈的联盟型由它的**特征函数**决定,这个函数简单地对每个联盟S分配一个联盟安全水平或值$v(S)$。我们只看特征函数v具有超可加性(superadditive)时的例子。这意味着只要$v(S \cap T) = 0$,就有$v(S \cup T) \geqslant v(S) + v(T)$。

讨价还价集。只有一个博弈方的联盟特别容易。如果S只包括博弈方i,那么$V(S)$是所有n维x的集合并且$x_i \leqslant v_i$,其中v_i是博弈方i的安全水平(第7.4.1节)。在合作博弈理论中,博弈方从不接受比他们安全水平更低的值这个假设被称为**个体理性**。

如果博弈方将得到博弈的帕累托有效得益组，总联盟必然经常会形成，所以所有博弈方组成的总联盟有一个特殊作用。对科斯"定理"一个不严格的应用说明理性博弈方将总是形成总联盟，但我们发现有一些重要的例外。

与第16.4.3节一样，我们遵循冯·诺依曼和摩根斯坦的方法，称帕累托有效且个体理性的得益组集合为**讨价还价集**。[①]

在两方博弈的情况中，我们以博弈方的破裂得益——他们无法达成一致时最好的外部选择——形式定义了讨价还价集合（第16.4.3节）。这里通过同样的做法，我们观察到一个博弈方的安全水平是博弈方无法与任何人达成一致时可以得到的最优水平。联盟型丢开了一个博弈中允许我们讨论僵局得益的结构。因此，以僵局点得益不同于破裂点得益这一点为基础的任何事情都无法用联盟型表示——尽管这个事实很少被承认。

18.2.1　联盟型有意义吗？

安全水平听上去像是一种谨慎的备注。第7.5.6节嘲笑谨慎到荒谬的人，作为皮带和吊裤带旅的会员，他们始终采用最大化原则[②]。但联盟没有理由要比个人更为谨慎。因此，必须承认只有在合作博弈理论分析中黑盒内联盟之间的策略互动特别简单时，讨论联盟型才是有意义的。

可转换效用的常和博弈。在这种情况下，冯·诺依曼和摩根斯坦对放弃一个博弈除特征函数外的所有结构给出了一个非常合理的理由。如果联盟 S 在这样一个博弈中形成，那么科斯定理预测其他所有博弈方会组成互补的联盟$\sim S$。这两个联盟将进行一个两博弈方的常和博弈（第7.2节）。因此，每个联盟 S 在它的成员之间分配它的价值 $v(S)$。

冯·诺依曼和摩根斯坦提出通过引入一个虚构的博弈方，其得益总是等于其他博弈方得益和与某个常数之差，就可以将所有合作博弈简化为常和的情况。但现在人们认为这个数学技巧是徒劳无功的，现代博弈论理论研究者也不像冯·诺依曼和摩根斯坦一样将可转移效用的概念视作没有害处的简化工具（第16.3.3节）。

批评者认为，这种现代的观点是不同于我们先知者观点的异端邪说，但我们认为随着一门科学的发展，一些观点被证明不起作用是自然的。对我来说，看到即使是伟大的冯·诺依曼有时也会犯错，让我觉得安慰。

交易博弈。在交易博弈中，一旦决定形成哪个联盟，所有的策略行为通常也就结束了，所以 S 和$\sim S$ 之间的博弈不会产生问题。

→ 18.3

[①]　有一些混淆的风险。奥曼（Aumann）和马斯修勒（Maschler）用同样的术语来描述他们对冯·诺依曼和摩根斯坦稳定集合的修正。冯·诺依曼和摩根斯坦称一个常和博弈讨价还价集合中的得益组合为**赃物**。

[②]　原书没有第 7.5.6 节。——译者注

例如,五个博弈方有房子要出售,而潜在的买家有七个。在决定哪个房子以什么价格出售给哪个买家后,就没有其他问题需要解决。对于风险中性的博弈方,一个包含了三个卖家的联盟 S,可以通过他们的房子在联盟成员之间有效的重新分配简单地发现联盟的价值。新所有者对房子的估值和为 $v(S)$。这个估值钱数和联盟成员间的分配方法决定了为哪个房子谁要向谁支付多少。

18.3 核

冯·诺依曼和摩根斯坦提出任何讨价还价问题的结果必然在它的讨价还价集合内(第 16.4.3 节)。核这个概念致力于将这个观点一般化。

阻止和优势。利用与得到科斯定理相同的推理可以说明,如果能发现另一个得益组 x(称为"目标")有 $x \succ_S y$,则当一个得益组 y 出现时,讨价还价不会结束。这意味着:

- $x \in V(S)$;
- 在联盟 S 中对每个博弈方 i 有 $x_i > y_i$。

如果在这些情况下对 y 达成一致,S 的成员将一起阻止 y,支持一个他们都偏好并且不需要联盟外部任何帮助就可以执行的结果。

联盟优势与策略性的帕累托优势只有松散的联系(第 5.4.1 节和第 8.5.1 节)。当且仅当对至少一个联盟 S 有 $x \succ_S y$ 时,我们称 x 优于 y,并表示为:

$$x \succ y$$

一个博弈的**核**就是其未处于劣势得益组的集合——那些没有联盟可以阻止的集合。

买卖房子。一个二人博弈的核与讨价还价集合是相同的。考虑下面的分钱博弈:爱丽丝是房子的卖家,鲍勃是房子的买家,房子对爱丽丝的价值为 0,对鲍勃的价值为 1。结果将在核中这个结论只是告诉我们,房子将以 0 到 1 间的某个价格出售给鲍勃(第 16.4.2 节)。但如果我们通过复制爱丽丝 5 次、鲍勃 7 次创造出一个市场,情况又如何呢?

图 18.1(a)显示了这个市场上的供给和要求曲线。在这些曲线交叉处形成瓦尔拉斯均衡(第 9.6.1 节)。在这个均衡中,所有 5 所房子都以价格 1 出售,所以市场上的卖方将得到他的全部盈利。如果一个买家试图以更低的价格买一所房子,那些原本无法买到房子的买方会抢走这个房子。因此,瓦尔拉斯得益组 w 分配给每个卖方的得益为 1,分配给每个买方的得益为 0。

为了看到合作博弈理论必须说明什么,将市场模型化为一个带可转移效用的联盟型,其中 $v(S)$ 是房子的数量,S 包含了一个买方和一个卖方。我们说明核由单个点 w 组成。任意得益组 $y \neq w$ 将被买方和卖方的联盟阻止,对他们来说,这类得益组分配的得益最小。

为了看到这一点,令爱丽丝和鲍勃作为卖方和买方,其得益 y_A 和 y_B 是最小

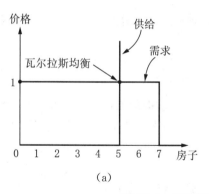

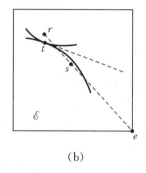

(a)   (b)

图 18.1　瓦尔拉斯均衡和核

的。因为总得益不能超过出售的房子总数,所以 $5 \geqslant 5y_A + 7y_B$。爱丽丝和鲍勃联盟的价值为 1,所以当且仅当 $y_A + y_B < 1$ 时,他们会阻止 y。但如果 $y_A + y_B \geqslant 1$,不等式 $5 \geqslant 5y_A + 7y_B$ 意味着 $y_A \geqslant 1$,y 分配给所有的卖方的得益为 1,因此 $y = w$。

18.3.1　埃奇沃斯盒中的核

在更复杂的市场中,核这个概念的表现有多好? 可以证明,埃奇沃斯盒是解决这个问题的一个有用工具(第 9.4.1 节)。当爱丽丝和鲍勃只是交易者时,我们并没有学到新的东西。在这样一个双边垄断中,核对应于整个合约曲线。但如果我们将爱丽丝和鲍勃的行为重复多次来模拟一个完全竞争市场,情况就会发生变化(9.6 节)。

→ 18.4

埃奇沃斯盒说明这样一个市场必须在瓦尔拉斯均衡上交易,否则交易者的结盟将会破裂,并建立他们各自的市场。从现代角度来说,就是非瓦尔拉斯分配落在核外部。我们只提供一个证明的框架。

图 18.6(b) 说明了一个至关重要的情况,即一个合约曲线上的非瓦尔拉斯分配对每个爱丽丝都给予相同的束(bundle) $t = (a, f)$,对每个鲍勃都给予相同的束 $(A-a, F-f)$。每个爱丽丝都愿意在 $r = (b, g)$ 而不是 t 上交易,而每个鲍勃都愿意在 $s = (c, h)$ 而不是 t 上交易。[1]

点 s 的选择使得可以找到正整数 M 和 N 满足 $(M+N)s = Mr + Ne$,其中 e 为禀赋点。那么,点 s 必须落在连接 e 和 r 的直线上。当且仅当 t 是非瓦尔拉斯时,这才是可能的。

方程 $(M+N)s = Mr + Ne$ 保证了 $M+N$ 个爱丽丝复制版本和 M 个鲍勃复制版本的联盟可以重新分配他们的禀赋,使得每个爱丽丝得到 (b, g),每个鲍勃得到 $(A-c, F-h)$。[2]因此,每个爱丽丝在 r 上交易,每个鲍勃在 s 上交易。这说明他们

---

[1]　因为相对于 $(A-a, F-f)$,鲍勃偏好于 $(A-c, F-h)$。

[2]　向量方程 $(M+N)s = Mr + Ne$ 简化为 $(M+Nc) = Mb + NA$ 和 $(M+N)h = Mg$。重新表示为 $(M+N)c + M(A-b) = (M+N)A$ 和 $(M+N)h + M(F-g) = MF$,这些方程说明整个联盟拥有的苹果和无花果的数量使得重新分配成为可能。

都偏好于对在 t 上的交易重新分配结果。他们阻止了分配方式 t,因此它落在核外。

18.3.2 孔多塞(Condorcet)悖论

孔多塞是一个法国革命家,他希望通过数学推理创造出一个乌托邦,但却在断头台上送了命。在第 4 章练习 7 中考虑了他的投票悖论。我们这里用相同的观点来说明核作为合作解概念的一个主要问题:它经常是空的。因此,要求合作博弈的结果总是落在核内这个要求过于严格了。

落单者出局。落单者出局博弈一个略有修改的版本给出了一个简单的例子(第 7 章练习 36)。这是一个分钱的三方版本,其中任何一对博弈方能够保证他们选择的任何结果,而与落单者的愿望无关。例如,可能钱的划分方法由投票中的多数决定。

博弈的讨价还价集合为 $\mathscr{B} = \{x: x_1 + x_2 + x_3,$ 并且 $x \geq 0\}$。图 18.2(a) 将 $\mathscr{B}$ 表示为一个三角形,其三个顶点分别对应于三个博弈方中得到整个美元的那一个(第 6.5.3 节)。三角形的阴影部分说明组 y 优于得益组 x。由于我们可以将 y 放在 $\mathscr{B}$ 中的任何地方,因此我们可以在讨价还价集中发现相对任意 x 的一个目标项。因此,落单者没有不处于劣势的得益组,它的核是空的。

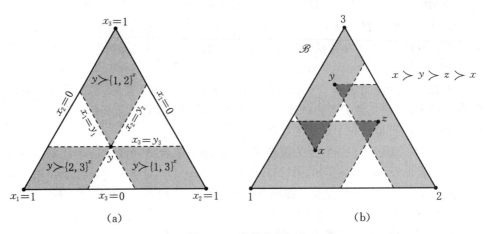

(a)   (b)

图 18.2　落单者出局

图 18.2(b) 说明如何从 $\mathscr{B}$ 中的任意得益组 x 开始,构建一个优势循环:

$$x \succ y \succ z \succ x$$

因此优势关系 $\succ$ 是非传递性的(第 4.2.2 节)。孔多塞悖论这个例子在合作博弈中经常发生,并总是带来可能联盟的稳定性问题。

18.4　稳定集合

可能因为看到每个联盟总是计划阻止任何它能阻止的任何事情没有意义,

冯·诺依曼和摩根斯坦没有关心核的概念。联盟中的博弈方 R, S 和 T 在成为 $x \succ_R y \succ_S z \succ_T x$ 优势循环的组成部分时，需要特别缺乏远见地计划阻止所有 x、y 和 z。

冯·诺依曼和摩根斯坦提出对有远见的博弈方来说，除非他们脑中目标项 y 本身作为博弈前谈判的一个可能结果是可行的，否则不会合作去阻止一个组 x。但是什么令一个得益组是可行的？冯·诺依曼和摩根斯坦提出可行的得益组集合 $\mathscr{V}$ 有以下标准：

- 可以在 $\mathscr{V}$ 外找到优于 $\mathscr{V}$ 内部变量的一个目标项。
- 无法在 $\mathscr{V}$ 内部找到优于 $\mathscr{V}$ 内部变量的任意目标项。

今天，满足这些要求的一个集合 $\mathscr{V}$ 被称为是**稳定**的。任何稳定的集合必须包含博弈的核。

当一个合作博弈有一个以上的稳定集合时，我们又要面对均衡选择中出现的问题（第 8.5 节）。就如美国人靠右行驶而日本人靠左行驶一样，在形成联盟时不同的社会可能有不同的行为标准，他们在可行稳定集合中做出的选择会显示这些标准。

18.4.1 三蛋糕博弈

爱丽丝、鲍勃和克里斯在进行一个合作博弈，三个蛋糕中只有一个能吃。每个由两个博弈方组成的联盟控制着一个不同的蛋糕。问题在于决定吃哪个蛋糕和每个人吃多少。我们从假设效用可转移开始。

利用一个特征函数 v 规定联盟的形式，其中 $v(\varnothing) = v(1) = v(2) = v(3) = 0$。我们假设 $0 \leqslant \alpha \leqslant \beta \leqslant \gamma$，并令 $v(\{2, 3\}) = \alpha$, $v(\{3, 1\}) = \beta$, $v(\{1, 2\}) = \gamma$。如果形成总联盟，它的成员将选择分吃三个蛋糕中最大的那个，所以 $v(\{1, 2, 3\}) = \gamma$。落单者出局是 $\alpha = \beta = \gamma = 1$ 时的一种特殊情况。讨价还价集合为 $\mathscr{B} = \{x \colon x_1 + x_2 + x_3 = \gamma,$ 并且 $x \geqslant 0\}$。

非空核。因为图 18.3 中讨价还价集合 $\mathscr{B}$ 外的得益组将被总联盟或单个博弈方阻止，我们先不考虑这类得益组。

只有当 $\alpha + \beta \leqslant \gamma$ 时，核是非空的。图 18.3(a) 中显示的优势模式显示非劣势的策略组是规模为 γ 的蛋糕被分食，克里斯什么也得不到，爱丽丝得到至少 β，鲍勃得到至少 α。因为相对于按两个博弈方中有一个得到较小份额这种方法在爱丽丝和鲍勃间分吃大小为 γ 的蛋糕这一策略组合，核中没有策略组处于优势地位，因此这个核是不稳定的。图 18.3(b) 说明了许多稳定集合中的一个。

这种稳定集是采用正统分析方法得到的，但它真的有意义吗？如果克里斯参加包括爱丽丝和鲍勃的一个联盟，他对他的合作伙伴将没有任何贡献，他有什么理由进入联盟得到正的得益呢？原因是我们强加的假设——模型中总联盟必然形成。只有当所有博弈者从联合起来中获得一些正得益时，这个假设才是安全的，但在这里的情况中并不成立（第 16.4.3 节）。

第18章 联盟

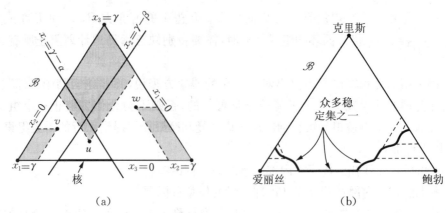

(a)   (b)

图 18.3 中 u，v，w 投射的阴影区域分别对应于 $\{1, 2\}$，$\{2, 3\}$，$\{3, 1\}$ 阻止的策略集。我们必须有 $v_1 \geqslant \gamma-\alpha$ 和 $w_2 \geqslant \gamma-\beta$，但 u 可以在任何地方。在图 18.3(b)中形成稳定集 $\mathscr{V}$ 一部分的曲线与从它们发散出去的虚线不一定相交。

图 18.3　可转移效用三蛋糕博弈中的讨价还价集

本章后面将利用纳什规划来解释克里斯如何并且为什么能从自身相对较弱的策略地位中挤出一个正得益（第 18.6.2 节）。在这之前，我们仍在不会形成总联盟的假设下开始合作分析。效用可转移这个令人讨厌的假设不再令模型简化，所以也被放弃。

图 18.4(a)说明当 $\alpha+\beta \leqslant \gamma$ 时，必须画出三维图形。在这种新情况中，核保持不变，但不再有稳定集合。[①]

空的核。图 18.4(b)说明 $\alpha+\beta > \gamma$ 时的情况。记得我们现在假设效用不可转移并且总联盟不会形成。

核是空的，但图 18.4(b)中显示的三维得益组 $\{u, v, w\}$ 是稳定的 $\left(v_1 = w_1 = \frac{1}{2}(\beta+\gamma-\alpha)，w_2 = u_2 = \frac{1}{2}(\gamma+\alpha-\beta)，u_3 = v_3 = \frac{1}{2}(\alpha+\beta-\gamma)\right)$。三维组中没

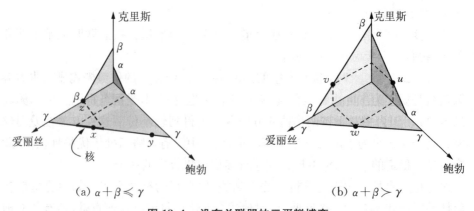

(a) $\alpha+\beta \leqslant \gamma$ (b) $\alpha+\beta > \gamma$

图 18.4　没有总联盟的三蛋糕博弈

---

① 由于我们放弃了总联盟，这一点并不让人感到奇怪，但威廉·卢卡斯（William Lucas）说明对相当多博弈的正统分析也不能产生稳定集合。

有任何得益组优于这个得益组。三维组外的任何得益组都劣于该组中的一个得益组。

由于博弈只有一个稳定集合，我们对这种情况下联盟的形成方式有唯一的预测结果。但这个预测结果没有告诉我们哪个博弈方是落单的人。由于博弈方与他潜在的两个合作伙伴得到相同的得益，他们担心的不是会和谁合作，而是自己会不会被孤独地留在外面。

可能这就是为什么人类和黑猩猩社会中联盟这样繁荣的原因。如果爱丽丝和鲍勃形成了一个联盟而将克里斯排除在外，克里斯将提供给任何愿意和他联盟的人比他们稳定份额更高一点的得益。如果鲍勃接受克里斯的提议并抛弃爱丽丝，那么爱丽丝就是那个被排除在外的人，她会有动力向克里斯提供比他目前所得更多一点的得益，以说服他抛弃鲍勃，以此类推。

这个结果可能是灾难性的。例如，我住在英格兰与威尔士的边界。随着威尔士人、英国国王、边界领主①中的任意两个转而形成联盟来对付三个中当前最强大的那个，这个地方已经征战了很多世纪。

18.5 夏普里(Shapley)值

我有一次曾被急召到伦敦，去解释法国政府提议英格兰海峡隧道的成本应当利用夏普里值在欧盟国家中分配究竟是什么意思。经济学家需要知道什么是夏普里值是因为它在这种成本分摊问题上的潜在应用，但很难说这个值预测了理性地进行一个带可转移效用合作博弈时所发生情况的平均水平。

夏普里从三个公理中推导出他的值。第一个公理说明"虚拟"博弈方——他们对所参加任何联盟的贡献不会多于自己所得——只能得到自己可得的那个得益。第二个公理说明可交换博弈方得到相同的得益。第三个公理说明对通过两个博弈特征函数相加得到的博弈，其夏普里值是这两个博弈各自夏普里值之和。

第三个公理，也是三个公理中最重要的一个，说明夏普里值为何是一个有用的成本分摊工具。但对两个特征函数相加得到的博弈与产生这两个特征函数的博弈，为什么要以任意简单的方法将它们各自的策略考虑关联起来，并没有什么特定的原因。

18.5.1 计算夏普里值

就像对称纳什讨价还价解选择一个特定的得益组作为两方讨价还价问题的解，夏普里值也对一个联盟型中带可转移效用的博弈选择一个特定的得益组。计算夏普里值最容易的方法就是明确它被设计作为所有联盟可能形成方法的**平均**。

---

① 这些势力强大的权贵最初是为了守卫英国的边界或应对威尔士人部落的忽然袭击而封设的。

有 $n!$ 种方法对博弈中的 n 个博弈者排序。对每个排序 D,都是从空集开始将博弈方一个个加入到一个联盟中,联盟的规模不断增加,最后以总联盟结束。按照这个方法,博弈方 i 最终将加入某个联盟 S。对于按这种方法建立起来的总联盟价值 $v(N)$ 来说,博弈方 i 的边际贡献为 $\Delta_i = v(S \bigcup \{i\}) - v(S)$。

博弈的**夏普里值**是向量 s,其中 s_i 是博弈者 i 的平均边际贡献。因此:

$$s_i = \frac{1}{n!} \sum_D \Delta_i(D),$$

其中加总是对 N 个博弈方所有 $n!$ 种排序的加总,$\Delta_i(D)$ 是在次序为 D 时博弈方 i 的边际贡献。

两方讨价还价。 夏普里值应用最简单的情况是两方博弈,其特征函数 v 为 $v(0) = v(1) = v(2) = 0$,$v(N) = 1$。博弈方可能的排序是 $(1, 2)$ 和 $(2, 1)$。博弈方 I 在第一种次序下的边际贡献是 $v(1) - v(0) = 0 - 0 = 0$,在第二种次序下的贡献是 $v(N) - v(1) = 1 - 0 = 1$,因此:

$$s_1 = \frac{1}{2}(0 + 1) = \frac{1}{2}$$

对博弈方 II 来说也是一样的,所以 $s = \left(\frac{1}{2}, \frac{1}{2}\right)$。

这个结果一般被认为与对称的纳什讨价还价解相一致,但只有当僵局点 d 与破裂点 $b = (0, 0)$ 相同时,这一点才成立(第 16.4 节)。因此,即使效用可转移,我们也只能希望夏普里值将预测出被迫而不是可选破裂时理性讨价还价的结果(第 17.6 节)。

三蛋糕博弈。 下表显示了在效用可转移并允许形成总联盟的情况下,夏普里值的计算过程。注意到尽管克里斯对在 $\alpha + \beta < \gamma$ 时实际上将形成的联盟 $\{1, 2\}$ 没有任何贡献,但他仍设法得到正的得益。

次 序	博弈方 I	博弈方 II	博弈方 III
123	0	γ	0
132	0	$\gamma - \beta$	β
213	γ	0	0
231	$\gamma - \alpha$	0	α
312	β	0	0
321	$\gamma - \alpha$	α	0
夏普里值	$\frac{1}{6}(-2\alpha + \beta + 3\gamma)$	$\frac{1}{6}(\alpha - 2\beta + 3\gamma)$	$\frac{1}{6}(\alpha + \beta)$

18.6　应用纳什规划

这一节简单探讨我们学过的合作解概念可以在多大程度上预测理性博弈方利

用各种非合作讨价还价模型达成的交易。

18.6.1 讨价还价池模型

如果你到了芝加哥,一定要去参观它的小麦市场。交易者在一个"讨价还价池"中乱转,对任何一个正好朝他们看的人大声叫嚷或做出手势来给出报价。

观望者经常会问所有这些喊叫和狂暴是否真有必要,但阻止这种讨价还价池被计算机取代的并不仅仅是未加思索的保守主义。讨价还价池是一种混乱的双重拍卖,其中买方和卖方同时出价(第9.6.3节)。但因为所有行为都是交易者间的共同知识,不存在什么信任问题,因此它们与计算机化的双重拍卖是不同的。①

在三蛋糕博弈的讨价还价池模型中,博弈方轮流成为活跃者。活跃的博弈方首先决定是否接受他们现在手头提议中的任何一个。如果他们决定拒绝自己目前有的提议,就要说出一个他们自己的提议,其中包括他们与某人结成联盟所愿意接受的最低得益。这个提议将被另外两个博弈方得到,并在这个做出提议的博弈方再次成为活跃者前保持有效。与通常一样,我们来看当前后两个提议的时间间隔无限小时,在子博弈完美均衡中会发生什么。

在三蛋糕博弈中,没有总联盟的合作理论很好地预测了讨价还价池模型的结果。当核为空时,结果是组 u, v, w 中的一个,这三个组构成了图18.4(b)中的稳定集。我们会观察到这三个得益组中的哪一个取决于博弈方行动的次序,最后一个行动的人就成为出局的落单者。

当核不是空的时候,结果落在核中。我们甚至能够利用两方讨价还价理论去预测它将是核中的哪一个点。除了克里斯向爱丽丝提供外部选择 β 而向鲍勃提供外部选择 α 这一点外,结果与爱丽丝和鲍勃一起讨价还价而不考虑克里斯时的结果相同(第16.4.3节)。爱丽丝或鲍勃努力劝说另一个人得到比这些外部选择更少的得益,但这种努力总是受挫于克里斯更好的提议,因为克里斯知道否则他会被排除在外。

一个卖方和两个买方。 爱丽丝只有一顶帽子可出售,而鲍勃和克里斯两个都想买。鲍勃对这顶帽子的估价是 V 美元,而克里斯的估价为 v 美元,其中 $V > v$。爱丽丝可以从她的帽子那得到多少钱?

如果博弈方风险中性,我们就有了三蛋糕问题的一个版本,其中两个买方可用的蛋糕大小为0。如果在每个人同时喊出报价的市场上完成销售,那么讨价还价池模型是适用的。

我们知道结果将在图18.5(a)显示的核里。因此,爱丽丝将以价格 $p \geqslant v$ 将帽

→18.6.3

---

① 除了交易者必须尊重他们在讨价还价池中所达成的交易这一事实。但那些逃避履行交易的交易者最好打包回家,因为没有人会再和他交易(第11.5.1节)。

子卖给鲍勃。

作为经常出现的情况,我们可以通过利用两方讨价还价理论来避免计算子博弈完美均衡,因为两者可以得到相同的结果。爱丽丝和鲍勃面对的讨价还价问题是 (X, b, d),其中可行集合 X 由他们将规模为 V 的蛋糕分开能够得到的所有得益对构成,破裂点为 $b = (v, 0)$,僵局点为 $d = (0, 0)$(第 16.4 节)。如果博弈方有相同的讨价还价能力,那么结果取决于 v 是像图 18.5(a) 中 $v \geqslant \frac{1}{2}V$,还是像图 18.5(b) 中 $v \leqslant \frac{1}{2}V$。

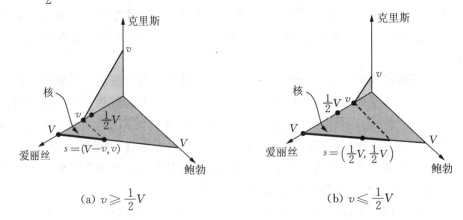

(a) $v \geqslant \frac{1}{2}V$　　　　　(b) $v \leqslant \frac{1}{2}V$

图 18.5　一个讨价还价池中的一个卖方和二个买方

当 $v \geqslant \frac{1}{2}V$ 时,纳什均衡解为 $s = (v, V-v)$,爱丽丝以价格 $p = v$ 将帽子卖给鲍勃。当 $v \leqslant \frac{1}{2}V$ 时,纳什讨价还价解是 $s = \left(\frac{1}{2}V, \frac{1}{2}V\right)$,爱丽丝以价格 $p = \frac{1}{2}V$ 将帽子卖给鲍勃。因为供应曲线和要求曲线在 v 和 V 之间的所有价格 p 上相交,图 18.6(a) 说明这两个结果都对应于瓦尔拉斯均衡。

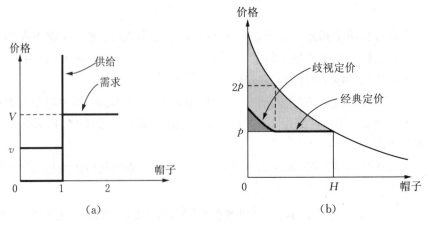

(a)　　　　　　　　　　(b)

图 18.6　讨价还价和歧视性定价

垄断定价。如我们在第 9 章中所看到的,垄断者有时候可以通过限制供应提高他们的销售价格。第 9.6.1 节考虑了一个简单的例子,其中多利(Dolly)将她的产量限定为 W 盎司羊毛并且不能改变。我们现在重新回到爱丽丝的帽子工厂。如果爱丽丝可以令其多个潜在顾客相信她的销量绝不超过 H 顶帽子,那么她将从每顶帽子中获得多少钱?

我们假设每个潜在顾客只想要一顶帽子,并且每个顾客愿意为一顶帽子支付的最大价格是共同知识。顾客由图 18.6(b)中的一条需求曲线代替。在第 9 章中,考虑了两种情况。第一种是一般情况,爱丽丝对每个购买一顶帽子的顾客收取同样的价格 p。第二种是完全歧视性垄断者的情况,这个垄断者可以得到图 18.6(b)中较浅阴影部分表示的全部剩余。如果在市场上,爱丽丝的所有顾客都聚集在她周围试图达到他们最好的讨价还价结果,那么实际上,爱丽丝能从她的顾客那里得到这一剩余中的多少呢?

讨价还价理论预测爱丽丝将只能对她较富的顾客——那些愿意为一顶帽子支付更多钱的人——进行价格歧视。对一顶帽子的估值 V 满足 $p \leqslant V \leqslant 2p$ 的顾客每人支付相同的价格 p。估值 V 满足 $V > 2p$ 的顾客每人支付 $p = \frac{1}{2}V$。

爱丽丝与她所有顾客同时进行讨价还价。当与鲍勃讨价还价时,他们两个都知道爱丽丝除了将帽子卖给鲍勃外,另一个选择是卖给克里斯,后者是在其最高估价上无法得到帽子的潜在顾客。因此,图 18.5 说明爱丽丝和鲍勃讨价还价问题的解在 $v \geqslant \frac{1}{2}V$ 时为 $p = v$, 在 $v \leqslant \frac{1}{2}V$ 时为 $p = \frac{1}{2}V$。

因此,图 18.6(b)中的粗线给出了爱丽丝出售她帽子的所有价格。它说明爱丽丝以经典垄断价格将帽子出售给她所有较穷的顾客,但试图对她较富的客户进行部分歧视。因此她试图得到的剩余是图 18.6(b)中较深的阴影部分。当然,如果她无法区分自己的富客户和穷客户,那她的日子就会艰难一点。

18.6.2　分散讨价还价

讨价还价池模型允许一个卖者同时拥有两个买方的报价,得到的非正式拍卖产生一个瓦尔拉斯出售价格。我们现在通过对分散讨价还价模型的讨论来继续应用纳什规划。在这个分散模型中,爱丽丝在一个时间上只与鲍勃或克里斯中的一个进行讨价还价。

上门的推销员就面临这个问题。与一个雇员重新进行工资讨价还价的雇主也同样面临这个问题。如果雇员不再付出他的劳动,雇主可能威胁要用一个外部人员来取代他。但如果外部人得到这个工作后,他的最优选择是采用与他所取代的内部人完全相同的行动,那么雇主的威胁是无效的。

可选破裂点。考虑一个卖方和两个买方的博弈。如果克里斯不在场,在爱丽丝和鲍勃讨价还价能力相同的假设下,他们将就讨价还价问题的对称纳什讨价还

价解 $s = \left(\frac{1}{2}V,\ \frac{1}{2}V\right)$ 达成一致。如果爱丽丝上门或在电话里推销她的货物,她就不能从克里斯的出现中得到任何好处。图18.7(a)解释了钻石悖论这个简化版本如何运作。

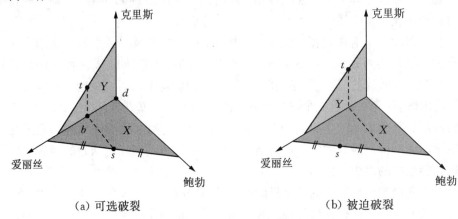

(a) 可选破裂   (b) 被迫破裂

图 18.7 电话上的讨价还价

 当存在克里斯时,爱丽丝可以选择暂时中断她与鲍勃的谈判,转而去和克里斯谈。因为爱丽丝可以回到鲍勃那里并得到 s,因此他们的讨价还价问题是图18.7(a)中的 (Y, b, d)。因为爱丽丝存在外部选择, (Y, b, d) 的纳什讨价还价解为 t,因此克里斯的存在使爱丽丝和鲍勃的讨价还价问题变化为 (X, b, d)。但因为 (X, b, d) 的纳什讨价还价解仍是 s,因此这种变化不改变结果。

 因此,无论爱丽丝敲的是鲍勃或克里斯的门,她都将以 $\frac{1}{2}V$ 的价格卖出她的帽子,与只有鲍勃想要帽子时得到的价格相同。因此,上门推销员没有任何垄断力量。

 如果对这个合作分析存在争议,可以利用鲁宾斯坦讨价还价模型的一个电话版本来说明这种分析的正确性,这也是我们对三蛋糕博弈情况的概括。某个博弈方在每轮讨价还价开始时有主动权。这个博弈方在其他博弈方中选择任意一个人报价。如果这个报价被接受,那么博弈结束。如果被拒绝,那么拒绝这个初始报价的博弈方在下一轮有主动权。

 考虑随着连续两轮间的时间间隔变短,一个卖方和两个买方的博弈会达到什么样的子博弈完美均衡。爱丽丝出售帽子的价格等于没有克里斯时她出售给鲍勃的价格。这顶帽子究竟卖给鲍勃或克里斯取决于谁在开始时给出报价。

 本章概述的联盟型合作理论中没有一个预测结果与这个结果接近!

 瓦尔拉斯市场。 每一代经济学学生学到的都是一个足够大市场的核是瓦尔拉斯的(第18.3.1节)。但我们已经看到只有目光非常短浅的博弈方会不分青红皂白阻止每件事,而这又是证明核合理性所需要的(第18.4节)。

 一个买方和两个卖方的讨价还价池模型更好地解释了为什么我们应当关注瓦

尔拉斯均衡,但讨价还价池是高度集中化的市场,在这个市场上,每个交易者如果选择,则都可以同时行动(第18.6.1节)。对房产市场这种分散市场来说,情况又会怎样呢?电话讨价还价模型是否认为这类市场不可能是瓦尔拉斯的?这可能是从研究这种高度简化模型中草率得到的结论。当搜寻和讨价还价摩擦变得非常小时,更为现实的匹配—讨价还价模型收敛于瓦尔拉斯结果(第9.6.3节)。

令这种模型得到瓦尔拉斯结果的机制仍然是讨价还价池模型中的非正式拍卖,但现在拍卖是局部而不是全局的。在每一轮中,未匹配的买方和卖方搜寻一个讨价还价伙伴。通常通过引入一个随机匹配博弈方的“自然”机会来对搜寻过程建模。一旦他们匹配,一个买方和一个卖方开始讨价还价。谈判破裂时他们重返无法匹配博弈方这一群体,这时的期望得益决定了他们的外部选择。

如果模型允许博弈方在与当前合作伙伴讨价还价的同时继续搜寻第二个合作伙伴,那么在找到第二个或更多合作伙伴后,我们重新回到了讨价还价池模型。因此,我们在最后得到一个瓦尔拉斯结论并不令人惊奇。但文献中描述的模型通常不允许同时搜寻和讨价还价。通过令破裂成为可选项,它们与电话讨价还价模型也并不相似。无法达成一致的合作伙伴被迫在某个点分离,并且无论他们是否喜欢,都会被重新放回到无法匹配博弈方这一群体中。

为了说明这一建模特征为什么对允许局部拍卖有类似的影响,我们回到一个卖方和两个买方的博弈,来分析当讨价还价模型将无限耐心博弈方的随机匹配与被迫破裂结合起来时会发生什么(第17.6节)。可以想象如果爱丽丝未被匹配,她会去随机敲门。当鲍勃或克里斯应门时,她会和他讨价还价直到达成协议,或者说不定会因为他们的妻子感到厌烦而使她无法得到这笔财富。

与通常一样,我们考虑随着连续两个提议时间间隔缩短,子博弈完美均衡的结果。如果博弈方无限耐心,[①]则结果与讨价还价池模型中完全相同:在讨价还价池模型中,爱丽丝以 $p = \frac{1}{2}V$ 和 $p = v$ 中较大的一个价格将帽子卖给鲍勃,而不是像

在可选破裂的电话讨价还价模型中,总是以价格 $p = \frac{1}{2}V$ 卖给鲍勃。

为了确定这个结果与定理17.3一致,首先假设当爱丽丝和克里斯匹配时,会就图18.7(b)中的 t 达成一致。随后,当爱丽丝和鲍勃在匹配时,会就 s 达成一致。因此如果爱丽丝耐心等待直到前一个匹配被迫破裂,她就可以与鲍勃匹配,她将得到更多,所以她不会同意 t。因此需要在爱丽丝与克里斯匹配时绝不会达成交易这个假设基础上计算定理17.3中的僵局点 d。但对爱丽丝来说,克里斯的存在还是给了她一个需要融入到破裂点 b 中的外部选择 v,尽管她永远不会使用这个选择。

再次得以确认的是,在忽略交易成本时,匹配和讨价还价以往的研究工作能给

---

① 在匹配—讨价还价以往的研究工作中,这个假设的效果通常通过以下方法得到:假设在已匹配对中,随机选择一个博弈方对另一个给出“接受或拒绝”的提议,拒绝将导致合作关系的破裂,使得两个博弈方回到无法匹配博弈方的群体中。

出在分散市场中利用瓦尔拉斯分析的一个理想推理。但我认为它的真实潜力在于分析当交易成本不能被忽略时市场中会发生什么。在购买和出售房子时，我的折扣率肯定总是很高的！

应用夏普里值？ 在三蛋糕博弈中，夏普里值对克里斯分配了一个正的得益，但在我们非合作讨价还价模型中，他没有机会得到任何东西。我们已经看到克里斯在这种模型中最后可能一无所获，因此平均产生夏普里值的模型需要融入更多的随机匹配和被迫破裂。

古尔（Faruk Gul）说明对构成联盟蛋糕的得益组，如果我们将其中的得益解释为联盟成员通过组合他们初始资源得到的收入流，那么上面这个问题就消失了（第16.4.7节）。与克里斯匹配可能让爱丽丝在购买他的资源上获利，这并不是因为她计划永远享有使用两人资源共同带来的收入流，而是因为她将享受这个收入流的事实会提高她随后与鲍勃匹配时的讨价还价地位。当她与鲍勃达成交易时，克里斯的资源就不再被使用，但它还是会对爱丽丝获取更大份额盈余发挥作用（本章练习23）。

18.6.3 教训

如果博弈论是一门成熟的科学，合作解概念将为所有应用者可能的问题提供答案。假设联盟的形成是一次性的或永久的？随着谈判推进，它们是否会形成和破裂？一个博弈方能否同时属于多个联盟？等等。可能有一天有一本书可以列出所有可能的非合作讨价还价模型，以及描述它们均衡结果的合作解概念。除此之外，还要对我们只考虑完美信息博弈而忽略的所有信息问题进行回答。

但从目前的情况看，在我们将纳什规划应用到三蛋糕博弈的努力中，真正能够推断的是合作博弈理论的应用就像"水能载舟，亦能覆舟"一样。幸运的是，经济学家简单地利用一个或另一个合作解概念，而认为没有必要对他们的选择进行说明这种日子已经过去了。但要在真正科学的基础上说明使用一个概念而不是另一个概念的理由，我们还有很长的路要走。

18.7 综述

除了共同行动能保证每个可能联盟成员的得益组集合外，博弈的联盟型放弃了这个博弈的其他所有结构。在一个带可转移效用的博弈中，联盟型由特征函数 v 规定，这个函数对每个联盟 S 分配一个数值 $v(S)$。可以把 $v(S)$ 看作是联盟的安全水平。在一个 n 方博弈中，联盟 S 的得益区间 $V(S)$ 就是所有 n 维 x 的集合，并且 $\sum_{i \in S} x_i \leqslant v(S)$。除了带可转移效用的常和博弈外，说明一个联盟能够保证而与联盟外博弈方行为无关的东西是什么是有意义的，交易博弈是一个主要的例子。

一个目光短浅的分析说明当得益组 y 公开时，如果可以发现一个目标项 x 使得 $x \succ_{SY} y$ 时，讨价还价就不会停止。这意味着联盟 S 中的所有博弈方相对 y 更偏

好 x,他们通过共同行动可以得到 x 或比它更好的得益[所以 $x \in V(S)$]。通常说当 $x \succ_S y$ 时 S 将阻止 y,但更为精确的说法是如果选择 y,S 可以阻止它。

如果对某个 S,$x \succ_S y$,我们写作 $x \succ y$。得益组 y 就被称为是被占优的。孔多塞投票悖论说明优势关系可以是不可传递的,这对解释现实生活中联盟经常很不稳定这个问题有很大的作用。

所有非劣势得益组的集合被称为博弈的**核**。它与冯·诺依曼和摩根斯坦所谓的二人讨价还价问题的讨价还价集合相一致,也收敛于一个交换经济的瓦尔拉斯均衡,其中每个行为主体都大量被复制。但博弈的核经常是空的。并且,即使它们不是,但当一个联盟知道另一个结盟喜欢 z 而阻止 x 时,为什么这个联盟要喜欢 x 而阻止 y 呢?

冯·诺依曼和摩根斯坦利用他们的稳定集 $\mathscr{V}$ 的概念来讨论这个问题。我们不但要求在 $\mathscr{V}$ 内可以找到优于 $\mathscr{V}$ 外每个事件的一个目标项,而且也要求在 $\mathscr{V}$ 内不存在优于 $\mathscr{V}$ 内部任何事情的目标项。任何稳定集都必须包含博弈的核。

夏普里值从一个完全不同的角度处理联盟形成的问题。给定任意博弈方排序,计算随着博弈方一个个加入联盟并最终形成总联盟的过程中,每个博弈方对这个总联盟贡献的边际价值。夏普里值是每个博弈方在所有可能排序下他或她的平均边际贡献。

这些以及其他的合作解概念仍可以利用纳什规划来正确评价,但毫无疑问的是没有一个概念可以适用所有的情况。例如,对三蛋糕博弈的研究说明我们不能总是假设形成总联盟。但完全抛弃合作博弈理论是一个很大的错误,会使得许多问题无法回答。如果没有概括非合作讨价还价模型均衡结果(通常很难直接分析)的合作解概念,应用工作怎么可能进行呢?

我们简单地看了一下在三蛋糕博弈中,三个非合作讨价还价模型如何工作,特别关注于一个卖方和两个买方的情况。如果卖方销售一个不可分的物品,两个买方对这个物品的估值分别为 v 和 V,当 $v < V$ 时销售价格将是多少? 如果博弈方有相同的讨价还价力,那么在讨价还价池模型中销售价格是 v 和 $\frac{1}{2}V$ 中较大的一个。在带可选破裂的电话模型或上门讨价还价模型中,销售价格是 $\frac{1}{2}V$。当在电话模型中博弈方有无限的耐心而破裂是被迫时,销售价格与讨价还价池模型中的相同。

这些结果在更大的市场上同样是有意义的。对经济学家来说,幸运的是,瓦尔拉斯均衡的观点被证明非常稳固。但垄断中的定价被证明取决于讨价还价过程的特征,而这恰恰是教科书中通常所忽略的。

18.8　进一步阅读

Axioms of Cooperative Decision Making, by Herve' Moulin: Cambridge University Press, New York, 1994. 对公理化(axiomatic)方法提供了一个优美并

全面的介绍。

Bargaining and Markets，by Martin Osborne and Ariel Rubinstein：Academic Press，San Diego，1990. 这本书从另一个角度讨论这个问题并且涵盖了更多的基础内容。

18.9 练习

1. 在策略型的两方博弈中，亚当只有一个纯策略。夏娃有两个纯策略，分别产生结果 $(0，-1)$ 和 $(1，0)$。这个博弈的联盟型是什么？它忽略了什么重要的东西？

2. 修改落单者出局博弈的特征函数，使得对每个由两个博弈方组成的联盟，$v(S) = c$（第 18.3.2 节）。画出类似于图 18.2(a) 的图形来表示 $0 \leqslant c \leqslant \dfrac{2}{3}$ 时的新博弈。在你的图中标出核。为什么当 $c > \dfrac{2}{3}$ 时，核是空的？

3. 在分钱的七人博弈中，博弈方中任意多数可以按照他们的选择方式分钱（第 18.3.2 节中的落单者出局是三方博弈的情况）。说明核是空的。

4. 在倾销博弈中，三个博弈方中最后都各自得到商品束 $(b，g)$，其中包含了 b 单位的坏商品和 g 单位的好商品。对这个商品束，每个博弈方的效用为 $u(b，g) = 3 + g - b$。他们每个人开始时的禀赋都是 $(1，1)$，通过不可逆转地尽量倾销一个或多个其他博弈方的商品，他们可以改变自己的禀赋。画出这个博弈讨价还价集合的草图，说明在效用不可转移假设下的得益区间 $V(\{1，2\})$。利用你的图形说明核包括点 $(3，3，3)$。如果效用可转移，这个核又将是什么呢？

5. 一个考古探险队在马德雷山脉发现了一个宝藏。每份宝藏要两个博弈方才能带走。解释为什么可以将马德雷博弈以联盟型模型化为 n 人博弈，并且联盟的特征函数为：

$$V(S) = \begin{cases} \sharp(S)， & \text{如果} \sharp(S) \text{为偶数} \\ \sharp(S) - 1， & \text{如果} \sharp(S) \text{为奇数} \end{cases}$$

其中 $\sharp(S)$ 是联盟 S 中博弈方的数量。如果 $n \geqslant 3$，说明当 n 为奇数时，核是空的，当 n 为偶数时，核只包含了一个点 $(1，1，\cdots，1)$。

6. 利用图 18.2(a)，确定集合 $\left\{ \left(\dfrac{1}{2}，\dfrac{1}{2}，0 \right)，\left(\dfrac{1}{2}，0，\dfrac{1}{2} \right)，\left(0，\dfrac{1}{2}，\dfrac{1}{2} \right) \right\}$ 在落单者出局博弈中是稳定的（第 18.3.2 节）。

7. 在图 18.8(a) 的帮助下，解释在落单者出局博弈中，如果 $0 \leqslant c \leqslant \dfrac{1}{2}$，为什么在 $x_3 = c$ 的情况下集合 $\mathscr{V}$ 是稳定的。冯·诺依曼和摩根斯坦称这种稳定集合为歧视性的。

8. 通过引入一个强稳定集的概念,可以修正上一个练习中落单者出局博弈的歧视性稳定集合。如果 v 落在一个稳定集 $\mathscr{V}$ 中,那么它可能与 $\mathscr{V}$ 中任何其他得益组相比都处于劣势,但可能劣于 $\mathscr{V}$ 外的得益组 h。这称为 $h \succ_{SY}$。因为 h 在 $\mathscr{V}$ 外,它劣于 $\mathscr{V}$ 内至少一个得益组 w。如果 S 中总有一个博弈方坚持从 v 移到任意一个 w,集合 $\mathscr{V}$ 就被称为是强稳定的。说明在落单者出局博弈中,只有非歧视性的稳定集才是强稳定的(本章练习 6)。

9. 在形成总联盟的假设下,根据冯·诺依曼和摩根斯坦的方法画出一个卖方,两个买方博弈中稳定集合的图形[图 18.3(b)]。对这个集合中正得益组对三个博弈方都分配正得益加以评论。

10. 对不带可转移效用的倾销博弈来说,什么情况下图 18.8(b)中的集 $\mathscr{V}$ 是稳定的?(本章练习 4)

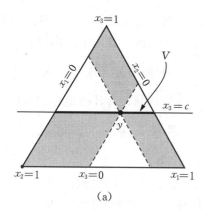

(a)

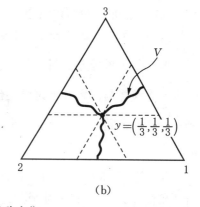

(b)

图 18.8 一些稳定集

11. 因为核要求博弈方的行为是目光短浅的,我们提出用稳定集的概念代替核(第 18.4 节)。为什么对更复杂的形式的同样批评,稳定集概念也无力抵抗?

12. 证明以下说法:

a. 空集不可能是稳定的。

b. 核是任意稳定集的一个子集。

c. 如果核是稳定的,那么它是唯一的稳定集。

d. 如果 $\mathscr{V}$ 和 $\mathscr{W}$ 是稳定的,那么 $\mathscr{V} \subseteq \mathscr{W} \Rightarrow \mathscr{V} = \mathscr{W}$。

13. 如果 $v(N) = 1$ 并且对所有的联盟 S,$v(S)$ 总是为 0 或 1,那么带可转移效用、以联盟型表示的博弈是简单博弈。$v(S) = 1$ 的联盟是一个获胜联盟。属于每个获胜联盟的博弈方有一个否决权。

a. 为什么落单者出局博弈是一个博弈方都没有否决权的简单博弈?

b. 说明任何博弈方都没有否决权的简单博弈都有一个空的核。

c. 说明一些博弈方有否决权的博弈中,其核对所有其他博弈方分配的得益为 0。

phil

math

math

14. 令 S 为一个简单博弈中的最小获胜联盟,从 S 中取出任意博弈方将使它转为失败联盟。说明在讨价还价集合中,对 S 外每个博弈方分配得益为 0 的得益组集合是稳定的。

15. 如果博弈方 i 对所有联盟 S 的安全水平总是等于 $v(S \cup \{i\} - v(S))$,那么他或她是一个傀儡(第 18.5 节)。证明在任何稳定集中,傀儡们都只能得到他们的安全水平。

16. 一个欧洲国会有 n 个党派,其中两个党派各占 $\frac{1}{3}$ 席位,其他 $n-2$ 个党派平分剩下的席位。说明随着 $n \to \infty$,夏普里值分配给较大党派的得益收敛到 $\frac{1}{4}$。如果夏普里值是政治力量合适的衡量值,那么为什么小的党派不会因为形成单一联盟获利?

17. 利用哈萨尼悖论可以清晰地表示上一个练习中最重要内容。在不一致导致每个博弈方一无所获的假设下,对称的纳什讨价还价解被用来给出分钱三人版本问题的解。每个博弈方得到得益 $\frac{1}{3}$。博弈方 Ⅰ 和博弈方 Ⅱ 现在组成一个联盟,同意作为一个整体与博弈方 Ⅲ 讨价还价,并平分战利品。为什么他们现在以每个人得到 $\frac{1}{4}$ 结束? 这是不是对现实一个重要的洞察,或是博弈论合作方法局限性的反映?

18. 利用第 18.6.1 节的讨价还价池模型,确定当爱丽丝、鲍勃和克里斯各自的讨价还价能力为 a、b 和 c 时,爱丽丝将她的帽子出售给鲍勃或克里斯的价格。在带可选破裂的电话讨价还价模型中,又会发生什么情况?

19. 当博弈方利用带可选破裂点的电话讨价还价模型时,落单者会发生什么情况? 假设他们的讨价还价力都是不同的。

20. 假设第 18.6.1 节垄断定价例子中要求方程为 $p+h = M$,而爱丽丝的单位成本为 $c > 0$。为什么她选择投放市场的帽子数量 H 与经典垄断中的相同(第 9.5 节)? 我们要如何改变要求曲线才能得到不同的结果?

21. 第 18.6 节的垄断定价例子在假设讨价还价池模型适用的情况下得到结果。如果应用带可选或被迫破裂的电话讨价还价模型,可以得到什么结果?

22. 对上一个练习中的消费者来说,卡尔·马克思假设了一种不太让人喜欢的情况。他也将所有的讨价还价力给了垄断者(本章练习 21)。这些对垄断定价来说意味着什么?

23. 第 18.6.2 节概括了一个产生平均夏普里值的匹配和讨价还价模型。在三蛋糕博弈中,确定博弈开始时每个博弈方的期望得益组 s 与第 18.5.1 节中计算的夏普里值相等。

一旦两个博弈方已经相匹配,他们的讨价还价问题是 (X, b, b)。如果他们的合作没有达成一致并破裂,就会被扔回未匹配博弈方群体中,这时他们的期望得益

为 b。当他们考虑到无论谁购买另一个的资源,都将继续与第三个博弈方讨价还价这一事实,他们的可用得益对集合为 X。在这一情况下,你可以简化对子博弈完美均衡有限结果的计算。应用对称的纳什讨价还价解,你将能说明当初始匹配分别为 $\{1,2\}$,$\{2,3\}$ 和 $\{3,1\}$ 时的结果为:

$$u = \left(\frac{1}{2}\gamma + \frac{1}{2}(s_1 - s_2), \, 0, \, \frac{1}{2}\gamma - \frac{1}{2}(s_1 - s_2) \right)$$

$$v = \left(\frac{1}{4}(\gamma + \alpha) + \frac{1}{2}(s_2 - s_3), \, \frac{1}{4}(\gamma + \alpha) - \frac{1}{2}(s_2 - s_3), \, \frac{1}{2}(\gamma - \alpha) \right)$$

$$w = \left(\frac{1}{4}(\gamma - \beta), \, \frac{1}{4}(\gamma + \beta) - \frac{1}{2}(s_3 - s_1), \, \frac{1}{4}(\gamma + \beta) + \frac{1}{2}(s_3 - s_1) \right)$$

随后解方程 $s = \frac{1}{3}(u + v + w)$,这要比看起来更为容易,因为 $s_1 + s_2 + s_3 = \gamma$。

24. 在埃奇沃斯盒中,瓦尔拉斯均衡的概念经常被作为核心结果保护,其中亚当和夏娃被多次复制(第 8.3.1 节)。但如果博弈方利用带可选破裂点的电话讨价还价模型(第 18.3.1 节)讨价还价,他们得到的结果与每个亚当和夏娃与市场其他人单独讨价还价的结果相同。确定在埃奇沃斯盒中利用对称纳什讨价还价解将带来与瓦尔拉斯均衡不同的结果。

▶ 第 19 章

只是博弈吗？

19.1 道德规范与博弈论

博弈论对道德规范能有什么贡献？哲学家康德的追随者说博弈论根本不能教会我们任何东西，因为道德规范讲的是做那些你不想做的事，而博弈论讲的是得到你想要的东西。但同样是这些人认为在囚徒困境中的合作是理性的。

但道德哲学中的其他传统理论认为博弈论是一种很有效的工具。例如，休谟提出除非道德理论推荐的行为同样符合人们的实际利益，否则就不会起什么作用。对真实生活的重复博弈来说，这个原则使公平准则被作为均衡选择的工具(第11.5节)。公平被视作力量平衡的一个可能方法，而不是所需的替代品，但在这一点上存在争议。

休谟认为除非人们彼此足够同情对方，从而有意义地比较互相的福利，否则公平准则不可能发挥作用。在不假设人与人之间效用比较可能存在的情况下，我们甚至无法表达哈萨尼和罗尔斯等智者关于公平的实用主义理论和平等主义理论。

在福利经济学中，人与人之间的效用比较被认为是理所当然的，但微观经济理论的学生们经常会同时学到这种比较在本质上是无意义的。对人与人比较这种精神分裂症似的态度大概来自于下面的事实：冯·诺依曼—摩根斯坦定理没有为人与人之间的任何一种比较提供基础(第4.6.3节)。但为什么不追随哈萨尼，增加一些提供这类基础的额外假设呢？

本章中每个内容在一定程度上都是存在争议的。因此，在阅读时应当把这些材料看作对未来可能成为理论这类东西的系列概括，而不是对细节都被固定下来的成熟文献的说明。

19.2 人们公平博弈吗？

人们认为什么是公平的？当下注时，他们自己是否实际上是在公平地博弈？这一节概括了一些科学证据。

19.2.1　实验博弈论

对博弈论对于现实中的人们在认真控制的实验中如何博弈有多好的预测能力,近年来才有一些严肃的尝试。最初,理论受挫,有时候传统的看法是纳什均衡完全没有预测能力。但正如早期化学家学会清洗他们的实验试管一样,实验经济学家也开始学会只有在一定条件下才能预测博弈论在实验室中的作用。在我自己的实验工作中,我强调的要求包括:

● 以用户友好的方法将博弈呈现给实验主体(被试),让他们容易理解正在做什么。

● 提供足够的现金激励,让实验主体有理由注意他们正面对的问题。

● 提供充足的试错学习时间。这意味着允许实验主体重复进行博弈并每次面对新的对手。

试错。最后一点的重要性值得反复强调。认为大街上随便找的普通人能够立刻像博弈论预测的那样进行博弈是愚蠢的想法。

例如,布雷尔(Emile Borel)是一个数学天才,比冯·诺依曼更早明确叙述了鞍点定理,但错误地认为这个定理是错的。因此如果布雷尔是一个零和博弈实验的主体,他不会立刻采用得分最多的策略。普通人没有布雷尔聪明,他们也不可能做到这一点。因此在一个实验中,主体在最终发现通往博弈均衡之路前,必然需要通过某个试错调整的过程。

实验主体是否可以达到均衡取决于具体的博弈。在市场博弈或拍卖博弈中,有时候收敛是很快的。在其他一些博弈中,收敛较慢但确定性没有下降。不管我们的批评者说什么,一次性的囚徒困境是属于后一类博弈。的确,缺乏经验并且从实验中得到奖金不多的实验主体大概一半时间都选择合作。但随着主体博弈经验和奖金比例的上升,背叛的比例会无情地上升。

19.2.2　最后通牒博弈

但博弈论并不总是获胜者。最后通牒博弈是谈到最多的例外情况。第17.5.1节说明在一个子博弈完美均衡中,提议者几乎可以得到每件东西。但实验室里的实验说明现实中人们是公平博弈的。最大可能的提议是对半分。三七开等不公平划分提议在一半以上的时间里会被拒绝,尽管这样响应者什么也得不到。

这是实验经济学中最复杂的结果。我自己重复进行过几次这个实验。当奖品增加时,这个结果也不会消失。即使在那些美元得益为实验主体年收入很大比例的国家里,这一结果仍然成立。

竞争性的解释。我们该如何对这个实验数据做出反应呢? 一些博弈理论家看不到关心这个问题的理由。他们接受现实中人们不会在最后通牒博弈中使用逆推法这一点,但子博弈完美均衡已经因为理论上的原因而受到质疑(第14.2.1节)。而且,最后通牒博弈有许多其他的纳什均衡,包括带来对半分的那一个(第17.10.19节)。所以问题在哪里呢?

如果我们在这里抛弃逆推法,那么在其他讨价还价理论中为什么不能这样做呢?其他实验显示在鲁宾斯坦博弈中破裂点和僵局点计算方法表现相当好,它们会变成什么样呢?对于从其他纳什均衡角度可说明的数据来说,这将是根本无法做到的。那些对他们年收入十分之一说"不"而最后一无所获的人们没有最大化他们的货币得益!

行为经济学家就我们坚持实验主体必然最大化货币得益的原因来对最后这一点进行讨论。可能实验主体有"社会性的"偏好,同时考虑自己和其他人的福利。没有人否认这在一定程度上是正确的。"社会性的"偏好并没有给博弈论带来任何问题(第1.4.1节)。但对于在多大程度上引入这种外来效用函数才能解释数据是存在争议的。我的看法是数据中异常情况过于明显,无法通过一个博弈中货币得益在现实中的扰动进行解释。如果这种扰动很大,在实验主体最大化期望货币假设下预测数据表现较好的许多实验中,它们必然十分明显。

无论如何,我自己对两阶段讨价还价博弈的实验说明即使效用函数考虑了一个博弈者自己及其对手方的货币得益,逆推法依然是失败的。[1]但将外来效用函数与最后通牒博弈中得到的数据拟合可能仍是有用的。根据偏好揭示理论,我们可能因此按照一定的方法来概括这些数据,从而预测在其他博弈中将发生什么。但如第4.2节所强调的,当未来进行相同或类似的博弈时,我们需要博弈方的行为是稳定的。

但证据显示博弈方的行为随着他们经验增加而改变。相对于其他博弈,在最后通牒博弈中这种变化非常慢,但无论如何还是在变化的。从观察一个博弈推导得到的效用函数通常不能对十分类似博弈的数据进行预测。在最后通牒博弈中,只要对一些实验对象奖励一个毫无意义的金色星星就足以改变博弈进行的方法。

作为习惯的规范。有些理论为了挽救理性决策理论,将人类一次性行为解释为对外生效用函数最优化的结果,而有些理论则放弃了这种努力。我偏好后者。我认为缺乏经验或没有激励的人们根本不会理性地行动。在最后通牒博弈的情况下找到一个理由并不困难。

人们在现实中习惯面对的最后通牒情况与他们在实验室中所面对的不太一样。在现实生活中,博弈方通常期望自己与其他博弈者会在未来相互影响。而且即使没有影响,他们的博弈行为也可能被当前与他们存在联系的其他人所观察到。因此,在现实生活里,他们进行的是最后通牒博弈某个复杂的重复博弈版本。

民间定理(folk theorem)告诉我们一个重复博弈的均衡可能与一次性博弈完全不同,在考虑互惠和声誉时这一点尤其合理。博弈方预计可能与一个关系人建

---

① 当然,如果任意效用函数可以在事后得到拟合,那么任何行为都可以由逆推法来解释。

立长期的互惠分享机制,为了建立这一机制的基础,博弈方不会愿意负担容易上当的人这种名声。

休谟提出公平规范作为均衡选择工具(帮助我们在大量可行均衡中就选择哪一个均衡达成一致意见)以这种社会化的方法演化。当然,我们很少意识到正在这样做。我们将这些规范内生化为理所当然的事情,大多数人甚至没有注意到我们在利用它们时正在进行一个博弈。因此,当一个实验者用一次性最后通牒博弈的实验室版本代替我们习惯性行为适合的重复版本时,我们无法迅速做出反应。我们最初的行为方式只有在重复情况下才是真正有意义的。因此,行为经济学家发现在解释缺乏经验的实验对象行为时要考虑互惠和声誉,并不令人感到惊奇。

但我们并不是没有学习能力的机器人。在最后通牒博弈中,我们不得不学到困难的一课。对某个你将再也不会遇到的人,接受他的一个不公平提议会让你感到愤怒,但这并不是让你搬起石头砸自己脚的好理由。[1]在一次性的囚徒困境博弈中,我们学到同样困难的一课,即对于一个没有机会回报你好意的陌生人来说,没有理由要与他建立互惠安排。

但当奖励足够大时,我们有时候最终会适应我们正在进行一次性博弈而不是自己所习惯的重复博弈这一事实。第19.8节给出了一个讨价还价的例子,但不要十分期待博弈中发生与最后通牒博弈类似的情况!

19.3 社会选择悖论

传统上,经济学家不太愿意接受公平是重要的这个观点。他们认为在公平和效率之间存在一个平衡关系,并且这个问题的解决方法应当是偏好于效率。这个观点得到一些悖论的支持,这些悖论似乎说明一个理性的社会必然是不公平的。

19.3.1 阿罗悖论

孔多塞投票悖论提出因为公共偏好有时候不可传递,因此如果一个社会通过对每对可选项进行诚实投票的方式从公民个人偏好中决定公共偏好,那么这个社会将必然是集体非理性的(第18.3.2节)。

阿罗(Ken Arrow)将孔多塞悖论概括为一整类社会福利函数,这类函数将公民的个体偏好映射到一个公共偏好上。与纳什讨价还价解一样,一个关键的要求是社会福利函数满足独立于无关选择原则的一个版本(第16.6.3节)。

阿罗的版本提出,对两个选项 a 和 b 的公共偏好应当只取决于对 a 和 b 的个体偏好(与某个其他选项 c 的相关偏好无关)。投票是作为原型的例子。

命题 19.1(阿罗不可能定理) 假设一个社会福利函数是帕累托有效并满足

---

[1] 对拒绝不公平提议的响应者,检查他们唾液中睾丸激素的水平。结果说明人们的确真的愤怒了。

阿罗的独立于无关选择原则。对于三个或三个以上的选项，如果这个社会福利函数将任意个体理性偏好组合映射到一个理性的公共偏好，那它必然是独裁的。

概括给出两个公民情况的证明，就可以说明这个命题。我们关注三个选项，分别由图 19.1(a) 中的半径表示。如第 4 章练习 7 中一样，将它们标上 A、B 和 N。在图 19.1(a) 中，外圈的箭头表明贺拉斯 (Horace) 的偏好，内圈的箭头表明莫里斯 (Maurice) 的偏好，圆圈外面的箭头表示公共偏好。

为了画出图 19.1(a)，我们先来看一下公共偏好相对于 A 更喜欢 B，但贺拉斯和莫里斯对这些选项有不同偏好的情况。假设公共偏好在这种情况下有利于贺拉斯。随后，我们选择任何其他选项 N，说明贺拉斯在 A 和 N 之间的个人偏好决定了 A 和 N 之间的公共偏好。由于我们可以重复采用这个方法，贺拉斯必然成为所有选项对上的独裁者。

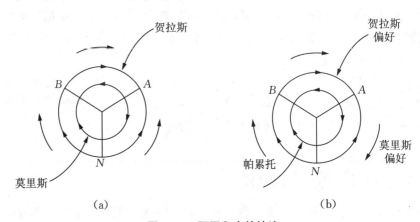

图 19.1　阿罗和森的悖论

为了证明贺拉斯在 A 和 N 上独裁，我们利用社会福利函数定义在个体偏好组合整个域上这一事实。因此，我们可以按照我们的喜好来规定尚未决定的博弈方的偏好。由于阿罗的独立于无关选择原则，这对于 A 和 N 的公共偏好不会产生任何差异。因为帕累托有效，图 19.1(a) 中选择的个体偏好要求对 B 和 N 的公共偏好有利于贺拉斯。由于理性的偏好必然是可传递的，因此无论莫里斯在 A 和 N 之间选择什么，结果总是有利于贺拉斯。那么，阿罗的独立于无关选择原则告诉我们，无论任何人对其他选项对的偏好是什么，贺拉斯在 A 和 N 上具有独裁权。

政客互投赞成票。并没有真正理解阿罗定理的流行作家常常会说这个定理将把一个公正的社会引入绝境。但这一点即使在理论上也不正确。原因之一是由于大多数社会中存在对基本情况的广泛共识，因此无限制域假设很少能满足。原因之二是阿罗的独立于无关选择假设禁止了"政客互投赞成票"这类情况。如果贺拉斯承诺如果莫里斯为他做同样的事情作为回报，则他愿意与莫里斯一起为莫里斯的宠物方案投票，这就是"政客互投赞成票"。阿罗定理甚至不允许以当前的位置为参考，这使得第 16 章的讨价还价解似乎对它构成挑战。最为重要的是，它拒绝承认人与人之间效用比较这种情况的存在，但如果没有这种比较，甚至都无法说明什么是公平。

19.4 福利函数

经济学家不认为可以告诉人们他们应该想要什么。就像博弈理论家对如何进行博弈给出明智的建议前需要知道博弈方效用函数一样，为政府提出建议的经济学家需要政治学家告诉他们应当最大化的目标函数是什么。这种福利函数从来都不能满足阿罗苛刻的要求，但为什么我们不想让它们满足要求呢？

柏克森福利函数。 在拥有 n 个公民的社会中，一个柏克森（Bergsonian）福利函数 $W: \mathbb{R}^n \to \mathbb{R}$ 对个人效用每个可能的组 $x = (x_1, x_2, \cdots, x_n)$ 分配一个实数 $W(x)$。因此，在任意概率集合上最大化柏克森福利函数都是可行的，相当于按特定方法对单个公民效用进行加总。

纳什和卡莱—斯莫罗廷斯基讨价还价解提供了一个例子。通过令福利函数等于以下纳什积，我们可以对 $x \geqslant d$ 和 $n = 2$ 的情况应用对称纳什讨价还价解：

$$W_N(x) = (x_1 - d_1)(x_2 - d_2)$$

为了对 $x \geqslant d$ 和 $n = 2$ 的情况应用卡莱—斯莫罗廷斯基解，福利函数需要更详细的表达形式：

$$W_{KS}(x) = \min\left\{\frac{x_1 - d_1}{U_1 - d_1}, \frac{x_2 - d_2}{U_2 - d_2}\right\}$$

纳什讨价还价解有时候被认为是公平仲裁计划的一个候选项，但对任何关心社会公正的人来说，无论 W_N 或 W_{KS} 都不会具有吸引力。定理 16.2 告诉我们，这两个解都没有涉及人与人之间效用单位的比较。但在没有比较人们得到多少的情况下，怎么决定什么是公平的？

福利剩余。 许多经济学家完全否认效用可以被比较，所以必须从实物商品的角度进行比较。货币是一个流行的比较基础，其中福利被定义为消费者和生产者剩余之和，因为对它的解释是"所有节约的货币"（第 9.7 节）。因为其他福利函数都会涉及效率与公平之间的某种替代，从而使其不可能是"社会最优的"，因此有时候上面这种做法可以被认为是唯一可行的备选项。

→ 19.5

如果除了货币外只有一种商品被交易，那么可以从需求函数和供给函数的角度将消费者和生产者剩余之和定义为：

$$W_{\$}(q) = \int_{q_0}^{q} D(x)dx - \int_{q_0}^{q} S(x)dx$$

其中，q 是可交易商品的数量，q_0 是某个便利的基准指标。[1]当 $D(q) = S(q)$ 时，这个量的导数为 0，因此在 q 取最大值处，需求等于供给。在这个定义下，在一个瓦尔拉斯均衡上福利达到最大，所以完美竞争是真正社会最优的，而不需要在"社会最

---

[1] 回忆第 9.3.2 节，其中 $S(x)$ 是生产者生产 x 的边际成本（假定生产完全是有利可图的）。

优"的含义上有任何欺骗。

但图 16.15 说明瓦尔拉斯均衡不一定是完全公平的。①更进一步来说,我们知道当只有亚当和夏娃在市场上时,合约曲线上有大量其他有效率的结果是很正常的。在他们的偏好是拟线性的情况下——这是 $W_\$(q)$ 等于所节约货币总额这种解释唯一真正有效的时候——合约曲线如图 9.5(a) 中一样是垂直的。因此,为了从瓦尔拉斯均衡转到一个更公平但效率相等的结果,我们只需要从一个博弈方处转移一些钱到另一个博弈方那里。所以,在不改变节约货币总额的情况下,可以达到一个更公平的结果。

我们只能限制自己是拟线性偏好的,并通过坚持一个公平的旁支付来修正 $W_\$(q)$,但多少美元是公平的呢? 多 1 美元对一个乞丐来说显然要比对一个亿万富翁更有价值,因此如果对亚当和夏娃没有更多了解,我们要怎样才能回答这个问题?

不妒忌。一个瓦尔拉斯均衡是帕累托有效的。②如果禀赋点的选择合适,任何帕累托有效的结果都是一个瓦尔拉斯均衡。

给定这些福利定理,为什么要用货币来衡量福利呢? 可以转移商品直至每个人都有相同的商品禀赋,随后他们可以交易。得到的瓦尔拉斯均衡甚至具有一个令人高兴的不妒忌性质(本章练习 10)。没有人偏好于将自己最后一包物品与其他任何人的交换。富人将抱怨缴税以补贴穷人,但社会公正一定有用吗?

一个例子说明了为什么这个问题是幼稚的。亚当和夏娃各得到一瓶杜松子酒和一瓶苦艾酒,这两瓶酒只能用来调马提尼酒,否则是没有用的。亚当是个单纯的人,他将等量的杜松子酒和苦艾酒放在一起摇晃,最后得到两瓶马提尼酒。夏娃更有辨识能力,只能容忍纯杜松子酒和最多一滴苦艾酒调制的马提尼酒。因此,她最后只得到一瓶多一点的马提尼酒。

这个分配是帕累托最优的,并且满足不妒忌标准,但它公平吗? 为什么在亚当和夏娃真正在意马提尼酒时,我们要用杜松子酒和苦艾酒来衡量他们的福利? 可能我们应当将 2/3 瓶的杜松子酒分配给亚当,将 4/3 瓶分配给夏娃,使得他们每个人都能够喝到同样数量的马提尼酒。

但没有什么可以说明亚当和夏娃将享用相同数量的马提尼酒。如果对亚当来说,喝纯的苦艾酒与喝他讨厌的马提尼酒没有太大差异,那么为什么不给他除了几滴苦艾酒外的全部呢? 为什么不给夏娃除了几滴杜松子酒外的全部呢?

所有这些讨论最终得到同一个结论。我们真正需要比较的是亚当和夏娃的效用。

19.5　人与人的效用比较

在一个纳什讨价还价问题中,非一致点可以作为亚当和夏娃新效用刻度的零

---

① 如第 16.9.2 节中所概括的瓦尔拉斯讨价还价解相关公理的做法。
② 第一个福利定理成立的必要条件要比自由论哲学家乐于承认的更为严格。

点,从而纳什讨价还价解能够利用亚当和夏娃效用水平的比较(第16.6节)。

在一个纳什讨价还价问题中,由于缺少第二个有意义的基准点而无法进行效用单位的比较。为了对亚当和夏娃的冯·诺依曼—摩根斯坦效用函数 u 和 v 进行完整的比较,我们对每个博弈方都需要两个基准点。

如果 $x_0 \prec_A x_1$,那么 x_0 和 x_1 将作为亚当一个新效用刻度的零点和最小单位点。如果 $y_0 \prec_E y_1$,那么对夏娃来说,y_0 和 y_1 将发挥同样的作用。对应于新刻度的冯·诺依曼—摩根斯坦效用函数为:

$$u_{01}(x) = \frac{u(x) - u(x_0)}{u(x_1) - u(x_0)} ; \quad v_{01}(y) = \frac{v(y) - v(y_0)}{v(y_1) - v(y_0)} \tag{19.1}$$

我们现在要求 u_{01} 刻度上的 V 个效用与 v_{01} 刻度上的 U 个效用等值。在这个定义下,当且仅当:

$$U\left(\frac{b_1 - a_1}{\eta_1 - \xi_1}\right) > V\left(\frac{b_2 - a_2}{\eta_2 - \xi_2}\right) \tag{19.2}$$

时,我们在旧刻度上从 (a_1, a_2) 变化到 (b_1, b_2) 时,亚当得到的要比夏娃多,其中 ξ 和 η 是基准点上的旧得益对。

这个标准取决于如何选择基准点,但与用来表示一个博弈方对不可预测事件偏好的特定冯·诺依曼—摩根斯坦效用函数无关。例如,我们的标准说明爱丽丝当前刻度上的 4 个效用与鲍勃刻度上的 5 个效用等值,现在用 $2u+3$ 代替 u,那么爱丽丝新刻度上的 8 个效用现在与鲍勃刻度上的 5 个效用等值。

0-1 比较。 哲学家有时候掩盖了基准点位置有意义的这个要求。当亚当和夏娃都同意 $\mathcal{W}$ 和 $\mathcal{L}$ 分别是最好和最坏的可能结果时,他们令 (19.1) 式中的 $x_0 = y_0 = \mathcal{L}$,$x_1 = y_1 = \mathcal{W}$,并提出选择 $U = V = 1$ 解决了人与人之间的比较问题。任意标准化都可以创造出人与人比较的一个可靠准则,这说明人与人之间不能比较的说法是愚蠢的(第 4.6.3 节)。但如果准则的选择没有什么好理由,那它又有什么用处呢?当亚当是一个亿万富翁而夏娃是一个乞丐时,如果 $\mathcal{W}$ 和 $\mathcal{L}$ 意味着赢或输 1 美元,谁会利用 0-1 标准?

如果我们要提出对人与人比较来说有意义的方法,就必须挖得更深。哈萨尼追随休谟和亚当·斯密在我们对其他人的移情能力上寻找答案。接下去就是我自己对哈萨尼观点的一个浓缩版本。

→ 19.5.1

19.5.1 移情

当夏娃将自己放在亚当的位置上,从他的角度看事情时,她就对亚当**移情**。一个博弈方如果要成功地协调达成一个均衡,就需要能够互相移情,但将移情能力作为博弈方的特征并没有说明他们对彼此的福利有什么感受。

如果将亚当的福利作为夏娃效用函数中的一个自变量,那么心理学家说夏娃对亚当移情。例如,一个母亲通常更关注孩子的福利而不是自己的福利。情人有时候更无私一些。我们中的许多甚至通过将自己收入的一小部分用来救济远方穷困的陌生人而得到一些温暖。但不管怎么淡化,都应该把这种同情偏好与下面讨论的移情偏好区分开来。①

为了有一个移情偏好,你需要感受别人想要什么,但你可能完全不同情他们。例如,我们很少同情我们妒忌的那些人,但夏娃在没有与亚当比较前是不可能妒忌的。然而,按照不妒忌标准,要夏娃妒忌亚,仅是想象拥有他的财富和自己的偏好是不够的。即使她贫穷而亚当富有,如果亚当正因为不可治愈的忧郁症而受苦,她是不会妒忌亚当的。她甚至不愿意因为 100 万美元而和他交换位置。当她与亚当比较时,她需要想象同时得到他的福利和他的偏好将会怎样。在对亚当整个情况移情后,她对是否妒忌亚当的判断被认为反映了她的移情偏好。

移情偏好。在谈到潘多拉选择行为揭示个人偏好(第 4.2 节)时,我们用 $x \preceq y$ 表示。在谈到潘多拉的移情偏好时,我们用 $(x, A) \preceq (y, E)$ 表示。这种关系说明潘多拉更愿意成为情况 y 下的夏娃而不是情况 x 下的亚当。因此,我们理所当然地认为:

$$(x_0, A) \prec (y_1, E)$$

它说明潘多拉将严格偏好于成为夏娃上基准点时的她,而不是亚当下基准点时的他。

我相信当博弈方用一个公平准则去解决均衡选择问题时,无论何时都会揭示他们的移情偏好(第 8.6 节)。这一点是很重要的。没有人怀疑我们对其他人类的同情可以令我们在一些情况下更为慷慨或更为吝啬。因此,实验室所进行的博弈中的得益可能受实验结束时实验对象所得现金支付的干扰。这种受干扰的得益可以通过建立外部个体效用函数进行模型化。在第 19.2.2 节中提到的争议关注这种干扰的性质。它们是大是小,是稳定的还是变化的?但所有这些都与移情偏好无关,因为它被包含在博弈方用来解决博弈均衡选择问题的准则中。

取得平衡的尤特尔。我们假设考虑的结果集合是 lott(Ω)——在有限奖金集合 Ω 上所有彩票的集合。为了令事情简单,我们将人的集合(A, E)限定为潘多拉移情于亚当和夏娃。

哈萨尼对潘多拉移情偏好给出了两个简单的假设,我们将这两个假设作为公理进行描述。

公理 19.1 从满足冯·诺依曼—摩根斯坦假设的意义上,移情偏好关系是一致的。

潘多拉的移情偏好关系因此可以表示为一个冯·诺依曼—摩根斯坦效用函数(第 4.5.2 节):

---

① 传统在这里没有帮助。休谟和亚当·斯密利用"同情"这个词作为我们现在使用的词"移情"。阿罗、哈萨尼和其他写到这个问题的经济学家称移情偏好为扩展的同情偏好。

$$w: \boldsymbol{\Omega} \times \{A, E\} \to \mathbb{R}$$

然后我们可以将 $w_A: \boldsymbol{\Omega} \to \mathbb{R}$ 和 $w_E: \boldsymbol{\Omega} \to \mathbb{R}$ 定义如下：

$$w_A(x) = w(x, A), \quad w_E(y) = w(y, E)$$

公理 19.2 令 u 和 v 分别表示亚当和夏娃个人偏好的冯·诺依曼—摩根斯坦效用函数，令 w 表示潘多拉移情偏好的冯·诺依曼—摩根斯坦效用函数，那么 w_A 和 w_E 代表了与 u 和 v 一样的偏好关系。

第二个公理强调潘多拉对亚当和夏娃的移情是完全成功的。我猜测利用公平作为真实生活中的协调机制这种尝试会出现错误，通常是因为博弈方无法达到哈萨尼总体移情辨识的理想要求。

当潘多拉想知道她应当把自己没用但很难得到的歌剧票给谁时，就产生了哈萨尼喜欢的例子。一个重要的考虑是亚当和夏娃谁更喜欢这个演出。可能潘多拉和我一样不喜欢瓦格纳，但如果亚当相对莫扎特更喜欢瓦格纳，那么公理 19.2 说明潘多拉在代表亚当做出判断时，将在瓦格纳和莫扎特中选择瓦格纳。

因为传统上对人与人比较的对象存在争议，因此下面给出正式的定理说明潘多拉的移情偏好决定了她在亚当个人效用与夏娃个人效用之间平衡的比例。尽管效用函数的基准点是任意决定的，但潘多拉的平衡比例并不是任意的，而是她移情偏好的一个内在特征（第 19.5 节）。与通常一样，温度与效用的相似关系总是有用的（第 4.6.2 节）。两个温度刻度的零点和单位是任意的，但比较两个刻度度数的方法则不是。

定理 19.1 将 (x_0, x_1) 和 (y_0, y_1) 分别作为亚当和夏娃个人的冯·诺依曼—摩根斯坦效用函数基准，根据 (19.1) 式，可以以任意代表相同个人偏好的其他冯·诺依曼—摩根斯坦效用函数形式给出 u_{01} 和 v_{01}。类似地，确定潘多拉移情冯·诺依曼—摩根斯坦效用函数的基准使得 $w_A(x_0) = 0$，$w_E(y_1) = 1$。现在令 $w_A(x_1) = U$，$w_E(y_0) = 1 - V$。那么，对 $\boldsymbol{\Omega}$ 中的所有 x 和 y，

$$\begin{aligned} w_A(x) &= U u_{01}(x) \\ w_E(y) &= V v_{01}(y) + 1 - V \end{aligned} \tag{19.3}$$

证明：定理 4.1 说明代表对 $\text{lott}(\boldsymbol{\Omega})$ 相同偏好关系的两个冯·诺依曼—摩根斯坦效用函数可以相互进行仿射转换。因此，公理 19.2 意味着：

$$\begin{aligned} w_A(x) &= \alpha u_{01}(x) + \gamma \\ w_E(y) &= \beta v_{01}(y) + \delta \end{aligned}$$

其中 α，β，γ 和 δ 都是常数。令 $x = x_0$，$x = x_1$，$y = y_0$，$y = y_1$，解得到的四个方程就可以证明定理。

19.6 更多讨价还价解

第 16 章的讨价还价解试图预测当理性博弈方尽全力进行自己最优的可行交

易时会发生什么情况。在这样的设定下,公平与考虑的问题没有关系,所以这些讨价还价解与博弈方们的效用单位也是无关的。

我们现在考虑比较博弈方效用单位的合作博弈论中的两个讨价还价解。道德哲学家将这些解视作一个公正社会福利函数具有竞争力的备选项。描述这两个解的各种公理体系似乎无法帮助人们决定哪个观点会在这个哲学争论中占据上风,所以这里没有对它们进行描述。相反,我们给出了一个依赖于公平讨价还价解选择的纳什规划版本(第19.7.2节和第19.7.4节)。

19.6.1 功利主义讨价还价解

假定亚当的效用 V 与夏娃的效用 U 等值,讨价还价问题(X, ξ)的功利主义讨价还价解是点 h。在 x 落入 X 中这个约束条件下,功利主义的效用函数:

$$W_H(x) = Ux_1 + Vx_2$$

在点 h 上达到最大化。图 19.2(a)说明了这个观点。

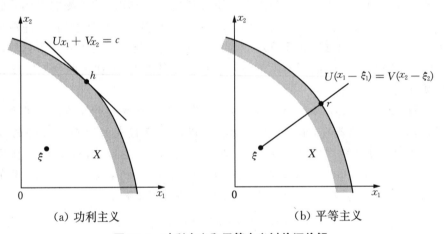

图 19.2 功利主义和平等主义讨价还价解

19.6.2 平等主义讨价还价解

讨价还价问题(X, ξ)的平等主义讨价还价解是图 19.2(b)中的点 r。它是通过 ξ 并且斜率为 U/V 的直线与 X 边界的交点。

将解称为"平等主义的"回避了一些问题。为了说明这个术语的合理性,我们需要选择(19.1)式中的基准点使得 ξ 是讨价还价问题的现状,并且 $\eta_1 - \xi_1 = \eta_2 - \xi_2 = 1$。这使得(19.2)式在平等主义解上两边相等。这个解比较不带倾向性的叫法称为比例讨价还价解,因为博弈方在现状上的得益总是保持相同比例的。对这个观点,一些伪权威的说法可能来源于亚里士多德,他提出"公正的东西……就是成比例的东西"。有时候,对人们在实验室中将什么作为公平这个问题,平等主义讨价还价解有相当好的预测,发现这一点的心理学家将他们的发现称为"现代"公平理论。他们在这样称呼时,应当也会同样想起亚里士多德。

注意,功利主义讨价还价解只能比较亚当和夏娃个体效用刻度上的单位,但平等主义讨价还价解通过比较零点和单位,可以假设对人与人效用进行了**完全**的比较。一旦这个假设被放入一个公理,其他公理提出什么似乎就不再重要。任何事都可能合理地产生平等主义的讨价还价解。

19.7 政治哲学

告诉人们他们应该想要什么或重视什么,这并不是博弈理论家的事,而是属于道德和政治哲学领域的事。我们对理性的概念只是要求人们的行为保持一致。如果从纯粹博弈论的角度,即使休谟宁愿毁灭整个宇宙也不愿弄伤自己的手指,也可以是理性的(第1.4.1节)。

当然,当我们脱掉博弈论的帽子,博弈理论家和其他任何人一样也有他自己的道德和政治观点。从我选择自己认为有意思的博弈学习就不难猜测我的观点,但我们认为因为个人观点而使得博弈分析存在偏见不是专业的行为。尽管我们的批评者有时候表示怀疑,但我们在一个博弈中说根据什么得到什么时,不会比一个数学家证明 $2+2=4$ 时给出的价值判断更多。在我们有时候忘乎所以并宣称发挥更大的作用时,则会被严厉地告知回到自己的领域中。

19.7.1 功利主义

根据边沁(Jeremy Bentham)最后的意愿和遗嘱,我在伦敦的同事在一个玻璃盒子里公开展示他的干尸。边沁出名的事情是他创造了功利主义,努力宣称最大数量的好处。[①]穆勒(John Stuart Mill)被认为给这一理论提供了合适的智力基础,但要说明人们真正想要的是快乐,则还有更多的工作要做! 什么是快乐? 我们如何比较两个人的快乐程度? 这些都是他所留下的悬而未决的问题。

哈萨尼说明从冯·诺依曼和摩根斯坦的现代意义上重新解释效用,可以为功利主义打下坚实的基础。如果我们将功利主义解释为一个学说,并且一个具有慈善性质并有能力强迫执行其规则的政府会遵循这一学说,那么可以改写定理19.1,为他的观点之一提供一个修订版本(本章练习18)。

想象一下潘多拉是一个理性的哲学家国王,统治着亚当和夏娃。如果她在分配公平上的决策是一贯的,那么公理 19.1 适用。如果她的决策方式好像她最后成为亚当或夏娃的概率各为 50%,那么她的期望效用为 $\frac{1}{2}w(x,A)+\frac{1}{2}w(x,E)$。

---

① 在一个时刻只有一个事情能被真正最大化,但具有创造性的天才必然拥有一些特权——对发明"最大化"这个词的人来说尤其如此。

如果潘多拉是不顾实际的社会改良家这类人,认为她要比人们更了解他们想要什么,那么公理 19.2 也适用。但如果假定所有效用函数都被适当标准化,定理 19.1 说明潘多拉的行动好像是对下面功利主义者社会福利函数的最大化:[①]

$$W_H(x) = Ux_1 + Vx_2$$

"效用"意味着什么? 哈萨尼的理论带来了两类批评者。第一类批评者是从边沁和穆勒那时候开始的哲学家,他们认为现代效用理论是衡量快乐的新方法,并因此想知道潘多拉是否真的应该最大化功利主义的福利函数。但显示偏好理论没有说潘多拉选择某个商品分配方法是因为它最大化亚当和夏娃的效用加权和。它说的是,如果她可以观察到的某个分配决策满足一定的假设条件,那么她的行为好像自己是一个功利主义者(第 4.3.2 节)。

另一类批评者提出因为哈萨尼从现代意义上解释效用,因此他的理论并不是完全功利主义的。但我认为对"效用"这个词来说,这类批评者应当面对已经输掉这场战争的现实。

19.7.2 初始位置

亚当和夏娃为什么要把权力交给一个对公平看法与他们不同的哲学家国王?政治合法性的民主理论坚持政府需要从他们管理的人们那里得到命令。因此,潘多拉应当只执行亚当和夏娃为自己制定的法律,但这样我们就需要一个公平制定法律的方法。

对于这个问题,两个伟大的思想家有一个同样的想法。哈萨尼和罗尔斯各自独立提出,如果亚当和夏娃在如何分配盈余上达成一致并暂时忘记谁是谁,那么分配将是公平的。通过提出他们应在初始位置上进行讨价还价,罗尔斯在传统的社会契约理论中给出相同的观点。

在分钱博弈中如何分配盈余?(第 16.4.2 节)伟大的思想家在这个问题上存在分歧。哈萨尼说结果将是实用主义的,罗尔斯说不是这样。哈萨尼因为他在博弈论上的工作赢得了诺贝尔经济学奖,因此如果我们承认他的假设,博弈理论站在他这一边并不令人吃惊。

初始位置上的讨价还价。 博弈方 I 和 II 在初始位置上,已经忘记了他们的身份,公平地抛硬币,如果硬币正面朝上,博弈方 I 是亚当,博弈方 II 是夏娃。如果正面朝下,博弈方 I 是夏娃,博弈方 II 是亚当。

对于当硬币正面朝上时,亚当和夏娃得到个人得益对 y,正面朝下时则得到 z。对于双方可能达成的这一意见,博弈方 I 和 II 该如何评价呢? 为了回答这个问题,我们假设所有的效用函数已被合理地标准化,并且服从定理 19.1。如果亚当和夏

[①] 哈萨尼总是再次标准化使得 $U = V = 1$,因此给出错误的印象——潘多拉从哪里得到她的移情偏好这个问题已经以某种方式被解决。

娃在进入他们的初始位置时带有相同的移情偏好，[①]那么定理告诉我们博弈方Ⅰ和博弈方Ⅱ对协议(y, z)的评价等价于移情得益对：

$$a = \frac{1}{2}b + \frac{1}{2}c$$

其中，$b = (Uy_1, Vy_2 + 1 - V)$，$c = (Vz_2 + 1 - V, Uz_1)$。最大化时常数$1 - V$是不发挥作用的，因此可以不用考虑它。[②]

图16.3中的集合X说明亚当和夏娃如何利用他们的个人偏好来评价所有可能的分钱方法。如果他们面对面讨价还价，他们的讨价还价问题就是(X, ξ)，其中ξ是他们对美元被完全浪费这个事件确定的得益对。

图19.3中的集合B由对应X中某个y的所有点b组成，集合C由对应于X中某个z的所有点c组成，集合A由所有$a = \frac{1}{2}b + \frac{1}{2}c$形式的点组成，从而可以说明博弈方Ⅰ和博弈方Ⅱ如何利用他们的移情偏好来评价他们所有可能达成的一致。因此，在初始位置上，他们的讨价还价问题是(A, α)，其中不一致点为$\alpha = \frac{1}{2}\beta + \frac{1}{2}\gamma$，$\beta$和$\gamma$是$B$和$C$中对应于$\xi$的点。

由于讨价还价问题(A, α)是对称的，所以它的解将是图19.3的对称点$\tilde{a}$（假设讨价还价程序满足公理16.4）。为了获得得益对$\tilde{a}$，博弈方Ⅰ和博弈方Ⅱ必须就$(\tilde{y}, \tilde{z})$达成一致，而$(\tilde{y}, \tilde{z})$对应于图19.3中$(\tilde{b}, \tilde{c})$。所以，$\tilde{b}$和$\tilde{c}$分别是B和C中$a_1 + a_2$被最大化的点，所以$\tilde{y}$和$\tilde{z}$是X中$Ux_1 + Vx_2$和$Vx_2 + Ux_1$被最大化的点。

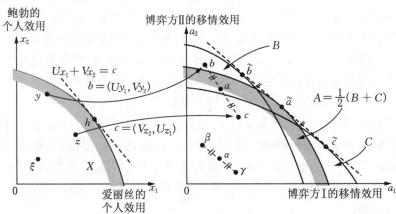

博弈方Ⅰ和博弈方Ⅱ面对讨价还价问题(A, α)，它的解是$\tilde{a} = \frac{1}{2}\tilde{b} + \frac{1}{2}\tilde{c}$。因为$\tilde{b}$和$\tilde{c}$分别是$B$和$C$中$a_1 + a_2$被最大化的点，所以他们都对应于$X$中功利主义点$h$。

图19.3 初始位置上的讨价还价

[①] 这是一个很大的假设！但在这里说明它的合理性会让我们离讨论的内容太远。

[②] 为什么$c = (Vz_2 + 1 - V, Uz_1)$？当硬币正面朝下时，博弈方Ⅰ是夏娃而博弈方Ⅱ是亚当。但z_2对夏娃来说相当于$Vz_2 + 1 - V$对博弈方Ⅰ。类似地，z_1对亚当来说相当于Uz_1对博弈方Ⅱ。

因此，无论博弈方 I 和博弈方 II 被证明是谁，美元的分配都会使得亚当和夏娃最后的得益对为 X 中的 h，在这个点上 $Ux_1 + Vx_2$ 被最大化。换句话说，结果是功利主义的。

19.7.3 平等主义

约翰·罗尔斯是现代对功利主义最著名的批评者。在保证基本人权后，他自己的分配公平理论要求最大化福利函数：

$$W_R(x) = \min\{U(x_1 - \xi_1),\ V(x_2 - \xi_2)\}$$

其中我已经用人与人效用比较这个普遍被接受的标准代替了罗尔斯的"初级商品指标"。哲学家认为因为罗尔斯优先考虑最不富裕人的福利，因此他是一个平等主义者。

图 19.2(b) 说明在假定讨价还价问题 (X, ξ) 可行集合严格包容的情况下，$W_R(x)$ 在平等主义讨价还价解 r 上达到最大化。[①]所以，尽管罗尔斯利用初始位置为平等主义辩护令我们感到伤心，但博弈理论家仍将他归为一个平等主义者。

罗尔斯否认在初始位置上经典决策理论是理性的。与按照期望效用评估不可预测事件不同，他认为博弈方将利用最大化标准。但只有当你认为宇宙的目标是最小化你的得益时，这种妄想才有意义（第 7.5.6 节）。我知道事情有时候看起来是那样的，但逻辑告诉我们这不可能同时对每个人都是正确的！

19.7.4 功利主义与平等主义

罗尔斯对初始位置的分析是错的，但输掉一场战役并不意味着输掉了整场战争。功利主义作为有权力执行它认为正确的决策、家长式作风的政府——在福利经济学中证实了这种情况——其精神特质可能很难被挑剔，但哈萨尼要求我们作为一种个人道德系统来接受它。休谟的追随者将这解释为意味着功利主义有资格成为一个公平的均衡选择工具。但亚当和夏娃会同意这一说法吗？

在下面的例子中，亚当和夏娃需要一次心脏移植，但只有一个心脏可用。实用主义的生物伦理学专家称谁得到这个心脏并不重要，因为无论谁得到，得到的效用是相同的。随后，因为亚当是男的，因此心脏给了他。当夏娃抱怨这不公平时，她会被告知在生下她的卵子在子宫中受精时，她与亚当成为男人的机会相等，所以她有什么可抱怨的？

谁会认为这样的答案是能被接受的？如果抽签决定谁得到心脏，现在就公平地抛一次硬币吧！对在初始位置上虚拟抛硬币来决定谁是谁来说，事情也是一样的。如果根据两人的移情偏好，夏娃知道假设性的抛硬币结果将注定亚当得到优势，那么她为什么要接受初始位置是一个公平程序这种说法？即使立刻真的抛硬币，失败者为什么应该接受这个结果？如我们在第 6.6.2 节看到的，只有在其宣布

---

① 因此，它的边界不包括垂直或水平的直线部分。

的结果是均衡时,一个坚持采用硬币下落结果的协议才可能是自我纠偏的。

罗尔斯归来! 我们回到带条件的初始位置,这个条件是在所有参与方自由同意的情况下公平规则才能运作。只有生活中的基础博弈其均衡才是可用的,并且必须修改第 19.7.2 节的讨价还价分析,对于虚拟抛硬币可能令某个博弈方在初始位置上处于不利地位的协议必须加以删除。只有 $b=c$ 的可能性存在,因此图 19.3 中可行集合从 $A=\frac{1}{2}(B+C)$ 缩减为 $A=B \bigcap C$。如果当前情况不平等,博弈方会完全不同意使用初始位置,因此我们也需要 $\alpha=\beta=\gamma$。

现在,(A, α) 的讨价还价解 $\tilde{a}$ 落在线 $a_1=a_2$ 上,个人得益对对应的 r 落在线 $U(x_1-\xi_1)=V(x_2-\xi_2)$ 上,因此是这个问题的平等主义讨价还价解。所以,在这部分,功利主义输给了平等主义——即使我们使用不正当手段,采用了对前者有利的哈萨尼基本框架。

19.8 哪个公平规范?

在现实生活中,应当将什么作为公平经常有许多相互竞争的说法。例如,在传统瑞典劳工谈判的双方不会讨论谁应该得到多少,而是讨论谁的公平规范获胜。所以,公平规范是怎样建立起来的呢?

我和一些同事通过对图 19.4 讨价还价问题 $(X, 0)$ 的一个实验来探讨这个问题,在这个实验中用大量的钱代替效用。[①]实验主体进行了一个平滑纳什要求博弈,选择这个博弈是为了使博弈的任意结果 ε 均衡都是帕累托有效的,其中 ε 小于 10 美分(第 17.3.2 节)。一个平滑的纳什要求博弈通常只有一个确切的纳什均衡,但计算机技术迫使我们使用离散近似方法,在这个方法中一段时期的反应曲线落在彼此的顶端。因此,离散博弈有图 19.4 所示的所有确切纳什均衡。

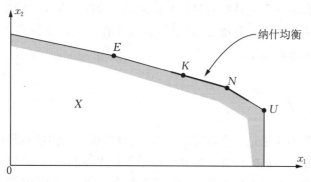

针对讨价还价问题 $(X, 0)$,将实验主体分组采用四个不同讨价还价解中的一个。在 30 次重复后,无论初始条件如何,所有的组都在采用博弈确定纳什均衡中的一个。

图 19.4 什么是公平?

① *International Journal of Game Theory* 22 (1993),381—409.

实验开始时先进行 10 次练习,不同组的实验对象知道自己在与机器人博弈,这些机器人的编程会使博弈结果收敛到 E、N、K 和 U 中的一个,它们分别对应于:

> 平等主义的
>
> 纳什的
>
> 卡莱—斯莫罗廷斯基
>
> 功利主义的

讨价还价解对称形式。我们希望实验主体习惯于在选定的讨价还价解上协调他们的要求。在练习阶段后是另外 30 次试练习,其中实验对象与在同一组中随机选择的人类对手进行博弈。结果是明确的。实验对象开始按他们习惯的那样进行博弈,但每个组最后都会达到一个确定的纳什均衡。

根据关于实验室博弈行为的计算机任务报告,实验主体有很大的倾向性来声称他们自己这一组达到的结果是博弈的"公平"结果。实际上,可以证明一组实验对象最终实际要求的中值是他们所认为"公平"要求中值相当敏锐的预测指标。但不同组发现的准确达到均衡的方法是不同的!

我想这些结果可以作为休谟关于公平如何运作的观点的例子。在没有与他们习惯的任意事情相匹配的情况下,人们没有显示出将某个公平原型构建到其效用函数的迹象。相反,与许多其他实验一样,这个实验中货币作为一个公认的激励手段同样运作良好。与把公平行为归结为内生偏好相反,我们需要将每个实验组中的实验个体看作一个迷你社会中的公民。在这个社会中,公平规范作为一种均衡选择工具随着时间不断发展。

令人震惊的是,尽管平等主义和功利主义解作为近似的纳什均衡都是可用的,并且也是一些实验组开始时使用的,但随着实验推进,不同公平规范最终只选择准确的纳什均衡。①

注意我没有说这个或其他实验证明休谟是正确的。有大量的批评者致力于去解释为什么正确的实验说明他是错误的,但至少在实验圈中没有人提出博弈论与所讨论的问题不再有关系。

19.9 综述

批评者认为博弈论是一个邪恶的工具,告诉自私的人们如何利用他们的权力,但博弈理论家相信他们的研究对象在伦理学上是中性的,与逻辑学或数学一样,可以是争议的任意一方。在伦理学中,博弈论支持休谟,反对康德,否认在一次性囚徒困境博弈中合作是理性的,但承认在我们通常进行的重复博弈中合作经常是理

---

① 因为没有人提出在这种情况下,我们应当期望这两个解会出现,所以这些结果并没有怀疑平等主义解和功利主义解。如第 19.6.2 节中所看到的,实验证据的结果更支持平等主义规范。

性的。这样,公平规范可以被看作一种均衡选择工具,允许我们在这类博弈许多有效均衡中就某一个达成一致。

行为经济学家相信最后通牒博弈中可靠的实验结果反驳了休谟的观点。在最后通牒博弈实验中,最可能的报价是各 50%,三七开的报价要比没有报价更容易被拒绝。如果我们假设他们只是为了赚钱,那么这类结果肯定驳斥了实验对象正在进行最后通牒博弈子博弈完美均衡或其他任意均衡的说法。

通过假设实验对象有外生的效用函数并对公平有发自内心的喜欢,可以在一定程度上拯救这个理论。但对数据的这种解释说明我们在正确的博弈中使用了错误的偏好。我想这个解释只反映了真相很小的一部分。我赞成的解释是实验主体习惯于进行一个不同的博弈,所以我们在错误的博弈中利用近似正确的偏好解释数据。

阿罗悖论被认为说明只有独裁才可能是集体理性的,但他的假设没有包括柏克森福利函数。这个函数将社会公民的效用加总,从而为一个具有慈善性质的政府提供了公认的目标函数。一些经济学家认为这类福利函数对人与人之间效用可比较的假设是没有意义的。其他人则坚持,在公平和效率之间存在一个必要的平衡。这两个观点都没能通过批评者的仔细检查,而传统上也没有只从消费者商品角度来衡量福利的尝试。

哈萨尼的移情偏好理论提供了人与人比较的一个有意义方法,并且这个方法与传统经济学是完全兼容的。当潘多拉说相对于夏娃吃苹果,她更偏好于亚当穿蔽体的衣物时,就表达了一种移情偏好。

海萨尼要求潘多拉的移情偏好在冯·诺依曼和摩根斯坦意义上是一致的,并且她在对亚当和夏娃移情辨识上的努力完全成功。这就是说,潘多拉的个人偏好可能是吃苹果而不是穿蔽体的衣物,但如果亚当是遵守传统礼仪的,那么潘多拉的移情偏好将接受这一点,如果她是亚当,那么她也是遵守传统礼仪的。在这些假设下,哈萨尼提出潘多拉将总是认为亚当的个人效用 V 与夏娃的效用 U 等值。

让潘多拉成为一个慈善的哲学家国王并拥有执行法令的权力,我们就可以得到一个为功利主义辩护的观点,并且它对福利经济学也是有意义的。但我们必须记得潘多拉的移情效用不是边沁和穆勒提出的快乐单位。她不是在功利主义福利函数最大化的基础上做出分配决策。相反,为了让我们看到的分配决策有意义,我们对她的行为分配了一个功利主义的福利函数。

初始位置的设计为建立政治合法性民主原则的社会公正理论提供了一个可能的手段。它的思想是如果亚当和夏娃在不知道谁是谁的情况下讨价还价,他们将公平地划分剩余。博弈论确认了哈萨尼的说法,即如果博弈方以某种方式承诺尊重程序,那么结果将是功利主义的。

约翰·罗尔斯方法一个修订版本提出,在初始位置上的讨价还价将带来下面平等主义福利函数的使用:

$$W_R(x) = \min\{U(x_1 - \xi_1), V(x_2 - \xi_2)\}$$

如果讨价还价问题(X, ξ)中的可行集合是严格包容的,那么结果与平等主义讨价还价解相同。这是X的帕累托有效点,它落在经过ξ、斜率为U/V的直线上。

这个假设——如果根据亚当和夏娃移情偏好,初始位置包含了任何不公平的事情,他们将拒绝尊重初始位置——对维护罗尔斯的地位来说无足轻重。因此,平等主义仍可以作为公平均衡选择工具的一个备选项。现代公平理论是心理学的一个小分支,为这个说法提供了一些实证支持。

19.10 进一步阅读

Handbook of Experimental Economics,edited by John Kagel and Al Roth;Princeton University Press,Princeton,NJ,1995. 约翰·雷雅德(John Ledyard)对实验文献的综述揭开了现实中人们很少采用"搭便车"行为这个谜团。随着经验和涉及金额的增加,对公共产品的贡献水平稳步下降。始终学不会搭便车的实验主体只占总体中很小的一部分。

Game Theory and the Social Contract Vol. 2:Just Playing,by Ken Binmore;MIT Press,Cambridge,MA,1998. 这本书解释了如何利用博弈论将休谟的观点具体化为道德运作。

Rational Behavior and Bargaining Equilibrium in Games and Social Situations,by John Harsanyi;Cambridge University Press,New York 1977. 这本被忽视的书汇集了许多创造性的观点。

A Theory of Justice,by John Rawls;Clarendon Press,Oxford,UK,1972. 这本书被广泛认为是上世纪对道德哲学贡献最大的一本书。

19.11 练习

1. 有一个广为流传的故事,两个年轻的经济学家在和平时期的耶路撒冷与一个没有里程表的出租车司机讨价还价,在这个过程中,他们忽略了最后通牒博弈中的证据。与在旅程开始时就谈好价格相反,这个司机坚持在到达目的地时给他们一个公平的价格。经济学家们同意了,认为到时候他们的讨价还价地位应当更强。但当他们拒绝支付这个司机认为是公平的金额时,他们又被载回到他们来的地方,并把他们扔在大街上。这两个年轻的经济学家犯了什么错误?

2. 在福利经济学中,人们的外生效用函数是稳定的这一点为什么特别重要?

phil

3. 孔多塞的投票悖论只有在投票者缺乏足够的共同知识时才会起作用(第 19.3.1 节)。说明如果所有投票者对公共支出金额增加三个可能的选项都有单峰值的偏好,那么投票多数结果显示的公共偏好中不会产生不可传递性。这意味着没有投票者的效用函数在中间支出上有严格的最小值(因为这将意味着效用函数将在支出最大值和最小值上有两个峰值)。

4. 因为功利主义的福利函数要求人与人之间的效用比较，因此无法满足阿罗不可能定理的要求（第 19.7.1 节）。解释为什么定理的条件排除了这类人与人的比较。

5. 为什么纳什讨价还价解无法满足阿罗不可能定理的假设？

6. 森的悖论提出如果一个理性社会福利函数给每个公民在两个或两个以上社会选择上进行决策的权利，那么这种函数不可能是帕累托最优的。假设一个有权在 a 和 b 之间决策的公民在这些选项上是一个独裁者，在图 19.1(b) 的帮助下简要证明森的悖论。

7. 因为森的模型不允许公民独立地执行他们的权利，因此上一个练习中它对权利的定义受到批评。有一个备选模型被提出，其中在任意公民博弈中，公民有权利利用他们的任意纯策略。想象一下，通过将每个公民能采用的策略限定为他们在某个固定策略形式博弈中纯策略空间的子集，就可以发现所有这类公民博弈。如果社会结果是当前公民博弈的一个均衡，那么说明显示的公共偏好一般都是不可传递的。在这种设定下，森的悖论只会变得更糟。

8. 说明第 19.4 节的福利函数 W_{KS} 在卡莱—斯莫罗廷斯基讨价还价解上最大化。说明当可行集合 X 严格包容时，第 19.7.3 节的福利函数 W_R 在平等主义讨价还价解上最大化。

9. 第 19.4 节中提出只有利用盈余作为福利衡量指标才有意义这种说法。解释当有许多亚当和夏娃时，对上述观点的反对意见同样表现很好。

10. 画出一个埃奇沃斯盒，其中亚当和夏娃在禀赋点 E 上有相同的商品组合。说明一个瓦尔拉斯均衡 W。在点 V 上，亚当在 W 上的商品组合与夏娃的互换。解释为什么点 V 落在穿过 E 和 W 的直线上。为什么接下来可以说明 W 满足不妒忌条件？

11. 上一练习中描述了一个寻找满足不妒忌标准分配方案的方法。它是唯一一个这样的分配方法吗？

12. 哲学家诺齐克（Nozick）有一个故事描述了以前的一个篮球明星张伯伦（Wilt Chamberlain）。假设一个保持公平的政府在张伯伦和他的球迷之间重新分配财富，直到每个人的银行账户上有同样的钱。随后，张伯伦出售显示他技巧的票，票价比每个球迷实际愿意支付的略低。因此，他变得富有，财富的分配不再平等。但每个人都觉得比以前更好。将这个故事与不妒忌标准联系起来。它是否真的意味着在公平和效率之间存在必要的平衡？

13. 公平分配的经典切割和选择方法来自古代的葡萄收获季节。①亚当将蛋糕分为两份，由夏娃选择她喜欢的那一份。在这个练习中，亚当和夏娃对坚果和葡萄干有不同的偏好，而这两个东西在蛋糕中的分布是不均匀的。②

① 在一个伊索寓言中，一头驴子、一只狐狸和一只狮子必须分配打猎的战利品。驴子将杀死的猎物分为三堆并邀请狮子先选择。狮子的回应是把驴子给吃了。随后，狐狸的提议是让狮子在很大一堆和很小一堆猎物中进行选择。

② 如果蛋糕可以被完全拆分，把所有坚果给亚当，把所有葡萄干给夏娃，就可以解决问题。但分蛋糕所有正常的方法都是可以被观察到的。

a. 如果亚当切蛋糕使得他对两块蛋糕无偏好,说明最后的结果满足不妒忌标准。

b. 如果亚当偏好坚果而夏娃偏好葡萄干,亚当在知道夏娃的偏好时要如何让自己更好? 结果是否仍然满足不妒忌标准?

14. 第19.4节讨论了从他们消费杜松子酒和苦艾酒的角度来衡量喝马提尼酒的人的财富。为什么在亚当和夏娃之间平分可用的杜松子酒和苦艾酒是帕累托最优的? 为什么这个分配满足不妒忌标准?

15. 在上一个练习的例子中,一个哲学思想学派认为夏娃应该因为有难以满足的"香槟酒口味"而受罚。如果夏娃可能因为紧急医疗而需要马提尼酒,这个观点是否可能被接受?

16. 朗吉诺斯(Longinus)记录了亚历山大大帝与他的将军帕曼纽(Parmenio)在他们第一次大胜波斯人后,就波斯人提议的和平协议的谈话:

帕曼纽:如果我是亚历山大大帝,我会接受这个协议。

亚历山大大帝:如果我是帕曼纽,我也会这样做!

谁更好地理解了公理19.2的要点?

17. 我们在课本中简单化,只考虑潘多拉必须思考她在情况 x 中成为亚当或在情况 y 中成为夏娃这个不可预测事件。我们现在放弃必须包含不可预测事件的要求,并将(x, y)简单解释为意味着亚当处于情况 x 而夏娃处于情况 y。假设在公理19.1和公理19.2合适的版本下,说明对某些常数 A、B、C 和 D,潘多拉的移情效用函数 $w: \Omega \times \Omega \to \mathbb{R}$ 满足:

$$w(x, y) = Au(x)v(y) + Bu(x) + Cv(y) + D$$

18. 说明如果潘多拉的移情偏好独立于亚当和夏娃的效用水平(第19.5节),那么在上一个练习中 $A = 0$。针对第19.7.1节中对功利主义的辩护,利用这个结果得到更令人满意的版本。也就是说,用"潘多拉不认为当前位置有关"这个更小限制的要求代替"潘多拉像她最后各有 50% 可能性成为亚当或夏娃一样进行决策"这个要求。

19. 第11.3.3节利用下面的折扣和评价收入流 $m_1, m_2, \cdots$

$$u(m_1) + \delta u(m_2) + \delta^2 u(m_3) + \cdots$$

通过将亚当和夏娃解释为潘多拉未来的自己,上一练习的方法可以用来说明这类效用函数的合理性。为了得到折扣因子 δ,需要附加一个稳定性假设,即潘多拉未来的自己总是以相同的方法对待相同的未来。用公式将这个要求表示为一个公理。

20. 第16章练习28说明无论纳什的或卡莱—斯莫罗廷斯基的讨价还价解都是单调的。说明平等主义讨价还价解是单调的,但实用主义的则不是。

21. 通过选择合适的权重 U 和 V,我们可以令一个特定讨价还价问题(X, ξ)的纳什解、实用主义解和平等主义解中任意两个等价。利用第16.6.2节或别的方法,说明所有这三个解都是等价的。

22. 如果在分钱博弈中利用一个公平规范,爱丽丝是否想让她的权重 U 大于或小于鲍勃的权重 V?说明功利主义和平等主义会产生不同的答案。

23. 亚当和夏娃在没有外部选择的情况下进行讨价还价。博弈方 i 以比率 $\rho_i > 0$ 对时间折旧,同时必须在僵局时按比率 c_i 支付。第 17.5.3 节提出对讨价还价能力为 $1/\rho_i$ 时的讨价还价问题 (X, ξ) 利用广义纳什讨价还价解,其中 $\xi_i = -c_i/\rho_i$ (17.16 式)。说明当 $\rho_1 \to 0$,$\rho_2 \to 0$ 使得 $\rho_1/\rho_2 = r_1/r_2$ 时,这个纳什讨价还价解收敛到功利主义讨价还价解,其中权重 $U = r_1/c_1$,$V = r_2/c_2$。

24. 0-1 功利主义是功利主义的一个版本,为了比较人与人之间的效用,校准每个人的个人效用尺度使得他们最坏的可能结果是得到效用 0 而最好的结果是得到 1(第 19.5.1 节)。说明当只有两个候选人时,多数人投票应用 0-1 功利主义。这对 0-1 功利主义是好事吗?或对投票是坏事吗?

25. 如果在利用 0-1 方法时以理想化点作为第二基准点来进行人与人的效用单位比较,解释卡莱—斯莫罗廷斯基讨价还价解为什么可以被看作一种平等主义讨价还价解(第 19.5 节)。对我们应当将卡莱—斯莫罗廷斯基解看作罗尔斯式的解而不是平等主义解这种说法进行评论。

26. 外科医生有时候利用一个健康的肾脏来挽救肾衰病人的生命。但如果这个肾脏来自一个不愿意捐献它的活人呢?哈萨尼和罗尔斯在这个问题上的看法可能会有什么差别?

27. 给出一个例子说明讨价还价问题 (X, ξ) 功利主义解 h 不一定满足 $h \geqslant \xi$。为什么这个性质会带来执行问题?

28. 第 19.7.3 节提到罗尔斯在为他的平等主义版本辩护时,如何在初始位置上利用最大化标准。这个练习继续讨论这一点。一个不可预测的事件以相同的概率向博弈方 I 和博弈方 II 分配移情得益对 b 和 c。解释为什么期望效用理论可以辨识出 b 和 c 之间的不可预测事件 a,但最大化标准令它等同于一个三角形西南方的顶点 a,而这个三角形的其他两个顶点为 b 和 c。为什么当最大化标准代替期望效用最大化时,第 19.7.2 节中的集合 $A = \frac{1}{2}B + \frac{1}{2}C$ 必须由 $A = B \bigcap C$ 代替?这是否足以在初始位置上得到平等主义讨价还价解?

29. 如果将第 19.7.3 节中罗尔斯式的福利函数 W_R 应用到可行集合既不凸也不是包容的情况,可能产生非常不平等的结果。解释其中的原因。

▶ 第 20 章

负 责

20.1 机制设计

在爱丽丝的一次冒险中,她从国际象棋中的兵开始,最终上升到第八个级别成为皇后。类似地,我们现在从博弈主人——制定并执行规则的人——的角度而不是博弈方的角度来考虑负责问题。在最广泛的应用中,博弈主人代表了政府,而博弈方是这个国家的全体公民。目标就是设计一个博弈,其进行方法可以最大化政府的福利函数。

在谈到设计时,博弈的规则被称为**机制**。在一些领域,将机制设计视作经济工程的一个分支是合理的,因此这个术语特别合适。它在拍卖设计上的应用特别成功。尽管这并不意味着每个外生定理在实践中总能起作用,但有些设计的确是可靠的,能够在实验室中与这一理论准确预测的每个期望一起接受检验。一些政府在出售有价值的公共资产时聪明地采用正确的建议,这种尝试—检验的设计已经为它们带来了数十亿的额外收入(第 21 章)。

20.2 委托人和代理人

机制设计一个简单的例子看上去是第 1.10.2 节中公地悲剧问题的一个"解"。太多的山羊会使得可用的草地过度放牧。一个社会计划者有力量控制山羊的数量,但不太了解放牧山羊的情况。因此,她没收了所有生产的羊奶,并在山羊放牧家庭中重新平等分配。这样,放牧家庭就成为这个计划者所设计博弈中的博弈方。在这个博弈的一个纳什均衡上,每个家庭选择保留的山羊数量会使得山羊的总数达到社会最优化。

在经济学的语言中,这个故事中的社会计划者是一个**委托人**,而山羊放牧家庭则是**代理人**。在这样一个委托人—代理人问题中,委托人有一个自己想最大化的效用函数,但当场决策的却是代理人,他们的偏好和判断不可能与委托人恰好一致。对于委托人来说,坏消息是代理人偏好于不按她说的那样做,但代理人的判断与她不同可能也是一个好消息，因为这可能意味着对于如何达到她的目标，代理人可能要比她拥有更多信息。

通过创造一个让代理人进行的博弈并向代理人提供激励使得他们朝着她的目标而不是他们自己的目标努力，委托人可以解决自己的问题。她的问题经常退化为决定什么激励可以劝说代理人揭示他们的私人信息。例如，在公地悲剧中，社会计划者需要知道在公共草地上放牧多少只山羊可以最大化羊奶的总产量，而这件事只有山羊的放牧者才知道。

20.2.1　所罗门的审判

圣经给出了委托人—代理人问题一个早期的例子。当两个妇女在所罗门国王面前争论谁是一个婴儿的母亲时，他给出了著名的提议，即将这个婴儿撕成两半，两个称自己是他母亲的人各得到一半。假的母亲同意这个判决，但真的母亲"疼爱自己的儿子"，所以她乞求这个婴儿归自己的对手而不是被砍成两半（1 国王：3∶26）。这样，所罗门就知道谁是真正的母亲并把婴儿判给了她。

实际上，这个圣经故事并没有起到很好地支持所罗门传奇式的智慧。如果假母亲有更策略性的头脑，他的计划将会失败。考虑是否有更好的计划可以让我们先看一下博弈理论家在机制设计中如何构建问题。

所罗门是委托人。两个代理人是原告和被告。在所罗门必须构建的贝叶斯博弈剧本中有两个角色。两个可能的演员是特鲁迪（Trudy）和芬妮（Fanny）。特鲁迪是真的母亲，芬妮是假的母亲。扮演者的角色安排可能发生变化，或者特鲁迪是原告而芬妮是被告，或者正好相反。所罗门的目标是最大化将婴儿判给真母亲的概率，但他并不知道每个代理人是什么类型。

为了让事情简单一些，我们假设特鲁迪将为她的孩子支付她在世界上所有的一切，但芬妮只会支付较少的金额这一点是共同知识。可以证明，特鲁迪成为原告而芬妮成为被告的确切概率在这时就不再重要了。

下面的机制达到了最优结果，即孩子必定判给真的母亲。图 20.1(a)说明了这个剧本。原告首先行动，称自己是或不是母亲。如果她否认自己是母亲，那么孩子判给被告。如果她称自己是母亲，那么被告必须说明自己是不是母亲。如果她否认自己是母亲，那么孩子将判给原告。如果两个妇女都称自己是母亲，孩子将判给被告，并且两个妇女都会被罚款。

在图 20.1(b)中，f 是芬妮对孩子的估价，t 是特鲁迪的估价。所罗门已经利用他久负盛名的智慧来设定罚金 F，使得 $f < F < t$。双实线说明应用逆推法的结果。当扮演者们采用这个子博弈完美均衡时，特鲁迪总是得到孩子，并且没有人支付罚金。

517

fun

→ 20.3

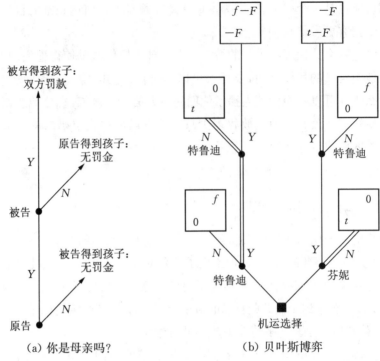

被告得到孩子:
双方罚款

原告得到孩子:
无罚金

被告

被告得到孩子:
无罚金

原告

(a) 你是母亲吗?　　　　　　　(b) 贝叶斯博弈

图 20.1　所罗门的审判

20.3　承诺和签约

这一节解释人们在什么时候可以利用机制设计来解决委托人—代理人问题。图 20.2 说明了一个简单情况的处理程序。

20.3.1　道德风险

图 20.2 的博弈从一个决定扮演者类型的演员表开始。不一定需要假设扮演者了解他们自己的类型而委托人什么也不了解,但这是最通常的假设。随后,委托人选择一个机制,规定代理人将进行博弈的规则。

如果委托人不是政府,她通常需要与代理人签订一个合同,保证他们将遵守她的规则。如果代理人有能力对任何合约的条款进行承诺,那么无论委托人选择在合约中写什么,她的问题就变得相对直接一些,但代理人几乎从来都没有这样的承诺能力(第 5.5.2 节)。因此,唯一有效的合同是那些可以被执行的,因为它们以书面形式记录下来并且能在法庭上被验证。

例如,一个雇主可能希望她的工人更加努力工作,但又不能严密监控他们。工人可能承诺如果报酬增加,他们会更努力地工作。但经验说明对雇主来说,依赖于工人道德上的是非之心去执行这一协议是冒风险的做法,是不明智的。因此,经济学家称雇主面临一个**道德风险**问题。

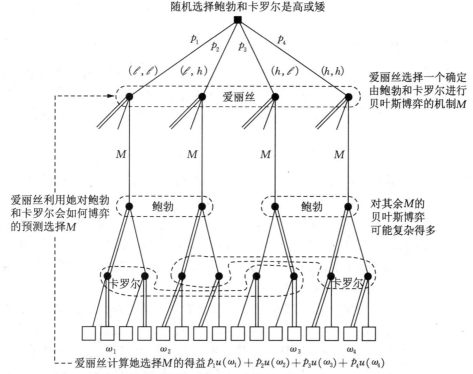

在给出的情况中,演员表首先确定哪个演员扮演鲍勃和卡罗尔的角色。鲍勃的角色可能由高先生或矮先生扮演,卡罗尔的角色则由高女士或矮女士扮演。爱丽丝无法从演员表中得到关于结果的任何信息。扮演鲍勃和卡罗尔的演员知道自己的类型,但不知道扮演另一个角色演员的类型。

图 20.2　选择最优机制

20.3.2　逆选择

经常在一个**隐藏行为**问题中谈到道德风险问题,其中受代理人控制的努力或一些其他变量无法得到检验。委托人需要将她提供的激励与产出等一些可检验的变量联系起来。但是,在**隐藏类型**问题中也产生了同样的问题。

一个慈善的政府希望通过发放福利支票来减缓穷人的困境。但谁是穷人? 政府可能分发一个调查问卷,询问所有公民他们富有或贫穷,但将这些结果调查作为真实情况是愚蠢的。我们都知道,如果说"是"可以得到福利支票,说"不"则得到税单,那么一些人会撒谎。一旦其他人的不诚实将社会系统带到无名誉可言的状况,诚实的人要保持他们在道德上的是非之心并不容易。

委托人如果认识到不可能简单地要求代理人揭示自己的类型,就会理解提供激励引导代理人揭示这一私人信息的必要性。当激励无法使不同类型的代理人得到充分区分时,就会产生**逆选择**问题。例如,如果一家保险公司没有认真设计一个产品的规则,那么只有高风险类型的人会选择购买这一产品。它的客户将是自我选择的,但都会对保险公司的利润产生不利影响。

20.3.3　预测代理人的博弈行为

爱丽丝在选择图 20.2 中的机制时并不知道代理人鲍勃和卡罗尔的类型，而这两个代理人将进行她所选择机制决定的贝叶斯博弈。通过计算博弈的贝叶斯—纳什均衡，她预测对可能选择的每个博弈，她可以从代理人行为中得到期望效用。

一个理论问题是博弈一般有多个均衡(第 8.5 节)。爱丽丝可能用各种方法解决这个问题。她可能将注意力集中到只有一个均衡的机制上。如果她有抱负，则可能只看鲍勃和卡罗尔各有一个策略强优于竞争策略的机制。但加上这样的约束通常会使爱丽丝在总体上损失一些效用。她的另一个选择是容忍多个均衡的机制，希望在她推荐自己想要的那个特定均衡时，代理人会接受她作为一个协调人。如果鲍勃没理由怀疑卡罗尔将听从爱丽丝关于如何进行博弈的建议，那么对他来说，同样听从爱丽丝的建议将是最优选择。

无赖和流氓？ 现实生活中，有时候委托人会低估人类对新制度改变自身行为的容易程度，从而无法看到计算一个均衡的必要性。相对于计算自己选择机制所创造新博弈的均衡，他们偏好于假设人们会继续采用他们在以前进行过的博弈中用过的策略。如在图 20.3(a)中红桃皇后正在向爱丽丝解释的那样，这种短期态度是大多数大规模社会计划应用失败的一个主要原因。

(a)　　　　　　　　　　　　(b)

在图 20.3(a)中，红桃皇后正在向爱丽丝解释她需要利用纳什均衡来预测鲍勃和卡罗尔将对自己的机制设计做出怎样的反应。在图 20.3(b)中，鲍勃正在向爱丽丝和卡罗尔解释他不幸的个人情况，要求卡罗尔应该承担为爱丽丝公共项目融资的负担。

图 20.3　谁来付钱？

有时候，委托人反对在"道德"基础上利用均衡预测人类的行为。当引用休谟关于政府官员应当总被看作无赖和流氓这个说法时，他们的反应是在宪法中建立这样的假设使得人们将真的像无赖和流氓一样行动。幸运的是,美国宪法的制定者们没有那么天真。他们认为除非采取积极措施来阻止这种逆选择,否则无赖和流氓将必然会被吸引到权力地位上。

现实生活中的一个故事说明了这两个观点。一个大学健康计划控制团体的新主席提出赞成废除该计划的一种共同支付安排。这些安排要求你自行支付医疗费用中的前100美元左右,目的是阻止对服务的随便使用。为了弥补失去的收入,这个主席提出增加收费直到足够覆盖前一年共同支付的金额。当这个委员会中的经济学家以增加的费用要比这一支付更多为理由提出反对时,让其他人对是否认为"人们会在他们不需要时看医生"进行了一次投票。只有经济学家对这个另有深义的问题说"是",但最终结果是没有足够的钱来支付下一年的账单。此事带来的教训是,如果改革者不能切实地了解人们对他们做出的变动将有什么反应,那么他们带来的伤害可能要大于带来的好处。

20.3.4 委托人的承诺

在自己可能设定让代理人进行的每个贝叶斯博弈中,委托人找到均衡结果下她的期望效用后,就回到图20.2中的信息集,在这个集合中她选择任意一个令她期望总效用最大化的机制。

每个人都相信爱丽丝会忠于她最后选择的机制这一点十分重要(第5.5.2节)。例如,在过程结束时,代理人揭示的私人信息令委托人希望她选择的是另一个不同的机制,但她不能随意改变她的想法,这一点至关重要。如果她能够改变想法,鲍勃和卡罗尔就不会相信他们正在进行的博弈和爱丽丝所说的那个博弈是同一个,并且她的计算将失去价值。

哈梅林(Hamelin)的镇政务会是委托人不尊重自己所提出的激励的一个突出例子。在吹笛手清除了哈梅林镇的鼠灾后,政务会拒绝支付事先商定的费用。即使吹笛手并非那种与之为敌显然不明智的人,但镇政务会失去他们诚实交易的声誉这一点也是很愚蠢的。在看到他们欺骗自己的代理人后,明天还有谁会愿意充当他们的代理人? 不幸的是,现代的政府经常犯类似的错误,因此丧失了利用机制设计方法的机会。在这个方面,较小的委托人比较容易解决问题,他们可以在与其代理人的可执行合约上加上自己的签名。

20.4 揭示原理

如所罗门审判中一样,最优的机制设计经常简化为寻找一个劝说代理人说出自己真实类型的方法。

在第1.10.2节的放牧山羊机制中,委托人**间接**地发现了牧羊人的类型。与简单地要求代理人告诉自己在公共地区放牧多少山羊将最大化羊奶产出不同,她从自己所选机制的规则施行后每个家庭保留山羊的数量来推断这一点。所罗门的机制是一个**直接**机制的例子。对代理人来说,一个简单策略是说明自己属于可能类型中的哪一个。

下面的定理被称为**揭示原理**。尽管它特别容易证明,但没有它是很难理解人们如何设计最优机制的。

定理 20.1(吉伯特(Gibbard)) 在由机制 M 推导得到的博弈 G 中,一个贝叶斯纳什均衡带来的任意结果 x 可以通过博弈 H 中一个说真话的贝叶斯—纳什均衡得到,其中博弈 H 是从一个直接机制 D 中推导得到的。

证明: 为了在一个直接机制下实现 x,委托人只需要宣布使用机制 M,并提议在选择 M 使代理人不得不进行的博弈 G 中,代理人不需要麻烦地说明他们会使用什么策略,而只需要告诉她他们的类型。对每一类角色,她承诺使用的策略就是这个角色在博弈 G 的贝叶斯—纳什均衡中使用的策略,并且这个博弈 G 的结果为 x。

假定所有其他角色计划说出真相,那么每个角色都有说出他或她真实类型的激励。误导委托人不会带来任何好处。你最不想让她做的事就是代表你采用那个,如果给你机会,肯定不会选择的策略。

揭示原理不能给出得到最优结果的魔法(第1.10.3节),而只是说明如果某件事从根本上是能够做的,那么通过要求人们揭示自己的真实类型,这件事可以以某种方法做到。在所罗门的审判中,最优的结果正好在所罗门的可行集合中,但在特定情况下委托人能够知道或做什么的限制,通常迫使最优机制的设计者得到次优的结果。

20.5 提供公共品

政治哲学家有时候提出我们同意交税是为了享受政府随后提供的公共品。作为应用揭示原理的一个练习,我们来看看这个故事中隐含的委托人—代理人问题简单模型的两个版本。

20.5.1 路灯问题

鲍勃和卡罗尔是风险中性的邻居,都将从他们房子外的一个路灯中获利。这个好处对鲍勃的价值为 b,对卡罗尔的价值为 c,但安装一个路灯的成本为1(千美元)。鲍勃和卡罗尔想要路灯的愿望是否大到足够让他们两人支付这个费用?如果是,他们应该如何分摊这个成本呢?

爱丽丝计划通过设计一个解决这些问题的机制来帮助鲍勃和卡罗尔。她可能首先分别询问他们对路灯的喜欢程度,但如果博弈方意识到他们的回答将影响到自己要为提供这个路灯而支付的金额时,爱丽丝听到的可能全都是悲伤的故事,就像图 20.3(b)中鲍勃对爱丽丝和卡罗尔所说的那样。但如果鲍勃和卡罗尔都试图说服爱丽丝他们对路灯的喜爱不足以让他们多支付一些钱,爱丽丝将无法了解由她来提供路灯是不是一个好主意(第 1.4 节)。为了得到一个自己更喜欢的结果,爱丽丝需要鲍勃和卡罗尔揭示她所需要的信息,因此她要为鲍勃和卡罗尔提供合适的激励。

委托人的动机。 告诉爱丽丝在为鲍勃和卡罗尔设计机制时应当努力去达到什么目标,这并不是博弈理论家的事(第 19.7 节)。爱丽丝选择哪个福利函数有她个人或道德上的理由,博弈理论家对机制设计的建议只是简单地把这个福利函数作为解决他们问题的公理之一(第 19.4 节)。

在我们问题的第一个版本中,我们假设爱丽丝的目标是最大化自己的期望美元利润,约束条件是当且仅当路灯带给鲍勃和卡罗尔的好处之和 $b+c$ 不小于成本 1 时才提供路灯。

委托人约束。 如果爱丽丝知道鲍勃和卡罗尔的估值,她的任务很简单。当且仅当 $b+c \geqslant 1$ 时,她将提供路灯,并且为自己的服务向鲍勃收取 b、向卡罗尔收取 c。因为爱丽丝没有鲍勃和卡罗尔的估值情况,因此这个最优结果是不可维持的,但她几乎不可能真是什么都不知道。

我们假设代理人的估值以等概率在 l 或 h 中独立选择这一点是共同知识,其中 $0<l<h<1$。为了令问题有趣,我们也假设 $2l<1 \leqslant h+l$,所以爱丽丝需要找到一个机制。在这个机制下,除非鲍勃和卡罗尔都有低估值 l,否则总是提供路灯。

对爱丽丝寻找最优机制来说,揭示原则可以帮到大忙。她不需要在所有可能机制这个大空间中搜寻,而只需要考虑直接机制的说真话均衡。在这样一个机制中,鲍勃和卡罗尔的扮演者简单地说出自己的估值是 l 或 h。

图 20.4 给出在对称地对待鲍勃和卡罗尔这一假设下爱丽丝控制的参数。在我们目前考虑的这种情况中,爱丽丝必须从设定 $\alpha=0$ 和 $\beta=\gamma=1$ 开始。随后,她必须选择费用表格,这个表格规定了在接下去各种可能的情况中鲍勃和卡罗尔的期望支付,使得两个角色都没有撒谎的动机。如果两个角色不是都有低估值,她将总是提供路灯。爱丽丝想从具有这些属性的所有机制中选择令她期望利润最大化的机制。

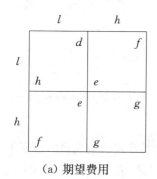

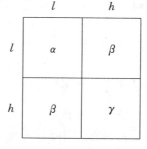

(a) 期望费用   (b) 提供概率

图 20.4　路灯问题中对称性的设计参数

激励相容。如果扮演者总是说真话,一个有着低估值的扮演者将不得不平均支付给爱丽丝 $L = \frac{1}{2}(d+e)$,一个高估值的扮演者则平均要支付 $H = \frac{1}{2}(f+g)$。但这些成本的发生符合他们的利益吗?

如果扮演者相信其他扮演者将会说真话,那么在下面的激励约束满足时,自己也说真话是他们的最优选择:

$$\frac{1}{2}l - L \geqslant l - H \tag{20.1}$$

$$h - H \geqslant \frac{1}{2}h - L \tag{20.2}$$

图 20.5(a)说明 (L, H) 受不等式 $\frac{1}{2}l \leqslant H - L \leqslant \frac{1}{2}h$ 约束的区域 I,而这个不等式是由上面两个约束条件简化得到的。

激励约束来自哪里?(20.1)式左边是 l 先生说真话时得到的。他期望支付 L,但只有一半的时间他会与 h 先生相匹配,所以他的得益只是 $\frac{1}{2}l$。右边是 l 先生假装自己是 h 先生时得到的。这时,他期望支付 H,但现在路灯总是被提供的,所以他的得益是 l。类似地,(20.2)式说明 h 先生说真话时与假装是 l 先生时得到的至少一样多(因为每件事都是对称的,因此我们不需要 l 女士和 h 女士的另外两个不等式)。

参与。大家都同意没有人给我们在交税上的选择权,从这一点来看,政府是一个神话。现实中的政府惩罚试图脱离税收体系的公民。但在我们的路灯问题中,没有什么强迫鲍勃和卡罗尔签约采用爱丽丝的机制。为了让他们说出自己的类型,直接机制必须给他们一个不少于他们外部选择 0 的期望得益。因此,我们需要加上下面的参与约束:

$$\frac{1}{2}l - L \geqslant 0 \tag{20.3}$$

$$h - H \geqslant 0 \tag{20.4}$$

图 20.5(a)说明 (L, H) 在这些约束下的区域 P。爱丽丝必须使得 (L, H) 在可行集合 $S = I \bigcap P$ 中以同时满足激励约束和参与约束。

最优利润。爱丽丝的期望费用收入为:

$$R = \frac{1}{4}\{2d + 2(e+f) + 2g\} = L + H$$

她提供路灯的期望成本为 $C = \frac{3}{4}$。因此,最大化她的期望利润 $\pi = R - C$ 和最大化她的收入是同一回事。

由于必须在四个决定可行集合 S 的线性不等式约束满足的情况下最大化线性函数 R,因此我们要解一个简单的线性规划问题(第 7.6 节)。图 20.5(a)说明最大化发生在点

$$m = (L, H) = \left(\frac{1}{2}l, \frac{1}{2}(l+h)\right) \qquad (20.5)$$

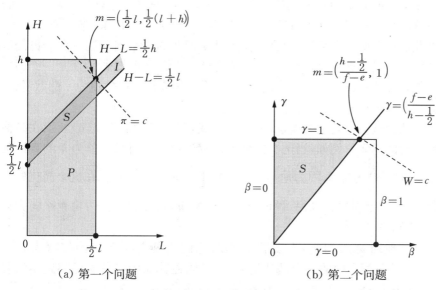

(a) 第一个问题　　　　　　　(b) 第二个问题

图 20.5　路灯问题中的可行集合

　　因为高估值者更可能想假装成低估值者,而一个低估值者更可能完全不想参与,因此发挥作用的约束条件是高估值者的激励约束和低估值者的参与约束。事先猜测哪些约束条件将发挥作用经常能极大地减少烦人的代数运算。

　　图 20.6(a)显示了与最优化条件(20.5)式相容的一个可能费用方案。

　　爱丽丝的最优期望利润被证明是:

$$\pi = l + \frac{1}{2}h - \frac{3}{4}$$

它不一定是正的$\left(例如,如果\ l = \frac{1}{3}\ 而\ h = \frac{2}{3}\right)$。爱丽丝随后将为鲍勃和卡罗尔提供补贴来让这个机制运作起来。

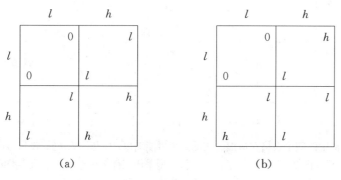

(a)　　　　　　　　　　　(b)

图 20.6　路灯问题中的最优费用安排

其他均衡？在爱丽丝通过采用图 20.6(a)费用方案创造出来的贝叶斯博弈中，说真话是一个贝叶斯—纳什均衡。但如果有其他的均衡，鲍勃和卡罗尔将如何解决他们在这个博弈中的均衡选择问题？图 20.7(a)使得我们开始考虑这个问题。它说明鲍勃和卡罗尔必须进行的贝叶斯博弈中所有烦人的细节(本章练习 2)。

在我们加上所有细节后，说真话是贝叶斯博弈的一个均衡这一点不再是显而易见的。为了确定这一点成立，先要注意到对低估值类型来说，说谎是一个弱劣策略。例如，l 先生的潜在得益大多为零，但如果他选择称自己估值为 h 的撒谎策略，有时候他得到负得益 $-\Delta$。

删除两种低估值类型的弱优势策略后，我们就到了图 20.7(b)所示在高估值类型间进行的博弈。例如，当两个高估值者都选择说出自己估值为 h 的真话策略时，h 先生的得益为 $\frac{1}{2}\Delta$，因为他与 l 女士博弈的概率为 50%。在这个简化的博弈中，对两个高类型博弈者来说，说谎是一个弱劣策略。因此，在两轮删除弱劣策略后，我们得到说真话均衡。

没有其他对称的均衡，但要找到非对称的均衡并不难。例如，(l, h^*) 是图 20.7(b)简化博弈中的一个纳什均衡，这说明在其他所有扮演者都诚实的假定下，如果 h 先生对他的类型撒谎，那么 (l, h^*) 将是整个博弈中的一个贝叶斯—纳什均衡。爱丽丝不会喜欢这个备选均衡，因为在这个均衡中，她无法实现自己的首要目标——当提供路灯是社会最优选择时总是提供路灯。

(a) $\Delta = h - l$

(b)

图 20.7(a)中的四个表格对应演员表的四个可能结果：ll，lh，hl，hh。带星号的行动是相应情况下演员说真话。图 20.7(b)给出了在低估值类型采用弱优势策略时高估值类型间的博弈。

图 20.7 图 20.6(a)费用计划的贝叶斯博弈

对我们已经提出的均衡选择问题,爱丽丝能做些什么呢?爱丽丝可能觉得说真话是鲍勃和卡罗尔的聚点,因此她不需要为此担心。如果爱丽丝没有这么乐观,她可能通过发行一个手册来宣传在进行她的博弈时说真话的好处。在她极力提倡这种说法时,可能会包含通过不断删除弱劣策略来排除其他均衡这一事实。

但鲍勃和卡罗尔是否会相信呢?在爱丽丝的费用安排下,对扮演者来说,其他均衡是在说真话均衡基础上的一个帕累托改进。[①]因此,如果可以,他们将受诱惑在事先达成共谋,即卡罗尔说真话但鲍勃总是称自己是低估值者。

优势策略? 爱丽丝的确希望在设计机制时,除了说真话均衡外没有其他选择。在理想状态下,她希望说谎总是一个严格劣势的策略,因此在决定说真话是最优选择时,扮演者甚至不需要了解演员阵容变化或其他扮演者计划的任何信息。在路灯问题上,她离这种理想状态有多远呢?

通过利用图 20.6(b)中的另一种费用安排,爱丽丝在一轮弱劣策略删除后几乎可以得到说真话均衡(本章练习 2)。[②]但现在存在对称的说谎均衡,对鲍勃和卡罗尔来说,这代表了在说真话均衡基础上的一个帕累托改进(本章练习 3)。

在机制设计问题中,出现这类其他均衡的频率很高,因此忽略它们的存在这种通常的做法是以往研究中一个小的不足。

20.5.2 平衡预算

在路灯问题的第二个版本中,我们改变爱丽丝的目标函数,使得她变得更为慈善。现在她放弃盈利而只坚持在所有可能或有费用下达到预算平衡。假设只有在提供路灯时才支付费用,这意味着在图 20.4(a)中 $d = g = \frac{1}{2}$ 并且 $e + f = 1$。

受制于她的预算平衡,爱丽丝试图最大化下面功利主义的福利函数:

$$W = \frac{1}{2}\left\{\alpha\left(l - \frac{1}{2}\right) + \beta(l + h - 1) + \gamma\left(h - \frac{1}{2}\right)\right\} \qquad (20.6)$$

我们可以把这个式子解释为对称对待鲍勃和卡罗尔时两人的期望净得益。

在图 20.4(b)中,爱丽丝想设 $\alpha = 0$ 且 $\beta = \gamma = 1$,但从我们对路灯问题前一个版本的分析中可以知道,当 $l + \frac{1}{2}h < \frac{3}{4}$ 时,她不是总能达到预算平衡。因此,我们对 h 和 l 增加了一个限制,要求 $0 < l < \frac{1}{2} < h < 1$ 并且 $l + h \geqslant 1$。现在的一个最优机制仍假设 $\alpha = 0$ 且 $\gamma = 1$,但我们必须令 $\beta < 1$ 使得高估值类型保持诚实。

---

① h 女士的得益从 $\frac{1}{2}\Delta$ 提高到 Δ 而其他扮演者都保持不变。爱丽丝的期望利润从 $l + \frac{1}{2}h - \frac{3}{4}$ 减少到 $l - \frac{1}{2}$。

② 但这一点并不是完全成立的,因为在严格意义上,一个高估值类型不会比说真话做得更好(本章练习 4)。

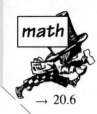

→ 20.6

博弈论教程

528

解决第二个路灯问题。我们首先集中所有约束条件。下列式子中的第一列给出所有激励约束,第二列给出参与约束,第三列防止爱丽丝设计一个现实中不可行的机制:[1]

$$pl - L \geqslant ql - H \qquad pl - L \geqslant 0 \qquad 0 \leqslant \alpha \leqslant 1$$
$$qh - H \geqslant ph - L \qquad qh - H \geqslant 0 \qquad 0 \leqslant \beta \leqslant 1$$
$$0 \leqslant \gamma \leqslant 1$$

在这个列表中,$p = \frac{1}{2}(\alpha + \beta)$ 和 $q = \frac{1}{2}(\beta + \gamma)$ 是高估值和低估值类型都说真话时,两个类型分别认为"路灯会被提供"这个事件发生的可能性。数量 $L = \frac{1}{4}\alpha + \frac{1}{2}\beta e$ 和 $H = \frac{1}{4}\beta f + \frac{1}{2}\gamma$ 分别是高估值和低估值类型期望在他们都说真话时支付的费用。

第二列中的参与约束简化为:

$$\beta\left(e - \frac{1}{2}\right) \leqslant (\alpha + \beta)\left(l - \frac{1}{2}\right) \tag{20.7}$$

$$\beta\left(f - \frac{1}{2}\right) \leqslant (\beta + \gamma)\left(h - \frac{1}{2}\right) \tag{20.8}$$

由于 $l < \frac{1}{2}$,(20.7)式告诉我们 $e \leqslant l$(除非 $\beta = 0$)。

第一列中的激励约束简化为:

$$\left(l - \frac{1}{2}\right)(\gamma - \alpha) \leqslant \beta(f - e) \leqslant \left(h - \frac{1}{2}\right)(\gamma - \alpha) \tag{20.9}$$

在最优机制中,$f - e = 1 - 2e \geqslant 1 - 2l > 0$。因此左边的不等式自动满足,因此从现在开始可以忘记它。

我们现在可以说明在最优机制中 $\alpha = 0$(本章练习 5)。随着 α 从 0 开始上升,目标函数 W 在其他参数值固定的情况下逐渐变小。同时,根据(20.7)式和(20.9)式右边的不等式,由 α 决定的其他参数向量可行值集也不断缩小。因此,如果在 $\alpha = 0$ 的情况下对其他参数值进行最优化,我们也就达到了整体的最优化。

在令(20.7)式中 $\alpha = 0$ 后,不等式失去了任何用处,不用再考虑它们。因为当 $\alpha = 0$ 时由(20.9)式右边的不等式可以得到(20.8)式,因此也可以将(20.8)式抛开。这样,我们的约束条件集合为:

---

[1]   在路灯问题的前一个版本中,我们很幸运能够不用考虑这类约束,但爱丽丝在其机制中加入永动机或其他物理上不可能的装置明显是不被允许的。很难不注意到,概率必须在 0 到 1 之间,但现实的约束并不总是很容易被发现。有时候,你只能希望你已经包含了所有重要的约束条件。为了确定你做到了这一点,总是写下一个实现最优推测结果的特定机制,来确定它是真正可行的。

$$\beta(f-e) \leqslant \left(h - \frac{1}{2}\right)\gamma$$

$$0 \leqslant \beta \leqslant 1$$

$$0 \leqslant \gamma \leqslant 1$$

图 20.5(b) 给出了对 e 和 f 的固定值来说,这些线性不等式决定的可行集合 S。注意到,因为 $l + \frac{1}{2}h < \frac{3}{4}$,$f - e > h - \frac{1}{2}$,因此 $W = \frac{1}{2}\beta(l+h-1) + \frac{1}{2}\gamma\left(h - \frac{1}{2}\right)$ 在

$$m = (\beta, \gamma) = \left(\frac{h - \frac{1}{2}}{f - e}, 1\right)$$

上最大化。它仍然要选择最优的 e 和 f。在约束条件 $e + f = 1$ 和 $e \leqslant l$ 下,我们通过令 $e = l$ 和 $f = 1 - l$ 使 W 最大。图 20.8 总结了最优设计参数。对鲍勃和卡罗尔来说,期望净得益为下面这个正数:

$$W = \frac{1}{4}(h-l)\left(\frac{2h-1}{1-2l}\right)$$

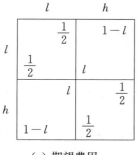

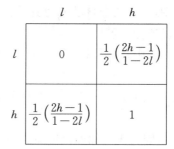

（a）期望费用   （b）提供概率

图 20.8　第二个路灯问题中的最优参数

值得注意的是,当一个代理人称自己是低估值而另一个代理人称自己是高估值时,最优的直接机制要求爱丽丝在是否供应公共品上随机决策。但如果你向一个政府官员解释为什么要这样做,你可能很快就会被赶走（第 6.3 节）。另一方面,它与现实中发生的情况相差不远。我们投票选举使政治家得到权力,并为他们的税收需要付钱,但很少有人会想到这些政治家背离其选举承诺的可能性是很高的。

20.5.3　克拉克—格罗夫斯(Clarke-Groves)机制

在提供公共品时从不情愿的代理人那里得到关于他们类型真相的传统方法被称为克拉克—格罗夫斯机制。只有当不考虑预算平衡或参与约束时,不经加工地使用这里描述的这一机制才是有意义的。

爱丽丝是路灯问题一个版本中的委托人,在这个版本中有 n 个风险中性的房

→20.6

屋所有人。她决定当且仅当：

$$b_1 + b_2 + \cdots + b_n \geqslant C$$

时提供路灯，其中 b_i 是第 i 个屋主认为一个路灯带来的得益，C 是提供一个路灯的成本。她利用下面的程序从代理人那里得到真相：

第一步，在知道他们可能撒谎的情况下，要求每个代理人给出提供一个路灯带给他或她的美元价值 $\beta_i \geqslant 0$。除代理人 j 外其他人给出的总得益为 $B_j = \sum_{i \neq j} \beta_i$。

第二步，当且仅当 $B = \beta_1 + \beta_2 + \cdots + \beta_n \geqslant C$ 时提供路灯。

第三步，当 $B_j < C$ 但 $B \geqslant C$ 时，代理人 j 是支持提供路灯的关键行为人（第13.2.4节）。令每个这类代理人支付 $C - B_j$，这可以被解释为他的关键行为对团体强加的净成本。

在这个机制创造的贝叶斯博弈中，演员表分配给一个扮演者第 j 个屋主的角色——b_j 先生，他对提供一个路灯支付的美元价值为 b_j。如果你是 b_j 先生，可以证明无论其他人是否知道演员表分配给其他代理人的估值，说出自己的真实估值总是你的最优选择。

我们说明在对包含了所有可能性的三种情况来说，这一点总是成立的。在第一种情况中，你无法令自己成为关键行为人（因为 $B_j \geqslant C$）。在第二种情况中，你可以令自己成为关键行为人，但你并不想这样（因为 $B_j < C$ 且 $b_j - (C - B_j) < 0$）。在第三种情况中，你可以令自己成为关键行为人并且也想这样做（因为 $B_j < C$ 且 $b_j - (C - B_j) \geqslant 0$）。

情况 1：因为总是提供路灯并且无论你做什么都不需要付钱，因此你还是说真话好。

情况 2：因为无论你如何避免成为关键行为人，你的得益都是 0，因此你还是说真话好。因为当 $\beta_j = b_j$ 时，$B = \beta_j + b_j < C$，因此说真话使你不会成为这种情况中的关键行为人。

情况 3：因为即使你使自己成为关键行为人，你得到的支付还是 $b_j - (C - B_j)$，因此你还是说真话好。因为当 $\beta_j = b_j$ 时，$B = \beta_j + b_j \geqslant C$，因此说真话使你在这种情况下成为关键行为人。

总之，无论发生什么情况，你总是通过说真话最大化你的得益。说真话是这个博弈的弱优势策略。[①]

20.6 执行理论

人们为什么不能像蚂蚁或蜜蜂那样合作？根据霍布斯在很久前的解释，原因

---

① 我们没有完全证明这一点。我们也需要说明说真话有时候严格优于任何其他策略（第5.4.1节）。但在 $\beta_j < C - B_j \leqslant b_j$ 的那些情况中，你不想宣布 $\beta_j < b_j$。在 $\beta_j \geqslant C - B_j > b_j$ 的那些情况中，你不想宣布 $\beta_j > b_j$。

在于一个昆虫群体中的工人们有相同的偏好,但每个人类的偏好是不同的。因此,我们不能希望人类社会达到群居昆虫不断进化后找到的最优解。我们的委托人—代理人问题通常只有次优解(第 20.5.2 节)。

空想家对我们属于次优种族这一点的讨厌程度不会比他们对囚徒困境中理性成为缺点这一点的喜欢程度更高。因为他们要求一个圆是正方形的,因此通常做什么都无法取悦他们,但执行理论研究的是例外情况。它讨论在什么时候机制构建可以使它们所带来博弈的均衡结果总是满足事先确定的福利标准。①

与共谋形成一样,执行理论这个新出现的话题在解决所有难题前还有很长的路要走,但这个事实并没有得到应有的广泛承认。

20.6.1 社会决策规则

在阿罗悖论中,委托人将代理人的偏好组映射到一个社会偏好上(第 19.3.1 节)。类似地,一个帕格森主义的委托人加总代理人的效用函数得到一个社会的效用或福利函数(第 19.4 节)。这类委托人最后得到的社会标准可以应用到社会可能面对的所有可行集合。执行理论没有这样野心勃勃。它将注意力放在社会决策规则的执行上。

社会决策规则将偏好组映射到其他可用选择的子集上。例如,如果其他选择的集合由埃奇沃斯盒中的所有交易构成,那么一个社会决策规则将亚当和夏娃的偏好(由他们的无差异曲线表示)映射到合同线上[图 9.3(d)]。另一个方法是将他们的偏好映射到所有瓦尔拉斯均衡的集合上。如果想要一个映射到纳什讨价还价解的社会决策规则,那么必需将其他选择的集合扩展为包括可能交易中的所有不可预测事件,因此我们谈到冯·诺依曼—摩根斯坦效用函数(第 4.5.2 节)。

注意到社会决策规则对代理人类型的一些方面并不在意(第 15.3.1 节)。他们的判断完全被忽略。如果其他选择的集合很小,代理人偏好的一些方面可能也同样被完全忽略。例如,如果对不可预测事件的偏好被排除,那么社会决策规则就不能考虑代理人可能是如何风险规避的。因此,如果一个社会决策规则忽略的代理人类型其特点在社会上很重要,那么必须小心不要使用这样的社会决策规则。

20.6.2 执行社会决策规则

在主流的机制设计中,一个机制如果是委托人**事先**可以做得最好的,那么它被认为是最优的——这是经济学家说明她在知道演员表结果前做出选择这一事实的方法。因为她是在事先做出选择的,因此结果通常只是次优的。如果她能

---

① 注意与纳什规划相比,因果关系发生逆转。本质上,后者开始于人们已经在进行的非合作博弈建模。随后合作解概念被构思出来,以预测这些博弈的均衡结果(第 17.2 节)。

在**事后最优化**——在知道演员表结果后——她的选择将是最优的。①在执行理论中,我们考虑一个事先选择的机制被证明是事后最优这种情况。随后,我们必须期望一种情况,其中机制决定了整个博弈组的规则——每个都对应演员表分配代理人类型的一种方法。如果这些博弈中每一个的均衡结果构成的集合总是与一个社会决策规则选择的其他备选项集合相一致,那么就称这个机制**执行**了社会决策规则。

所罗门审判是一个好例子。所罗门的社会决策规则是功利主义的,他的目标是使两个想得到孩子的妇女期望得益之和最大化。作为执行问题中常见的情况,代理人的类型对委托人来说被隐藏,但在代理人中则是共同知识。所罗门对机制的选择决定了两个可能的博弈。在一个博弈中,原告是特鲁迪,被告是芬妮。在另一个博弈中,原告是芬妮,被告是特鲁迪。每个博弈只有一个子博弈完美均衡。在每个情况中,子博弈完美均衡的结果与委托人社会决策规则选中的唯一其他选择相一致。因此,可以说在子博弈完美均衡中,机制执行了社会决策规则。

什么可以算作一个均衡? 通常在执行问题中使用的均衡都是纳什均衡,但因为没有考虑其他选择的不可预测事件,因此大多数混合策略是不能被接受的。有时候,如在所罗门审判中一样,采用纳什的某个修正。但是,吉伯特—斯特斯维特(Gibbard-Satterthwaite)定理严格限制了强劣势策略中执行的机会。它指出当且仅当社会决策规则是独裁时,这才是可能的。②

弱执行。 为什么均衡结果的集合必须要与社会决策规则选择的其他选择集合相一致? 如果在社会感到无差异的其他选择中有一些从未被采用,又有谁会在意这些选择呢? 在**弱执行**下,我们只要求每个均衡结果总是社会最优的。但这个要求仍远高于直接机制设计中的要求。在这里,如果**某个**均衡结果被证明是最优的,我们会很高兴。

因为人们总是可以用能被强执行的社会决策规则 g 代替只能弱执行的社会决策规则 f,并总是挑选 f 所选择的一个其他备选项集合,因此传统上认为弱执行被包含在强执行的情况中。这一点是正确的,但在我们充分了解强执行前,完全忽略弱执行这种更有趣的情况似乎有悖常情。

20.6.3　马斯金(Maskin)单调性

单调的社会决策规则具有下面性质:在偏好组改变使得每个人对单调社会决策结果集合中选项 a 的排序至少和以前一样高时,a 将仍然存在。

例如,如果亚当在集合 $S = \{a, b, c, d\}$ 中的偏好从 $a \sim_1 b <_1 c <_1 d$ 变为

→ 20.6.3

---

① 因为代理人在演员表确定前知道他们自己的类型,因此他们的选择既不在事前也不在事后,而是在事中间时间。

② 与在阿罗悖论中一样,证明要求至少三个选项的所有偏好组都是可容许的。此外,每个选项必须被社会决策规则针对某个偏好组选中。

$a \sim_2 c <_2 b <_2 d$，那么他第二个偏好集合中对 b 的排序至少和他第一个偏好集合中一样高。当亚当和夏娃的偏好组是 $(\leq_1, \leq_1)$ 时，如果单调社会决策规则的结果集合包括 b，那么当他们的偏好变为 $(\leq_2, \leq_1)$ 时，b 必然也在结果集合中。

定理 20.2(马斯金)　任何纳什可执行的社会决策规则都是单调的。如果至少有三个代理人，那么不给任何人否决权的任意单调社会决策规则都是纳什可执行的。

证明：当亚当的偏好改变使得他对均衡策略的选择变糟时，一个纳什均衡仍然是纳什均衡。因此，一个可执行的社会决策必然是单调的。

在证明定理充分部分的机制中，每个代理人宣布一个偏好组、一个选项和一个整数。规则就可以规定下面的步骤：

第一步：如果所有代理人宣布内容相同，那么执行他们都宣布的那个选项。

第二步：如果除了一个代理人外，其他所有代理人宣布的内容相同，那么看一下大多数人提出的选项 a 和那个例外者提出的选择 b。如果按照多数人对例外者赋予的偏好，对例外者来说 a 和 b 一样好或 a 比 b 更好，那么执行 a，否则执行 b。

第三步：如果上面两步都没有被用到，那么执行宣布最大整数那个代理人提出的其他选项（按某个事前决定的方法处理平局情况）。

批评。我们接下来对这些定理的合适性提出怀疑，而不是给出证明的细节（本章练习 18）。

因为几乎任意的社会决策规则——单调或不单调——都是**近似**纳什可执行的，因此对于定理必要性部分在实践中的合适性是存在怀疑的。充分性部分则更值得怀疑，因为它假设代理人能够以理性的方法进行无限博弈。

我们已经在前面的章节中看到过很多无限博弈，为什么现在要开始怀疑？差异在于前面的无限博弈实际上是现实中的人们能够以理性方法所进行博弈的近似，考虑这类博弈无限近似的唯一原因是为了简化数学运算。但选择最大整数或喊声最大者获胜这类博弈不是真实可进行博弈的近似。如果博弈方探讨最优反应的任意过程，他们将不可避免地被带到无限的情况中。但时间存在物理上的限制。我们当然可以修改整数博弈以考虑博弈方的现实限制，但这时它在执行证明中将不再有用（本章练习 18）。

简单来说，就如狮身鹰首兽和独角兽不会出现在动物学的书本上，传统执行定理证明中使用的这种整数博弈，在博弈论的书本上也没有存在的空间。

20.7　综述

在委托人—代理人问题中，委托人试图劝说一个或更多代理人帮她达成她的目标。代理人可能比委托人知道更多或能做的更多，但却不可能参与委托人的目标。因此，委托人设计一个机制来规定代理人将进行博弈的规则。委托人和代理人实际上都忠于规则这一点很重要。在选择最优机制时，委托人考虑她可能让代理人所进行博弈中的贝叶斯—纳什均衡，随后选择规则以得到令她期望效用最大化的均衡结果。

在道德风险问题中,委托人无法观察到代理人的行为。在逆选择问题中,她不能观察到代理人的类型。我们的例子都是带隐藏类型的问题。

揭示原则让我们不需要完成考虑所有可能机制这个不可能任务,但能得到机制设计问题的解。它提出我们只需要考虑直接机制的说真话均衡,而这种均衡只是简单要求代理人说出他们的类型。但没有什么可以说明在这些说真话均衡存在的同时,在博弈最后不会出现代理人说谎均衡。

为了寻找最优的直接机制,委托人必须经常考虑三类约束条件:

　　　　激励约束,

　　　　参与约束,

　　　　现实约束。

激励约束指出代理人没有对其类型撒谎的动机。参与约束说明如果不参与这个机制,代理人不可能做得更好。现实约束说明委托人不能做任何现实中不可能做到的事情。

在机制设计问题中,我们经常在最后得到次优结果。执行理论研究了达到最优结果这种特殊情况。每个机制都创造了一个博弈组的规则——每个对应于演员表对代理人类型的一种分配方法。随后,我们要求这些博弈中每一个博弈均衡结果构成的集合与社会决策规则指定的备选项集合相符。如果是纳什均衡,我们就说社会决策规则是纳什可执行的。

所罗门审判是一个证明实用主义社会决策规则在子博弈完美均衡中可执行的例子。如果社会决策规则在强优策略[①]中可被执行则是理想的,但吉伯特—斯特斯维特定理说明这通常是不可能的。

传统执行理论的一些定理是错误的,因为它们忽略了近似执行的可能性或涉及不可能真正进行的"整数博弈"。但这个话题内在的重要性保证它们最终将被更为现实的结果所取代。

20.8　进一步阅读

"A Crash Course in Implementation Theory," by Matthew Jackson, *Social Choice and Welfare* 18 (2001),655—708. 认真评估了当前执行理论的成功和失败之处。

Game Theory：*Analysis of Conflict*,by Roger Myerson：Harvard University Press,Cambridge,MA,1991. 机制设计的主要推动者之一揭示了他的秘密。

20.9　练习

1. 在第 20.5.1 节的第一个路灯问题中,爱丽丝在鲍勃和卡罗尔的获利 $b+c$

---

① 根据第 20.6.2 节的讨论,这里应当是"强劣势策略"。——译者注

博弈论教程

534

不少于路灯提供成本 1 时就提供路灯这个约束条件下最大化她的期望利润。说明最优设计使得爱丽丝的期望收入为 $l+\frac{1}{2}h$。

下面关于爱丽丝可以将她的收入提高到 h 的说法存在什么错误？设定边际进入费用小于 h。低类型者将选择不参与。因此，任何扮演者必然都是高估值类型的。所以只要有人参与就提供路灯，并收取进入费用。你的期望收入是 $\frac{1}{4}h+\frac{1}{4}h+\frac{1}{4}2h>l+\frac{1}{2}h$。

2. 当考虑如何在第 20.5.1 节第一个路灯问题中执行一个最优机制时，爱丽丝在 $d=0$ 的情况下考虑图 20.4(a)的一般费用计划。解释为什么得益和成本可以如图 20.9 中一样概括得到。

如果对扮演者来说参与并说出自己的真实类型总是最优选择，那么说明 $e\leqslant l$，$f+g\leqslant 2h$ 且 $e+l\leqslant f+g\leqslant e+h$。如果爱丽丝在提供路灯这个社会有利约束条件下也达到她的最大期望收入 $l+\frac{1}{2}h-\frac{3}{4}$，那么说明如图 20.6 中的两个费用计划那样，$e=l$ 且 $f+g=l+h$。如果我们还要求对扮演者来说参与并说出他们的真实类型是一个弱优势策略，那么说明如图 20.6(b)的费用计划一样，$e=g=l$ 且 $f=h$。

ll	l^*	h
l^*	$0-0$ / $0-0$	$l-f$ / $l-e$
h	$l-e$ / $l-f$	$l-g$ / $l-g$

lh	l	h^*
l^*	$0-0$ / $0-0$	$h-f$ / $l-e$
h	$h-e$ / $l-f$	$h-g$ / $l-g$

hl	l^*	h
l	$0-0$ / $0-0$	$l-f$ / $h-e$
h^*	$l-e$ / $h-f$	$l-g$ / $h-g$

hh	l	h^*
l	$0-0$ / $0-0$	$h-f$ / $h-e$
h^*	$h-e$ / $h-f$	$h-g$ / $h-g$

四个表格对应于演员表四个可能结果。带星号的行动表示演员选择说真话。

图 20.9 对收益和成本的小结

3. 在第 20.5.1 节的第一个路灯问题中，对图 20.6(b)的费用计划，存在所有扮演者都说真话的其他对称均衡。为什么所有类型都称自己是低估值或所有类型都称自己是高估值是一个均衡? 在每种情况中,爱丽丝可以在多大程度上达到自己的目标? 鲍勃和卡罗尔如何通过在所有扮演者都称自己有高估值的均衡中共谋来获利? 在进行爱丽丝的博弈前,鲍勃和卡罗尔在协商达成一个激励相容协议时将面对怎样的困难?

4. 在第 20.5.1 节的第一个路灯问题中,对图 20.6(b) 的费用计划,解释对高估值类型来说,为什么说真话不是一个弱优势策略——尽管对他来说无论其他扮演者如何计划,按照这个方法博弈总是最优选择。

5. 更详细地说明为什么第 20.5.2 节第二个路灯问题中 $\alpha = 0$。

6. 通过采用第 20.5.3 节的克拉克—格罗夫斯机制,人们可能希望保证在当且仅当净得益为非负时提供公共品,并且不违反参与约束或预算平衡约束。为什么有时候这是不可能的?

7. 假设进行卡拉克—格罗夫斯机制的代理人都决定宣称他们的获利为 $C/(n-1)$,那么路灯总是会被提供的,并且没有代理人有任何支付。为什么这是一个均衡? 为什么无论是什么类型,所有代理人对这个撒谎均衡的喜欢程度不小于对说真话均衡的喜欢程度? 委托人对这种撒谎均衡代替说真话均衡的前景有什么看法?

8. 第 16.4.3 节引用了梅耶森和斯特斯维特的一个结果,他们利用机制设计来说明理性讨价还价的结果通常是非常低效率的——即使在选择讨价还价过程以最大化期望盈余时也是这样的。这个练习考虑这个结果的一个简单版本。

一个房子的买家对房子估值为 b 或 B 的概率相等,其中 $b < B$。房子卖家对房子估值为 s 或 S 的概率相等,其中 $s < S$。他们的估值是独立的。如果这些都是共同知识,寻找 $s < b < S < B$ 时令销售期望盈余最大化的机制。令 $s = -B$ 且 $b = -S$ 来对称化,并将注意力集中在图 20.10 描述的对称机制上。说明只有当 $S \leqslant \frac{1}{2}B$ 时,可以达到最优结果。说明如果 $S > \frac{1}{2}B$,期望盈余在 $\alpha = \frac{B}{2S}$ 时最大化。

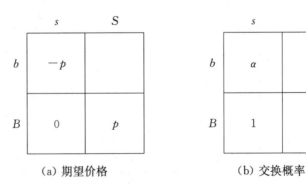

(a) 期望价格　　　　(b) 交换概率

图 20.10　讨价还价问题中的对称设计参数

9. 讨论前面练习相对科斯"定理"的合适性(第 16.4.3 节)。当一个买家和一个卖家讨价还价时,如果采用现实中使用的那种间接讨价还价机制,他们的行为中

将如何出现 $S > \frac{1}{2}B$ 时不可避免的无效性?

10. 在本章练习 8 中,如果图 20.10(b)中用 β 代替 1,那会发生什么?

11. 在第 15 章练习 21(b)中,一个慈善的政府将介入以保证总是提供公共产品。但它仍坚持提供公共产品的成本由博弈方承担。这个成本不能在博弈方之间分摊,所以政府的任务是决定由谁支付。政府偏好于将成本分配给一个成本较低的博弈方,但只有博弈方知道自己的真实成本。因此,政府雇用一个经济学家来设计一个直接机制,引导两个博弈方报告他们提供公共产品的真实成本。为什么政府不会满意经济学家设计的计划?

12. 爱丽丝有一单位商品分给鲍勃、卡罗尔和大卫三个人。鲍勃和卡罗尔尽可能得到更多的商品而大卫可能是高类型者或低类型者这一点是共同知识。高类型者希望尽可能得到更多的商品,但最多得到可用的 $\frac{1}{2}$,如果得到更多就会变糟。低类型者有类似的偏好,但他们最多得到 $\frac{1}{3}$。爱丽丝不知道大卫的类型,但在代理人之间,大卫的类型是共同知识。因为爱丽丝的社会决策规则在大卫是低类型时选择 $\left(\frac{1}{4}, \frac{1}{4}, \frac{1}{2}\right)$,在他是高类型时选择 $\left(\frac{1}{3}, \frac{1}{3}, \frac{1}{3}\right)$,因此他想向爱丽丝隐瞒自己的类型。

斯约斯特洛姆(Sjöström's)机制通过同时让每个代理人说出大卫的类型,并通过威胁对邻居的类型说谎将带来坏得益来执行爱丽丝的社会决策规则。图 20.11 中显示了这个激励,其中鲍勃选择行,卡罗尔选择列,而大卫选择一个得益表。说明执行要求高类型者和低类型者对弱劣策略进行一轮删除,随后鲍勃和卡罗尔再对强劣势策略进行下一轮删除。

低

	低	高
低	$\frac{1}{4}$, $\frac{1}{4}$, $\frac{1}{2}$	$\frac{1}{3}$, 0, $\frac{1}{3}$
高	0, $\frac{1}{3}$, $\frac{1}{3}$	0, 0, $\frac{1}{3}$

高

	低	高
低	0, 0, $\frac{1}{2}$	0, $\frac{1}{3}$, $\frac{1}{2}$
高	$\frac{1}{3}$, 0, $\frac{1}{2}$	$\frac{1}{3}$, $\frac{1}{3}$, $\frac{1}{3}$

图 20.11　说明 Sjöström's 机制的一个例子

13. (b, c, d)代表了图 20.11 博弈的混合策略组,其中鲍勃、卡罗尔和大卫说

"高"的概率为 b，c 和 d。说明无论大卫是什么类型，当 $d \leqslant \frac{3}{7}$ 时，$(0, 0, d)$ 是一个纳什均衡。说明当 $d \geqslant \frac{1}{2}$ 时，$(1, 1, d)$ 是一个纳什均衡。如果一个纳什均衡在上一个练习中反复删除劣势策略的过程中无法生存下来，我们不再考虑它这种做法的安全性有多高。

14. 说明所罗门的社会决策规则不是马斯金单调的（第 20.2.1 节和第 20.6.3 节），因此也不是纳什可执行的。

15. 贺拉斯、鲍里斯和莫里斯有第 4 章练习 7 的孔多塞偏好。对投票背景下的公平社会决策规则，加总这类偏好的标准提议都同意不能从其他人那里挑选出其他选择，所以社会结果将是其他选择的整个集合 $\{A, B, N\}$。改变莫里斯的偏好为 $N <_4 B <_4 A$。为什么标准提议都同意现在社会结果应该是 $\{A\}$？为什么可以说明没有标准提议是马斯金单调的？（看改变前后每个博弈方偏好中对 N 的排序。）

16. 第 9 章条件下的一个埃奇沃斯盒描述了亚当和夏娃的交易条件，这一点是他们两人共同知识。潘多拉想将瓦尔拉斯结果集合作为一个合适博弈的纳什均衡执行，但她不知道亚当和夏娃的效用函数。说明第 9.6.3 节开始时描述的交易博弈有非瓦尔拉斯的纳什均衡结果，因此是不够的——除非潘多拉愿意在帕累托有效的纳什均衡中勉强执行。

17. 爱丽丝想在鲍勃和卡罗尔的分钱博弈中执行常规的纳什讨价还价解。博弈方的冯·诺依曼—摩根斯坦效用函数在他们之间是共同知识，但爱丽丝不知道。说明爱丽丝的社会决策规则是马斯金单调的。说明如果她的目标是执行卡莱—斯莫罗廷斯基讨价还价解，那么她的社会决策规则就不是马斯金单调的。

math

18. 写出定理 20.2 的正式证明。（没有否决权意味着如果只有一个博弈方对 a 的喜欢程度不小于对其他选择的喜欢程度，那么 a 是社会决策规则选择的其他选择之一。）如果博弈方的声明只能是比宇宙中电子数量小的整数，为什么这个观点不成立。

phil

19. 鲁宾斯坦的讨价还价模型是一个无限博弈（第 17.5.3 节）。为什么对这个无限博弈，博弈理论家没有给出他们对执行理论所使用整数博弈那样的批评？（第 20.6.3 节）

math

20. 这个练习说明道德风险带来的问题。一个风险中性的经理对两个工人负责，他们在操作中各有两种努力水平：懒惰（$E = 0$）或忙碌（$E = 8$）。他们的努力水平不能直接被监控。因此，经理构建了一个基于一个工人产出的激励计划。每个工人或产出价值为 10 美元的满意物品，或者是价值为 0 的不合格品。经理在第一种情况中向工人支付 X 美元，在第二种情况中向工人支付 Y 美元。当一个工人的工资为 W 而努力程度为 E 时，他的效用是 $U(W, E) = 10\sqrt{W} - E$。每个工人的保留效用是 10。

图 20.12 说明工人的努力水平如何与他们的产出联系起来。方框中的数字是

概率，反映了产出过程中不受任何人控制的因素。假定委托人的目的是使两个工人仍接受她的雇用并在忙碌这一努力水平上工作，找出委托人最优的 X 和 Y 值。比较委托人从使用最优计划中得到的期望得益与她能直接监控工人努力水平时可以得到的最优得益。

		懒惰		忙碌	
		0 美元	10 美元	0 美元	10 美元
懒惰	0 美元	$\frac{8}{12}$	$\frac{1}{12}$	$\frac{3}{12}$	$\frac{5}{12}$
	10 美元	$\frac{1}{12}$	$\frac{2}{12}$	$\frac{1}{12}$	$\frac{3}{12}$
忙碌	0 美元	$\frac{3}{12}$	$\frac{1}{12}$	$\frac{2}{12}$	$\frac{1}{12}$
	10 美元	$\frac{5}{12}$	$\frac{3}{12}$	$\frac{1}{12}$	$\frac{8}{12}$

图 20.12　本章练习 20 的表格

▶ 第 21 章

第一次、第二次……

21.1　电信拍卖

拍卖理论是博弈论中进步最大的一个分支,也是博弈论在解决应用问题上取得极大成功的一个领域。在博弈理论家设计的电信拍卖中,筹集的货币金额是一个天文数字。保罗·克勒姆佩雷尔(Paul Klemperer)和我为英国政府设计的电信拍卖筹集了 350 亿美元。

在要求电信业的大佬们对使用手机特定波段的执照支付自身估值相当大的比例时,他们会像被卡住的猪一样尖叫。他们已经习惯于花点小钱,执照就会发给令政府官员感到快乐的任何人。但纳税人为什么要在低于市场价格的情况下将一个有价值的公共资产送出去?

2001 年纳斯达克指数崩盘并带来高科技泡沫破裂后,随着电信业管理人员试图将自己无法对市场做出正确评价的错误归咎于拍卖设计人权谋操纵时,尖叫声变得更大,而实际上拍卖只是为了显示这些管理人员对执照的估值。我们的团队在比利时、英国、丹麦、希腊、以色列和(中国)香港设计过许多电信拍卖。作为这个团队的领导者,我受到很多人身侮辱。在《新闻周刊》(Newsweek)杂志中,我被描述为一个"无情的、玩扑克的经济学家",喜欢拍卖公共医院床位! 但我想所有这些杂音都只能强调在允许大规模应用机制设计原则时,博弈理论能够如何有效。

证实你的话。分配电信执照是隐藏类型委托人—代理人问题的一个例子。政府无论是为了有效分配可用执照,或是简单地为了筹钱,它的问题都在于作为执照申请者的那些公司是最可能了解政府最大化其福利函数所需信息的人。

曾经,政府在将有价值的公共资产分配给私人公司时,习惯于组织所谓的"选美比赛"。每个公司递交一份巨大的文件,解释为什么它应该比它的任何一个对手更应该得到这个资产。一个由官员组成的委员会随后决定他们最喜欢谁的文件。

但在这种选美比赛中,为什么每个人都要说真话呢? 如我们在前面的章节中所看到的,代理人在得到合适的激励后,才会愿意将委托人需要的信息拿出来分享。拍卖劝说候选人说真话的方法是让他们确认他们的话是否真实。

但是,因为存在参与限制,一个拍卖不可能让候选人支付的钱超过在他看到一个执照的价值——这是电信的大佬们无耻的说法。如果不想的话，没有人必须出价，而有时候他们的确不想，在我为比利时政府设计的电信拍卖中就出现过这种情况。[①]

拍卖设计。如果利用拍卖，为什么要咨询博弈理论家而不去找真正的拍卖专家？当美国政府雇用苏士比(Sotheby)出售六个卫星异频雷达收发机时就是这样推理的。按照出售六幅18世纪前欧洲大画家作品的方法去出售六个相同的物体并不是一个好主意，因此结果一片混乱。一个大金额拍卖的设计需要针对手头特定的问题进行定制。当荷兰政府在它大型的电信拍卖中复制克勒姆佩雷尔和我为英国政府设计的基本拍卖形式，却明显没有意识到它面对的是一个差异很大的设计问题时，就发现了这一点。

当英国政府认为它有与荷兰政府一样的问题时，[②]我们提议采用密封出价的设计，这个设计后来在丹麦使用时表现相当好。在英国最终采用的上升价格拍卖相当成功，但在荷兰使用时却只是恶化了它的问题。

就像你不能简单地从架子上拿下一个拍卖设计来用一样，博弈论文献中的定理永远不会适合于一个要求解决的应用问题。有时候甚至没有人可以证明任何相关的定理。因此，理解拍卖设计的基本原则要比学习大量的定理更为重要。这对这本书来说也是正好，因为如果这一章尝试接近可用文献的综合概述，就需要在数学水平上有一个飞跃。

21.2 拍卖类型

物品出售者通常希望能以可得的最高价格卖出。有时候，存在一个完善的市场，使得价格设定不受他们的控制。有时候，一个卖家除了与期望的买家讨价还价外别无选择。但当条件合适时，情况就变为委托人—代理人问题，其中卖方是委托人，而买方是代理人(第20.3节)。这样，我们说委托人选择的机制就是一个拍卖，尽管不需要一个带拍卖台和木槌的拍卖主持者。

在讨论通常考虑的拍卖时，我们总是通过假设每个人都是风险中性来令事情简单化。

一口价拍卖。零售商店利用这种拍卖形式。价格被写在物品上，期望的买家可以买走它或留下它。但当你试图对一个昂贵物品讨价还价压低价格时，一个商店经理有多少可能告诉你她要忠实于她的机制呢？

最高价格—密封出价拍卖。这是一个政府投标的标准形式。每个潜在的买家私下在一张纸上写下他的报价，并将这种纸封到一个信封里。卖家承诺将物品卖给出价最高的买家(卖方需要一些方法来处理出价相等的情况。我们假设总是从

---

① 三个当前运营商对执照给出最低报价。第四个执照没被卖出。

② 当可用执照数量等于当前运营商时，其他出价者进入拍卖就有问题，因为他们意识到自己得到执照的概率很小，所以不愿意花钱进行准备。

最高出价者中随机选择获胜者)。

英式拍卖。苏富比利用这类拍卖方式出售 18 世纪前欧洲大画家的杰作。这种形式大概在古代巴比伦就有使用,据说丈夫通过这种方法将自己的妻子卖给出价最高者。公元 193 年罗马皇帝的禁卫军将罗马帝国拍卖给狄第乌斯·犹利安(Didius Julianus)时,价格可能要高得多。

在英式拍卖中,一个拍卖主持者鼓励口头报价。出价的过程一直持续直到没有人愿意再出价。传统上,拍卖主持者会大叫"第一次,第二次,成交!"如果没有人给出新的出价打断他,他将敲下他的木槌,物品出售给最后一个出价的人。

荷兰式拍卖。拍卖主持者在开始时宣布一个高价,随后价格逐渐降低直到有个买家喊停。第一个这样做的买家就按照他或她打断的那个价格得到物品。

荷兰式拍卖速度很快,因此被用来出售鱼或鲜花等容易腐烂的商品。在阿姆斯特丹的花卉拍卖中,一个卖家可能从津巴布韦将鲜花空运过来,而买家可能要在一天内把它们运到芝加哥并全都卖掉。但是,有时候二手家具商店采用缓慢的荷兰式拍卖,每个月将未出售商品的价格减少 10%。

全支付拍卖。教授博弈论的教师喜欢按照下面规则拍卖 1 元钱。按照英式拍卖方法出价,出价最高的人得到美元,但每个人都要支付他的最高出价,包括那些没有赢得美元的人。当出价接近 1 美元而失败者意识到现在到了他们出价高于 1 美元的时候时,观察学生的表情是相当有趣的。

向腐败的政治家或法官行贿与一个全支付、密封出价拍卖相当相似。每个人支付,但只有一个人行贿能够成功。如果窃贼之间也有信誉,那么当天行贿额最大的将会成功。

威克瑞(Vickrey)拍卖。威克瑞是拍卖理论的英雄。他提倡对出售主要公共资产使用特别设计的拍卖,但这个观点的流行是很久后的事情。他得到了迟到的诺贝尔奖,但在几天后死去。(中国)香港地方政府选择在其 2002 年电信执照大规模的拍卖中使用威克瑞拍卖。[①]

在一个威克瑞拍卖中,物品被出售给最高的出价人,但出售价格是失败者的最高出价。如果对第一的位置没有平局,出售价格将是次高的价格。如果出现平局,则从最高出价者中随机选择获胜者。

我们总是假设利用密封机制递交报价,因此可以将威克瑞拍卖看作一个次高价格、密封出价的拍卖。

记者的谬误。第一眼看上去,一个卖方选择一个威克瑞拍卖好像是疯狂的做法。她为什么要按照次高价格结算?为什么不利用最高价格、密封拍卖并将物品以出价最高者的报价卖给他?

记者特别喜欢这个问题。他们在批评威克瑞拍卖使用时没有看到买方会改变他们的行为以适应卖方对"让他们进行什么博弈"的选择(第 20.3.3 节)。

---

① 计划是四个执照分别按照失败者的最高报价出售给四个最高出价者,但只有四个买家选择报价!

买方将出价多高取决于使用的拍卖类型。一旦领会这个点,很明显可以看到因为在最高价格拍卖中,你不得不支付你自己的出价,但在次高价格拍卖中,你只要支付一个略低的出价,因此买方在次高价格拍卖中的报价将高于在最高价格拍卖中的报价。

但买方在威克瑞拍卖中的出价会高出多少?为了以令人满意的方法回答这个问题,我们需要概述一些微积分理论。

21.3 连续随机变量

旋转一个公平的自转器。当它停止转动时,你赢得 $\sqrt{\omega/10}$ 美元,其中 ω 是从自转器开始到结束顺时针方向的角度。由于 $0 \leqslant \omega \leqslant 360$,你赢得的美元将在 0 美元到 6 美元之间。你赢得的美元不多于 3 美元的概率是多少?

因为样本空间 $\Omega = [0, 360)$ 不是有限的,因此这个问题不会受在第 3.4.1 节中遇到的离散随机变量问题的困扰。我们可以通过 $X(\omega) = \sqrt{\omega/10}$ 来定义一个随机变量 $X: \Omega \to \mathbb{R}$。

这个连续随机变量的概率分布由如下定义的函数 $P: \mathbb{R} \to [0, 1]$ 确定

$$P(x) = \text{prob}(\omega; X(\omega) \leqslant x)$$

我们想知道 $P(3)$,但对 x 的所有值计算 $P(x)$。

首先注意到因为你赢得的不可能少于 0 美元,因此当 $x < 0$ 时,$P(x) = 0$。类似的,当 $x > 6$ 时,$P(x) = 1$。当 $0 \leqslant x \leqslant 6$ 时,利用当且仅当 $\omega \leqslant 10x^2$ 时 $X(\omega) \leqslant x$ 这个事实来计算 $P(x)$。

因此,$P(x)$ 的值是 ω 落在区间 $[0, 10x^2]$ 内的概率。由于对一个公平自转器来说,每个角度出现的可能性相等,因此这个概率必然与区间长度成正比。所以:

$$P(x) = 10x^2/360 = \left(\frac{x}{6}\right)^2 \quad (0 \leqslant x \leqslant 6)$$

因此,你赢得 3 美元或更少美元的概率 $P(3)$ 为 $(3/6)^2 = \frac{1}{4}$。

图 21.1(a) 给出了概率分布函数 $P: \mathbb{R} \to [0, 1]$ 的图形。有时候,一个随机变量也有一个概率密度函数。当这种函数存在时,概率密度函数只是概率分布函数的导数,并与在哪个位置上定义导数无关。

例如,对我们考虑的随机变量 X 来说,概率密度函数 $P: \mathbb{R} \to \mathbb{R}_+$ 的定义是:

$$p(x) = P'(x) = \frac{2x}{36} = \frac{x}{18}$$

其中 $0 < x < 6$。当 $x < 0$ 或 $x > 6$ 时,$p(x) = P'(x) = 0$。当 $x = 0$ 或 $x = 6$ 时,如何定义 $p(x)$ 并不重要。

→ 21.4

因为概率密度函数使得可以用积分的形式表示概率,因此是有用的。[①]例如,prob$(0 < X \leqslant 3)$等于图 21.1(b)中的阴影面积。

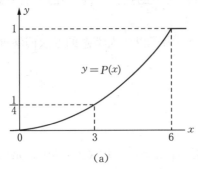
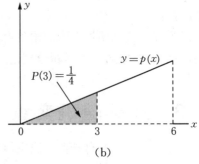

$a \leqslant x \leqslant b$ 的概率是 $x = a$ 和 $x = b$ 之间概率密度函数 p 曲线下方的面积。或者说是 $P(b) - P(a)$,其中 P 是概率分布函数。

图 21.1 概率分布和密度函数

一般来说,X 落在 a 和 b 之间的概率等于 a 和 b 之间概率密度函数图形下方的区域面积。为了看到这一点,注意 prob$(a < X \leqslant b) = P(b) - P(a)$。但由于对一个导数求积分令你回到你最初的地方,因此:

$$\int_a^b p(x)dx = \int_a^b P'(x)dx = \left[{}_a^b P(x)\right] = P(b) - P(a)$$

具体地,

$$\text{prob}(0 < X \leqslant 3) = \int_0^3 \frac{1}{18}xdx = \frac{1}{4}$$

21.3.1 均匀分布

因为自转器问题中的随机变量 ω 其概率密度函数是固定的,因此它服从区间 $[0, 360]$ 上的**均匀分布**。

人们通常说,一个均匀分布的随机变量取其值域中任意值的概率相等,但更确切的说法是这个变量在其值域内任何区间取值的概率与这个区间长度成正比。

例如,对在区间 $[a, b]$ 上服从均匀分布的随机变量 X 来说,其值小于 c 的概率为:

$$\text{prob}(X < c) = \frac{1}{b-a}\int_a^c dx = \frac{c-a}{b-a} \quad (a \leqslant c \leqslant b)$$

---

① 离散随机变量没有概率密度函数。离散随机变量概率分布函数的图形看上去像一阶阶楼梯。这种梯级函数除了跳跃处外是可微的。因此,"几乎处处"导数为 0。但因为我们不能通过对零函数积分恢复概率分布函数,因此这个零导数作为概率密度函数 p 的备选项是没有用的。

21.3.2 微积分的基本定理

微积分学的基本结果是积分与微分正好相反。在说明如何利用概率密度函数时就利用了这个事实。如果 p 在 $[a, b]$ 上连续并且对 (a, b) 中的每个 x 有 $Q'(x) = p(x)$，那么基本定理告诉我们：

$$\int_a^b p(x)dx = \int_a^b Q'(x)dx = [_a^b Q(x)] = Q(b) - Q(a)$$

函数 Q 可以是任何形式，只要其导数为 p。这样的 Q 被称为 p 的**原积分**或**不定积分**。原积分从来都不是唯一的。如果 Q 是原积分，那么 $Q + c$ 也是，其中 c 是任意常数。

对 p 来说，原积分最简单的例子是定义如下的函数 P：

$$P(x) = \int_a^x p(y)dy$$

为了确认 P 是原积分，只需要记住基本定理告诉我们微分与积分正好相反，所以：

$$P'(x) = \frac{d}{dx} \int_a^x p(y)dy = p(x) \tag{21.1}$$

说明像 (21.1) 式这样明显的事情似乎是多余的，但这个原积分常用的吓人符号经常会带来混淆。

不好的符号包括在规定原积分 Q 时写作 $Q(x) = \int p(x)$。这个符号会让初学者想象当他们利用 $Q'(x) = p(x)$ 时，他们已经以某种方法人为地完成了对一个积分变量求微分这个荒谬的做法。[①]但是，一旦这种误解被澄清，没有什么比对 (21.1) 式这类不定积分求微分更简单的事情了。人们可以简单地在积分上限上求被积函数的值。

21.3.3 分部积分

令 u 和 v 为 $[a, b]$ 上连续的函数，并在 (a, b) 上可微。令 U 和 V 为这两个函数的原积分。乘积微分的公式说明 $(UV)' = U'V + UV' = uV + UV'$。根据基本定理，可以得到：

$$\int_a^b (uV + UV')dx = \int_a^b (UV)'dx = [_a^b UV]$$

$$\int_a^b uVdx = [_a^b UV] - \int_a^b UV'dy$$

---

① 想一下对 $\int_0^3 y^2 dy = 9$ 关于 y 求微分。

这是分部积分的公式。在对一个乘积求积分时,这个公式都是有用的。你必须决定乘积的哪些项为被积分的 u,哪些作为 V。通常你希望 V 是更复杂的形式,因为它在微分时可能更为简单。你也可以决定对 u 使用哪个原积分 U。通常最好选择一个在积分极限之一上消失的原积分。

21.3.4 期望

第 3.5 节解释了如何通过将随机变量每个可能值乘上其概率并加总得到期望值。对概率密度函数为 p 的连续随机变量 X 来说,等价定义为:

$$\mathscr{E}X = \int xp(x)dx$$

其中积分的范围扩展到 X 所有可以取的值。例如,在自转器问题中,因为:

$$\mathscr{E}X = \int_0^6 xp(x)dx = \int_0^6 \frac{1}{18}x^2 dx = \frac{1}{18}\left[\int_0^6 \frac{1}{3}x^3\right] = 4$$

因此,你的期望值为 4 美元。

21.3.5 独立性

为了寻找两个独立事件同时发生的概率,我们将它们的概率相乘(第 3.2.1 节)。对两个独立随机变量的概率密度函数,做法也是相同的。

因此,如果 X 和 Y 是两个独立的随机变量,并且它们的概率密度函数分别为 f 和 g,那么 $\phi(X, Y)$ 的期望值为:

$$\mathscr{E}\phi(X, Y) = \iint \phi(x, y)f(x)g(y)dxdy$$

其中双重积分的范围为 X 和 Y 所有可取的值。例如,如果 X 和 Y 独立并且都服从 $[0, 1]$ 上的均匀分布,那么:

$$\mathscr{E}XY = \int_0^1 \int_0^1 xydxdy = \left\{\int_0^1 xdx\right\}\left\{\int_0^1 ydy\right\} = \frac{1}{2} \times \frac{1}{2} = \frac{1}{4}$$

21.4 隐藏你的报价

对爱丽丝来说,房子如果无法售出,对她是没有价值的。鲍勃和卡罗尔是潜在的买家。他们的估值相互独立,并且等于 0 到 1(百万美元)之间任何一个数字的概率相同,这些是共同知识。

这是一个单件拍卖的典型例子,其中买家有独立的私人估值。我们在假设每个人都是风险中性的情况下研究这个对称的例子。

英式拍卖。英式拍卖的优势之一在于人们不需要非常努力地思考给出最优报价的方法。如果拍卖以价格时钟方式进行,时钟从 0 开始连续增加价格,直到只有一个买方仍愿意出价,那么计划不断出价直到价格达到他们的估值对鲍勃和卡罗尔来说都是一个弱优势策略。对那些报价高于自身估值的愚蠢博弈方来说,如果获胜,他们就会承受损失。在达到自身估值前停止报价的博弈方则放弃了一个获利的正概率。

房子将被卖给估值较高的出价者。但因为当失败者停止出价时拍卖就结束了,因此爱丽丝无法得到获胜者对房子的估值。所以,房子以失败者的估值卖给获胜者。在有许多出价者的情况下,房子将会以**次高**价格出售给获胜者。

当鲍勃和卡罗尔的估值为 v 和 w 时,鲍勃期望获胜的概率为 $P(v) = \text{prob}(w < v) = v$,并有期望支付:

$$F(v) = \int_0^v w dw = \frac{1}{2}v^2$$

因此,他的期望得益为 $G(v) = vP(v) - F(v) = \frac{1}{2}v^2$。由于这个问题是对称的,对卡罗尔也是一样。因为两个买家中每个都期望当他们对房子的估值为 v 时支付 $\frac{1}{2}v^2$,因此爱丽丝的期望销售收入为:

$$R = 2\int_0^1 \frac{1}{2}v^2 dv = \frac{1}{3}$$

威克瑞拍卖。记者对英式拍卖中获胜者只支付失败者的最高价没有什么怨言,那么对威克瑞拍卖中发生同样的事情时,他们为什么要抱怨呢?事实上,威克瑞拍卖就是一个简单的直接机制,通过将显示原则应用于一个英式拍卖,爱丽丝将被引向这个机制(第 20.4 节)。

对两个买家来说,在威克瑞拍卖中将自己对房子的**真实**估值封入到给爱丽丝的信封中是一个弱优势策略。无论其他买家在他们的信封中封入的报价是多少,低于你自己估值的报价只会减少你赢得拍卖的概率,却不会改变你获胜时的支付额,因此你永远无法从低于你真实估值的报价中获利。同样,你也永远无法因为报价高于你的真实估值而获利,因为如果这对获胜来说是必须的,就必然有某个其他博弈方的出价至少等于你的真实估值。在这种情况下,如果你获胜,你将来的支付额不会小于你的真实估值,而且可能你支付的会更多。

我们得到的教训是在这个设定中,英式拍卖和威克瑞拍卖本质上是相同的。这两个拍卖都从买方那里引导真相,也就是让买方在他们的出价中不会故意低于自己的估值。但我们下面考虑的拍卖类型中,情况就不同了。

荷兰式拍卖。如果爱丽丝利用一个荷兰式拍卖出售她的房子,鲍勃在价格还高于其估值时停止拍卖是很愚蠢的,但如果价格下降直到接近他的估值时,他应该怎么做?如果他在这个点上结束拍卖并得到房子,他的利润为 0。因此,对他来说更好的做法是让价格继续下降一段时间，并希望卡罗尔不会抢先出手。困难在于，决定他的报价应在多大程度上低于他的估值。

通过对最高价格—密封出价拍卖考虑同样的问题可以得到这个问题的最优答案。就像威克瑞拍卖在这个设定上与英式拍卖等价，最高价格—密封出价拍卖等价于一个荷兰式拍卖。原因是在荷兰式拍卖中，买家写下的价格可以低于没有其他情况发生时他们计划结束拍卖的价格。如果他们将这些价格密封在信封中并在最高价格—密封出价拍卖中交给拍卖主持者，结果将与他们在荷兰式拍卖中以这些价格作为结束价格时完全相同。

最高价格—密封出价拍卖。在最高价格—密封出价拍卖中，鲍勃和卡罗尔应该多大程度上隐瞒自己的出价？我们来看一个对称的贝叶斯—纳什均衡，其中买家在对爱丽丝的房子估值为 v 时出价 $B(v)$。假设 B 严格递增并且可微。

如果卡罗尔在她估值为 w 时总是出价 $B(w)$，那么当鲍勃估值为 v 而出价为 β 时，他的期望得益为：

$$(v-\beta)\mathrm{prob}(\beta > B(w)) = (v-\beta)\mathrm{prob}(C(\beta) > w)$$

其中 $C = B^{-1}$ 是 B 的反函数。因为 w 服从区间 $[0,1]$ 上的均匀分布，因此 $\mathrm{prob}(w < C(\beta)) = C(\beta)$。为了发现他的最优出价，鲍勃对 $(v-\beta)C(\beta)$ 求导并令结果为 0：

$$-C(\beta) + (v-\beta)C'(\beta) = 0 \tag{21.2}$$

在均衡中，当 $\beta = B(v)$ 时，β 达到最大值。将 $\beta = B(v)$ 代入(21.2)式。由于当且仅当 $v = C(b)$ 时，$\beta = B(v)$，我们得到：

$$-v + (v-b)\frac{dv}{db} = 0$$

$$v\frac{db}{dv} + b = 0$$

$$\frac{d}{dv}\{vb\} = v$$

在 $v = 0$ 时 $b = 0$ 这个边界条件下对这个微分方程求积分，得到：

$$vB(v) = vb = \int_0^v u\,du = \frac{1}{2}v^2$$

从这个式子可以得到 $B(v) = \frac{1}{2}v$。

因此我们发现了一个均衡，其中买方总是隐瞒他们估值的 50%——这要比人们通常猜测的多得多！每个人期望在这个均衡中得到什么呢？

当鲍勃和卡罗尔的估值分别为 v 和 w 时，鲍勃期望以概率 $P(v) = \mathrm{prob}(w < v) = v$ 获胜。所以，他的期望支付为：

$$F(v) = \frac{1}{2}v \times v = \frac{1}{2}v^2$$

因此,他的期望得益为 $G(v) = vP(v) - F(v) = \frac{1}{2}v^2$。由于问题是对称的,这对卡罗尔同样成立。

就如在英式拍卖或威克瑞拍卖中一样,每个买方在他们对房子的估值为 v 时期望支付 $\frac{1}{2}v^2$。在一个荷兰式拍卖或最高价格—密封出价拍卖中,爱丽丝的期望收入为 $R = \frac{1}{3}$,与在英式拍卖或威克瑞拍卖中完全相同。因此,认为最高价格拍卖明显可以比次高价格拍卖得到更多钱的记者完全错了。在这种情况中,最高价格拍卖中的买方会将减少他们的出价,直到正好使卖方感到利用最高价格或次高价格拍卖无差异为止。

哪种拍卖重要吗? 到目前为止,分析的所有拍卖收益均等,这是一个令人吃惊的现象。因此,比报纸经济记者略懂一些经济学的人们提出卖方使用什么拍卖类型从来不重要这个错误观点时,有时候会引用上述收益均等的结果。但如果鲍勃和卡罗尔存在预算约束或是风险规避的,这个结果就不再成立。这时,爱丽丝在荷兰式拍卖中得到的要比在英式拍卖中多。如果鲍勃和卡罗尔的估值不再独立,这个结果也不再成立,爱丽丝期望在英式拍卖中得到的要比在荷兰式拍卖中多。

21.4.1　收益均等

尽管不是所有拍卖中卖方在所有情况下都产生相同的期望收益,一个收益均等定理对标准私人价值情景中的标准拍卖总是成立的。

在我们对标准拍卖的定义中,爱丽丝有一个物品要出售。鲍勃和卡罗尔给出美元报价,这个物品将给那个报价较高的人,如果出价相等则随机选择。获胜者支付的金额总是获胜报价一个非减的连续函数。

在我们对标准私人价值情景的定义中,鲍勃和卡罗尔是风险中性的。他们的估值在相同区间内以相同的概率密度函数选择。密度函数可以是区间内为正的任意形式,使得需要考虑的估值范围内没有缺口。

买家的数量不重要,但在看似不重要的条件中,有一些则是必须的,用以保证在一个对称均衡中估值为 v 的买方其报价 $B(v)$ 是严格递增的——这是我们分析最高价格—密封出价拍卖时刚假设的一个事实(本章练习 15)。因为收益均等定理的秘密在于哪个买方赢得拍卖的概率与爱丽丝选择的标准拍卖类型无关,因此这一点很重要。为了看到这一点,观察到对鲍勃和卡罗尔选择进入拍卖的估值来说,有:

$$\text{prob}(B(w) < B(v)) = \text{prob}(w < v) \tag{21.3}$$

定理 21.1(收益均等)　假设每件事情都是连续可微的,在一个标准私人价值情景中,所有参与约束相同的标准拍卖在一个对称均衡中有相同的期望出售价格。

证明: 在我们目前分析过的拍卖中,主要关注对买方的激励而忽略了他们的参与约束(第20.5节)。但卖方一般都会设定保留价格或收取进场费用,这可以使得一个买方参与拍卖是有成本的。在我们对称设定中,这种进场成本由单个数 $\underline{v}$ 反映,它是买方进入拍卖不想要承受的损失的最低估值。因此,定理告诉我们一组有着相同 $\underline{v}$ 的拍卖的一些情况。

第一步, 与最高价格—密封出价拍卖一样,我们首先要找到一个微分方程,在一个对称均衡中出价函数 B 必须满足这个方程。

如果卡罗尔根据 B 报价,那么鲍勃在其估值为 $v \geqslant \underline{v}$ 时报价 β 的期望得益是 $g(\beta) = vp(\beta) - f(\beta)$,其中 $p(\beta)$ 是他赢得拍卖的概率,而 $f(\beta)$ 是他期望支付的全部金额。选择 β 最大化期望得益应当使 $vp'(\beta) - f'(\beta) = 0$。在均衡中,这个方程必须满足 $\beta = B(v)$,所以:

$$vp'(B(v)) - f'(B(v)) = 0$$

乘上 $B'(v)$,我们发现:

$$vP'(v) - F'(v) = 0 \tag{21.4}$$

其中,$P(v) = p(B(v))$ 是鲍勃在其估值为 $v \geqslant \underline{v}$ 时获胜的概率,而 $F(v) = f(B(v))$ 是他期望支付给爱丽丝的金额。

第二步, 为了发现 $F(v)$,我们利用微积分的基本定理来解原积分方程(21.4)。对 $v \geqslant \underline{v}$,

$$F(v) - F(\underline{v}) = \int_{\underline{v}}^{v} F'(u)\,du = \int_{\underline{v}}^{v} uP'(u)\,du \tag{21.5}$$

第三步, 我们需要一个边界条件来决定 $F(\underline{v})$。由估值正好为 $\underline{v}$ 的买方在是否进入拍卖上无差异这一点,可以推导出这个边界条件。因此,这种边际买方的期望得益必然为 0,$G(\underline{v}) = \underline{v}P(\underline{v}) - F(\underline{v}) = 0$。

第四步, 我们现在将 $F(\underline{v}) = \underline{v}P(\underline{v})$ 代入(21.5)式,并分部积分得到一个更简洁的形式。对 $v \geqslant \underline{v}$,

$$F(v) = vP(v) - \int_{\underline{v}}^{v} P(u)\,du \tag{21.6}$$

第五步, 最后一步是证明的关键。因为根据(21.3)式,$P(v) = \text{prob}(w < v)$,因此(21.6)式的右边只取决于 $\underline{v}$ 和估值的分布方法。所以,爱丽丝选择的标准拍卖类型对她期望可以得到多少收入是无差异的。

引理 21.1 在收益均等定理的假设下,爱丽丝的期望收入等于鲍勃和卡罗尔估值中较小一个的期望值。

证明: 因为这在威克瑞拍卖中成立,根据收益均等定理,它对所有标准拍卖也成立。

21.4.2 保留价格

拍卖中的保留价格是委托人愿意认可的最低报价。在现实的拍卖中,如何设定保留价格通常是令人头疼的主要问题。有时候,委托人不得不对他们出售物品设定一个低于他们自己估值的保留价格!更为经常的是,他们想要得到设定高的保留价格并在第一次拍卖无法出售物品的情况下进行第二次拍卖的自由。但如果已知委托人过去对她的最低出售价格撒谎,未来谁又会相信她呢?(第20.3.4 节)

在下面的例子中,爱丽丝对她的房子估值继续为 0,鲍勃和卡罗尔的估值仍从 $[0, 1]$ 上的均匀分布中独立选择。如果爱丽丝设定的保留价格为 r 并且 $0 \leqslant r \leqslant 1$,她在一个标准拍卖的对称均衡中期望收入是多少?

将 $r = \underline{v}$ 代入(21.6)式,我们可以得到答案。更为漂亮的说法是,收益均等定理告诉我们这个答案与在英式拍卖中相同。重复第 21.4 节的分析,鲍勃现在期望在 $v \geqslant r$ 时支付 $F(v) = \frac{1}{2}(v^2 + r^2)$。因此,爱丽丝的期望收入是:

$$R = 2\int_r^1 \frac{1}{2}(v^2 + r^2)dv = \frac{1}{3}\{1 + 3r^2 - 4r^3\}$$

在 $r = \frac{1}{2}$ 时,上式达到最大化。这样,爱丽丝期望 $R = \frac{5}{12}$,大于 $r = 0$ 时她的期望收益 $R = \frac{1}{3}$。

如果爱丽丝在标准拍卖中进行选择,并期望将有一个对称均衡,那么她通常会尽力设定一个正的保留价格(本章练习 19)。当鲍勃和卡罗尔的估值都低于这个保留价格时她失去的收入,低于在鲍勃和卡罗尔的估值高于保留价格时,她通过让他们支付更多可以得到的平均额外收入。但在现实生活中,如果爱丽丝要根据这一节的原则设定保留价格,她所需要的信息几乎总是无法得到的。

21.4.3 非标准均衡和进入

威克瑞拍卖是克拉克—格罗夫斯机制的一个版本(第 20.5.3 节)。让报价者显示其真实估值的激励是获胜的报价者支付让另一个出价者成为失败者的社会成本。

这个认识提醒我们两件事情。在威克瑞拍卖中,以你的真实估值报价是一个**弱优势策略**。无论买家们的估值如何,也无论任何人对这个随机变化知道多少,这一点都是成立的。类似地,假定你的估值不会被其他买家可能的报价所改变,那么计划在英式拍卖中报价直到你的真实估值也总是一个弱优势策略(第 21.6 节)。

关于克拉克—格罗夫斯机制,第二个要记起的事是它有撒谎均衡和说真话均衡(第 20 章练习 7)。因为这种均衡涉及弱劣策略的使用,没有颤抖手完美均衡,因

→ 21.5

此拍卖理论学家有时会漠视这种均衡(第 14.2.3 节)。但在大金额的电信拍卖中，这些被忽略的均衡可能是至关重要的。

电信拍卖的进入。如果鲍勃是一个当前在位的运营商，而卡罗尔是一个潜在入侵者，那么鲍勃对新执照的估值高于卡罗尔是一个共同知识。在注定要失败的情况下，卡罗尔为什么要在一个英式拍卖或威克瑞拍卖中费力报价呢？如果卡罗尔计划出价 0 而鲍勃计划出价直到他的估值，爱丽丝将看到一个鲍勃不要付出任何代价就可以得到执照这样一个均衡。卡罗尔的确也没有得到任何东西，但她实际上可以感到高兴，因为她不用付出 100 万美元或准备在她财务支持者面前进行业务情况说明(第 6.1.1 节)。有时候，她不参加拍卖的决定会因为在位者对她的商业让步而变得更好，因为在位者相信她将不会对执照构成竞争。因为这些让步不一定是非法的，因此不能将它们称为贿赂，但结果是协调了鲍勃和卡罗尔在均衡中的行动，而这个均衡通常被认为是共谋。

因此，克勒姆佩雷尔和我相信当在位者的数量等于出售的执照数量时，密封出价拍卖有一个重要的作用。即使鲍勃估值高于卡罗尔的最高估值这一点是共同知识，如果卡罗尔的估值足够高，她进入一个最高价格—密封报价拍卖仍要支付成本(本章练习 20)。

21.5 设计最优拍卖

拍卖是机制设计这个皇冠上的宝石。一个人在根据教科书上的方法设计拍卖时，不可能得到需要的所有信息，但如果没有这些方法作为例子的指导性原则，一个人在面对一个实际问题时将不知道从哪里开始。

21.5.1 委托人的动机

利用拍卖来分配资产的三个原因通常是：
- 它们速度快。
- 它们很难产生腐败。
- 它们引导出买方估值的信息。

经济学家通常集中关注第三个原因。因为买方被迫证实自己的话是否真实，因此这一点是成立的。

如果爱丽丝的目标是最大化她的期望收入，当她事先知道买方的估值时，问题就很简单。她可以简单地利用保留价格等于两个估值中较高的一个(或少 1 分钱)的一口价拍卖方式得到最优结果。但她的无知通常迫使她接受次优结果。例如，在标准私人信息情景的情况中，可以证明她的最优做法是利用标准拍卖，这时她的期望收入等于两个估值中**较低**一个的期望值(本章练习 23~26)。由于我们在这个方面的讨论已经很多，因此我们来学习一个例子，其中最优设计不仅仅是一个惊喜。

记者总是假设政府出售公共资产时只对提高收入有兴趣,但实际上,政府想找到买方估值的另一个原因是,这样使他们能够有效地分配公共资产。有效分配要求在估值最高的买家有最优的商业计划这个假设下,将资产分配给这个估值最高的买家。尽管记者持怀疑态度,但到目前为止,除了一个大型电信拍卖以外,贪婪似乎都不是一个卖家的主要动机。在其他拍卖中,相对于通过最大化可靠运营商数量并在这些运营商之间有效分配执照,以达到促进电信行业竞争这个目的,最大化收入这个目的都位居第二。①

尽管经济学家关注于拍卖中的信息披露,但对委托人来说,拍卖速度很快并且难以产生腐败这两个原因通常更为重要,在以前的分配已经成为公开丑闻的目标或因为法律争论执行已经拖延多年时更是如此。很容易低估避免出现贪污这一点的重要性。在我的经验中,政府通常因此**出于自身考虑**而急于促成拍卖的进行,让公众能够看到资产出售存在公开的竞争而不是某种黑箱操作。

21.5.2　机制设计的一个练习

在最优拍卖设计中,下面的问题为回顾机制设计主要原则提供了一个理由。

如第 21.4 节所说,爱丽丝有一个质优价高的房子要出售,如果卖不出去,这个房子对她是没有价值的。期望的买家是鲍勃和卡罗尔。他们都知道自己对房子的估值,但这个信息对其他任何人来说是未知的。每个人都是风险中性的。

扮演鲍勃角色的演员集合 M 只有两个人,"高先生"和"矮先生"。类似地,扮演卡罗尔角色的演员集合 F 由"高小姐"和"矮小姐"两个人组成。高类型演员对房子的估值为 400 万美元,矮类型演员对房子的估值为 300 万美元。演员表变化独立选择男性和女性的演员,在每种情况下"矮"类型演员被选中的概率为 p,这些都是共同知识。

开始时,爱丽丝提出一个机制。她对机制的选择构成了一个剧本,其中规定了鲍勃和卡罗尔的角色。哈萨尼理论将这个剧本转化为一个不完美信息的贝叶斯博弈。如果代理人是理性的,爱丽丝将能预测到她为他们创造的博弈会如何进行,尤其是能预测自己的期望收入。尽管已经讨论过真实委托人动机的复杂性,但仍假设爱丽丝选择令这个期望收入最大化的机制。给定她的目标,她将为这个最优化的问题设计出一个机制。

爱丽丝的最优结果是在代理人之一为高类型时以 400 万美元出售房子,在两个代理人都是矮类型时,以 300 万美元出售房子。由于两个代理人都是矮类型的概率为 p^2,爱丽丝在这个最优结果下得到的期望收入为 $3p^2+4(1-p^2)=4-p^2$(百

---

① 当然,当有效分配执照唯一的方法要求让报价上升直到无效的运营商停止竞争时,即使是一个贪婪的政府也可以做到不优先考虑收入最大化。

万美元）。但爱丽丝对代理人真实估值的无知意味着她无法得到这个最优结果。看看利用前面讨论的一些简单拍卖，她可以多接近最优结果，对我们是有帮助的。

一口价拍卖。如果爱丽丝决定简单给出一个"接受或拒绝"的一口价，那么考虑 3 或 4（百万美元）以外的任何价格都是愚蠢的行为。如果她将价格设定在 3（或少 1 分钱），那么无论代理人是什么类型，房子都将按这个价格出售，因此她的期望得益也是 3。因为除非 $p=1$，否则总有 $3<4-p^2$，因此这是一个次优结果。

如果她将价格设定为 4（或少于 1 分钱），那么除非两个代理人都是矮类型，否则房子将按照价格 4 出售。如果两个代理人都是矮类型，房子将无法出售。在这种安排下，她的期望得益是 $4(1-p^2)$。因为除非 $p=0$，否则总有 $4(1-p^2)<4-p^2$，因此这也是次优结果。

如果爱丽丝被局限在一口价拍卖中，她将选择在 $3>4-p^2$ 时标出 300 万美元的售价。因为当且仅当 $p>\frac{1}{2}$ 时，$3>4-p^2$，因此如果 $p<\frac{1}{2}$，她会选择标出 400 万美元的售价。

威克瑞或英式拍卖。在说真话均衡中，除非两个代理人都是高类型，否则失败者的最高出价是 3。在后一种情况中，最高的失败出价为 4（记得，平局会被随机打破）。爱丽丝的期望收入是 $4(1-p)^2+3[1-(1-p)^2]=3+(1-p)^2$。因为除非 $p=0$ 或 $p=1$，否则总有 $3+(1-p)^2<4-p$，所以这也是次优结果。

但相对于除非 $p=1$ 否则标出一口价 3 来说，一个威克瑞或英式拍卖要更好一些。当 $3+(1-p)^2>(4-p)^2$ 时，威克瑞或英式拍卖则要比标出一口价 4 更好一些。当 $\frac{2}{5}<p<1$ 时，会标出这个价格。

最高价格—密封报价或荷兰式拍卖。因为高估值的代理人必然随机化他们的报价，所以这里我们陷入了困境。尽管不能直接应用第 21.4.1 节的收益均等定理，我们仍可以发现和在威克瑞拍卖中一样，在贝叶斯—纳什均衡中期望收入也是 $3+(1-p)^2$（本章练习 21～22）。

修正后的威克瑞拍卖。在 $\frac{2}{5}\leqslant p\leqslant 1$ 时，威克瑞拍卖似乎表现很好，但通过限制代理人只能报价 3 或 4 并让获胜者支付获胜者和失败者报价平均值，我们可以进一步改进这种拍卖。

对所有演员来说，计划以他们的真实估值作为报价仍是一个均衡。为了看到这一点，首先考虑矮类型先生。如果他报价 3，那么他在失败和获胜时都一无所获（因为他必须支付自己的真实估值）。如果他报价 4，那么失败时他还是一无所获，但在获胜时最多得到 $3-\frac{1}{2}(3+4)=-\frac{1}{2}$。因此，他的最优行为是报价 3，矮类型小姐也是如此。

现在考虑高类型先生。如果他出价 4，那么在获胜或因为对手是高类型小姐而失败时，他都一无所获。当他的对手是矮类型小姐时，他将获胜并得到 $4-\frac{1}{2}$

$(3+4)=\dfrac{1}{2}$。因此他期望从出价 4 中得到的得益为 $\dfrac{1}{2}p$。如果他出价 3，当他的对手为高类型小姐时，他什么也得不到。当对手是矮类型小姐时，他将以概率 $\dfrac{1}{2}$ 获胜。因此他期望从出价 3 中得到的得益是 $\dfrac{1}{2}(4-3)p=\dfrac{1}{2}p$。由此可以得到，由于高类型先生在报价 3 和报价 4 上是无差异的，因此他没有从报价 4 转为报价 3 的动力。对高类型小姐也是如此。

爱丽丝将得到什么？她的期望得益是 $4(1-p)^2+\dfrac{1}{2}(3+4)p(1-p)+$ $\dfrac{1}{2}(3+4)(1-p)p+3p^2=4-p$。因为除非 $p=0$ 或 $p=1$，否则总有 $4-p<$ $4-p^2$，所以这仍然是次优结果。假定 $4-p>4(1-p^2)$，这也要比出一口价 4 更好一些。当 $\dfrac{1}{4}<p\leqslant 1$ 时，会给出一口价 4。

小结。 在所考虑的拍卖中，当 $0\leqslant p\leqslant\dfrac{1}{4}$ 时，给出一口价 4 表现最好，当 $\dfrac{1}{4}\leqslant$ $p\leqslant 1$ 时，修正的威克瑞拍卖表现最好。实际上，对爱丽丝来说，利用这些计划是最优的。为了说明为什么，我们需要从理论上考虑她的机制设计问题。

21.5.3 最优设计

爱丽丝面对着令人混乱的各种可能性，我们所考虑的拍卖计划只是其中的一些。她可能设定所有报价者要支付的进入费。她甚至可能对拍卖室进行安排，让事先安插好的托儿在事情进行似乎很慢时推高报价。但揭示原则告诉我们，在考虑可能达成什么结果时，在直接机制中说真话均衡中不会产生的所有可能性都可以被忽略（定理 20.1）。为了令事情简单，将注意力集中到鲍勃和卡罗尔对称处理机制的对称均衡情况。

描述一个直接机制。 回忆在直接机制中简单要求博弈者说出他们的类型（第 20.4 节）。

假定其他演员说真话，一个宣称是高类型的演员以某个概率赢得拍卖，并支付某个金额。他或她赢得拍卖的概率为 h。演员支付多少除了取决于谁赢得拍卖外，还可能取决于其他一些事情。因此，参数 H 被作为演员支付金额的期望值。在同样情况下，一个宣称自己为矮类型的演员以概率 l 赢得拍卖并期望支付 L。

目标函数。 爱丽丝不知道买家的类型，因此她期望每个代理人支付给她：

$$F=(1-p)H+pL \tag{21.7}$$

她的目标是通过选择合适的 h，l，H 和 L 最大化 F 的数值。

激励约束。 一个宣布自己是高类型并实际上也是高类型的演员如果扮演买方的角色，得到的整体期望得益为 $4h-H$。一个宣布自己是矮类型但实际上是高类

型的演员得到 $4l-L$。因为说真话对高类型演员来说是最优的，因此必须有 $4h-H \geqslant 4l-L$。如果对一个矮类型演员，我们也写下说真话是其最优选择的条件，这样就得到激励约束（第 20.5.1 节）：

$$4h-H \geqslant 4l-L \tag{21.8}$$

$$3l-L \geqslant 3h-H \tag{21.9}$$

一个简单的结果是 $h \geqslant l$ 而 $H \geqslant L$。因此，与一个矮类型演员相比，一个高类型演员获胜的概率更高，但期望支付也更多。

参与约束。为了让一个高类型演员愿意进行博弈，我们需要 $4h-H \geqslant 0$。如果对一个矮类型演员也写下愿意进行博弈的条件，就得到参与约束（第 20.5.1 节）：

$$4h-H \geqslant 0 \tag{21.10}$$

$$3l-L \geqslant 0 \tag{21.11}$$

现实约束。在一个对称拍卖中，鲍勃获胜的概率 $(1-p)h+pl$ 不会超过 $\frac{1}{2}$。对一个高类型演员来说，不可能在所有时间都赢过矮类型的对手并在 50% 的时间上赢过高类型对手，所以 $h \leqslant p + \frac{1}{2}(1-p) = \frac{1}{2}(p+1)$。类似地，$l \leqslant (1-p) + \frac{1}{2}p = 1 - \frac{1}{2}p$。因此，现实的不等式约束 h 和 l 为：

$$(1-p)h+pl \leqslant \frac{1}{2} \tag{21.12}$$

$$h \leqslant \frac{1}{2}(p+1) \tag{21.13}$$

$$l \leqslant 1 - \frac{1}{2}p \tag{21.14}$$

图 21.2(a) 说明满足现实约束的对 (h, l) 构成的集合 S。①

线性规划。可能在爱丽丝对 h, l, H 和 L 的选择上需要更多约束，但让我们努力在目前所列约束下解出她的线性规划问题（第 7.6 节）。

爱丽丝的目标是在线性不等式 (21.8) 式、(21.9) 式、(21.10) 式、(21.11) 式、(21.12) 式、(21.13) 式和 (21.14) 式的约束下，最大化线性目标函数式 (21.7) 式 $(1-p)H+pL$。

有效约束？很难猜到 (21.8) 式和 (21.11) 式是否在我们的问题中起到约束作用。直觉是高类型的演员有较大的激励去撒谎，但矮类型演员有较大的激励不参与博弈。能够通过图 21.2(b) 来确定这个直觉。这个图显示了对一个对 (h, l) 来说所有可行对 (H, L) 的集合 T。可以看到，无论何时 $h \geqslant l$，表达式 $F = (1-p)H+pL$ 在点

① 注意到 $\frac{1}{2}(p+1) \leqslant \frac{1}{2}(1-p)^{-1}$ 和 $1 - \frac{1}{2}p \leqslant \frac{1}{2}p^{-1}$ 可能有所帮助。

$(H，L)$上最大化,并满足:

$$H-L=4(h-l) \tag{21.15}$$

$$L=3l \tag{21.16}$$

这个现象极大地简化了问题。将 $H=4h-l$ 和 $L=3l$ 代入(21.7)式,然后在约束(21.12)式、(21.13)式和(21.14)式下最大化:

$$G=(1-p)h+\left(p-\frac{1}{4}\right)l$$

最大化的位置取决于 $p\geqslant\frac{1}{4}$ 或 $p\leqslant\frac{1}{4}$。图21.2(a)说明前一种情况中在 m 处达到最大化,后一种情况中在 n 处达到最大化。[1]

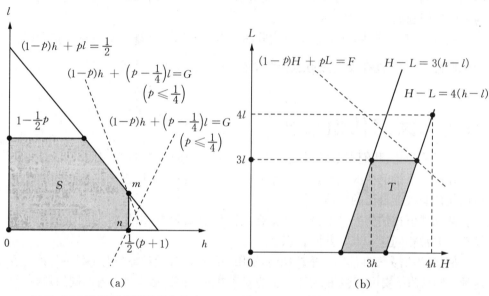

(a)　　　　　　　　　　(b)

图21.2(a)说明所有满足现实约束(21.12)式、(21.13)式和(21.14)式的对$(h，l)$构成的集合S。对每个可能选择的$(h，l)$,图21.2(b)显示所有满足激励和参与约束(21.8)式、(21.9)式、(21.10)式、(21.11)式的对$(H，L)$构成的集合T。

图21.2　设计最优拍卖

$p\geqslant\dfrac{1}{4}$ **的情况**。因为 $m=\left(\dfrac{1}{2}(p+1),\dfrac{1}{2}p\right)$,当 $p\geqslant\dfrac{1}{4}$ 时,h 和 l 的最优值为 $\tilde{h}=\dfrac{1}{2}(p+1)$,$\tilde{l}=\dfrac{1}{2}p$。对应的 $\tilde{H}$ 和 $\tilde{L}$ 为 $\tilde{H}=4\tilde{h}-\tilde{l}=\dfrac{3}{2}p+2$ 和 $\tilde{L}=3\tilde{l}$

---

[1]　如果 $p>\dfrac{1}{4}$,线 $G=(1-p)h+\left(p-\dfrac{1}{4}\right)l$ 向下的斜率要比 $(1-p)h+pl=\dfrac{1}{2}$ 的更陡。如果 $p<\dfrac{1}{4}$,线 $G=(1-p)h+\left(p-\dfrac{1}{4}\right)l$ 有向上斜率。如果 $p=\dfrac{1}{4}$,连接 m 和 n 线段上的任何点都是最优的。

$= \dfrac{3}{2}p$。这样,爱丽丝的期望得益为 $2\widetilde{F} = 2(1-p)\widetilde{H} + 2p\widetilde{L} = 4 - p$。

$\boldsymbol{p \leqslant \dfrac{1}{4}}$ **的情况**。因为 $n = \left(\dfrac{1}{2}(p+1),\ 0\right)$,当 $p \leqslant \dfrac{1}{4}$ 时,h 和 l 的最优值为 $\widetilde{h} = \dfrac{1}{2}(p+1)$,$\widetilde{l} = 0$。对应的 $\widetilde{H}$ 和 $\widetilde{L}$ 为 $\widetilde{H} = 4\widetilde{h} - \widetilde{l} = 2(p+1)$,$\widetilde{L} = 3\widetilde{l} = 0$。这样,爱丽丝的期望得益为 $2\widetilde{F} = 2(1-p)\widetilde{H} + 2p\widetilde{L} = 4(1-p^2)$。

什么是最优? 在第 21.5.2 节中,我们学到通过在一口价拍卖中标出价格 4,爱丽丝可以得到期望得益 $4(1-p^2)$。现在我们知道当 $0 \leqslant p \leqslant \dfrac{1}{4}$ 时,这个结果是最优的。

注意到,因为我们可以指出拍卖实际上可以达到我们所设定最优化问题的最大值 $4(1-p^2)$,因此不再需要担心可能忽视一些相关约束。可以说明,对最大化问题加上额外的约束,是不可能令最大值小于 $4(1-p^2)$ 的。因此,提出更多的约束与考虑的问题没有关系。

在第 21.5.2 节中,我们也了解到爱丽丝能够利用一个修正的威克瑞拍卖得到期望得益 $4 - p$。现在我们知道这个结果在 $\dfrac{1}{4} \leqslant p \leqslant 1$ 时是最优的。

21.6　共同估值拍卖

到目前为止,我们考虑的只是买方估值为私人信息的拍卖。有着私人估值的演员在拍卖开始前一次性并完全了解自己的估值,在拍卖过程中不会再学到任何东西使他们改变自己的估值。

共同估值在估值光谱的另一端。在共同估值拍卖中,出售目标的价值对所有期望买方都相同这一点是共同知识。

例如,当拍卖海底油田开采执照时,油田中的石油数量对每个人都是一样的。在这种共同估值拍卖中,重要的是不同买方对于共同估值是多少将有着不同的判断。

21.6.1　赢者诅咒

在油田拍卖中,买方对油田中可能有多少石油的估计取决于他们对地质的调查。这种调查不仅昂贵,并且也是出了名的不可靠。因此,一些期望的买家得到乐观的调查结果,而另一些得到悲观的调查结果。那么谁会赢得拍卖呢?

如果鲍勃将他的油田价值调研估计结果作为私人估值,那么只要他的调查结果最乐观,他就会赢得拍卖。但当鲍勃意识到他赢得拍卖意味着所有其他调查结果都要比他的更悲观时,他将咒骂自己获胜的坏运气! 如果他在开始时已经知道所有其他调查结果都要比他的更悲观,他就不会出这么高的价。

与全支付拍卖一样,博弈论教师喜欢通过用一个共同估值拍卖设下圈套来对他们的学生开玩笑。一个装满硬币和各种面值的被弄皱的纸币的广口瓶被拍卖给最高出价者,这个人通常成为赢者诅咒的牺牲品,并因此承受大量的损失。

但不是只有学生才被愚弄。如我们已经看到的,赢者诅咒是油田拍卖中的一个真实现象。为了避免这种情况,你需要在以你赢得拍卖这个假设性事件为条件的情况下,确定出售目标每个可能价值的概率。

钱包博弈。波洛和克勒姆佩雷尔的钱包博弈是一个说明如何避免赢者诅咒的简单例子。

爱丽丝没收了鲍勃和卡罗尔的钱包,并利用一个英式拍卖将两个钱包中所有的东西返还给出价较高的那个人。鲍勃的钱包里有 b 美元,而卡罗尔的钱包里有 c 美元,但他们只知道自己钱包里有多少钱。我们看一个对称均衡,其中钱包里有 x 美元的演员计划出价到 $B(x)$,其中 $B(x)$ 是 x 的严格增函数。

如果卡罗尔根据均衡进行博弈并且在价格 p 上退出,那么鲍勃将知道两个钱包的价值为 $b+B^{-1}(p)$。因此他应该计划只要 $p < b+B^{-1}(p)$,他就留在博弈里,在 $p = b+B^{-1}(p)$ 时则退出。在这个方程中代入 $p = B(b)$,我们得到:

$$B(b) = b + B^{-1}(B(p)) = 2b$$

因此在均衡中,鲍勃和卡罗尔每个人的出价应该是自己钱包价值的两倍。所以,获胜者是较多资金的富翁,即使只是多了一点点。

21.6.2 立足点

在代表一个客户提出鲁伯特·默多克(Rupert Murdoch)不应被允许接管曼彻斯特联队时,我利用了比洛和克伦贝勒的立足点博弈。提出这一点是因为在对英格兰顶级足球比赛排他性电视权的定期拍卖中,默多克将通过在足球卡特尔中的这个立足点获得有利的条件。因此,在下面简化版本中,博弈者被称为鲁伯特和索菲亚(Sophia)。

在保留价格为 0 的共同估值拍卖中,假设因为鲁伯特出价的一个小百分比在他获胜时返回给他,因此他拥有一定的优势。为了消除他的优势,我们假设索菲亚拥有比鲁伯特更多的信息。她知道被出售物体的精确价值 v,而鲁伯特相信它服从 $[0, 1]$ 上的均匀分布,这些都是共同知识。但如果索菲亚采用她的弱优势策略——出价直到她的估值,那么因为鲁伯特现在享受着所谓的"赢者祝福",因此他在英式拍卖中必然位于最高的位置上。

因为如果在当前价格上获胜对索菲亚来说有利可图,那么对鲁伯特来说利润更大,因此鲁伯特的报价应该总是比索菲亚的高出一个小的金额。所以,他通过计划出价直至最大值来尽力保证总是能够获胜。

所以,索菲亚出价到底有什么意义——尤其是存在某个进入成本时?[①]但如果索菲亚不参加拍卖,卖方将完全一无所获。因此除了鲁伯特外,每个人都出现损

① 为了使得获胜者支付更多,在看似无望的战争中,失败者有时会报出高于他们自己估值的价格,即使在涉及数十亿美元时也是如此。但当他们宣称承担这样难以置信的风险时,我们不一定要相信他们所说的!在任何情况下,如果鲁伯特知道索菲亚的报价受恶意驱动,他会在他的出价策略中考虑到这一点。

失,而他现在可以庆祝自己投资在卖方收入中从而得到一个立足点这一做法的深谋远虑了。教训仍然是似乎不重要的进入成本可能有着很大的策略意义。

21.7 多件拍卖

在激发我写这一章的大规模电信拍卖中,几个执照同时被卖出,但没有两个电信执照在整体上是可交换的。这一节关注于多件拍卖,其中所有供出售的物品完全是一样的。主要的例子包括国债拍卖,政府利用这个拍卖每年以出售债券的方式借入数十亿美元。另一个例子是近期英国政府出售其很大一部分黄金储备的系列拍卖。

在描述通常考虑的各种多件拍卖时,我们的卖方仍然是爱丽丝,而买方仍是鲍勃和卡罗尔。出售的对象被称为债券。

21.7.1 密封出价拍卖

560

→ 21.8

与单件个体拍卖一样,我们可以根据密封出价或公开出价来对多件拍卖进行分类。在密封出价形式中,爱丽丝从公开提出一个供给曲线开始。鲍勃和卡罗尔随后被要求在密封的信封里提交一个需求曲线。根据总需求等于供给的分配方法,决定鲍勃和卡罗尔各得到多少件物品。在不同的拍卖形式下,对鲍勃和卡罗尔分到的物品,要求他们支付的金额是不同的。

我想政府会更努力思考他们在国债拍卖中使用的供给曲线,但相关的官员太过胆小,不敢尝试任何创新。但谁能责备他们呢?如我们将看到的,在美国财政部采纳了经济学家看上去的最优可能建议时,它买到的实际上是一派胡言。因为在任何情况下,数量固定为 S 的债券都可以按高于一定保留水平的最高价格出售,因此供应曲线为"L"形总是标准的。我们总是假设保留价格为 0 来进一步简化问题。

几何图形表示。图 21.3 中的束 (x, p) 对应于鲍勃以每一债券 p 美元的价格得到 x 份债券。因此,他以 px 美元购买 x 份债券。我们假设他对这类束的偏好由一个拟线性效用函数 $u(x) - px$ 决定,其中 u 严格递增、可微并且为凹(类似的假设也适用于卡罗尔)。

如图 21.3(a) 中所示,鲍勃的真实需求曲线——不是他告诉爱丽丝的假需求曲线——可以由方程 $p = u'(x)$ 表示(第 9.3.2 节)。图中也显示了鲍勃的一些无差异曲线(第 9.3 节)。注意到无差异曲线只有在与需求曲线相交时才是水平的,并且鲍勃总是希望移到无差异曲线的下方。

因为只有 S 份债券可供出售,如果鲍勃得到 x 份债券,那么当市场出清时卡罗尔只能得到 $S-x$ 份。在鲍勃需求曲线的图形中再画上卡罗尔的需求曲线,从而得到图 21.3(b)。因为 $X + (S - X) = S$,在两个需求曲线的相交点 (X, P) 上,供应等于总需求,因此 (X, P) 对应这个设定下的瓦尔拉斯均衡。

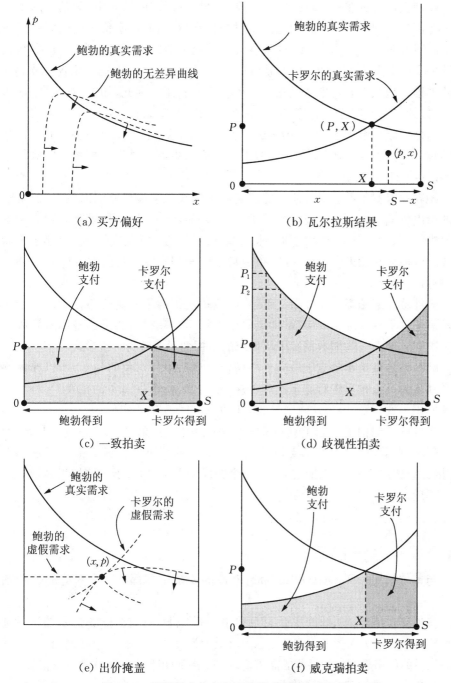

图 21.3　不同拍卖如何与真实需求揭露一起运作

一致拍卖。一致拍卖是在完美竞争市场的基础上建立的模型。图 21.3(c)说明当鲍勃和卡罗尔忽略了隐藏报价的好处而给出自己的真实需求曲线时,会发生什么样的情况。买方对他们分配得到的每份债券支付出清价格 P。卖方的收入由长方形的阴影面积表示。

歧视性拍卖。在一个歧视性价格或"支付你报价"的拍卖中,鲍勃和卡罗尔要支付他们为分到的每件物品所愿意支付的最高价格,而这个价格由他们所声明的需求曲线表明。图21.3(d)说明如果买方递交了他们的真实需求曲线,那么在歧视性拍卖中会发生什么情况。鲍勃对第一份债券支付 P_1,对第二份债券支付 P_2,以此类推。他只对自己购买的最后一份债券支付 P。因此,如果债券数量 S 非常大,卖方的收入近似等于图21.3(d)中的阴影面积(第9.5.2节)。

出价掩盖。由于图21.3(c)中的一致拍卖中,卖方的收入少于他在图21.3(d)中的歧视性拍卖收入,因此看上去似乎卖方应当更偏好歧视性拍卖。但这是记者的谬误(第21.4节)。

鲍勃和卡罗尔不会报出他们的真实需求曲线。从策略原因出发,他们将隐藏性地给出较低的报价。在歧视性拍卖中,这是显而易见的。如果鲍勃知道卡罗尔将给出图21.3(e)所示类型的假需求曲线,那么他的最优反应是找到在她的假需求曲线上他最喜欢的束 (x, p),并宣布他自己的假需求曲线将通过点 (x, p) 并在该点左方保持水平。

多件威克瑞拍卖。在金融文献中,一致拍卖被称为次高价格拍卖。这个误导的术语纪念了一次难忘的惨败,即诺贝尔经济学奖获得者弗里德曼和米勒成功说服美国财政部在一些债券拍卖中从传统的歧视性形式转为一致形式。

歧视性多件拍卖对应于最高价格、密封出价、单件对象的拍卖,所以弗里德曼和米勒认为一致拍卖将对应于次高价格、密封出价、单件对象的拍卖。因此,他们提议使用一致拍卖,因为这将引导买方以他们的真实需求出价。[1]

多件威克瑞拍卖采用了克拉克—格罗夫斯机制(第20.5.3节)。因此,如图21.3(f)中所示,每个买方都支付其他买方需求曲线下的金额。由于存在私人估值,因此以你的真实需求曲线报价是一个弱优势策略,但对于一致拍卖来说这一点却并不成立!

21.7.2　公开拍卖

与单件拍卖一样,每个密封出价、多件的传统拍卖都有一个对应的公开拍卖形式。

多件英式拍卖。从低价开始,随后价格不断上升。在每个价格上,买方表示他们愿意按这个价格买入多少单位。当总需求减少为可用的供给时,拍卖停止,买方随后按照最后的价格得到他们目前的需求量。[2]它的密封出价对应形式是一致拍卖。

多件荷兰式拍卖。从高价开始,随后价格不断下降。当一个买方示意时,他或她在当前价格得到一个单位,然后拍卖继续。图21.4(a)说明为什么它的密封出价对应形式是歧视性拍卖。

---

[1]　*Wall Street Journal*, 28 August 1991; New York Times, 15 September 1991.

[2]　这类拍卖与第9.6.3节中提到的双重拍卖不同,因为在这类拍卖中只有买方出价。

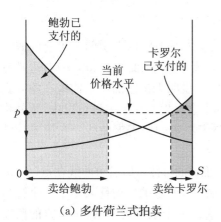

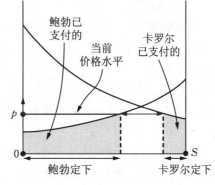

| (a) 多件荷兰式拍卖 | (b) 奥苏贝尔拍卖 |

图 21.4　两个公开多件拍卖

奥苏贝尔(Ausubel)拍卖。 我已经试图将奥苏贝尔的好点子卖给几个客户,但没有成功,不过它总有一天会被广泛应用的。从低价开始,然后价格不断上升。随着价格上升,买方减少他们的需求。最终,一个买方的需求太小,以至于自己无法消化所有供给。其他买方被认为获得两者之间差异的债券数量。无论何时一个买方获得一个新的债券,他或她为这个债券支付当前价格。图 21.4(b)说明为什么奥苏贝尔拍卖的密闭出价对应形式是一个多件的威克瑞拍卖。

21.7.3　多件拍卖中的策略行为

目前对多件拍卖的一般属性并没有很好的理解。这里提供的分析本质上是纳什执行理论(第 20.6.2 节)中的一个练习。

我们假设在鲍勃和卡罗尔之间,买方的偏好是他们的共同知识,但爱丽丝是不知道的。她的目标是执行一个瓦尔拉斯结果。她应该选择哪种多件拍卖呢?

一致拍卖? 图 21.5(a)说明在一致拍卖中,两个买方只有在他们的真实需求曲线相交处为水平时,宣布自己的真实需求曲线才是一个均衡。无论卡罗尔宣布的需求曲线是什么,鲍勃的最优反应是选择一个假的需求曲线,在第一个买方最喜欢的任意点(x, p)上与卡罗尔的需求曲线相交。在这个点上,鲍勃的无差异曲线之一触及卡罗尔宣布的需求曲线。如果(x, p)在鲍勃的真实需求曲线上,那么卡罗尔必然宣布了一条在(x, p)处水平的需求曲线。

图 21.5(b)说明在一致拍卖中的假需求曲线不能在鲍勃真实需求曲线上方点(x, p)处相交达到均衡。如果他们可以,画出的无差异曲线说明鲍勃将偏好于宣布一个假曲线,这条曲线在更偏左处与卡罗尔的假需求曲线相交。因此,在均衡时,买方的假需求曲线只能在图 21.5(b)阴影区域中的点上相交。所以,爱丽丝不能期望在一致拍卖中她债券的出售价格高于真实出清价格。

图 21.5(c)说明为什么图 21.5(b)阴影区域中的每个点(x, p)都对应于一个纳什均衡,其中鲍勃得到x份债券而出售价格为p。在说明的均衡中假需求曲线在(x, p)上有一个结。按这个方法,0 到真实瓦尔拉斯价格P之间的任何价格都

可以作为一个均衡被持续。

歧视性拍卖? 图 21.5(d)说明在歧视性拍卖中对卡罗尔来说两个可能的假需求曲线。如我们在图 21.3(e)中所看到的,在均衡中,每个曲线在(x, p)右边必然都是水平的。画出的无差异曲线是鲍勃的。它们说明无论假的需求曲线在鲍勃真实需求曲线上方或下方穿越点(x, p),均衡都不会发生。在第一种情况中,鲍勃将偏好于宣布一个假需求曲线,在更偏左处穿越卡罗尔的假需求曲线。在第二种情况中,他偏好于曲线在更偏右处相交。

因此,对歧视性拍卖的一个纳什均衡来说,唯一的可能是假需求曲线在点(x, p)相交,这个点同时落在鲍勃和卡罗尔的需求曲线上,所以纳什均衡采用了一个瓦尔拉斯结果(X, P)。图 21.5(e)说明为了维持这样一个纳什均衡,每个买方的假需求曲线必须在其他买方穿过点(X, P)的无差异曲线上方。

威克瑞拍卖? 在一个多件威克瑞拍卖中,所有买方宣布他们的真实需求曲线是一个弱优势策略,因此执行了一个瓦尔拉斯结果。但和我们已经学习过的其他情况一样,这里也存在说谎的均衡,其中买方可能合谋对卖方造成不利。图 21.5(f)说明一个说谎的均衡,其中爱丽丝的收入接近于 0。

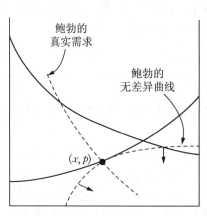

(a) 鲍勃对卡罗尔时间需求曲线的最优反应

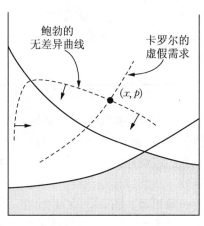

(b) 均衡假需求在阴影区域相交

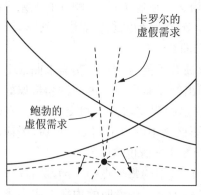

(c) 一致拍卖中的均衡

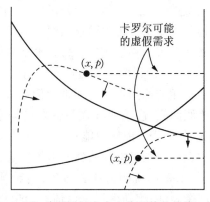

(d) 歧视性拍卖中去除可能的均衡

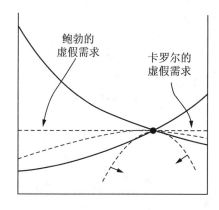
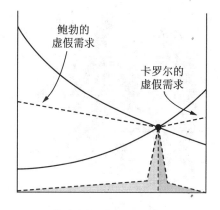

（e）歧视性拍卖中的均衡　　　　（f）威瑞克拍卖中的低收益均衡

图 21.5　歧视性和其他拍卖中的纳什均衡

弗里德曼的惨败。具有讽刺意味的是，弗里德曼和米勒声讨的传统歧视性拍卖应该可以证明在执行瓦尔拉斯结果上是最优的。弗里德曼偏好的一致形式看上去特别容易受买方合谋操纵的攻击（这种行为可能是完全合法的）。

通常的反应是因为存在债券可自由交易的二级市场，因此国债拍卖是公共估值而不是私人估值问题。但重新出售是另一个领域，其中旧学派的经济学家已经过快地直接跳到结论。例如，重新出售的可能性保证了有效的结果，而与所使用拍卖类型无关这种说法很肯定是不正确的。如果效率是你的目标，就首先使用一个有效的拍卖！

21.8　筷子拍卖

本书选择以筷子拍卖结束，来说明为什么博弈理论家会喜欢自己研究的对象。谁会猜到这样奇异的解？但问题本身来自一个完全平凡的事情。

在电信拍卖中，为了运作一个可行的业务，出价者需要购买供出售的一些小频率包。如果这些包通过独立、密封出价的拍卖同时出售，买方应该做什么：将他们的钱集中在一些拍卖中或是分散到所有拍卖中？当他的客户询问这个问题时，鲍勃·罗森塔尔（Bob Rosenthal）不知道如何回答，所以他构建了下面的模型来分析这个问题。

fun

→ 21.9

出售筷子。如图 21.6（a）所示，爱丽丝要出售三支筷子。潜在的买方是鲍勃和卡罗尔。他们都是风险中性的，因此我们用美元来衡量他们的效用。图 21.6（b）说明他们分享的效用函数。一支筷子和没有筷子是一样的。鲍勃和卡罗尔对两个结果的估值都是没有价值。三支筷子和两支筷子是一样的。鲍勃和卡罗尔对两个结果的估值都是 1 美元。

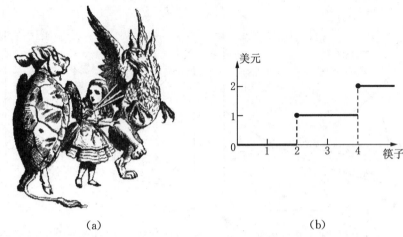

(a)   (b)

爱丽丝出售三支筷子。鲍勃和卡罗尔每个人都想得到正好两支筷子。

图 21.6 出售筷子

爱丽丝决定利用三个独立、最高价格、密封出价的拍卖,同时出售三支筷子。在爱丽丝创造的博弈中,鲍勃和卡罗尔应该使用什么策略呢? 他们是否应该将所有的钱都集中到两次拍卖中,还是应该将它们分散到所有三次拍卖中?

对鲍勃来说,在筷子拍卖中的一个纯策略是三个元素形成的组 (x, y, z),说明他在三个拍卖中各出价多少。我们假设 $x \geqslant 0, y \geqslant 0, z \geqslant 0$ 并且 $x + y + z \leqslant 1$。因为博弈者总能在对手计划出价最低的两个拍卖中暗中破坏他们对手的行动,因此不可能在纯策略中找到一个纳什均衡。

混合均衡。寻找混合均衡的第一步是构建图 21.7(a) 中的正四面体 T,它的顶点是纯策略 $s_0 = (0, 0, 0)$,$s_1 = \left(0, \frac{1}{2}, \frac{1}{2}\right)$,$s_2 = \left(\frac{1}{2}, 0, \frac{1}{2}\right)$ 和 $s_3 = \left(\frac{1}{2}, \frac{1}{2}, 0\right)$。第二步是引入一个四面体 T 面上的一致概率分布 μ。如果鲍勃和卡罗尔每个人都根据 μ 独立选择报价,那么我们将看到筷子拍卖的一个纳什均衡。由于 μ 的支撑是 T 的表面,而不是它的整个体积,因此鲍勃和卡罗尔既不会把他们所有的钱放在两个拍卖中,也不会平分到所有三个拍卖中。在混合均衡中,他们会以某种方式试图同时做到这两点!

证明:我们需要确定鲍勃在 T 表面的任意纯策略 (x, y, z) 是卡罗尔利用混合策略 μ 的一个最优反应。事实上,只要 (x, y, z) 落在 T 内或 T 的表面,鲍勃的期望得益都是 0。当 (x, y, z) 在 T 外时,他的期望得益为负。

如果鲍勃利用纯策略 (x, y, z),那么当卡罗尔根据 μ 进行博弈时,他的期望得益是他至少赢得两支筷子的概率减去他的期望支付:

$$\pi(x, y) = \{p_{12} + p_{23} + p_{31} - 2p_{123}\} - \{xp_1 + yp_2 + zp_3\} \qquad (21.17)$$

其中,p_1 是他赢得第一个拍卖的概率,p_{12} 是他赢得第一个和第二个拍卖的概率,依此类推。

为了得到(21.17)式中的概率,按照图 6.13(d)的解释展开四面体 T。这产生了它表面的两维形式 S,如图 21.7(b)所示。尽管我们已经展开 T,但我们还是继续利用 R^3 的坐标系统。例如,图 21.7(b)中两个标上 $X=x$ 的线段说明 R^3 中的平面 $X=x$ 如何与四面体 T 表面相切。标出的距离和面积只与 S 上的真实距离和面积成正比,但因为从相关方程中删去了比例的固定值,因此我们不用考虑它们。

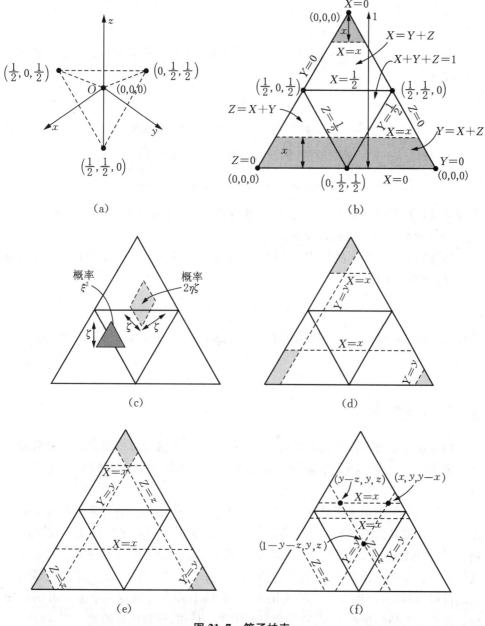

图 21.7 筷子拍卖

概率 p_1 是图 21.7(b)中的阴影面积,所以:

$$p_1 = x^2 + \{1 - (1-x)^2\} = 2x$$

利用图 21.7(c)中给出的平行四边形和三角形面积最容易得到阴影部分面积。假设 $x \geqslant y$，画出图 21.7(d)，利用它可以得到：

$$p_{12} = y^2 + 2xy + x^2 - (x-y)^2 = 4xy$$

由于答案对 x 和 y 是对称的，所以在 $y \geqslant x$ 时，结果也成立。

概率 p_{123} 更麻烦一些。一些假设被放入图 21.7(e)中。第一个是 $x \geqslant y \geqslant z$，根据它可以得到 $z + x \geqslant y$ 和 $x + y \geqslant z$。第二个假设是 $y + z \geqslant x$。第三个假设是 $x + y + z \leqslant 1$。（图 21.7(f)说明如果 $x + y + z > 1$ 事情将发生什么变化。）在所有这些假设下，

$$\begin{aligned} p_{123} &= z^2 + y^2 - (y-z)^2 + x^2 - (x-y)^2 - (x-z)^2 \\ &= 2xy + 2yz + 2zx - x^2 - y^2 - z^2 \end{aligned} \tag{21.18}$$

由于答案对 x, y 和 z 是对称的，因此假定我们维持假设：

$$x + z \geqslant z, \quad y + z \geqslant x, \quad z + x \geqslant y, \quad x + y + z \leqslant 1$$

那就可以放弃假设 $x \geqslant y \geqslant z$，而我们维持的上述假设意味着当 (x, y, z) 在四面体 T 内或表面时，(21.18)式成立。

将我们对所有概率的公式代入(21.17)式，我们发现当 (x, y, z) 在 T 内或表面时，鲍勃的期望得益是：

$$\pi(x, y, z) = 0$$

容易看到在四面体外 p_{123} 要比我们的公式更大，所以 $\pi(x, y, z)$ 是负的。这样就完成了证明。

21.9 综述

拍卖设计是博弈论伟大的成功之一。从大金额电信拍卖中得到的主要教训是直接采用以前的设计将是危险的。每个新的情况都需要针对其特殊情况定制的设计。

传统的单件拍卖形式可以是密封出价或公开出价。出售的对象总是给了最高出价者。在最高价格、密封出价拍卖中，获胜者支付他们自己的出价。在次高价格、密封出价拍卖中，获胜者支付失败者的最高出价。公开形式被称为英式或荷兰式拍卖。在荷兰式拍卖中，价格下降直到有一个出价者叫停。荷兰式拍卖等同于最高价格、密封出价拍卖。在英式拍卖中，价格上升直到只有一个出价者仍然报价。在有私人估值情况中，英式拍卖等同于次高价格、密封出价拍卖。

次高价格、密封出价拍卖被称为威克瑞拍卖，以纪念拍卖理论的这一先驱者。它们本质上是克拉克—格罗夫斯机制的一个版本，因此对买方来说以他的真实估

值进行报价总是一个弱优势策略。但是,卖方忽略撒谎均衡的存在是不明智的,买方可能合谋达成这个均衡。当一些买方在说真话均衡中获胜概率较小时但面对很高的进入成本时,情况更是如此。

收益均等定理说明在参与条件相同的所有标准拍卖形式中,一个标准私人估值情景下的对称均衡给卖方带来相同的期望收入。这一期望收入等于次高估值的期望值,并可以被证明在相同条件下是最大的。参与条件一般由卖方选择的保留价格决定。一个为零的保留价格一般不会是最优的选择。

拍卖设计是机制设计的一种特殊情况。人们可以写下激励、参与和现实上的约束,并按它们指出的方向进行下去。

具有私人估值的买方在拍卖开始前一次性了解自己的全部估值,他们在拍卖中不会学到任何可以使他们改变估值的东西。在共同估值拍卖中,被出售物体的价值对所有买方都是相同的,但不同买方对共同价值的大小有着不同的判断,这一点是共同知识。

在一个共同估值拍卖中,如果获胜者没有考虑到赢得拍卖的含义——所包含的失败者得到的关于出售物品价值的信息,那么就会产生赢者诅咒。为了避免赢者诅咒,你需要以你赢得拍卖这一假设性事件为条件,确定出售物体的各个可能价值。

当买方因为可以得到卖方收入的一部分而具有优势时,立足点模型是适用的。这样一个买方有能力更积极地出价,从而会加大赢者诅咒对其他买方的影响,迫使他们进一步降低自己的报价。在极端的情况下,处于不利地位的买方可能完全不报价。

国债的拍卖是多件拍卖,其中出售的每个单位都是相同的。在密封出价情况下,买方递交需求曲线。随后,每个买方得到债券,使得总需求和供给相等。在一致拍卖中,每个买方支付出清价格。在歧视性拍卖中,每个买方支付他或她需求曲线下方的面积,它对应于每个买方分配得到的债券数量。在多件威克瑞拍卖中,买方支付其他买方加总需求曲线下面的金额。每一类密封出价拍卖都有一个对应公开拍卖形式,分别为多件英式拍卖、多件荷兰式拍卖和奥苏贝尔拍卖。在后者中随着价格上升,一旦其他买方的总需求减少到个体无法被出售的水平,买方就按当前价格得到这些物品。

弗里德曼错误地认为一致拍卖是单件威克瑞拍卖在多件情况下的一般化。因此,金融文献错误地称一致拍卖为次高价格的多件拍卖。作为本书的结尾,给你的善意忠告是,如果你想让其他人帮你做你想做的事,最好能确定这个人聪明如冯·诺依曼。

21.10　进一步阅读

Auctions and Auctioneering, by R. Cassady: University of California Press, Berkeley, 1967. 很多好故事。

Auctions: Theory and Practice, by Paul Klemperer: Princeton University Press, Princeton, NJ, 2004. 从本原角度进行了生动的介绍。

Auction Theory, by Vijay Krishna: Academic Press, San Diego, 2002. 对现有理论的认真描述，不带任何炒作。

"The Biggest Auction Ever: The Sale of British 3G Licences," by Ken Binmore and Paul Klemperer, *Economic Journal*, 112(2002), C74—C96. 谁会想到挣这么多钱是这样枯燥的事？

Putting Auction Theory to Work, by Paul Milgrom: Cambridge University Press, New York, 2004. 无线电频谱执照拍卖的开创者揭示他的秘密。

21.11 练习

1. 如果鲍勃和卡罗尔的估值从$[0,1]$上的一个均匀分布中独立抽取，说明在一口价拍卖中，给出价格p且$0 \leqslant p \leqslant 1$时售出的概率为$1-p^2$。推断爱丽丝会通过设定价格$p = 1/\sqrt{3}$最大化她的期望收入。

2. 解释如果我们用经典垄断中出售的金额来确定在一口价拍卖中的出售概率，这两种博弈为什么是类似的。为什么伯川德(Bertrand)双头垄断是一种荷兰式拍卖？（第10.4节）

3. 当鲍勃的出价不能高于他钱包中的现金数量时，寻找他在英式拍卖中的弱优势策略。

4. 为什么在英式拍卖中，当对手之一退出拍卖后，剩余的买方可能修改他们对出售物体的估值？为什么当有三个估值相互关联的买方时，这种考虑会破坏英式拍卖和威克瑞拍卖的策略同等性？

5. 通过威克瑞拍卖出售一幅画。潜在买方对这幅画的所有美元估值都是不同的正整数这一点是共同知识，但估值本身的大小是不知道的。所有买方都以他们的真实估值报价是一个弱优势策略。解释当所有买方报价都比他们的真实估值低1美元时，为什么也是一个纳什均衡。为什么对所有买方来说，这个说谎均衡是说真话均衡的帕累托改进。

6. 对在区间$[3,5]$上均匀分布的随机变量，计算它在区间$[2,4]$中取值的概率。

7. 计算：

(a) $\dfrac{d}{dx}\displaystyle\int_0^x (1+y^{10})^{-20}dy$ 　　　　(b) $\dfrac{d}{dx}\displaystyle\int_{-23}^x (1+y^{10})^{-20}dy$

(c) $\dfrac{d}{dx}\displaystyle\int_x^{67} (1+y^{10})^{-20}dy$ 　　　　(d) $\dfrac{d}{dx}\displaystyle\int_0^{x^2} (1+y^{10})^{-20}dy$

8. 令$F: [0,1] \to R$在$[0,1]$上连续并在$(0,1)$上可微。假设$F(0)=0$。分部积分说明：

$$\int_0^1 F(v)dv = -\int_0^1 (v-1)F'(v)dv$$

9. 为什么概率分布函数 $F:\mathbb{R}\to[0,1]$ 必须是增函数？为什么因此一个连续[①]的概率密度函数 $p:\mathbb{R}\to\mathbb{R}_+$ 必须是非负的？如果 $P(a)=P(b)$ 且 $a<b$，为什么对 $a<x<b$ 来说，$p(x)=0$ 必然是正确的？

10. 如果随机变量 X 在区间 $[a,b]$ 上均匀分布，确定 $\mathscr{E}X=\dfrac{1}{2}(a+b)$。

11. 在第 21.4 节的条件下，在一个最高价格、密封出价拍卖中，两个买方按 50% 降低他们的出价。如果有 n 个出价者，说明 $B(v)=(n-1)v/n$。

12. 在第 21.4 节的条件下，分析全支付、密封出价拍卖，（你将被带到微分方程 $db/dv=v$，要在 $v=0$ 时 $b=0$ 这个边界条件下得到它的解。）确定和第 21.4 节中分析的其他拍卖一样，卖方的期望收入为 $R=\dfrac{1}{3}$。

13. 如果在全支付、密封出价拍卖中有 n 个买方，说明他们在第 21.4 节的条件下每个人的出价都是 $(n-1)v^n/n$。

14. 确定从第 21.4.1 节的意义上来说，最高价格和次高价格的密封出价拍卖都是标准的。为什么对一个一口价拍卖来说，同样情况不成立？对一个全支付拍卖来说又怎么样？

15. 对标准私人估值情况下的标准拍卖来说，收益均等定理取决于报价函数 $B(v)$ 对 v 来说是严格递增的（第 21.4.1 节）。按下面三个步骤证明这个结果：

a. 通过考虑在接近可能跳跃的估值上进行的最优博弈，说明 B 必然是连续的。

b. 如果对 $v<u<w,\ B(u)\leqslant B(v)$，解释为什么对 $v<u<w,\ B(u)=B(v)$。

c. 如果估值在某个区间内的所有买方给出同样的报价，解释为什么一个估值不在这个区间的买家如果报价略高，将可以因此得益。

16. 利用 (21.5) 式说明，$v=0$ 时标准私人估值情景下的标准拍卖在其对称均衡中，鲍勃期望当他的估值为 v 时要支付 $P(v)\mathscr{E}\{w\mid w<v\}$。

17. 为什么卖方被认为会遵守她对保留价格的承诺这一点是重要的？有时候在拍卖结束前，保留价格都是对买方保密的。为什么这种保密令承诺问题更为复杂？

18. 如果鲍勃和卡罗尔的估值从区间 $[0,1]$ 上的均匀分布中独立抽取，确定对爱丽丝来说，一个带最优保留价格的标准拍卖产生的期望收入要比最优一口价拍卖更大（本章练习 1）。

19. 如果爱丽丝选择一个保留价格 r，解释为什么在标准私人估值情景的标准拍卖中，进行对称博弈带给她的期望收入为：

---

① 没有这个限制性条件，就需要在后面加上"几乎各处"来严格限定这个说法。

$$R = 2\int_r^{\bar{v}} \left\{ vP(v) - \int_r^v P(u)\,du \right\} P'(v)\,dv$$

其中$P(v)$是估值为v的买方有两个估值中较高一个的概率,$\bar{v}$是最大估值。推导在$1 - P(r) + P'(r) = 0$时,爱丽丝的期望收入被最大化。[①]

20. 当买方估值从同一分布中独立抽取是共同知识时,分析一个最高价格、密封出价拍卖并不困难,但当他们的估值从不同分布中抽取时,我们所知道的情况却很少(第21.4节)。到目前为止只有两种情况被仔细分析过,其中一个是威克瑞的研究。鲍勃对爱丽丝房子的估值为1。卡罗尔的估值服从$[0,1]$上的均匀分布是共同知识。你不会被要求重复威克瑞的分析,但要解释为什么我们可以期望鲍勃将选择一个混合策略,其中他根据一个分布在$[0,1]$内的概率密度函数选择报价。为什么对卡罗尔来说,当她的估值足够高时,支付费用进入拍卖是有意义的?

21. 在$p = \dfrac{1}{2}$时,爱丽丝利用第21.5.2节私人估值情景中的最高价格、密封出价拍卖。她的期望收入R为多少?

a. 如果鲍勃和卡罗尔递交他们的真实估值,说明$R = \$3\dfrac{3}{4}m$。如果爱丽丝聪明地将保留价格设为3(或略少一些),为什么低估值类型买方要以他们的真实估值出价? 为什么高估值类型买家不以他们的真实估值出价?

b. 如果鲍勃有一个高估值,他的守财奴策略是出价略高于3。当卡罗尔为低类型时,鲍勃将便宜地捡到房子,但如果卡罗尔为高类型时出价$B > 3$,鲍勃将有一半时间会输。通过转向出价略高于B的策略,鲍勃就可以在所有时间都获胜。说明对鲍勃来说,当$B < 3\dfrac{1}{2}$时,这个高出价策略要好于守财奴策略,但在$B > 3\dfrac{1}{2}$时则正好相反。

c. 确定守财奴策略强优于所有大于$3\dfrac{1}{2}$的出价,但因为卡罗尔的出价将略高,在均衡中不可能有小于$3\dfrac{1}{2}$的出价。

d. 利用随机选择打破平局的规则来消除均衡中出价正好等于$3\dfrac{1}{2}$的可能性。

e. 在剔除所有可能的纯策略后,确定有一个混合策略,其中高估值类型的买方在3到$3\dfrac{1}{2}$之间选择他们的出价,使得出价小于B的概率恰好为$(B-3)/(4-B)$。

f. 证明使用这个混合均衡时,爱丽丝的期望收入为$3\dfrac{1}{2}$百万美元。

[①] 当对r求R的微分时,将积分中的第一个r写作a,第二个r写作b。随后,你可以利用事实:

$$\frac{\partial I}{\partial r} = \frac{\partial I}{\partial a}\frac{da}{dr} + \frac{\partial I}{\partial b}\frac{db}{dr}$$

不要害怕在积分符号下求微分,这只有在病态情况下才会出错。并且不要忘记微积分的基本定理。

22. 如果爱丽丝在第 21.5.2 节的条件下,利用最高价格、密封出价拍卖出售她的房子,鲍勃和卡罗尔将利用一个混合均衡。像上一个练习一样推理来确定爱丽丝的期望收入为 $3+(1-p)^2$。

23. 下面五个练习说明当鲍勃和卡罗尔的估值从一个均匀分布中独立抽取时,标准拍卖最大化爱丽丝的期望收入。如第 21.4.1 节所示,我们只考虑对称的情况。我们也将注意力集中在当某个买方的估值 $v \geq \underline{v}$ 时物品总是被出售,否则就绝不出售的情况,其中 $\underline{v}$ 是买方对是否进入拍卖感到无差异时的估值。为了简化计算,我们令 $\underline{v}=0$ 并令最大可能估值 $\bar{v}=1$。

在对称的直接机制中,一个宣布估值为 v 的买方期望支付 $F(v)$,并且获胜的概率为 $P(v)$。解释为什么对所有可接受的 v 和 w,激励约束 $vP(v)-F(v) \geq vP(w)-F(w)$ 都必须满足。推导说明 $vP(v)-F(v)$,$P(v)$ 和 $F(v)$ 都是递增的。解释当 P 和 F 都可微时,为什么:

$$vP'(v) = F'(v) \tag{21.19}$$

是最优化的必要条件。

24. 上一个练习的参与约束是对所有可接受的 v,有 $vP(v)-F(v) \geq 0$。解释为什么 $\underline{v}P(\underline{v})-F(\underline{v})=F(0)=0$,并且推导当激励约束必须满足时,参与约束也是一样。

25. 前面练习中最优设计问题的下一步是考虑现实上的约束,这决定了概率 $P(v)$ 可以假设的值。写下:

$$Q(v) = \int_0^v P(w)dw$$

假设爱丽丝被告知鲍勃有 0 到 v 之间的一个估值,但其他人都是不知道的。为什么她分配给他赢得比赛这个事件的概率为 $v^{-1}Q(v)$?解释为什么 $Q(1) \leq \frac{1}{2}$ 说明两个代理人都在对称机制中获胜是不可能的。给定两个代理人的估值在 0 到 1 之间,解释为什么 $v^{-1}Q(v) \geq \frac{1}{2}$ 说明两个代理人都输掉也是不可能的。

26. 通过观察到委托人期望得到下面的收入,这个练习继续前面练习的最优设计问题:

$$R = 2\int_0^1 F(v)dv$$

像在本章练习 8 中一样分部积分,然后利用(21.9)式。对结果分部积分两次得到爱丽丝的期望收入为:

$$R = 2Q(1) - 4\int_0^1 Q(v)dv$$

将上一个练习的不等式插入上面这个式子,并推导得到 $R \leq \frac{1}{3}$。为什么这意味着一个标准拍卖最优化爱丽丝的期望收入(第21.4节)?

27. 对第21.6.1节钱包博弈中的三个博弈方,说明有一个对称均衡,其中第一个退出的博弈方估值为 a, $p = 3a$ 为退出价格。说明第二个退出的博弈方估值为 b,退出价格为 $q = a + 2b$。

28. 说明第21.6.1节的钱包博弈有无限数量的非对称均衡,其中鲍勃和卡罗尔的报价函数形式分别为 $B(b) = \beta b$ 和 $C(c) = \gamma c$,这里 $\beta\gamma = \beta + \gamma$。

29. 在第21.6.2节的立足点博弈中,在索菲亚出价最高为 x 后,鲁伯特的期望得益是多少?

30. 爱丽丝有三个物品要出售。鲍勃对第一个物品的估值为5美元,对另两个物品的估值则各为1美元。卡罗尔对每个物品的估值都是2美元。如果鲍勃和卡罗尔以他们的真实要求出价,在奥苏贝尔博弈中将会发生怎样的情况?

31. 在第21.7.2节的假设下,在一致拍卖中寻找一个产生瓦尔拉斯结果的纳什均衡。对买方来说,在什么意义上这个均衡要比一个低价的合谋均衡风险更小?

32. "印度赌局"是拉尔夫·迈尔斯(Ralph Miles)为加利福尼亚理工学院一个关于"荷兰式赌局"的教室实验所提出的博弈。教授扮演赌博经纪人的角色。每个学生被单独要求说出对某个外部事件的概率 p(第13.3.3节)。p 高于中值的学生被要求对"事情将发生"下注。如果事情发生,他们赢得 $1 - p$,如果没有,则输掉 p。p 低于中值的学生被要求对"事情不会发生"下注。如果不发生,他们赢得 p,如果发生,则输掉 $1 - p$。

a. 班级由爱丽丝和鲍勃两个人组成。如果爱丽丝宣布 $p = a$ 而鲍勃宣布 $p = b$,说明无论事情是否发生,赌博经纪人都得到 $|a - b|$。爱丽丝和鲍勃必须做什么才能逃离对他们不利的联合"荷兰式赌局"?

b. 外部事件是公平地抛硬币。如果硬币落地时正面朝上,爱丽丝和鲍勃各自得到独立的信号 s 和 t,它们根据概率密度函数 $h(x) = 2x$ 在区间 $[0, 1]$ 上分布。如果硬币落地正面朝下,密度函数为 $t(x) = 2(1 - x)$。利用贝叶斯法则说明 $\mathrm{prob}(H \mid x) = x$ 和 $\mathrm{prob}(T \mid x) = 1 - x$。

c. 如果爱丽丝知道鲍勃将宣布 b,说明她的最优反应是出价比 b 略多或略少,并因此得到得益 $|b - s|$。赌博经纪人得到多少?

d. 根据下面的步骤寻找爱丽丝和鲍勃所进行博弈的一个对称贝叶斯—纳什均衡,其中得到信号 s 的博弈方宣布概率 $p = f(s)$。假设 f 严格递增并且可微。(与第21.4节中针对最高价格、密封出价拍卖使用的方法相同。)

第一步,如果鲍勃根据均衡进行博弈,说明爱丽丝在收到信号 s 时选择 p 的期望得益为:

$$s(1 - p)[2F(p)^2 - 1] + (1 - s)p[2(1 - F)p]^2 - 1$$

其中 F 是 f 的反函数[所以 $s = F(p) \Leftrightarrow p = f(s)$]。

第二步,将爱丽丝的期望得益对 p 求微分,并令导数等于零。对一个均衡来说,在 $p = f(s)$ 或 $s = F(p)$ 时,得到的方程成立。

第三步，你现在有一个 p 和 s 的微分方程。通过设定 $p = \frac{1}{2} + y$ 和 $s = \frac{1}{2} + x$ 探讨它的对称性。你将能够将方程简化为线性形式：

$$x \frac{dy}{dx} + 2y = \frac{4x}{1 + 4x^2}$$

第四步，解微分方程，因此说明爱丽丝的均衡宣布是 $p = f(s)$，其中：

$$p - \frac{1}{2} = \frac{\left(s - \frac{1}{2}\right) - \frac{1}{2}\arctan 2\left(s - \frac{1}{2}\right)}{\left(s - \frac{1}{2}\right)^2}$$

e. 为什么前面的分析意味着爱丽丝或鲍勃都不会宣布他们对外部事件的真实主观概率？

f. 为什么对爱丽丝和鲍勃来说容忍不利于他们两个的"荷兰式赌局"是最优选择？

g. 假设爱丽丝和鲍勃都得到信号 s 和 t。如果这是他们之间的共同知识，为什么对他们来说宣布：

$$p = \frac{st}{st + (1-s)(1-t)}$$

现在是一个均衡？

h. 所有这些对共同先验判断意味着什么（第 13.7.2 节）？

术 语 表

577

Sierra Madre Game 马德雷博弈

Silent Duel 无声决斗

Simon，Herbert 西蒙

simple game 简单博弈

simultaneous move game 同时行动博弈

single-peaked preference 单峰偏好

singleton information set 单点信息集

Sjöström's mechanism 斯约斯特洛姆机制

skew-symmetric 斜对称

small worlds 小世界

Smith，Adam 亚当·斯密

Smith，John Maynard 史密斯

smoothed Nash Demand Game 平滑纳什要求
博弈

social contract 社会契约

social decision rules 社会决策规则

social dilemma 社会困境

social welfare function 社会福利函数

Solomon，judgment of King 所罗门国王的
审判

speculation paradox 投机悖论

square matrix 方阵

St. Petersburg paradox 圣彼得堡悖论

stable sets 稳定集

Stackelberg duopoly 斯塔克伯格双寡头

Stackelberg equilibrium 斯塔克伯格均衡

Stackelberg Game 斯塔克伯格博弈

stage game 阶段博弈

Stag Hunt Game 猎鹿博弈

standard auctions 标准拍卖

state of the world 世界的状态

stationary strategy 稳定策略

status quo 现状

Stokey，Nancy 南希·斯托基

strategic form 策略型

strategies stealing 策略盗版(剽窃)

strictly competitive games 严格竞争博弈

strictly increasing affine transformation 严格
递增仿射变换

strict preference 严格偏好

Stuart，Lyle 莱尔·斯图亚特

subgame-perfect equilibrium 子博弈完美均衡

subjective equilibrium 主观均衡

subjective probability 主观概率

subjunctive condition 虚拟条件

sunk costs 沉没成本

superadditive 超可加性

supergame 超(级)博弈

supply curves 供给曲线

supply function 供给函数

supremum 上确界

surplus 剩余

surprise test 意外测验

symmetric equilibria 对称均衡

symmetric games 对称博弈

sympathy 移情

tatonnement 寻价

take-it-or-leave-it auction 一口价拍卖

tat-for-tit strategy 以齿还牙策略

telephone bargaining model 电话讨价还价
模型

terminal nodes 终(端节)点

threat games 威胁博弈

Three-Cake Game 三蛋糕博弈

Tic-Tac-Toe 井字游戏

Tip-off Game 告密博弈

tit-for-tat strategy 以牙还齿策略

Toehold Game 立足点博弈

totality 完备性

trading game 交易博弈

Tragedy of the Commons 公地悲剧

transaction costs 交易费用

transferable utility 可转移效用

transformation 变换

transitivity 传递性

transparent disposition fallacy 公开计划谬误

transpose 转置

Traveller's Dilemma 旅行者困境

trembling-hand equilibrium 颤抖手均衡

Trivers，Robert 罗伯特·特里弗斯

truisms 自明事件

图书在版编目(CIP)数据

博弈论教程/(英)肯·宾默尔著;谢识予等译
.—上海:格致出版社:上海人民出版社,2022.7
(当代经济学系列丛书/陈昕主编.当代经济学教
学参考书系)
ISBN 978 - 7 - 5432 - 3322 - 5

Ⅰ.①博… Ⅱ.①肯… ②谢… Ⅲ.①博弈论-教材
Ⅳ.①O225

中国版本图书馆 CIP 数据核字(2022)第 038447 号

责任编辑　程　倩　钱　敏
装帧设计　敬人设计工作室
　　　　　　　吕敬人

博弈论教程

[英]肯·宾默尔　著

谢识予　等译

出　　版　格致出版社
　　　　　上海三联书店
　　　　　上海人民出版社
　　　　　(201101　上海市闵行区号景路 159 弄 C 座)
发　　行　上海人民出版社发行中心
印　　刷　浙江临安曙光印务有限公司
开　　本　787×1092　1/16
印　　张　37.5
插　　页　3
字　　数　765,000
版　　次　2022 年 7 月第 1 版
印　　次　2022 年 7 月第 1 次印刷
ISBN 978 - 7 - 5432 - 3322 - 5/F · 1436
定　　价　138.00 元

当代经济学教学参考书系